普通高等医学院校药学类专业第二轮教材

生物化学

（第2版）

（供药学类专业用）

主　编　杨　红　郑晓珂

副主编　卢　群　龚明玉　马克龙　冯晓帆

编　者（以姓氏笔画为序）

马克龙（安徽中医药大学）
卢　群（广东药科大学）
冯晓帆（辽宁中医药大学）
杨　红（广东药科大学）
张　曼（贵州中医药大学）
张春蕾（黑龙江中医药大学佳木斯学院）
周　涛（安徽中医药大学）
郑晓珂（河南中医药大学）
祝香芝（湖北中医药大学）
曹燕飞（长治医学院）
龚明玉（承德医学院）
蒋小英（西安交通大学）
新吉乐（河南中医药大学）

中国健康传媒集团
中国医药科技出版社

内容提要

本教材是“普通高等医学院校药学类专业第二轮教材”之一。全书包括绪论和四篇内容，共十九章。第一篇生物分子的结构与功能，介绍蛋白质、核酸、酶的结构与功能及维生素与辅酶；第二篇物质代谢与能量转换，介绍生物氧化，糖、脂质、蛋白质、核苷酸的代谢，以及物质代谢的联系与调节；第三篇遗传信息的传递，介绍 DNA、RNA、蛋白质的生物合成，基因重组与重组 DNA 技术；第四篇专题篇，介绍肝的生物化学，药物作用机制、代谢转化及药物研究开发相关的生物化学技术和应用等。

本教材在介绍理论知识的同时，注重引入“案例解析”“知识拓展”等，以培养学生理论联系实际的应用能力和分析、解决问题的能力；每章还设有“学习导引”“课堂互动”“本章小结”“练习题”等模块，以增强教材内容的指导性、可读性和趣味性。同时，为丰富教学资源，增强教学互动，方便学生课外学习，更好地满足教学需要，本书提供配套在线学习平台（含电子教材、教学课件、视频、题库等）。

本书可作为高等医学院校药学类专业的教材，也可供中药学类、生物制药、海洋药学类各专业师生使用。

图书在版编目（CIP）数据

生物化学 / 杨红，郑晓珂主编 . —2 版 . —北京：中国医药科技出版社，2021. 7
普通高等医学院校药学类专业第二轮教材
ISBN 978-7-5214-2465-2

Ⅰ. ①生…　Ⅱ. ①杨…　②郑…　Ⅲ. ①生物化学-医学院校-教材　Ⅳ. ①Q5

中国版本图书馆 CIP 数据核字（2021）第 131323 号

美术编辑　陈君杞
版式设计　易维鑫

出版　**中国健康传媒集团**丨中国医药科技出版社
地址　北京市海淀区文慧园北路甲 22 号
邮编　100082
电话　发行：010-62227427　邮购：010-62236938
网址　www.cmstp.com
规格　889×1194mm　1/16
印张　25¾
字数　820 千字
初版　2016 年 1 月第 1 版
版次　2021 年 7 月第 2 版
印次　2023 年 4 月第 2 次印刷
印刷　三河市万龙印装有限公司
经销　全国各地新华书店
书号　ISBN 978-7-5214-2465-2
定价　62. 00 元

获取新书信息、投稿、为图书纠错，请扫码联系我们。

出版说明

全国普通高等医学院校药学类专业“十三五”规划教材，由中国医药科技出版社于2016年初出版，自出版以来受到各院校师生的欢迎和好评。为适应学科发展和药品监管等新要求，进一步提升教材质量，更好地满足教学需求，同时为了落实中共中央、国务院《“健康中国2030”规划纲要》《中国教育现代化2035》等文件精神，在充分的院校调研的基础上，针对全国医学院校药学类专业教育教学需求和应用型药学人才培养目标要求，在教育部、国家药品监督管理局的领导下，中国医药科技出版社于2020年对该套教材启动修订工作，编写出版“普通高等医学院校药学类专业第二轮教材”。

本套理论教材35种，实验指导9种，教材定位清晰、特色鲜明，主要体现在以下方面。

一、培养高素质应用型人才，引领教材建设

本套教材建设坚持体现《中国教育现代化2035》“加强创新型、应用型、技能型人才培养规模”的高等教育教学改革精神，切实满足“药品生产、检验、经营与管理和药学服务等应用型人才”的培养需求，按照《“健康中国2030”规划纲要》要求培养满足健康中国战略的药学人才，坚持理论与实践、药学与医学相结合，强化培养具有创新能力、实践能力的应用型人才。

二、体现立德树人，融入课程思政

教材编写将价值塑造、知识传授和能力培养三者融为一体，实现“润物无声”的目的。公共基础课程注重体现提高大学生思想道德修养、人文素质、科学精神、法治意识和认知能力，提升学生综合素质；专业基础课程根据药学专业的特色和优势，深度挖掘提炼专业知识体系中所蕴含的思想价值和精神内涵，科学合理拓展专业课程的广度、深度和温度，增加课程的知识性、人文性，提升引领性、时代性和开放性；专业核心课程注重学思结合、知行统一，增强学生勇于探索的创新精神、善于解决问题的实践能力。

三、适应行业发展，构建教材内容

教材建设根据行业发展要求调整结构、更新内容。构建教材内容紧密结合当前国家药品监督管理法规标准、法规要求、现行版《中华人民共和国药典》内容，体现全国卫生类（药学）专业技术资格考试、国家执业药师职业资格考试的有关新精神、新动向和新要求，保证药学教育教学适应医药卫生事业发展要求。

四、创新编写模式，提升学生能力

在不影响教材主体内容基础上注重优化“案例解析”内容，同时保持“学习导引”“知识链接”“知识拓展”“练习题”或“思考题”模块的先进性。注重培养学生理论联系实际，以及分析问题和解决问题的能力，包括药品生产、检验、经营与管理、药学服务等的实际操作能力、创新思维能力和综合分析能力；其他编写模块注重增强教材的可读性和趣味性，培养学生学习的自觉性和主动性。

五、建设书网融合教材，丰富教学资源

搭建与教材配套的“医药大学堂”在线学习平台（包括数字教材、教学课件、图片、视频、动画及练习题等），丰富多样化、立体化教学资源，并提升教学手段，促进师生互动，满足教学管理需要，为提高教育教学水平和质量提供支撑。

普通高等医学院校药学类专业第二轮教材
建设评审委员会

数字化教材编委会

主　编　杨　红　郑晓珂

副主编　卢　群　龚明玉　马克龙　冯晓帆

编　者（以姓氏笔画为序）

马克龙（安徽中医药大学）　　卢　群（广东药科大学）

冯晓帆（辽宁中医药大学）　　杨　红（广东药科大学）

张　曼（贵州中医药大学）　　张春蕾（黑龙江中医药大学佳木斯学院）

周　涛（安徽中医药大学）　　郑晓珂（河南中医药大学）

祝香芝（湖北中医药大学）　　曹燕飞（长治医学院）

龚明玉（承德医学院）　　蒋小英（西安交通大学）

新吉乐（河南中医药大学）

前言

生物化学是生物学领域的基础学科之一，也是医药教育的核心学科之一。本版教材根据普通高等医学院校药学类专业第二轮教材编写总体要求，以培养从事药品生产、检验、经营与管理及药学服务等应用型人才为目标；以加强理论知识与实践应用相结合，强化学生职业技能和创新能力培养为指导思想；突出学科内容的先进性和科学性，注重基本理论、基本知识、基本技能的阐述，对抽象和复杂的内容辅以简明的图表说明，图文并茂，利于学生学习和掌握。同时还强化了教材的指导性和应用性，密切结合医药类专业学生的升学和工作需要，注重理论知识的延伸和扩展，以提高学生的知识应用能力和实践技能。此外，为了增强教与学的互动性和教材的可读性，每章都列出了“学习导引”“案例解析”“知识拓展”“课堂互动”“本章小结”“练习题”等模块，力求做到学习目标明确，内容难易适中，重点难点突出。本教材为书网融合教材，提供配套的网络教学资源，包括数字教材、教学课件、微课视频及练习题等，丰富教学手段，加强师生互动，助力学生课外学习，满足多样化、立体化的教学需要。

本教材包括绪论和四篇内容，共十九章，第一篇包括第一章至第四章，主要介绍生物分子的结构与功能，以及生物分子的制备、检测及其药物应用；第二篇包括第五章至第十章，主要介绍体内的物质代谢、能量代谢及其联系与调节；第三篇包括第十一章至第十四章，主要介绍遗传信息的复制、转录和翻译的过程及其调控、基因重组技术的原理与应用；第四篇包括第十五章至第十九章，主要介绍细胞信号转导、药物的代谢转化、生物药物及常用生化技术的原理及应用等。

本教材由10所院校13位工作在教学一线的教师编写而成，广东药科大学杨红教授编写绪论和第一章，河南中医药大学郑晓珂教授编写第五章和第十七章，广东药科大学卢群教授编写第十一章，承德医学院龚明玉教授编写第七章，安徽中医药大学马克龙副教授编写第二章和第十二章，辽宁中医药大学冯晓帆副教授编写第三章和第四章，西安交通大学蒋小英副教授编写第八章和第十六章，黑龙江中医药大学佳木斯学院张春蕾副教授编写第十章和第十五章，长治医学院曹燕飞副教授编写第九章和第十四章，湖北中医药大学祝香芝副教授编写第十三章，安徽中医药大学周涛副教授编写第十八章，贵州中医药大学张曼讲师编写第六章，河南中医药大学靳吉乐讲师编写第十九章。主编负责全书的统稿和审稿。

本教材在编写过程中，得到了各编者及所在院校的大力支持和帮助。本教材是在“全国普通高等医学院校药学类专业‘十三五’规划教材”的基础上进行修订的，对参与上一版教材编写的全体编者们表示衷心的感谢。

由于编者水平所限，本教材难免存在不足之处，恳请同行专家、使用本教材的广大师生及其他读者批评指正。

编　者

2021年4月

目录

第三篇 遗传信息的传递

第四篇 专 题 篇

绪　论

一、生物化学的概念与研究内容

生物化学（biochemistry）是研究生物体的化学组成和生命过程中化学变化规律的一门科学，即用化学、物理学、生理学、遗传学和免疫学等学科的原理和方法，从分子水平研究生物体的化学组成、结构与功能、物质代谢与调节、遗传信息的传递与调控等各种生命现象，以阐明生命活动的本质与规律。随着分子生物学时代的到来，不仅有助于生物化学从分子水平上揭示生命本质的高度有序性与一致性，而且使生物化学与众多学科有了更为广泛的联系。迅猛发展的生物化学学科促进了医学和药学等交叉学科的发展，成为现代生命科学的重要前沿学科之一。

现代生物化学的研究内容十分广泛，主要包括以下几个方面。

1. 生物分子的结构与功能　生物体是由许多复杂的化学成分按一定的规律和方式构成的。组成生物体的重要物质有含量较多的蛋白质、核酸、糖类、脂类等大分子物质，还有含量较少而对生命活动也非常重要的激素、维生素及微量元素等物质。所谓生物大分子是指由基本组成单位按一定顺序和方式连接而形成的多聚体。体内生物大分子种类繁多、结构复杂、性质和功能各异，是一切生命活动的物质基础。生物化学的任务之一就是研究这些基本物质的化学组成、化学结构、理化性质、生物学功能，以及其结构与功能的关系等。生物大分子间的相互识别、相互作用及其在细胞信号转导和基因表达调控中的作用，是当今生物化学的热点研究领域之一。

2. 物质代谢及其调节　生命的基本特征之一是新陈代谢（metabolism）。生物体时刻不停地与环境进行着有规律的物质交换，摄入营养物质，排出代谢产物，更新体内的基本物质组成，提供生命活动所需的能量，以维持体内环境的相对稳定，从而维持生命活动，延续生命及繁衍后代。生物体内的各种物质在代谢过程中不断地进行着相互联系而又制约、互相对立而又统一、复杂多样而又规律的化学变化，从而维持各组织器官乃至整个生物体正常的生理功能和生命活动。代谢一旦停止，生命即终止。体内的代谢活动既要适应内外环境的变化，又要相互协调，这种复杂的体系是通过多种调节机制来完成的，物质代谢紊乱则会引发疾病。人体内进行的主要代谢途径及其代谢过程已基本清楚，但对代谢的调控机制和规律仍有待继续探索和发现。

3. 遗传信息传递及其调控　基因信息的传递涉及遗传、变异、生长、分化等生命过程，也与遗传病、恶性肿瘤、心血管病等多种疾病的发病机制有关。核酸是遗传信息的携带者与传递者。遗传信息按照中心法则传递并指导蛋白质的合成，从而控制生命过程与生命活动，使生物性状代代相传。分子生物学（molecular biology）是从分子水平研究生物大分子的结构与功能从而阐明生命现象本质的科学，其主要内容之一就是研究复制、转录、翻译等遗传信息的传递和调控机制，以及基因表达的时空规律，从而使人们能在分子水平上改造生物的遗传性状。随着 DNA 重组、转基因、基因敲除、遗传修饰等分子生物学技术的快速发展，将极大推动这一领域的研究进展。

二、生物化学的发展简史

20 世纪初，生物化学是由有机化学与生理学交叉发展而成的一门边缘学科。很久以前，人们就在生产、生活和医疗等方面积累了许多与生物化学有关的实践经验，如公元前21世纪，人们用“曲”催化谷物发酵酿酒；我国中医用富含维生素B1的车前子、防风、杏仁等中草药治疗脚气病；用富含维生素A的动物肝脏治疗雀盲（夜盲症）等。但是，到18世纪中后期，人们才对这些生化现象的本质有所认识，并开始进行系统研究。直到20世纪初期，生物化学才成为一门独立的学科蓬勃发展起来，近几十年更是迅猛发展，取得许多重大的进展和突破。生物化学的发展可分为以下三个阶段。

1. 18世纪中期至20世纪初期 生物化学的初级阶段，主要研究生物体的化学组成与分布、结构及性质。在此阶段，对糖类、脂类及氨基酸的结构和性质进行了较为系统地研究，证实了连接相邻氨基酸间肽键的形成，并化学合成了简单的多肽；发现了核酸，初步了解其化学性质；1897年，Buchner等证明了无细胞的酵母提取液——可溶性催化剂也具有发酵作用；之后，Fischer阐明了酶对底物的作用，并提出了对酶与底物关系的“锁钥学说”，为近代酶学的发展奠定了基础；1926年，Abel获得牛胰岛素结晶，进一步推进了蛋白质结构与功能的研究。

2. 20世纪初期至20世纪中期 生物化学蓬勃发展阶段，在营养物质代谢与调节方面取得了重要进展。发现了人类营养必需氨基酸、必需脂肪酸及多种维生素；发现了多种激素及其生理功能，并将其分离、合成；第一次获得了酶晶体——脲酶，并证明了脲酶的蛋白质本质；更重要的是利用化学分析及放射性核素示踪技术，对体内的主要物质代谢，尤其是物质的分解代谢途径如三羧酸循环、脂肪酸β-氧化、糖酵解及鸟氨酸循环等过程已基本研究清楚。1937年，Krebs创立了三羧酸循环理论，从而奠定了物质代谢研究的理论基础。

3. 20世纪中后期 生物化学的分子生物学时期，发现了核酸的结构和蛋白质生物合成的途径，揭示了核酸与蛋白质的关系及其在生命活动中的作用，促进了分子生物学技术的发展和应用。1944年，Macleod和Mc Carty发现并证明了DNA是生物遗传的信息分子；50年代初期发现了蛋白质α-螺旋的二级结构形式，完成了胰岛素的氨基酸全序列分析；更具有重大意义的是，1953年，美国生物学家Watson和英国生物学家Crick提出DNA双螺旋结构模型，随后提出了遗传信息传递的中心法则（central dogma），破译了RNA分子中的遗传密码，开创了分子生物学时代，并因此获得诺贝尔奖；1973年，Cohen建立了体外重组DNA技术，标志着基因工程的诞生，使人们主动改造生物体成为可能；转基因动植物和基因修饰动物模型的成功建立是重组DNA技术的重要应用，基因诊断与基因治疗更为医学领域带来新的希望，并由此相继获得了许多有应用价值的基因工程产品，大大推动了医药工业和农业的发展；1981年，Cech在研究四膜虫rRNA自我剪接中发现了核酶（ribozyme），从而打破了“酶的化学本质都是蛋白质”的传统概念；1985年，Kary Mullis发明了聚合酶链反应（PCR）技术，使人们能够在体外高效率扩增DNA；1990年至2003年实施和完成的人类基因组计划（human genome project，HGP），成功绘制了人类基因组序列图，揭示了人类遗传学图谱的基本特征，为后基因组时代进一步深入研究各种基因的结构、功能与调节奠定了基础，为人类的健康和疾病的研究以及临床治疗带来根本性的变革。

20世纪以来，我国生物化学家在营养学、医学、蛋白质化学、免疫化学的抗原-抗体分析及免疫反应机制，以及人类基因组研究等方面都做出了积极的贡献。1965年，我国在世界上首先人工合成了具有生物活性的结晶牛胰岛素，并成功采用X射线衍射方法测定牛胰岛素的分子空间结构；1979年又人工合成了酵母丙氨酸转运核糖核酸；1990年完成了第一例转基因家畜。近年来，我国在基因工程技术、蛋白质工程、水稻基因组、新基因的克隆与功能、疾病相关基因的定位克隆及其功能等研究领域均取得了重要的成果。值得指出的是，我国科学家参与了人类基因组计划，并提前绘制完成“中国卷”，显示了我国现阶段分子生物学技术快速发展的实力。

三、生物化学的发展趋势

生物化学已成为自然科学中发展最快、最引起人们重视的学科之一。随着人们对生命活动本质的不断认识，当今生命科学领域关注更多的是对分子、细胞、组织、器官乃至整体水平的多方位综合研究，从分子水平探讨蛋白质、核酸等生物大分子的运动和相互作用、降解机制及其在细胞信号转导中的调控作用，尤其是发育进程中细胞增殖、迁移、侵袭、分化及组织和器官的形成等。而细胞凋亡及其形态结构的调节及分子机制研究又是生物化学研究的另一个热点。由于细胞生物学和分子生物学的发展，形成了一些新兴的学科。例如，结构生物学利用先进的技术精确检测与重要疾病相关蛋白的三维结构，获取生物靶分子与药物分子相互作用的信息，为现代药物设计提供基础数据。蛋白质组学（proteomics）是生命科学进入后基因组时代的特征，它研究蛋白质的定位、结构与功能、相互作用以及蛋白质特定表达谱，为众多疾病发生机制的阐明及药物研究提供新的途径。神经生化可能是现代生化发展的最大热门之一，主要研究中枢神经系统在学习、记忆、语言等生命活动中最复杂、最精细的生命现象。药物基因组学的发展，使药物研究向分子水平发展，实现个体化药物治疗。生物信息学通过对各种基因信息数据的分析与整合，获取有意义的生物学数据，对21世纪生命科学发展具有不可估量的推动作用，也是当今生命科学的重大前沿领域之一。

现代生物化学的另一个发展趋势是基础与应用的结合，综合应用现代生物技术，加速新型生物药物的创新和产业化。DNA重组技术的发展，将给疾病诊断治疗技术与治疗药物研发方面带来新的突破，一定会使人类在战胜各种传染病、抗肿瘤、抗衰老和促进健康等方面取得更大的进展。目前，生物技术药物的发展已进入蛋白质工程药物新时期，蛋白质工程、细胞工程和干细胞工程等学科理论和技术日新月异，点突变、DNA重组、融合蛋白、定向进化、基因插入、基因打靶及DNA编辑等技术的应用，使蛋白质工程药物新品种迅速增加，市场占有份额越来越多，人类也将因此步入创造生物新品种和改写人类自己遗传信息的新时代。生物膜能量转换原理的阐明与应用，将有助于解决全球性的能源问题。生物化学的理论和技术在发酵、食品、纺织、环境等行业将有更广泛的应用和贡献。

四、生物化学与医药学

生物化学是一门基础医学和药学的必修学科，它研究健康人体的化学组成、物质代谢、信息传递以及疾病发生过程中的生物化学相关问题，与医学和药学研究有着密切的联系，其迅速发展的理论和技术得到广泛应用，促进了医学和药学等相关学科的发展。

基础医学各学科主要阐述人体正常和异常状态下的结构及功能，临床医学主要研究疾病发生、发展机制及诊断、治疗，而生物化学为医学各学科从分子水平上研究健康或疾病状态时人体各组成成分的结构与功能乃至疾病预防、诊断与治疗提供理论依据和技术支持。随着人们对生物大分子的结构与功能的深入了解，生物化学的理论和技术已渗透至医学的各个领域，产生了许多新兴的交叉学科，如分子遗传学、分子病理学、分子免疫学、分子微生物学等。随着现代医学的发展，生物化学的新理论和新技术越来越多地被应用于疾病的预防、诊断和治疗。从分子水平探讨各种疾病的发生发展的机制，已成为当代医学研究的共同目标。近年来，对人们十分关注的恶性肿瘤、心脑血管疾病、免疫性疾病、神经系统疾病等重大疾病发病机制进行了分子水平的研究，获得了一批丰硕成果，尤其是疾病相关基因克隆、基因芯片与蛋白质芯片、基因修饰与基因编辑等技术在疾病诊断及基因治疗方面的应用取得了可喜的进展。随着生物化学与分子生物学的进一步发展，将给临床医学的诊断治疗和遗传改良带来全新的理念。

生物化学与分子生物学在当代药学科学发展中起到了先导作用，许多新理论、新技术迅速应用到药学研究的各个领域。药学生物化学是与药学科学研究相关的生物化学理论、方法和技术，以及其在药物研究、生产、质量控制与临床中应用的基础学科。其研究不仅可以从分子水平阐明细胞内的代谢过程和规律，而且可以阐明许多疾病的发病机制，为新药的合理设计提供依据，减少寻找新药的盲目性，从而提高新药研发的效率。生化药物则是应用现代生物化学技术，从生物体获取生理活性物质开发成为有意义的生物药物，并从中寻找到结构新颖的先导物，设计合成新的化学实体，近年来生化药物发展迅速，在临床中应用的已达数百种。

现代药理学更多地应用生物化学的理论和技术，来研究药物的体内外药效作用及分子机制，并形成了一个重要学科分支——分子药理学，从分子水平上阐明药物分子与生物大分子相互作用的机制。生物药剂学利用生化代谢与调控理论及其研究手段，研究药物在体内吸收、分布、代谢转化和排泄等过程，从而阐明药物剂型因素、生物因素与疗效之间的关系。药物遗传学、药物基因组学则从基因水平研究临床用药中药物效应与个体基因多样性的相关性，推进了基于基因靶点的药物设计及个体化治疗的研究与实施。

生物制药已经成为现代制药工业的一个重要门类，应用生物技术改造传统制药工业取得巨大突破，新的生物技术药物种类日益增加。利用基因重组技术研制的蛋白质药物、抗体药物、疫苗、基因药物以及基因治疗、基因编辑和干细胞治疗技术等已在临床广泛应用。蛋白质工程实现了对天然蛋白质进行定向改造和有控制的基团修饰与合成，创造出自然界不存在但功能上更优越的蛋白质药物。组织工程技术和生物技术在制药工业中的广泛应用使传统制药工艺发生深刻变革。20世纪末，药学科学已步入了新的发展阶段，各种组学技术，如基因组学、转录组学、蛋白质组学、代谢组学以及系统生物学等的迅速发展为新药的发现和研究提供了重要的理论基础和技术手段，将成为寻找疾病分子标记、药物靶标及药物干预最有效的方法之一，在人类重大疾病的临床诊断和药物治疗方面有十分诱人的前景。

总之，生物化学是现代医学和药学科学的重要理论基础，是药学专业学生学好专业课、从事新药研究、药物生产、药物使用与药事管理的必要基础学科。

（杨　红）

第一篇

生物分子的结构与功能

第一章

蛋白质的结构与功能

学习导引

1. **掌握** 氨基酸的结构与性质；肽键的形成与肽单元的特点；蛋白质一级、二级、三级、四级结构的形成及其特点；蛋白质的理化性质及其应用。

2. **熟悉** 蛋白质结构与功能的关系；蛋白质分离纯化常用技术的原理及其应用。

3. **了解** 蛋白质的分类和生物学功能；蛋白质含量及纯度的测定原理和方法；蛋白质的结构分析和多肽合成技术。

蛋白质（protein）是构成生物体的基本成分，普遍存在于生物界。无论是简单的低等生物，如病毒、细菌，还是复杂的高等生物，如动物、植物，均含有蛋白质。蛋白质不仅是一切细胞和组织的重要组成成分，而且也是生物体中含量最丰富的高分子有机化合物。人体内蛋白质含量约占固体总量的45%，肌肉、内脏和血液等以蛋白质为主要成分，而在脾、肺及横纹肌等中高达80%。微生物中蛋白质含量也很高，如细菌中一般为50%~80%，病毒除少量核酸外几乎都由蛋白质组成。高等植物细胞原生质和种子中也含有较多的蛋白质，如黄豆中几乎达40%。

蛋白质分布广泛，几乎所有的器官组织都含有蛋白质。蛋白质种类繁多，各有特殊的结构和功能，生物体结构越复杂，其蛋白质种类和功能也越繁多。蛋白质的生物学功能具有多样性，许多重要的生命活动都是通过蛋白质来实现的，如酶、激素、抗体、凝血因子、转运蛋白、收缩蛋白、信息分子、基因调控蛋白等都是蛋白质，在生物催化与调节、免疫保护、血液凝固、物质运输与贮存、运动与支持、细胞信号转导、细胞记忆与识别、个体生长与分化等生命活动中起重要作用。可见，蛋白质是生命的物质基础，没有蛋白质就没有生命活动。

PPT

第一节 蛋白质的分子组成

案例解析

【案例】 2008年，我国发生了三聚氰胺奶粉事件，起因是很多食用某品牌奶粉的婴儿被发现患有泌尿系统疾病，患儿出现不明原因哭闹、呕吐，尿少尿痛，肉眼可见血尿，伴有水肿、肾区叩击痛，严重者出现急性梗阻性肾衰竭。后经查实，该品牌奶粉中三聚氰胺含量很高，最高达2563mg/kg。厂家为什么要在奶制品中添加三聚氰胺，其依据是什么？

【解析】 三聚氰胺的分子式为 $C_3H_6N_6$，含氮量达66.6%，在奶制品中添加三聚氰胺可提高总有机氮含量，用定氮法检测可间接提高样品中的蛋白质含量检测值。但三聚氰胺对人体有害，不可用于食品添加剂。

一、蛋白质的元素组成

蛋白质虽然种类繁多，结构各异，但其元素组成相似。对蛋白质的元素分析表明，主要含碳 50%~55%、氢 6%~8%、氧 19%~24%、氮 13%~19%，此外，大多数蛋白质还含有少量硫 0~4%，有的还含有少量的磷、碘或金属元素铁、铜、锰和锌等。

大多数蛋白质的含氮量比较接近且恒定，平均为 16%。这是蛋白质元素组成的一个重要特点，也是各种定氮法测定蛋白质含量的计算基础。由于蛋白质是体内的主要含氮物，因此用定氮法测得的含氮量乘以 6.25，即可算出样品中蛋白质的含量。

蛋白质的含量=蛋白质样品含氮量×6.25

二、氨基酸的结构与性质

蛋白质是高分子有机化合物，结构复杂，种类繁多，但其分子组成有其规律性。蛋白质分子由氨基酸（amino acids）通过肽键连接而成，受酸、碱或蛋白酶作用而水解的最终产物都是氨基酸。因此，氨基酸是蛋白质结构的基本单位。

（一）氨基酸的结构

自然界中的氨基酸有 300 余种，但组成蛋白质的氨基酸仅有 20 种，称为基本氨基酸，也称为编码氨基酸。其化学结构可用下列通式表示：

$$H_2N-C_{\alpha}(COOH)(R)-H \qquad R-C(COO^-)(H)-\overset{+}{N}H_3$$

从结构通式分析，各种基本氨基酸在结构上有以下共同特点：①组成蛋白质的基本氨基酸为 α-氨基酸，但脯氨酸例外，为 α-亚氨基酸；②除 R 侧链为 H 原子的甘氨酸外，其他氨基酸的 α-碳原子为不对称碳原子，具有旋光性，可形成不同构型，构成蛋白质的氨基酸皆为 L-型，称为 L-α-氨基酸；③不同氨基酸的侧链基团 R 不同，对蛋白质的空间结构和理化性质有重要影响。

生物界中也有 D-氨基酸，大都存在于某些细胞产生的抗生素及个别生物的生物碱中。此外，哺乳类动物中也存在不参与蛋白质组成的游离 D-氨基酸，如存在于前脑中的 D-丝氨酸和存在于脑和外周组织的 D-天冬氨酸。

20 种基本氨基酸中，脯氨酸和半胱氨酸的结构较为特殊。脯氨酸属亚氨基酸，但其亚氨基仍能与另一羧基形成肽键，脯氨酸在蛋白质合成加工过程中可被修饰成羟脯氨酸。半胱氨酸的 R 侧链含有巯基，两分子半胱氨酸脱氢后可形成二硫键，生成胱氨酸，蛋白质中不少半胱氨酸以胱氨酸形式存在，二硫键的形成对蛋白质结构稳定和功能有重要作用。

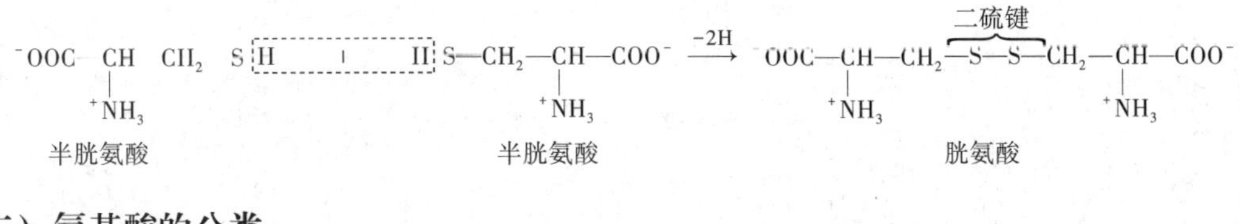

$$^-OOC-CH(\overset{+}{N}H_3)-CH_2-SH + HS-CH_2-CH(\overset{+}{N}H_3)-COO^- \xrightarrow{-2H} {^-OOC}-CH(\overset{+}{N}H_3)-CH_2-\underbrace{S-S}_{二硫键}-CH_2-CH(\overset{+}{N}H_3)-COO^-$$

半胱氨酸　　半胱氨酸　　胱氨酸

（二）氨基酸的分类

根据氨基酸侧链基团的结构和理化性质不同，将 20 种氨基酸分为四类。

1. 非极性 R 基氨基酸 其 R 侧链为疏水性，此类氨基酸的特征是在水溶液中的溶解度较低。共有 8 种，即脂肪族氨基酸 5 种（丙氨酸、缬氨酸、亮氨酸、异亮氨酸和甲硫氨酸），芳香族氨基酸 1 种（苯丙氨酸），杂环氨基酸 2 种（脯氨酸和色氨酸）。

2. 极性不带电荷 R 基氨基酸 其 R 侧链为电中性，此类氨基酸的特征是比非极性 R 基氨基酸易溶于水。有 7 种，即含羟基氨基酸 3 种（丝氨酸、苏氨酸和酪氨酸）；酰氨类氨基酸 2 种（天冬酰胺和谷氨酰胺）；含巯基半胱氨酸及甘氨酸等。

3. 酸性氨基酸 其R基侧链含有羧基，此类氨基酸的特征是在生理条件下分子带负电。有2种，即谷氨酸和天冬氨酸。

4. 碱性氨基酸 其R基侧链分别含有氨基、胍基或咪唑基，此类氨基酸的特征是在生理条件下分子带正电。有3种，即赖氨酸、精氨酸和组氨酸。

20种基本氨基酸的名称、符号、侧链基团结构及分类见表1-1。

表1-1 氨基酸的结构与分类

结构式	中文名	英文名	三字符号	一字符号	等电点（pI）
1. 非极性R基氨基酸					
$CH_3—CHCOO^-$ $\vert$ $^+NH_3$	丙氨酸	alanine	Ala	A	6.00
$CH_3—CH—CHCOO^-$ $\vert \quad \vert$ $CH_3\ ^+NH_3$	缬氨酸	valine	Val	V	5.96
$CH_3—CH—CH_2—CHCOO^-$ $\vert \qquad \vert$ $CH_3 \qquad ^+NH_3$	亮氨酸	leucine	Leu	L	5.98
$CH_3—CH_2—CH—CHCOO^-$ $\vert \quad \vert$ $CH_3\ ^+NH_3$	异亮氨酸	isoleucine	Ile	I	6.02
$CH_3SCH_2CH_2—CHCOO^-$ $\vert$ $^+NH_3$	甲硫氨酸	methionine	Met	M	5.74
$C_6H_5—CH_2—CHCOO^-$ $\vert$ $^+NH_3$	苯丙氨酸	phenylalanine	Phe	F	5.48
H_2 C $H_2C \quad CHCOO^-$ NH_2^+ C H_2	脯氨酸	proline	Pro	P	6.30
$CH_2—CHCOO^-$ $\vert$ $^+NH_3$ N	色氨酸	tryptophan	Trp	W	5.89
2. 极性不带电荷R基氨基酸					
$H—CHCOO^-$ $\vert$ $^+NH_3$	甘氨酸	glycine	Gly	G	5.97
$HO—CH_2—CHCOO^-$ $\vert$ $^+NH_3$	丝氨酸	serine	Ser	S	5.89
CH_3 $\vert$ $HO—CH—CHCOO^-$ $\vert$ $^+NH_3$	苏氨酸	threonine	Thr	T	5.60
$HO—C_6H_4—CH_2—CHCOO^-$ $\vert$ $^+NH_3$	酪氨酸	tyrosine	Tyr	Y	5.66

续表

结构式	中文名	英文名	三字符号	一字符号	等电点（pI）
$HS-CH_2-CHCOO^-$ $\vert$ $^+NH_3$	半胱氨酸	cysteine	Cys	C	5.07
O $\backslash\backslash$ $C-CH_2-CHCOO^-$ $/\qquad\qquad\vert$ $H_2N\qquad\quad ^+NH_3$	天冬酰胺	asparagine	Asn	N	5.41
O $\backslash\backslash$ CNH_2 $/$ $H_2C-CH_2-CHCOO^-$ $\vert$ $^+NH_3$	谷氨酰胺	glutamine	Gln	Q	5.65
3. 酸性氨基酸					
$HOOCCH_2-CHCOO^-$ $\vert$ $^+NH_3$	天冬氨酸	aspartic acid	Asp	D	2.97
$HOOCCH_2CH_2-CHCOO^-$ $\vert$ $^+NH_3$	谷氨酸	glutamic acid	Glu	E	3.22
4. 碱性氨基酸					
$NH_2CH_2CH_2CH_2CH_2-CHCOO^-$ $\vert$ $^+NH_3$	赖氨酸	lysine	Lys	K	9.74
NH $\Vert$ $NH_2CNHCH_2CH_2CH_2-CHCOO^-$ $\vert$ $^+NH_3$	精氨酸	arginine	Arg	R	10.76
$HC=C-CH_2-CHCOO^-$ $\vert\quad\ \vert\qquad\qquad\vert$ $N\quad NH\qquad ^+NH_3$ $\backslash\backslash\ /$ C H	组氨酸	histidine	His	H	7.59

蛋白质中除上述20种基本氨基酸外，还存在一些稀有氨基酸，如羟脯氨酸、羟赖氨酸、胱氨酸、四碘甲腺原氨酸等。这些氨基酸是在蛋白质翻译后的加工修饰过程中侧链基团被羟基化、甲基化、甲酰化、乙酰化或磷酸化形成的。这些修饰可改变蛋白质的溶解度、稳定性、亚细胞定位，以及与其他细胞蛋白质相互作用的性质等，体现了蛋白质生物多样性的一个方面。另外，在生物界还发现有150多种非蛋白质氨基酸，大多数是α-氨基酸的衍生物，也有β-、γ-、δ-氨基酸及D-氨基酸，它们以游离或结合形式存在于各种细胞及组织中，有些在代谢中起着重要的前体或中间体的作用，如D-谷氨酸和D-丙氨酸存在于细菌细胞壁中；β-丙氨酸是构成维生素B_5泛酸的成分；D-型苯丙氨酸参与组成抗生素短杆菌肽S；瓜氨酸和鸟氨酸是尿素合成的中间产物；γ-氨基丁酸（GABA）是谷氨酸脱羧的产物，在脑中含量较多，对中枢神经系统有抑制作用。目前，一些非蛋白质氨基酸已作为药物用于临床。

HO— (pyrrolidine ring) —COOH, N—H

L-羟脯氨酸（Hyp）

$H_2N-CH_2-\underset{\displaystyle OH}{\underset{|}{CH}}-CH_2-CH_2-\underset{\displaystyle NH_2}{\underset{|}{CH}}-COOH$

L-羟赖氨酸（Hyl）

（三）氨基酸的理化性质

1. 物理性质 氨基酸均为无色晶体，熔点一般在230~300℃；易溶于酸性或碱性溶液，难溶于乙醚等有机溶剂，在纯水中各种氨基酸的溶解度差异很大，可用乙醇使氨基酸从其水溶液中沉淀析出；除甘氨酸外，所有具有手性碳原子的氨基酸都具有旋光性，其旋光性及大小取决于其侧链基团R的结构和性质。

2. 化学性质

（1）两性解离与等电点 氨基酸分子中既有氨基（$—NH_2$），又有羧基（—COOH），可在酸性溶液中与质子（$—H^+$）结合成带正电荷的阳离子（$—NH_3^+$），也可在碱性溶液中与$—OH^-$结合，失去质子变成带负电荷的阴离子（$—COO^-$），因此氨基酸是一种两性化合物，具有两性解离的特性。氨基酸的解离方式取决于其所处溶液的酸碱度。在某一pH溶液中，氨基酸解离成阳离子和阴离子的趋势及程度相同，即氨基酸所带正、负电荷的数目恰好相等，净电荷为零，呈电中性，成为兼性离子，此时溶液的pH称为该氨基酸的等电点（isoelectric point，pI），以pI表示（图1-1）。

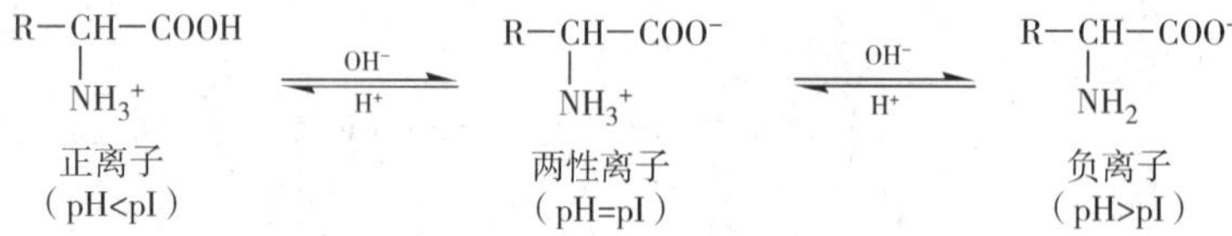

图1-1 氨基酸的两性解离与等电点

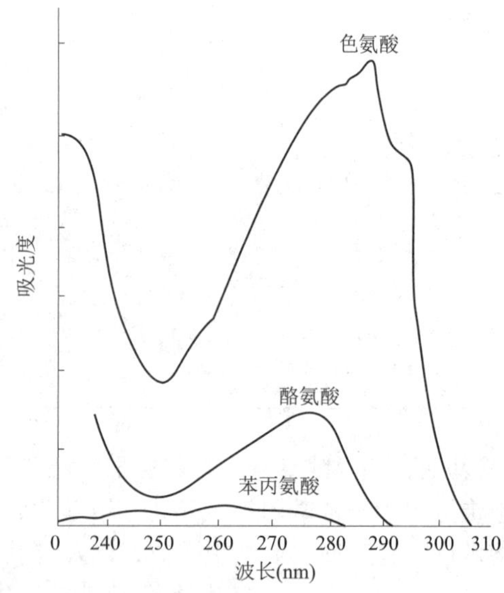

图1-2 芳香族氨基酸的紫外吸收

每一种氨基酸都有各自不同的等电点，由其分子中的氨基和羧基的解离程度所决定。氨基酸等电点的计算公式为：$pI = 1/2(pK_1 + pK_2)$，式中，pK_1代表氨基酸的α-羧基的解离常数的负对数，pK_2代表氨基酸α-氨基的解离常数的负对数。若一个氨基酸有三个可解离基团，写出它们电离式后，取兼性离子两边pK值之和的平均值，即为该氨基酸的pI。

（2）紫外吸收性质 芳香族氨基酸的R基团含苯环，有共轭双键，具有紫外吸收特性。根据氨基酸的吸收光谱，色氨酸、酪氨酸和苯丙氨酸的最大吸收峰在280nm波长附近（图1-2）。由于大多数蛋白质含有色氨酸、酪氨酸和苯丙氨酸残基，所以测定蛋白质溶液在280nm波长的吸光值，可计算蛋白质溶液的浓度。该方法是蛋白质溶液定性分析和含量测定的简便方法。

（3）茚三酮反应 氨基酸与水合茚三酮（ninhydrin）共加热时，氨基酸被氧化脱氨、脱羧，释放出游离的氨，而水合茚三酮被还原，其还原产物再与氨及另一分子茚三酮缩合形成蓝紫色的化合物，此化合物最大吸收峰在570nm波长处。由于此吸光值的大小与氨基酸释放的氨量成正比，因此利用此性质可测定氨基酸的含量。

课堂互动

结构简单的小分子氨基酸如何构成结构复杂、功能特异、种类繁多的大分子蛋白质?

第二节　蛋白质的分子结构

PPT

蛋白质是由氨基酸组成的具有特定三维空间结构的高分子物质，根据蛋白质肽链折叠的方式与复杂程度，将蛋白质的分子结构分为四级，即基础结构（一级结构）和空间结构（包括二、三、四级结构）。蛋白质的一级结构决定其空间结构，蛋白质的空间结构又决定蛋白质的性质和生物学功能。

一、蛋白质的一级结构

蛋白质一级结构（primary structure）是指氨基酸按一定的排列顺序通过肽键连接形成的多肽链，即多肽链中氨基酸的排列顺序及分子中二硫键的位置。一级结构中的主要化学键是肽键。

组成人体蛋白质的氨基酸有20种，且蛋白质的分子量均较大，因此蛋白质的氨基酸排列顺序和空间位置几乎是无穷尽的，足以形成数以万计的不同结构的蛋白质。体内种类繁多的蛋白质，其一级结构各不相同，已知一级结构的蛋白质数量已相当可观，并且在迅速增加。已有多种蛋白质数据库例如EMBL（European Molecular Biology Laboratory Data Library）、Genbank（Genetic Sequence Databank）和PIR（Protein Identification Resource Sequence Database）等，收集了大量最新的蛋白质一级结构及其相关资料，为蛋白质结构和功能的深入研究提供了便利。

（一）肽键和肽链

实验证明，蛋白质分子是由许多氨基酸通过肽键相连的。肽键（peptide bond）是由一分子氨基酸的α-羧基与另一分子氨基酸的α-氨基脱水缩合而成，也称酰胺键，它是蛋白质一级结构中的主要化学键。其结构如下：

$$H_2N-CH(R_1)-C(=O)-OH + H-NH-CH(R_2)-COOH \xrightarrow{H_2O} H_2N-CH(R_1)-\underbrace{C(=O)-NH}_{\text{肽键}}-CH(R_2)-COOH$$

氨基酸通过肽键相连形成的化合物称为肽。由两个氨基酸组成的肽，称为二肽，三个氨基酸组成的肽，称为三肽，依此类推。一般把10个以下氨基酸组成的肽，称为寡肽（oligopeptide），而更多的氨基酸相连形成的肽，称为多肽（polypeptide）或多肽链（polypeptide chain）。其结构如下：

$$\text{N端}\quad H_2N-CH(R_1)-C(=O)-NH-CH(R_2)-C(=O)-NH-CH(R_3)-C(=O)-NH-CH(R_4)-C(=O)\cdots\cdots NH-CH(R_n)-COOH\quad \text{C端}$$

多肽链中的氨基酸，由于参与肽键的形成而基团不全，称为氨基酸残基（amino acid residue）。多肽链中的骨架是由氨基酸的羧基与氨基形成的肽键部分规则地重复排列而成，称为共价主链；R基部分称为侧链。蛋白质分子可含有一条或多条共价主链和许多侧链。

多肽链具有方向性。一条多肽链有两个游离的末端，含自由α-氨基一端称为氨基端或N端，含自由α-羧基一端称为羧基端或C端。体内多肽和蛋白质生物合成时，是从氨基端开始，延长到羧基端终止，因此N端被定为多肽链的头，故多肽链结构的书写通常是将N端写在左边，C端写在右边；肽的命名也是从N端到C端，除C端的氨基酸残基外，所有氨基酸残基均以酰基命名，如下列是由甘氨酸和丝氨酸形成的二肽，称为甘氨酰丝氨酸。

$$\underset{\text{甘氨酸}}{H_2N—CH_2—COOH} + \underset{\text{丝氨酸}}{H_2N—\overset{\displaystyle CH_2OH}{\overset{|}{C}H}—COOH} \xrightarrow{-H_2O} \underset{\text{甘氨酰丝氨酸}}{H_2N—CH_2—\overset{\text{肽键}}{\boxed{CO—NH}}—\overset{\displaystyle CH_2OH}{\overset{|}{C}H}—COOH}$$

不同蛋白质的氨基酸种类、数量和排列顺序各异，这是蛋白质空间结构差异性、理化性质特异性以及生物学功能多样性的基础。由氨基酸组成的多肽数目惊人，情况十分复杂，假定100个氨基酸聚合成线形分子，可能形成20^{100}种多肽。体内种类繁多的蛋白质，其氨基酸组成和一级结构各不相同（表1-2），牛核糖核酸酶的一级结构见图1-3。

表1-2　部分蛋白质和多肽的氨基酸数

蛋白质或多肽	氨基酸数	蛋白质或多肽	氨基酸数
加压素	9	血红蛋白	574
胰高血糖素	29	γ-球蛋白	1250
胰岛素	51	人免疫球蛋白	1320
人细胞色素C	104	谷氨酸脱氢酶	8300
核糖核酸酶	124	脂肪酸合成酶	20000
干扰素	166	烟草花叶病毒	33650

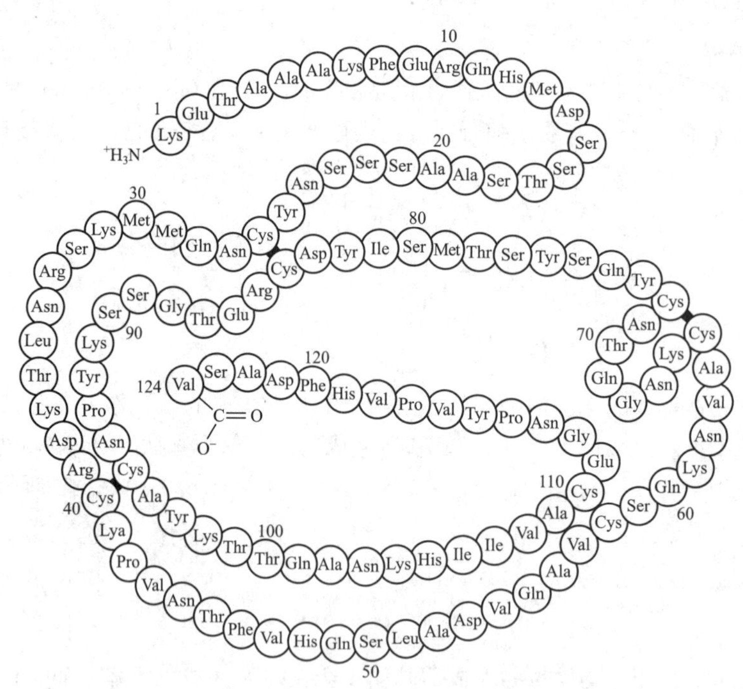

图1-3　牛核糖核酸酶的一级结构

蛋白质一级结构中除肽键外，有些还含有少量的二硫键。它是由两分子半胱氨酸的巯基脱氢而生成的，可存在肽链内，也可存在于肽链间。如胰岛素是由两条肽链经二硫键连接而成（图1-4）。

（二）重要的生物活性肽

生物活性肽是一类天然存在的具有生物学功能的寡肽或多肽，在代谢调控、神经传导等方面起着重要作用。人体内已发现200种生物活性肽，如谷胱甘肽、多肽类激素、神经肽及多肽类抗生素等。生物活性肽具有分子量较小、生物活性多样、功能显著等优点，作为药物具有重要的应用价值。

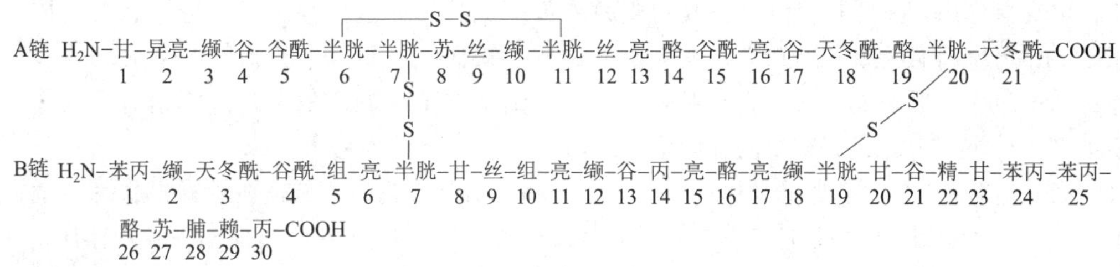

图 1-4　牛胰岛素的一级结构

1. 谷胱甘肽　由谷氨酸、半胱氨酸和甘氨酸组成的三肽化合物（γ-谷氨酰半胱氨酰甘氨酸），是一种用途广泛的活性肽。分子中第一个肽键由谷氨酸 γ-羧基与半胱氨酸的氨基形成，即 γ-肽键（图 1-5）。因谷胱甘肽（glutathione，GSH）有游离的—SH 基团（巯基），故用 GSH 表示。GSH 的巯基具有还原性，可作为体内重要的还原剂参与机体内多种生化反应，保护蛋白质或酶分子的巯基不被氧化破坏，如消除氧化剂对红细胞膜结构的破坏，维持红细胞结构的稳定，使血红蛋白正常地发挥运输氧的能力，还可还原细胞内产生的 H_2O_2，使其变成 H_2O，在此过程中，GSH 被氧化成氧化型谷胱甘肽（GSSG），GSSG 在谷胱甘肽还原酶催化下，再生成 GSH（图 1-6）。此外，GSH 的巯基还具有嗜核特性，能与一些外源的嗜电子毒物、致癌物质或药物直接结合，将其转化为无害物质，排出体外，从而阻断其与 DNA、RNA 或蛋白质结合，从而保护机体免遭毒物损害。

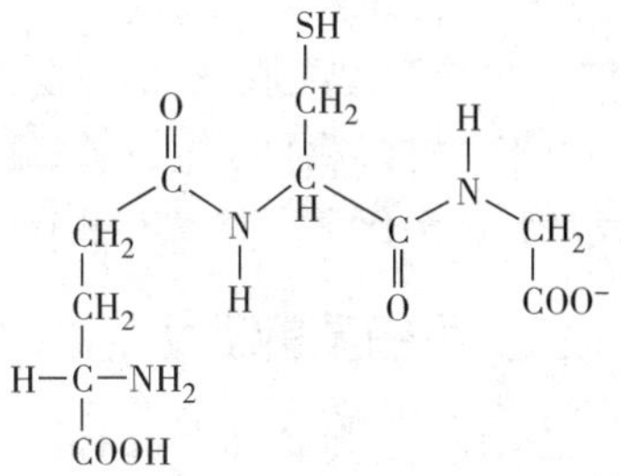

图 1-5　谷胱甘肽（GSH）

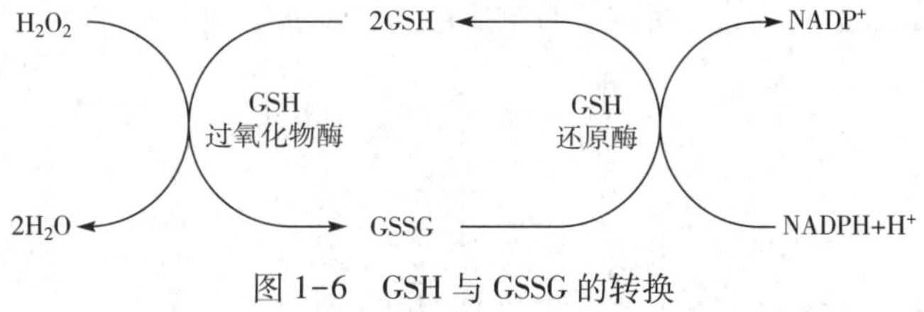

图 1-6　GSH 与 GSSG 的转换

谷胱甘肽药物广泛应用于临床，除利用其巯基螯合重金属、氟化物、芥子气等毒素以解毒外，还作为辅助药物用于慢性乙型肝炎合并脂肪肝损伤、酒精性脂肪肝、糖尿病并发症等疾病的治疗，谷胱甘肽还作为生物活性添加剂及抗氧化剂用于功能食品和化妆品。

2. 多肽类激素及神经肽　体内有许多激素属于寡肽或多肽，具有重要的生理功能，如属于下丘脑-垂体-肾上腺皮质轴的催产素（9 肽）、加压素（9 肽）、肾上腺皮质激素（39 肽）、促甲状腺激素释放激素（3 肽）等。降钙素（calcitonin）由 32 个氨基酸残基组成，具有降低血钙的作用；生长激素释放抑制因子又称生长抑素（somatostatin），是一个含有二硫键的环状 14 肽，主要用于胃肠道炎症、胃肠道出血症等。

神经肽（neuropeptide）泛指存在于神经组织并在神经传导中起信号转导作用的内源性活性物质，如脑啡肽（5 肽）、强啡肽（17 肽）等，近年还发现了孤啡肽（17 肽）、P 物质（10 肽）、神经肽 Y 等。这类物质含量低、活性高、作用广泛且复杂，在体内具有多种多样的生理功能，对神经系统自身的发育和分化也有调节作用。

3. 激肽（kinins）　是一类由血浆和一些组织中的蛋白质经特殊蛋白质水解酶作用后形成，具有促进血管舒张与降压作用的活性肽。它与多肽激素一样，在体内含量甚微，但有很强的生理效应，因而又称组织激素。目前研究较清楚的激肽有舒缓肽（bradykinin）和血管紧张肽（angiotensin）。

舒缓肽含有 9 个氨基酸残基，是由血液中其前体蛋白 α-球蛋白经激肽释放酶水解生成，对平滑肌具有缓慢的收缩作用，故命名为舒缓肽。舒缓肽对神经系统、心血管系统以及凝血与纤溶过程等具有重要调节作用，可直接作用于感觉神经纤维使其对刺激（如痛觉）敏感性明显提高；舒缓肽又是体内很强的血管扩张因子，可增高血管壁的通透性，有助于高血压、缺血性心脏病、充血性心力衰竭等多种心血管疾病治疗药物通过血管屏障而释放；它还对肿瘤发生及细胞增殖和凋亡等病理过程也有重要作用。舒缓肽受体激动剂或拮抗剂可能具有重要的临床应用价值。

血管紧张肽是血液中的血管紧张肽原经裂解得到的一组多肽类物质，包括血管紧张肽Ⅰ、血管紧张肽Ⅱ、血管紧张肽Ⅲ。血管紧张肽通过靶细胞膜的特异受体及钙离子浓度的介导而发挥多种生理作用，如收缩血管、升高血压、刺激醛固酮分泌、促进心肌和血管细胞增殖等。此外，对肿瘤的发生发展也有调节作用。

4. 多肽类抗生素 多肽类抗生素是一类能抑制或杀死细菌的多肽，如短杆菌肽 S、短杆菌肽 A、缬氨霉素（valinomycin）、博来霉素（bleomycin）等。目前对抗生素肽的研究开发已成为世界上研究抗生素新产品的前沿性课题，被认为是新型抗生素研究的新资源和重要途径。

由于生物活性肽含量极微而且难以提取纯化，故人工合成小肽成为重要的研发途径。随着肽类药物的发展，许多化学合成或重组 DNA 技术制备的肽类药物和疫苗已在疾病预防和治疗方面取得成效。

二、蛋白质的二级结构

蛋白质二级结构（secondary structure）是指多肽主链沿一定的轴盘旋或折叠而形成的特定的构象，即肽链主链骨架原子的空间位置排布，不涉及侧链基团。蛋白质二级结构的主要形式包括 α 螺旋、β 折叠、β 转角和 Ω 环。由于蛋白质的分子量较大，因此，一个蛋白质分子的不同肽段可含有不同形式的二级结构。

（一）肽单元

肽键是构成蛋白质分子的基本化学键。肽键与相邻的两个 α-碳原子所组成的结构，称为肽单元（peptide unit）。多肽链是由许多重复的肽单元连接而成，它们构成肽链的主链骨架。肽单元和各氨基酸残基侧链的结构和性质对蛋白质的空间构象有重要影响。多肽链中肽单元的结构如下：

$$H_2N-\underset{H}{\overset{R_1}{C}}-\overset{O}{\overset{\|}{C}}-\underset{H}{N}-\underset{H}{\overset{R_2}{C}}-\overset{O}{\overset{\|}{C}}-\underset{H}{N}-\underset{H}{\overset{R_3}{C}}-\overset{O}{\overset{\|}{C}}-$$

肽单元

根据 X 射线衍射结构分析的研究结果，肽单元具有以下特性（图 1-7）。

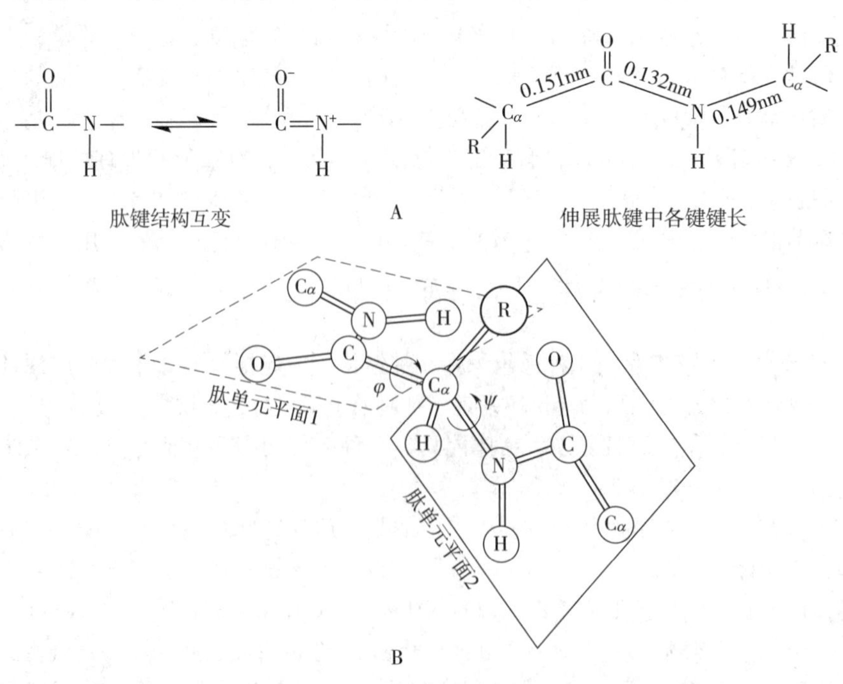

图 1-7 肽单元结构示意图

（1）肽键具有部分双键的性质，不能自由旋转。肽键中的C—N键的键长为0.132nm，介于C—N单键（键长0.149nm）和C═N双键（键长0.127nm）的键长之间。

（2）肽单元是刚性平面结构。肽键的六个原子$C_{\alpha1}$、C、O、N、H、$C_{\alpha2}$位于同一个平面，称为肽平面。肽单元中与C—N相连的氢和氧原子与两个α-碳原子呈反向排列。

（3）肽键两端的C_α—N键和C_α—C键是单键，可以旋转，其旋转角度决定了两个相邻的肽平面的相对空间位置。多肽链的盘旋或折叠是由肽平面的旋转所决定的。

由此可见，多肽链的主链是由一系列刚性平面所组成，由于主链C—N键具有部分双键的性质，不能自由旋转，使肽链的构象受到很大的限制。主链C_α—N和C_α—C键虽然可以旋转，但受到R基团和肽键中氢原子及氧原子空间阻碍的影响，影响的程度与侧链基团的结构和性质有关，这样使多肽链构象的多态性又进一步受到限制。多肽链的盘旋或折叠是由肽链中的刚性肽平面及α-碳原子所连接的两个单键的旋转决定的，由于肽平面对多肽链盘旋折叠的限制作用，所以蛋白质二级结构形成的构象是有限的。

（二）蛋白质二级结构的形式

1. α螺旋　蛋白质分子中多个肽平面通过氨基酸α-碳原子的旋转，使多肽主链沿中心轴向右盘曲形成稳定的α螺旋（α-helix）构象（图1-8）。α螺旋具有以下特征。

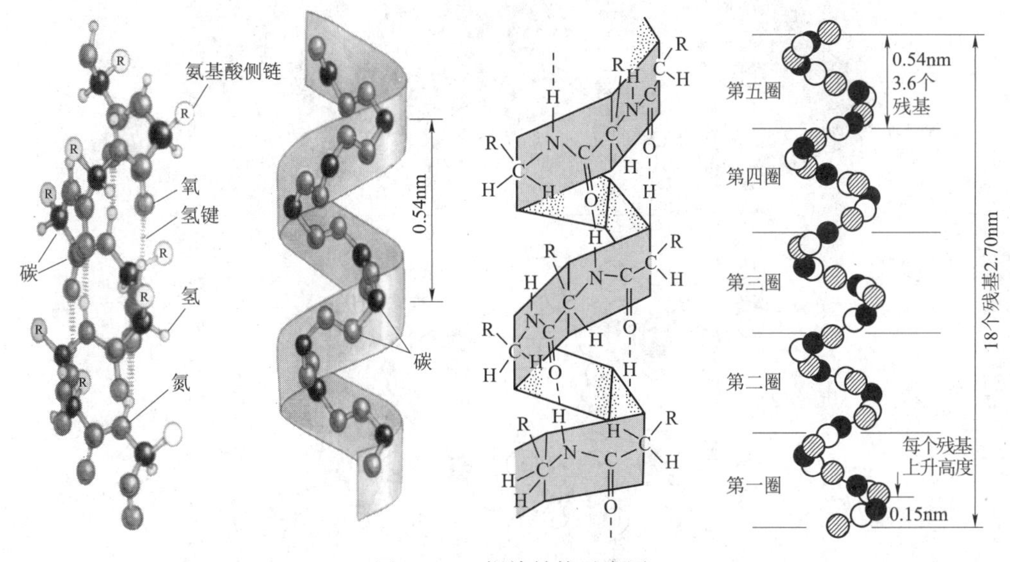

图1-8　α螺旋结构示意图

（1）多肽链以肽单元为基本单位，以C_α为旋转点形成右手螺旋，氨基酸残基的侧链基团伸向螺旋的外侧。

（2）每3.6个氨基酸残基旋转一周，螺距为0.54nm，每个氨基酸残基的高度为0.15nm，肽键平面与中心轴平行。

（3）相邻螺旋之间形成链内氢键，即每个肽单元亚氨基上的氢原子与其后第四个肽单元羰基上的氧原子生成氢键，氢键与中心轴平行。氢键是α螺旋的主要稳定力，若氢键破坏，α螺旋构象即被破坏。

α螺旋的形成和稳定性受肽链中氨基酸残基侧链基团的形状、大小及电荷等影响。如多肽中连续存在酸性或碱性氨基酸，由于带同性电荷而相斥，阻止链内氢键形成趋势而不利于α螺旋的形成；R侧链较大的氨基酸残基（如异亮氨酸、苯丙氨酸、色氨酸等）集中的区域，因空间位阻的影响，也不利于α螺旋的稳定；脯氨酸或羟脯氨酸残基的N原子位于吡咯环中，C_α—N单键不能旋转，并且其α-亚氨基在形成肽键后，N原子上无氢原子，不能生成维持α螺旋所需之氢键，故不能形成α螺旋。显然，蛋白质分子中氨基酸的组成和排列顺序对α螺旋的形成和稳定性具有决定性的影响。

α螺旋是蛋白二级结构的主要形式，肌红蛋白和血红蛋白分子中有许多肽段呈α螺旋结构，毛发的角蛋白、肌组织的肌球蛋白以及血凝块中的纤维蛋白，它们的多肽链几乎都是α螺旋。数条α螺旋状的多肽链缠绕在一起，可增强其机械强度和伸缩性（弹性）。

2. β 折叠　β 折叠（β-pleated sheet）是指多肽链以肽单元为单位，以 C_α 为旋转点形成伸展的锯齿状折叠构象，又称 β 片层（β-strand）结构（图 1-9），具有下列特征。

（1）每个肽单元以 C_α 为旋转点，依次折叠成锯齿状结构，氨基酸残基的侧链基团位于锯齿状结构的上下方。

（2）肽链之间或一条肽链内若干肽段的锯齿状结构呈平行排列，两个肽段可通过折叠形成相同走向（顺式平行），也可通过回折形成相反走向（反式平行）。

（3）相邻肽链之间通过肽键的羰基氧与亚氨基的氢形成链间氢键，氢键是维持 β 折叠的主要稳定力。

形成 β 折叠的氨基酸侧链基团一般不大，而且不带同种电荷，这样有利于多肽链的伸展，如甘氨酸、丙氨酸在 β 折叠中出现的概率最高。β 折叠常见于蛋白质的二级结构，蚕丝蛋白几乎都是 β 折叠，一些球状蛋白中也含有 β 折叠。

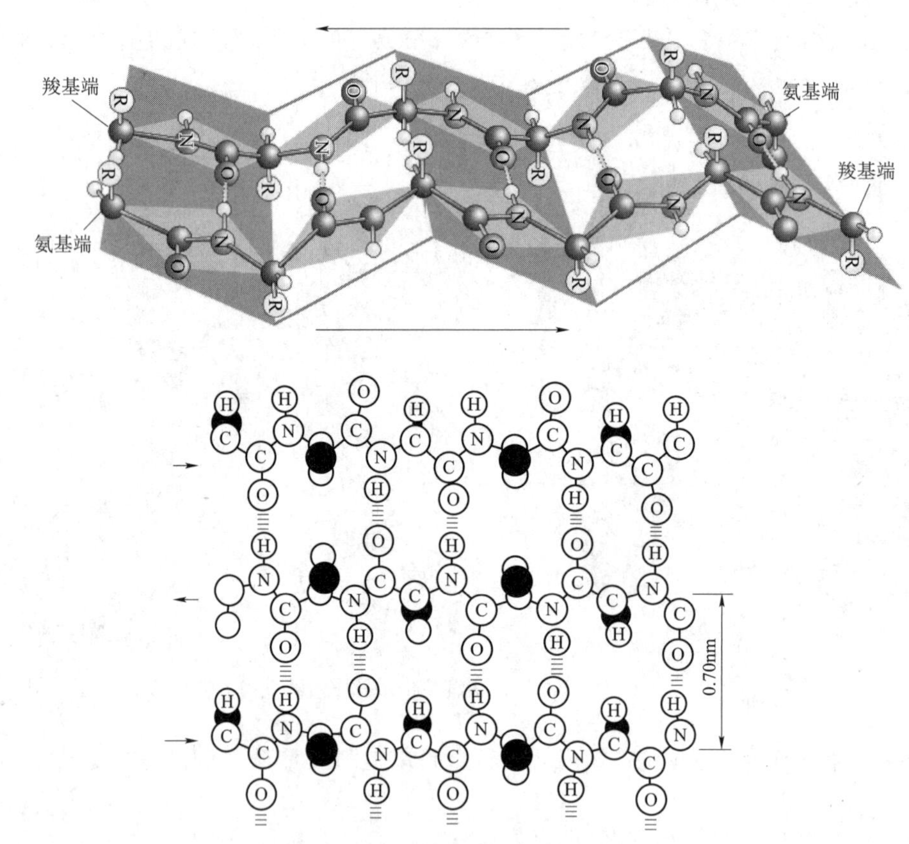

图 1-9　β 折叠结构示意图

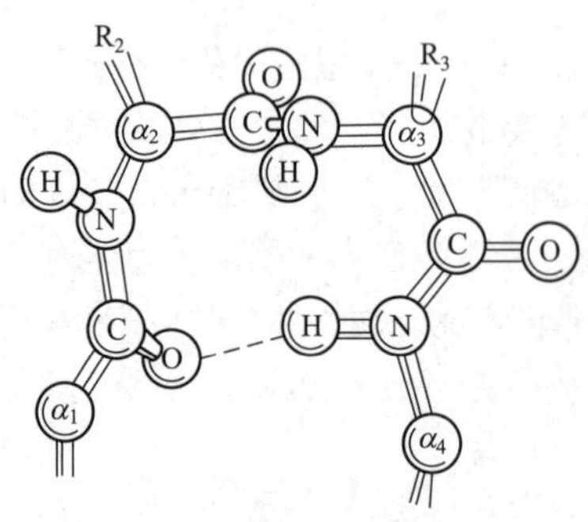

图 1-10　β 转角结构示意图

3. β 转角　多肽链中出现的 180° 回折的结构称为 β 转角（β-bend）或 β 回折（β-turn），即 U 型转折结构（图 1-10）。它是由四个连续氨基酸残基构成，第 2 个氨基酸残基多为脯氨酸，甘氨酸、天冬氨酸、天冬酰胺也常出现在 β 转角结构中，第一个氨基酸残基的羰基与第四个氨基酸残基的亚氨基之间形成氢键以维持其稳定。

4. Ω 环　Ω 环是存在于球状蛋白质中的一种二级结构。这类肽段形状像希腊字母 Ω，所以称 Ω 环（Ω loop）。Ω 环结构多出现在蛋白质分子的表面，而且以亲水残基为主，在分子识别中可能起重要作用。

除上述构象外，多肽链中可能还存在一些无规则排列的构象。这些卷曲的柔性构象可使肽链改变走向，利于连接结构相对刚性的 α 螺旋和 β 折叠，在蛋白质肽链的卷曲、折叠过程中起重要作用。

研究表明，一种蛋白质的二级结构并非是单纯的 α 螺旋或 β 折叠结构，而是这些不同类型构象的组合，只是不同蛋白质各种二级结构占比不同而已，实例见表 1-3。

表 1-3　部分蛋白质中 α 螺旋和 β 折叠的量

蛋白质名称	α 螺旋（%）	β 折叠（%）
血红蛋白	78	0
细胞色素 C	39	0
溶菌酶	40	12
羧肽酶	38	17
核糖核酸酶	26	35
凝乳蛋白酶	14	45

（三）蛋白质的超二级结构

在许多蛋白质结构中，常出现两个或两个以上具有二级结构的肽段，在空间折叠时彼此靠近，相互作用，形成有规律的二级结构组合体，称为蛋白质的超二级结构，又称基序或模体（motif）。常见的形式有 α 螺旋组合（αα）、β 折叠组合（βββ）和 α 螺旋 β 折叠组合（βαβ）等（图 1-11）。具有特定二级结构的基序可直接作为蛋白质三级结构的组成单位，并发挥特殊的功能。

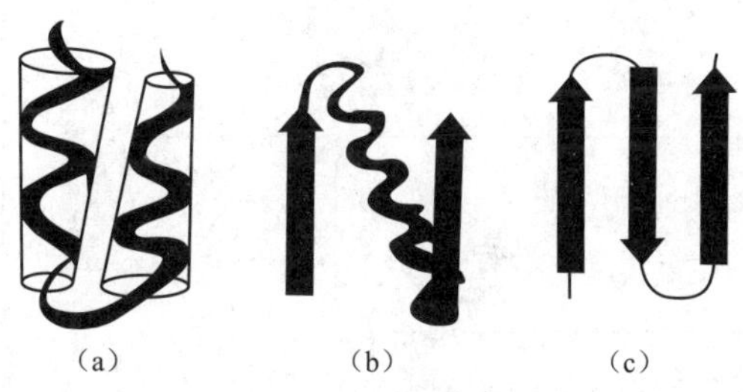

图 1-11　几种常见的模体结构示意图

（a）αα 组合；（b）βαβ 组合；（c）βββ 组合

在许多钙结合蛋白分子中通常有一个钙离子的模体，由 α 螺旋-β 转角（或环）-α 螺旋三个肽段组成，在环中有几个恒定的亲水侧链，侧链末端的氧原子通过氢键结合钙离子（图 1-12a）。近年发现的锌指结构（zine finger）也是一个常见的模体，它由一个 α 螺旋和两个反平行的 β 折叠三个肽段组成（图 1-12b），形似手指，具有结合锌离子功能，它的 N 端有一对半胱氨酸残基，C 端有一对组氨酸残基，此四个氨基酸残基在空间上形成一个洞穴，恰好容纳一个 Zn^{2+}。可见，模体的特征性空间构象是其特殊功能的结构基础。

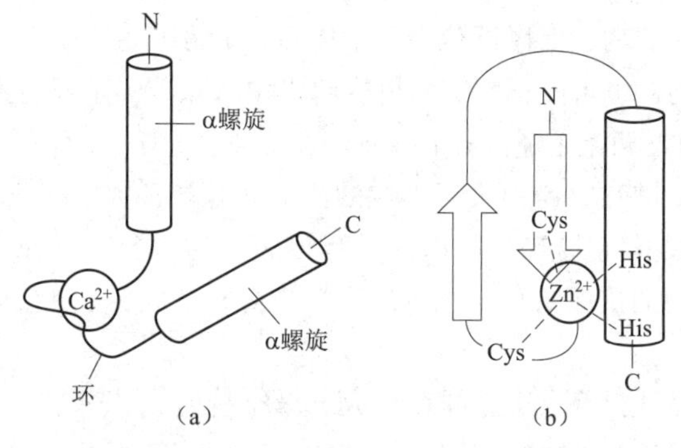

图 1-12　蛋白质超二级结构示意图

（a）钙结合蛋白中的结合钙离子的模体；（b）锌指结构

三、蛋白质的三级结构

多肽链在二级结构基础上进一步盘曲、折叠形成的全部氨基酸残基的相对空间位置，即肽链中所有原子的三维空间排布，称为蛋白质三级结构（tertiary structure）（图 1-13）。三级结构中多肽链的盘曲方式由氨基酸残基的排列顺序决定，不同三级结构的蛋白质有不同的生物学功能，三级结构是单一肽链蛋白质的最高级结构。各侧链基团间相互作用生成的次级键是稳定三级结构的主要化学键，如疏水键、氢键、离子键、范德华力等（图 1-14）。这些次级键虽然键能较小，但由于数量众多，因此在维持蛋白质分子的空间构象中起着极为重要的作用。

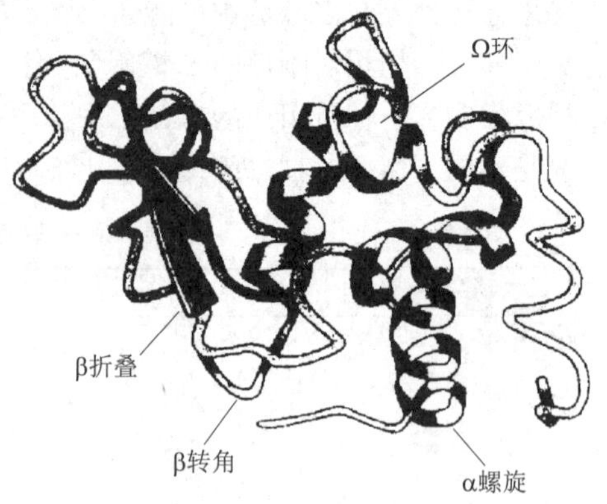

图 1-13　溶菌酶三级结构示意图

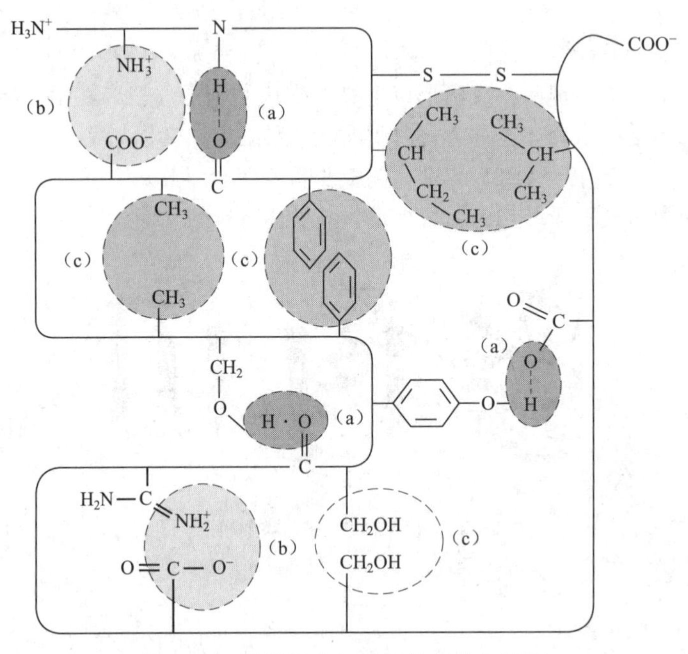

图 1-14　维持蛋白质构象的各种化学键

（a）氢键；（b）离子键；（c）疏水键

多肽链在形成三级结构时，某些特定的基序进一步聚集、折叠，形成一个或多个相对独立的致密的三维实体，称为结构域（domain）。结构域是蛋白质三级结构内的独立折叠单元，通常是几个超二级结构的组合。一般每个结构域由 100~200 个氨基酸残基组成，结构域之间靠无规则卷曲连接。结构域有独特的空间构象，通常是该蛋白质的功能活性部位，一般来说，较小的蛋白质只有 1 个结构域，较大的蛋白质为多结构域，它们可能相同，也可能不同。如免疫球蛋白（IgG）有 12 个结构域（图 1-15），其中两条轻链上各有 2 个（V_L、C_L），两条重链上各有 4 个（V_H、C_H1、C_H2、C_H3），抗原结合部位和补体结合部位处于不同的结构域，由 L 链和 H 链可变区形成的高变区是抗原结合的部位，C_H2 结构域含有补体结合部位。由于抗原和抗体在结构上具有互相识别、互相嵌合的构象，抗原分子的抗原决定簇（抗原表位）与抗体分子的高变区表面的抗原结合点之间在化学结构和空间结构上是互补关系，所以抗原抗体的结合反应是特异的。

蛋白质的三级结构有明显的折叠层次，即在形成三级结构时，相邻的二级结构需要先彼此靠近形成超二级结构，再进一步折叠成相对独立的三维空间结构，疏水侧链埋藏在分子内部，亲水侧链暴露于分子表面，因此，具有三级结构的天然蛋白质多是亲水的。

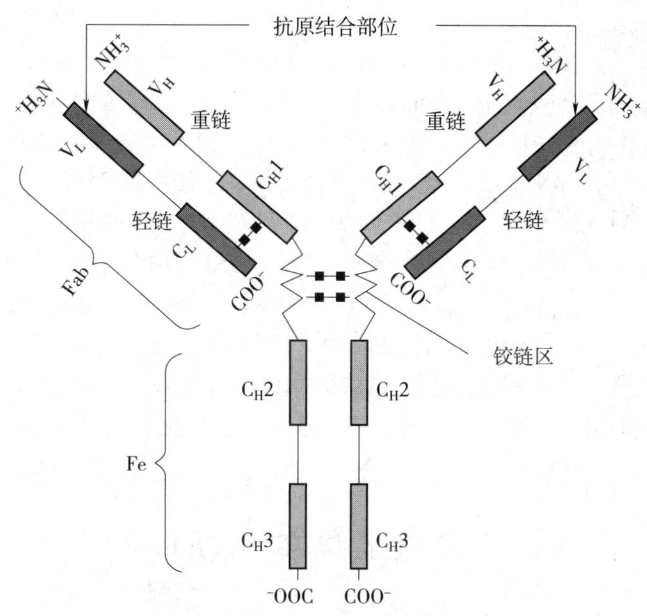

图 1-15　IgG 结构域示意图

重链恒定区结构域：C_H1、C_H2、C_H3；轻链恒定区结构域：C_L；

重链可变区结构域：V_H；轻链可变区结构域：V_L

蛋白质空间结构的正确折叠需要一类称为分子伴侣（chaperon）的蛋白质参与（见第十三章）。分子伴侣通过提供一个多肽链折叠所需的微环境从而辅助和加速蛋白质折叠成天然构象。蛋白质在合成时，还未折叠的肽段有许多疏水基团暴露在外，具有分子内或分子间聚集的倾向，使蛋白质不能形成正确的空间构象，分子伴侣可逆地与未折叠肽段的疏水部分结合随后解离，如此重复进行可以防止错误的聚集发生，使肽链正确折叠。分子伴侣也可与错误聚集的肽段结合，使之解聚后再诱导其正确折叠。此外，分子伴侣对蛋白质分子折叠过程中二硫键的正确形成也起重要的重要。目前发现分子伴侣蛋白种类很多，广泛分布于原核和真核生物细胞中，其中研究最多的是热休克蛋白（heat shock protein），如 Hsp70 家族、Hsp60 家族。

四、蛋白质的四级结构

许多有生物活性的蛋白质由两条或多条肽链构成，每条肽链都有自己的三级结构，并以非共价键相连接而形成更复杂的构象，称为蛋白质四级结构（quaternary structure）。这种蛋白质的每一条具有完整三级结构的多肽链称为亚基或亚单位（subunit）。蛋白质的四级结构是指分子中各亚基的空间排布（图 1-16）。

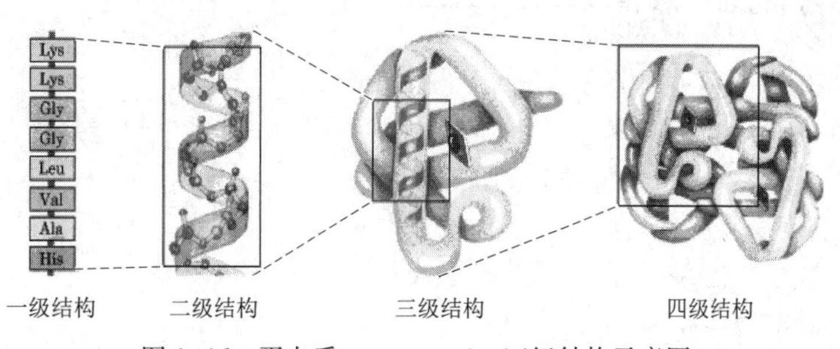

图 1-16　蛋白质一、二、三、四级结构示意图

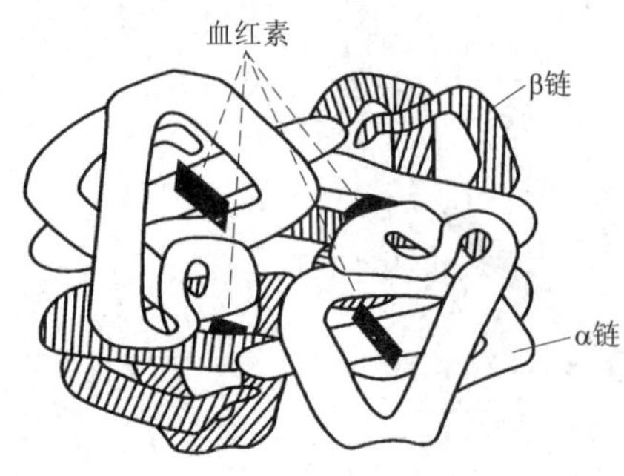

图 1-17 血红蛋白四级结构示意图

由2~10个亚基组成具有四级结构的蛋白质称为寡聚体(oligomer),更多亚基数目构成的蛋白质则称为多聚体(polymer)。蛋白质分子中的亚基可以相同,称为同聚体;也可以不同,称为异聚体。单独的亚基一般没有生物学活性,当它们构成具有完整四级结构的蛋白质时,才表现出生物学活性。在四级结构中,各亚基间的结合力主要是疏水键,由亚基间氨基酸残基的疏水基相互作用而形成,此外,氢键、范德华力、离子键、二硫键等在维持四级结构中也起一定的作用。

血红蛋白是由2个α亚基和2个β亚基组成的四聚体,两种亚基的三级结构颇为相似,且每个亚基都结合1个血红素(heme)辅基,4个亚基通过8个离子键相连,形成血红蛋白的四聚体(图1-17)。血红蛋白具有运输氧的功能,但每个亚基单独存在时,虽与氧亲和力增强,且可结合氧,但在体内组织中难于释放氧。

第三节　蛋白质结构与功能的关系

蛋白质是一切生命活动的基础,各种蛋白质都具有特异的分子结构,而这又决定了其特异的生物学功能。蛋白质分子的一级结构是形成空间结构的物质基础,而蛋白质的生物学功能是蛋白质分子特定的天然构象所表现的性质或具有的属性。研究蛋白质结构与功能的关系是从分子水平认识生命现象的重要方面。

一、蛋白质一级结构与功能的关系

1. 一级结构不同,生物学功能不同 不同的蛋白质和多肽具有不同的生物学功能,根本的原因是它们的一级结构各异。有时仅微小的差异就可表现出不同的生物学功能,如加压素与催产素,都是由垂体后叶分泌的九肽激素,分子中仅有两个氨基酸差异,但两者的生理功能却有根本的区别。加压素能促进血管收缩,升高血压及促进肾小管对水的重吸收,表现为抗利尿作用;而催产素则能刺激平滑肌引起子宫收缩,表现为催产功能。其结构如下:

升压素　H_2N—Cys—Tyr—Phe—Glu—Asp—Cys—Pro—Arg—Gly（两个Cys之间以—S—S—相连）

缩宫素　H_2N—Cys—Tyr—Ile—Glu—Asp—Cys—Pro—Leu—Gly（两个Cys之间以—S—S—相连）

蛋白质的一级结构决定其空间构象和功能,多肽链的氨基酸序列储存着蛋白质折叠的所有信息。例如,牛胰核糖核酸酶为含有124个氨基酸残基的单链分子,分子内有4对二硫键,含有较多反向平行β折叠的二级结构。在尿素或β-巯基乙醇溶液中,其次级键如氢键、疏水键等被破坏,二硫键被还原成8个巯基,但肽键未被破坏,其一级结构依然完整,此时肽链伸展,酶活性丧失;通过透析除去尿素或β-巯基乙醇,X射线衍射分析显示,二硫键

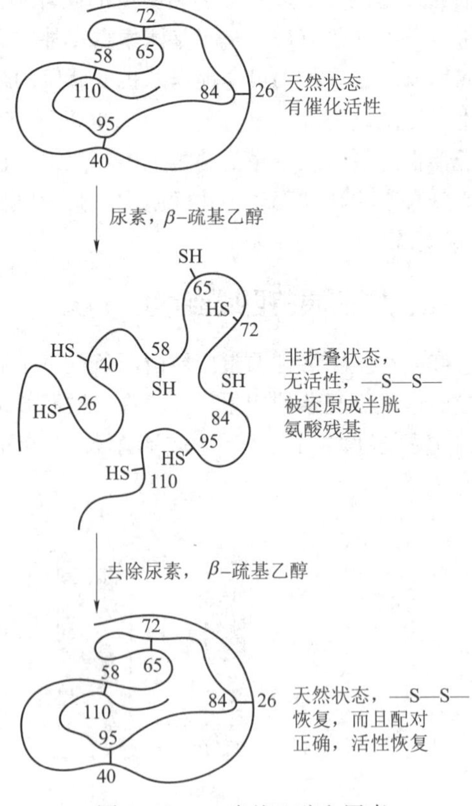

图 1-18 β-巯基乙醇和尿素对核糖核酸酶的作用

重新正确形成，伸展的肽链又自发折叠为天然构象（图 1-18）。这一现象说明蛋白质的一级结构是决定其空间构象的主要因素。

2. 一级结构中关键氨基酸相同，生物学功能也相同　如促肾上腺皮质激素（ACTH）是由垂体前叶分泌的 39 肽激素，研究表明其 1~24 肽段是活性所必需的关键部分，若 N 端 1 位丝氨酸被乙酰化，活性显著降低，仅为原活性的 3.5%；若切去 25~39 片段仍具有全部活性。不同动物来源的 ACTH，其氨基酸顺序差异主要在 25~33 位，而 1~24 位的氨基酸顺序相同表现出相同的生化功能。

又如促黑激素（MSH），其作用是促进黑色素细胞的发育和分泌黑色素，控制皮肤色素的产生与分布。MSH 有 α 和 β 两类，不同来源的 MSH 一级结构各异，但具有相同的活性所必需的氨基酸顺序部分，因而表现出相同的生化功能。

α-MSH　H_2N-丝-酪-丝-[蛋-谷-组-苯丙-精-色-甘]-赖-脯-缬-CO-NH_2

β-MSH　H_2N-脯-酪-精-[蛋-谷-组-苯丙-精-色-甘]-丝-脯-赖-CO-NH_2

3. 一级结构中关键氨基酸变化，生物学功能也改变　研究表明，多肽中某些关键的氨基酸残基缺失或被替代，会严重影响其空间构象乃至生物活性，甚至导致疾病发生。例如，正常人血红蛋白由两条 α 链（141 个氨基酸）和两条 β 链（146 个氨基酸）组成，β 链的第 6 位氨基酸是谷氨酸，而镰状细胞贫血（sickle-cell anemia）患者的血红蛋白 β 链中，谷氨酸变成了缬氨酸，即酸性氨基酸被中性氨基酸替代，原来水溶性的血红蛋白就聚集成丝，相互黏着，导致红细胞从正常的双凹盘状变形为镰刀状，且极易破碎，产生溶血性贫血。这种蛋白质序列发生变异所导致的疾病，称为分子病，其病因为基因突变所致。

	1　2　3　4　5　6　7　8
HbA	H_2N-Val-His-Leu-Thr-Pro-Glu-Glu-Lys-
HbS	H_2N-Val-His-Leu-Thr-Pro-Val-Glu-Lys-

应用蛋白质工程技术，如选择性的基因突变或化学修饰等，定向改造多肽中一些“关键”的氨基酸，可得到自然界不存在而功能更优的多肽或蛋白质，这对开发多肽类新药具有重要的意义。

4. 一级结构中氨基酸序列提供重要的生物进化信息　蛋白质一级结构中的特定氨基酸顺序反映了生物进化的遗传信息，如果两种不同蛋白质的氨基酸序列非常相似，则它们有同源性，有可能来源于同一始祖基因。在不同物种中行使同样功能的蛋白质，其一级结构具有同源性，如存在于所有脊椎动物中的血红蛋白，都具有相似的结构，发挥类似的功能。进化关系相近的物种，蛋白质的同源程度越高。如细胞色素 C，通过分析其氨基酸序列发现，在 40 个不同物种中细胞色素 C 基本都由 104 个氨基酸组成，人和黑猩猩的氨基酸组成完全相同，猕猴与人类很接近，两者一级结构只 1 个氨基酸残基不同，人和绵羊有 10 个氨基酸残基不同，而人和高等植物的细胞色素 C 有 40 多个不同的氨基酸残基（表 1-4）。通过比较不同种系间的蛋白质的一级结构差异，为研究蛋白质的同源性和生物物种的进化关系提供有价值的依据（图 1-19）。

表 1-4　不同种系的细胞色素 C 氨基酸组成的差异

生物名称	不同氨基酸残基数	生物名称	不同氨基酸残基数
黑猩猩	0	海龟	15
恒河猴	1	金枪鱼	21
猪、牛、羊	10	小蝇	25
马	12	小麦	35
鸡	13	酵母	44

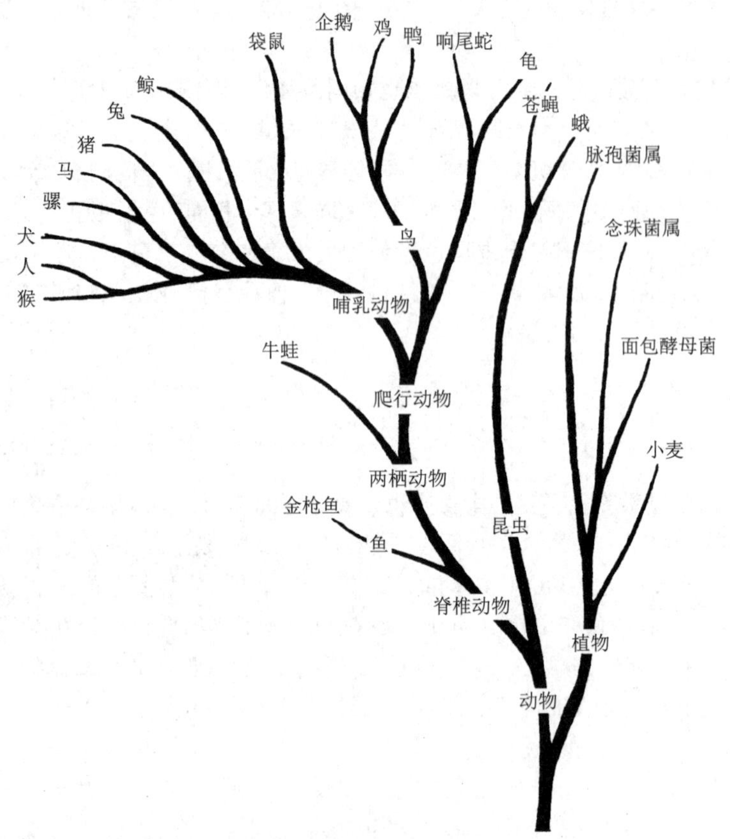

图 1-19　细胞色素 C 一级结构进化树

知识拓展

蛋白质家族与超家族

随着蛋白质结构与功能研究的不断深入，发现体内氨基酸序列相似并且结构与功能十分相近的蛋白质有若干，称为蛋白质家族（protein family）。属于同一蛋白质家族的成员，称为同源蛋白质（homologous protein）。在体内还发现，2 个或 2 个以上的蛋白质家族之间，其氨基酸序列的相似度并不高，但含有发挥相似作用的同一模体结构，通常将这些蛋白质家族归类为超家族（superfamily），超家族成员是由共同祖先进化而来的一大类蛋白质。通过对蛋白质家族成员的比较，可以获得许多物种进化的重要证据。

二、蛋白质空间构象与功能的关系

蛋白质分子特定的空间构象是表现其生物学功能或活性所必需的。若蛋白质分子特定的空间构象改变，其生物学活性也改变，如蛋白质的变性、蛋白质前体的活化、蛋白质的变构等。

1. 空间结构决定蛋白质的生物学功能　蛋白质所具有的特定空间构象与其特殊的生理功能有着密切的关系，如角蛋白的二级结构主要是 α 螺旋，与富含角蛋白组织的坚韧性并富有弹性直接相关；而丝心蛋白分子中含有大量 β 折叠结构，致使蚕丝具有伸展和柔软的特性。更有趣的是，生物体中有许多蛋白质是以无活性的蛋白质原的形式在体内合成、分泌，在一定条件下，肽链以特定的方式断裂后，才呈现出它的生物学活性，称为蛋白质前体的活化。这是生物体内一种自我保护及调控的重要方式，也是蛋白质分子结构与功能高度统一的表现。这类蛋白质主要包括消化系统中的一些蛋白水解酶、蛋白激素和参与血液凝固作用的一些蛋白质分子等。如胰岛素的前体是胰岛素原，猪胰岛素原是由84个氨基酸残基组成的一条多肽链，其活性仅为胰岛素活性的10%。在体内胰岛素原经两种专一性水解酶的作用，切掉肽链中31、32和62、63位的四个碱性氨基酸残基及C肽段（29个氨基酸残基），生成由A链（21个氨基酸残基）与B链（30个氨基酸残基）两条多肽链经两对二硫键连接的胰岛素分子。胰岛素分子具有特定的空间结构，从而表现其完整的生物活性（图1-20）。

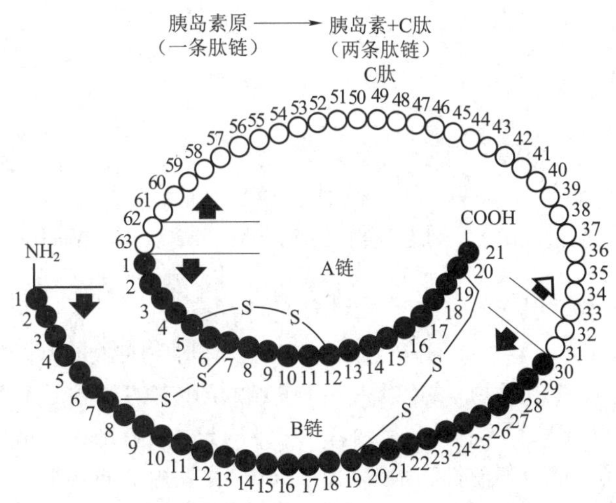

图1-20　胰岛素原转变为胰岛素示意图

2. 空间结构改变，蛋白质的生物学功能改变　一些蛋白质由于受某些因素的影响，其一级结构不变而空间构象发生一定的变化，导致其生物学功能的改变，称为蛋白质的变构效应（allosteric effect）或别构效应。变构效应是蛋白质表现其生物学功能的一种普遍而十分重要的现象，也是调节蛋白质生物学功能极有效的方式。具有变构效应的蛋白质多为具有四级结构的多聚体，其各个亚基共同控制着蛋白质分子完整的生物活性，并对信息分子（变构效应物）作出反应。例如血红蛋白（hemoglobin，Hb）与肌红蛋白（myoglobin，Mb）都是含有血红素辅基的蛋白质，血红素为铁卟啉化合物（图1-21），由4个吡咯环通过4个甲炔基连成一个环形，位于环中的Fe^{2+}能以配位键与O_2连接，所以Hb和Mb都有结合并携带O_2的功能，但两者的氧解离曲线不同，Hb氧解离曲线呈S型曲线，Mb氧解离曲线呈直角双曲线（图1-22）。研究显示，Hb是一个四聚体蛋白质，它的四个亚基与O_2结合的平衡常数并不相同，未结合O_2时，Hb的结构较为紧密，称为紧张态（tense state，T态），T态Hb与O_2的亲和力小，随着第1个亚基与O_2结合，四个亚基羧基末端之间的离子键断裂，亚基的构象相继发生变化，结构变得相对松散，称为松弛态（relaxed state，R态），R态结构大大促进亚基与O_2的结合，最后一个亚基与O_2结合时常数最大。而肌红蛋白（myoglobin，Mb）是含单一肽链的扁球状蛋白，它与O_2的结合过程无变构效应。血红蛋白是最早发现具有变构作用的蛋白质，在代谢通路中的许多关键酶都有变构效应。

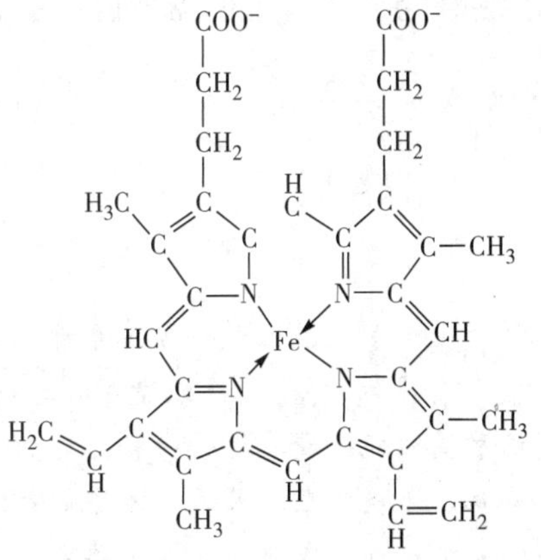

图1-21　血红素结构示意图

3. 蛋白质的空间构象改变可引起疾病　生物体内蛋白质的合成、加工、成熟是一个复杂的过程，其中多肽链的正确折叠对其正确构象的形成和功能发挥至关重要。研究发现一些蛋白质尽管其一级结构不变，但蛋白质的折叠发生错误，使其构象发生改变，仍可影响其功能，严重时可导致疾病发生。因蛋白

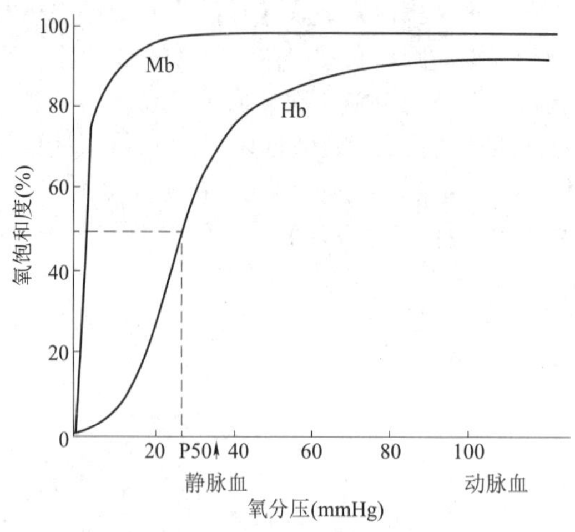

图 1-22 血红蛋白（Hb）与肌红蛋白（Mb）的氧解离曲线（1mmHg=133.322Pa）

质折叠错误或折叠导致构象异常引起的疾病，称为蛋白质构象病。

疯牛病是由朊病毒蛋白（prion protein，PrP）引起的一组人和动物神经的退行性疾病，这类疾病具有传染性、遗传性或散在发病的特点，其在动物间的传播是由 PrP 组成的传染性颗粒（不含核酸）完成。朊病毒蛋白有正常型（PrP^{C}）和致病型（PrP^{SC}）两种构象，两者一级结构与共价修饰完全相同，但空间结构不同。PrP^{C} 主要由 α 螺旋组成，表现蛋白酶消化敏感性和水溶性，而 PrP^{SC} 主要由 β 折叠组成，对蛋白酶不敏感，水溶性差，易聚集成淀粉样的纤维杆状结构，PrP^{SC} 一旦形成，可催化更多的 PrP^{C} 向 PrP^{SC} 转变，最终形成淀粉样纤维沉淀而致病。这类由于蛋白质构象改变形成抗蛋白水解酶的淀粉样纤维沉淀而产生毒性，导致神经系统病变，属于典型的蛋白质构象病。常见的还有人纹状体脊髓变性病、老年痴呆症、亨廷顿舞蹈病等。

知识拓展

传染性蛋白质

由于多肽链出现异常折叠所形成的具有特殊结构的一类蛋白质，它能够像 DNA 或 RNA 一样自我“繁殖”，但它不是以自身的氨基酸序列为模板合成新的蛋白，而是复制自己的特殊结构，并且这种蛋白能诱使其他蛋白转变为和它自己相同的构象，因而被叫做传染性蛋白质。研究证实，疯牛病、羊瘙痒症、人纹状体脊髓变性病、老年痴呆症等都是由一种不含 DNA 的蛋白质传染源引起的，这种外源或新生的蛋白颗粒可通过复杂的机制，诱导富含 α 螺旋的蛋白分子重新折叠成为富含 β 折叠，并聚合形成抗蛋白酶水解的不溶性淀粉样纤维沉淀而导致神经毒性。这些研究成果为传染性神经系统疾病的生物学机制研究以及新药研发提供了新的思路。

第四节　蛋白质的理化性质及其分离纯化

课堂互动

蛋白质有哪些主要的理化性质？科研及生产中如何利用这些性质分离纯化及制备我们所需要的目标蛋白？

蛋白质是由氨基酸组成的高分子有机化合物，因此其必定有与氨基酸相关的理化性质，例如两性解离及等电点、紫外吸收、呈色反应等。但蛋白质作为高分子化合物，它又表现出与低分子化合物有根本区别的大分子特性，如胶体性、变性和免疫学特性等。

一、蛋白质的理化性质

（一）蛋白质的两性电离与等电点

蛋白质是由氨基酸组成，蛋白质分子中除两末端有自由的 α-NH_2和 α-COOH 可解离外，许多氨基酸残基的侧链上尚有许多可解离的基团，如—NH_2、—COOH、—OH、胍基、咪唑基等，在一定的 pH 条件下都可解离成带正电荷或负电荷的基团，所以蛋白质也是两性电解质。当蛋白质溶液处于某一 pH 时，蛋白质解离成正、负离子的趋势相等，净电荷为零，成为兼性离子，此时溶液的 pH 称为蛋白质的等电点（isoelectric point，pI）。蛋白质的解离情况如下：

$$\mathrm{Pr}\langle^{NH_3^+}_{COOH} \underset{+H^+}{\overset{+OH^-}{\rightleftharpoons}} \mathrm{Pr}\langle^{NH_3^+}_{COO^-} \underset{+H^+}{\overset{+OH^-}{\rightleftharpoons}} \mathrm{Pr}\langle^{NH_2}_{COO^-}$$

蛋白质的阳离子　　蛋白质的兼性离子（等电点）　　蛋白质的阴离子

蛋白质在溶液中的带电情况主要取决于溶液的 pH，当蛋白质溶液的 pH 大于等电点时，该蛋白质分子带负电荷，反之则带正电荷。各种蛋白质都具有特定的等电点，与其所含的氨基酸种类和数目有关，即其中酸性和碱性氨基酸的比例及可解离基团的解离度（表 1-5）。一般来说，体内多数蛋白质的等电点为 5 左右，所以在生理条件下（pH 为 7.4），它们多以负离子形式存在。少数蛋白质含碱性氨基酸较多，其等电点偏碱性，被称为碱性蛋白，如鱼精蛋白、组蛋白等，也有少数蛋白质含酸性氨基酸较多，其等电点偏酸，被称为酸性蛋白，如胃蛋白酶、丝蛋白等。

表 1-5　蛋白质的氨基酸组成与等电点

蛋白质	酸性氨基酸数	碱性氨基酸数	pI
胃蛋白酶	37	6	1.0
血清蛋白	82	99	4.7
血红蛋白	53	88	6.7
核糖核酸酶	7	20	9.5

蛋白质的两性解离与等电点的特性是蛋白质的重要性质，是蛋白质的等电沉淀、离子交换和电泳等分离分析方法的基本原理依据，常用于蛋白质的分离、纯化和分析等研究中。

（二）蛋白质的变性

蛋白质的高分子特性形成了复杂而特定的空间构象，从而表现出蛋白质特异的生物学功能。在某些物理和化学的因素作用下，蛋白质特定的空间构象发生改变或破坏，导致其理化性质改变和生物活性丧失的现象，称为蛋白质变性（denaturation）。蛋白质变性的本质是维持蛋白质分子空间构象稳定的次级键（如二硫键、非共价键等）被破坏，从而导致蛋白质分子空间构象的改变或破坏，而不涉及一级结构的改变或肽键的断裂。

蛋白质变性后其性质和功能发生很大改变，主要表现在：①理化性质的改变，如溶解度降低，容易发生沉淀；分子不对称性增大，黏度增加；结晶能力消失；易被蛋白酶水解等。②生物活性的改变，如酶的催化活性、激素的调节作用、抗体的免疫应答、血红蛋白的运氧能力等生物功能的丧失，这是蛋白质变性的主要特征。蛋白质生物学功能的表现依赖于其特定的空间结构，一旦外界因素使其空间构象破坏，其表现生物学功能的能力也随之丧失。有时空间构象仅有微小的变化，而这种变化尚未引起其理化性质改变时，在生物活性上已可反映出来。因此，在提取、制备具有生物活性的蛋白质类化合物时，如何防止变性的发生则是关键性的问题。

引起蛋白质变性的因素有很多，常见的物理因素有高温、紫外线、X 射线、超声波和剧烈振荡等；化学因素有强酸、强碱、乙醇等有机溶剂、尿素、去污剂、重金属、三氯醋酸、生物碱试剂等。

如果蛋白质的变性程度较轻，去除变性因素后，仍可恢复其原有的构象和功能，称为蛋白质复性（renaturation）。但是许多蛋白质变性后，空间结构严重被破坏，不能复原，称为不可逆变性。变性的蛋白质疏水侧链暴露在外，肽链相互缠绕继而聚集，因而从溶液中析出，这一现象称为蛋白质沉淀。变性的蛋白质易于沉淀，但有时蛋白质发生沉淀，并不一定变性。

蛋白质的变性作用在药物的提取制备中有重要的应用，如中草药有效成分的提取或其注射液的制备也常用变性的方法（加热、浓乙醇等）除去杂蛋白；在制备有生物活性的酶、蛋白质、激素或其他生物制品时，要有效保护所需蛋白成分不变性，而不需要的杂蛋白应使其变性或沉淀除去；防止蛋白质变性也是有效保存蛋白质制剂（如疫苗等）的必要条件，有时还可加些保护剂、抑制剂等以增强蛋白质的抗变性能力。

案例解析

【案例】 日常生活中利用煮沸、紫外线照射等进行用品消毒；临床上常用酒精、高温高压进行灭菌消毒；在科研实验中，通常采用尿素、有机溶剂提取等技术制备蛋白质，请解释其原理。

【解析】 蛋白质是一类有特定三维空间结构的大分子物质，某些物理和化学因素会引起其结构改变而导致变性失活。如高温、强酸强碱、有机溶剂等，可使蛋白质分子中的氢键和二硫键被破坏，引起其空间结构改变，生物学活性丧失，从而起到杀菌消毒的作用。尿素和有机溶剂等可破坏蛋白质水化膜，使其从溶液中沉淀析出而达到分离纯化。

（三）蛋白质的胶体性质

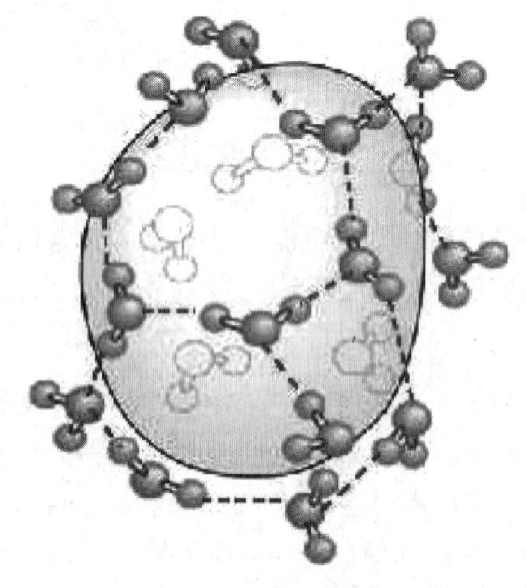

图 1-23　蛋白质亲水胶体示意图

蛋白质是高分子化合物，其分子量为 1 万～100 万，分子直径可达 1～100nm，属于胶体颗粒的范围，所以蛋白质具有胶体性质，如布朗运动、光散射现象、不能透过半透膜以及具有吸附能力等胶体溶液的一般特征。因蛋白质表面分布着许多极性基团，所以蛋白质具有亲水胶体的性质（图 1-23）。

蛋白质能在水溶液中形成稳定的亲水胶体的因素有两个：①蛋白质表面具有水化膜。由于蛋白质颗粒表面带有许多亲水的极性基团，如$—NH_3^+$、$—COO^-$、—CO、$—NH_2$、—OH、—SH、肽键等，它们易与水发生水合作用，使蛋白质颗粒表面形成一层水化膜，水化膜的存在使蛋白质颗粒相互隔开，阻止其聚集而沉淀。②蛋白质表面具有同性电荷。在某一非等电点状态的 pH 溶液中，蛋白质颗粒皆带有同性电荷，即在酸性溶液中为正电荷，在碱性溶液中为负电荷。同性电荷相互排斥，使蛋白质颗粒不致聚集而沉淀。

在体内，蛋白质与大量的水结合形成各种流动性不同的胶体系统，具有重要的生理意义，如构成生物细胞的原生质就是复杂的、非均一性的胶体系统，生命活动的许多代谢反应即在此系统中进行；各种组织细胞的形状、弹性、黏度等性质，也与蛋白质的亲水胶体性质有关。

蛋白质的胶体性质常应用于蛋白质的分离和纯化制备。在一定条件下，如果破坏了蛋白质分子表面的水化膜和同性电荷的作用，可使蛋白质颗粒相互聚集而沉淀，这就是蛋白质盐析、等电点和有机溶剂等沉淀法的基本原理，利用此法可以除去提取物溶液中的蛋白质杂质，也可通过沉淀蛋白质以除去无机盐等小分子杂质，获得蛋白质粗品。

（四）蛋白质的紫外吸收

由于蛋白质分子中含具有共轭双键的色氨酸、酪氨酸和苯丙氨酸，因此在280nm波长处有特征性吸收峰。在此波长范围内，蛋白质的A_{280}与其浓度呈正比关系，通过测定280nm处吸光值可对蛋白质进行定量测定。

（五）蛋白质的沉淀反应

蛋白质分子聚集而从溶液中析出的现象，称为蛋白质的沉淀。蛋白质在水溶液中稳定的主要因素是分子表面的水化膜和电荷，只要破坏了蛋白质的水化膜或中和其电荷，蛋白质就会聚集而发生沉淀。例如向蛋白质溶液中加入大量中性盐，可以破坏蛋白质的水化膜并中和其电荷，使蛋白质从溶液中脱水析出；加入一定量的与水可互溶的有机溶剂（如乙醇、丙酮、甲醇等），也能使蛋白质表面失去水化层相互聚集而沉淀；生物碱试剂（苦味酸、鞣酸、三氯醋酸、磺基水杨酸等）可与带正电荷的蛋白质结合，使蛋白质沉淀并变性；重金属离子（Cu^{2+}、Hg^{2+}、Pb^{2+}、Ag^{+}等）可与蛋白质结合成不溶性蛋白盐而沉淀；在一定条件下加热也可破坏蛋白质表面的水化膜而使蛋白质变性沉淀（图1-24）。

蛋白质的沉淀反应有重要的实用价值，如蛋白类药物的分离制备、灭菌技术、生物样品的分析、杂质的除去等都要涉及此类反应。蛋白质沉淀可能变性，也可能未变性，这取决于沉淀的方法和条件。

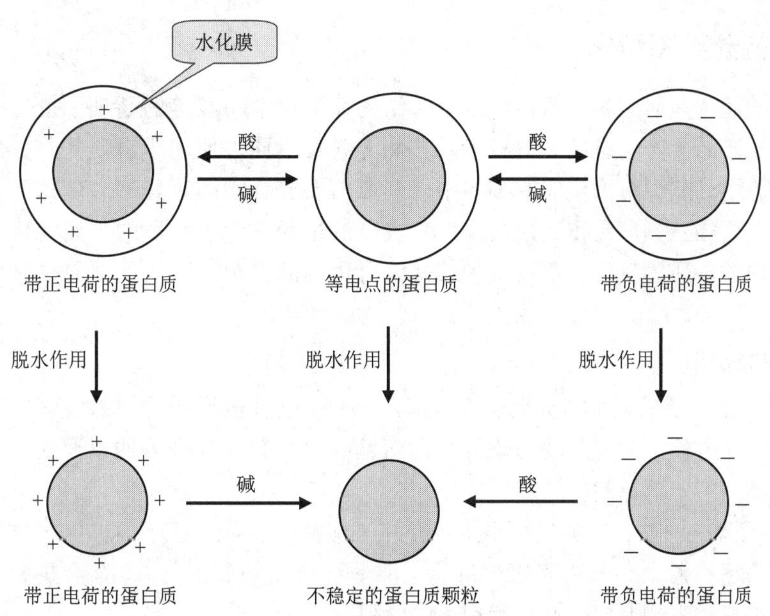

图1-24　溶液中蛋白质的沉聚过程

（六）蛋白质的颜色反应

蛋白质分子中的肽键和侧链上一些基团可与一些特定的试剂发生显色反应，这些反应常用于蛋白质的定性和定量分析。蛋白质的颜色反应很多，下面介绍几种重要的颜色反应。

1. 茚三酮反应　在pH 5~7时，蛋白质与茚三酮溶液加热可产生蓝紫色化合物。此反应的灵敏度为1μg。凡是具有α-氨基、能释放出氨的化合物几乎都有此反应，可用于多肽和蛋白质以及氨基酸的定性和定量分析。

2. 双缩脲反应 蛋白质和多肽分子在碱性溶液中可与硫酸铜共热产生紫红色反应。这是蛋白质分子中肽键的反应，肽键越多反应颜色越深，随着溶液中蛋白质的水解不断加强，颜色逐渐变浅。氨基酸无此反应，故此法可用于蛋白质的定性和定量分析，亦可用于检测蛋白质的水解程度。

3. 酚试剂反应 在碱性条件下，蛋白质分子中的酪氨酸、色氨酸可与酚试剂（含磷钨酸-磷钼酸化合物）生成蓝色化合物。蓝色的强度与蛋白质的量成正比，此法是测定蛋白质浓度的常用方法，主要优点是灵敏度高，可测定微克水平的蛋白质含量；缺点是酚试剂只与蛋白质中的酪氨酸、色氨酸反应，所以显色程度受蛋白质中氨基酸组成的影响，故要求作为标准的蛋白质其显色氨基酸的量应与样品接近，以减少误差。

（七）蛋白质的免疫学性质

蛋白质是具有特异结构和活性的大分子物质，作为异体蛋白有很强的抗原性，是重要的抗原物质。其抗原性不仅与分子大小有关，还与其氨基酸组成和结构有关。一些小分子物质本身不具抗原性，但与蛋白质结合后而具有抗原性。免疫球蛋白作为一类特殊的蛋白质，是体内的主要抗体，能与外源的异体蛋白特异结合，发生免疫应答反应，对机体是一种保护作用。免疫反应是人类对疾病具有抵抗力的重要标志。

蛋白质的免疫学性质具有重要的理论与应用价值，如利用蛋白质的抗原性免疫动物，可制备特异的抗血清或抗体；免疫球蛋白在疾病的诊断、预防和治疗、蛋白质的分离纯化方面发挥重要作用。蛋白质的免疫学性质有时也带来严重的危害性，如异体蛋白进入人体内可产生病理性的免疫反应，甚至可危及生命。因此，对一些生产过程中可带入异体蛋白质的注射用药物，如生化药物、中药制剂、发酵生产的抗生素和基因工程产品等，其主要质量标准之一是异体蛋白的控制，过敏实验应符合规定，以保证药品的安全性。

二、蛋白质的分离和纯化

蛋白质的分离与纯化是研究蛋白质化学组成、结构及生物学功能等的基础，也是生化制药工业中蛋白质类药物和蛋白质产品生产制备的关键技术。自然界各种不同性质的蛋白质是与核酸、多糖、脂类等成分混合存在于细胞中，从裂解的组织或细胞中得到蛋白质混合物的过程称为蛋白质的提取。将蛋白质混合物中的各种蛋白质相互分离、得到蛋白质单一成分的过程称为蛋白质的分离纯化。蛋白质的提取和分离纯化是以蛋白质的性质为依据，需要多种技术综合运用的复杂过程，下面简要介绍一些常用方法的基本原理。

（一）蛋白质的提取

1. 原料的选择 蛋白质的提取首先要选择适当的原料，选择的原则是原料应含较高含量的所需蛋白质，且来源丰富和取材方便，此外还要考虑原料的运输、保存和预处理方便以及成本价格。当然，由于目的不同，有时只能用特定的原料。

2. 组织细胞的破碎 一些蛋白质以可溶形式存在于体液中，可直接分离。但多数蛋白质存在于细胞内，并结合在一定的细胞器上，故需先破碎细胞，然后在适当的温度、pH 等条件下，以合适的溶媒提取。根据动物、植物或微生物原料不同，选用不同的细胞破碎方法。

（1）物理法 很多组织和细胞可采用如匀浆搅拌、超声波、压榨、冻融、渗透膨胀等方法进行破碎。匀浆搅拌常用来破碎动物组织和细胞，其特点是破碎过程迅速，蛋白质不易被细胞内释放的蛋白酶水解；超声波是破碎小量细胞常用的方法，该法是通过超声波的强烈震荡来破碎细胞，缺点是产热较多，易使蛋白质变性；压榨法通常用来裂解酵母细胞，利用压力的快速改变使细胞破碎；冻融法是细胞反复快速冻结和融化多次，使细胞或菌体破碎；渗透膨胀法是利用渗透压的作用使水扩散进入细胞最终使细胞膨胀、破碎。

（2）化学法 通过稀酸、稀碱或高浓度的盐溶液、含有表面活性剂的溶液等处理细胞，可破坏细胞膜的脂双层结构，导致细胞裂解。

（3）生物法　在适当的条件下，根据细胞的结构和化学组成选择合适的酶处理细胞，使细胞裂解。如用溶菌酶处理细菌，可使其细胞壁的肽聚糖分解，从而使菌体裂解。

3. 提取　根据蛋白质的性质不同，选用适当的溶媒、提取条件和提取次数以提高蛋白质收率。提取方法的选择是非常重要的，既要高效提取所需的蛋白质，又要防止蛋白酶的水解和其他因素对蛋白质特定构象的破坏，不同结构和性质的蛋白质采用不同的提取方法，常用方法如下。

（1）有机溶剂提取法　主要用于从组织中提取水溶性较小的脂蛋白、膜蛋白等。用于提取的有机溶剂既可以是非极性的，也可以是极性的。常用的有甲醇、乙醇和丙酮等，它们可与水混溶，又具有一定的亲脂性，因而应用较多。

（2）缓冲液提取法　这类缓冲液通常具有一定的 pH、离子强度，既要有利于所提取蛋白质的溶解，又要防止蛋白质在提取过程中由于解离状态的改变而失活。常用的缓冲液有 Tris 缓冲液、磷酸盐缓冲液等，稀酸、稀碱溶液也常用于提取水溶性大的蛋白质。

（3）表面活性剂提取法　表面活性剂是兼有亲水基团和疏水基团的两性分子，具有乳化、分散和增溶作用。对于缓冲液、盐溶液等无法提取的蛋白质，可在溶液中加入表面活性剂进行提取。常用的离子型表面活性剂有十二烷基磺酸钠（SDS），非离子型表面活性剂有吐温系列、Triton 系列等。离子型表面活性剂作用强，易使蛋白质变性，要注意使用的条件。

（二）蛋白质的分离纯化方法

蛋白质的分离纯化是根据不同蛋白质之间的结构、理化性质和生物学性质不同，从蛋白质的粗提混合物中分离目标蛋白，最终获得较高纯度的、有活性的蛋白质样品。通常采用多种分离纯化技术进行组合，常用方法如下。

1. 根据溶解度不同的分离纯化方法　蛋白质溶解度的差异主要取决于它们的分子结构，如氨基酸组成、极性基团和非极性基团的多少等。利用蛋白质溶解度的差异是分离蛋白质的常用方法之一，影响蛋白质溶解度的主要因素有溶液的 pH、离子强度、溶剂的介电常数和温度等。在一定条件下，适当改变这些影响因素，可选择性地造成蛋白质溶解度的不同而达到分离。

（1）等电沉淀法　蛋白质在等电点时所带净电荷为零，其溶解度最小，通过调节溶液 pH，可使蛋白质在其等电点沉淀析出。但单纯使用此法不易使蛋白质沉淀完全，常与其他方法配合使用。

（2）盐析法　中性盐对蛋白质胶体的稳定性有显著的影响，蛋白质溶液中加入中性盐后，因盐浓度的不同可产生不同的反应。低盐浓度时，蛋白质表面吸附某种离子使其颗粒表面同性电荷增加而排斥加强，同时与水分子作用也增强，从而提高了蛋白质的溶解度，称为盐溶。高盐浓度时，因破坏蛋白质的水化膜并中和其电荷，促使蛋白质颗粒相互聚集而沉淀，称为盐析（salt precipitation）（图 1-25）。不同蛋白质因分子大小、电荷多少不同，盐析时所需盐的浓度各异。混合蛋白质溶液可用不同的盐浓度使其分别沉淀，这种方法称为分级沉淀。盐析时溶液的 pH 多选择在蛋白质的等电点附近。常用的无机盐有 $(NH_4)_2SO_4$、NaCl、Na_2SO_4 等。盐析沉淀的蛋白质一般保持着天然构象而不变性，因此本法常用于酶、激素等具有生物活性蛋白质的分离制备。

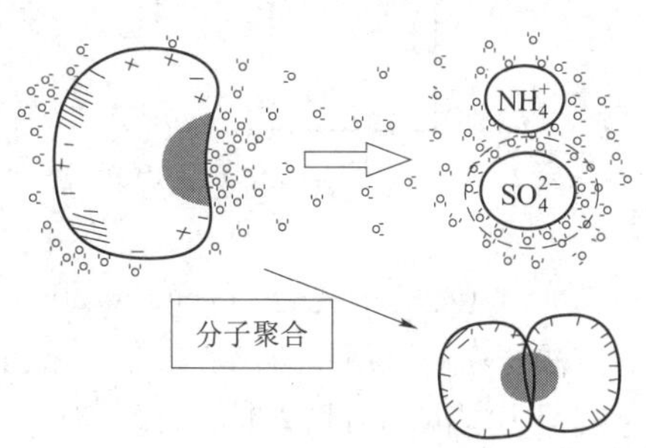

图 1-25　盐析示意图

（3）有机溶剂沉淀法　有机溶剂的介电常数比水低，如 20℃时，水为 79、乙醇为 26、丙酮为 21，可降低水溶液的介电常数，使蛋白质分子间极性基团的静电引力增加，而水化作用降低，促使蛋白质聚集沉淀。此法沉淀蛋白质的选择性较高，且不需脱盐，但温度高时可引起蛋白质变性，故应注意低温条件，如用冷乙醇法从血清中分离制备清蛋白和球蛋白。

（4）免疫沉淀法　蛋白质具有抗原性，利用特异抗体识别相应的抗原蛋白，并形成抗原抗体复合物的性质，可从蛋白质混合液中分离获得抗原蛋白。本法分离的蛋白质特异性高、分离效果好，但需要先获得该抗原蛋白的特异抗体。

温度对蛋白质的溶解度有明显的影响，一般在 0～40℃时，多数蛋白质的溶解度随温度的升高而增加；40～50℃以上，多数蛋白质不稳定并开始变性。因此，蛋白质的沉淀反应一般要求低温条件。

2. 根据分子大小不同的分离纯化方法　蛋白质是由不同种类和数量的氨基酸组成的大分子物质，不同的蛋白质分子大小各异，利用此性质可从混合蛋白质中分离各组分。

（1）透析法　利用大分子蛋白质对半透膜的不可透过性而与其他小分子物质分离的方法，称为透析（dialysis）（图 1-26）。半透膜是一种具有超小微孔的膜，如硝酸纤维素膜，一般只允许分子量为 10000 以下的化合物通过。把蛋白质溶液装入用半透膜制成的透析袋里，再置于水中，小分子物质如硫酸铵、氯化钠等可透过薄膜，不断更换袋外的水，即可使袋内的小分子物质全部去尽。此法简便，常用于蛋白质的脱盐，但需时间较长。如果袋外放吸水剂如聚乙二醇，则袋内的水分随小分子物质透出，袋内蛋白质溶液还可达到浓缩的目的。

（2）超滤法　利用超滤膜在一定的压力或离心力的作用下，大分子物质被截留，小分子物质滤过排出的分离方法，称为超滤（ultrafiltration）（图 1-27）。选择不同孔径的超滤膜可截留不同分子量的物质。本法的优点是可选择性地分离所需分子量的蛋白质、超滤过程无相态变化、蛋白质不易变性，适用于大样品量分离，常用于蛋白质溶液的浓缩、脱盐、分级纯化等。

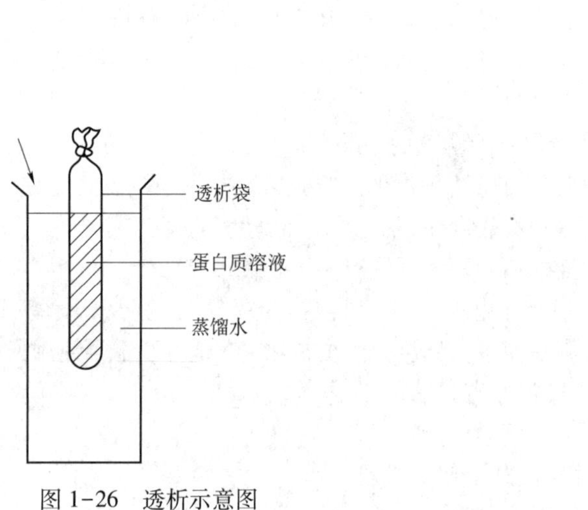

图 1-26　透析示意图

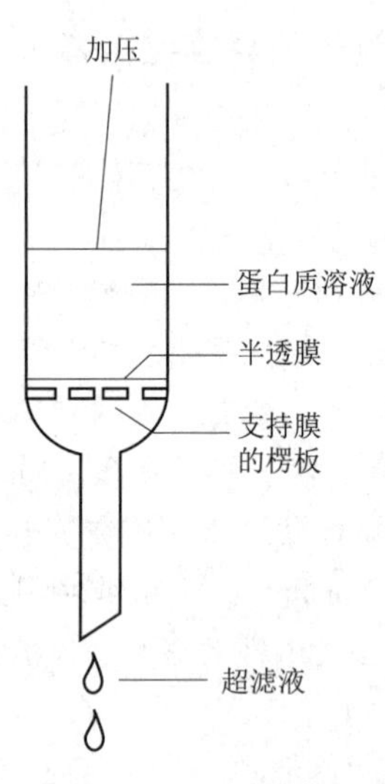

图 1-27　超滤示意图

（3）离心法　离心法（centrifugation）是根据机械快速旋转时所产生的离心力，将不同密度的物质分离的方法。一般采用超速离心来分离蛋白质，在高达 50000×g 的重力作用下，蛋白质在溶液中逐渐沉降，直至其浮力与离心力相等时，沉降停止。蛋白质颗粒的大小和密度不同，其沉降速度不同，因此可用此法进行分离。当混合蛋白质在具有密度梯度的介质中离心时，质量和密度大的颗粒比质量和密度小的颗粒沉降得快，并且每种蛋白质颗粒沉降到与自身密度相等的介质梯度时，即停止沉降，可分步收集到不同密度的蛋白质，此法称为密度梯度离心（density gradient centrifugation）。在离心中使用密度梯度具有稳定作用，可以抵抗由于温度的变化或机械振动引起区带界面的破坏而影响分离效果。

（4）凝胶过滤（gel filtration）　又称分子筛色谱（molecular sieve chromatography）、分子排阻色谱（molecular-exclusion chromatography），是一种简便而有效的生化分离方法。其原理是利用蛋白质分子量的差异，通过具有分子筛性质的凝胶而被分离（图 1-28）。

色谱柱内装满带有微孔的凝胶颗粒，于顶部加入混合蛋白质溶液，直径大于凝胶微孔直径的大分子蛋白质被排阻于胶粒之外，小于孔径者则进入凝胶微孔内。在洗脱时，大分子因不能进入孔内而最先流出，小分子因在柱中滞留时间较长而最后流出，因此不同大小蛋白质得以分离。

常用的凝胶有葡聚糖凝胶（dextran gel）、聚丙烯酰胺凝胶（polyacrylamide gel）和琼脂糖凝胶

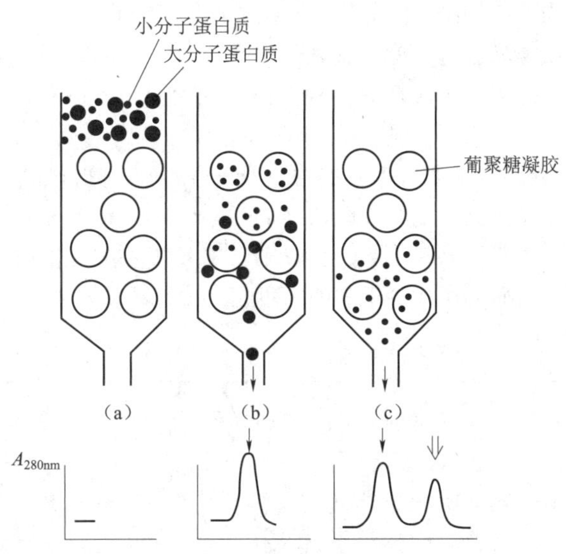

图 1-28　凝胶过滤示意图

(a) 大球是葡聚糖凝胶颗粒；(b) 小分子进入凝胶微孔，大分子不能进入，故洗脱时大分子先洗脱下来；(c) 小分子后洗脱下来

(agarose gel) 等。葡聚糖凝胶是以葡聚糖与交联剂形成有三维空间的网状结构物，两者的比例和反应条件决定其交联度的大小，即孔径大小，交联度越大、孔径越小，选择不同孔径的凝胶，可用于分离不同分子量的蛋白质。

3. 根据电离性质不同的分离纯化方法　蛋白质是两性电解质，在一定的 pH 条件下，不同蛋白质所带电荷的质与量各异，可用电泳法或离子交换色谱法等进行分离纯化。

(1) 电泳法　蛋白质在电场中向与自身所带电荷相反的方向移动而达到分离的技术，称为电泳 (electrophoresis)。蛋白质在电场中移动的速度和方向主要取决于蛋白质分子所带电荷的性质、数量及分子的大小和形状。带电物质在电场中的移动速度以电泳迁移率表示，迁移率主要受蛋白质的氨基酸组成和结构的影响，同时还受其他外界因素的影响，如电场强度、溶液 pH、离子强度及电渗等。在一定条件下，各种蛋白质因电荷的质、量及分子大小不同，其电泳迁移率各异而达到分离的目的。电泳是蛋白质分离和分析的重要方法，根据所用支持物和电泳方式的不同，常用的电泳技术主要有以下几种。

1) 薄膜电泳　如醋纤薄膜电泳，是以醋酸纤维薄膜作为支持物，操作简便快速，电泳效果好，电泳图谱清晰。临床用于血浆蛋白电泳分析。

2) 凝胶电泳　如聚丙烯酰胺凝胶电泳 (PAGE)，是以丙烯酰胺和甲叉丙烯酰胺聚合而成的网状凝胶结构物为支持物，具有电泳和凝胶过滤的特点，又称分子筛电泳。蛋白质样品通过凝胶对分子大小的筛选效应和自身的电荷效应进行分离，因而样品的分离效果好，分辨率高，是最常用的电泳技术之一。若样品中加入带负电荷较多的十二烷基磺酸钠 (SDS)，使蛋白质颗粒表面覆盖一层带负电较多的 SDS 分子，导致蛋白质分子间的电荷差异消失，此时，蛋白质在电场中的移动速度仅与蛋白质分子大小有关，此法称为 SDS-聚丙烯酰胺凝胶电泳 (SDS-PAGE)，常用于不同大小蛋白质的分离及蛋白质分子量的测定。

3) 等电聚焦电泳　以两性电解质作为支持物，电泳时即形成一个由正极到负极逐渐增加的 pH 梯度。蛋白质在此系统中电泳时各自停滞在与其等电点相应的 pH 区域而达到分离。此法分辨率极高，各蛋白 pI 相差 0.02pH 单位即可分开，可用于不同等电点蛋白质的分离纯化和分析。

4) 免疫电泳　把电泳技术和抗原与抗体反应的特异性相结合，先将抗原中各蛋白质组分经凝胶电泳分开，然后加入特异性抗体经扩散可产生免疫沉淀反应。本法常用于蛋白质的鉴定及其纯度的检查。目前此类方法已有许多新的发展，如荧光免疫电泳、酶免疫电泳、放射免疫电泳、免疫印迹分析等。

5) 双向凝胶电泳　根据被分离蛋白质等电点和相对分子质量的差异，经过两次电泳将蛋白质混合物在二维平面上进行分离。双向电泳的第一向为等电聚焦电泳，第二向为SDS-聚丙烯酰胺凝胶电泳，其电泳方向与第一向垂直。蛋白质样品经过电荷和质量两次分离后，可以得到更多蛋白分子的等电点和分子量的信息。一次双向电泳可以分离几千甚至上万种蛋白，分辨率高、信息量大，是一种高通量的分离分析技术，已成为研究蛋白质组学的重要手段。

6）毛细管电泳　是在传统电泳的基础上发展的一种新型的分离分析技术，利用高效液相柱分离和凝胶电泳的双重作用进行分离，又称高效毛细管电泳（high performance capillary electrophoresis，HPCE），具有分辨率高、自动化程度高、重复性好等优势，其应用已遍及氨基酸、蛋白质、核酸、糖和无机离子等许多领域，在生物技术产品分析研究中成为重要的手段。

案例解析

【案例】已知3种蛋白质A、B、C的等电点分别为5.0、7.5、9.5，请问如何用电泳的方法把3种蛋白质进行分离？说明其原理。

【解析】蛋白质属于两性离子，其所带电荷取决于溶液的pH值。根据3种蛋白质的等电点情况，选择在pH7.5缓冲溶液中进行电泳，A蛋白带负电荷向正极移动，C蛋白带正电荷向负极移动，B蛋白不带电，停留在原点，从而使三种蛋白质得以分离。

（2）离子交换色谱　又称离子交换层析（ion-exchange chromatography），是利用蛋白质分子的带电性与惰性载体上的活性离子基团进行可逆交换而进行分离纯化的方法。待分离的蛋白质混合物在一定pH溶液中成为带电荷分子，通过与载体上的离子进行交换，吸附在载体上，根据各种蛋白质分子的带电性不同，与载体上的基团的结合力不同，用不同pH的缓冲液进行洗脱，从而使蛋白质成分得以分离(图1-29)。

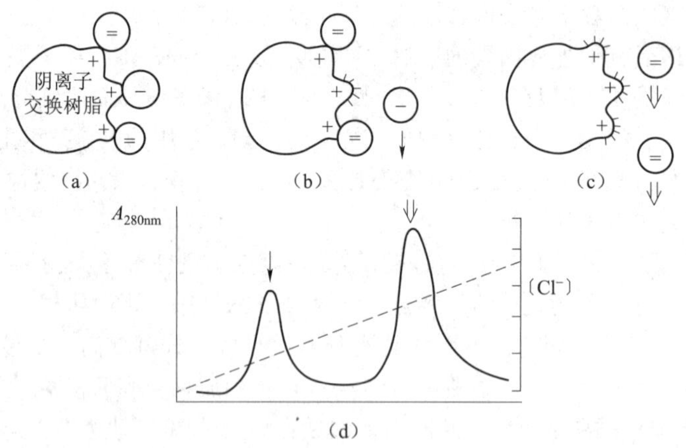

图1-29　离子交换色谱示意图

（a）样品被吸附到树脂上；（b）负电荷较少的分子用较稀的负离子溶液洗脱；（c）负电荷多的分子随负离子浓度增加依次洗脱；（d）洗脱图

根据惰性载体所带电荷种类不同，分别称为阳离子交换剂和阴离子交换剂。阳离子交换剂是在惰性载体上共价连接负电荷的基团，吸附和交换周围环境中的阳离子，而阴离子交换剂是在惰性载体上共价连接正电荷的基团，吸附和交换周围环境中的阴离子。通常将这些离子交换剂填充在色谱柱中用于分离纯化混合物，因而称为阳离子交换色谱和阴离子交换色谱。目前常用的惰性载体根据其化学成分一般分为：①离子交换纤维素：它以纤维素分子为母体，易与大分子蛋白质交换，如二乙氨基乙基纤维素

（DEAE-C）为阴离子纤维素、羧甲基纤维素（CMC）为阳离子交换纤维素；②离子交换凝胶：在凝胶分子上引入可交换的离子基团，如二乙氨基乙基葡聚糖凝胶（DEAE-Sephadex）、羧甲基葡聚糖凝胶（CM-Sephadex）等；③大孔型离子交换树脂：这类树脂孔径大，可交换基团分布在树脂骨架的表面，适用于较大分子物质的分离、精制。

4. 根据配基特异性的分离纯化方法　亲和色谱法（affinity chromatography）又称亲和层析法，是根据蛋白质与配体等分子专一、可逆的结合能力进行分离纯化的技术。用于亲和色谱的配体通过共价键结合在聚丙烯酰胺凝胶、交联葡聚糖凝胶、多孔玻璃珠等固相载体上，将其填充在色谱柱中，当蛋白质溶液通过色谱柱时，待分离的蛋白质分子可与特异配体结合，从而固定在色谱柱上，不能与配体结合的杂质随洗脱液流出，再选择适当的洗脱液将蛋白质分子从配体上洗脱下来，得到纯化的蛋白质分子(图 1-30)。

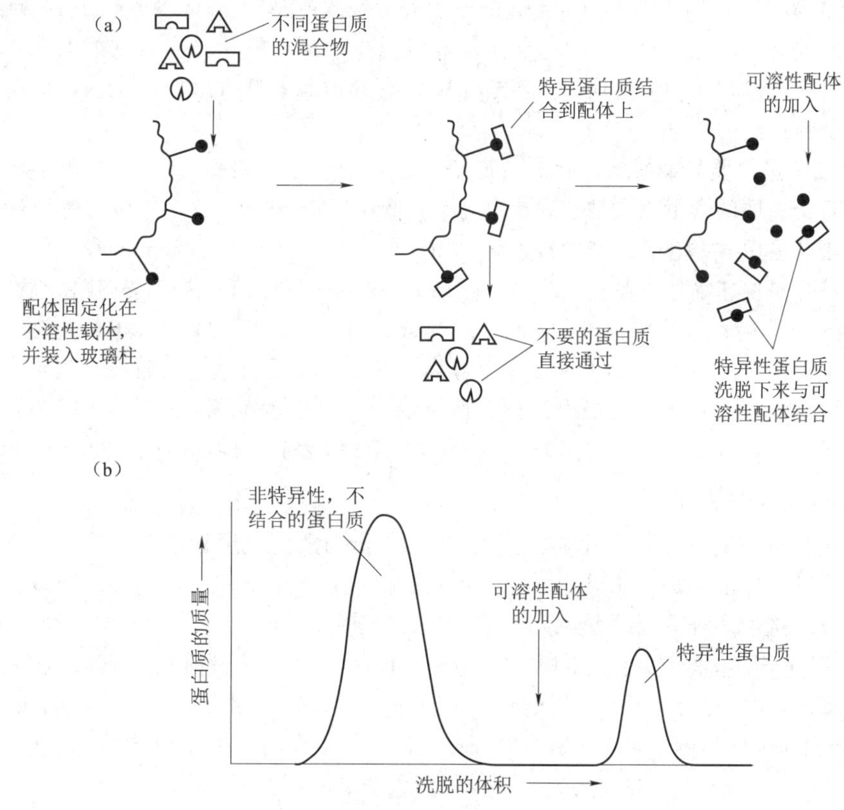

图 1-30　亲和色谱示意图

根据配体的特性不同，亲和色谱分为生物亲和色谱（生物分子间特异性相互作用，如酶与底物、激素与受体等）、免疫亲和色谱（抗原-抗体相互作用）、金属螯合亲和色谱（蛋白质与金属离子结合）等。亲和色谱法具有简单、快速、得率和纯化倍数高等优点，是一种具有高度选择性的分离纯化蛋白质的有效方法。

三、蛋白质的含量测定与纯度鉴定

（一）蛋白质的含量测定

蛋白质的含量测定是蛋白质制备和活性研究的重要步骤，检测的原理和方法很多，下面介绍几种常用的方法。

1. 凯氏定氮法（Kjeldahl 法）　其原理是蛋白质的含氮量基本恒定，平均为 16%，通过测定样品中氮的含量，即可计算出蛋白质含量。蛋白质样品经浓硫酸消化为（$(NH_4)_2SO_4$），碱性条件下蒸馏释出 NH_3，用定量的硼酸吸收，再用标准硫酸溶液滴定，求出含氮量，即可计算蛋白质的含量。此法是测定蛋白质含量的经典方法，适用于动植物的各种组织、食品等成分复杂的样品测定，但操作繁琐、费时，样品中如果含非蛋白质含氮物如核酸、游离氨基酸等会影响测定的准确性。

2. 福林-酚试剂法（Lowry 法） 在碱性条件下，蛋白质与 Cu^{2+} 生成复合物，还原磷钼酸-磷钨酸试剂生成蓝色化合物，在 750nm 处有最大吸收峰，可用比色法测定，其吸光值大小与蛋白质浓度成正比。这是测定蛋白质含量应用最广泛的一种方法，其优点是操作简便、灵敏度高，测定的蛋白质浓度范围是 25~250μg/ml。此法缺点是蛋白质中仅有酪氨酸和色氨酸与试剂反应，因此受蛋白质中氨基酸组成的影响较大，此外，酚类等一些物质的存在也会干扰此法的测定。

3. 双缩脲法 在碱性条件下，蛋白质分子中的肽键与 Cu^{2+} 可生成紫红色的络合物，在 540nm 处有最大吸收峰，可用比色法定量。此法操作简便，受蛋白质氨基酸组成影响小，但灵敏度低，测定的蛋白质浓度范围为 0.5~10mg/ml。

4. 紫外分光光度法 蛋白质分子中常含有酪氨酸等芳香族氨基酸，在 280nm 处有特征性的最大吸收峰，可用于蛋白质的定量。此法简便、快速、所需样品量少，测定的蛋白质浓度范围是 0.1~1.0mg/ml，适用于蛋白质样品制备过程中的快速检测。若样品中含有其他具有紫外吸收的杂质，如核酸等，可产生一定的误差，需要作适当的校正。

5. 染料结合法 蛋白质与染料结合形成沉淀或改变染料的光吸收特性，通过检测染料颜色的减退或变化的程度来测定蛋白质的含量，最常用的是考马斯亮蓝法（Bradford 法）。考马斯亮蓝 G-250 在酸性条件下呈红棕色，当与蛋白质结合后，产生蓝色化合物，检测反应产物在 595nm 的吸光值，可计算出蛋白质的含量。此法特点是快速简便，灵敏度范围一般在 25~200μg/ml，不受游离氨基酸、肽、糖等干扰。

6. BCA 比色法 在碱性溶液中，蛋白质与 Cu^{2+} 络合并将 Cu^{2+} 还原成 Cu^{+}，BCA 试剂（4,4′-二羧酸-2,2′-二喹啉钠）与 Cu^{+} 结合形成稳定的紫蓝色复合物，在 562nm 处有最大吸收峰，其吸光值与蛋白质浓度成正比。此法的优点是试剂单一、操作简便、产物稳定，灵敏度范围一般在 10~200μg/ml，与 Lowry 法相比几乎不受干扰物质的影响，尤其在 TritonX-100、SDS 等表面活性剂中也可测定。

（二）蛋白质纯度的鉴定

蛋白质的纯度是指一定条件下的相对均一性。因为，蛋白质的纯度标准主要取决于测定方法的检测极限，用低灵敏度的方法证明是纯的样品，改用高灵敏度的方法则证明是不纯的。所以，在确定蛋白质纯度时，应根据要求选用多种不同的方法从不同的角度去测定其均一性。下面介绍几种常用的检测方法。

1. 色谱法 用分子筛或离子交换色谱检查样品时，如果显示单一的洗脱峰，表示样品是纯的，即认为该样品在色谱性质上是均一的，称为"色谱纯"。高效液相色谱（high performance liquid chromatography，HPLC）常用于蛋白质纯度检测，它采用特有的固相载体，加上在高压条件下工作，使它成为一种高效能的分析方法。HPLC 具有液相色谱的优点，还可用于少量样品的制备。

2. 电泳法 用 PAGE 电泳检测蛋白质样品，若呈现单一区带，表明样品在电荷和质量方面的均一性，称为"电泳纯"，也是纯度的一个指标。如果在不同 pH 条件下电泳均为单一区带，则结果更可靠些；对于单链多肽和具有相同亚基的蛋白质，用 SDS-PAGE 检测呈现单一区带，说明蛋白质在分子大小上的均一程度；等电聚焦电泳用于检查纯度，可表明蛋白质在等电点方面的均一性；高效毛细管电泳（HPCE）以其微量、快速、高灵敏度等特点也常用于蛋白质的纯度检测。

3. 免疫化学法 根据蛋白质的免疫学性质，可用已知抗体检查抗原或已知抗原检查抗体，如果发生特异性的抗原与抗体反应，表示该蛋白的纯度称为"免疫纯"。免疫化学法是鉴定蛋白质纯度的特异方法，常用的有免疫扩散、免疫电泳、双向免疫电泳和放射免疫分析等。特别是放射免疫分析（RIA），它是一种超微量的特异分析方法，灵敏度很高，可达 ng~pg 水平，但需特殊设备且存在放射性的有害污染。另一种酶标记免疫分析法（EIA）是以无害的酶作为标记物代替同位素，此法的灵敏度近似于 RIA，也是目前常用的分析技术。免疫化学法虽然灵敏度和专一性都很高，但对那些具有相同抗原决定簇的化合物也可能出现同样的反应。

蛋白质纯度的鉴定方法还有超速离心法、蛋白质化学组成和结构分析等，蛋白质最终的纯度标准应是其氨基酸组成和序列分析。上述方法仅表明在一定条件下蛋白质的相对纯度，实际工作中可根据对纯度的要求选用适当的方法，若对纯度要求高，应选有相当灵敏度的多种方法进行分析。

四、蛋白质的序列分析与结构测定

蛋白质一级结构的序列分析和空间结构的解析，对于研究蛋白质的结构与功能、作用机制以及与其功能相关的蛋白质的相互关系至关重要，也可为蛋白质或多肽药物的结构改造以增强药效、降低副作用而提供理论依据。自 1953 年 Sanger 首次完成胰岛素的氨基酸顺序测定以来，目前多肽链氨基酸序列分析已有很大改进。随着方法学的改进及自动化分析仪器的产生，已完成了数万种蛋白质氨基酸序列测定。其分析原则基本借用 Sanger 提出的方法，但具体方法已有很大改进。

蛋白质一级结构序列分析的一般策略是：①测定蛋白质分子中多肽链的数目，根据蛋白质 N 端和 C 端的摩尔数和蛋白质的分子量，确定蛋白质分子中的多肽链数目；②拆分蛋白质分子的多肽链，用变性剂如尿素、盐酸胍等处理使寡聚蛋白质中的亚基拆开，根据它们的分子大小和电荷不同进行分离；③断开多肽链内的二硫键；④分析每一条多肽链的氨基酸组成，经水解和分离，测定它的氨基酸成分的分子比和各种残基的数目；⑤鉴定多肽链的 N 端和 C 端残基；⑥裂解多肽链成较小的片段，用不同的断裂方法将每条多肽链样品降解成几套重叠的肽段，并对各肽段进行氨基酸组成和末端残基的分析；⑦测定各肽段的氨基酸序列，可采用 Edman 降解法或自动序列分析仪进行测定；⑧重建完整多肽链的一级结构，利用多套肽段的氨基酸序列彼此间有交错重叠可以拼凑完整多肽链的氨基酸序列；⑨确定半胱氨酸残基间形成的二硫键的位置。主要步骤如下：

（一）蛋白质的组成分析

每一种蛋白质都有特定的氨基酸组成和数量，氨基酸的分离与分析是测定蛋白质分子组成和结构的基础，其主要步骤如下。

1. 蛋白质样品的水解　将纯化的蛋白质样品完全水解，常用的方法有酸水解法和碱水解法。酸水解一般用 6~10mol/L 的盐酸，在 110~120℃下水解 12~24 小时，除去盐酸，获得混合氨基酸水解液。该法的优点是水解彻底，不引起氨基酸消旋；缺点是色氨酸被破坏，含羟基的氨基酸也有不同程度的破坏，天冬酰胺、谷氨酰胺水解成游离氨基酸和 NH_4^+。碱水解一般用 4~6mol/L 的氢氧化钠，在 100~110℃下水解 6~24 小时。该法的优点是水解完全，色氨酸不被破坏；缺点是氨基酸易发生消旋作用，丝氨酸、苏氨酸、精氨酸和胱氨酸等大部分被破坏。

2. 氨基酸水解液的分离　氨基酸的分离方法较多，通常有溶解度法、等电点法、特殊试剂沉淀法及离子交换色谱法等。目前氨基酸分析最常用的是自动氨基酸分析仪法，此法能准确测定蛋白质样品中各种氨基酸的组成和含量。其过程是：先通过酸水解破坏蛋白质的肽键，然后将氨基酸水解液经过钠型阳离子交换柱，再分别用不同 pH 和离子强度的缓冲液洗脱，酸性和极性大的氨基酸先被洗脱，中性和碱性氨基酸后洗脱。根据洗脱图谱上各氨基酸的位置以及峰面积，与标准氨基酸色谱图进行比较，从而确定氨基酸的种类和量（图 1-31）。上述过程由全自动化的氨基酸分析仪来完成。另外，还可采用高效液相色谱法、离子交换色谱法、生物质谱法来分析氨基酸。

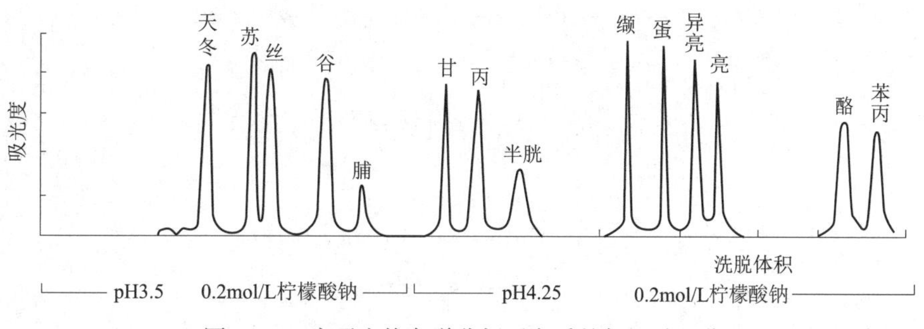

图 1-31　离子交换色谱分析蛋白质的氨基酸组分

（二）蛋白质的序列分析

1. 末端氨基酸残基的鉴定

（1）N 端氨基酸的分析　末端分析不仅用于确定蛋白质分子中多肽链的数目，而且还用于氨基酸排列顺序的测定，常用方法如下。

1）二硝基氟苯法（DNFB）：多肽的 N 端氨基与 DNFB 反应生成 DNP 多肽衍生物，由于 DNP 基团与氨基形成的键对酸的稳定性远比肽键高，当用酸水解时，所有肽键被水解生成相应的氨基酸和 DNP-末端氨基酸，用有机溶剂提取分离 DNP-氨基酸，再用纸色谱或 HPLC 等进行定性和定量。

$$\text{DNFB—F} + H_2N\text{—}\underset{CH_3}{\overset{H}{C}}\text{—}\overset{O}{\overset{\|}{C}}\text{—}\underset{H}{N}\text{—Asp—Phe—Glu—Thr—COOH}$$

$$\downarrow \text{-HF 标记}$$

$$\text{DNP—NH—}\underset{CH_3}{\overset{H}{C}}\text{—}\overset{O}{\overset{\|}{C}}\text{—}\underset{H}{N}\text{—Asp—Phe—Glu—Thr—COOH}$$

$$\downarrow \text{+HCl 水解}$$

$$\text{DNP—NH—}\underset{CH_3}{\overset{H}{C}}\text{—COOH} + \text{Asp} + \text{Phe} + \text{Glu} + \text{Thr}$$

DNP-氨基酸　　　　非 N 端氨基酸混合物

2）二甲氨基萘磺酰氯法（DNS-Cl）：本法的原理与 DNFB 法相同，其特点是反应生成的 DNS-末端氨基酸具有强烈的荧光，不需提取可直接鉴定。DNS-Cl 法灵敏度比 DNFB 法高 100 倍，但这两种方法仅适用于鉴定多肽链 N 端氨基酸。

3）Edman 降解法：苯异硫氰酸（PITC）在碱性条件下与多肽链 N 端的 α-氨基偶联，生成苯氨基硫甲酰衍生物（PTC-肽），然后 PTC-肽在酸性条件下经裂解、环化生成苯乙内酰硫脲氨基酸（PTH-氨基酸）和 N 端少一个氨基酸的多肽，PTH-氨基酸可用乙酸乙酯抽提后进行定性，其反应如下。

$$\underset{\text{PITC}}{C_6H_5\text{—N=C=S}} + H_2N\text{—}\underset{CH_3}{\overset{H}{C}}\text{—}\overset{O}{\overset{\|}{C}}\text{—}\underset{H}{N}\text{—Asp—Phe—Glu—Thr—COOH}$$

$$\downarrow \text{五肽标记}$$

$$\underset{\text{PTC-肽}}{C_6H_5\text{—}\overset{H}{N}\text{—}\overset{S}{\overset{\|}{C}}\text{—}\overset{H}{N}\text{—}\underset{CH_3}{\overset{H}{C}}\text{—}\overset{O}{\overset{\|}{C}}\text{—}\underset{H}{N}\text{—Asp—Phe—Glu—Thr—COOH}}$$

$$\downarrow \text{裂解环化}$$

$$\underset{\text{PTH-氨基酸}}{\text{(环状：}C_6H_5\text{—N—}\overset{S}{\overset{\|}{C}}\text{—NH—}\underset{CH_3}{\overset{H}{C}}\text{—}\overset{O}{\overset{\|}{C}}\text{—N)}} + \underset{\text{四肽}}{H_2N\text{—Asp—Phe—Glu—Thr—COOH}}$$

Edman 降解法的特点是在水解除去末端标记的氨基酸残基时，不会破坏余下的多肽链，少了一个氨基酸残基的肽链可再重复进行上述反应过程，每一循环都获得一个 PTH-氨基酸，经 HPLC 可鉴定出是哪一种氨基酸。由此可见，Edman 降解法不仅可以测定 N 端残基，更有意义的是从 N 端开始逐一地把氨基酸残基切割下来，从而构成了蛋白质序列分析的基础。应用此法可连续测定 60 个以上的氨基酸顺序。目前使用的氨基酸序列分析仪（sequenator）就是以此反应原理设计的，具有快速、灵敏、微量等优势。

4）氨基肽酶法：利用氨基肽酶（aminopeptidase）的外切酶活性，从肽链的 N 端开始逐个切掉氨基酸。因此，理论上只要能跟随酶水解过程，依次检测出释放的氨基酸，便可确定肽的顺序。但由于酶对各种氨基酸残基水解速度不同，对结果分析难度大而受到限制。

（2）C 端氨基酸的分析

1）肼解法（hydrazinolysis）：多肽与无水肼加热发生肼解，C 端氨基酸以自由形式释出，而其他氨基酸则生成相应的酰肼化合物。后者与苯甲醛反应生成不溶于水的二苯基衍生物而沉淀，上清液游离的 C 端氨基酸可用 DNFB 法或 DNS-Cl 法及色谱技术鉴定，反应如下。

$$H_2N—\underset{|}{\overset{R_1}{CH}}—CO \cdots\cdots NH—\overset{R_{n-1}}{CH}—CO—NH—\overset{R_n}{CH}—COOH$$

$$\downarrow H_2N—NH_2$$

$$H_2N—\overset{R_1}{CH}—CO—NH—NH_2 + NH_2—\overset{R_{n-1}}{CH}—CO—NH—NH_2 + H_2N—\overset{R_n}{CH}—COOH$$

氨基酸酰肼化合物　　　　C 端氨基酸（上清液）

$$\downarrow \text{苯甲醛}$$

二苯基衍生物（沉淀）

2）羧肽酶法：利用羧肽酶（carboxypeptidase）的外切酶活性，特异地从肽链的 C 端将氨基酸依次水解下来，这是 C 端分析常用的方法。已发现的羧肽酶有 A、B、C 和 Y 四种，它们各自的专一性不同。羧肽酶 A 可水解脂肪族或芳香族氨基酸（Pro 除外）构成的 C 端肽键；羧肽酶 B 则水解由碱性氨基酸构成的 C 端肽键；羧肽酶 C 水解 C 端的 Pro；近来发现羧肽酶 Y 能切断各种氨基酸在 C 端的肽键，是一种最适用的羧肽酶。

2. 多肽链的裂解和肽谱分析　一般来说，对小分子肽可用前述方法直接测定其氨基酸序列，对大分子多肽链需要把肽链裂解为小的肽段，经分离纯化后，分别测定各肽段的氨基酸顺序。肽链裂解方法有两类，即化学裂解法（如溴化氰法）和酶解法（如胰蛋白酶法、胰凝乳蛋白酶法等）。对肽链裂解的方法要求选择性强，裂解点少和反应产率高，一般常用两种以上的方法对肽链进行有选择的部分裂解，一条多肽链可被水解成若干片段，用离子色谱或其他方法分离各肽段。如纸色谱和电泳，可以得到肽图（图 1-32），由此确定肽段的数目。然后测定各肽段的氨基酸排列顺序，一般采用 Edman 降解法，再用色谱法依次逐个鉴定出氨基酸的排列顺序。

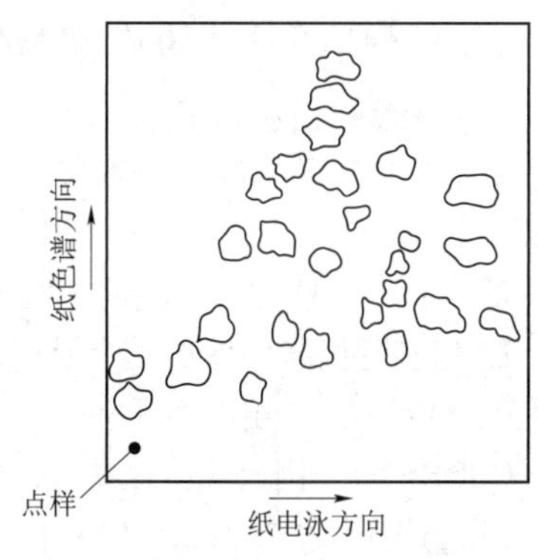

图 1-32　人血红蛋白双向肽图

肽谱分析通常选用专一性较强的蛋白水解酶（一般为肽链内切酶）作用于特殊的肽链位点，一般需用多种水解酶，将多肽链裂解成有特定末端的小片段。由于不同方法裂解的肽段不同，可从已测出氨基酸顺序的小肽片段中找到关键性的重叠序列，即可确定各小肽片段在整个大分子肽链中的位置，然后经过组合排列对比，最终推导出该大分子肽链的氨基酸顺序。

（三）蛋白质的结构测定

蛋白质的结构测定是指蛋白质的二级结构及三维空间结构分析，包括二级结构、三级结构及四级结构分析。蛋白质的空间结构非常复杂，测定难度大，需要利用多种先进的设备和技术协同完成。随着结构生物学的发展，蛋白质的结构测定得到了普遍开展，常用的分析方法如下。

1. 质谱法（MS） 质谱法被认为是测定小分子物质分子量最精确、最灵敏的方法。近年来，随着各项技术的发展，质谱所能测定的分子量范围大大提高，如基质辅助激光解离飞行时间质谱（MALDI-MS）、电子喷雾离子质谱法（ESI-MS）已成为测定生物大分子尤其是蛋白质、多肽分子量和一级结构的有效工具。目前质谱主要用于测定蛋白质一级结构，包括分子量、肽链氨基酸排序及多肽或二硫键数目和位置。

2. 圆二色谱法（CD） 圆二色谱法是利用不对称分子对左、右圆偏振光吸收的不同进行结构分析，通常采用 CD 光谱测定溶液状态下的蛋白质二级结构的类型和含量。CD 光谱对二级结构非常敏感，根据蛋白质构型的不对称性和氨基酸残基的旋光性，测量远紫外 CD 光谱，能快速辨别和计算出稀溶液中蛋白质二级结构的类型，利用近紫外 CD 光谱还可灵敏地反映芳香族氨基酸残基变化。

3. X 射线晶体衍射法 X 射线晶体衍射法是测定晶态蛋白质三维结构的主要方法。X 射线穿过蛋白质晶体的一系列平行剖面所表示的电子密度图，借助计算机可以完整而精细地绘制出晶体的三维结构，目前，依赖 X 射线晶体衍射法已成功测定了一系列的晶态蛋白质分子的三维结构。但这种技术不能测定溶液中蛋白质分子的三维结构。近年，中子衍射法在测定蛋白质分子的三维结构方面取得进展，它可以测出多肽链上所有原子的空间排布，更精确地揭示了蛋白质分子中大多数原子的三维位置。

4. 核磁共振法 多维核磁共振波谱技术成为确定蛋白质和核酸等生物分子溶液三维空间结构的唯一有效手段，能测定少于 250 个氨基酸残基构成的小分子量蛋白质溶液的构象。核磁共振法是 X 射线晶体衍射法的一个补充，它能阐明溶液中蛋白质的三维结构和动态。近年来，核磁共振法迅速发展，可用于确定分子量为 15×10^3 ~ 25×10^3 蛋白质分子的三维空间结构。

用于蛋白质空间结构测定的方法还有许多，如激光拉曼光谱法、荧光光谱法、红外光谱法等，是近年发展起来的新型分析测试技术。利用这些技术，通过对已知空间结构的蛋白质进行分析，找出一级结构与空间结构的关系，总结规律，用于未知蛋白质空间结构的预测，大大推动了蛋白质结构的研究。尤其是随着生物信息学的发展，为蛋白质空间结构测定提供了更多有效的数据，具有更大的应用前景。

五、蛋白质合成的基本原理与方法

由于蛋白质和多肽在生命活动中的重要性及其广泛的应用价值，因此关于蛋白质和多肽的合成一直受到国内外的关注。其合成方法有化学合成法、半合成法和生物合成法等。下面简介其基本原理。

（一）化学合成法的基本原理

许多天然蛋白质和多肽一级结构的阐明，使化学方法合成具有生物活性的多肽和蛋白质成为蛋白质化学中十分活跃的领域。1965 年，我国在世界上首次人工合成了牛胰岛素，目前已可用化学法合成多肽激素（如催产素、加压素、ACTH 和舒缓激肽等）、牛核糖核酸酶和多肽抗生素（如短杆菌肽 S、酪菌肽）等。其中有些方法已应用于医药工业生产。

1. 氨基酸的基团保护 为使所需的不同氨基酸能按定向顺序控制合成，防止其他不该参与反应的基团发生反应，如 N 端的自由氨基、C 端的自由羧基、侧链上的一些活性基团（如—SH、—OH、—NH_2 和—COOH 等），因此应将这些基团加以封闭或保护，以减少副反应的发生。

（1）选择保护基的条件　在接肽缩合过程中起保护作用，接肽后易除去且不引起肽键的断裂。

（2）氨基保护　常用苄氧羰酰氯（Cbz-Cl），它能与自由氨基反应生成苄氧羰酰氨基酸（Cbz-氨基酸），以后可用 H_2/钯（Pd）或钠-液氨法除去；也可用叔丁羰酰氯（Boc-Cl）作保护剂，以后用稀盐酸除去。

（3）羧基保护　常用无水乙醇进行酯化，以后经碱水解除去。

2. 多肽的液相合成 一般分为三步。

（1）氨基酸的基团保护。

（2）接肽缩合反应　常用的接肽缩合剂为 N，N′-二环已基碳二亚胺（DCCI）。它与氨基保护的氨基酸和另一分子羧基保护的氨基酸或肽作用，脱水缩合生成肽，而 DCCI 则生成 N，N′-二环已脲

（DCU）沉淀析出，易分离除去。

（3）肽的合成　根据保护剂的性质选用适当的方法除去保护基团，经分离纯化即得合成的肽。重复上述步骤可合成多肽化合物。

在多肽的液相合成中，肽链从 N 端向 C 端方向延伸。多肽液相合成的总反应如下：

基团保护

$$H_2NCH(R_1)COOH \xrightarrow{+Cbz-Cl} \qquad H_2NCH(R_2)COOH \xrightarrow{+C_2H_5OH}$$

接肽缩合

$$Cbz-NHCH(R_1)COOH + H_2NCH(R_2)COOC_2H_5 \xrightarrow[-DCU]{+DCCI}$$

$$Cbz-NHCH(R_1)-C(=O)-N(H)-CH(R_2)COOC_2H_5$$

除去保护基团

$$\xrightarrow{+NaOH,\ H_2/Pd} H_2NCH(R_1)-C(=O)-N(H)-CH(R_2)COOH$$

合成肽化合物

3. 多肽的固相合成　近年来新发展的多肽固相合成是控制合成技术上的一个重要进展，其原理是以不溶性的固相作为载体（如聚苯乙烯树脂），将要合成肽链 C 端氨基酸的氨基加以保护，其羧基借酯键与载体相连而固化，然后除去氨基保护基，用 DCCI 为接肽缩合剂，每次缩合一个氨基保护而羧基游离的氨基酸。重复上述步骤，可使肽链按控制顺序从 C 端向 N 端延长直到合成完成，脱去树脂。本法的优点是：由于所合成的肽是连在不溶性的固相载体上，因此可以在一个反应容器中进行所有的反应，便于自动化操作，加入的过量的反应物可以获得高产率的产物，同时产物很容易分离。现已按此原理设计出有程序控制的自动化多肽固相合成仪，并成为多肽合成的常用技术。本法的缺点是：在多肽合成过程中，可能出现反应不完全、保护基脱落、肽与载体间共价键部分断裂等，导致肽的流失和副作用增加，这些类似物的分离是很难的，因而此法产物的纯度不如液相法。通常固相法用于合成小分子多肽还是较理想的。

多肽固相合成的反应原理如下：

C端氨基酸固相化

$$树脂-C_6H_4-CH_2-Cl + HOOCCH(R_1)NH-Boc \longrightarrow$$

脱保护基

$$树脂-C_6H_4-CH_2-O-COCH(R_1)NH-Boc \xrightarrow{+HCl-HAc}$$

接肽缩合

$$树脂-C_6H_4-CH_2-O-COCH(R_1)NH_2 \xrightarrow{HOOCCH(R_2)NH-Boc}$$

脱树脂和保护基

$$树脂-C_6H_4-CH_2-O-COCH(R_1)-N(H)-C(=O)-CH(R_2)-NH-Boc \xrightarrow{HBr}$$

$$树脂-C_6H_4-CH_2-Br + HOOCCH(R_1)NHCOCH(R_2)NH_2$$

合成肽化合物

多肽的化学合成虽有较大进展，但一般适用于合成几十至几百个氨基酸残基以内的多肽，对于合成较大分子量的大分子蛋白质，目前采用化学合成还有一定困难，合成技术有待进一步发展。

（二）采用生物技术合成蛋白质

目前，化学合成法多限于小分子多肽的合成，对大分子蛋白质仍以生物合成为主。近年来现代生物技术（biotechnology）的发展为蛋白质的生物合成提供了极为重要的有效手段，它在新药研究、开发、生产和改造传统制药工业中得到越来越广泛的应用。其中蛋白质和多肽类药物及单克隆抗体的研究开发在现代生物技术中居领先地位。下面介绍几种生物技术在蛋白质生物合成中的应用。

1. 基因工程（genetic engineering） 又称 DNA 重组（recombination），通过对目的基因的重组和克隆表达，定向改造生物个体的遗传性状，生产制备有用的多肽和蛋白质药物。目前利用 DNA 重组技术合成蛋白质类药物已越来越多，如生长因子、干扰素、红细胞生成素、白细胞介素和疫苗等，特别是利用重组 DNA 技术表达人源性抗体或将抗体小型化，获得免疫原性弱、穿透力强的人源化抗体药物和小型化抗体靶向药物，已成为肿瘤、自身免疫性疾病、器官移植排斥和艾滋病等治疗药物的又一研究热点。

2. 转基因动物（transgenic animal） 将目标基因导入动物的受精卵或单卵胚胎细胞并在动物体内正常表达，从其体液与组织中分离制备外源基因的表达产物。其优点是基因表达可精确控制，产量高，易于提纯产物和实际应用。用转基因动物作为生物反应器来合成、生产蛋白质、多肽药物已成为国际上的重要领域。如用转基因绵羊生产人乳铁蛋白；用转基因绵羊生产蛋白酶抑制剂 ATT，用于治疗肺气肿和囊性纤维变性；将霍乱菌 B 蛋白基因转入马铃薯所得霍乱疫菌，每天食用100g，七天即可获得免疫力。由此可见利用转基因动植物生产药用蛋白的巨大潜力。

3. 细胞工程（cell engineering） 体内所有的蛋白质都是由不同的细胞合成的，因此可利用细胞培养生产制备所需的蛋白质类药物。近年来，由于细胞融合技术的建立和发展为生化制药展示了美好的前景，如杂交瘤细胞不仅具有合成某种蛋白质的能力，也具有较强的细胞增殖能力。目前，利用工程细胞，或者是杂交瘤细胞培养可合成制备许多蛋白质类药物，如诊断或治疗用的单克隆抗体、促红细胞生成素（erythropoietin，EPO）、组织型纤溶酶原激活物（tissue-type plasminogen activator，tPA）和多种干扰素等。

4. 酶工程（enzyme engineering） 应用酶的特异性催化作用制备目标产物的工艺过程。其优点是酶反应的专一性强，效率高，可在常温、常压和水溶液中反应，易与有机合成密切结合等。近年来此法也成功地用于一些多肽和蛋白质的合成或半合成。最典型的例子是人胰岛素的酶促半合成。胰岛素是治疗糖尿病的基本药物，主要来源于猪和牛的胰腺，但其化学结构与人胰岛素有差异，易产生免疫原性的副作用，影响治疗效果。人和猪胰岛素结构比较接近，仅 B_{30} 链有一个氨基酸不同，人的是苏氨酸（Thr）而猪的是丙氨酸（Ala），可用酶的特异性催化作用置换此氨基酸，将猪胰岛素转化为人胰岛素，有效提高了疗效和适用性。近年来固定化酶技术的发展和应用提高了酶的稳定性，节省酶的用量，简化纯化步骤，为酶促合成的规模化生产创造了更有利的条件。

5. 蛋白质工程（protein engineering） 以蛋白质的结构规律及其生物学功能为基础，根据蛋白质的构效关系，通过分子模拟与设计、有控制的基因修饰和基因合成对现有蛋白质进行定向改造，构建性能比天然蛋白质更符合人类需要的新型活性蛋白，研制开发新的蛋白质药物。该技术可以提高蛋白质的生物功能，增强特异性疗效，延长半衰期，降低副作用。例如，将水蛭素（12 肽）通过柔性肽（Gly）3 与 r-PA 连接，制备具有溶栓和抗栓双重功能活性的融合蛋白；把 IL-10-铜绿假单胞菌外毒素 40 与重组 TNFα 受体-抗体融合，制备靶向性的治疗蛋白；通过聚乙二醇（PEG）修饰，部分遮蔽活性位点，延长蛋白药物的半衰期，稳定血药浓度，达到长效治疗效果。蛋白质工程开创了按照人类意愿设计制造符合人类需要的蛋白质的新时期，为认识和改造蛋白质分子提供了强有力的手段。

第五节　蛋白质的分类与生物学功能

PPT

一、蛋白质的分类

蛋白质结构复杂、种类繁多，分类方法也是多种多样。可按照蛋白质的化学组成、分子形状、溶解度、功能等不同进行分类。

（一）按化学组成分类

蛋白质可根据其化学组成不同分为单纯蛋白质（simple proteins）和结合蛋白质（conjugated proteins）两大类。单纯蛋白质仅由氨基酸组成，其水解产物只有氨基酸，没有其他产物，如清蛋白、球蛋白、组蛋白等。结合蛋白质的组成除氨基酸外，还含有非蛋白质部分，称为辅基。大部分辅基通过共价键方式与蛋白质部分相连，是蛋白质生物活性功能不可缺少的部分。根据其结合的辅基不同，结合蛋白质可分为糖蛋白、脂蛋白、核蛋白、色蛋白、金属蛋白等。糖蛋白由蛋白质和糖类物质组成，如免疫球蛋白是一类糖蛋白，作为辅基的数条寡糖链通过共价键与蛋白质部分连接。色蛋白由蛋白质和不同种类的色素组成，如血红蛋白就是由珠蛋白和铁卟啉（即血红素）组成。

（二）按分子形状分类

蛋白质又可按分子形状不同而分为纤维状蛋白质和球状蛋白质两大类。一般来说，纤维状蛋白质分子呈纤维状或棒状，其分子长短轴之比一般大于10。纤维状蛋白质多数为结构蛋白，较难溶于水，作为细胞的支架或连接各细胞、组织和器官，如大量存在于结缔组织中的胶原蛋白和弹性蛋白就是典型的纤维状蛋白质。球状蛋白质的形状近似于球形或椭圆形，分子长短轴之比小于10，多数可溶于水，生物体内许多具有生理活性的蛋白质如酶、转运蛋白、蛋白质类激素及免疫球蛋白等属于球状蛋白质。

（三）按溶解度分类

蛋白质还可以根据溶解度不同分为可溶性蛋白、醇溶性蛋白、不溶性蛋白。可溶性蛋白是指可溶于水、稀盐、稀酸、稀碱溶液的蛋白质，如清蛋白、球蛋白、组蛋白、精蛋白等；醇溶性蛋白不溶于水和盐溶液，溶于70%~80%的乙醇，多存在于禾本科作物的种子中，如玉米醇溶性蛋白、小麦醇溶性蛋白等；不溶性蛋白指不溶于水、稀盐、稀酸、稀碱溶液或一般有机溶剂的蛋白质，如角蛋白、胶原蛋白、弹性蛋白等。根据不同蛋白质的溶解度不同，有利于从混合蛋白质中进行各蛋白质组分的分离纯化。

（四）按功能分类

近年来，对蛋白质的研究已发展到深入探索蛋白质的功能与结构的关系，以及蛋白质-蛋白质（或其他生物大分子）相互关系的阶段，因此出现了根据蛋白质的功能将蛋白质分为活性蛋白质（active proteins）和非活性蛋白质（inactive proteins）两类。前者大多数是球状蛋白质，它们的特性在于具有特定的生物活性和功能，包括在生命活动过程中一切有活性的蛋白质以及它们的前体，绝大部分蛋白质都属于此类，如酶蛋白、蛋白质激素、运输蛋白、受体蛋白等。而后者主要是起保护和支持作用的一大类蛋白质，相当于按分子形状分类的纤维状蛋白和按溶解度分类的不溶性蛋白，如角蛋白、胶原蛋白等。

二、蛋白质的生物学功能

蛋白质是生命的基础，各种蛋白质都具有其特异的生物学功能，许多重要的生命现象和生理活动都是通过蛋白质来实现的，它们决定不同生物体的代谢类型及各种生物学特性，生物的多样性体现了蛋白质生物学功能的多样性。可以说，蛋白质的重要性不仅在于它广泛、大量存在于生物界，更在于它在生命活动过程中起着重要的作用。

1. 生物催化和代谢调节作用　生命的基本特征是物质代谢，而物质代谢几乎全部的生化反应都需要酶作为生物催化剂，而多数酶的化学本质是蛋白质，可见蛋白质在物质代谢中起着重要作用。酶的类型决定了生物的代谢类型，从而使不同的生物表现出不同的生命现象。同时，体内的物质代谢存在精细有效的调节系统，参与代谢调节的许多激素是蛋白质或多肽，如胰岛素、胸腺素及各种促激素等，保持细胞正常的代谢。

2. 免疫保护和防御作用 血浆中有一类特异的球蛋白——抗体蛋白，与机体的免疫功能密切相关。它能识别进入体内的异体物质，如细菌、病毒和异体蛋白等，并与其结合而使之失活，使机体具有抵抗外界病原侵袭的能力。免疫球蛋白也可用于许多疾病的预防和治疗。

3. 物质转运和贮存作用 体内许多物质的转运和贮存都需要一些特殊的蛋白质来完成，如血红蛋白运输氧和二氧化碳；血浆运铁蛋白转运铁，并在肝形成铁蛋白复合物而贮存；不溶性的脂类物质与血浆蛋白结合成脂蛋白而运输。许多药物吸收后也常与血浆蛋白结合而转运。

4. 协调运动和支持作用 肌肉收缩是一种协调运动，负责运动的肌肉收缩系统也是蛋白质，如肌动蛋白、肌球蛋白、原肌球蛋白和肌原蛋白等，这是躯体运动、血液循环、呼吸与消化等功能活动的基础。皮肤、骨骼和肌腱的胶原纤维主要含胶原蛋白，它有强烈的韧性和弹性，这些结构蛋白（胶原蛋白、弹性蛋白、角蛋白等）的作用是维持器官、细胞的正常形态，抵御外界伤害，保证机体的正常生理活动。

5. 控制生长和分化作用 生物体可以自我复制，除了作为遗传基因的脱氧核糖核酸起了非常重要的作用外，蛋白质在遗传信息的复制、转录及翻译过程中充当着至关重要的角色。生物体的生长、繁殖、遗传和变异等都与核蛋白有关，而核蛋白是由核酸与蛋白质组成的结合蛋白质。另外，遗传信息多以蛋白质的形式表达出来。有一些蛋白质分子（如组蛋白、阻遏蛋白等）对基因表达有调节作用，通过控制、调节某种蛋白基因的表达（表达时间和表达量）来控制和保证机体生长、发育和分化的正常进行。

6. 接受和传递信息作用 完成这种功能的蛋白质为受体蛋白，其中一类为跨膜蛋白，另一类为胞内蛋白，如细胞膜上蛋白质类激素受体、细胞内甾体激素受体以及一些药物受体。受体首先和配基结合，接受信息，通过自身的构象变化，或激活某些酶，或结合某种蛋白质，将信息放大、传递，起着调节作用。还有一些蛋白质参与细胞间的信息传递，维持细胞间的相互作用和联系。

总之，蛋白质的生物学功能极其广泛。近来分子生物学研究表明，在高等动物的记忆和识别功能方面，蛋白质也起着十分重要的作用。生命活动是不可能离开蛋白质而存在的，因此，有人称核酸为“遗传大分子”，而把蛋白质称作“功能大分子”。此外，蛋白质还可以作为药物，用于疾病的预防和临床治疗。

第六节　多肽与蛋白质类药物

PPT

早在古代，人类就已利用动物脏器来防治疾病。近代，人们大规模地生产和应用多肽与蛋白质类药物。这类药物可从动植物和微生物直接提取制备，目前更多的是采用生物技术来生产制备。越来越多的活性多肽和蛋白质被开发成药物，并应用于临床。多肽与蛋白质类药物具有活性高、特异性强、疗效稳定、毒副作用小、用量少等优点，对癌症、感染、自身免疫性疾病、心脑血管疾病、代谢性疾病、老年病及退行性疾病等有显著的疗效和广泛的应用前景，因此备受国内外专家的关注。自 1953 年人工合成了第一个有生物活性的多肽催产素以后，50 年代的研究主要集中在脑垂体所分泌的各种多肽激素，并取得了很大的进展。到 60 年代，研究的重点转移到一类典型的神经细胞所分泌的活性肽（神经肽），即由下丘脑所形成的激素释放因子和释放激素抑制因子。70 年代，脑啡肽及脑中其他阿片样肽的相继发现，使神经肽的研究进入了高潮，与此同时，胃肠激素的研究也十分活跃，成为发展较快的一个研究领域。80 年代以后，通过生物表达和化学合成方法制备出的多肽类药物在疫苗、抗菌、抗肿瘤、诊断用药等领域发挥出积极而重要的作用。

20 世纪 90 年代后期，随着现代生物技术的不断创新和应用，多肽与蛋白质类药物有了长足的发展，其种类及适用范围越来越广泛，而且功能活性及临床疗效显著，在国际医药市场中所占份额也不断提高。根据功能及治疗应用的不同，可将多肽和蛋白质药物分为七大类。

1. 替代缺乏或异常蛋白质的药物 许多疾病是由特定的蛋白质缺乏或异常所导致，故可通过持续给予该类蛋白，用于治疗由确定的分子病因所造成的内分泌及代谢性疾病，如治疗激素缺乏性疾病的胰岛素、生长激素等；治疗 A 型或 B 型血友病的Ⅷ因子和Ⅸ因子等。随着功能基因组学、蛋白质组学和代谢组学等研究的深入，越来越多的蛋白质与疾病的关系将被揭示，该类药物的作用靶标和机制越来越清楚。

2. 增强蛋白质生物活性通路的药物 机体的生理功能依赖于蛋白质的存在，这些蛋白分子精细的调节及平衡是维持正常生命活动的基础。在许多特定情况下（包括病理及生理条件下），需要通过加强某一蛋白质的数量、活性或作用时间来达到医学目的，如增强造血及免疫功能、止血及抗凝血、平衡内分泌紊乱、调节生育及生长过程等。此类药物主要为人体内正常情况下存在的各种细胞因子（如 EPO、G-CSF、IFN 等）、内分泌激素（如 FSH、HCG、PTH 等）、凝血酶类分子或它们的类似物（如阿替普酶、替奈普酶等）等。这些多肽因子的生物活性广泛、作用靶点多元，其药学作用延伸可引起复杂的生物学效应，故有潜在的毒副作用。

3. 提供新功能或新活性的蛋白质药物 人类一直在实践中探讨应用天然存在的非人源蛋白质治疗人类疾病。该类药物在人体内不存在或即使存在但通常不行使蛋白功能，包括某些有新功能的外源蛋白，以及只在特定时间或机体特定部位发挥功能的内源蛋白，如对大分子酶促降解的胶原酶、透明质酸酶；对小分子代谢物酶促降解的 PEG 修饰的天冬酰胺酶；将血浆酶原降解为血浆酶的链激酶和凝血酶抑制剂重组水蛭素等。该类药物的未来发展主要依赖于对各种新的外源蛋白质在人体生理及药理学功能方面的进一步认识。另外，由于外源大分子蛋白多具有较高的免疫原性，这在很大程度上限制了该类药物的开发与利用。

4. 直接干扰靶分子或靶组织功能的蛋白质药物 此类药物以单克隆抗体、免疫球蛋白等相关分子为主，也包括利用受体-配体相互作用发挥效应的分子。该类药物是目前研究最多，也是未来最有发展前景的新型药物。

5. 传递其他化合物或蛋白质的药物 此类药物利用蛋白质可特异性结合治疗靶点（通过抗原-抗体结合或配体-受体结合方式）的能力，借助蛋白质为传输载体，将高毒性的小分子药物、毒素或同位素等效应分子靶向运送至病灶部位从而发挥治疗作用，也被称为“生物导弹”或“导向药物”。单抗及某些细胞因子是传输载体的最佳候选者。机体通常通过蛋白质作为输送小分子物质的载体，因此蛋白质作为小分子药物输送工具具有广泛的应用前景。特别是对蛋白质可特异性靶向某些疾病靶点特性的研究，必将全面推动个体化、靶向性等现代药物开发理念向纵深发展。

6. 蛋白或多肽疫苗 伴随蛋白或多肽疫苗制造技术的发展，“治疗性疫苗”的理论及应用不断成熟，从本质上改变了传统疫苗的概念。无论从研发手段、生产工艺，还是从产品标准、质量控制等角度，特别是以治疗性肿瘤疫苗为代表的“治疗性疫苗”，已逐步成为临床上的主动特异性免疫治疗药物。随着对肿瘤、自身免疫性疾病以及传染性疾病研究的深入，将会有更多的重组蛋白或多肽应用于预防及治疗性疫苗的开发，并将在重组蛋白质药物领域占有一席之地。

7. 用于诊断的蛋白质药物 该类蛋白质药物兼有药物及诊断试剂的双重功能，可用于某些特定疾病的体外及体内诊断，特别是体内诊断，如肿瘤显像剂多用抗体偶联同位素，在肿瘤定位诊断的同时，同位素也可对肿瘤细胞发挥抑制或杀伤作用。

经过一个多世纪的发展，多肽与蛋白质药物已经一步一步的成熟起来，在制药工业及临床应用中均占有举足轻重的地位，已成为 21 世纪重要的治疗、预防和诊断用药。展望未来 30 年，以重组 DNA 技术为核心的生物技术的广泛应用，必将赋予蛋白质药物更为广阔的发展空间。

本章小结

蛋白质是重要的生物大分子，在体内分布广泛、含量丰富、种类繁多、功能复杂。组成人体蛋白质的基本单位为L-α-氨基酸，共有20种，分为酸性氨基酸和碱性氨基酸等四类。氨基酸属于两性电解质，在其pI时呈兼性离子。氨基酸通过肽键相连形成肽，肽键具有部分双键性质，构成肽单元。体内存在许多具有重要生理功能的生物活性肽。

蛋白质的结构分为四个层次。蛋白质一级结构是指氨基酸通过肽键相连形成的多肽链，即氨基酸的排列顺序。蛋白质二级结构是指多肽链的主链盘旋折叠形成的局部空间结构，主要形式有α螺旋、β折叠、β转角和Ω环，以氢键维持其稳定性。空间上相邻的两个或两个以上具有二级结构的肽段形成有规律的组合体，称为模体。蛋白质三级结构是指多肽链主链和侧链的全部原子的空间排布位置，主要稳定力是次级键。蛋白质的三级结构可形成一个或数个特定结构域，通常是其功能部位。某些蛋白质还有四级结构，是由具有独立三级结构的亚基相互作用聚合而成。每一种蛋白质都有其特定的空间构象和生物学功能，一级结构是空间结构的基础，空间构象决定其生物活性。

蛋白质具有与氨基酸相关的理化性质，如两性解离、紫外吸收、呈色反应等，又有大分子的特性，如胶体性质、变性与复性、免疫学特性等。根据蛋白质的溶解度、分子大小、电离性质、特异性配体等不同，采用沉淀法、电泳法、透析法、色谱法、离心法等方法从蛋白质粗提物中分离纯化蛋白质样品。常用的蛋白质含量测定法有凯氏定氮法、福林-酚试剂法、双缩脲法、紫外分光光度法、BCA比色法等；蛋白质纯度的鉴定方法有电泳法、色谱法、免疫沉淀法等。蛋白质的结构分析及其合成对于研究蛋白质的功能和应用至关重要，现代生物技术为蛋白质或多肽的结构和功能改造、增强活性、降低副作用提供了重要手段，蛋白质及多肽类药物具有巨大的应用前景。

练习题

题库

一、单项选择题

1. 某一蛋白质样品的含氮量为8%，其蛋白质的含量约为（　　）
   A. 10%　　B. 25%　　C. 50%　　D. 65%　　E. 80%
2. 在280nm波长处具有紫外吸收的氨基酸是（　　）
   A. 谷氨酸　　B. 天冬酰胺　　C. 酪氨酸　　D. 赖氨酸　　E. 精氨酸
3. 蛋白质和酶的巯基来自（　　）
   A. 蛋氨酸　　B. 半胱氨酸　　C. 胱氨酸　　D. 组氨酸　　E. 谷胱甘肽
4. 关于蛋白质α螺旋结构特点，正确的是（　　）
   A. 多为左手螺旋　　B. 螺旋方向与长轴垂直
   C. 肽键平面充分伸展　　D. 每个螺旋周期有10个氨基酸残基
   E. 靠氢键维系稳定性
5. 关于蛋白质的三级结构描述，错误的是（　　）
   A. 亲水基团多位于三级结构表面　　B. 三级结构包括主链和侧链的空间排布
   C. 三级结构的稳定性主要是次级键维系　　D. 天然蛋白质分子均有三级结构
   E. 具有三级结构的多肽都具有生物学活性
6. 下列是氨基酸和蛋白质都具备的是（　　）
   A. 两性解离性质　　B. 变性性质　　C. 沉淀性质　　D. 胶体性质

E. 复性性质

7. 下列关于蛋白质变性的叙述，错误的是（　　）

A. 原有的生物学活性降低或丧失　　B. 溶解度增加

C. 易被蛋白酶水解　　D. 蛋白质的空间构象破坏

E. 蛋白质的一级结构并无改变

8. 人血红蛋白的 pI 为 7.2，在下列 pH 值的电泳缓冲液中向正极迁移的是（　　）

A. 6.0　　B. 6.8　　C. 7.0　　D. 7.2　　E. 8.3

9. 盐析法沉淀蛋白质的原理是（　　）

A. 与蛋白质结合生成不溶性的蛋白质盐　B. 破坏水化层

C. 使蛋白质变性　　D. 调节蛋白质的等电点

E. 破坏蛋白质的二级结构

10. 引起疯牛病的病原体是（　　）

A. 一种多糖　　B. 一种蛋白质　　C. 一种 DNA　　D. 一种 RNA　　E. 一种脂质

二、思考题

1. 简述 L-α-氨基酸的结构特征，比较其结构异同与性质的关系。
2. 简述蛋白质二级结构的主要类型及其特点。
3. 简述蛋白质各级结构的形成和特点以及各结构层次间的内在关系。
4. 举例说明蛋白质的结构与功能的关系。
5. 简述蛋白质的主要理化性质，并说明其原理及应用。
6. 常用的蛋白质分离纯化的方法有哪些？简述其原理及应用。

（杨　红）

第二章

核酸的结构与功能

学习导引

1. **掌握** 核苷酸的种类；核酸一级结构和 DNA 二级结构的形成及特点；mRNA、tRNA 结构；DNA 变性的概念、特征及其应用。

2. **熟悉** 核苷酸的生理作用；核酸的一般理化性质；核酶的概念及意义。

3. **了解** 染色体的形成过程；其他 RNA 分子的功能；核酶的结构与分类；核苷及核苷酸类药物的作用机制。

核酸（nucleic acid）是生物体中与遗传相关的一类生物大分子，具有复杂的结构以及极为重要的生物学功能。不论动物或是植物，乃至细菌和病毒中，都有核酸存在。在真核细胞中核酸通常与蛋白质结合，以核蛋白的形式存在。天然的核酸分为两大类，即脱氧核糖核酸（deoxyribonucleic acid，DNA）和核糖核酸（ribonucleic acid，RNA）。DNA 存在于细胞核和线粒体（叶绿体）内，携带遗传信息，决定细胞和个体的基因型（genotype）。RNA 主要存在于细胞质和细胞核内，参与遗传信息的表达。在某些情况下，如病毒中，RNA 也可作为遗传信息的载体。

核酸与蛋白质关系十分密切。DNA 贮存遗传信息，依据中心法则，DNA 将遗传信息传递给 mRNA，再由 mRNA 指导蛋白质合成，赋予个体独特的表型和生物学性状。也就是说，遗传信息以 DNA 为起点，经过一系列复杂的过程，最终以蛋白质的合成作为终点。因此，核酸从本质上说是生物体遗传和变异的基础，其保守性决定了亲代的遗传信息可延续至子代，而其变异既可能带来进化等积极影响，也可能导致许多疾病发生。

目前，对核酸的研究已十分深入，许多疾病已能够从基因水平进行诊断及治疗。此外，核苷和核苷酸类药物也成为临床治疗疾病的有效手段。本章主要从核酸的分子组成、一级结构及空间结构、理化性质、分离和含量测定等几个方面进行阐述。

第一节 核酸的分子组成及一级结构

PPT

核酸是由多个单核苷酸分子聚合形成的多核苷酸链（polynucleotide），主要由碳、氢、氧、氮和磷元素组成，其中磷元素含量相对恒定，DNA 含磷约 9.9%，RNA 含磷约 9.4%。核酸在核酸酶的作用下水解成核苷酸，因此核苷酸（nucleotide）是组成核酸的基本结构单位。将核苷酸进一步水解，可释放出等摩尔的碱基（base）、戊糖（pentose）和磷酸，其中碱基和戊糖缩合后形成的糖苷称为核苷（nucleoside）。

一、核苷酸的组成与结构

微课

（一）核苷酸的分子组成

1. 碱基　碱基为含氮的杂环化合物，是构成核苷酸最重要的组成成分。碱基分为嘌呤（purine）碱基和嘧啶（pyrimidine）碱基两大类（图 2-1）。嘌呤碱基包括腺嘌呤（adenine，A）和鸟嘌呤（guanine，G）两种，在 DNA 及 RNA 中均存在；嘧啶碱基包括胞嘧啶（cytosine，C）、尿嘧啶（uracil，U）和胸腺嘧啶（thymine，T）3 种，RNA 和 DNA 均含有胞嘧啶，尿嘧啶仅存在于 RNA 分子中，而胸腺嘧啶仅存在于 DNA 分子中。碱基成环原子按杂环化合物命名规则编号。5 种碱基的酮基或氨基受介质 pH 影响可形成酮式或烯醇式两种互变异构体和氨基或亚氨基的互变异构体。在溶液中，酮式和烯醇式两种互变异构体常同时存在，处于平衡状态。在生物体内，核酸结构中的核苷酸主要是酮式。

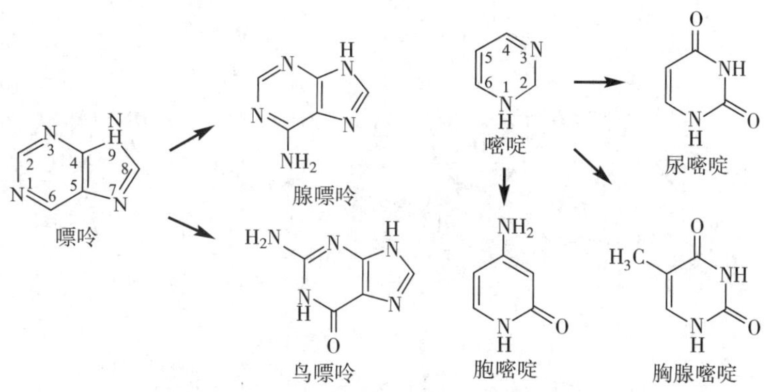

图 2-1　构成核苷酸的嘌呤和嘧啶的化学结构式

除了以上 5 种常见的碱基以外，核酸分子中还有其他碱基，它们在核酸中较为少见，通常是 5 种常见碱基的修饰产物，称为稀有碱基（图 2-2）。DNA 中的稀有碱基多数是常规碱基的甲基化产物，例如，5-甲基胞嘧啶（5-methylcytosine）、1-甲基腺嘌呤（1-methyladenine），具有保护遗传信息和调控基因表达作用。RNA 也含有稀有碱基，例如，次黄嘌呤（hyoxanthine）、1-甲基次黄嘌呤（1-methylhyoxanthine）、二氢尿嘧啶（dihydrouracil）。

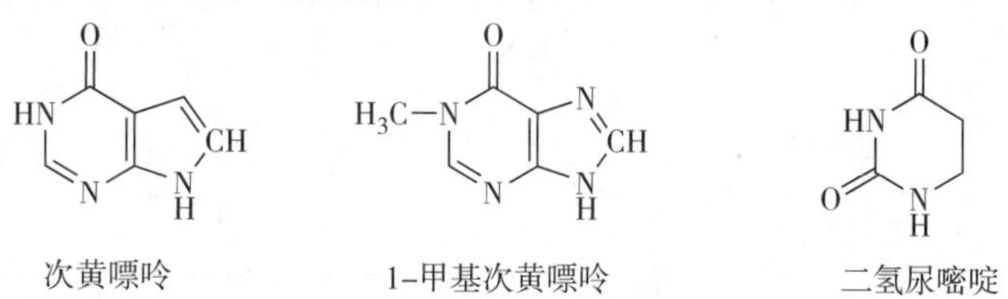

图 2-2　几种稀有碱基的化学结构式

2. 戊糖　戊糖为含有呋喃型环状结构的五碳糖，也称为核糖。为区别于碱基中的碳原子，戊糖中的碳原子以 C_1'、C_2'……C_5'标记（图 2-3）。核酸中的戊糖分为 β-D-核糖和 β-D-2-脱氧核糖，两者的差别在于 C_2'原子连接的基团是否为羟基。核糖存在于 RNA 中，脱氧核糖存在于 DNA 中。

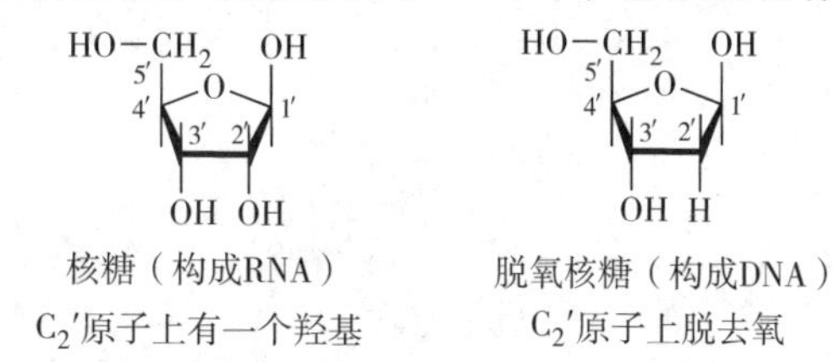

图 2-3　构成核苷酸的核糖和脱氧核糖的化学结构式

3. 核苷 戊糖和碱基缩合形成的糖苷称为核苷。核糖或脱氧核糖的 C_1'原子与嘧啶碱的 N_1原子或嘌呤碱的 N_9原子以 *N*-糖苷键相连接，形成了核苷或脱氧核苷（图 2-4）。应用 X 射线衍射法证明，核苷中的碱基与糖环平面互相垂直。

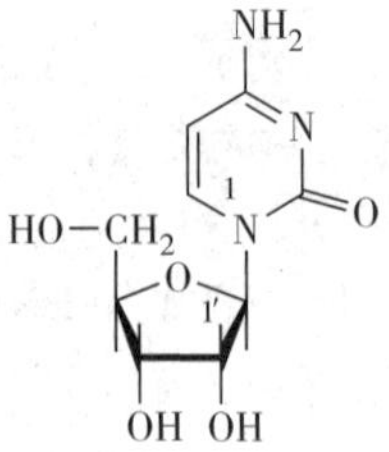

（a）

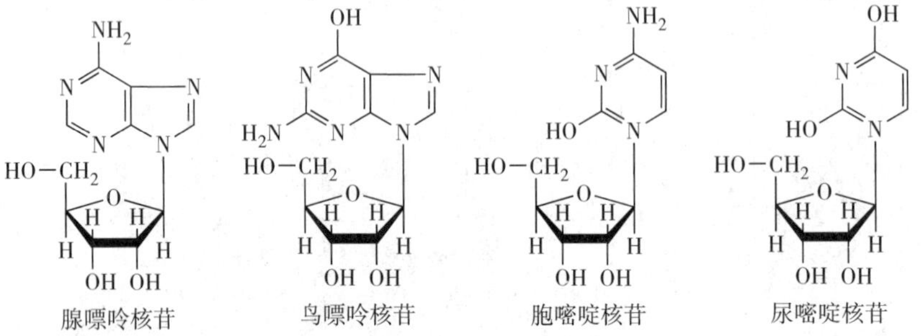

腺嘌呤核苷　鸟嘌呤核苷　胞嘧啶核苷　尿嘧啶核苷

（b）

图 2-4　核苷的化学结构式

（a）核糖 $C_{1'}$与嘧啶碱的 N_1以糖苷键结合；（b）4 种核苷的化学结构式

4. 核苷酸 核苷或脱氧核苷中 C_5'原子上的羟基与磷酸通过酯键结合，构成核苷酸或脱氧核苷酸。核糖分子中的 C_2'、C_3'、C_5'及脱氧核糖中的 C_3'、C_5'上的游离羟基均能与磷酸发生酯化反应，但自然界存在的游离核苷酸多为 5′-核苷酸。根据核苷酸中所含磷酸基团的数目不同，可将核苷酸分为核苷一磷酸（nucleoside monophosphate，NMP）、核苷二磷酸（nucleoside diphosphate，NDP）、核苷三磷酸（nucleoside triphosphate，NTP），其中 N 代表不同的碱基。图 2-5 中（a~c）分别为腺苷一磷酸（AMP）、腺苷二磷酸（ADP）、腺苷三磷酸（ATP）。构成 DNA 的脱氧核苷酸及 RNA 的核苷酸名称及英文缩写见表 2-1。

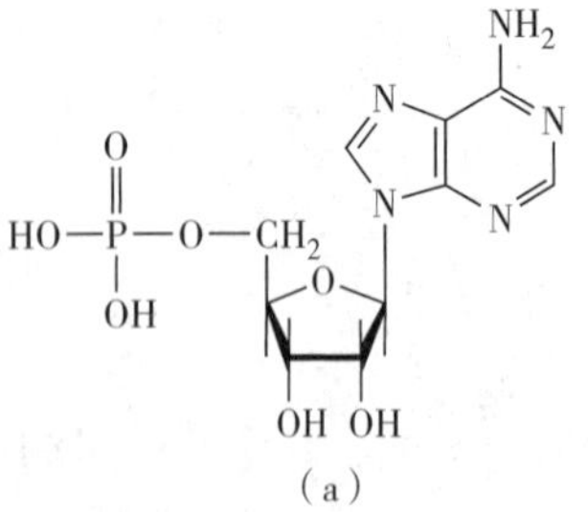

（a） 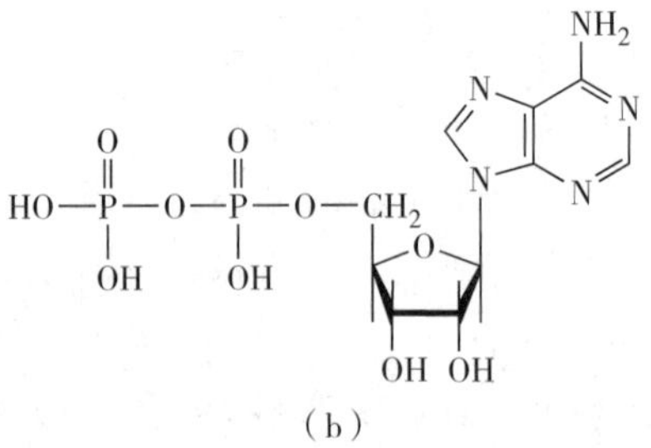　（b）

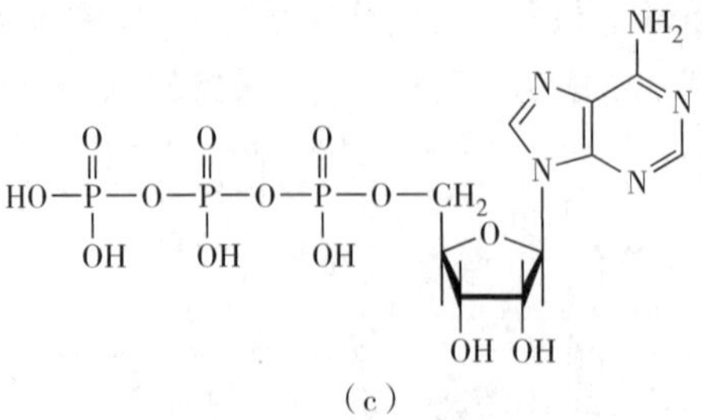

（c）

图 2-5　核苷酸的化学结构

（a）腺苷一磷酸（AMP）；（b）腺苷二磷酸（ADP）；（c）腺苷三磷酸（ATP）

表 2-1　RNA 与 DNA 的基本构成单位

RNA 的基本结构单位	DNA 的基本结构单位
腺嘌呤核苷酸 （adenosine monophosphate，AMP）	腺嘌呤脱氧核苷酸 （deoxyadenosine monophosphate，dAMP）
鸟嘌呤核苷酸 （guanosine monophosphate，GMP）	鸟嘌呤脱氧核苷酸 （deoxyguanosine monophosphate，dGMP）
胞嘧啶核苷酸 （cytidine monophosphate，CMP）	胞嘧啶脱氧核苷酸 （deoxycytidine monophosphate，dCMP）
尿嘧啶核苷酸 （uridine monophosphate，UMP）	胸腺嘧啶脱氧核苷酸 （deoxythymidine monophosphate，dTMP）

（二）核苷酸的生物学功能

在生物体内，核苷酸具有重要的生物学功能，参与了多种物质代谢及其调控过程。几种三磷酸核苷为不同的代谢途径提供能量，ATP 在生物体内化学能的储存和利用中起着关键的作用，CTP 参与磷脂的合成，UTP 参与多糖的合成，GTP 参与蛋白质和嘌呤的合成。环腺苷酸（cyclic AMP，cAMP）及环鸟苷酸（cyclic GMP，cGMP）参与了细胞信号转导过程，在生物的生长、分化中起重要的调控作用，被称为第二信使（图 2-6）。尼克酰胺腺嘌呤二核苷酸（NAD^+）、尼克酰胺腺嘌呤二核苷酸磷酸（$NADP^+$）是体内重要的辅酶。此外，有些核苷酸代谢后生成活性形式如尿苷二磷酸葡萄糖（UDPG）、S-腺苷甲硫氨酸（SAM）、3′-磷酸腺苷-5′-磷酸硫酸（PAPS）等。

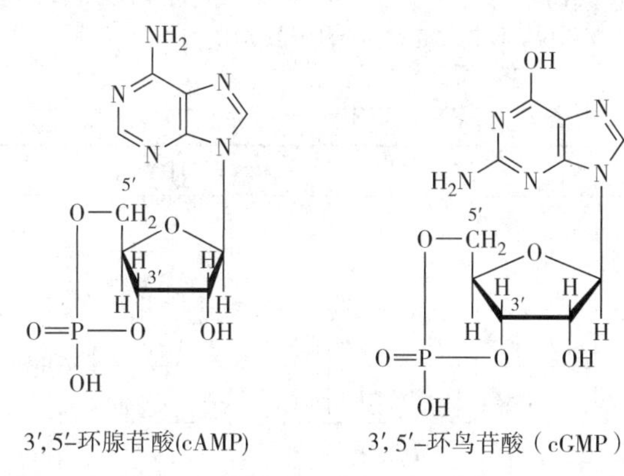

图 2-6　cAMP 和 cGMP 化学结构式

二、核酸的一级结构

核酸的一级结构（primary structure）是构成核酸的核苷酸或脱氧核苷酸从 5′端至 3′端的排列顺序，即核苷酸序列。由于同一类核酸分子中核苷酸之间的差异仅在于碱基的不同，因此，一级结构实际上就体现在核酸的碱基序列（base sequence）。前一个核苷酸的 C_3'羟基与下一个核苷酸 C_5'磷酸基团之间缩合形成 3′,5′-磷酸二酯键，是构成核酸分子的基本化学键。通过多个核苷酸间的酯化反应及 3′,5′-磷酸二酯键的连接，最终构成了多聚核苷酸链，即 RNA 分子。两个末端则分别称为 5′端及 3′端，其中的 5′端连接游离磷酸基，3′端连接游离羟基。核酸分子具有严格的方向性，从 5′端指向 3′端。类似地，脱氧核苷酸之间也是通过 3′,5′-磷酸二酯键相连，构成了多聚脱氧核苷酸链，即 DNA 分子（图 2-7）。

DNA 与 RNA 一级结构的区别为：①DNA 分子中的戊糖为脱氧核糖，在 RNA 分子中则为核糖；②DNA分子中的四种碱基为 A、G、C、T，构成的脱氧核苷酸为 dAMP、dGMP、dCMP、dTMP；而 RNA 分子中的四种碱基为 A、G、C、U，对应的核苷酸为 AMP、GMP、CMP、UMP。DNA 与 RNA 在化学组成和化学键上的异同见表 2-2。DNA 与 RNA 分子的方向均由 5′端至 3′端（图 2-7）。

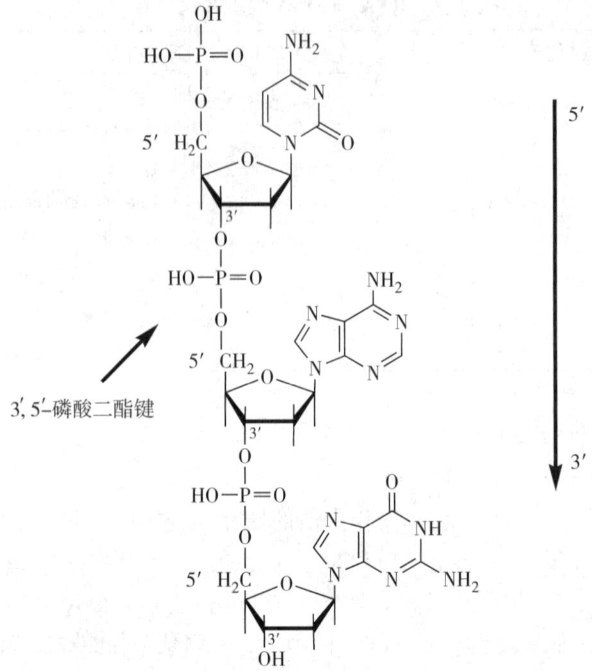

图 2-7 多聚脱氧核苷酸链的化学结构式

脱氧单核苷酸通过 3′,5′-磷酸二酯键相连接形成多聚脱氧核苷酸链

多聚脱氧核苷酸链 5′端连接磷酸基团，3′端连接羟基

表 2-2 DNA 与 RNA 一级结构的异同点

		DNA	RNA
不同点	碱基	T	U
	戊糖	脱氧核糖	核糖
相同点	碱基	A、G、C	
	磷酸	磷酸	
	方向	均由 5′端至 3′端	
	化学键	3′,5′-磷酸二酯键	

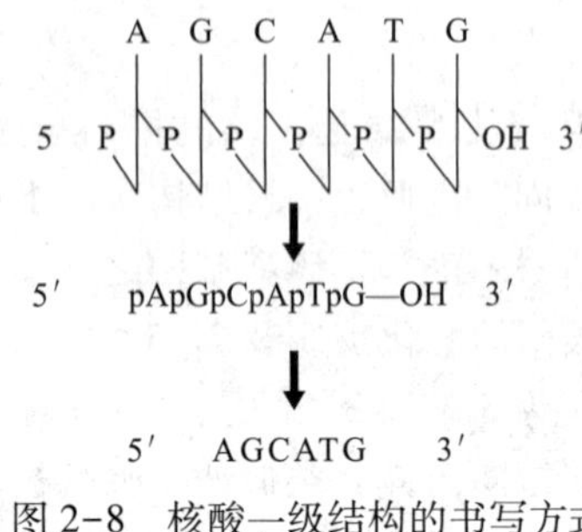

图 2-8 核酸一级结构的书写方式

由于核酸分子具有严格的方向性，因此规定核酸的书写规则必须是由 5′端至 3′端（图 2-8）。DNA 和 RNA 对遗传信息的储存和传递，是依靠碱基排列顺序实现的。核酸分子中的核糖（脱氧核糖）和磷酸基团共同构成骨架结构，并不参与遗传信息的贮存和传递。

核酸分子的大小常用核苷酸数目或碱基对数目表示。不同的碱基排列顺序的 DNA 和 RNA 分子千差万别，长度从几十个到几万个碱基不等。

真核生物 DNA 与原核生物 DNA 在一级结构上各具特点。

1. 真核生物 DNA 一级结构的特点

（1）重复序列　真核生物 DNA 的重复序列（repeat sequences）可达 50% 以上，其功能主要是维持基因组的稳定性及与基因表达相关。按重复出现的频率的不同可分为高度重复序列、中度重复序列和单一序列三种。高度重复序列重复频率非常高，可高达数百万次（$10^6 \sim 10^7$）。典型的高度重复序列又分为卫星 DNA（satellite DNA）和反向重复序列（inverted repeats）。卫星 DNA 是出现在非编码区的具有固定重复单位的串联重复序列，重复的基础序列一般较短。反向重复序列是两个顺序相同的序列在 DNA 链上呈反向排列。中度重复序列结构的基础序列较长，可达 300bp，重复次数从几百到几千不等，组蛋白基因、rRNA 基因（rDNA）及 tRNA 基因（tDNA）多数为中度重复序列。单一序列又称单拷贝序列，真核细胞中除组蛋白外，其他所有蛋白质都是由 DNA 中单一序列决定的，每一序列片段为一个蛋白质的结构基因。在人类基因组中，非编码序列可占总 DNA 的 95% 以上，其中一部分为调控序列，另一部分就是重复序列。

（2）间隔序列与插入序列　在真核细胞 DNA 分子中，除了编码蛋白质和 RNA 的基因序列片段外，还有一些片段不编码任何蛋白质和 RNA，它们可以存在于基因与基因之间，称为间隔序列；也可以存在于基因之内，称为插入序列。在许多 DNA 分子中，常常含有长短不一的间隔序列，也常常出现一些插入序列将一个基因分成几段，如鸡卵清蛋白基因、珠蛋白基因都含有插入序列。通常把基因的插入序列称为内含子（intron），内含子是基因的非编码序列，在剪接过程中被除去。编码蛋白质的基因序列称为外显子（exon），是指在初级转录产物上出现，并表达为成熟 RNA 的核酸序列。

（3）回文结构　在真核细胞 DNA 分子中，还存在一些特殊的序列，这种结构中脱氧核苷酸的排列在 DNA 两条链中的顺读与倒读意义是一样的（即脱氧核苷酸排列顺序相同），这种结构称为回文结构。如以下序列：

5′—— ACCTAGGT —— 3′
3′—— TGGATCCA —— 5′

2. 原核生物 DNA 一级结构的特点

（1）基因重叠　在原核细胞的同一 DNA 序列中，常包括不同的基因区，这些重叠在一起的基因，使用的阅读框不同。因此虽然是同样的 DNA 序列区段内，却可以翻译出不同的蛋白质。由于基因的重叠，在重叠部位一个碱基的突变将影响若干个蛋白质的表达，这是原核生物 DNA 一级结构的最大特点。

（2）多顺反子　mRNA 原核生物 DNA 顺序的另一个特点是功能上相关的结构基因转录在同一 mRNA 分子上，并且这些编码在同一个 mRNA 分子中的多种功能蛋白在功能上也都是密切相关的。这种 DNA 顺序组织可能是原核基因协同表达的一种调控方式。

（3）基因序列连续　原核生物 DNA 顺序所含有的结构基因是连续的，不含有内含子，转录后不需要剪接。

第二节　核酸的空间结构与功能

PPT

一、DNA 的空间结构与功能

（一）DNA 的二级结构——双螺旋结构模型

1953 年，Watson 和 Crick 根据 Chargaff 规则，以及 Franklin 和 Wilkins 对 DNA 的 X 射线衍射研究，提出了 DNA 的双螺旋结构模型，也称为 Watson-Crick 模型（图 2-9）。

课堂互动

DNA 双螺旋结构是怎样形成的？有哪些基本特征？双螺旋结构有何生物学意义？

1. Chargaff 规则　1952 年，奥地利生物化学家 Chargaff 通过研究不同物种 DNA 分子组分，发现碱基

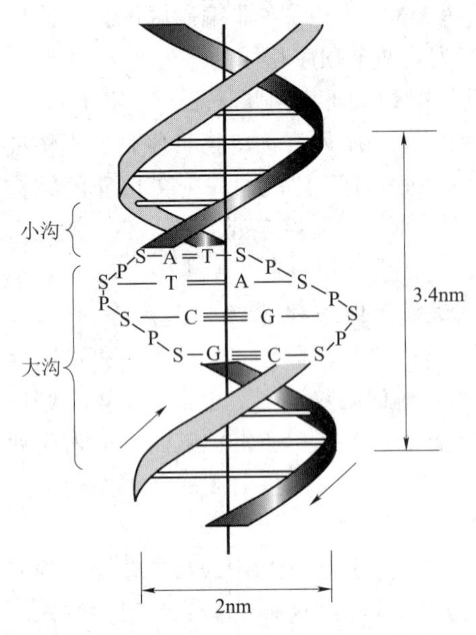

图 2-9　DNA 双螺旋结构的示意图

组成和含量的特定规律，提出 Chargaff 规则（Chargaff rules）：①DNA 碱基组成有物种差异性，无组织差异性。即不同物种 DNA 碱基组成不同，而同一物种不同组织 DNA 碱基组成相同。②DNA 碱基组成稳定，不随年龄、环境和营养状况的改变而变化。③DNA 分子中，嘌呤碱的含量等于嘧啶碱含量，即 A+G=T+C，且 A ═ T，G ═ C。

2. DNA 双螺旋结构模型　根据此模型，DNA 是由两条反向平行的多核苷酸链围绕同一中心轴构成的双螺旋结构，具有以下特点。

（1）DNA 分子是由两条反向平行的多聚脱氧核苷酸链围绕同一中心轴形成的右手双螺旋结构。两条多核苷酸链的走向相反，一条为 5′→3′，另一条为 3′→5′，脱氧核糖和磷酸组成的亲水性骨架位于外侧，疏水的碱基位于内侧，碱基对平面与双螺旋结构的螺旋轴垂直。从外观上看，DNA 双螺旋结构的表面存在大沟（major groove）和小沟（minor groove），这些沟状结构与 DNA 和蛋白质之间的识别相关。

（2）双螺旋的直径为 2nm，螺距为 3. 4nm，每一个螺旋包含 10 个碱基对，每两个碱基对之间的相对旋转角度为 36°，每两个相邻碱基对平面之间的垂直距离为 0. 34nm。

（3）两条链之间的碱基形成固定的配对方式，即腺嘌呤与胸腺嘧啶配对，以两个氢键连接（A ═ T）；鸟嘌呤与胞嘧啶配对，以三个氢键连接（G ≡ C）（图 2-10）。这种碱基配对关系称为碱基互补配对原则，DNA 的两条链则互为互补链（complementary strand）。

（4）DNA 双螺旋结构的稳定横向依靠两条链碱基之间的氢键维系，纵向依靠碱基平面旋进过程中彼此靠近产生的疏水性碱基堆积力维系。从能量意义上讲，疏水性碱基堆积力对维持双螺旋结构的稳定性更为重要。

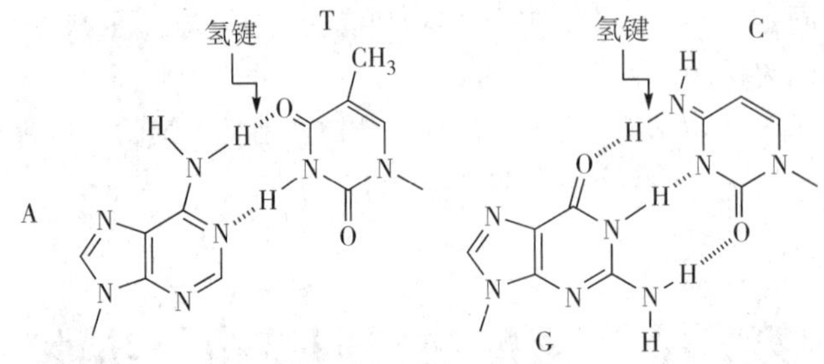

图 2-10　DNA 分子中 A ═ T 和 G ≡ C 的配对结合

（二）DNA 双螺旋结构的多样性

Watson 和 Crick 提出的 DNA 双螺旋结构模型是基于在 92% 相对湿度下生理盐水中获取的 DNA 分子的 X 射线衍射图像的推测结果，这是 DNA 在水溶液中和生理条件下最稳定的结构。后来人们发现 DNA 的结构不是一成不变的，当测定条件发生改变，尤其是相对湿度发生改变后，DNA 双螺旋结构的沟槽、螺距、旋转角度等都会发生变化。通常人们将 Watson 和 Crick 提出的双螺旋结构称为 B-DNA 或 B 型 DNA，是细胞内 DNA 存在的主要形式。DNA 在相对脱水的条件下（低湿度），可形成双螺旋结构直径为 2. 55nm 的较 B 型 DNA 分子更宽、表面更为平坦的 A 型双螺旋（A-DNA）。1979 年，A. Rich 等人在研究人工合成的 CGCGCG 的晶体结构时，意外地发现了具有左手螺旋（left-handed helix）特征的 DNA 分子（图 2-11），后来证明这种结构在天然 DNA 分子中同样存在，并称为 Z-DNA 或 Z 型 DNA。DNA 双螺旋结构构型的多样性的意义在于 DNA 分子表面结构发生了改变，进而影响了 DNA 与结合蛋白的特异性结合。表征不同类型 DNA 的结构参数见表 2-3。

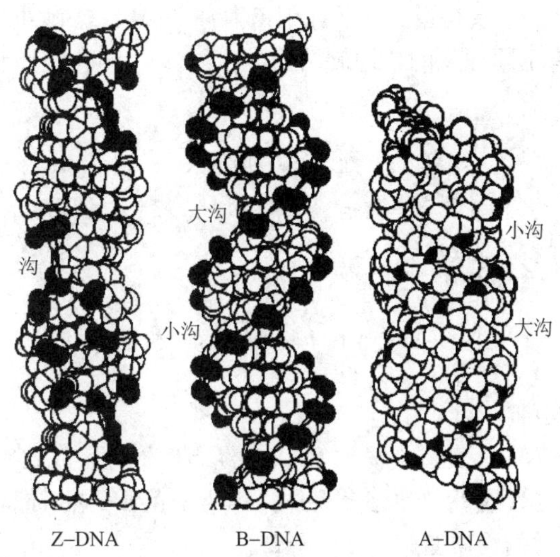

图 2-11　DNA 分子双螺旋多样性

表 2-3　不同类型 DNA 的结构参数

结构参数	A-DNA	B-DNA	Z-DNA
螺旋旋向	右手螺旋	右手螺旋	左手螺旋
螺旋直径	2.55nm	2nm	1.84nm
每一螺旋碱基对数目	11	10	12
螺距	2.53nm	3.4nm	4.56nm
相邻碱基对之间的垂直距离	0.23nm	0.34nm	0.38nm
糖苷键构象	反式	反式	嘌呤为顺式，嘧啶为反式
相邻碱基对之间的转角	33°	36°	每个二聚体为-60°
存在的环境相对湿度	75%	92%	
大沟	窄深	宽深	平坦
小沟	宽浅	窄深	窄深

另外，虽然双螺旋结构是 DNA 最常见的二级结构形式，但实验中也发现有其他结构形式的 DNA 存在，如三股螺旋 DNA（triple helix DNA）是由三条脱氧核苷酸按一定的规律绕成的螺旋状结构。其结构是在 DNA 双螺旋结构基础上形成的，三股螺旋 DNA 中的碱基配对形成 T-A-T 和 C-G-C 三碱基体，除 Watson-Crick 氢键外，尚需要 Hoogsteen 氢键维持稳定。三股螺旋 DNA 存在于基因调控区和其他重要区域，在 DNA 重组复制和转录中以及 DNA 修复过程中出现，表明它们可能在基因表达中起作用。

（三）DNA 的三级结构——超螺旋结构

生物界中不同物种的 DNA 分子大小相差很大。一般来说，生物进化程度越高，DNA 分子越大，复杂程度也越高，如人体细胞中染色体 DNA 的总长可达 2 米。在生物体微小的细胞核中容纳如此总长度的 DNA 分子，要求 DNA 在形成双螺旋结构的基础上，还要进一步盘绕和压缩，形成致密的结构组装在细胞核内。

DNA 双链可以盘绕形成超螺旋结构（superhelix 或 supercoil）（图 2-12）。当盘绕方向与 DNA 双螺旋方向相同时，其超螺旋结构为正超螺旋（positive supercoil）；反之则为负超螺旋（negative supercoil）。DNA 的超螺旋结构是在拓扑异构酶参与下实现的。自然界的闭合双链 DNA 主要是以负超螺旋形式存在。

1. 原核生物 DNA 的环状超螺旋结构　绝大部分原核生物 DNA 都是共价封闭的环状双螺旋分子。这种结构在细胞内进一步盘绕、折叠，并形成类核（nucleoid）结构，以保证其以较致密的形式存在于细胞内。类核结构中的80%是DNA，其余是蛋白质。在细菌DNA中，超螺旋可以相互独立存在，形成超螺旋区域。各区域间的DNA可以有不同程度的超螺旋结构。

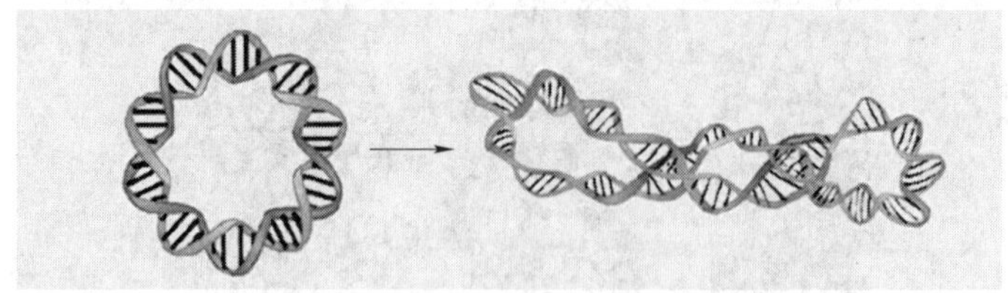

图2-12　原核生物DNA超螺旋结构

2. 真核生物DNA的核内组装

（1）染色质　与原核生物不同，真核生物的DNA是经高度折叠后以致密有序的形式存在于细胞核内的，并与一些特殊的蛋白质结合形成一种动态多聚体，称为染色质（chromatin）。这种DNA-蛋白质复合物是细胞核内发生遗传信息传递的物质基础。

染色质是一种在细胞核中高度压缩的无定型的长纤维结构，处于动态变化之中。染色质可分为常染色质（euchromatin）和异染色质（heterochromatin）。常染色质，浓缩程度较低，染色淡，具有转录活性；异染色质浓缩程度高，染色深，一般不具有转录活性，在S期复制也比常染色质晚。构成染色质的DNA和蛋白质在质量上几乎各占一半，其中蛋白质包括组蛋白（histones）和非组蛋白（non-histone proteins）两类。染色质基本构成单位称为核小体（nucleosome），核小体是由DNA和组蛋白组成的串珠状结构。

1）组蛋白：组蛋白是染色质上含量最丰富的蛋白质，富含赖氨酸和精氨酸，属于一类较小的碱性蛋白。组蛋白在细胞内正常的pH下带正电荷，因DNA分子上磷酸基团带有负电荷，使得蛋白质与DNA通过静电结合。组蛋白主要有5种类型，即H_1、H_2A、H_2B、H_3、H_4。各种组蛋白在进化上具有很高的保守性，这对于保持染色质的稳定具有重要意义，同时也表明其在各种真核生物的染色质中所起的作用十分相似。

2）非组蛋白：非组蛋白是指染色质上除组蛋白以外其他各类蛋白质，主要是参与染色体结构的形成及调节基因表达的酶和蛋白因子，其成分不固定。实际上，染色体整个折叠和组装过程都是在非组蛋白参与下进行精确调控的动态过程。

3）核小体：核小体是构成染色质的基本结构单位，在电镜下呈现串珠状。其核心部分由各两分子的组蛋白H_2A、H_2B、H_3和H_4分子构成的八聚体和环绕其上的DNA分子组成（图2-13）。核心颗粒之间再由约60bp的DNA分子和组蛋白H_1结合，连接核心颗粒，形成串珠样结构的染色质细丝。H_1与连接DNA结合，但去除H_1并不会破坏核小体结构。

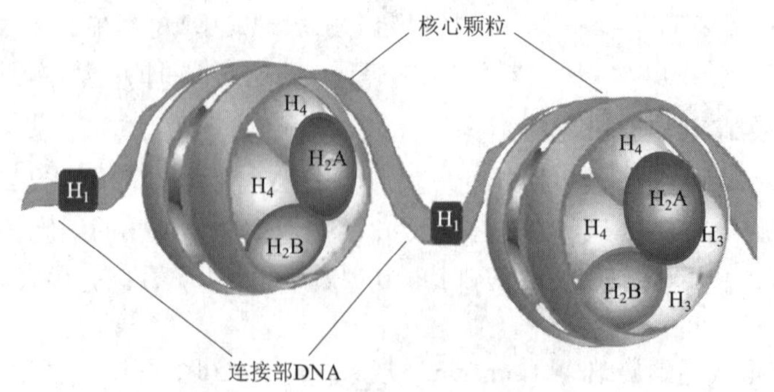

图2-13　真核生物核小体结构示意图

组蛋白核心八聚体中，H_3与H_4，H_2A与H_2B先分别通过折叠形成异源二聚体；之后两个H_3-H_4二聚体通过螺旋束形成H_3-H_4四聚体，最后一对H_2A-H_2B通过H_2B与H_4之间的相互作用形成八聚体。组蛋白核心颗粒通过静电引力与 DNA 结合，其表面大约环绕 1.75 圈 DNA 双螺旋，这导致 DNA 长度被压缩 6~7 倍。同时，组蛋白也与一些参与组蛋白核心组装和调节基因表达的非组蛋白结合。此外，组蛋白还可以进行乙酰化、甲基化和磷酸化等形式的共价修饰，修饰后的组蛋白电荷分布发生改变，可影响其与 DNA 的相互作用。

（2）染色体　染色质在细胞分裂期形成高度致密的染色体（chromosome），可以在光学显微镜下观察到。染色体是基因的结构单位。真核生物具有多个染色体，不同的染色体长短不一，但都呈高度浓缩的状态。每一条染色体都含有三个重要的功能元件：自主复制序列（autonomously replicating sequence，ARS）、着丝粒（centromere）和端粒（telomere）。它们是线性 DNA 复制和正确分离所必需的。其中 ARS 充当 DNA 复制的起始区，着丝粒负责细胞分裂过程中复制的染色体精确分离，端粒位于线性 DNA 两端，为染色体的复制和稳定所必需。

（3）染色体的组装　DNA 通过与组蛋白形成核小体的结构使其进行了压缩，但还远远不够。在此结构的基础上，真核生物的染色质还要经过高度的折叠和压缩。染色质细丝进一步盘绕形成外径为 30nm、内径为 10nm 的中空状螺旋管（solenoid）。每圈螺旋由 6 个核小体组成。组蛋白 H_1 位于螺旋管的内侧。通过盘绕形成纤维空管，DNA 体积又减少了 6 倍。染色质纤维空管进一步卷曲和折叠形成直径为 300nm 的超螺旋管，这一过程又将染色体的体积显著压缩。之后，染色质纤维进一步压缩成染色单体，在核内组装成染色体。最终，经过多次折叠，DNA 被压缩了近万倍，从而将约 2m 长的 DNA 有效地组装在直径只有数微米的细胞核中。整个折叠和组装过程是在非组蛋白参与下精确调控的动态过程（图 2-14）。

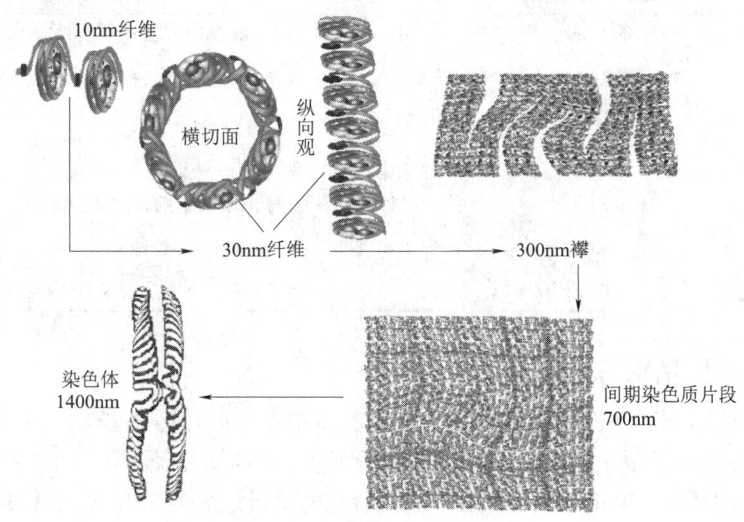

图 2-14　真核生物核小体折叠及染色体组装过程示意图

（四）DNA 的生物学功能

肺炎球菌转化实验在揭示 DNA 作为遗传信息携带者的研究中发挥了极为重要的作用。1944 年，Avery、MacLeod 和 Mc Carty 发表了历经 10 年的研究成果，他们证明了将一种无荚膜的非致病性的Ⅱ型肺炎球菌细胞转化成有荚膜的致病性的Ⅲ型肺炎球菌的正是 DNA 分子，而并非蛋白质或多糖类物质。提出该论点的依据为：①化学分析的结果提示，这种物质的性质符合 DNA 分子；②这种物质超速离心和电泳特征符合 DNA 分子；③从溶液中去除蛋白和磷脂成分，并不影响转化过程，用蛋白酶处理后亦不影响转化作用；④用 RNA 酶处理后不影响转化作用；⑤向溶液中加入含有 DNA 降解酶的血清，则使其丧失转化能力；已经转化了的细菌，其后代仍保留了合成Ⅲ型荚膜的能力。这些结果证明了 DNA 是遗传的物质基础。1952 年，Hershey 和 Chase 利用噬菌体也证实了 DNA 是遗传物质。

大多数生物的遗传信息都是贮存在 DNA 分子的一级结构中（RNA 病毒除外）。这些遗传信息以特定的脱氧核苷酸排列顺序，也就是特定的碱基顺序贮存在 DNA 分子上，不同的碱基排列顺序蕴含了不同的生物学含义。DNA 的遗传信息是以基因的形式存在的。基因（gene）是指含有生物学信息的特定的 DNA

片段，可以编码 RNA 分子及多肽链。一个生命体全部的基因称为基因组。人类基因组包含 3×10^9 个碱基对，有 3 万~3.5 万个基因，分布在 23 对染色体上。不同的生物基因组大小存在较大差异。大肠埃希菌的基因组含有 4.2×10^6 个碱基对，酵母的基因组含有 1.3×10^7 个碱基对，而某些哺乳动物的基因组含有 10^9 个碱基对。

DNA 是细胞内 DNA 复制和 RNA 合成的模板。DNA 通过遗传密码决定了蛋白质的氨基酸排列顺序（见第十三章）。依据中心法则，DNA 利用四种脱氧核苷酸的不同排列顺序对生物体的所有遗传信息进行编码，并通过转录和翻译将遗传信息传递给蛋白质，表达生物学性状。因此，DNA 是遗传信息的物质基础。DNA 分子具有高度的保守性，使生物遗传体系得以稳定地延续；同时，DNA 又表现出高度复杂性，它可以发生各种重组和突变，适应环境的变化，为自然选择提供机会。

二、RNA 的结构与功能

RNA 和蛋白质共同负责基因的表达及表达过程的调控，在生命活动中具有重要的作用。RNA 分子较小，从数十个核苷酸到数千个核苷酸长度不等。RNA 通常以单链形式存在，但卷曲后可以通过链内的碱基配对形成局部的双螺旋二级结构和空间的高级结构。RNA 的种类多样，结构复杂，功能也各不相同（表 2-4）。

表 2-4　真核细胞内主要 RNA 种类、分布和功能

RNA 种类	细胞核和细胞质	线粒体	功能
核内不均一 RNA	hnRNA		成熟 mRNA 的前体，经剪切形成成熟的 mRNA
信使 RNA	mRNA	mt mRNA	合成蛋白质的直接模板
转运 RNA	tRNA	mt tRNA	氨基酸的运载体
核糖体 RNA	rRNA	mt rRNA	与核糖体蛋白共同构成核糖体
核小 RNA	snRNA		参与 hnRNA 的剪接和转运
核仁小 RNA	snoRNA		rRNA 的加工和修饰
胞质小 RNA	scRNA		蛋白质内质网定位合成的信号识别体的组成部分

（一）信使 RNA 的结构与功能

DNA 主要分布于细胞核中，蛋白质合成则是在细胞质中进行的，DNA 不能直接指导蛋白质的合成。1960 年 F. Jacob 和 J. Monod 等人用注射性核素示踪实验证实，一类大小不一的 RNA 在核内以 DNA 为模板合成，然后转移至细胞质中，并成为蛋白质在细胞内合成的模板。这类能够将 DNA 中的遗传信息转移至细胞质中，并作为蛋白质合成直接模板的 RNA 称为信使 RNA（messenger RNA，mRNA）。

在细胞核内合成的 mRNA 初级产物称为核内不均一 RNA（heterogeneous nuclear RNA，hnRNA）。hnRNA 含有许多外显子和内含子，分别对应着基因的编码序列和非编码序列。在 mRNA 成熟过程中，这些内含子被剪切掉，外显子拼接在一起，形成成熟的 mRNA。因此，hnRNA 分子远大于成熟的 mRNA 分子。在细胞核内 hnRNA 存在时间极短，迅速被剪接成为成熟的 mRNA，之后转移到细胞质中。成熟 mRNA 由氨基酸编码区和非编码区构成。编码区是 mRNA 的主要结构，是编码蛋白质多肽链的核苷酸序列，从 5′端 AUG（起始密码子）开始，每三个连续的核苷酸组成一个遗传密码子（genetic condon），每个密码子编码一个氨基酸，直至终止密码子。非编码区与蛋白质的合成调控有关。

真核生物 mRNA 的结构特点是 5′端有帽子结构和 3′端有多聚（A）尾结构（图 2-15）。原核生物 mRNA 不存在这种特殊的首、尾结构。

1. 5′端帽子结构　多数真核细胞 mRNA 的 5′末端以 7-甲基鸟嘌呤-三磷酸核苷（m^7GpppN）为起始结构，这种结构称为帽子结构（cap）。5′端帽子结构是由鸟苷酸转移酶加到转录后的 mRNA 分子上的（见第十二章）。

mRNA 的帽子结构可以与一类称为帽结合蛋白（cap binding protein，CBP）的分子结合。这种由

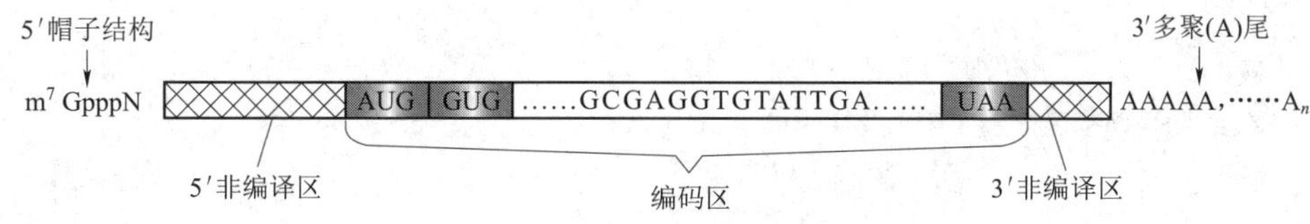

图 2-15 成熟的真核生物 mRNA 结构示意图

mRNA 和 CBP 形成的复合物对于 mRNA 从细胞核向细胞质转运、与核糖体结合、启动翻译起始过程以及加强 mRNA 稳定性等方面均起到重要作用。

2. 3′端多聚（A）尾 在真核生物 mRNA 的 3′端，有一段由 80~250 个核苷酸连接而成的多聚腺苷酸结构，称为多聚（A）尾（poly A tail）。多聚（A）尾结构是在 mRNA 转录完成以后加上的（见第十二章）。多聚（A）尾结构在细胞内与 poly A 结合蛋白（poly A -binding protein，PABP）结合，因此真核细胞 mRNA 的 3′端实际上是一个多聚（A）尾和蛋白质多聚体形成的复合物。目前认为，这种 3′端多聚（A）尾结构与 mRNA 从核内向细胞质的转移、维持 mRNA 的稳定性以及翻译起始的调控相关。

在生物体内，mRNA 占细胞总 RNA 的 2%~5%，其分子大小差别很大，主要是由于转录的模板 DNA 区段大小及转录后的剪接方式所决定的。在所有的 RNA 中，mRNA 的半衰期最短，从几分钟到数小时不等。

（二）转运 RNA 的结构与功能

转运 RNA（transfer RNA，tRNA）是细胞中分子最小的一类 RNA，约占细胞总 RNA 的 15%，具有良好的稳定性。已完成一级结构测定的 100 多种 tRNA 都是由 70~95 个核苷酸组成。tRNA 的功能是在蛋白质生物合成中作为携带和转运氨基酸的载体。tRNA 具有以下结构特点。

1. tRNA 含有多种稀有碱基 tRNA 分子中所含稀有碱基占 10%~20%，如 *N*，*N*-甲基鸟嘌呤、双氢尿嘧啶（DHU）、N_6-异戊烯腺嘌呤和 4-巯尿嘧啶等（图 2-16）。此外，还含有稀有核苷，例如假尿嘧啶核苷（ψ）。正常的嘧啶是杂环的 N_1原子与戊糖 C_1原子连接形成糖苷键，而假尿嘧啶核苷则是杂环的 C_5原子与戊糖的 C_1原子相连。

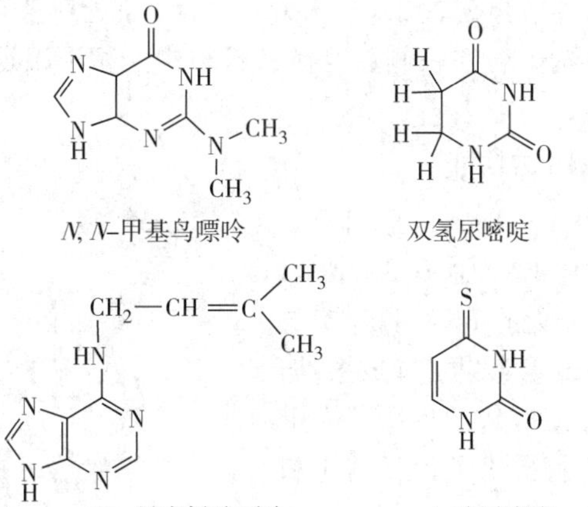

N, *N*-甲基鸟嘌呤　双氢尿嘧啶

N_6-异戊烯腺嘌呤　4-巯尿嘧啶

图 2-16 tRNA 中的稀有碱基

2. tRNA 二级结构为三叶草结构 组成 tRNA 的核苷酸存在着一些能形成互补配对的区域，可以在局部形成双链。这些局部能够配对的双链呈茎状，中间不能配对的部分则膨出呈现环状结构，称为茎环（stem-loop）结构或发夹（hairpin）结构。由于这些茎环结构的存在，使得 tRNA 的二级结构形似三叶草（cloverleaf）（图 2-17）。按照 5′→3′端的顺序，tRNA 包含的四个环依次是 DHU 环（DHU loop）、反密码子环（anticodon loop）、可变环（variable loop）和 TψC 环，位于两侧的 DHU 环和 TψC 环均含有较多稀有碱基。

课堂互动

tRNA 二级结构有哪些基本特征？其主要功能部位是什么？

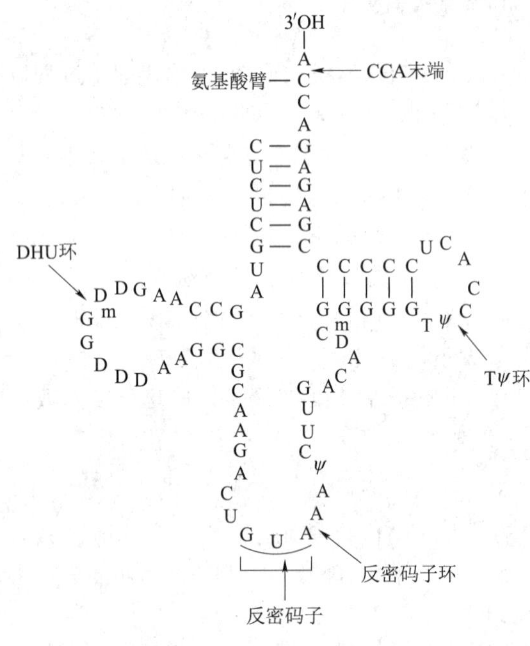

图 2-17 酵母 tRNA 的一级结构与二级结构

3. tRNA 分子末端有氨基酸臂 所有 tRNA 的 3′端最后 3 个核苷酸序列均为 CCA，是氨基酸结合的部位，称为氨基酸接纳茎或氨基酸臂，它由 5′端序列和 3′端序列互补配对结合而形成。氨基酸被添加到 CCA 末端腺苷酸的 2′-OH 或 3′-OH 上，通过酯键连接在腺嘌呤 A 上，形成氨基酰-tRNA，从而使 tRNA 成为了氨基酸的载体。不同的 tRNA 可以结合不同的氨基酸。有的氨基酸只有一种 tRNA 作为载体，有的则有几种 tRNA 作为载体。

4. tRNA 序列中有反密码子 每个 tRNA 分子的反密码环中都有 3 个核苷酸与 mRNA 上编码氨基酸的密码子具有反向互补关系，通过碱基互补配对辨认结合，称为反密码子（anticodon）。不同的 tRNA 的反密码子不相同。在蛋白质生物合成中，mRNA 上的密码子与 tRNA 上的反密码子反向互补识别配对，将氨基酸运送至相应位置。例如，mRNA 上编码酪氨酸的密码子 UAC，携带酪氨酸的 tRNA 反密码子是 GUA，密码子与反密码子反向互补配对，将酪氨酸运送至正确位置。

5. tRNA 三级结构为倒 L 形结构 X 射线衍射图像分析表明，所有的 tRNA 具有相似的倒 L 形三级结构（图 2-18）。一端是 CCA 末端结合氨基酸部位，另一端为识别配对密码子的反密码子环。虽然 DHU 环和 TψC 环在三叶草形的二级结构上各在一侧，但在三级结构上相距很近，这种结构与其功能作用密切相关。

（三）核糖体 RNA 的结构与功能

核糖体 RNA（ribosomal RNA，rRNA）是细胞中含量最多的一类 RNA，占细胞中 RNA 总量的 80% 以上，是一类代谢稳定、分子量较大的 RNA。rRNA 与核糖体蛋白（ribosomal protein）共同构成核糖体（ribosome）。核糖体是蛋白质合成的场所，为蛋白质生物合成所需要的各种原料提供了相互结合和相互作用的空间环境。

原核生物有三种 rRNA，大小分别为 5S、16S、23S（S 是大分子物质在超速离心沉降中的沉降系数），分别与不同的蛋白质结合形成核糖体的大亚基（large subunit）和小亚基（small subunit）（表 2-5）。16S rRNA 存在小亚基中，5S rRNA 和 23S rRNA 存在大亚基中。真核生物核糖体中分为四种 rRNA，18S rRNA 存在小亚基中，5S rRNA 和 28S rRNA 存在大亚基中，在哺乳类生物的大亚基中还有 5.8S rRNA。

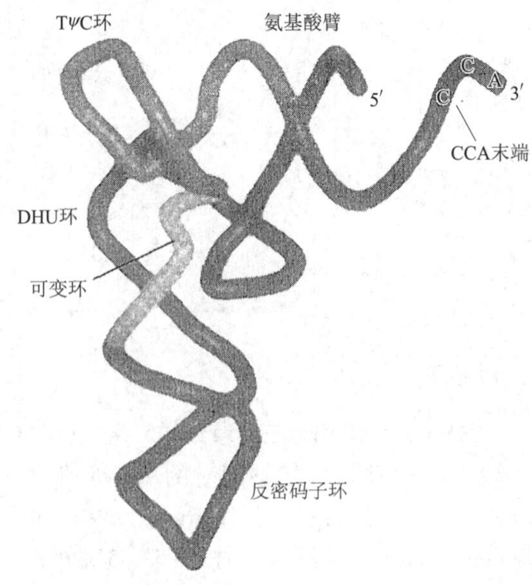

图 2-18 tRNA 三级结构示意图

表 2-5　原核和真核生物核糖体的组成

核糖体构成	原核生物			真核生物		
	小亚基	大亚基	核糖体	小亚基	大亚基	核糖体
S	30S	50S	70S	40S	60S	80S
rRNA	16SrRNA	23SrRNA 5SrRNA		18SrRNA	28SrRNA 5. 8SrRNA 5SrRNA	
蛋白质	21 种 rpS	31 种 rpL		33 种 rpS	49 种 rpL	

2009 年诺贝尔化学奖获得者 Venkatraman Ramakrishnan、Thomas A. Steitz 和 Ada E. Yonath 三位科学家通过采用 X 射线蛋白质晶体学技术与方法，分别获得了原核生物核糖体大、小两个亚基的高分辨率三维结构图谱，标识出了构成核糖体的成千上万个原子，为明确核糖体结构及其功能做出了杰出的贡献。例如真核生物的 18S rRNA 的二级结构呈花状，众多的茎环结构为核糖体蛋白的结合和组装提供了结构基础，原核生物的 16S rRNA 的二级结构也极为相似。

将纯化的核糖体蛋白和 rRNA 在试管内进行混合，在不加入酶或 ATP 的情况下，就可以自动组装成有活性的大亚基和小亚基。大亚基和小亚基进一步组装成核糖体。大小亚基之间的连接处是 mRNA 的结合部位。

（四）其他类型 RNA

除上述三种 RNA 外，细胞内还存在许多其他种类 RNA，统称为非编码 RNA（non-coding RNA，ncRNA），如核小 RNA（small nuclear RNA，snRNA）、核仁小 RNA（small nucleolar RNA，snoRNA）、干扰小 RNA（small interfering RNA，siRNA）、微 RNA（microRNA，miRNA）和长链非编码 RNA（long non-coding RNA，lncRNA）等。这类 RNA 分子在基因表达调控等方面具有十分重要的作用。随着有关 ncRNA 的研究的深入和广泛应用，由此产生了 RNA 组学（RNomics）这一新的研究领域。

1. siRNA　siRNA 是含有约 23 个核苷酸的双链 RNA（dsRNA），通常人工合成的 siRNA 为 22 个碱基 dsRNA。细胞内的 siRNA 是由 dsRNA 经特异 RNA 酶Ⅲ家族的 Dicer 核酸酶切割形成的。这种小分子 dsRNA 可以促使与其互补的 mRNA 被核酸酶切割降解，从而有效地定向抑制目的基因的表达，将由 dsRNA 诱导的这种基因沉默效应称为 RNA 干扰（RNA interference，RNAi）。不同生物中的 RNAi 具有共同的特性：①必须是由 dsRNA 诱导产生的；②只有针对编码区的 dsRNA 序列才能产生有效的和特异性的干扰，针对内含子或启动子区域的 dsRNA 序列则不能产生干扰；③注射同源 dsRNA 可以引起内源性 mRNA 特异性降解；④干扰效应可以在体内传播，并可传给 F_1代；⑤dsRNA 产生有效的干扰效果需要一个最小的长度。RNAi 是外源性的 dsRNA 所致的细胞内有效的、特异性的基因沉默（gene silencing）。RNAi 的基因沉默作用发生在转录之后，又称为转录后基因沉默（post-transcriptional gene silencing，PTGS）。RNAi 作用一般分为两个阶段：①dsRNA 进入细胞后，由依赖 ATP 的 Dicer 核酸酶切割，将其分解成具有 23 个碱基左右的双链 siRNA；②RISC（RNA 诱导的沉默复合物）识别并降解 mRNA。RISC 是一种蛋白核酸酶复合物，具有核酸外切酶活性。能够识别 siRNA 并与之结合，在 siRNA 指导下识别同源 mRNA，最后利用其外切酶活性降解 mRNA。还有研究认为，siRNA 可以作为引物，以 mRNA 为模板，在依赖 RNA 的 RNA 聚合酶作用下合成 mRNA 的互补链。结果 mRNA 形成双链 RNA，此 dsRNA 在 Dicer 核酸酶的作用下也裂解成 siRNA，这些新生成的 siRNA 也具有诱发 RNA 干扰的作用，通过这种聚合酶链式反应，细胞内的 siRNA 大大扩增，显著增加了对基因表达的抑制，从而使目的基因沉默，产生 RNA 干扰作用。

2. 微 RNA（miRNA）　微 RNA 是一类约含 20 个核苷酸的单链 RNA，广泛存在于真核生物细胞中。miRNA 具有不同的时空特性，即在生物体不同的生长发育阶段 miRNA 表达不同，在不同的组织中 miRNA 表达亦不相同。miRNA 是通过与 mRNA 3′-UTR 碱基配对的方式来执行对 mRNA 转录翻译抑制的功能。

3. 长链非编码 RNA（lncRNA） 一般指长度超过 200 个核苷酸的非编码 RNA。与 mRNA 一样，一般也有 RNA 聚合酶Ⅱ转录而来，表达有较强的组织和细胞特异性。LncRNA 有重要的基因表达调控作用，参与转录激活、基因组印迹、X 染色体沉默等表观遗传学调控，与肿瘤、心血管系统、内分泌系统以及神经系统疾病的发生密切相关。

4. 环状 RNA（circRNA） 是一类特殊的非编码 RNA 分子，其分子呈封闭环状结构，表达稳定，不易降解。在细胞内，circRNA 起到 miRNA 海绵（miRNA sponge）的作用，可以解除 miRNA 对其靶基因的抑制作用，提高靶基因的表达水平。目前，circRNA 对基因表达调控机制以及对生命健康影响的研究处于起步阶段。

知识拓展

RNA 组学

RNA 组学（RNomics）又称 RNA 功能基因组学，是从整体水平对生物体细胞中全部 RNA 分子的结构与功能进行系统的研究，以阐明 RNA 生物学作用的学科。其主要任务是鉴定生物体内中的非编码 RNA，例如 microRNA、lncRNA、circRNA 等，在特定条件和不同时空下的种类、表达差异、功能，以及与蛋白质或其他分子的相互作用，从而阐明其生理意义，是基因组学和蛋白质组学研究的发展和延伸。

第三节 核酸的理化性质及其应用

PPT

一、核酸的一般理化性质

1. 核酸的大小与黏度 目前，采用电子显微镜照相及放射自显影等技术，已能测定许多完整 DNA 的分子量。大肠埃希菌染色体 DNA 的放射自显影像为一环状结构，其分子量约 2×10^9。真核细胞染色体中的 DNA 分子量更大，如将人的二倍体细胞 DNA 展开成直线，可达到 2m 左右。由于天然 DNA 是具有双螺旋结构的线性细长分子，因此 DNA 溶液黏度很高。RNA 分子较 DNA 短的多，因此 RNA 溶液的黏度低于 DNA。

2. 核酸的两性解离性质 核酸分子含有酸性的磷酸基团和碱性的碱基，在溶液中呈现出两性解离性质，是一种两性电解质。由于磷酸基团的酸性较强，故核酸通常表现出较强的酸性。对于 DNA 分子来说，由于碱基对之间氢键的性质与其解离状态有关，而碱基的解离状态又与 pH 有关，所以溶液中的 pH 直接影响 DNA 双螺旋结构中碱基对之间氢键的稳定性。

3. 核酸的紫外吸收性质 由于核酸的组成成分嘌呤碱基及嘧啶碱基杂环上的共轭双键对紫外线具有较强的吸收，因此核酸具有较强的紫外吸收性质，最大吸收值在 260nm 波长处（图 2-19）。

根据核酸在 260nm 波长有最大吸收值，而蛋白质在 280nm 波长有最大吸收，因此可利用溶液 260nm 和 280nm 处的吸光度（absorbance，A）的比值来判定核酸的纯度。纯 DNA 样品和 RNA 样品的 A_{260nm}/A_{280nm} 分别约为 1.8 和 2.0，如样品被蛋白质污染，则该比值下降。

二、DNA 变性及其应用

1. DNA 变性 在温度、pH 值、离子强度等理化因素的作用下，DNA 双链碱基间的氢键发生断裂，使 DNA 分子由双链解离成单链的过程，称为 DNA 的变性。DNA 变性只改变其二级结构，不影响一级结

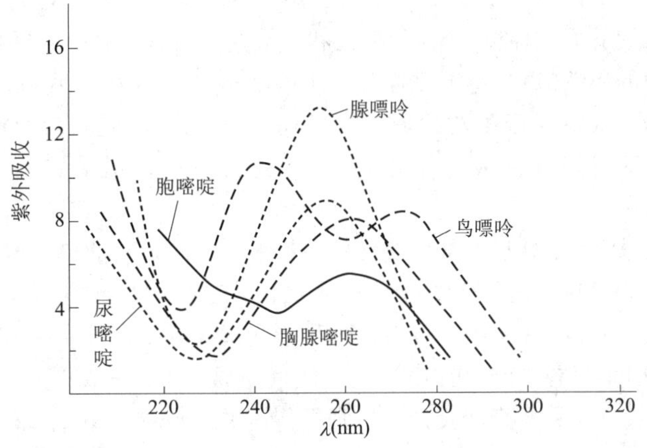

图 2-19　各种碱基的紫外吸收光谱

构核苷酸的排列顺序。

引起 DNA 变性的因素很多，主要有加热和化学物质，如酸、碱、有机溶剂等。DNA 发生变性后其理化性质发生一系列的改变，如黏度下降、活性丧失等。在 DNA 解链过程中，更多的共轭双键暴露出来，使 DNA 在 260nm 处的吸光度值增加，这种现象称为 DNA 的增色效应（hyperchromic effect）（图 2-20）。加热造成 DNA 变性是实验室最常用的方法。以温度作为横坐标，以 A_{260nm} 为纵坐标作图所得到的曲线，称为解链曲线（melting curve），解链曲线呈现 S 形（图 2-21）。从图 2-20 中可以看出，DNA 的热变性是比较急剧的过程，从开始解链到完全解链，是在一个相当狭窄的温度范围内进行的。在解链过程中，DNA 在 260nm 处紫外吸光度值的变化达到最大变化值一半时所对应的温度称为 DNA 的熔解温度（melting temperature，T_m）。T_m 是解链曲线的中点，标志着 50% 的双链已发生解链。DNA 的 T_m 值与 DNA 的长度及碱基组成有关。G+C 的含量越高，T_m 值越大。这是因为 G 与 C 之间为 3 个氢键，其断裂解链需要更多的能量，所以含 G-C 对多的 DNA 分子更为稳定。因此，测定 T_m 可推算 DNA 分子中 G-C 对含量，其经验公式为：

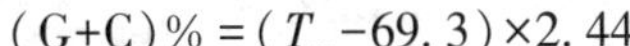

$$(G+C)\% = (T_m - 69.3) \times 2.44$$

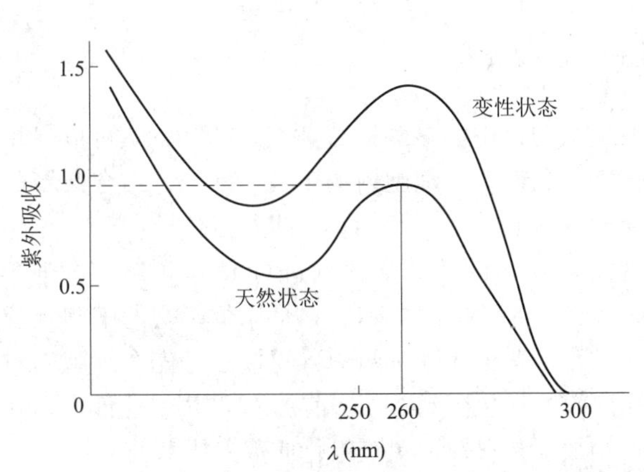

图 2-20　DNA 变性引起的增色效应

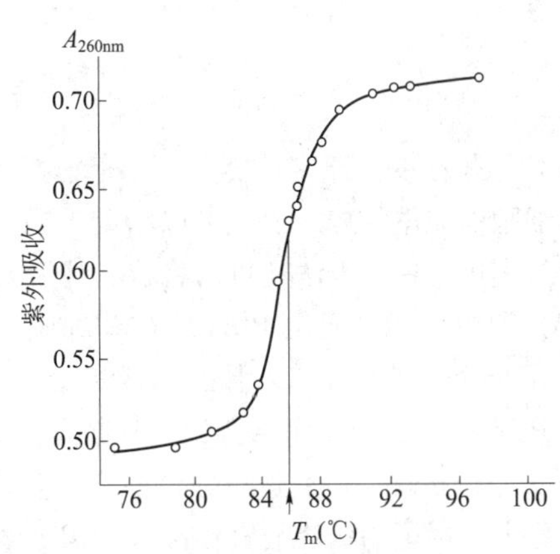

图 2-21　DNA 解链温度曲线

2. DNA 复性　当变性条件缓慢去除后，变性 DNA 解开的两条单链可重新配对结合，恢复成双螺旋结构，这一现象称为 DNA 复性（renaturation）。复性过程的发生与温度、盐浓度及两条链之间的碱基互补的程度有关。DNA 经过加热发生变性后，经缓慢冷却，DNA 双链可重新结合形成双螺旋结构，这一过程称为退火（annealing）。但若温度急剧降至 4℃以下，DNA 则不能进行复性，保持单链状态。在低于 4℃时，分子的热运动显著减弱，互补链配对的机会也大为下降。实际上，从分子热运动的角度来看，维

持在 T_m 以下较高的温度更有利于复性；并且复性要求温度的下降过程缓慢进行，如迅速降温，复性则几乎是不可能的，实验室常用此方式保持 DNA 的变性状态。复性时，互补链之间的碱基配对过程可以分为两个阶段：首先，溶液中的单链 DNA 随机碰撞，如果两条链之间有互补关系，两条链经 C-G、A-T 配对，产生短的双螺旋区域；而后碱基配对区域沿着 DNA 分子延伸形成双链 DNA 分子。DNA 复性以后，由变性引起的性质的改变也得以恢复。伴随着 DNA 复性的紫外吸收减少的现象被称为减色效应（hypochromic effect）。

3. 核酸分子杂交 在 DNA 变性后的复性过程中，如果将不同种类的单链 DNA 或 RNA 放在同一溶液中，只要两种单链分子之间存在一定程度的碱基配对关系，在适宜的条件（温度和离子强度）下，就可以在不同的分子间形成杂交双链（heteroduplex）。这种杂交双链可以在不同的 DNA 与 DNA 之间形成，也可在 DNA 和 RNA 分子之间或是 RNA 和 RNA 分子之间形成（图 2-22）。这种现象称为核酸分子杂交（hybridization）。在实验室中，用于杂交的一方常是待测的 DNA 或 RNA，而另一方是用于检测用的已知序列的核酸片段，称为探针（probe）。探针通常用放射性核素或者非核素标记物进行标记，然后通过杂交反应就可以确定待测核酸是否含有与之相同的序列。核酸杂交可以在溶液中进行，称为液相杂交；也可以将杂交的一方固定于固相支持物上，另一方置于溶液中，称为固相杂交。

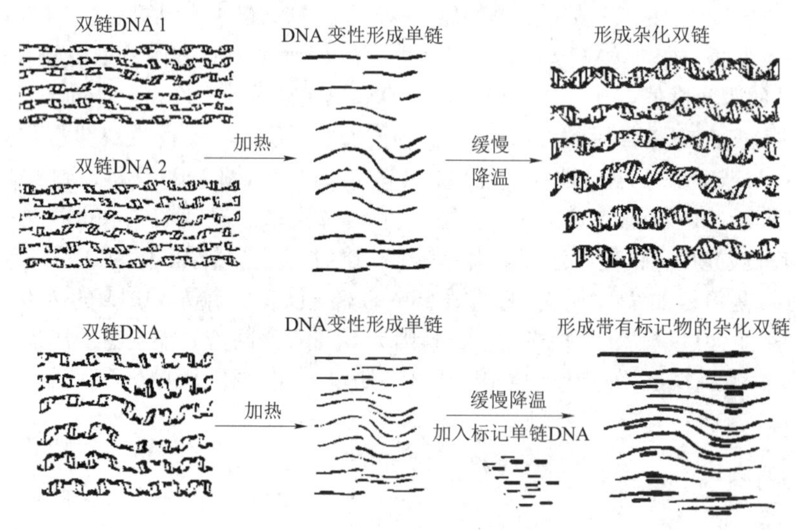

图 2-22 DNA 分子变性与杂交

（1）原位杂交 原位杂交是利用标记探针与细胞或组织切片中的核酸进行杂交。这一方法可以保持组织或细胞的完整结构，因此可以精确地进行 DNA 或 RNA 在组织或细胞内的定位。此外，结合共聚焦显微镜的应用，这一方法还可以将特异基因或 DNA 片段经荧光标记后在染色体上进行定位。

（2）原位 PCR 原位 PCR 是在单细胞或组织切片上对特异的核苷酸序列进行 PCR 扩增，再进行 DNA 分子杂交以进行细胞内基因（或特定 DNA 片段）的定位或检出的技术。它是原位杂交的细胞定位技术与 PCR 的高灵敏度相结合的一种技术。原位 PCR 有间接法和直接法两种：间接法是先在细胞内对 DNA 分子原位扩增，而后进行原位杂交；直接法是将标记的核苷酸在原位扩增前加入 PCR 反应液中，在扩增过程中，标记的核苷酸直接掺入 PCR 产物中，然后用放射自显影、免疫组化或荧光技术进行 DNA 的定位与检测。

除上述介绍的两种方法外，还有多种核酸杂交法，如 Southern 印迹法、Northern 印迹法、克隆基因定位法等。目前，核酸杂交已成为一项常规技术，被广泛应用于生物化学、分子生物学和医学等相关学科。在临床上，该技术目前已应用于多种遗传性疾病的基因诊断、传染病病原体核检测和恶性肿瘤的基因分析等。

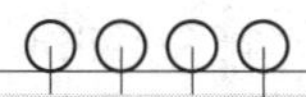

案例解析

【案例】DNA 变性与复性的应用。

【解析】DNA 变性是 DNA 分子由稳定的双螺旋结构松解为无规则线性结构；DNA 的复性是变性 DNA 在适当条件下，二条互补链全部或部分恢复到天然双螺旋结构，它是变性的一种逆转过程。DNA 变性和复性的应用非常广泛，如 DNA 模板的制备、核酸杂交、PCR 扩增技术等。临床上把某些已知序列和功能的 DNA 或 RNA 片段进行标记，即做成核酸探针，再与变性的 DNA 进行杂交，检测该特定序列在待测样品中存在与否，此方法可用于遗传疾病的基因诊断。

PPT

第四节　核酸的提取与含量测定

一、核酸的提取与纯化

提取核酸的一般步骤是先将细胞破碎，提取核蛋白使其与其他细胞成分分离，然后用蛋白质变性剂如苯酚或去垢剂（十二烷基硫酸钠）等，或用蛋白酶处理除去蛋白质，最后所获得的核酸溶液用乙醇等使其沉淀。

在提取、分离、纯化过程中应特别注意防止核酸酶和其他理化因素引起核酸的降解。为了防止内源性核酸酶对核酸的降解，通常加入核酸酶的抑制剂。核酸的提取过程应在低温（0℃左右）以及轻柔搅拌等条件下进行，以避免高温、机械作用力等物理因素破坏核酸分子的完整性。

（一）核酸的提取

1. 分离核蛋白　核酸在细胞内通常以核蛋白的形式存在。其中 RNA 以核糖核蛋白（ribonucleoprotein），DNA 以脱氧核蛋白（deoxyribonucleoprotein）形式存在。两种核蛋白在不同浓度盐溶液中的溶解度存在差别，利用此特性可将它们分开。脱氧核蛋白在 0. 14mol/L NaCl 溶液中溶解度较低，而在 1mol/L NaCl 溶液中溶解度较高；而核糖核蛋白在 0. 14mol/L NaCl 溶液中溶解度较高，因此常用 0. 14mol/L NaCl 溶液提取核糖核蛋白，而用 1mol/L NaCl 溶液提取脱氧核蛋白。

2. 去除蛋白质　核蛋白成功分离后，需要将与核酸结合的蛋白质除去。去除蛋白质的方法包括蛋白质酶 K 的消化和苯酚-三氯甲烷的多次抽取。如果抽取 DNA，可先用 RNA 酶消化去除残留的 RNA；如果是抽取 RNA，则用 DNA 酶尽可能除去残留的 DNA。在苯酚-三氯甲烷抽取中，核酸溶解在上层水相，而蛋白质变性后处于两相交界处。

3. 核酸的沉淀　在苯酚-三氯甲烷抽取以后，水相中的核酸可在一定盐浓度下，使用 2. 5~3 倍体积的无水乙醇于低温下进行沉淀。纯化 RNA 过程中，需格外注意防止 RNA 的降解。

（二）核酸的纯化

1. 离心法　离心是纯化核酸的常用技术。在离心形成的引力场中，具有不同构象的核酸分子的沉降速率具有较大差异，这是离心法提取、纯化核酸的理论基础。此外，还可以用它来测定一种 DNA 分子中的 G+C 含量。

2. 电泳法　当溶液的 pH>4 时，核酸解离后带负电荷，利用电泳可对不同大小的核酸进行分离、鉴定。用于核酸的电泳方法有琼脂糖凝胶电泳和聚丙烯酰胺凝胶电泳。使用最多的是琼脂糖凝胶电泳，聚丙烯酰胺凝胶电泳一般用于相对分子量较小的核酸的分离和 DNA 序列分析。

3. 色谱法　各种用于蛋白质分离的色谱方法同样可以用来纯化核酸。如利用阴离子交换色谱分离制备核酸，羟基磷灰石分离单链 DNA 和双链 DNA，寡聚-dT 亲和色谱分离带有多聚（A）尾结构的真核生物 mRNA。

二、核酸含量的测定

目前核酸含量测定常用的方法主要有紫外分光光度法、定磷法及定糖法。

1. 紫外分光光度法 本法是核酸纯度检测和核酸定量最简单的方法。常以 $A_{260nm}=1.0$ 相当于 50μg/ml 双链 DNA、40μg/ml 单链 DNA 或 RNA 作为计算标准，测定样品溶液的 A_{260nm} 值，即可计算出样品中核酸的含量。此外，也可通过测定 A_{260nm}/A_{280nm} 来推算样品的纯度，对于 DNA 来说，如果比值低于 1.8，则可能有蛋白污染；对于 RNA 来说，如果比值达到 2.0，则可视为样品较纯。

2. 定磷法 核酸中有磷酸基团，RNA 的平均含磷量为 9.4%，DNA 的平均含磷量为 9.9%。因此，可从样品中测得的含磷量来计算 RNA 或 DNA 的含量。先用强酸（如 10mol/L 硫酸）将核酸样品消化，使核酸分子中的有机磷转变为无机磷，无机磷与钼酸反应生成磷钼酸，磷钼酸在还原剂（如抗坏血酸、α-1,2,4-羟基萘酚磺酸、氯化亚锡等）作用下还原成钼蓝。可用比色法测定 RNA 样品中的含磷量。

3. 定糖法 核酸分子中含有核糖（RNA）或脱氧核糖（DNA），根据这两种糖的呈色反应可对 RNA 和 DNA 进行定量测定。

（1）核糖的测定 RNA 分子中的核糖经浓盐酸或浓硫酸脱水生成糠醛。糠醛与某些酚类化合物缩合而生成有色化合物，如糠醛与地衣酚（3,5-二羟甲苯）反应产生深绿色化合物，当有 Fe^{3+} 存在时，则反应更灵敏。反应产物在 660nm 有最大吸收值，并且与 RNA 的浓度成正比。

（2）脱氧核糖的测定 DNA 分子中的脱氧核糖与浓硫酸发生反应，脱水产生 ω-羟基-γ-酮基戊醛，与二苯胺反应生成蓝色化合物。反应产物在 595nm 处有最大吸收值，并且与 DNA 浓度成正比。

PPT

第五节 核　　酶

20 世纪 70 年代，有研究发现，一些真核细胞的 rRNA 前体、线粒体 mRNA 前体在成熟过程中不需要蛋白质酶即发生了催化及剪接反应。1982 年，美国科学家 Cech T. R 等研究原生动物四膜虫 rRNA 时，惊奇地发现 rRNA 基因转录产物的内含子剪切和外显子拼接过程可在无任何蛋白质存在的情况下发生，也不需要 ATP 或 GTP，证明了 RNA 具有自我催化和自我剪接功能，这种具有自我催化能力的 RNA 称为核酶（ribozyme）。1983 年，Sidney Altman 利用重组技术证明，RNA 酶 P 是由 RNA 和蛋白质共同构成的。在较高浓度的 Mg^{2+} 存在的情况下，RNA 酶 P 中单独的 RNA 部分可以催化 tRNA 前体成熟，而单独的蛋白部分则无催化能力。1986 年，Zaug 等提出四膜虫 rRNA 前体的间插序列核糖核酸（L-19 IVS RNA）是一种酶，它具有核苷酸转移酶、磷酸二酯酶、磷酸转移酶、RNA 限制性内切酶等多种催化活性。1994 年，Gerald 等报道了一个具有连接酶活性的 DNA 片段，能够催化与之互补的两个 DNA 片段之间形成磷酸二酯键，并将这一具有催化活性的 DNA 称为脱氧核酶（deoxyribozyme）。到目前为止，脱氧核酶尚未在自然界中发现，但人类对于酶的认识又产生了一次重大飞跃。

一、核酶的分类与结构

（一）核酶的分类

1. 按作用方式分类 按照核酶的作用方式不同，分为剪切型和剪接型两类。

（1）剪切型 剪切型又可以分为两类，一类的剪切反应发生在 RNA 前体的成熟过程中，如大肠埃希菌 RNA 酶 P 对 tRNA 前体的剪切反应，RNA 酶 P 由 377 个核苷酸组成，是真正的催化剂，而蛋白质则是辅基；另一类剪切反应发生在某些动植物的小环状病原体 RNA 的复制过程中。

（2）剪接型 剪接反应包括剪切反应和连接反应。剪切反应又包括催化转磷酸酯键反应和水解反应（RNA 限制性内切酶活性）。许多真核生物基因均含有内含子，这些内含子属于非编码的插入序列，它们能被转录，但不能被翻译。因此，RNA 前体都有一个加工成熟过程，即内含子的切除和外显子的连接。

2. 按作用物分类　按照催化的底物不同，核酶可分为自体催化和异体催化两类。

（1）自体催化　绝大多数核酶以自身 RNA 为底物，即 RNA 催化 RNA 分子，这种自我催化既可以是自我剪切，也可以是自我剪接，许多 RNA 前体的加工成熟属于自体催化。

（2）异体催化　异体催化是以其他化合物作为底物，可以是 RNA，也可以是多糖、DNA 以及氨基酸脂等。如细菌（大肠埃希菌、枯草杆菌等）RNA 酶 P 中的 RNA 能以前体 tRNA 为作用物，加工催化 tRNA 前体 5′端成熟。人工合成的具有催化能力的 19 寡核苷酸能以人工合成的相应的 24 寡核糖核苷酸为作用物，进行催化。四膜虫核酶的衍生物也可以催化 DNA 的定点切割。

3. 按结构和来源分类　根据结构和来源分类，可将进行自我剪切的核酶分为锤头型（hammerhead）、发夹型（hairpin）、人丁型肝炎病毒（hepatitis delta virus，HDV）和脉孢菌 VS 核酶 4 类。

（二）核酶的结构

核酶从本质上是核酸分子，因此具有一、二、三级结构。

1. 核酶的一级结构　因为核酶的化学本质主要是 RNA，少数为 DNA，因此一级结构符合核酸的一级结构，但分子大小差异较大。如锤头型核酶 L-19 IVS 是从包含 6400 个核苷酸的四膜虫 rRNA 逐步剪接而来，由 395 个核苷酸组成；而用于分解猴免疫缺陷病毒所合成的核酶总长度仅为 76 个核苷酸。

2. 核酶的二级结构　锤头型核酶、发夹型核酶、人丁型肝炎病毒和脉孢菌 VS 核酶四类核酶的结构现均已清楚。R. Symons 最先提出了核酶的锤头型结构。能进行分子内自我催化的 RNA 片段通常较短，约为 60 个核苷酸左右。催化部分和底物部分位于同一分子上。底物部分是在切口附近，含有 GU 序列。催化部分和底物部分组成锤头结构，至少含有 3 个茎，1~3 个环。碱基至少有 13 个是一致性序列。发夹型核酶首先在烟草环斑病毒卫星 RNA 负链上被发现，该酶还有 4 个碱基配对螺旋区，两个未配对的环。这两个未配对的环中，多数核苷酸的突变或修饰后均可影响核酶的催化活性。

二、核酶的应用

核酶具有核酸内切酶活性，能特异性地催化 RNA 剪切和连接；可作为反义 RNA，干扰特定基因的表达，其作用优于反义 RNA，核酶还能在 mRNA 的特定位点上将 mRNA 进行切割。此外，核酶作为一种生物研究技术，在 RNA 水平上阻断基因表达，因此可以用来确定基因功能，对某些疾病进行基因定位。

1. 基因抑制作用　核酶的本质是 RNA，具有 RNA 特异序列识别功能和特异位点切断功能。类似于反义 RNA，核酶可以通过互补方式与靶 mRNA 相结合，从而发挥催化功能。这些性质是核酶称为基因抑制研究中非常有用的工具。对比其他基因抑制技术，核酶技术具有要求条件较为宽松（只需要基因的部分 cDNA 序列）、特异性较好、制备速度快、稳定性好等诸多优势。

2. 抗病毒作用　核酶适用于临床上一些病毒感染性疾病，其作用原理为核酶的特异性序列通过互补碱基对形成识别并结合特异性靶 RNA，根据这一特性可以人工设计针对某一 RNA 的核酶分子，破坏病毒转录产物。针对多个位点的核酶序列串连成一个多靶位核酶分子可以大大提高切割效率，达到治疗目的。此外，由于病毒突变率较高，针对其保守序列的核酶可以增强对突变病毒的抗击能力，扩大抗病毒亚型的范围。目前核酶在治疗艾滋病、病毒性肝炎、人乳头瘤病毒感染等方面取得了良好的成效。

3. 抗肿瘤作用　肿瘤组织中 RNA 表达一般均存在异常，利用核酶作用于靶基因，为肿瘤的治疗开辟了新的途径。抑制异常癌基因的表达是核酶发挥抗肿瘤作用的一个重要途径。在不同类型的肿瘤中，*H*-ras 癌基因的突变被公认为在细胞增殖和肿瘤的发生中起到了关键的作用。针对突变型 *H*-ras 设计的锤头状核酶有效地抑制肿瘤的生长。此外，核酶的抗肿瘤作用还可通过抑制抗药基因的表达实现，从而增加肿瘤对化疗药物的敏感性。

此外，脱氧核酶是利用体外分子进化技术合成的一种具有催化功能的单链 DNA 片段，具有高效地催化活性或结构识别能力。将根据催化功能不同，脱氧核酶分为 5 类：切割 RNA 的脱氧核酶、切割 DNA 的脱氧核酶、具有激酶活性的脱氧核酶、具有连接酶功能的脱氧核酶、催化卟啉环金属螯合反应的脱氧核酶。脱氧核酶在未来有望成为新型核酸工具酶应用于基因分析、诊断及治疗等。

PPT

第六节 核苷与核苷酸类药物

广义的核酸类药物是具有药用价值的核酸、核苷酸、核苷、碱基及其类似物和衍生物的总称。根据其结构可分为两大类：一类是碱基、核苷及其结构类似物或聚合物，这类药物在临床上主要用于抗病毒治疗；另一类是具有天然结构的核酸类物质如 ATP、CTP 等，这类药物有助于改善机体的物质代谢和能量代谢，加速受损组织的修复。临床上主要用于肌萎缩、血细胞减少症等代谢障碍性疾病。这类药物大多由生物体自身合成，可以通过微生物发酵或者从生物中提取。

一、核苷类药物

（一）核苷类药物的抗病毒机制

大多数生物体 DNA 的合成过程都是以 DNA 作为模板经过复制合成的。某些病毒恰与之相反，是以 RNA 作为模板，在逆转录酶（reverse transcriptase）作用下，在宿主细胞中通过逆转录合成双链 DNA，再整合到宿主细胞的染色体中。

核苷类抗病毒药物在结构上和天然核苷存在不同程度的相似之处，因此这类抗病毒药物可以转化为三磷酸核苷类似物，并通过与底物竞争，对病毒的逆转录酶产生竞争性抑制，作用于酶的活性中心或嵌入正在合成的病毒 DNA 中，终止 DNA 链的合成，从而对病毒的复制和增殖产生拮抗作用。现有的核苷类药物都是基于这样的代谢拮抗原理设计的。1962 年第一个核苷类药物碘苷（idoxuridine，IDU）用于治疗疱疹性角膜炎获得成功。目前，通过对天然核苷的结构进行修饰或改造获得了大量抗病毒的新药。

（二）核苷类抗病毒药物

1. 碘苷 碘苷为嘧啶类抗病毒药物，其化学结构与胸腺嘧啶脱氧核苷相类似，与其竞争性抑制磷酸化酶，特别是 DNA 聚合酶，从而抑制病毒 DNA 中胸腺嘧啶核苷的合成，或替代胸腺嘧啶核苷掺入病毒 DNA 中，产生有缺陷的 DNA，使其失去感染能力或不能重新组合，使病毒停止繁殖或丧失活性。本品在体外无活性，但在体内的胸腺嘧啶核苷激酶的作用下转化为碘苷三磷酸，而发挥抗病毒作用。由于单纯性疱疹病毒的胸腺嘧啶核苷激酶活性高于正常细胞，使生成的碘苷三磷酸在病毒中的浓度高于正常细胞，从而对单纯性疱疹病毒具有选择性。因其全身毒性较大，故仅作为局部治疗用药。

2. 阿糖腺苷 本品为抗 DNA 病毒药，其药理作用是与病毒的 DNA 聚合酶结合，使其活性降低而抑制 DNA 合成。阿糖腺苷进入细胞后，能被病毒的胸腺嘧啶核苷激酶选择性的磷酸化，转化为磷酸酯（在未被感染的细胞中不被磷酸化），之后再进一步磷酸化生成阿糖腺苷二磷酸（Ara-ADP）和阿糖腺苷三磷酸（Ara-ATP）。抗病毒活性主要由阿糖腺苷三磷酸（Ara-ATP）所引起，Ara-ATP 与脱氧三磷酸腺苷（dATP）竞争地结合到病毒 DNA 聚合酶上，抑制了酶的活性及病毒 DNA 的合成。本品对疱疹病毒及带状疱疹病毒作用最强，对水痘-带状疱疹病毒、牛痘病毒、乙肝病毒次之，对腺病毒、伪狂犬病毒和一些 RNA 肿瘤病毒有效。临床上主要用于治疗单纯疱疹病毒所导致的各种感染。

3. 阿糖胞苷 本品为嘧啶类抗代谢药物，通过抑制细胞 DNA 的合成，干扰细胞的增殖。阿糖胞苷进入人体后经磷酸激酶磷酸化后转为阿糖胞苷三磷酸及阿糖胞苷二磷酸，阿糖胞苷三磷酸能强有力地抑制 DNA 聚合酶的合成，而阿糖胞苷二磷酸能抑制二磷酸胞苷转变为二磷酸脱氧胞苷，从而抑制细胞 DNA 合成。本品为细胞周期特异性药物，对处于 S 期增殖期细胞的作用最敏感，对抑制 RNA 及蛋白质合成的作用较弱。在临床上主要用于单纯疱疹性结膜炎等。此外，本品具有抗肿瘤作用，常用于急性白血病的治疗。

4. 三氟胸苷 本品是胸腺嘧啶核苷的三氟化衍生物。主要抑制 DNA 病毒的复制，并影响晚期 RNA

合成，使合成的蛋白质带有缺陷，抑制病毒的增殖。主要用于治疗单纯疱疹病毒引起的角膜炎、结膜炎等。因本品可掺入宿主 DNA，因此只用于局部用药。

5. 地昔洛韦　本品于 1985 年上市，为阿昔洛韦的前体药物，水溶性比阿昔洛韦大 18 倍，口服后在体内在黄嘌呤氧化酶的作用下，转化为阿昔洛韦，血浆浓度较高。用于单纯疱疹病毒引起的各种感染。

6. 更昔洛韦　本品属于鸟嘌呤类抗病毒药。与阿昔洛韦是同系物，但作用更强，尤其对艾滋病患者的巨细胞病毒有强大的抑制作用。本品进入细胞内后迅速被磷酸化形成单磷酸化合物，然后经细胞激酶的作用转化为更昔洛韦三磷酸，在感染巨细胞病毒的细胞内，其磷酸化过程较正常细胞中更快。三磷酸盐可竞争性抑制 DNA 聚合酶，并掺入病毒及宿主细胞的 DNA 中，从而抑制 DNA 的合成。本品对病毒 DNA 聚合酶的抑制作用比对宿主细胞的 DNA 聚合酶强。本品 1988 年批准上市，是治疗巨细胞病毒感染的首选药物。

二、核酸类药物

核酸类药物是具有天然结构的核酸类物质，包括 ATP、GTP、CTP、UTP、肌苷、辅酶 A 等。这类药物有助于改善物质能量代谢，加快受损组织修复。临床上常用于放射性疾病、血细胞减少、肌萎缩等疾病的治疗。这类药物一般都是机体自身能够合成的物质。

案例解析

【案例】 患者患左眼带状疱疹性角膜炎，左额顶部带状疱疹。治疗该疾病应用哪类药物？这类药物的作用机制是什么？

【解析】 治疗该疾病应用核苷类抗病毒药物，临床上阿昔洛韦较为常用。核苷类抗病毒药物在结构上和天然核苷存在不同程度的相似，因此这类抗病毒药物可以转化为三磷酸核苷类似物，并通过与底物竞争，对病毒的逆转录酶产生竞争性抑制。其主要通过作用于酶的活性中心或嵌入正在合成的病毒 DNA 中，终止 DNA 链的合成，从而对病毒的复制和增殖产生拮抗作用。

本章小结

核酸是与遗传相关的一类生物大分子，分为核糖核酸和脱氧核糖核酸两类。DNA 贮存遗传信息，RNA 参与遗传信息的表达与调控。核苷酸是核酸的基本构成单位，核苷酸又由碱基、戊糖、磷酸构成，其中碱基和戊糖缩合形成核苷。DNA 中碱基为 A、G、C、T，戊糖为脱氧核糖；RNA 中碱基为 A、G、C、U，戊糖为核糖。

核酸的一级结构是指核苷酸通过 3′,5′-磷酸二酯键形成的多核苷酸长链。DNA 一级结构是指其分子中的碱基排列顺序。DNA 的二级结构为双螺旋结构，DNA 双链为反向平行的右手螺旋结构，双螺旋之间碱基通过互补配对方式结合，双螺旋的稳定性依靠疏水作用力和氢键共同维持。DNA 的生物功能是作为复制和转录的模板，是遗传的物质基础。RNA 是生物体内的另一大类核酸，主要包括 mRNA、tRNA、rRNA 三种，此外还存在 hnRNA 及细胞内小 RNA。mRNA 是蛋白质合成的直接模板，成熟的 mRNA 由其初级产物 hnRNA，经修饰加上 5′端帽子和 3′端 poly（A）尾以及剪除内含子后拼接形成。tRNA 是蛋白质合成中氨基酸的转运载体，通过其反密码环中的反密码子与 mRNA 上的密码子相互识别，从而携带正确的氨基酸并转呈给 mRNA。rRNA 与蛋白质结合形成核糖体，是蛋白质合成的场所。核酸具有多种理化性质，核酸的紫外吸收特性广泛用于核酸和核苷酸的定性定量分析。DNA 在某些理化因素作用下发生变性，DNA 双链间的氢键断裂，双链解离成单链，当变性条件去除后，两条单链可恢复成双螺旋结构，产生DNA的复性。热变性和退火现象是最常见的DNA变性和复性过程。研究还发现某些特定结构的核酸具有催化作用，称为核酶。核酶在临床上具有重要的应用前景。

核苷和核酸类药物是具有药用价值的核酸、核苷酸、核苷、碱基及其类似物和衍生物的总称。核苷类药物主要为抗病毒药物，通过抑制病毒的逆转录酶抑制病毒增殖；核酸类药物主要作用为改善能量代谢。

练 习 题

题库

一、单项选择题

1. 组成核酸的基本单位是（　　）

A. 核糖和脱氧核糖　　B. 磷酸和戊糖
C. 戊糖和碱基　　D. 单核苷酸
E. 磷酸、戊糖和碱基

2. 含有稀有碱基比较多的核酸是（　　）

A. mRNA　　B. DNA　　C. tRNA　　D. rRNA　　E. hnRNA

3. DNA分子碱基含量关系中错误的是（　　）

A. A+T=G+C　　B. A+C=G+T　　C. G=C　　D. A=T　　E. A/T=G/C

4. 真核细胞染色质的基本结构单位是（　　）

A. 组蛋白　　B. 核心颗粒　　C. 核小体　　D. 超螺旋管　　E. α-螺旋

5. 下面DNA螺旋结构属于左手螺旋的是（　　）

A. A-DNA　　B. B-DNA　　C. cDNA　　D. Z-DNA　　E. H-DNA

6. DNA变性后不会发生改变的是（　　）

A. 增色效应　　B. 氢键断裂
C. 生物学功能丧失　　D. 黏度降低
E. 3′,5′-磷酸二酯键断裂

7. 关于真核生物mRNA，下列叙述正确的是（　　）

A. 细胞内含量最多的RNA　　B. 细胞内最稳定的RNA
C. 种类最少的RNA　　D. 5′有帽子结构
E. 3′大多数没有多聚（A）尾

8. 下列为DNA三级结构的是（　　）

A. 双螺旋　　B. α-螺旋　　C. 超螺旋　　D. 三叶草结构　　E. 无规卷曲

9. 维持DNA双螺旋结构稳定的主要作用力是（　　）

A. 配位键　　B. 氢键　　C. 离子键　　D. 范德华力　　E. 碱基堆积力

10. 某双链DNA纯样品含有20%的A，则该样品中G的含量为（　　）

A. 15%　　B. 20%　　C. 30%　　D. 60%　　E. 80%

二、思考题

1. 细胞内有哪几种主要的RNA？简述其主要功能。
2. 简述DNA双螺旋结构的主要特点。
3. 简述真核生物mRNA的结构特点。
4. 何为DNA变性？简述DNA变性的特征及其应用。

（马克龙）

第三章

酶

学习导引

1. **掌握** 酶的概念；酶的结构与功能；酶促反应的特点；影响酶促反应速度的主要因素及酶的调节。

2. **熟悉** 酶促反应的机制；酶原激活及同工酶的特点；酶的分离纯化及酶活性检测。

3. **了解** 酶与医药学的关系及应用。

生命的基本特征之一是新陈代谢，其中包括物质代谢和能量代谢，其本质是生物体内进行的有序、可调控的连续化学反应。生物体内的代谢过程多是在各种生物催化剂的催化作用下进行的，目前发现的生物催化剂多是一些生物大分子，其本质是蛋白质或 RNA，目前已知的有酶（enzyme，E）、核酶（ribozyme）、抗体酶（abzyme）等。

人类对酶的认识源于生产和生活实践。我国古代已有酿酒、制作饴（麦芽糖）、酱和醋的记载；1810 年，Jaseph Gaylussac 发现酵母可将糖转化为酒精，在学术界引发一场争论；1857 年，Pasteur 等人提出“发酵是酵母细胞活动的结果”观点，而 Liebig 认为发酵现象是溶解于酵母细胞液中的一些物质引起的；1878 年，德国科学家 Kuhne 正式提出了酶的命名（Enzyme）；1897 年，德国生物学家 Buchner 成功应用酵母提取液实现了发酵，证明发酵作用与细胞的完整性无关，其研究成果获得 1907 年诺贝尔化学奖，也结束了这场争论；1913 年，Michaelis 和 Menten 提出了酶促反应动力学原理——米氏学说；1926 年，美国生物化学家 Sumner 首次从刀豆中分离并结晶出脲酶，首次证明该酶的化学本质是蛋白质；1930 年 Northrop 等得到了胃蛋白酶、胰蛋白酶和胰凝乳蛋白酶的结晶，并进一步证明了酶是蛋白质，他们的研究成果与 Stanley 的病毒蛋白酶研究成果共同获得 1946 年诺贝尔化学奖；随后陆续发现了 2000 余种酶，并证明它们的化学本质都是蛋白质。

直至 1982 年，Cech 在研究四膜虫 rRNA 前体加工时，首次发现 rRNA 前体本身具有自我催化作用，并提出核酶的概念；1994 年，Szostak 等首次报道了具有 DNA 连接酶活性的 DNA 片段，称为脱氧核酶。核酶是具有自我催化和自我剪接功能的核酸，它的发现突破了“生物催化剂的本质为蛋白质”的传统观念。

1986 年，Lerner 等宣布成功制备出对羧酸酯水解具有催化活力的抗体酶；同年，Schultz 宣布获得了能水解对硝基苯氧基羧基胆碱的抗体。抗体酶是具有某种酶活性的抗体分子，可通过制备抗体的方法制备，主要特点是将抗体的高度特异性与酶的高效性巧妙结合。这些研究为生物催化剂的发展作出了新的贡献。

生物催化剂与生命活动密切相关，在物质代谢过程中，几乎所有的化学反应都依赖酶的催化，因而酶正常作用的发挥是维持正常代谢的重要基础。酶学理论和技术的发展有效推动了基础医学和临床医学研究，在疾病的发病机制、诊断技术与治疗措施研究中均有重要作用，也为药物设计和作用原理的研究提供理论和实验依据。

第一节　概　　述

PPT

一、酶的概念

酶是由活细胞产生的，在一定条件下对特定底物具有高效催化作用的生物催化剂。酶作为生物体内各种代谢反应的催化剂，除了具有一般化学催化剂的特性，还具有一些独特的特点。

由酶催化的化学反应称为酶促反应。酶促反应的反应物称为酶的底物（substrate，S），经酶催化生成的物质称为产物（product，P）。

课堂互动

在洗衣粉中添加生物酶的目的是什么？在日常生活中，还有哪些生活场景用到了酶？

二、酶促反应特点

（一）酶作用的高效性

酶的催化效率极高，通常比非催化反应高 $10^8 \sim 10^{20}$ 倍，比一般催化剂高 $10^7 \sim 10^{13}$ 倍。如脲酶催化尿素分解的速度是 H^+ 催化其分解速度的 7.6×10^{12} 倍，过氧化氢酶催化 H_2O_2 分解的速度是 Fe^{2+} 催化其分解速度的 8.3×10^9 倍。酶和一般催化剂加速反应的机制都是降低反应所需的活化能（activation energy）。活化能即底物分子从基态转变到活化状态所需的能量，反应体系中，活化分子愈多，反应速度愈快。与一般催化剂相比，酶能更有效地降低反应的活化能，显著提高化学反应速度。如在 H_2O_2 分解生成 H_2O 和 O_2 的反应中，无催化剂时需要的活化能为 75312J/mol，以胶态钯作为催化剂时需要的活化能为 48953J/mol，而由过氧化氢酶催化时需要的活化能仅为 8368J/mol。

（二）酶作用的专一性

酶促反应中，酶对其催化的底物及反应类型具有严格的选择性，这是酶区别于普通催化剂的显著特征。酶的专一性是指一种酶只能作用于一种或一类底物，或特定的化学键，催化特定的化学反应，生成相应的产物，亦称为酶的特异性。根据酶对底物选择的严格程度不同，酶的专一性可分为以下几种类型。

1. 绝对专一性　一种酶只能作用于一种特定结构的底物，催化一种特定的反应，生成特定结构的产物，如过氧化氢酶只能催化 H_2O_2 分解生成 H_2O 和 O_2；脲酶只能催化尿素水解生成 CO_2 和 NH_3。

2. 相对专一性　一种酶可作用于一类化合物或一种化学键，催化一种特定的反应，生成相应的产物，如 α-淀粉酶可水解淀粉分子中的 α-1,4-糖苷键，而对糖链的长短无要求；蛋白酶可水解蛋白质分子中的特定肽键，而对蛋白质种类并无选择性。

3. 立体异构专一性　一种酶只能作用于立体异构体中的一种，使之发生特定的反应。立体异构专一性包括几何异构专一性和光学异构专一性。如 L-乳酸脱氢酶只能催化 L-乳酸脱氢，而对 D-乳酸无作用；延胡索酸酶只能催化反丁烯二酸（延胡索酸）生成苹果酸，而对顺丁烯二酸（马来酸）无作用。

（三）酶作用的可调节性

酶的催化作用可在多个层次、通过多种形式进行调节。一方面，大部分酶的本质是蛋白质，其功能与结构密切相关，可通过改变其化学组成及空间构象而改变酶的催化活性；另一方面，酶作为基因表达的产物，在生物体内不断代谢，通过基因表达调控等形式可打破酶生成与降解的动态平衡，从而改变酶的含量而改变酶的催化能力。

（四）酶作用的不稳定性

与其他蛋白质一样，酶的功能依赖其特定构象，蛋白质构象的稳定主要依赖非共价键，因而容易受各种理化因素的影响。如高温、高压、强酸、强碱等均可导致酶的变性，使其丧失催化活性，故酶促反应过程常需要严格控制温度、压力、pH、离子强度等，确保其在适当的条件下进行。

三、酶的分类与命名

（一）酶的分类

国际酶学委员会（Enzyme Commission，EC）根据所催化的化学反应的性质和类型，将酶分为六类，每类酶又可根据所催化化学键和反应基团的不同，进一步分为亚类、亚亚类。

1. 氧化还原酶类 催化氧化还原反应的酶属于氧化还原酶类（oxidoreductases），如乳酸脱氢酶、单加氧酶、过氧化氢酶、细胞色素氧化酶等。

2. 转移酶类 催化化学基团转移或交换的酶属于转移酶类（transferases），如甲基转移酶、氨基转移酶、激酶等。

3. 水解酶类 催化水解反应的酶属于水解酶类（hydrolases），如蛋白酶、核酸酶、脂肪酶、脲酶等。

4. 裂合酶类 催化裂解反应或其逆反应的酶属于裂合酶类（lyases），如水化酶、醛缩酶等。

5. 异构酶类 催化几何或光学异构体相互转变的酶属于异构酶类（isomerases），如变位酶、异构酶、消旋酶等。

6. 合成酶类 催化合成反应，并偶联高能键水解释能的酶属于合成酶类（synthetases），或称为连接酶类。且反应不可逆，如DNA连接酶、谷氨酰胺合成酶等。

（二）酶的命名

酶学研究早期，酶的名称多由发现者确定，称为习惯命名。为克服习惯命名的缺陷，规范酶的命名，根据国际酶学委员会制定的国际系统分类法，提出了酶的系统命名法。

1. 习惯命名法 依据酶所催化的主要底物名称、反应类型或（和）酶的来源确定酶的名称。如乳酸脱氢酶、胰淀粉酶等。

$$\underset{\text{丙酮酸}}{\begin{array}{c}CH_3\\|\\C{=}O\\|\\COOH\end{array}} + NADH + H^+ \xrightleftharpoons{\text{乳酸脱氢酶}} \underset{\text{乳酸}}{\begin{array}{c}CH_3\\|\\CHOH\\|\\COOH\end{array}} + NAD^+$$

2. 系统命名法 系统命名法以酶的系统分类为依据，酶的名称包括所有底物的名称和反应类型，底物名称之间以“：”分隔。使用时每种酶还应有一个系统编号，编号由四组数字组成，第一组表示该酶属于六大类酶中的类别，第二组表示该酶所属的亚类，第三组为其所属的亚亚类，第四组表示该酶在亚亚类中的排序。酶的分类与命名举例见表3-1。

表3-1 酶的分类与命名举例

类别	催化反应类型	推荐名称	系统名称	编号	反应
1. 氧化还原酶类	氧化还原反应	谷氨酸脱氢酶	L-谷氨酸：NAD（P）$^+$ 氧化还原酶	EC1. 4. 1. 3	L-谷氨酸+H_2O+NAD（P）$^+$↔α-酮戊二酸+NH_3+NAD（P）H+H^+
2. 转移酶类	基团转移反应	肌酸肌酶	ATP：肌酸磷酸转移酶	EC2. 7. 3. 2	ATP+肌酸→ADP+磷酸肌酸
3. 水解酶类	水解反应	葡糖-6-磷酸酶	D-葡糖-6-磷酸水解酶	EC3. 1. 3. 9	D-葡糖-6-磷酸+H_2O→D-葡萄糖+H_3PO_4
4. 裂合酶类	裂解反应或其逆反应	二磷酸果糖醛缩酶	D-果糖-1，6-二磷酸：3-磷酸-D-甘油醛裂合酶	EC4. 1. 2. 13	果糖二磷酸↔磷酸二羟丙酮+甘油醛-3-磷酸

续表

类别	催化反应类型	推荐名称	系统名称	编号	反应
5. 异构酶类	同分异构体相互转变	视黄醛异构酶	全反视黄醛：11-顺反异构酶	EC5. 2. 1. 3	全反视黄醛↔11-顺反异构酶
6. 合成酶类	催化合成反应同时偶联高能键水解释能	谷氨酰胺合成酶	L-谷氨酸：氨连接酶	EC6. 3. 1. 2	L-谷氨酸+ATP+NH_3→L-谷氨酰胺+ADP+H_3PO_4

第二节　酶的分子组成及结构与功能

一、酶的分子组成

除核酶外，绝大多数酶的本质是蛋白质，具有特定的化学组成和分子结构。仅由一条肽链构成的酶称为单体酶（monomeric enzyme）；由两条或两条以上的肽链形成的具有四级结构的酶称为寡聚酶（oligomeric enzyme）。多酶复合体系（multienzyme system）是由功能相关的酶相互聚合形成相对独立的反应体系，其通过催化连续的化学反应来实现代谢物的高效转化。某些酶分子存在多种催化活性部位，可同时具有多种不同的催化活性，称为多功能酶（multifunctional enzyme）或串联酶（tandem enzyme）。

根据酶的化学组成，可以把酶分为两类。

（一）单纯酶

仅由肽链组成的酶称为单纯酶（simple enzyme），其本质为单纯蛋白质，其作用的专一性与酶促反应类型均由酶分子的结构所决定，如胰蛋白酶、胰脂肪酶等。

（二）结合酶

由肽链与非氨基酸成分共同组成的酶称为结合酶（conjugated enzyme），其本质为结合蛋白质。结合酶分子中的肽链称为酶蛋白（apoenzyme），非氨基酸成分称为辅因子（cofactor），酶蛋白或辅因子单独存在时均无催化活性，只有当二者结合构成完整的酶分子——全酶（holoenzyme）时，才具有催化功能。

1. 辅因子的本质与分类　辅因子主要有两类：①金属离子，如 Fe^{2+}、Cu^{2+}、Mg^{2+}、Zn^{2+}等；②小分子有机物，主要为 B 族维生素及其衍生物或卟啉化合物。辅因子与酶蛋白以共价键结合时称为辅基（prosthetic group），以非共价键结合时称为辅酶（coenzyme）。

一种辅因子可与多种酶蛋白结合构成不同的酶，一种酶蛋白只能与一种辅因子结合构成一种特定的酶（表 3-2）。结合酶在催化反应时，酶蛋白决定酶促反应的专一性，辅因子与反应的类型和性质有关。

表 3-2　辅因子与酶的关系

辅因子	参与构成的酶	催化的反应
NAD^+（烟酰胺腺嘌呤二核苷酸，辅酶 Ⅰ）	甘油醛-3-磷酸脱氢酶	甘油醛-3-磷酸→甘油酸-1,3-二磷酸
	脂酰辅酶 A 脱氢酶	脂酰辅酶 A→α，β-烯脂酰辅酶 A
	L-谷氨酸脱氢酶	L-谷氨酸→α-酮戊二酸
磷酸吡哆醛（维生素 B_6）	丙氨酸氨基转移酶	丙氨酸+α-酮戊二酸↔丙酮酸+谷氨酸
	天冬氨酸氨基转移酶	天冬氨酸+α-酮戊二酸↔草酰乙酸+谷氨酸

2. 辅因子的作用

（1）金属离子　作为辅因子，金属离子在酶促反应中的作用包括：①稳定酶的构象或参与活性中心的组成；②借助自身氧化还原特性传递电子，参与反应过程；③在酶与底物间起桥梁作用，协助或促进酶与底物的结合；④中和阴离子，降低反应中的静电斥力等。

（2）小分子有机化合物　其作用主要是在酶促反应中作为运载体，传递电子、质子、原子或其他基团（表3-3）。

表3-3　小分子有机化合物在酶促反应中的作用

辅酶或辅基	所含维生素	转移物质
焦磷酸硫胺素（TPP）	维生素 B_1（硫胺素）	醛基
烟酰胺腺嘌呤二核苷酸（NAD^+，辅酶Ⅰ）	维生素PP（烟酰胺）	氢原子、电子
黄素腺嘌呤二核苷酸（FAD）	维生素 B_2（核黄素）	氢原子
磷酸吡哆醛	维生素 B_6	氨基
辅酶A（CoA）	泛酸	酰基
四氢叶酸（FH_4）	叶酸	一碳单位
生物素	生物素	二氧化碳
硫辛酸	硫辛酸	酰基

二、酶的结构与功能

酶具有特定的氨基酸排列顺序（一级结构）和空间构象，它们均与酶的活性密切相关。酶分子的一级结构不仅决定和影响酶的空间结构，也为酶的催化活性提供必需的化学基团。

1. 必需基团　酶分子中不同的氨基酸侧链基团在酶促反应中具有不同作用，其中与酶活性有直接关系或对酶的功能起主要决定作用的基团称为酶作用的必需基团（essential group），如某些酶分子中组氨酸的咪唑基、丝氨酸的羟基、半胱氨酸的巯基等。当这些基团被破坏时，可导致酶功能的丧失，但必需基团的作用不能脱离完整的酶分子。

2. 活性中心　酶分子中能与底物特异地结合并催化底物转变为产物的具有特定三维结构的区域，称为酶的活性中心（active center）（图3-1）。

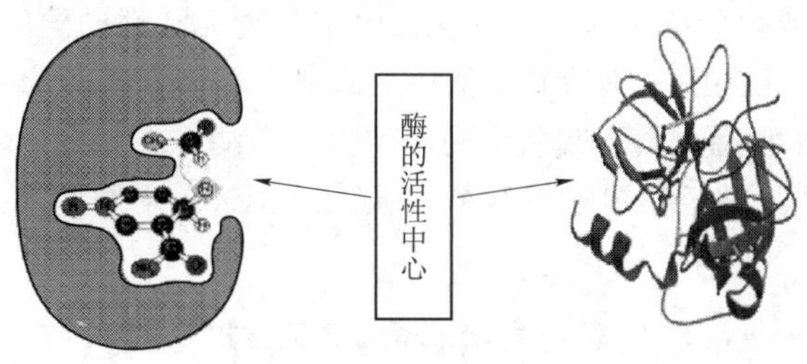

图3-1　酶的活性中心

活性中心是酶对底物发挥催化作用的功能部位，必需基团参与活性中心的形成并在酶促反应中发挥作用，其中能够识别特异性底物并与之结合的必需基团称为结合基团（binding group），直接催化底物发生化学反应的必需基团称为催化基团（catalytic group）。另外，还有一些化学基团虽然不直接参与活性中心的形成，但对稳定酶的空间结构和活性中心的构象具有重要作用，称为活性中心外的必需基团。这些基团可使活性中心维持正确的空间构象，是维持酶催化活性必不可少的基团，如半胱氨酸之间形成的二硫键可有效稳定酶的空间构象和活性中心（图3-2）。

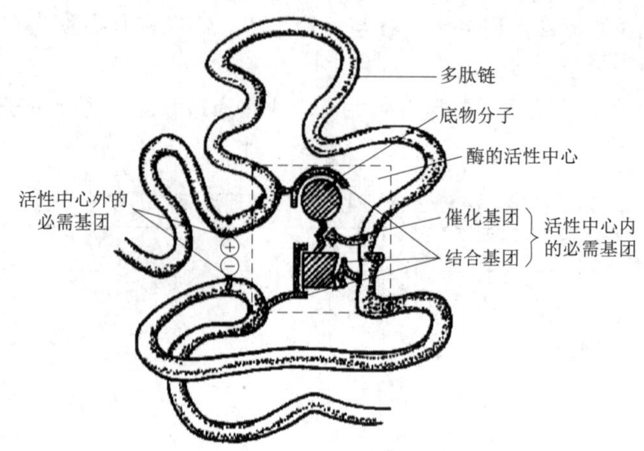

图 3-2　酶的活性中心与必需基团

知识拓展

酶的必需基团与酶活性

酶催化作用的发挥往往并不需要整个分子，如木瓜蛋白酶经氨基肽酶处理后，其肽链从 N 端开始逐渐缩短，当原有结构中 180 个氨基酸残基被水解掉 120 个后，其剩余的短肽仍具有水解蛋白质的活性；又如，将核糖核酸酶肽链 C 端的三肽切除，剩余部分也有酶的活性。可见，一些酶的催化活性仅与其分子结构中的一部分有关。

三、酶原及其激活

1. 酶原的概念及其激活过程　体内大多数酶在合成后可自发地折叠形成特定构象并产生催化活性。然而，有些酶在细胞内合成或初分泌时却没有催化活性，这种无活性的酶的前体称为酶原（zymogen）。酶原在一定条件下转变为有活性的酶的过程称为酶原的激活（zymogen activation）。

多种消化酶如胃蛋白酶、胰蛋白酶、糜蛋白酶、弹性蛋白酶等在初分泌时均以酶原形式存在，进入胃或肠腔后受特定因素作用而被激活，并在食物蛋白质的消化过程中发挥重要作用。部分酶原及其激活过程见表 3-4 和图 3-3。

表 3-4　部分酶原激活方式

酶原	激活因素	激活形式	激活部位
胃蛋白酶原	H^+或胃蛋白酶	胃蛋白酶+六肽	胃腔
胰蛋白酶原	肠激酶或胰蛋白酶	胰蛋白酶+六肽	肠腔
胰凝乳蛋白酶原	胰蛋白酶	胰凝乳蛋白酶+两个二肽	肠腔
弹性蛋白酶原	胰蛋白酶	弹性蛋白酶+几个肽段	肠腔
羧肽酶原 A	胰蛋白酶	羧肽酶 A+几个肽段	肠腔

血液中凝血系统、纤维蛋白溶解系统的酶也多以酶原形式存在，可通过少数凝血因子或其他因素的作用而被激活，快速实现血液凝固或使纤维蛋白溶解。

2. 酶原激活的本质　酶原激活的本质是酶活性中心形成或暴露的过程。在一定条件下，通过水解酶原分子中的一个或多个肽键，切除部分肽段，从而改变其一级结构并引起空间构象变化，形成或暴露活性中心而具有活性。这一现象也反映了蛋白质结构与功能之间的内在联系。

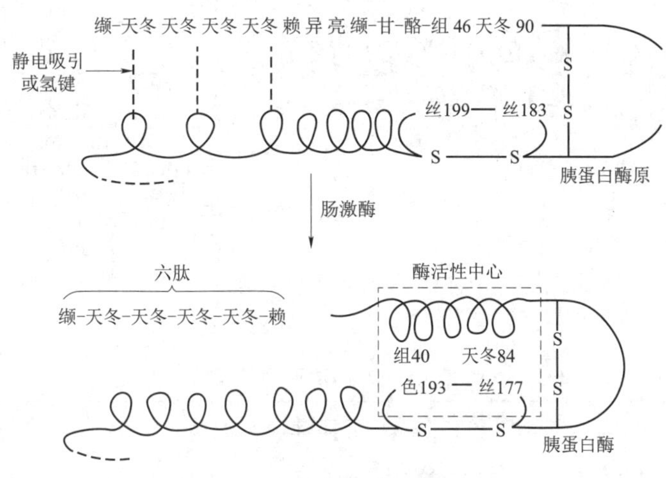

图 3-3 胰蛋白酶原的激活过程

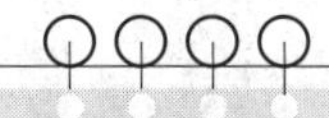

案例解析

【案例】 非手术治疗急性胰腺炎时抑制胰腺分泌或使用胰酶抑制剂的依据是什么？

【解析】 急性胰腺炎的发生常因胆道疾病、十二指肠反流等原因使胰酶在胰管或腺泡内被提前激活，对胰腺及其周围组织产生“自身消化”，引起组织细胞坏死而产生严重的局部和全身损害。使用 H_2受体阻滞剂（如西咪替丁）可间接抵制胰腺分泌；使用抑肽酶等则可通过抑制胰蛋白酶活性而减轻组织损害。

3. 酶原存在的意义 酶原的存在有重要的生理意义。消化道内蛋白酶原的存在可避免细胞的自身消化，使酶在特定的部位和环境中发挥作用，保证代谢正常进行。凝血系统和纤维蛋白溶解系统的酶原可以视为酶的储存形式，在需要时，酶原适时转变成有活性的酶。凝血系统可在血管受损时促进血液凝固，避免血液流失；纤维蛋白溶解系统则可在血管栓塞时促进血凝块溶解，保证血流畅通。酶原的存在与激活既可有效保证酶在特定的部位（如消化道）或恰当的时间（如出血或血栓形成时）发挥作用，又可避免某些酶对机体造成的可能损伤，对机体具有重要保护作用。蛋白酶原在胰腺的异常激活可造成组织自溶（如急性胰腺炎），凝血系统和纤维蛋白溶解酶原的不恰当激活则可能导致出血或血管栓塞。因此，酶原存在的意义：一是保护组织免受酶的催化而破坏，二是保证酶的催化作用适时发挥。

四、同工酶

1. 同工酶的概念与特点 同工酶（isozyme）是指同一生物体内催化活性相同而分子结构及理化性质不同的一组酶。目前已知的同工酶有 500 多种，有数十种已被成功应用于临床诊断等多个领域，其中乳酸脱氢酶（lactate dehydrogenase，LDH）是发现最早、研究最全面的同工酶。LDH 由骨骼肌型（M 型）和（或）心肌型（H 型）两种亚基以四聚体形式构成 5 种同工酶，分别为 LDH_1（H_4）、LDH_2（H_3M）、LDH_3（H_2M_2）、LDH_4（H_1M_3）、LDH_5（M_4）（图 3-4）。它们均可催化乳酸与丙酮酸通过氧化还原反应相互转变，但由于不同亚基之间化学组成不同，因而理化性质（如等电点）和抗原性等各不相同。

同工酶多由两条或两条以上的多肽链聚合而成。不同的同工酶之所以能够催化相同的化学反应，主要因为它们的活性中心构象相同或相似。虽然催化活性相同，但同工酶之间存在两方面差异：一是由于具有不同的化学组成和结构，其理化性质和生物学性质如分子量、等电点及免疫学性质等均不相同；二

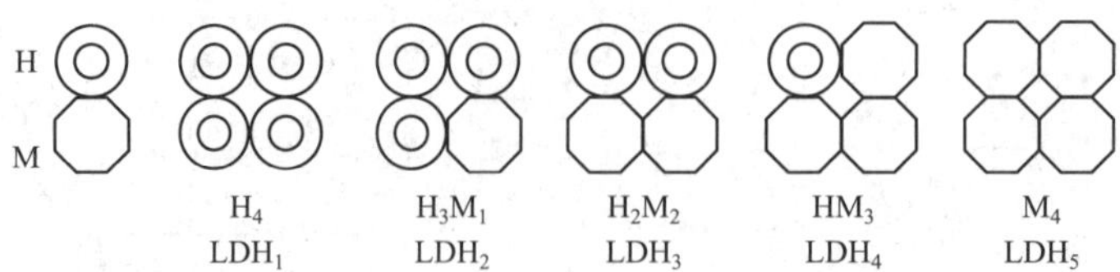

图 3-4 乳酸脱氢酶同工酶

是它们常存在于生物的同一种属或同一个体的不同组织，甚至同一细胞的不同细胞器，因而在不同器官形成独特的同工酶谱（表 3-5）。

表 3-5 人体各组织器官 LDH 同工酶谱（活性%）

LDH 同工酶	肝	骨骼肌	心肌	肺	肾	脾	血清
LDH_1	2	0	73	14	43	10	27.1
LDH_2	4	0	24	34	44	25	34.7
LDH_3	11	5	3	35	12	10	20.9
LDH_4	27	16	0	5	1	20	11.7
LDH_5	56	79	0	12	0	5	5.7

2. 同工酶存在的意义 同工酶是机体协调物质代谢，以适应环境变化及生理需要的有效方式。虽然同工酶均可催化相同的化学反应，但是，由于不同的同工酶在同一个体的不同组织或同一细胞的不同细胞器分布不同，加之亚基之间氨基酸组成、序列和构象不同，对底物的亲和力也不同，因而催化的化学反应平衡点各不相同，从而形成不同组织或细胞器中特征性的化学反应，使物质代谢从整体上协调进行。如 LDH_1 主要存在于心肌，对乳酸亲和力较大，易使乳酸氧化生成丙酮酸，进而在线粒体中彻底氧化，为心肌供能。而 LDH_5 主要存在于骨骼肌和肝，与丙酮酸亲和力较大，主要催化丙酮酸还原生成乳酸，有利于肌肉组织在缺氧时仍能获取能量。此外，由于同工酶分布的组织特异性，也可通过检测血清同工酶活性、分析同工酶谱来协助进行疾病诊断和预后判断。

第三节 酶的作用机制

一、降低反应活化能

化学反应中，反应物分子必须超过一定的能阈，成为活化状态，才能发生化学变化，形成产物。所含能量超过一定阈值，具有化学反应活性的分子称为活化分子，这种状态下的底物分子能量最高、最不稳定，化学键正处于断裂或形成之时，具有很强的化学反应能力。在一定温度条件下，使 1mol 底物从基态全部转化为活化态所需的自由能（物质由一般状态转变为活化状态所需的能量）称为活化能。反应体系中活化分子愈多，反应速度愈快。因此，加速化学反应的方式主要有：①供能，如通过加热、光照等促进活化分子形成；②降低反应所需的活化能，使更多含能量较低的分子转变成活化分子。

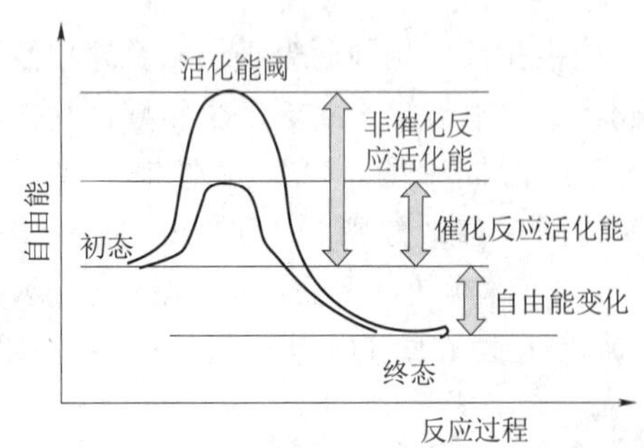

图 3-5 不同化学反应的自由能变化

催化剂的作用主要是降低反应所需的活化能，在相同能量水平能使更多的分子活化，从而加速反应的进行。与一般催化剂相比，酶能显著地降低活化能，故能显著提高催化效率（图 3-5）。据计算，在 25℃ 时活化能每减少

4.184kJ/mol，反应速率可提高 5.4 倍。前述过氧化氢酶对 H_2O_2 的催化效率远高于普通催化剂，如胶态钯。

二、形成中间复合物

目前认为，酶促反应的基本过程是酶与底物首先结合形成酶-底物复合物（ES），再将底物转变成产物并从酶分子中释出。

$$E+S \longrightarrow ES \longrightarrow P+E$$

酶通过活性中心以非共价方式如氢键、离子键等与底物结合，并通过这种结合使底物分子内部某些化学键发生极化，呈不稳定状态（活化状态），从而显著降低反应能阈。

1958 年，Koshland 提出诱导契合假说（induced-fit hypothesis）描述中间复合物的形成机制，认为酶与底物结合前，结构上并不互补，当两者相互接近时，相互诱导使结构发生变形，彼此适应并结合形成 ES（图 3-6）。

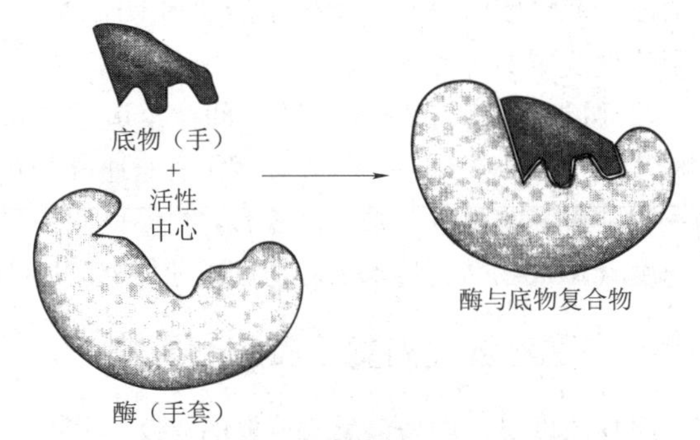

图 3-6 酶与底物的诱导契合作用

三、多元催化作用

从热力学角度来讲，酶促反应需要耗能，用于克服四个基本的物理学和热力学障碍：熵减、变形、酶功能基团在空间的取向、生物分子去溶剂化。酶除了利用一般催化原理加速化学反应外，还能利用 E-S 相互作用的有效能（结合能）进行催化，加速反应速率。结合能的作用主要有：①在结合过程中诱导底物扭曲、变形，使其产生去稳定作用；②触发酶蛋白的构象变化，使酶蛋白分子上的功能基团获得能催化反应所必需的位置和取向，产生更为活泼的酶形式（低活性→高活性）；③冻结底物的移动和转动，使底物与酶的功能基团被约束在适合反应进行的方向和位置上；④去溶剂作用，以结合能取代分子表面水膜所产生的稳定作用；⑤结合能除对酶的催化过程提供能量外，也使酶能够区分两种竞争底物，即展现酶的专一性（释放自由能多者首选）。总之，酶与底物相互作用所释放的有效能不仅赋予酶以催化活性，而且使之产生高度专一性。

酶的作用机制尚不十分清楚。不同的酶具有不同的作用机制，也可通过多种机制的参与，协同完成。这些机制主要分为以下几种类型。

1. 趋近和定向效应 酶可以将底物结合在它的活性部位，由于化学反应速度与底物浓度成正比，若反应系统的某一局部区域底物浓度增高，则反应速度也随之提高。此外，酶与底物间的靠近具有一定的取向，使底物与酶的催化基团相互靠近，并使催化基团的分子轨道取得正确的方位，使底物分子以正确的方式互相接近或碰撞，增加 ES 复合物进入活化状态的概率。

2. 张力作用 底物的结合可诱导酶分子构象发生变化，酶分子构象的变化，也可对底物产生张力作用，使底物的某些敏感键扭曲、变形，促进 ES 复合物进入活性状态。

3. 酸碱催化作用 酶分子中含有一定数量的酸性或碱性基团，这些基团可作为良好的质子供体或受体参与反应，广义的酸性基团或碱性基团对许多化学反应均具有较强的催化作用。

4. 共价催化作用 某些酶能与底物形成极不稳定的、共价结合的 ES 复合物，这些复合物比无酶存在时更容易进行化学反应。共价催化作用可分为亲核催化和亲电催化两类。

此外，表面效应、去溶剂作用、静电效应等也是某些酶促反应发生的可能机制。

PPT

第四节　酶促反应动力学

酶促反应动力学主要研究酶促反应的速度以及影响酶促反应速度的各种因素。这些因素主要包括底物浓度、酶浓度、温度、pH、激活剂和抑制剂等。在实际应用中要充分发挥酶的催化作用，就必须准确控制酶促反应的各种条件。

酶促反应速度（V）即单位时间内反应系统中底物的消耗量或产物的生成量。为避免不同影响因素的相互干扰，在探讨某一因素对酶促反应速度的影响时，必须使反应体系中其他因素保持不变，而单独改变所要研究的因素。另外，考虑到酶促反应中可逆反应较常见，通常以反应的初始速度来代表酶促反应速度（即底物转化量<5%时的反应速度），以避免反应产物及其他因素对反应速度的影响。

一、底物浓度对酶促反应的影响

底物浓度是影响酶促反应速度的重要因素之一。实验发现，在酶浓度恒定的条件下，反应体系中底物浓度（[S]）与酶促反应速度（V）的关系呈矩形双曲线，并表现特殊的饱和现象（图3-7）。

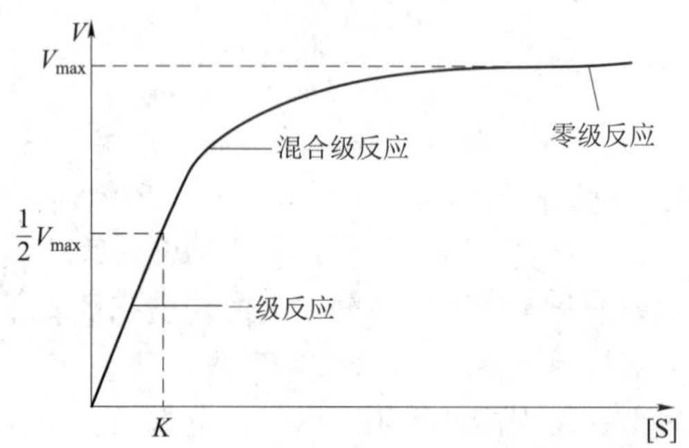

图3-7　底物浓度与酶促反应速度的关系

由图3-7可见，当底物浓度较低时，酶促反应速度与底物浓度成正比，属一级反应；随着底物浓度的增加，反应速度不再按正比升高，表现为介于零级反应与一级反应之间的混合级反应；当底物浓度达到一定限度时，反应速度也达到极限值，即最大反应速度（V_{max}），表现为零级反应。

（一）米氏方程

1913年，Michaelis和Menten以酶-底物中间复合物学说为基础，经过大量研究，提出了反应速度和底物浓度关系的数学方程式，揭示了单底物反应的动力学特性，称为Michaelis-Menten方程（简称米氏方程）。

$$V=\frac{V_{max}[S]}{K_m+[S]}$$

式中，V_{max}指该酶促反应的最大速度，[S]为底物浓度，K_m是米氏常数，V是在某一底物浓度时相应的反应速度。当底物浓度很低时，$[S] << K_m$，则$V \approx V_{max}[S]/K_m$，反应速度与底物浓度呈正比。当底物浓度很高时，$[S] >> K_m$，此时$V \approx V_{max}$，反应速度达到最大速度，不再随底物浓度增高而加快。

（二）米氏常数与最大反应速度

1. 米氏常数（K_m）　当酶促反应速度为最大速度的一半，即$V=1/2V_{max}$时，从米氏方程可以进一步整理得到：$K_m=[S]$。由此可知，K_m值为酶促反应速度为最大速度一半时的底物浓度。

K_m的意义与应用：

（1）K_m是酶的特征性常数。其大小与酶的浓度无关，而与具体的底物有关。在一定条件下，某种酶对特定底物的K_m值是恒定的，因而可以通过测定不同酶（特别是一组同工酶）的K_m值，来判断是否为不同的酶。

（2）K_m可以反映酶与底物亲和力的大小。K_m值越小，则酶与底物的亲和力越大；反之，则越小。

（3）K_m可用于判断反应级数：当$[S]<0.01K_m$时，可近似认为，$V=(V_{max}/K_m)[S]$，反应为一级反应，即反应速度与底物浓度成正比；当$[S]>100K_m$时，可近似认为，$V=V_{max}$，反应为零级反应，即反应速度与底物浓度无关；当$0.01K_m<[S]<100K_m$时，反应处于零级反应和一级反应之间，为混合级

反应。

（4）K_m可用来判断酶的专一性和天然底物。当酶有几种不同的底物存在时，K_m 最小的底物通常就是该酶的最适底物，也就是天然底物。

（5）K_m可用来计算欲使反应速度达到某一特定反应速度时的合理［S］。如欲使反应速度达到最大反应速度的 90%，代入米氏方程可得：

$$90\%\,V_{max}=\frac{V_{max}[S]}{K_m+[S]}$$

$$即[S]=9\,K_m$$

（6）K_m可用来推断某一代谢物在体内可能的代谢途径。当同一物质可被多种酶催化时，K_m最小的酶所催化的反应多为该物质的主要代谢途径。

（7）K_m可用于酶的鉴定。如根据 K_m相同与否判定是否同一个酶；也可根据 K_m稳定与否判定酶是否被纯化。

2. 最大反应速度（V_{max}） V_{max}是酶完全被底物饱和时的反应速度，其大小与酶浓度成正比。当酶被底物充分饱和时，单位时间内每个酶分子催化底物转变为产物的分子数称为酶的转换数（turnover number），酶的转换数可用来表示酶的催化能力。如果酶的总浓度已知，可根据 V_{max} 计算酶的转换数。

（三）K_m和 V_{max}的求取

考虑到［S］与 V 的关系呈矩形双曲线，可以通过对米氏方程的处理，使其转变为相当于 y=ax+b 的直线方程，以方便准确地求取 K_m和 V_{max}。

1. 双倒数作图法（Lineweaver Burk 方程） 将米氏方程两边取倒数，可得到如下方程：

$$\frac{1}{V}=\frac{K_m+[S]}{V_{max}[S]}\ 即\ \frac{1}{V}=\frac{K_m}{V_{max}}\cdot\frac{1}{[S]}+\frac{1}{V_{max}}$$

根据此线性方程，以 $1/V$ 对 1/［S］作图，可得斜率为 K_m/V_{max} 的直线（图 3-8）。$1/V$ 轴的截距为 $1/V_{max}$；当 $1/V=0$ 时，1/［S］轴的截距为 $-1/K_m$。

2. Hanes 作图法 将米氏方程两边同乘以［S］可得：

$$\frac{[S]}{V}=\frac{1}{V_{max}}[S]+\frac{K_m}{V_{max}}$$

根据此直线方程（Hanes 方程），用［S］/V 对［S］作图（图 3-9），可得斜率为 $1/V_{max}$ 的直线，该直线在［S］/V 轴上的截距为 K_m/V_{max}，在［S］轴上截距为 $-K_m$。

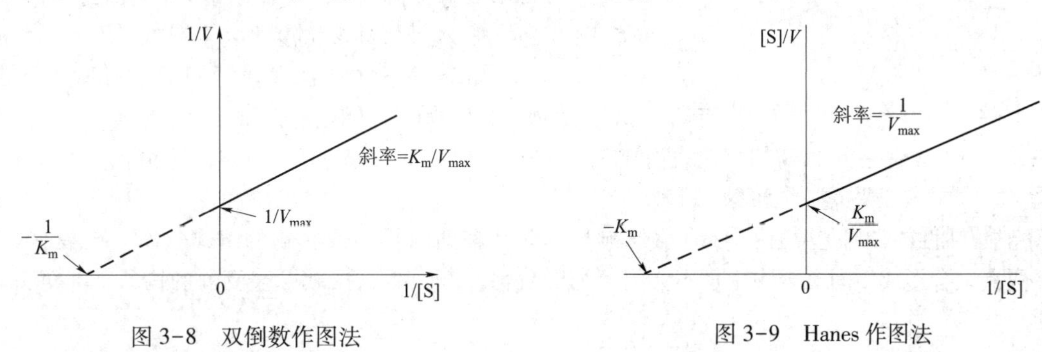

图 3-8 双倒数作图法　　图 3-9 Hanes 作图法

二、酶浓度对酶促反应的影响

在底物浓度足以使酶饱和的情况下，酶促反应速度与酶浓度成正比。关系式为：$V=k$［E］，如图 3-10 所示。

三、温度对酶促反应的影响

温度对酶促反应有双重影响：一方面，升高温度可为酶促反应提供更多的能量，使底物分子运动性加强，增加分子间的有效碰撞机会，提高反应速度；另一方面，由于酶的本质是蛋白质，当温度升高到一定限度时，可引起酶蛋白变性，从而降低酶的催化活性，使酶促反应速度下降。只有在某一温度条件下，既可为反应提供充足的能量，又不致引起酶的变性，此时酶促反应速度最快，该温度称为酶的最适温度（optimum temperature）（图 3-11）。

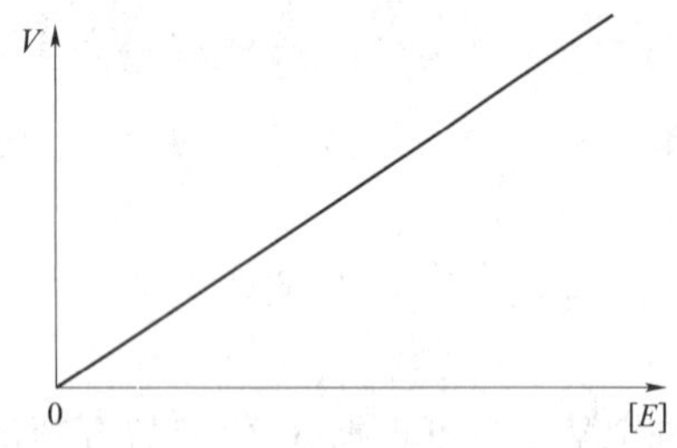

图 3-10　酶浓度与酶促反应速度的关系

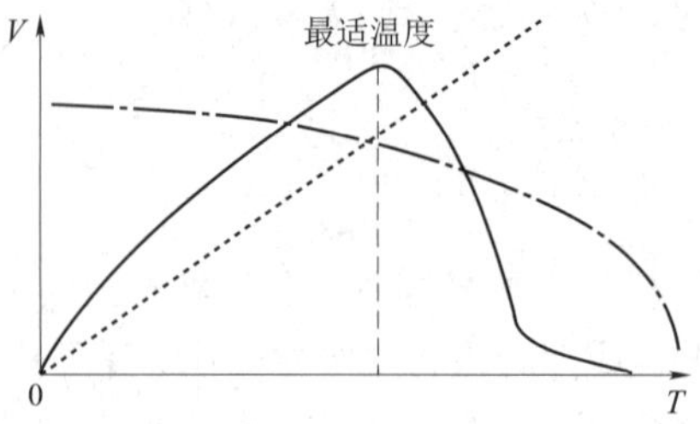

图 3-11　温度与酶促反应速度的关系

当温度低于最适温度时，升高温度可提高酶促反应速度；当温度达到最适温度后，再升高温度则导致酶的变性加速，此时反应速度随温度升高而降低。

从哺乳动物组织中提取的酶，最适温度一般在 35~40℃。大部分酶在 60℃以上时发生变性，少数酶可耐受较高的温度，如细菌淀粉酶在 93℃时活性最大，牛胰核糖核酸酶在 100℃时仍有活性。从一种可在 70~75℃环境中生存的嗜热水生菌中提取的 Taq DNA 聚合酶最适温度为 72℃，可耐受 100℃高温，现已作为工具酶用于 PCR 实验。

最适温度不是酶的特征性常数，其高低与反应时间有关，酶可以在短时间内耐受较高的温度，但随着反应时间延长，最适温度向温度降低的方向移动。

低温时由于活化分子数目减少，反应速度降低，但温度升高后，酶活性又可恢复，故酶制剂、菌种等可采用低温贮存。酶在干燥状态下比在潮湿状态下对温度的耐受力更高，因此将酶制成干粉制剂更有利于长期保存。

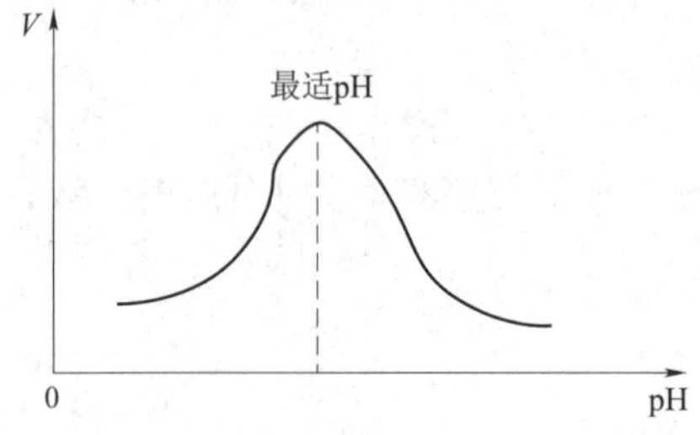

图 3-12　pH 与酶促反应速度的关系

四、pH 对酶促反应的影响

pH 对酶促反应速度有显著影响，一种酶在不同 pH 时活性不同。酶促反应速度达到最大时的 pH 称为该酶的最适 pH（optimum pH）（图 3-12）。最适 pH 不是酶的特征性常数，受底物浓度、种类及缓冲液浓度等因素影响。因此，酶的最适 pH 只有在一定条件下才有意义。不同的酶具有不同的最适 pH，植物和微生物产生的酶最适 pH 通常在 5.5~6.5，动物体内酶的最适 pH 大多在 6.5~8.0，但也有例外，如胃蛋白酶的最适 pH 为 1.8，肝精氨酸酶的最适 pH 为 9.8。

pH 对酶活性的影响主要有：①pH 可影响酶（包括辅助因子）或底物的解离状态，在最适 pH 时最有利于两者结合形成中间复合物，且不会引起酶的变性；②强酸、强碱可改变酶的构象，甚至引起酶变性失活。

五、激活剂对酶促反应的影响

可以提高酶活性的物质称为酶的激活剂（activator）。激活剂大部分是无机离子或简单有机化合物，其作用是可逆地与酶促反应系统中的组分，如底物、酶或酶-底物复合物结合而提高反应速度，且自身不被转化。激活剂分为必需激活剂与非必需激活剂。

必需激活剂（essential activator）为酶发挥活性所必需，可使酶由无活性状态转变为有活性状态，通常为金属离子。如 Mg^{2+}可与 ATP 结合形成 Mg^{2+}-ATP，ATP 作为底物参与反应过程，故 Mg^{2+}是多种激酶的必需激活剂。有些酶本身具有催化活性，但效率较低，激活剂可使其活性增加，这类激活剂称为非必需激活剂（non-essential activator）。如 Cl^- 是唾液淀粉酶的非必需激活剂。

六、抑制剂对酶促反应的影响

能特异地降低酶活性且不使酶变性的物质称为酶的抑制剂（inhibitor，I）。抑制剂一般通过与酶的特定部位结合而降低酶活性。根据抑制剂与酶的结合方式不同，可将抑制作用分为不可逆性抑制和可逆性抑制。

（一）不可逆性抑制

抑制剂与酶分子通过共价键结合而降低酶的活性。由于两者结合牢固，不能用透析、超滤等物理方法将抑制剂去除而恢复酶活性。不可逆性抑制作用可分为专一性不可逆抑制和非专一性不可逆抑制两类。前者仅作用于活性中心的必需基团，如有机磷与酶活性中心的丝氨酸羟基结合而抑制酶活性。后者则能与酶分子中一类或几类基团结合，且无论是否为必需基团，如某些重金属离子（如 Hg^{2+}、Ag^{+} 等）及 As^{3+} 等通过与酶分子中巯基的结合产生抑制作用。

有机磷农药（敌百虫、敌敌畏、乐果、1059 等）可特异地与胆碱酯酶的必需基团丝氨酸羟基结合，抑制该酶对神经递质乙酰胆碱的水解作用，引起胆碱能神经持续兴奋而呈现中毒症状。

$$(RO)(R'O)P(=O){-}X + HO{-}Ser{-}E \longrightarrow (RO)(R'O)P(=O){-}O{-}Ser{-}E + HX$$

有机磷杀虫剂　胆碱酯酶（活）　磷酰化胆碱酯酶（失活）

化学毒气路易士气是一种含砷的化合物，可与酶分子中的巯基发生不可逆结合，从而对某些以巯基为必需基团的酶（巯基酶）产生抑制，导致人畜中毒。

$$Cl_2As{-}CH{=}CHCl + E(SH)_2 \longrightarrow E(S)_2As{-}CH{=}CHCl + 2HCl$$

路易士气　巯基酶　失活的酶　酸

需要强调的是，不可逆性抑制仅指不能以简单的物理方法去除抑制剂，但常可采用特定的化学方法使抑制作用解除。如解磷定（PAM）可解除有机磷与胆碱酯酶的结合而解除其抑制作用，二巯丙醇（BAL）常用于重金属离子引起的巯基酶中毒。

$$(RO)(R'O)P(=O){-}O{-}E + \text{(N-甲基吡啶-2-基)}{-}CH{=}NOH \longrightarrow \text{(N-甲基吡啶-2-基)}{-}CH{=}N{-}O{-}P(=O)(OR')(OR) + HO{-}E$$

磷酰化胆碱酯酶　解磷定　磷酰化解磷定　胆碱酯酶

（二）可逆性抑制

可逆性抑制剂通常以非共价键与酶或酶-底物中间复合物可逆性结合，使酶的活性降低或丧失，抑制剂可用透析、超滤，甚至稀释等方法而去除或减少。根据抑制剂与酶的结合部位及抑制作用特点，一般将可逆性抑制作用分为三种。

1. 竞争性抑制　抑制剂与底物的结构相似，能与底物竞争性地与酶的活性中心相结合，阻碍酶-底物复合物的形成，从而抑制酶活性。

$$\begin{array}{l} E+S \longleftrightarrow ES \longrightarrow P+E \\ + \\ I \longleftrightarrow EI \end{array}$$

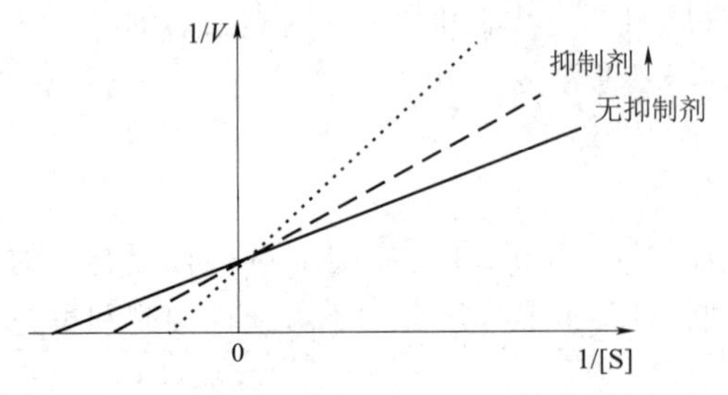

图 3-13 竞争性抑制作用动力学变化

竞争性抑制的特点是：①抑制剂通常是酶的底物结构类似物；②抑制剂与酶的结合部位和底物与酶的结合部位相同——都是酶的活性中心；③抑制作用强弱取决于［I］与［S］的相对比例，增加［S］可以减弱或消除抑制作用；④竞争性抑制剂存在时，酶促反应动力学特征表现为 K_m 值增大，V_{max} 不变（图 3-13）。

竞争性抑制是机体正常生理情况下的一种调节方式，如丙二酸因与琥珀酸结构相似，可竞争性抑制琥珀酸脱氢酶，当丙二酸与琥珀酸浓度比为 1∶50 时，酶活性被抑制 50%。若底物琥珀酸浓度增大，抑制作用会相应减弱。

$$\underset{\text{琥珀酸}}{HOOC-CH_2-CH_2-COOH} \xrightleftharpoons[\text{琥珀酸脱氢酶}]{FAD^+ \to FADH_2} \underset{\text{延胡索酸}}{HOOC-CH=CH-COOH}$$

丙二酸（$HOOC-CH_2-COOH$）对琥珀酸脱氢酶产生抑制（－）

许多抗菌药物和抗代谢药物均通过竞争性抑制发挥治疗作用，磺胺类药物的抑菌机制是竞争性抑制的典型代表。

细菌以对氨基苯甲酸（PABA）、二氢蝶啶、谷氨酸等为底物，在二氢叶酸合成酶催化下合成二氢叶酸（FH_2），可进一步还原为四氢叶酸（FH_4），协助一碳单位参与核苷酸、核酸等重要物质的合成，维持细菌的生长繁殖。磺胺类药物因与 PABA 结构相似，故可竞争二氢叶酸合成酶的活性中心而抑制 FH_2 的合成，通过干扰核酸合成而抑制细菌的分裂增殖。人类可直接从食物中摄取叶酸，故不受磺胺类药物的干扰。

$$\text{二氢蝶啶} + \text{对氨基苯甲酸} + \text{谷氨酸} \xrightarrow{\text{二氢叶酸合成酶}} \text{二氢叶酸}（FH_2）$$

$H_2N-C_6H_4-COOH$　　　$H_2N-C_6H_4-SO_2NHR$

对氨基苯甲酸　　　磺胺类药物

案例解析

【案例】 许多抗肿瘤药物多依据竞争性抑制作用原理而设计，如何使用才能提高其治疗效果？

【解析】 此类药物作为竞争性抑制剂，通过对肿瘤细胞特定代谢酶的抑制而发挥作用，而竞争性抑制作用的强弱取决于抑制剂浓度与底物浓度的相对比例。因此，治疗中需确保药物（抑制剂）浓度远高于特定底物（代谢物）浓度方能产生良好的治疗效果，故确定合理的用药方法和剂量对治疗效果有重要影响。

2. 非竞争性抑制 指抑制剂与活性中心以外的部位可逆性结合而产生的抑制。

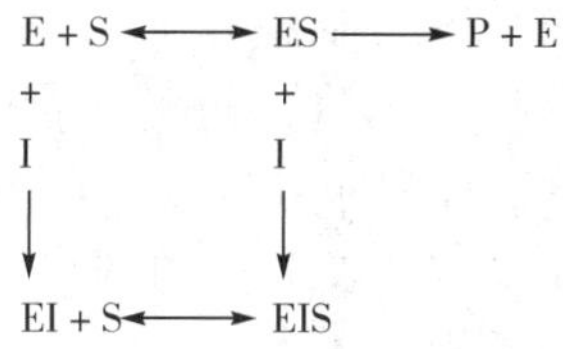

非竞争性抑制的特点：①非竞争性抑制剂的化学结构不一定与底物的分子结构类似；②抑制剂与酶的活性中心外的位点结合；③抑制剂对酶与底物的结合无影响，故底物浓度的改变对抑制程度无影响，抑制程度取决于抑制剂的浓度；④非竞争性抑制剂存在时，酶促反应动力学特征表现为K_m值不变，V_{max}降低（图3-14）。

3. 反竞争性抑制　抑制剂不能与游离酶结合，但可与ES复合物结合而产生抑制。在ES复合物形成后，此类抑制剂与酶活性中心外的调节位点结合，从而抑制酶的活性。

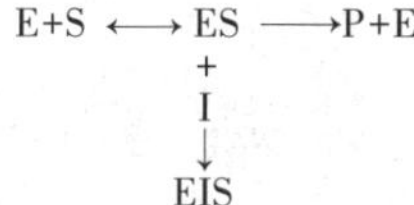

反竞争性抑制的特点：①反竞争性抑制剂的化学结构不一定与底物的分子结构类似；②抑制剂与底物可与酶的不同部位结合；③必须有底物存在，抑制剂才能对酶产生抑制作用；抑制程度随底物浓度的增加而增加，抑制作用强弱取决于抑制剂浓度及底物浓度；④反竞争性抑制剂存在时，酶促反应动力学特征表现为K_m值减小，V_{max}降低（图3-15）。

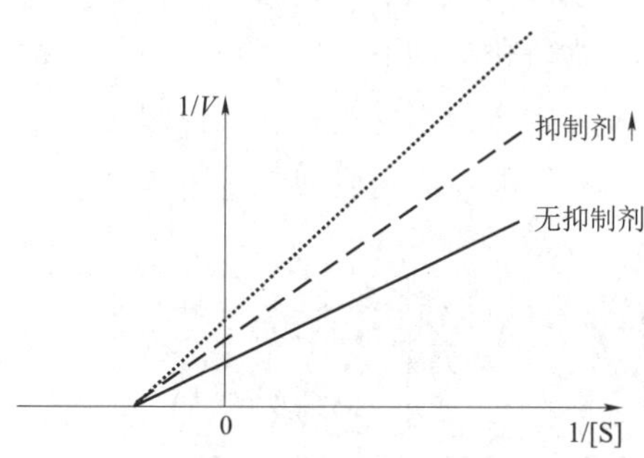

图3-14　非竞争性抑制作用动力学变化

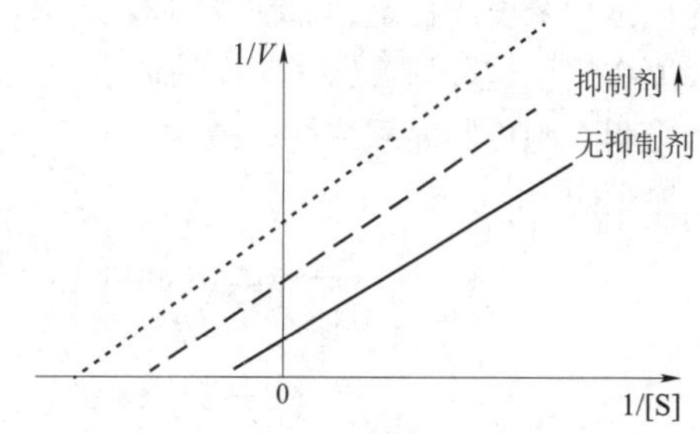

图3-15　反竞争性抑制作用动力学变化

第五节　酶的调节

酶是生物新陈代谢的重要物质基础，其催化活性可通过多种形式进行调节。代谢调节常通过对代谢途径中的关键酶的调节而实现，改变关键酶的活性或含量是酶调节的主要方式。

一、酶活性的调节

酶的催化活性与一级结构和空间构象密切相关。通过非共价键或共价键改变酶分子构象可实现对酶催化活性的调节，由于这种调节以细胞内已存在的酶为作用对象，调节效应可迅速呈现，故属于酶活性的快速调节。

1. 别构调节　一些代谢物可与某些酶分子活性中心外的特定基团以非共价键可逆性结合，引起酶构象改变，从而改变酶的催化活性，此种调节方式称别构调节（allosteric regulation）。受到别构调节的酶称为别构酶（allosteric enzyme），引起别构效应的物质称为别构效应剂（allosteric effector）。使酶活性增强的别构效应剂称为别构激活剂（allosteric activator），使酶活性降低的别构效应剂称为别构抑制剂（allosteric inhibitor）。酶分子与别构效应剂结合的部位称为别构部位（allosteric site）。

别构酶一般为多个亚基构成的寡聚体，亚基之间具有协同效应。别构效应剂多为小分子生理物质，如 cAMP 是蛋白激酶 A 的别构激活剂（图 3-16）。

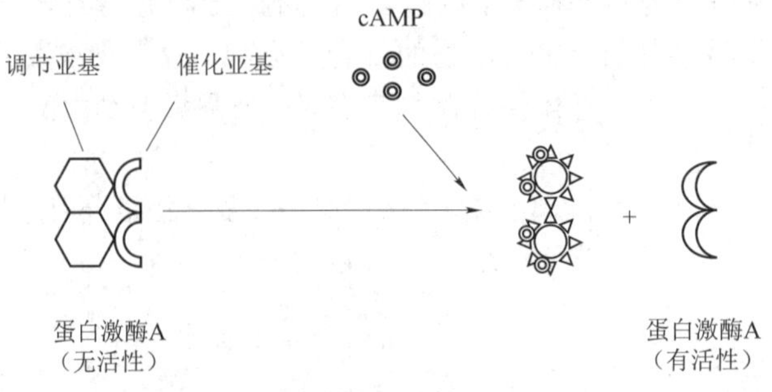

图 3-16　蛋白激酶 A 的别构激活作用

别构调节具有如下特点：①别构酶大多具有四级结构，酶活性的改变是通过酶分子构象的改变而实现的；②别构酶含有与效应剂结合的特定部位（调节亚基或调节部位），酶的构象变化仅涉及非共价键改变；③别构剂大多为生理物质，如代谢的底物或产物等；④别构剂对酶的影响可以是激活，也可以是抑制；⑤别构调节为非耗能过程。

代谢途径中许多关键酶都属于别构酶，其直接或间接底物可作为别构激活剂，产物多作为别构抑制剂对其活性进行调节，故细胞内代谢浓度发生变化时，可通过酶的别构调节实现对代谢过程的调控，以维持各代谢物浓度的稳定和内环境的稳定。代谢终末段的某一产物，可调节代谢初始反应，并对代谢全程起限速作用，这种调节方式叫反馈调节。此种调节使反应加速的称为正反馈，使反应减速的称为负反馈，如当胆细胞内胆固醇浓度升高时，可反馈抑制 HMG-CoA 还原酶，减少胆固醇的生物合成，维持胆固醇浓度恒定。

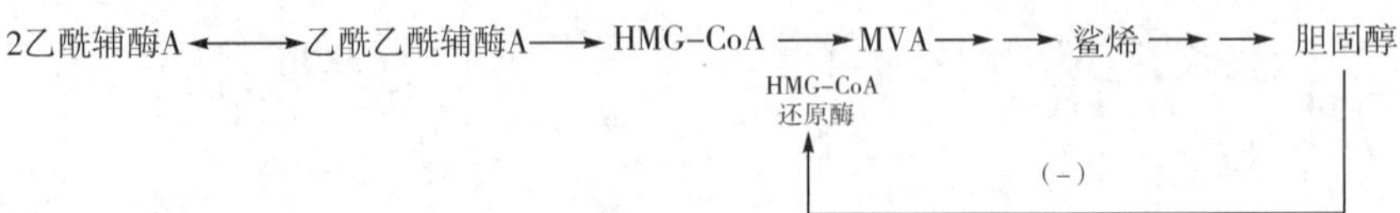

2. 共价修饰调节　在酶的催化下，某些酶蛋白肽链上的一些基团可与某种化学基团发生可逆的共价结合，从而改变酶的活性，此过程称为共价修饰（covalent modification）。酶的共价修饰调节以磷酸化与脱磷酸化最常见（图 3-17），也可通过乙酰化和脱乙酰化、甲基化和脱甲基化、腺苷化和脱腺苷化、—SH 与—S—S—互变等方式进行。

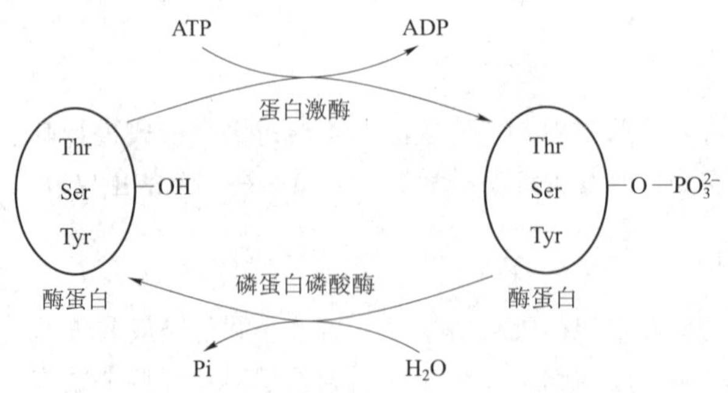

图 3-17　酶的磷酸化与去磷酸化

共价修饰调节具有如下特点：①共价修饰调节的本质属酶促反应；②被修饰的酶通常具有两种构

象（如疏松型和紧密型）；③调节过程有共价键的变化，最常见的修饰基团是磷酸基团，一般为耗能过程；④调节结果具有双向性和放大效应；⑤调节过程受其他调节因素（如激素）的影响。

酶的共价修饰调节作用迅速，且有放大效应。这是因为共价修饰过程本身属于酶促反应，而酶具有高效催化活性；共价修饰常呈连锁进行，即一个酶发生共价修饰后，被修饰的酶又可催化另一种酶进行共价修饰，这种连续的酶促反应可使极小量的调节因子产生显著的效应，从而保证激素等信息分子快速、高效地产生调节作用，如胰高血糖素等对糖原磷酸化酶的调节就是通过共价修饰使反应逐级放大，实现对糖原代谢过程的调节（见第六章糖代谢）。

二、酶含量的调节

酶可催化化学反应，但其本身也是细胞代谢的产物。酶的催化效率与酶浓度成正比，改变酶的合成或降解速率可改变细胞内酶浓度，从而改变其催化效率。由于这种调节涉及基因表达及蛋白质降解等过程，产生效应较慢，故又称迟缓调节。

1. 酶蛋白合成的诱导和阻遏　细胞内某些底物、产物、激素、药物等可以在转录水平上促进或减少一些酶蛋白的生物合成，分别称为诱导物或阻遏物。诱导物使酶合成增加的过程称为诱导（induction）作用，可提高酶浓度及催化效率；阻遏物使酶合成减少的过程称为阻遏（repression）作用，可降低酶浓度及催化效率。如胰岛素可诱导合成 HMG-CoA 还原酶而促进胆固醇合成，而胆固醇则阻遏该酶合成；巴比妥类药物可诱导肝微粒体单加氧酶合成而促进该药物的生物转化。

酶的诱导合成过程需要经过基因转录、翻译和翻译后加工修饰等过程，所以其效应出现较迟，一旦酶被诱导合成后，即使除去诱导因素，酶的活性仍然存在，可见，酶的诱导与阻遏作用是对代谢的缓慢而长效的调节。许多药物能诱导体内代谢酶的合成，因而能加速其本身或其他药物的代谢转化。研究药物代谢酶的诱导生成对阐明许多药物的耐药性有重要意义。

2. 酶蛋白的降解与调控　酶是机体的组成成分，也需要不断地自我更新。酶的降解就是蛋白质和氨基酸分解代谢的过程，酶的分子构象一旦受到破坏，酶就被细胞内的蛋白水解酶所识别，极易降解成氨基酸。酶的降解大多在细胞内进行，其降解速度与酶的结构密切相关。许多因素影响酶的降解，如酶的 N 端被置换、磷酸化、突变、被氧化、酶发生变性等均可能成为酶被降解的标记，易受到蛋白酶的攻击。调控酶的降解速率也是机体一种重要的代谢调节方式。

第六节　酶的分离纯化与活性测定

PPT

酶来源于动物、植物和微生物，根据作用特点可分为胞外酶和胞内酶。在生物组织中，不仅多种酶混合存在，而且含有大量其他化学成分，因此需经过分离纯化才能得到我们需要的酶。根据酶的生物学特性，测定酶的催化活性（总活力和比活力）可以用来追踪酶在分离纯化过程中的去向，也可作为评价与选择分离纯化方法和操作条件的参考指标。

一、酶的分离纯化

酶的特性研究与鉴定，或以酶作为试剂或药物时常需要高纯度的酶样品，通过分离纯化方能获得符合要求的酶。酶分离纯化所采用的方法类似于蛋白质的分离纯化，在操作中应避免一切可能引起蛋白质变性的因素。

（一）酶分离纯化的原则

根据酶的特性，在分离纯化过程中应注意：①防止酶变性失活。②分离纯化的目的是，在不破坏酶活性的前提下，使用各种方法将酶以外的所有杂质除去。另外，可利用酶与底物、抑制剂等具有较强亲和力这一特点优化操作方法和条件。③从原料处理开始，每步都必须检测酶活性，为优化分离纯化条件提供依据。一个好的方法应能显著提高酶的纯度和活力，且具有可重复性。

（二）酶分离纯化的步骤

酶蛋白分离纯化的一般步骤可分为前处理、粗分级和细分级三步。

1. 前处理 根据酶的来源与分布选择不同方法进行初步抽提。胞外酶可直接选择适当的溶剂进行提取。胞内酶需先以适当方式将组织细胞破碎，使酶蛋白以溶解状态释放，并保持原有生物活性。动物细胞较易破碎，可用研磨器、组织捣碎机、匀浆器或采用超声波破碎；植物组织需加石英砂或用纤维酶处理；微生物细胞具有较厚的细胞壁，需用超声波破碎、高压挤压或溶菌酶处理。若所需提取的酶主要存在于某一细胞器，如线粒体、叶绿体、细胞核等，可先用离心法将其分离，再以该细胞器作为下一步分离提取的原料。

2. 粗分级 采用盐析、沉淀、超滤、有机溶剂等简便且处理量大的方法去除混合液中的大量杂蛋白或其他杂质，得到初步浓缩的酶溶液。

3. 细分级 选用分辨率高的方法将酶从杂蛋白中分离出来或将杂蛋白从酶溶液中去除，以获得高纯度的酶。现有酶的分离纯化方法都是根据酶与杂蛋白（或其他杂质）性质上的差异而建立：①根据分子大小建立的方法，如透析法、筛膜分离法、凝胶过滤法等；②根据溶解度大小建立的方法，如盐析法、有机溶剂沉淀法、共沉淀法、选择性沉淀法、等电点沉淀法等；③根据解离状况建立的方法，如电泳法、离子交换色谱法等；④根据密度大小建立的方法，如密度梯度离心法等；⑤根据稳定性大小建立的方法，如选择性热变性法、表面变性法等；⑥根据亲和特性建立的方法，如亲和色谱法等。

（三）酶分离纯化的结果分析

在酶的分离纯化过程中，每一操作步骤都需要做三件事：①测定酶活性（U/ml）；②测定蛋白质含量（mg/ml）；③测量体积（ml）。并将测得数据进行整理。酶纯化过程中常用的观察指标和计算方法如下：

$$\text{比活力(纯度)}=\text{活力单位数/毫克蛋白质(或蛋白氮)}$$

$$\text{纯化倍数}=\frac{\text{每次比活力}}{\text{第一次比活力}}$$

$$\text{回收率\%}=\frac{\text{每次总活力}}{\text{第一次总活力}}\times 100\%$$

例如，彩绒革盖菌（*Coriolus versicolor*）胞外漆酶的分离纯化采用的主要步骤为：将培养的菌丝经离心得粗酶液，然后经盐析、透析，再经 DEAE-纤维素离子交换色谱和 Sephadex G-100 纯化，获得结晶，纯化结果见表 3-6。

表 3-6 彩绒革盖菌胞外漆酶的分离纯化

步骤	总体积（ml）	总蛋白质（mg）	总活力（U）	比活力（U/mg）	纯化倍数
粗酶液	80	21.00	6510	310	1.0
盐析	15	4.22	6337	1500	4.8
透析	19	2.71	4950	1830	5.9
DEAE-纤维素	35	0.53	3750	7099	22.9
Sephadex G-100	25	0.26	2890	11 180	36.1

二、酶活性的测定

虽然酶具有高效催化活性，但在生物组织中含量极低，一般无法直接测定酶的含量。根据酶促反应动力学原理，在一定前提条件下，酶促反应速度与酶浓度成正比，因此在实际工作中常以酶促反应速度表示酶的催化能力，称之为酶活性。

（一）酶活性测定的原则

酶活性测定除了必须遵循所用分析化学方法的操作要求外，还需注意以下方面：①首先测定的酶促反应速度必须是初速度，只有初速度才与底物浓度成正比。初速度通常指底物消耗量在5%以内或产物形成量占总产物量的15%以下时的速度；②底物浓度、辅助因子浓度必须大于酶浓度（即过饱和状态）；③反应必须在酶的最适条件（如温度、pH、离子强度等）下进行；④所用试剂中不应含有酶的激活剂、抑制剂。

（二）酶活性测定的方法

酶活性测定可用终止反应法（stopped method）和连续反应法（continuous method）。

1. 终止反应法　在恒温反应系统中进行酶促反应，每间隔一定时间取出一定体积的反应液，并使酶即刻停止作用，然后分析产物的生成量或底物的消耗量。几乎所有的酶都可使用此法进行活力测定。使酶停止作用常使用强酸、强碱等使酶失活，或迅速加热使酶变性。酶促反应的底物或产物一般可用化学法、放射性化学法、酶偶联法进行测定。

2. 连续反应法　以连续法测定酶活性，不需要取样终止反应，而是基于反应过程中光谱吸收、气体体积、酸碱度、温度、黏度等变化用仪器跟踪监测反应进行的过程，计算酶活性。

（三）酶活性的表示方法

酶的活性是指酶催化化学反应的能力，其衡量标准是酶促反应速度，以酶活性单位（U）表示。酶的活性单位是衡量酶活性大小的尺度，它反映在规定条件下，酶促反应在单位时间内生成一定量的产物或消耗一定数量的底物所需的酶量。

国际酶学委员会规定：在特定条件下，1分钟内使1μmol底物发生转化所需的酶量为1个国际单位（international unit，IU）。

国际生物化学协会推荐使用Katal单位（也称催量，Kat）——即在特定条件下，每秒钟使1mol底物转化为产物所需的酶量。Kat与IU的换算：1 IU = 16.67×10^{-9} Kat。

第七节　酶在医药学中的应用

PPT

一、酶与疾病的发生

酶的种类、分布、含量与活性是保证生物体正常代谢和生命活动的基础。许多因素都可引起酶的结构、分布、含量及活性等出现异常，导致某些疾病的发生。

1. 酶缺失或缺陷与疾病　某些编码重要酶的基因异常（如突变等）可导致相应酶蛋白合成能力缺失或酶催化功能丧失，正常代谢过程受到阻碍，从而产生相应疾病。由于这类异常改变发生在基因水平，具有遗传性，故此类疾病常具有家族性，统称为遗传性代谢性疾病，如苯丙氨酸羟化酶缺乏可引起苯丙酮酸尿症，酪氨酸酶缺乏可导致白化病。

2. 酶活性受抑制所致代谢异常　酶的活性易受多种因素影响而改变，其活性异常可影响正常代谢过程而引起疾病。许多中毒性疾病就是某些酶活性受到抑制的结果，如有机磷农药可抑制胆碱酯酶，丧失水解乙酰胆碱的功能，造成乙酰胆碱积聚，引起胆碱能神经及部分中枢神经功能异常，产生中毒症状；再如CO或氰化物可抑制细胞色素氧化酶，使其失去传递电子的功能，阻断氧化磷酸化过程而影响细胞的能量代谢，从而导致严重后果。

3. 酶原的不适当激活所致疾病　酶原的存在是机体自我保护的重要形式之一，酶原的不适当激活会引起异常的代谢过程而导致疾病发生。如胰蛋白酶原等在胰腺组织内被激活而引起的组织自溶是急性胰腺炎发生的重要病理基础；凝血因子或纤维蛋白溶解系统的不适当激活则可导致血管栓塞性疾病或出血性疾病的发生。

二、酶与疾病的诊断

血液是机体物质运输的重要通道，也是联系不同组织器官的重要枢纽。各种不同来源的酶可以不同方式进入血液，由于它们在血液中的作用不同，其活性也高低不等，但均保持相对恒定。当体内某些器官或组织发生病变时，常可导致特定血清酶活性的改变，因此，测定血清酶活性可为疾病诊断提供重要参考依据。如血清氨基转移酶活性检测可用于肝细胞损伤的诊断，血清乳酸脱氢酶（同工酶）活性检测可用于心肌病变的诊断，血清半乳糖基转移酶（同工酶）是一个较好的癌症诊断指标。

知识拓展

转氨酶升高与疾病诊断

转氨酶检测值升高只表示肝脏可能受到了损害。除了肝炎，其他很多疾病都能引起转氨酶升高。引起转氨酶升高的常见原因如下：肝脏本身的疾病，特别是各型病毒型肝炎、肝脓肿、肝结核、脂肪肝等，均可引起不同程度的转氨酶升高；除肝脏外，体内有些脏器组织也含此酶，因此当心肌炎、肾盂肾炎、大叶性肺炎、流感、麻疹、急性败血症、胆囊炎等，均可检测出血液中转氨酶升高；因为转氨酶是由胆管排出的，所以如有胆管、胆囊及胰腺疾患，也可使转氨酶升高；药源性或中毒性肝损伤，以及药物过敏都可引起转氨酶升高；正常妊娠、妊娠急性脂肪肝等也是转氨酶升高的原因；健康人的转氨酶水平也可短时超出正常范围，如剧烈运动、过于劳累或食用过于油腻的食物，都可能使转氨酶一过性偏高。

三、酶与疾病的治疗

我国古代已有使用“鸡内金”（鸡胃黏膜）、麦芽等治疗消化不良的记载，是利用动物胃黏膜或植物麦芽内含有的消化酶治疗疾病的典型代表。随着对酶与疾病关系认识的深入和酶分离纯化等生产技术的不断提高，用于临床疾病治疗的酶制剂种类及治疗疾病的范围不断扩大，已成为现代医学中的一个新领域——治疗酶学。早期酶类药物的临床应用以消化及消炎为主。近年已扩展至降压、凝血与抗凝血、抗氧化、抗肿瘤等多种用途。国内生产品种也从原来的十几种发展到现有的百余种。

1. 消化酶类 食物中的高分子营养物质需要通过多种消化酶（水解酶）的作用生成小分子物质方能被机体吸收和利用。某些消化酶的缺乏或酶促反应条件不适合其功能发挥时，则会影响营养物质的消化、吸收，引起疾病。临床上用于治疗消化功能失调、消化液分泌不足或其他原因所致消化系统疾病的酶制剂主要有淀粉酶、胃蛋白酶、脂肪酶、胰蛋白酶、糜蛋白酶及胰酶等。在具体应用中，目前已由单一酶制剂转向多酶组成的复合型制剂，以达到综合性消化食物蛋白质、脂肪及淀粉的目的，提高治疗效果。

2. 抗炎清创酶类 此类酶制剂多为蛋白水解酶，可高效分解炎症部位的纤维蛋白或脓液中的黏蛋白，既可抗炎消肿，又能清洁创口，排出脓液，以利于药物的渗透及创口愈合。临床上较常用的有胰蛋白酶、糜蛋白酶、双链酶、链激酶、菠萝蛋白酶、木瓜蛋白酶、透明质酸酶、溶菌酶、脱氧核糖核酸酶及胶原蛋白酶等。

3. 止血酶类与抗血栓酶类 止血酶主要为凝血酶和凝血酶原激活酶，用于出血性疾病治疗。抗血栓酶可降低血浆纤维蛋白原、血液黏度及血小板聚集，发挥溶栓、扩血管、改善微循环等作用，可用于对动脉硬化及血栓形成的预防和治疗，常用的有蝮蛇抗栓酶、尿激酶、链激酶、弹性蛋白酶、蚓激酶、组织纤溶酶原激活剂（tPA）等。

4. 抗肿瘤细胞生长酶类 抗肿瘤细胞生长酶类主要通过干扰蛋白质合成抑制肿瘤细胞生长。如L–天冬酰胺酶能水解肿瘤细胞生长所需的L–天冬酰胺，可用于白血病和淋巴肉瘤的治疗。谷氨酰胺酶、神经氨酸苷酶也有类似作用。有研究显示，聚乙二醇化的精氨酸脱氨酶、精氨酸降解酶等可以抑制人体恶性黑素瘤、肝脏癌细胞的生长。

5. 抗氧化酶类 此类酶制剂具有清除氧自由基或抗氧化剂功能，对多种疾病的防治均具有重要作用。如超氧化物歧化酶（SOD）具有保护胃黏膜、减轻肿瘤放射治疗副作用、治疗自身免疫性疾病等多种功能。过氧化氢酶（CAT）可用于治疗关节炎、肝炎、高胆固醇血症等，并具有杀菌等作用。

6. 防治心血管病酶类 弹性蛋白酶具有β-脂蛋白酶活性，可降低血脂，防治动脉粥样硬化。激肽释放酶（血管舒缓素）具有舒张血管作用，可用于治疗高血压和动脉粥样硬化。此外，也有尿激酶用于治疗急性心肌梗死和高血压脑出血；腹蛇抗栓酶用于治疗肺源性心脏病；东菱克栓酶、蚓激酶用于治疗缺血性脑血管病的报道。

7. 其他酶类药物 还有多种药用酶，如与血纤蛋白溶解作用有关的酶；治疗青霉素引起过敏反应的青霉素酶；分解黏多糖的玻璃酸酶；预防龋齿的葡聚糖酶等。此外，1990 年，获得 FDA 批准的腺苷脱氨酶类药物（Adagenl）可用于治疗一种由于缺乏腺苷脱氨酶而造成的重症联合免疫缺陷病（SCID）；1994 年，FDA 批准上市的葡糖脑苷脂酶类药物（Ceredasel）可用于治疗葡糖脑苷脂酶缺乏病。

四、核酶与抗体酶

（一）核酶

核酶的本质是具有催化作用的核酸，根据其化学组成可分为 DNA 核酶和 RNA 核酶。核酶具有核苷酸转移酶、磷酸二酯酶、磷酸转移酶、RNA 限制性内切酶等多种催化活性，酶促反应符合米氏动力学，反应具有高度专一性等特点。利用核酶剪接作用的高度专一性治疗相应疾病具有良好的应用前景（见第二章核酸的结构与功能）。

（二）抗体酶

抗体酶又称催化抗体（catalytic antibody），是具有催化活性的抗体分子，本质为免疫球蛋白（Ig）。抗体酶是根据酶与底物作用的过渡态结构设计合成的一些类似物——半抗原。通过半抗原免疫动物，以杂交瘤细胞技术生产针对人工合成半抗原的单克隆抗体，这种抗体既具有抗体的高度特异性，又具有酶的高效催化活性。

抗体酶的结构与抗体分子相似，不同之处在于其可变区除了具有抗原特异的结合能力外，还被赋予了酶的催化活性。早期的抗体酶结构类似于免疫球蛋白，含有两条轻链和两条重链，每条链都含有不变区和可变区。随着抗体酶技术的发展，仅含有可变区的单链抗体酶已能被制备，它由重链可变区和轻链可变区构成，不仅保持了较高的亲和力，而且具有免疫原性低、渗透能力强的特点，更适合作为药物，目前已逐渐取代了传统的双链抗体酶。

1. 抗体酶的特点 抗体酶是一类集抗体高度特异性与酶高效催化活性于一身的蛋白质分子，具有典型的酶反应特征：①专一性。由于抗体酶还具有抗体特征，其专一性可以达到甚至超过天然酶。②高催化效率。与非催化反应相比，抗体酶催化的反应速度提高 $10^4 \sim 10^8$ 倍，有些可接近天然酶的反应速度。③符合酶促反应动力学特征。抗体酶具有与天然酶相近的米氏动力学特征及 pH 依赖性等特点。④结构稳定性低。由于抗体酶的本质属蛋白质，因而对多种物理、化学因素敏感。

2. 抗体酶催化的反应类型 抗体酶是人工设计的酶，其功能必然随着制备技术的不断完善，以及对抗体酶结构和催化机制的不断认识而不断拓展，催化的反应类型也不断扩大，使人们可以借助抗体酶弥补天然酶存在的不足。目前开发的抗体酶已愈百种，催化的反应类型主要包括：①有机酸、碳酸酯水解反应；②立体选择性内酯反应；③氧化还原反应；④酰基转移反应；⑤烯烃异构化反应；⑥胸腺嘧啶二聚体裂解反应；⑧分支酸变位反应；⑨原子重排反应与光诱导反应等。

3. 抗体酶的制备技术 1986 年，Schultz 和 Lerner 首次通过实验证实，以酶促反应过渡态中间体的结构类似物为抗原，通过免疫反应获得的抗体具有催化活性。经过短短十几年的时间，抗体酶技术已获得了长足的发展，设计策略不断更新，主要体现在以下四个方面：①以传统诱导法为基础，产生了诱导与转换、反应免疫等设计思路；②用具有催化活性的酶作免疫原直接免疫机体产生抗体，再用该抗体继续免疫，产生拥有酶催化活性的抗体，从而建立了抗独特型抗体设计策略；③设计一些在生理条件下易于转变成在结构和电荷性质上与目标反应的过渡态中间体类似的半抗原，此半抗原免疫也可产生能催化目标反应的抗体酶，进而产生了潜过渡态半抗原设计策略；④在蛋白质水平或基因水平对抗体进行修饰或者改造，可使抗体具有催化活性，也是一种抗体酶制备策略。抗体酶的制备方法主要有单克隆抗体技术（杂交瘤技术）和噬菌体抗体库技术两种。噬菌体抗体库技术可不经过杂交瘤细胞直接获取抗体，具有制备简单、成本低廉的优点，已经显示出可取代杂交瘤技术的趋势。

4. 抗体酶的应用 抗体酶备受关注是因为它裂解抗原引起的抗原活性消失是永久性的，并且一个催化抗体能够裂解多个抗原分子。近年来抗体酶技术在各领域都有广泛的应用，在医学方面主要体现在戒毒和解毒；肿瘤、艾滋病、甲状腺疾病的治疗；预防心脑血管疾病等领域。

（1）治疗可卡因成瘾 目前治疗可卡因成瘾的研究主要集中在调节多巴胺系统、阻止可卡因到达作用位点两个方向。抗体酶可在可卡因到达作用位点前将其水解，达到治疗目的。抗体酶15A10是一种以可卡因磷酸单酯结构类似物为基础合成的单克隆抗体酶，可有效降解可卡因的苯酰酯化合物，降低其毒性并有效治疗可卡因成瘾。

（2）抗肿瘤 抗体介导的酶解前药疗法（antibody directed enzyme prodrug therapy，ADEPT）是近年来发展起来很有前景的治疗肿瘤的途径。该方法首先向机体注入抗体酶，使其与肿瘤组织特异结合，当抗体酶结合到靶部位后，再给予针对抗体酶的抗体，清除循环中可能存在的游离抗体酶，然后再注入前药，使抗体酶在靶部位活化，杀伤肿瘤细胞。ADEPT的显著优势是可以靶向治疗肿瘤，减少对正常组织的毒副作用。

除了治疗可卡因成瘾、抗肿瘤以外，抗体酶还在治疗艾滋病和甲状腺疾病，预防心脑血管疾病，治疗有机磷神经毒剂中毒，清理血中代谢废物以及预防感染方面的研究也已取得可喜进展。

尽管抗体酶技术还存在如催化效率普遍较天然酶低等诸多的问题，但相信抗体酶技术会逐渐成熟，并应用于疾病的预防、诊断、治疗及康复领域，在医学领域发挥更重要、更全面的作用。

酶是具有催化作用的蛋白质，具有强大的催化效率、高度专一性、活性可调节、稳定性低等特点。根据其催化的化学反应类型，可将酶分为氧化还原酶类、转移酶类、水解酶类、裂合酶类、异构酶类、合成酶类共六类。酶的命名有习惯命名法和系统命名法两种。

根据酶的化学组成可分为单纯酶和结合酶，结合酶由酶蛋白与辅因子组成，只有全酶才具有催化活性。必需基团是对酶功能具有直接决定性作用的化学基团，必需基团在酶分子表面形成具有特定空间排布，并直接对底物发挥催化作用的区域，称为酶的活性中心。活性中心是酶的功能部位，活性中心外的必需基团对维持酶的构象具有重要作用。酶原与同工酶是酶的特殊类型，其特点可反映酶结构与功能的关系。

酶促反应中，酶与底物通过诱导契合作用形成中间复合物，通过多元催化作用显著降低反应活化能而提高反应速率。酶促反应速率受底物浓度、酶浓度、温度、pH、激活剂和抑制剂等多种因素影响。米氏方程揭示了单底物反应的动力学特性，通过双倒数作图等可测定K_m和V_{max}。K_m等于酶促反应速度达到最大速度一半时的底物浓度，是酶的特征性常数，可反映酶与底物的亲和力大小。可逆性抑制作用可为竞争性、非竞争性和反竞争性抑制三种，它们与酶的结合部位、作用特点、K_m和V_{max}变化各有特点。

酶的调节分酶活性调节和酶含量调节。别构调节通过别构效应剂与酶活性中心外的特定部位非共价可逆结合而改变酶的构象和活性。共价修饰调节借助酶促反应使酶分子发生共价化学改变而改变酶的构象和活性。

酶分离纯化的方法与原理类似于蛋白的分离纯化，在操作中应避免一切可能引起蛋白质变性的因素。酶的活性是指酶催化化学反应的能力，其衡量标准是酶促反应速度，以酶活性单位（U）表示，包括国际单位（IU）和 Katal 单位。

核酶是具有催化作用的核酸。抗体酶是具有催化活性的抗体分子，既具有抗体的高度特异性，又具有酶的高效催化活性。

练习题

题库

一、单项选择题

1. 酶和一般催化剂相比具有下列特点，例外的是（　　）
   A. 具有更强的催化效能　　B. 具有更强的专一性
   C. 具有不稳定性　　D. 可在高温下进行
   E. 具有可调节性
2. 酶能使反应速度加快的主要原因是（　　）
   A. 大大降低反应的活化能　　B. 增加反应的活化能
   C. 减少了活化分子　　D. 增加了碰撞频率
   E. 底物量较少
3. 结合酶在下列（　　）情况下具有催化活性
   A. 酶蛋白单独存在　　B. 辅酶单独存在
   C. 全酶形式存在　　D. 有激活剂存在
   E. 有抑制剂存在
4. 下列关于酶蛋白和辅因子的叙述，不正确的是（　　）
   A. 酶蛋白或辅因子单独存在时均无催化作用
   B. 一种酶蛋白只与一种辅因子结合成一种全酶
   C. 一种辅因子只能与一种酶蛋白结合成一种全酶
   D. 酶蛋白决定结合酶蛋白反应的专一性
   E. 结合酶分子中的肽链称酶蛋白
5. 关于酶原激活的叙述，正确的是（　　）
   A. 通过别构调节
   B. 酶蛋白与辅助因子结合
   C. 酶原激活的实质是活性中心形成和暴露的过程
   D. 酶原激活的过程是酶蛋白被完全水解的过程
   E. 通过共价修饰调节
6. 关于米氏常数的意义，正确的是（　　）
   A. 米氏常数为酶的比活性
   B. 米氏常数越小，酶与底物亲和力越小
   C. 米氏常数越小，酶与底物亲和力越大
   D. 米氏常数与酶浓度有关
   E. 米氏常数不是酶的特征常数
7. 关于酶的最适温度，正确的描述是（　　）
   A. 是酶的特征性常数
   B. 是指反应速度等于 50% V_{max} 时的温度
   C. 是酶促反应速度最大时的温度

D. 是一个固定值，与其他因素无关

E. 是酶促反应速度最小时的温度

8. 竞争性可逆抑制剂抑制程度与下列（　　）因素无关

A. 作用时间　　B. 抑制剂浓度

C. 底物浓度　　D. 酶与底物的亲和力的大小

E. 抑制剂通常与底物结构类似

9. 磺胺类药抑制细菌生长的作用机制是（　　）

A. 竞争性抑制　　B. 非竞争性抑制

C. 反竞争性抑制　　D. 不可逆性抑制

E. 别构调节

10. 关于别构效应剂的错误描述是（　　）

A. 可与酶的别构部位结合　　B. 与酶以共价键结合

C. 可使酶空间构象发生改变　　D. 对酶激活或抑制作用

E. 与酶以非共价键结合

二、思考题

1. 试述酶促反应的主要特点。
2. 根据酶的化学本质分析酶分离纯化的方法与注意事项。
3. 简述酶在疾病治疗中的作用。

（冯晓帆）

第四章

维生素与辅酶

学习导引

1. **掌握** 维生素的概念；维生素A、维生素D、维生素E和维生素K的主要生理功能；各种B族维生素的活性形式及生理功能；维生素C的主要生理功能。

2. **熟悉** 维生素的分类；引起维生素缺乏的原因及缺乏症。

3. **了解** 各种维生素的结构特点。

PPT

第一节 概　　述

维生素（vitamin）是维持生物体正常代谢活动所必需的一类小分子有机化合物。多数维生素在人体内或其他脊椎动物体内不能合成或合成量很少、不能满足机体的日常需要而必须从饮食中获取。维生素不属于机体组织的构成材料，也不属于供能物质，它们大多可以参与构成一些酶的辅助因子，在调节机体新陈代谢等方面发挥着重要的作用。维生素摄入不足可引起代谢障碍，而某些维生素长期摄入过多也会导致中毒。

由于机体长期缺乏维生素而导致的疾病称作维生素缺乏病。造成维生素缺乏的可能原因如下：①维生素的摄入量不足，如严重的挑食、偏食或膳食结构不合理；食物的储存、加工或烹调方法不当；长期食欲不振、吞咽困难等。②机体对维生素的需要量增加，但未及时按需补充，如孕妇、哺乳期妇女、处于生长发育期的儿童、重体力劳动者及特殊工种工人、长期高热和慢性消耗性疾病患者等，都需要摄入更多的维生素。③机体吸收功能障碍，如长期腹泻、消化道或胆道梗阻、胃酸分泌减少等，均可造成维生素的吸收利用减少。④药物等因素引起的维生素缺乏，如长期大量服用抗生素可抑制肠道正常菌群的生长，从而引起某些维生素的缺乏（如维生素K、维生素PP、维生素B_6、叶酸、生物素、泛酸等）。

维生素按其溶解性质不同，可分为脂溶性维生素（lipid-soluble vitamin）和水溶性维生素（water-soluble vitamin）两大类。脂溶性维生素包括维生素A、维生素D、维生素E和维生素K四种，除了直接参与影响特异的代谢过程外，多数能与细胞内核受体结合，影响特定基因的表达。水溶性维生素包括B族维生素（维生素B_1、维生素B_2、维生素PP、维生素B_6、维生素B_{12}、叶酸、泛酸、生物素和硫辛酸）和维生素C。水溶性维生素在体内主要以其衍生物形式构成酶的辅因子，直接发挥对物质代谢的调节作用。

PPT

第二节 脂溶性维生素

脂溶性维生素是疏水性化合物，易溶于脂质和有机溶剂。在肠道中常伴随脂质物质一同被吸收，在血液中常与脂蛋白或特异性结合蛋白结合而被运输，不易被排泄，在体内主要储存在肝，长期摄入过量可发生中毒。食物中长期缺乏脂溶性维生素伴随脂质吸收障碍可引起相应的维生素缺乏症。

一、维生素A

微课

（一）化学本质及来源

维生素A（vitamin A）是由1分子β-白芷酮环和2分子异戊二烯构成的不饱和一元醇，一般所说的天然维生素A指维生素A_1（视黄醇，retinol），主要存在于哺乳类动物和咸水鱼肝中；而维生素A_2（3-脱氢视黄醇）则存在于淡水鱼肝中。

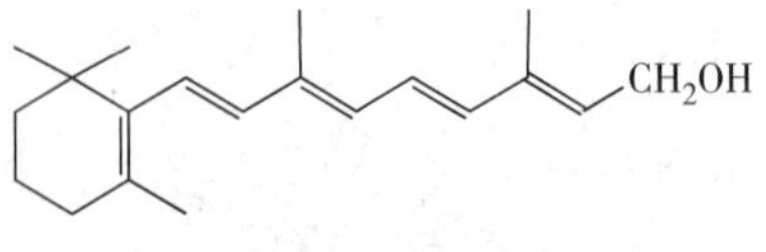

CH_2OH　　　　CH_2OH

维生素A_1（视黄醇） 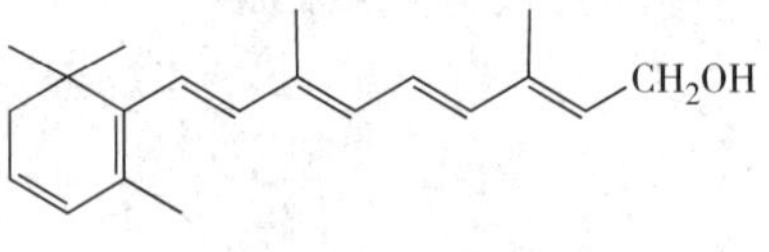　　　　维生素A_2（3-脱氢视黄醇）

动物性食品，如肝、肉类、蛋黄、乳制品、鱼肝油等都是维生素A的来源。食物中的维生素A主要以酯的形式存在，在小肠内受酯酶作用而被水解，生成视黄醇进入小肠黏膜上皮细胞后重新被酯化，并掺入乳糜微粒，通过淋巴转运。乳糜微粒中的视黄醇酯可被肝细胞和其他组织细胞摄取，在肝细胞中被水解为游离视黄醇。一部分视黄醇与视黄醇结合蛋白（retinol binding protein，RBP）相结合并分泌入血。在血液中，约95%的RBP与甲状腺素视黄醇运载蛋白（transt-hyretin，TTR）相结合。在细胞内，视黄醇与细胞视黄醇结合蛋白（cellular retinal binding protein，CRBP）结合。肝细胞内过多的视黄醇则转移到肝内星状细胞，以视黄醇酯的形式储存。

植物不含有维生素A，但含有被称为维生素A原（provitamin A）的多种胡萝卜素（carotene），其中以β-胡萝卜素最为重要。β-胡萝卜素可在小肠黏膜细胞中被双加氧酶加氧分解生成2分子视黄醇，但小肠黏膜对β-胡萝卜素的分解和吸收能力较低，每分解6分子β-胡萝卜素可获得1分子视黄醇，所以，β-胡萝卜又称为维生素A原。维生素A有视黄醇、视黄醛和视黄酸三种存在形式。在细胞内，一些依赖NADH的醇脱氢酶催化视黄醇和视黄醛（retinal）之间的可逆反应。视黄醛在视黄醛脱氢酶的催化下又不可逆的氧化生成视黄酸（retinoic acid）。视黄醇、视黄醛和视黄酸都是维生素A的活性形式。

（二）主要生理功能和缺乏症

1. 构成视觉细胞的感光物质——视紫红质 在感受弱光或暗光的人视网膜杆状细胞内，全反式视黄醇在异构酶的作用下生成11-顺视黄醇，并进而氧化为11-顺视黄醛。11-顺视黄醛作为光敏感视蛋白（opsin）的辅基与之结合生成视紫红质（rhodopsin）。弱光可使视紫红质中11-顺视黄醛和视蛋白分别发生构型和构象改变，生成全反式视黄醛的光视紫红质（photorhodopsin）。光视紫红质再经一系列构象变化，生成变视紫红质Ⅱ（metarhodopsin Ⅱ），后者引起视觉神经冲动并随之解离释放全反视黄醛和视蛋白。全反视黄醛经还原生成全反视黄醇，从而完成视循环（图4-1）。视黄醛与视蛋白的结合维持了正常视觉功能。

若视循环的关键物质11-顺视黄醛的补充不足，视紫红质合成减少，对弱光敏感性降低，从明处到暗处看清物质所需的时间即暗适应时间延长，严重时会发生“夜盲症”。维生素A缺乏可引起严重的上皮角化，眼结膜黏液分泌细胞的丢失与角化以及糖蛋白分泌的减少均可引起角膜干燥，出现眼干燥症（xerophthalmia）。因此，维生素 A 又称抗眼干燥症维生素。

2. 视黄酸对基因表达和组织分化具有调节作用　维生素 A 及其代谢中间产物具有广泛的生理学和药理学活性，在人体生长、发育和细胞分化尤其是精子生成、黄体酮前体形成、胚胎发育等过程中起着十分重要的调控作用。维生素 A 的衍生物全反式视黄酸或全反式维甲酸（all-*trans* retinoic acid，ATRA）和 9-顺视黄酸是执行这一重要功能的关键物质，它们结合细胞内核受体，与 DNA 反应元件结合，调节某些基因的表达。视黄酸对于维持上皮组织的正常形态与生长具有重要的作用。ATRA 具有促进上皮细胞分化与生长、维持上皮组织正常角化过程的作用，可使因银屑病角化过度的表皮正常化，可用于银屑病的治疗。

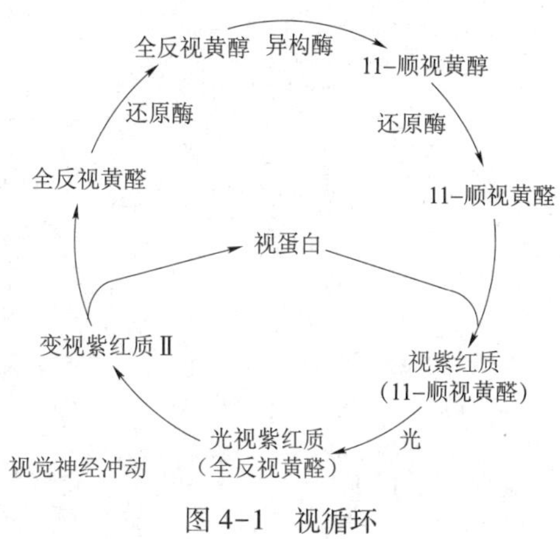

图 4-1　视循环

3. 维生素 A 和胡萝卜素是有效的抗氧化剂　维生素 A 和胡萝卜素是机体一种有效的捕获活性氧的抗氧化剂，具有清除自由基和防止脂质过氧化的作用。

4. 维生素 A 及其衍生物可抑制肿瘤生长　维生素 A 及其衍生物有延缓或阻止癌前病变、拮抗化学致癌剂的作用。维生素 A 及其衍生物 ATRA 具有诱导肿瘤细胞分化和凋亡、增加癌细胞对化疗药物的敏感性的作用。动物实验表明，摄入维生素 A 及其衍生物 ATRA 可诱导肿瘤细胞的分化和减轻致癌物质的作用。

视黄酸对于免疫系统细胞的分化具有重要的作用。维生素 A 缺乏会增加机体对感染性疾病的敏感性。

维生素 A 的摄入量超过视黄醇结合蛋白的结合能力，游离的维生素 A 可造成组织损伤。长期过量摄取维生素 A 可因过剩引起不良反应。成人连续几个月每天摄取 50 000IU 以上、幼儿如果在一天内摄取超过 18 500IU 或一次服用 200mg 视黄醇或视黄醛，或每日服用 40mg 维生素 A 多日，均可出现维生素 A 中毒表现。其症状主要有头痛、恶心、共济失调等中枢神经系统表现；肝细胞损伤和高脂血症；长骨增厚、高钙血症、软组织钙化等钙稳态失调表现以及皮肤干燥、脱屑和脱发等皮肤表现。

二、维生素 D

（一）化学本质及来源

维生素 D（vitamin D）又称抗佝偻病维生素。维生素 D 是类固醇（steroid）的衍生物，为环戊烷多氢菲类化合物。已确知有维生素 D_2、维生素 D_3、维生素 D_4和维生素 D_5四种。天然的维生素 D 有维生素 D_2维生素 D_3两种。动物鱼油、蛋黄、肝富含维生素 D_3（胆钙化醇，cholecalciferol）。人体皮肤储存有胆固醇生成的 7-脱氢胆固醇，即维生素 D_3原，在紫外线的照射下，可转变成维生素 D_3。适当的日光浴足以满足人体对维生素 D 的需要。植物中含有麦角固醇即维生素 D_2原，在紫外线的照射下，分子内 B 环断裂转变成维生素 D_2（麦角钙化醇，ergocalciferol）。

进入血液的维生素 D_3主要与血浆中维生素 D 结合蛋白（vitamin D binding protein，DBP）相结合而运输。在肝微粒体 25-羟化酶的催化下，维生素 D_3被羟化生成 25-羟维生素 D_3。25-羟维生素 D_3是血浆中维生素 D_3的主要存在形式，也是维生素 D_3在肝中的主要储存形式。

25-羟维生素 D_3在肾小管上皮细胞线粒体 1α-羟化酶的作用下，生成维生素 D_3的活性形式 1,25-二羟维生素 D_3[1,25-$(OH)_2$-D_3]。1,25-$(OH)_2$-D_3作为激素，经血液运输至靶细胞，发挥其对钙、磷代谢等的调节作用。25-羟维生素 D_3和 1,25-$(OH)_2$-D_3在血液中均与 DBP 结合而运输。

肾小管上皮细胞还存在 24-羟化酶，催化 25-羟维生素 D_3进一步羟化生成无活性的 24,25-二羟维生素 D_3。1,25-$(OH)_2$-D_3通过诱导 24-羟化酶和阻遏 1α-羟化酶的生物合成来控制其自身的生成量（图 4-2）。

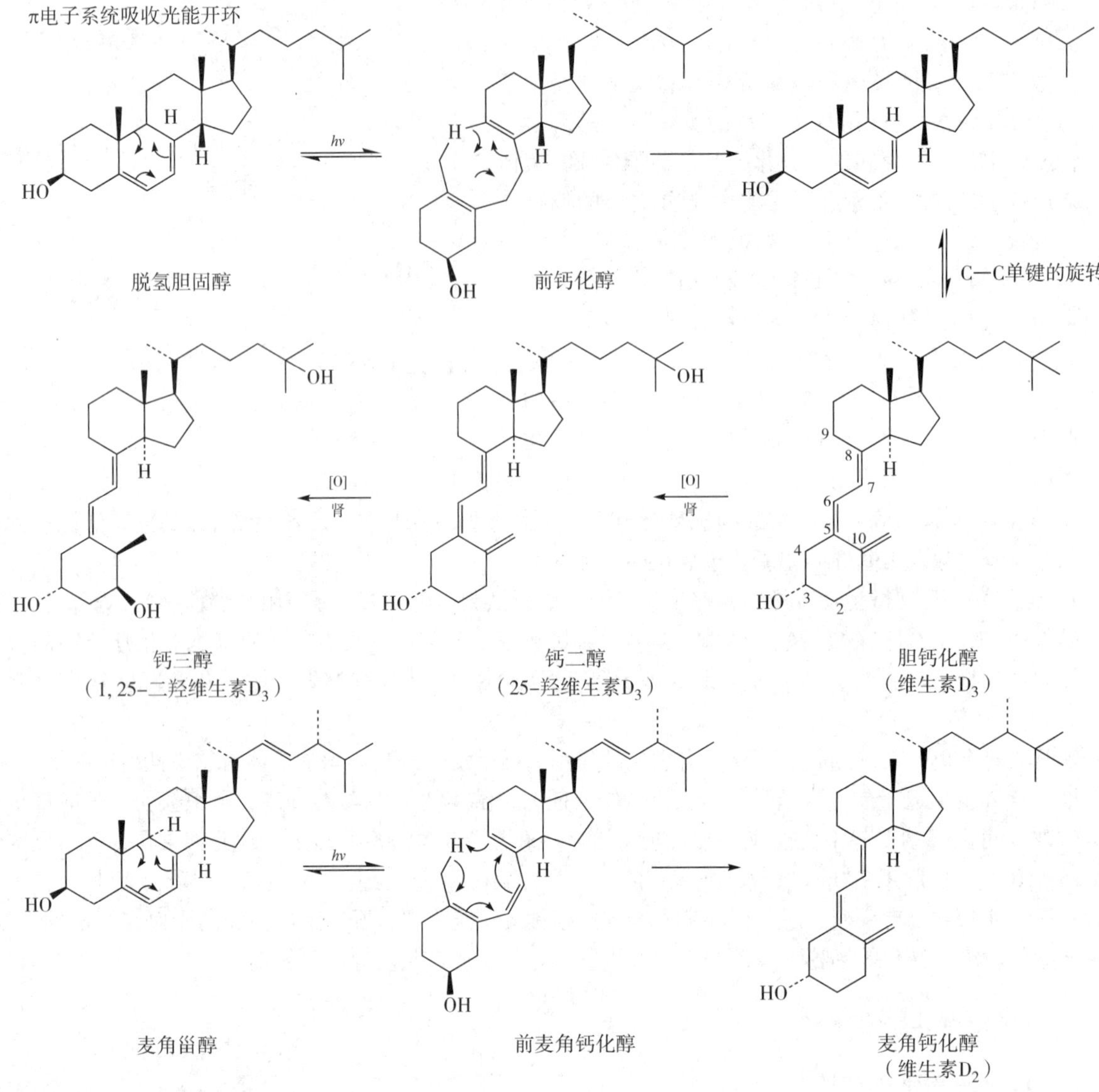

图 4-2 维生素 D_3、维生素 D_2的生物合成

(二) 主要生理功能和缺乏症

1. 1,25-(OH)$_2$-D_3的重要作用是调节血钙水平 1,25-(OH)$_2$-D_3与其他类固醇激素相似，在靶细胞内与特异的核受体结合，进入细胞核，调节相关基因（如钙结合蛋白基因、骨钙蛋白基因等）的表达。1,25-(OH)$_2$-D_3还可通过信号转导系统使钙通道开放，发挥其对钙、磷代谢的快速调节作用。1,25-(OH)$_2$-D_3促进小肠对钙、磷的吸收，影响骨组织的钙代谢，从而维持血钙和血磷的正常水平，促进骨和牙的钙化。

2. 1,25-(OH)$_2$-D_3具有影响细胞分化的功能 皮肤、大肠、前列腺、乳腺、心、脑、骨骼肌、胰岛 B 细胞、单核细胞和活化的 T 和 B 淋巴细胞等均存在维生素 D 受体，1,25-(OH)$_2$-D_3具有调节这些组织细胞分化的功能。1,25-(OH)$_2$-D_3促进胰岛 B 细胞合成与分泌胰岛素，具有对抗 1 型和 2 型糖尿病的作用。1,25-(OH)$_2$-D_3对某些肿瘤细胞还具有抑制增殖和促进分化的作用。低日照由于影响活性维生素 D 形成因而与大肠癌和乳腺癌的高发病率和死亡率有一定的相关性。维生素 D 缺乏可引起自身免疫性疾病。

案例解析

【案例】患儿出生4个月后断奶，喂养中未及时补充维生素D和富含维生素D的食物，户外活动少，患儿腹泻、夜惊、烦躁、哭闹、多汗等系神经兴奋性增高的表现。11个月尚未出牙，不能独站。方颅，前囟未闭，头发稀少。有明显的肋骨串珠和郝氏沟，呈蛙腹。诊断为维生素D缺乏性佝偻病。

【解析】患儿出生4个月后断奶，喂养中未及时补充维生素D和富含维生素D的食物，户外活动少，因此维生素D来源不足，从而使患儿缺乏维生素D而导致佝偻病。

维生素D缺乏可引起儿童的钙、磷吸收障碍，骨和牙不能正常发育，严重者导致佝偻病（rickets），成人可发生软骨病（osteomalacia）。服用维生素D并同时补充钙，可有效防治佝偻病和软骨病等。临床医师建议，维生素D每日摄入量为25~50μg，常晒太阳可促进活性维生素D的形成。长期大剂量服用维生素D可引起中毒，其主要症状有异常口渴、皮肤瘙痒、厌食、嗜睡、呕吐、腹泻、尿频以及高钙血症、高钙尿症、高血压以及软组织钙化等。由于皮肤储存7-脱氢胆固醇有限，多晒太阳不会引起维生素D中毒。但现在西方国家对缺钙患者的建议是每日摄入50μg维生素D，我国很多临床医师也建议适当提高每日维生素D摄入量（超过25μg）。

课堂互动

有研究表明我国的钙大量流失群体呈逐渐年轻化的趋势，请尝试从多角度分析导致这一情况的可能原因。

三、维生素E

（一）化学本质及来源

维生素E（vitamin E）是苯骈二氢吡喃的衍生物，主要有生育酚（tocopherol）和生育三烯酚两大类。

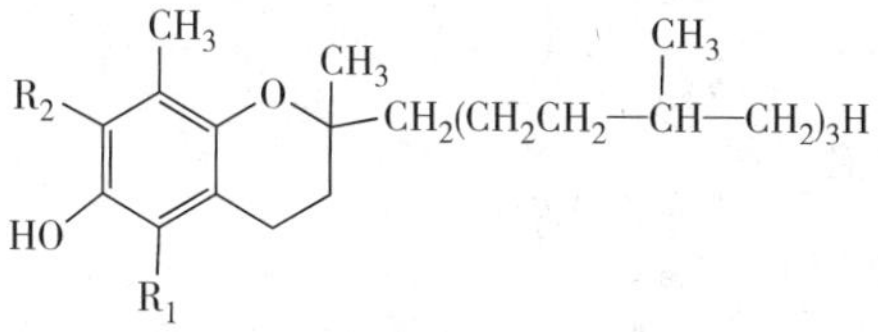

生育酚

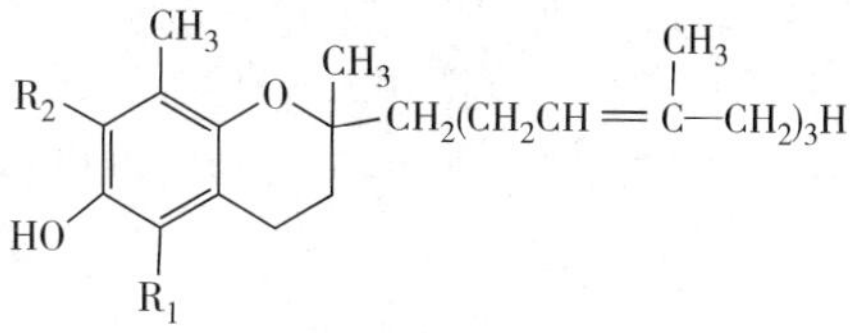

生育三烯酚

天然维生素E主要存在于植物油、油性种子和麦芽等中，以α-生育酚分布最广、活性最高。在正常情况下，20%~40%的α-生育酚可被小肠吸收。在机体内，维生素E主要存在于细胞膜、血浆脂蛋白和脂库中。

（二）主要生理功能和缺乏症

1. 维生素E是体内最重要的脂溶性抗氧化剂　维生素E作为脂溶性抗氧化剂和自由基清除剂，主要对抗生物膜上脂质过氧化所产生的自由基，保护生物膜的结构与功能。维生素E捕捉过氧化脂质自由基，形成反应性较低且相对稳定的生育酚自由基，后者可在维生素C或谷胱甘肽的作用下，还原生成非自由基产物——生育醌。维生素E对细胞膜的保护作用使细胞维持正常的流动性。

维生素E对动物生育是必需的。缺乏维生素E时，雄性睾丸退化，不能形成正常的精子，雌鼠胎盘及胚胎萎缩而被吸收，引起流产。还可以引起肌肉萎缩、贫血、脑软化及其他神经退行性病变。上述现象的生物化学机理尚未完全阐明，但是维生素 E 的各项功能可能都与抗氧化作用有关。

2. 维生素 E 具有调节基因表达的作用 维生素 E 可以上调或下调与生育酚的摄取和降解相关的基因、脂质摄取与动脉硬化的相关基因、表达某些细胞外基质蛋白的基因、细胞黏附与炎症的相关基因以及细胞信号系统和细胞周期调节的相关基因等，因而，维生素 E 具有抗炎、维持正常免疫功能和抑制细胞增殖的作用，并可降低血浆低密度脂蛋白（LDL）的浓度。维生素 E 在预防和治疗冠状动脉粥样硬化性心脏病、肿瘤和延缓衰老方面具有一定的作用。

3. 维生素 E 促进血红素的合成 维生素 E 能提高血红素合成的关键酶 δ-氨基-γ-酮戊酸（ALA）合酶和 ALA 脱水酶的活性，从而促进血红素的合成。

维生素 E 一般不易缺乏，在严重的脂类吸收障碍和肝严重损伤时可引起缺乏症，表现为红细胞数量减少、脆性增加等溶血性贫血症，偶尔也可引起神经功能障碍。动物缺乏维生素 E 时会影响其生殖器官发育受损，甚至不育。人类尚未发现因维生素 E 缺乏所致的不孕症。临床上常用维生素 E 治疗先兆流产及习惯性流产。维生素 E 缺乏病是由于血中维生素 E 含量低而引起，主要发生在婴儿，特别是早产儿。

与维生素 A 和维生素 D 不同，人类尚未发现维生素 E 中毒症，即使一次服用高出常用量 50 倍的剂量，也尚未见到中毒现象。然而，长期大量服用的副作用不能忽视。

四、维生素 K

（一）化学本质及来源

维生素 K（vitamin K）是 2-甲基-1,4-萘醌的衍生物。自然界中主要有维生素 K_1 和维生素 K_2 两种。维生素 K_1（叶绿醌，phylloquinone）在动物肝、鱼、肉及深绿色蔬菜（如甘蓝、菠菜、莴苣等）和植物油中含量丰富。肠道内的细菌可合成维生素 K_2。现临床常用的是人工合成的水溶性的维生素 K_3 和 K_4，可口服及注射。维生素 K 主要在小肠被吸收，随乳糜微粒代谢。

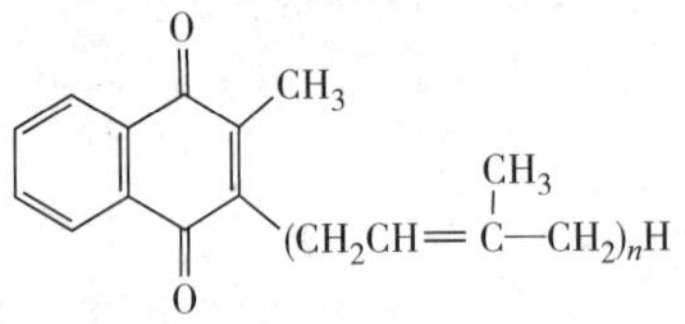

维生素 K_2：侧链 $(CH_2CH{=}C(CH_3){-}CH_2)_nH$

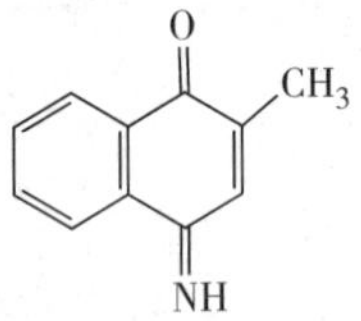

维生素 K_4（4-亚氨基-2-甲基萘醌）

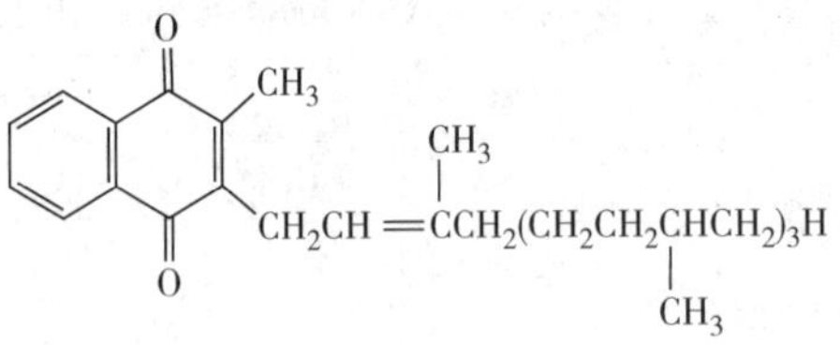

维生素 K_1：侧链 $CH_2CH{=}C(CH_3)CH_2(CH_2CH_2CH(CH_3)CH_2)_3H$

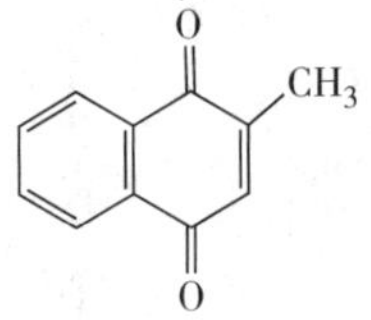

维生素 K_3（2-甲基-1, 4-萘醌）

（二）主要生理功能和缺乏症

1. 维生素 K 是凝血因子合成所必需的辅因子 血液凝血因子Ⅱ、Ⅶ、Ⅸ、Ⅹ及抗凝血因子蛋白 C 和蛋白 S 在肝细胞中以无活性前体形式合成，其分子中 4~6 个谷氨酸残基需羧化成 γ-羧基谷氨酸（Gla）残基才能转变为活性形式，此反应由 γ-羧化酶催化，而许多 γ-谷氨酰羧化酶的辅酶是维生素 K。

2. 维生素 K 对骨代谢具有重要作用 维生素 K 依赖蛋白不仅存在于肝中，还存在于各种组织中。已知骨中骨钙蛋白（osteocalcin）和骨基质 Gla 蛋白均是维生素 K 依赖蛋白。研究表明，服用低剂量维生素 K 的妇女，其股骨颈和脊柱的骨盐密度明显低于服用大剂量维生素 K 时的骨盐密度。此外，维生素 K 对减少动脉钙化也具有重要的作用。大剂量的维生素 K 可以降低动脉硬化的危险性。

成人每日对维生素 K 的需要量为 60~80μg，因维生素 K 广泛分布于动、植物组织，且体内肠菌也能合成，一般不易缺乏。因维生素 K 不能通过胎盘，新生儿出生后肠道内又无细菌，所以新生儿有可能出现维生素 K 的缺乏。维生素 K 缺乏的主要症状是易出血，如皮下、肌肉及肠道出血。引发脂质吸收障碍的疾病，如胰腺疾病、胆管疾病及小肠黏膜萎缩或脂肪便等均可出现维生素 K 缺乏症。长期应用抗生素及肠道灭菌药也可能引起维生素 K 缺乏。

知识拓展

维生素 K 的副作用

维生素 K_1 多用于注射，因维生素 K_1 在肠胃中需要胆液或胆盐才能被消化吸收；而维生素 K_3、维生素 K_4 则不需要胆液或胆盐就可以被消化吸收，所以多用于口服。维生素 K_3 也能用于注射。维生素 K_1 的副作用较少，仅在静脉注射时出现面部潮红、胸闷气短、流汗等表现，故多用于肌内注射。人工合成的维生素 K_3、维生素 K_4 的副作用较多，口服后会出现恶心、呕吐等，大量使用时还可导致蛋白尿。

第三节 水溶性维生素

PPT

水溶性维生素包括 B 族维生素、维生素 C 和硫辛酸。水溶性维生素不溶于脂溶剂而溶于水，主要依赖食物提供，体内过剩的水溶性维生素可随尿排出体外，体内很少蓄积，一般不发生中毒现象，但需要不断从食物当中获取补充，供给不足时往往导致缺乏症。在体内，B 族维生素主要构成酶的辅因子，直接影响某些酶的活性。这类辅因子在肝内含量丰富。

一、维生素 B_1

（一）化学本质及来源

维生素 B_1（vitamin B_1）由含有硫的噻唑环和含氨基的咪唑环通过甲烯基连接而成，故名硫胺素（thiamine）。主要存在于豆类和种子外皮（如米糠）、胚芽、酵母和瘦肉中。维生素 B_1 易被小肠吸收，入血后主要在肝及脑组织中经硫胺素焦磷酸激酶的催化生成焦磷酸硫胺素（thiamine pyrophosphate，TPP）。TPP 是维生素 B_1 的活性形式，占体内硫胺素总量的 80%。

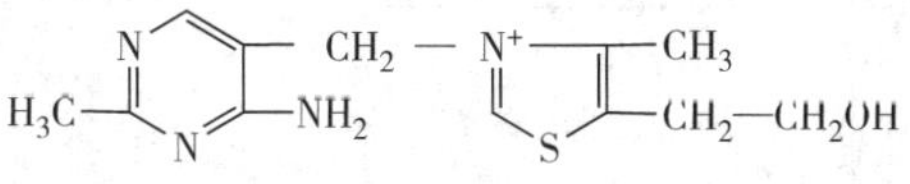

维生素B_1

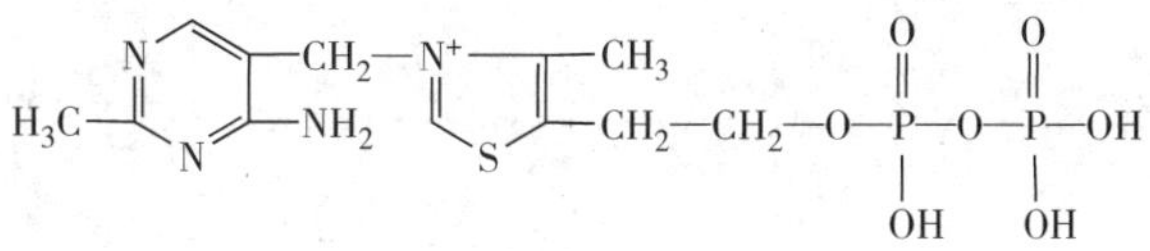

TPP

（二）主要生理功能和缺乏症

维生素 B_1 在体内供能代谢中发挥重要的作用。TPP 是 α-酮酸氧化脱羧多酶复合体的辅酶，参与线粒体内丙酮酸、α-酮戊二酸和支链氨基酸的 α-酮酸的氧化脱羧反应。TPP 在这些反应中转移醛基。TTP 噻唑环上硫和氮原子之间的碳原子十分活泼，易释放 H^+ 形成负碳离子（carbanion）。负碳离子可与 α-酮酸羧基结合，进而使 α-酮酸脱羧。TPP 也是胞质戊糖磷酸途径中转酮酶的辅酶，参与转糖醛基反应。

维生素 B_1 在神经传导中起一定作用。合成乙酰胆碱所需的乙酰辅酶 A 主要来自于丙酮酸的氧化脱羧反应。

维生素 B_1 缺乏多见于以大米为主食的地区，任何年龄均可发病。膳食中维生素 B_1 含量不足为常见原因，另外吸收障碍（如慢性消化紊乱、长期腹泻等）和需要量增加（如长期发热、感染、手术后、甲状腺功能亢进等）和酒精中毒也可导致维生素 B_1 的缺乏。

维生素 B_1 缺乏时，糖代谢中间产物丙酮酸的氧化脱羧反应发生障碍，血中丙酮酸和乳酸堆积。由于依赖糖有氧分解供能的神经组织获能不足以及神经细胞膜髓鞘磷脂合成受阻，导致慢性末梢神经炎和其他神经肌肉变性病变，即脚气病（beriberi），故维生素 B_1 也被称为抗脚气病维生素。维生素 B_1 缺乏严重者可发生浮肿、心力衰竭。维生素 B_1 缺乏时，乙酰辅酶 A 的生成减少，影响乙酰胆碱的合成，同时其对胆碱酯酶的抑制减弱，乙酰胆碱分解加强，影响神经传导，主要表现为消化液分泌减少、胃蠕动变慢、食欲不振、消化不良等。

二、维生素 B_2

（一）化学本质及来源

维生素 B_2（vitamin B_2）又名核黄素（riboflavin），奶与奶制品、肝、蛋类和肉类等是维生素 B_2 的丰富来源。核黄素主要在小肠上段通过转运蛋白主动吸收。吸收后的核黄素在小肠黏膜黄素激酶的催化下转变成黄素单核苷酸（flavin mononucleotide，FMN），后者在焦磷酸化酶的催化下进一步生成黄素腺嘌呤二核苷酸（flavin adenine dinucleotide，FAD），FMN 和 FAD 是维生素 B_2 的活性形式。维生素 B_2 异咯嗪环上的第 1 和第 10 位氮原子以活泼的双键连接，此两个氮原子可反复接受或释放氢，因而具有可逆的氧化还原性。还原型核黄素及其衍生物呈黄色，于 450nm 波长处有吸收峰。核黄素对热稳定，但对紫外线敏感，易降解为无活性的产物。

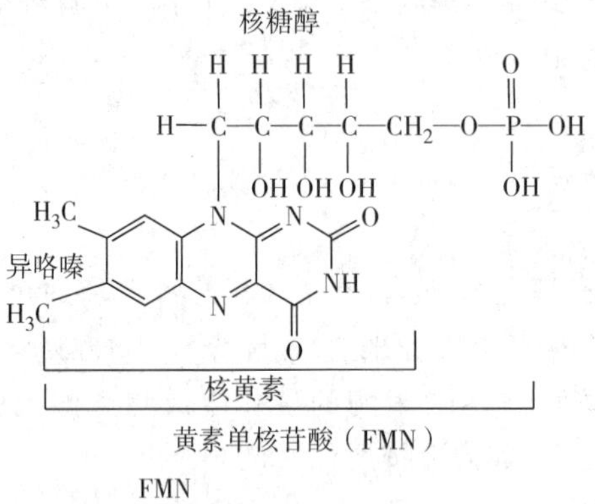

黄素单核苷酸（FMN）

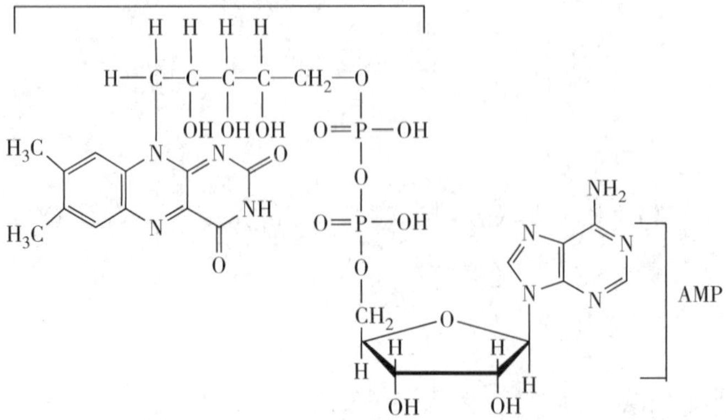

黄素腺嘌呤二核苷酸（FAD）

（二）主要生理功能和缺乏症

FMN 及 FAD 是体内氧化还原酶（如脂酰辅酶 A 脱氢酶、琥珀酸脱氢酶、黄嘌呤氧化酶等）的辅基，主要起递氢体的作用。它们参与呼吸链、脂肪酸和氨基酸的氧化以及三羧酸循环。

成人每日维生素 B_2 的需要量为 1.2～1.5mg。缺乏的主要原因是膳食供应不足，如食物烹调不合理（淘米过度、蔬菜切碎后浸泡等）、食用脱水蔬菜或婴儿所食牛奶多次煮沸等，以上烹调方法不当均可导致维生素 B_2 缺乏。

维生素 B_2 缺乏时，可引起口角炎、唇炎、阴囊炎、眼睑炎、畏光等症。用光照疗法治疗新生儿黄疸时，在破坏皮肤胆红素的同时，核黄素也同时遭到破坏，引起新生儿维生素 B_2 缺乏症。

三、维生素 PP

（一）化学本质及来源

维生素 PP（vitamin PP）即维生素 B_5，又称抗糙皮病维生素，包括烟酸（nicotinic acid）和烟酰胺（nicotinamide），曾分别称尼克酸和尼克酰胺，两者均属吡啶衍生物。

烟酸　　烟酰胺

维生素 PP 广泛存在于自然界，食物中的维生素 PP 均以烟酰胺腺嘌呤二核苷酸（NAD^+）或烟酰胺腺嘌呤二核苷酸磷酸（$NADP^+$）的形式存在，它们在小肠内被水解生成游离的维生素 PP，并被吸收。运输到组织细胞后，再合成 NAD^+ 或 $NADP^+$。

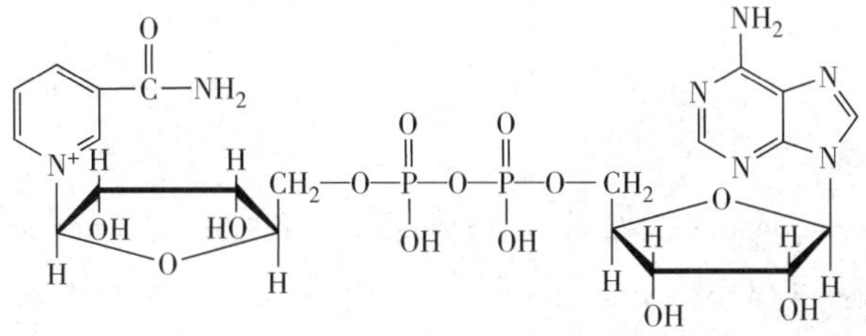

NAD^+

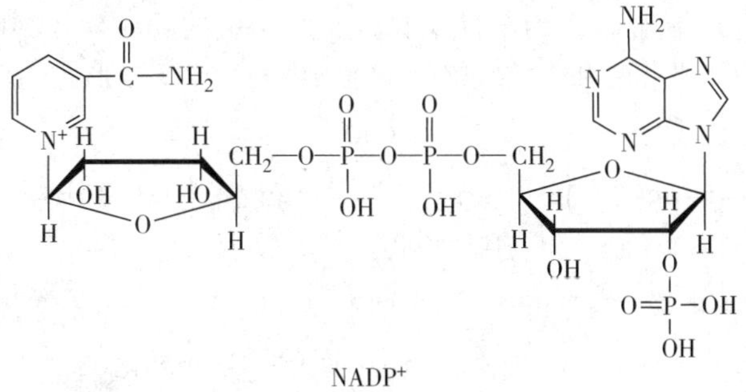

$NADP^+$

NAD^+ 和 $NADP^+$ 是维生素 PP 在体内的活性形式。过量的维生素 PP 随尿排出体外。体内色氨酸代谢也可生成维生素 PP，但效率较低，60mg 色氨酸仅能生成 1mg 烟酸。

（二）主要生理功能和缺乏症

NAD^+ 和 $NADP^+$ 在体内是多种不需氧脱氢酶的辅酶，分子中的烟酰胺部分具有可逆的加氢及脱氢的特性。糖酵解、戊糖磷酸途径、脂肪酸 β-氧化和三羧酸循环中的一些脱氢酶都是以 NAD^+ 或 $NADP^+$ 为辅酶的。

人类维生素 PP 缺乏症称为糙皮病（pellagra），主要表现有皮炎、腹泻及痴呆。皮炎常对称地出现于暴露部位；痴呆则是神经组织变性的结果。抗结核药物异烟肼的结构与维生素 PP 相似，两者有拮抗作用，长期服用异烟肼可能引起维生素 PP 缺乏。

近年来，烟酸作为药物已用于临床治疗高胆固醇血症。烟酸还能抑制脂肪动员，使肝中 VLDL 的合成下降，从而降低血浆三酰甘油的浓度。但如果大量服用烟酸或烟酰胺（每日 1～6g）会引发血管扩张、脸颊潮红、痤疮及胃肠不适等毒性症状。长期日服用量超过 500mg 可引起肝损伤。

四、泛酸

（一）化学本质及来源

泛酸（pantothenic acid）又称遍多酸、维生素 B_3，由二甲基羟丁酸和 β-丙氨酸组成，因广泛存在于动、植物组织中而得名。泛酸在肠内被吸收后，经磷酸化并与半胱氨酸反应生成 4-磷酸泛酰巯基乙胺，后者是辅酶 A（CoA）及酰基载体蛋白（acyl carrier protein，ACP）的组成部分。肠内细菌也可合成泛酸。

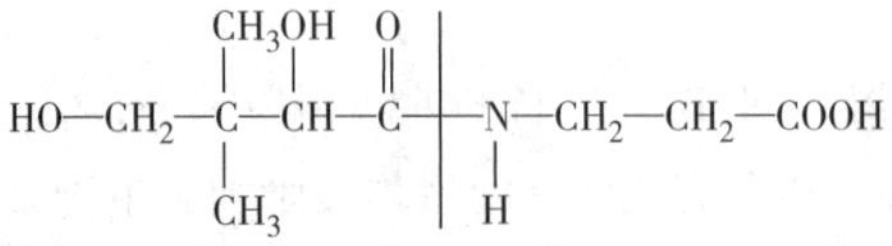

$$HO-CH_2-\overset{\overset{\displaystyle CH_3}{|}}{\underset{\underset{\displaystyle CH_3}{|}}{C}}-\overset{\overset{\displaystyle OH}{|}}{CH}-\overset{\overset{\displaystyle O}{\|}}{C}-\underset{\underset{\displaystyle H}{|}}{N}-CH_2-CH_2-COOH$$

泛酸

（二）主要生理功能和缺乏症

辅酶 A 和 ACP 是泛酸在体内的活性型，辅酶 A 及 ACP 构成酰基转移酶的辅酶，广泛参与糖、脂质、蛋白质代谢及肝的生物转化作用。约有 70 多种酶需辅酶 A 及 ACP，如脱羧酶等。

泛酸缺乏症很少见。泛酸缺乏的早期易疲劳，引发胃肠功能障碍等疾病，如食欲不振、恶心、腹痛、溃疡、便秘等症状。严重时最显著特征是出现肢神经痛综合征，主要表现为脚趾麻木、步行时摇晃、周身酸痛等。若病情继续恶化，则会产生易怒、脾气暴躁、失眠等症状。

五、维生素 B_6

（一）化学本质及来源

维生素 B_6 包括吡哆醇（pyridoxine）、吡哆醛（pyridoxal）和吡哆胺（pyridoxamine），其活化形式是磷酸吡哆醛和磷酸吡哆胺，两者可相互转变（图 4-3）。体内约 80% 的维生素 B_6 以磷酸吡哆醛的形式存在于肌组织中，并与糖原磷酸化酶相结合。维生素 B_6 广泛分布于动、植物食品中，肝、鱼、肉类、全麦、坚果、豆类、蛋黄和酵母均是维生素 B_6 的丰富来源。维生素 B_6 的磷酸酯在小肠碱性磷酸酶的作用下水解，以脱磷酸的形式被吸收。吡哆醛和磷酸吡哆醛是血液中的主要运输形式。

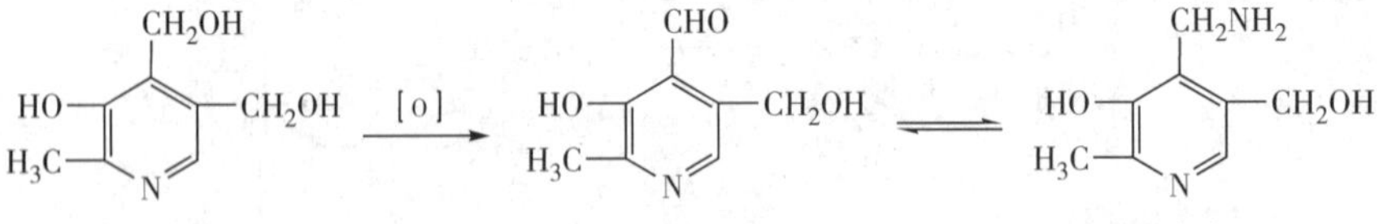

吡哆醇（4-CH_2OH，3-HO，2-H_3C，5-CH_2OH 吡啶）$\xrightarrow{[o]}$ 吡哆醛（4-CHO）$\rightleftharpoons$ 吡哆胺（4-CH_2NH_2）

图 4-3　三种维生素 B_6 的化学结构及转化

（二）主要生理功能和缺乏症

1. 磷酸吡哆醛是多种酶的辅酶　参与氨基酸脱氨与转氨作用、鸟氨酸循环、血红素的合成和糖原分解等，在代谢中发挥着重要作用。磷酸吡哆醛是谷氨酸脱羧酶的辅酶，增进大脑抑制性神经递质 γ-氨基丁酸（GABA）的生成，所以临床上常用维生素 B_6 治疗小儿惊厥、妊娠呕吐和精神焦虑等。磷酸吡哆醛还是血红素合成的关键酶 δ-氨基-γ-酮基戊酸（δ-aminolevulinic acid，ALA）合酶的辅酶，维生素 B_6 缺乏时血红素的合成受阻，造成低血色素小细胞性贫血和血清铁增高。

近年发现，高同型半胱氨酸血症（hyperhomocysteinenua）是心血管疾病、血栓生成和高血压的危险因子。维生素 B_6是催化同型半胱氨酸分解代谢酶的辅酶。已知 2/3 以上的高同型半胱氨酸血症与叶酸、维生素 B_{12}和维生素 B_6的缺乏有关。维生素 B_6对治疗上述疾病有一定的作用。

2. 磷酸吡哆醛可终止类固醇激素的作用　磷酸吡哆醛可以将类固醇激素-受体复合物从 DNA 中移去，终止这些激素的作用。维生素 B_6缺乏时，可增加人体对雌激素、雄激素、皮质激素和维生素 D 作用的敏感性，与乳腺、前列腺和子宫的激素依赖性肿瘤的发展有关。

人类未发现维生素 B_6缺乏的典型病例。抗结核药异烟肼能与磷酸吡哆醛的醛基结合，使其失去辅酶作用，所以在服用异烟肼时，应补充维生素 B_6。

维生素 B_6与其他水溶性维生素不同，过量服用维生素 B_6可引起中毒。日摄入量超过 200mg 可引起神经损伤，表现为周围感觉性神经病。

六、生物素

（一）化学本质及来源

生物素（biotin）又称维生素 H、维生素 B_7、辅酶 R 等，生物素由噻吩环和尿素相结合而成的双环化合物，并带有戊酸侧链。自然界中至少有两种生物素，即 α-生物素和 β-生物素。

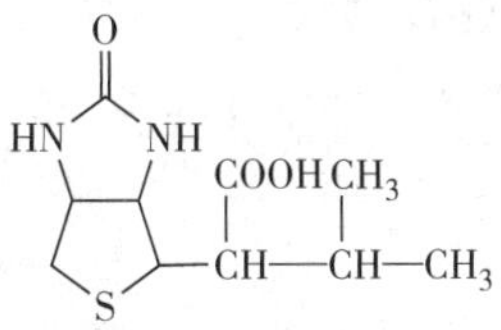

α-生物素 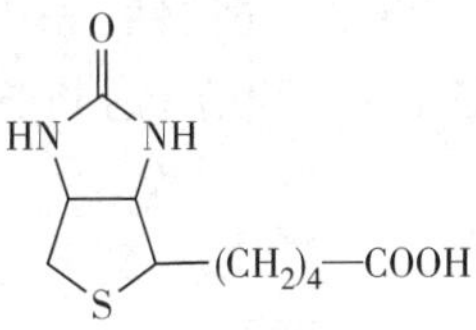　　β-生物素

生物素在肝、肾、酵母、蛋类、花生、牛乳和鱼类等食品中含量较多，啤酒里含量丰富，人肠道细菌也能合成。生物素为无色针状结晶体，耐酸而不耐碱，氧化剂及高温可使其失活。

（二）主要生理功能和缺乏症

生物素是体内多种羧化酶的辅基，在羧化酶全酶合成酶（holocarboxylase synthetase）的催化下与羧化酶蛋白中赖氨酸残基的 ε-氨基以酰胺键共价结合，形成生物胞素（biocytin）残基，羧化酶则转变成有催化活性的酶。生物素作为丙酮酸羧化酶、乙酰辅酶 A 羧化酶等的辅基，参与 CO_2固定作用，为脂肪和糖类代谢所必需。

近年的研究证明，生物素除了作为羧化酶的辅基外，还有其他重要的生理作用。现已研究证明，人基因组中有 2000 多个基因编码产物的功能依赖生物素。生物素参与细胞信号转导和基因表达。生物素还可使组蛋白生物素化，从而影响细胞周期、转录和 DNA 损伤的修复。

生物素的来源极为广泛，人体肠道细菌也能合成，很少出现缺乏症。新鲜鸡蛋清中有一种抗生物素蛋白（avidin），生物素与其结合而不能被吸收。蛋清加热后这种蛋白因遭破坏而失去作用。长期使用抗生素可抑制肠道细菌生长，也可能造成生物素的缺乏，主要症状是疲乏、恶心、呕吐、食欲不振、皮炎及脱屑性红皮病。

七、叶酸

（一）化学本质及来源

叶酸（folic acid）因绿叶中含量十分丰富而得名，又称蝶酰谷氨酸。酵母、肝、水果和绿叶蔬菜是叶酸的丰富来源。

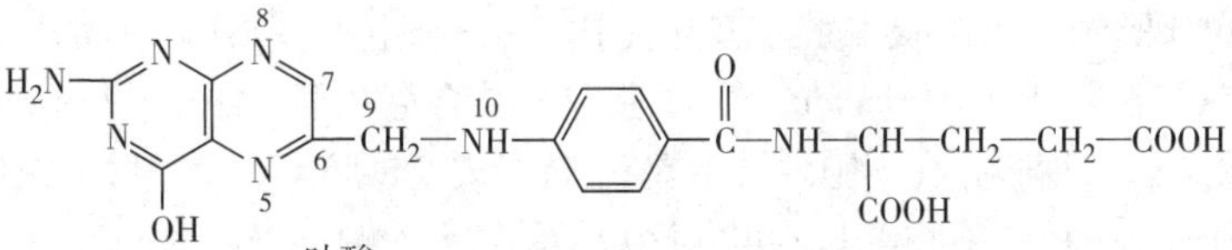

叶酸

肠菌也有合成叶酸的能力。植物中的叶酸多含7个谷氨酸残基，谷氨酸之间以γ-肽键相连。仅牛奶和蛋黄中含蝶酰单谷氨酸。食物中的蝶酰多谷氨酸在小肠被水解，生成蝶酰单谷氨酸。后者易被小肠上段吸收，在小肠黏膜上皮细胞二氢叶酸还原酶的作用下，生成二氢叶酸，再进一步还原成5,6,7,8-四氢叶酸（tetrahydrofolic acid，FH_4）。含单谷氨酸的甲基四氢叶酸是四氢叶酸在血液循环中的主要形式。

（二）主要生理功能和缺乏症

FH_4是体内一碳单位转移酶的辅酶，分子中N^5、N^{10}是一碳单位的结合位点。一碳单位在体内参加嘌呤、胸腺嘧啶核苷酸等多种物质的合成。

抗癌药物甲氨蝶呤和氨蝶呤因其结构与叶酸相似，能抑制二氢叶酸还原酶的活性，使四氢叶酸合成减少，进而抑制体内胸腺嘧啶核苷酸的合成，起到抗肿瘤作用。

叶酸在食物中含量丰富，肠道的细菌也能合成，一般不发生缺乏症。孕妇及哺乳期妇女应适量补充叶酸。口服避孕药或抗惊厥药能干扰叶酸的吸收及代谢，如需长期服用此类药物，应考虑补充叶酸。

叶酸缺乏时，DNA合成受到抑制，骨髓幼红细胞DNA合成减少，细胞分裂速度降低，细胞体积变大，造成巨幼红细胞贫血（megaloblastic anemia）。

叶酸的应用可以降低胎儿脊柱裂和神经管缺乏的危险性。叶酸缺乏可引起高同型半胱氨酸血症，增加动脉粥样硬化、血栓生成和高血压的危险性。每日服用500μg叶酸有益于预防冠心病的发生。叶酸缺乏可引起DNA低甲基化，增加一些癌症（如结肠直肠癌）的危险性。富含叶酸的食物可降低这些癌症的风险。

知识拓展

叶酸的副作用

叶酸长期过量服用会产生一些副作用。叶酸属于水溶性维生素，一般摄入超过成人最低需要量20倍以内不会引起毒副作用，因过多的叶酸可随尿液排出体外。但人体如果长期服用大剂量叶酸片可产生毒副作用：服用叶酸片可以掩盖维生素B_{12}缺乏的早期表现，而导致神经系统受损害；可能影响锌的吸收，使胎儿发育迟缓，低出生体重儿增加；可干扰抗惊厥药物的作用，诱发病人出现惊厥；可出现黄色尿；个别病人长期大量服用叶酸可出现恶心、厌食、腹胀等胃肠道症状。

八、维生素B_{12}

（一）化学本质及来源

维生素B_{12}含有金属元素钴，又称钴胺素（cobalamin），是唯一含金属元素的维生素，仅由微生物合成，酵母和动物肝含量丰富，不存在于植物中。维生素B_{12}在体内的主要存在形式有氰钴胺素、羟钴胺素、甲钴胺素和5′-脱氧腺苷钴胺素。后两者是维生素B_{12}的活性型。食物中的维生素$_{12}$常与蛋白质结合而存在，在胃酸和胃蛋白酶的作用下，维生素B_{12}得以游离并与来自唾液的亲钴蛋白（cobalophilin）结合。在十二指肠，亲钴蛋白-维生素B_{12}复合物经胰蛋白酶的水解作用游离出维生素B_{12}，后者需要与一种由胃黏膜细胞分泌的内因子（intrinsic factor，IF）紧密结合生成IF-维生素B_{12}复合物，才能被回肠吸收。IF是分子量为50×10^3的糖蛋白，只与活性型B_{12}以1∶1结合。当胰腺功能障碍时，亲钴蛋白-维生素B_{12}因不能被分解而排出体外，从而导致维生素B_{12}缺乏症。在小肠黏膜上皮细胞内，IF-维生素B_{12}分解并游离出维生素B_{12}。维生素B_{12}再与一种被称为转钴胺素Ⅱ（transco-balaminⅡ）的蛋白质结合存在于血液中。转钴胺素Ⅱ-维生素B_{12}复合物与细胞表面受体结合，进入细胞，在细胞内维生素B_{12}转变成羟钴胺素、甲钴胺素或进入线粒体转变成5′-脱氧腺苷钴胺素。肝内还有一种转钴胺素Ⅰ，可与维生素B_{12}结合而贮存于肝内。

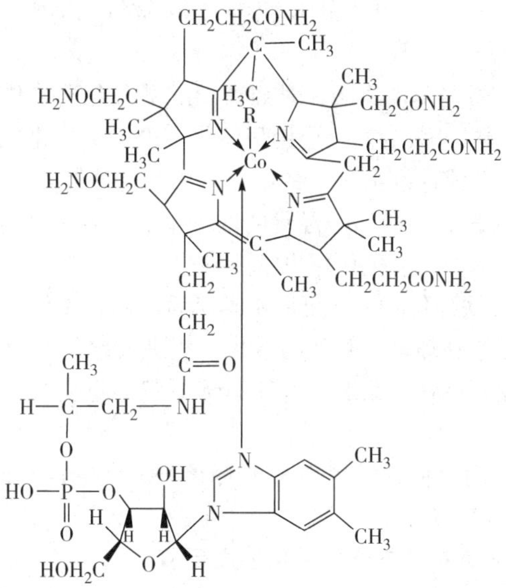

维生素B_{12}

（二）主要生理功能和缺乏症

维生素 B_{12}是 N^5—CH_3—FH_4转甲基酶（甲硫氨酸合成酶）的辅酶，催化同型半胱氨酸甲基化生成甲硫氨酸。维生素 B_{12}缺乏时，N^5—CH_3—FH_4上的甲基不能转移，一是引起甲硫氨酸合成减少，二是影响四氢叶酸的再生，组织中游离的四氢叶酸含量减少，一碳单位的代谢受阻，造成核酸合成障碍。

5′-脱氧腺苷钴胺素是 L-甲基丙二酰辅酶 A 变位酶的辅酶，催化琥珀酰辅酶 A 的生成。当维生素 B_{12}缺乏时，L-甲基丙二酰辅酶 A 大量堆积。因 L-甲基丙二酰辅酶 A 的结构与脂肪酸合成的中间产物丙二酰辅酶 A 相似，从而影响脂肪酸的正常合成。

维生素 B_{12}广泛存在于动物食品中，正常膳食者很难发生缺乏，但偶见于有严重吸收障碍疾患的病人及长期素食者。当维生素 B_{12}缺乏时，核酸合成障碍，阻止细胞分裂而产生巨幼细胞贫血，即恶性贫血。同型半胱氨酸的堆积可造成高同型半胱氨酸血症，增加动脉硬化、血栓生成和高血压的危险性。维生素 B_{12}缺乏可导致神经疾患，其原因是脂肪酸的合成异常而影响髓鞘质的转换，造成髓鞘质变性退化，引发进行性脱髓鞘。所以维生素 B_{12}具有营养神经的作用。

九、维生素 C

（一）化学本质及来源

维生素 C 又称 L-抗坏血酸（ascorbic acid），呈酸性。维生素 C 分子中 C_2和 C_3羟基可以氧化脱氢生成脱氢维生素 C。后者又可接受氢再还原成维生素 C（图 4-4）。人类和其他灵长类、豚鼠等动物体内不能合成维生素 C，必须从食物中摄取。维生素 C 广泛存在于新鲜蔬菜和水果中。植物中的维生素 C 氧化酶能将维生素 C 氧化灭活为二酮古洛糖酸，所以久存的水果和蔬菜中维生素 C 含量会大量减少。干种子中虽然不含维生素 C，但其幼芽可以合成维生素 C，所以豆芽等是维生素 C 的丰富来源。维生素 C 对碱和热不稳定，烹饪不当可使其大量丧失。

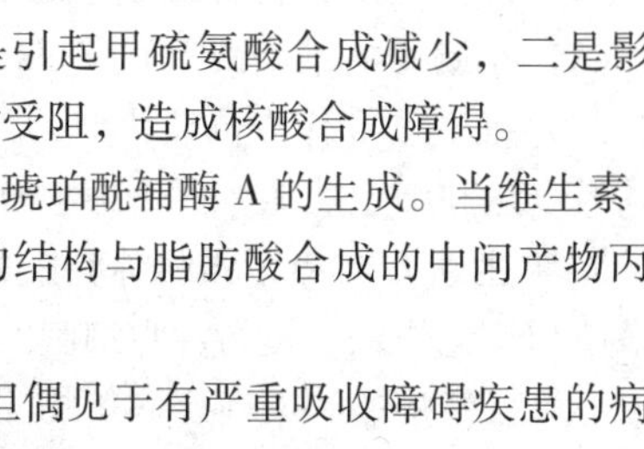

维生素 C 极易从小肠吸收。还原型维生素 C 是细胞内与血液中的主要存在形式。血液中脱氢维生素 C 仅为维生素 C 的 1/15。

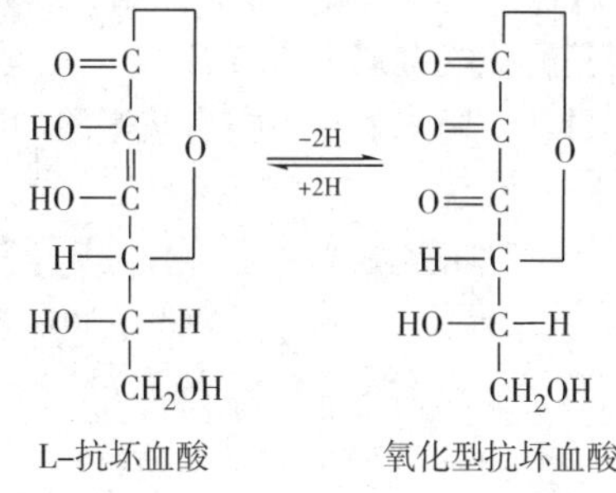

图 4-4 维生素 C 氧化脱氢生成脱氢抗坏血酸

（二）主要生理功能和缺乏症

1. 维生素 C 是一些羟化酶的辅酶 维生素 C 是维持体内含铜

羟化酶活性必不可少的辅因子。在羟化酶催化的反应中，Cu^{+}被氧化生成Cu^{2+}，后者在维生素C的专一作用下，再还原为Cu^{+}。

（1）苯丙氨酸代谢过程中，对羟苯丙酮酸在对羟苯丙酮酸羟化酶催化下生成尿黑酸。维生素C缺乏时，尿中可出现大量对羟苯丙酮酸。多巴胺β-羟化酶催化多巴胺羟化生成去甲肾上腺素，参与肾上腺髓质和中枢神经系统中儿茶酚胺的合成。维生素C的缺乏可引起这些器官中儿茶酚胺的代谢异常。

（2）维生素C是胆汁酸合成的关键酶7α-羟化酶的辅酶，参与将40%的胆固醇正常转变成胆汁酸。此外，肾上腺皮质类固醇合成过程中的羟化作用也需要维生素C参与。

（3）许多需要维生素C的含铁羟化酶参与蛋白质翻译后的修饰工作。胶原脯氨酸羟化酶和赖氨酸羟化酶分别催化前胶原分子中脯氨酸和赖氨酸残基的羟化，促进成熟的胶原分子的生成。维生素C是维持这些酶活性所必需的辅因子。胶原是骨、毛细血管和结缔组织的重要构成成分。脯氨酸羟化酶也为骨钙蛋白和补体C1q生成所必需。

（4）体内肉碱合成过程需要两个依赖维生素C的羟化酶。维生素C缺乏时，由于脂肪酸β-氧化减弱，病人往往出现倦怠乏力。

2. 维生素C作为抗氧化剂可直接参与体内氧化还原反应

（1）维生素C具有保护巯基的作用，它可使巯基酶的巯基（—SH）保持还原状态。维生素C在谷胱甘肽还原酶作用下，将氧化型谷胱甘肽（GSSG）还原成还原型谷胱甘肽（GSH）。GSH能清除细胞膜的脂质过氧化物，起到保护细胞膜的作用。

（2）维生素C能使红细胞中高铁血红蛋白（MHb）还原为血红蛋白（Hb），使其恢复运氧能力。

（3）小肠中的维生素C可将Fe^{3+}还原成Fe^{2+}，有利于食物中铁的吸收。

（4）维生素C作为抗氧化剂，影响细胞内活性氧敏感的信号转导系统（如NF-κB和AP-I），从而调节基因表达和细胞功能，促进细胞分化。

3. 维生素C具有增强机体免疫力的作用 维生素C促进体内抗菌活性、NK细胞活性、促进淋巴细胞增殖和趋化作用、提高吞噬细胞的吞噬能力、促进免疫球蛋白的合成，从而提高机体免疫力。临床上用于心血管疾病、感染性疾病等的支持性治疗。

我国建议成人每日维生素C的需要量为60mg。若每日摄取超过100mg，体内维生素C便可达到饱和。过量摄入的维生素C则随尿排出体外。维生素C是胶原蛋白形成所必需的物质，有助于保持细胞间质物质的完整，当严重缺乏时可引起坏血病（scurvy），表现为毛细血管脆性增强易破裂、牙龈腐烂、牙齿松动、骨折以及创伤不易愈合等。由于机体在正常状态下可储存一定量的维生素C，坏血病的症状常在维生素C缺乏3~4个月后出现。维生素C缺乏直接影响胆固醇转化，引起体内胆固醇增多，是动脉硬化的危险因素之一。

十、α-硫辛酸

α-硫辛酸（lipoic acid）的结构是6,8-二硫辛酸，能还原为二氢硫辛酸，为硫辛酸乙酰转移酶的辅酶（图4-5）。α-硫辛酸有抗脂肪肝和降低血胆固醇的作用。另外，它很容易进行氧化还原反应，故可保护巯基酶免受金属离子毒害。

目前，尚未发现人类有硫辛酸的缺乏症。

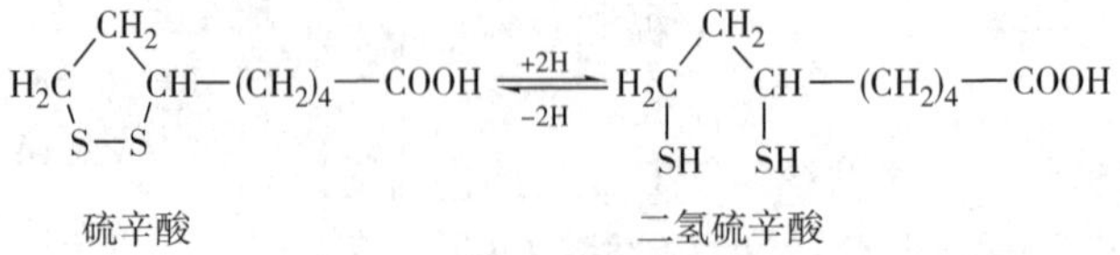

$$\underset{\text{硫辛酸}}{\mathrm{H_2C\!\!\overset{CH_2}{\frown}\!\!CH(-S-S-)}-(CH_2)_4-COOH} \underset{-2H}{\overset{+2H}{\rightleftharpoons}} \underset{\text{二氢硫辛酸}}{\mathrm{H_2C(SH)-CH_2-CH(SH)-(CH_2)_4-COOH}}$$

图4-5 硫辛酸还原为二氢硫辛酸

第四节　维生素药物和复合维生素药物

维生素是维护人体健康、促进生长发育和调节生理功能所必需的一类有机化合物。有些维生素在机体内不能合成或合成量较少，不能满足机体需要，需要从食物中摄取。膳食补充剂行业将复合维生素比作营养保险——当人们的一日三餐没有达到理想的均衡时，复合维生素就会填补其中的摄入不足的部分。这种理论让20世纪40年代兴起的复合维生素成为最畅销的膳食补充剂。维生素的补充，应本着“缺什么补什么，缺多少补多少”的原则，有针对性地选用相关的品种，不要盲目补充。确实存在多种维生素缺乏者，在医生指导下，可以补充复合维生素。为了使人体能够更充分地吸收，维生素类药物一般应在饭后服。每天要按照医生或营养师推荐的合理剂量进行补充。如果按推荐量标准服用，一般不会出现不良反应，但过度使用，可能出现腹部不适、腹泻、出血、继发性缺乏等问题。补充维生素需要科学合理服用才能收到效果。补充维生素的同时不可忽视膳食的作用，否则徒劳无益。如果有很明显的某种维生素缺乏症状，应补充对症的维生素，而不宜服用复合维生素，因为复合维生素多不能达到治疗剂量。补充维生素的品种和剂量也并非越多越好，长期过量摄入某些维生素有引起中毒的危险。

一、维生素药物

1. 维生素A　用于维生素A缺乏症，如干眼病、夜盲症、角膜软化症和皮肤粗糙等，本品对预防上皮癌、食管癌的发生也有一定作用。长期大量应用可引起维生素A过多症，甚至中毒，表现为食欲不振、皮肤发痒、毛发干枯、脱发、骨痛等。

2. 维生素D_3　也称为胆骨化醇，促进肠内钙、磷的吸收和贮存，与甲状旁腺激素、降钙素配合调节血浆中的钙、磷水平，促进骨骼的正常钙化。临床用于防治软骨病、佝偻病以及因缺乏维生素引起的低血钙、骨质疏松症、龋齿、手足搐搦症及甲状旁腺功能减退等。长期大量服用可引起高血钙、心动过速、血压增高、厌食、呕吐、腹泻，以致软组织异常钙化及肾功能减退等。冠心病、动脉硬化及年老的患者慎用，对维生素D过敏者忌用。

3. 维生素E　一种强抗氧化剂，能保护生物膜免受自由基攻击，有效的抗衰老营养素。提高机体免疫力。保持血红细胞的完整性，促进血红细胞的生物合成。有报道提出其可以预防心血管病。维生素E属脂溶性维生素，应注意其毒性，服用过量偶尔会出现肌肉软弱、疲劳、呕吐和腹泻，严重时可导致明显的出血。

4. 维生素K_1注射液　用于维生素K缺乏引起的出血，如梗阻性黄疸、胆瘘、慢性腹泻等所致出血，香豆素类、水杨酸钠等所致的低凝血酶原血症，新生儿出血以及长期应用广谱抗生素所致的体内维生素K缺乏。另外，也可口服维生素K_4片，治疗维生素K缺乏症及低凝血酶原血症。

5. 维生素B_1片　适用于维生素B_1缺乏的预防和治疗，如维生素B_1缺乏所致的脚气病或Wernicke脑病，亦用于周围神经炎、消化不良等的辅助治疗。下列情况时维生素B_1的需要量增加：①妊娠或哺乳期、甲状腺功能亢进、烧伤、血液透析、长期慢性感染、发热、重体力劳动；②吸收不良综合征伴肝胆系统疾病（肝功能损害、乙醇中毒伴肝硬化）、小肠疾病（乳糜泻、持续腹泻、回肠切除等）及胃切除后。大量维生素B_1对下列遗传性酶缺陷病可改善症状：亚急性坏死性脑脊髓病（Leigh病）、支链氨基酸病、乳酸性酸中毒和间歇性小脑共济失调。

6. 维生素B_2片　用于防治口角炎、唇干裂、舌炎、阴囊炎、角膜血管化、结膜炎、脂溢性皮炎等维生素B_2缺乏症。因摄入不足所致营养不良、进行性体重下降时应补充维生素B_2。

7. 维生素B_6片　防治因大量或长期服用异烟肼等引起的周围神经炎、失眠、不安；减轻抗癌药和放射治疗引起的恶心、呕吐或妊娠呕吐等。治疗婴儿惊厥或给孕妇服用以预防婴儿惊厥。局部涂搽治疗痤疮、酒糟鼻、脂溢性湿疹等。

8. 烟酰胺片　用于预防和治疗烟酸缺乏症，如糙皮病、口炎、舌炎；也用作血管扩张药，治疗高脂血症。对于接受肠道外营养的患者，因营养不良体重骤减，妊娠期、哺乳期妇女以及服用异烟肼者，严重烟瘾、酗酒、吸毒者，其烟酸的需要量均增加。

9. 叶酸片 主要维持正常的细胞分裂过程，用于预防巨幼细胞贫血的发生，防止胎儿神经管畸形的发生，有助于稳定精神状态，促进抗体的产生，促进乳汁的分泌。对于准孕妇，最好是在计划怀孕前3个月开始适当服用叶酸片。

10. 维生素C片 用于预防坏血病，也可用于各种急、慢性传染疾病及紫癜等的辅助治疗。维生素C葡萄糖注射液用于：①治疗坏血病；②慢性铁中毒的治疗；③特发性高铁血红蛋白血症的治疗；也可用于机体维生素C需要量大量增加时的维生素C的补充。

二、复合维生素药物

1. 三维B片 用于维生素 B_1、维生素 B_6、维生素 B_{12} 缺乏症，亦用于不同病因所致单神经病变或多发性周围神经炎。

2. 鱼肝油乳 用于预防和治疗因维生素A及维生素D缺乏所引起的各种疾病。

3. 复方维生素B片 用于防治口角炎、唇干裂、舌炎、阴囊炎、角膜血管化、结膜炎、脂溢性皮炎等维生素B缺乏症。因摄入不足所致营养不良、进行性体重下降时，应补充复方维生素B。

4. 复方维生素注射液 适用于不能经消化道正常进食的患者的维生素A、维生素D、维生素E和维生素K的肠外补充。

5. 维生素AD滴剂 用于1岁以下幼儿预防和治疗维生素A及维生素D的缺乏症。如佝偻病、夜盲症及小儿手足抽搐症。

维生素是维系人体正常生命活动所必需、机体不能合成或合成量不足，必须由食物供给的一组小分子有机营养物质，可分为脂溶性（维生素A、维生素D、维生素E和维生素K）和水溶性（B族维生素、维生素C、硫辛酸）两大类。

维生素A是构成视觉细胞的感光物质——视紫红质的主要成分，与暗视觉有关；视黄酸对基因表达和组织分化具有调节作用；维生素A和胡萝卜素是有效的抗氧化剂，具有清除自由基和防止脂质过氧化的作用；同时维生素A及其衍生物也可抑制肿瘤生长。1,25-二羟维生素 D_3 是维生素D的活性形式，它主要促进小肠对钙、磷的吸收，维持血钙正常水平，同时具有影响细胞分化的功能。维生素E是体内最重要的脂溶性抗氧化剂，与动物生殖功能有关，并具有调节基因表达的作用，维生素E在预防和治疗冠状动脉粥样硬化性心脏病、肿瘤和延缓衰老方面也具有一定的作用。维生素K能促进血液凝血因子Ⅱ、Ⅶ、Ⅸ、Ⅹ的合成，维生素K对骨代谢也具有重要作用。

水溶性维生素多以辅酶形式发挥作用。TPP是 α-酮酸氧化脱羧酶及戊糖磷酸途径中转酮酶的辅酶；FMN和FAD是黄素蛋白的辅酶；而 NAD^+ 和 $NADP^+$ 是多种脱氢酶的辅酶；泛酸存在于辅酶A和ACP中；磷酸吡哆醛是氨基转移酶和氨基酸脱羧酶的辅酶；生物素为羧化酶的辅酶；维生素 B_{12} 和叶酸在一碳单位和甲硫氨酸代谢中具有重要作用。维生素C是含铜羟化酶和含铁羟化酶的辅酶，也是水溶性抗氧化剂。

维生素和复合维生素药物主要用于预防和治疗各种维生素缺乏病。

练习题

题库

一、单项选择题

1. 不具有维生素A活性的物质是（　　）

A. 视黄醇　B. 视黄醛　C. 类胡萝卜素　D. 麦角固醇　E. 视黄酸

2. 预防新生儿出血，孕妇在临产前可注射（　　）

A. 维生素 B_{12}　B. 维生素 D　C. 维生素 C　D. 维生素 K　E. 维生素 A

3. 临床上常用辅助治疗婴儿惊厥和妊娠呕吐的维生素是（　　）

A. 维生素 B_{12}　B. 维生素 D　C. 维生素 C　D. 维生素 B_6　E. 维生素 K

4. 羧化酶的辅酶为（　　）

A. 核黄素　B. 硫胺素　C. 叶酸　D. 生物素　E. 维生素 D

5. 缺乏维生素 C 易患（　　）

A. 口角炎　B. 坏血症　C. 脚气病　D. 糙皮病　E. 白血病

6. 长期日光照射不足，易导致缺乏的是（　　）

A. 维生素 E　B. 维生素 D　C. 叶酸　D. 生物素　E. 维生素 C

7. 临床上用来防治先兆流产或习惯性流产的维生素是（　　）

A. 维生素 E　B. 硫胺素　C. 叶酸　D. 生物素　E. 维生素 A

8. NAD^+在酶促反应中参与转移（　　）

A. 氨基　B. 氢原子　C. 氧原子　D. 羧基　E. 醛基

9. 维生素 B_{12}又被称为（　　）

A. 硫胺素　B. 核黄素　C. 生物素　D. 钴胺素　E. 泛酸

10. 肠道细菌可以合成（　　）

A. 维生素 A　B. 维生素 C　C. 维生素 D　D. 维生素 K_2　E. 维生素 K_4

二、思考题

1. 何谓维生素？简述维生素的分类。
2. 引起维生素缺乏的原因有哪些？介绍几种常见的维生素缺乏症。
3. 各种 B 族维生素所构成的辅酶或辅基有哪些？各有什么作用？

（冯晓帆）

第二篇

物质代谢与能量转换

第五章

生物氧化

学习导引

1. **掌握** 生物氧化的概念与特点；体内重要呼吸链的组成、排列顺序及其作用；ATP 的生成方式。
2. **熟悉** 生物氧化过程中二氧化碳的生成方式；影响氧化磷酸化的因素；ATP 的利用与储存。
3. **了解** 物质的氧化方式、氧化磷酸化作用机制及非线粒体氧化体系。

第一节 概　　述

PPT

微课

代谢是生命最基本的特征之一，包括物质代谢和能量代谢。通常将在物质代谢过程中伴随的能量释放、转移、贮存和利用称为能量代谢（energy metabolism）。在能量代谢中，ATP 既是一种直接供能的物质，又是重要的贮能物质。

课堂互动

生命活动所需的能量从哪儿来?

一、生物氧化的基本概念

生物氧化（biological oxidation）是指糖、脂肪和蛋白质等营养物质在体内氧化分解，生成 CO_2 和 H_2O，并逐步释放能量的过程。

生物氧化是从能量代谢角度研究生命现象。营养物质在体内氧化时所释放的能量，约 50% 以上的能量迅速转化成为热能，主要用于维持体温的恒定，其余不足 50% 的能量使 ADP 磷酸化生成 ATP。与呼吸作用相似，生物氧化也消耗 O_2，产生 CO_2 和 H_2O，因此，生物氧化也称细胞呼吸或组织呼吸。

根据糖、脂肪和蛋白质等营养物质氧化分解、释放能量的特点，可将生物氧化过程分为三个阶段。第一阶段，在细胞质和线粒体中，上述营养物质通过各自的代谢途径，生成乙酰辅酶 A 和 $NADH+H^+$。在此过程中，糖可通过底物水平磷酸化合成 ATP。第二阶段，在线粒体内，乙酰辅酶 A 进入三羧酸循环，脱羧生成 CO_2，脱氢生成 $NADH+H^+$ 和 $FADH_2$，并通过底物水平磷酸化合成 GTP。第三阶段，在线粒体内，$NADH+H^+$ 或 $FADH_2$ 携带的氢原子（2H）通过线粒体内膜上各自的呼吸链依次传递，最终与氧结合生成水，并释放大量的能量。该阶段以线粒体内膜上的呼吸链和 ATP 合酶（ATP synthase）为分子基础，通过氧化磷酸化合成 ATP（图 5-1）。

二、生物氧化的特点

体内物质的生物氧化与其体外燃烧的化学本质相似，都遵循氧化还原反应的一般规律，在耗氧量、

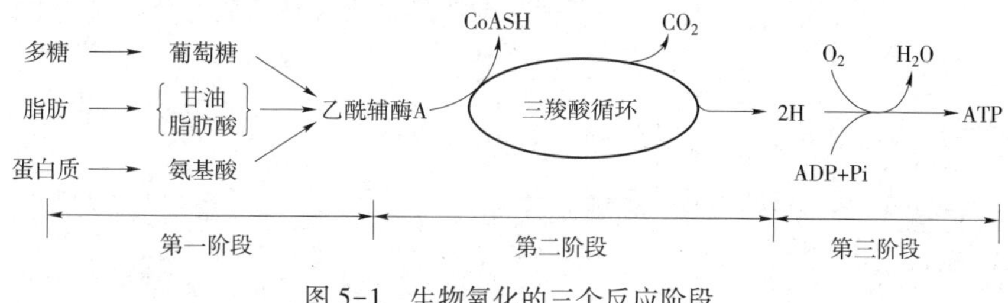

图 5-1 生物氧化的三个反应阶段

终产物和释放能量等方面均相同，但生物氧化具有以下特点。

（1）生物氧化是在生理条件下，细胞内进行的一系列酶促反应，而体外燃烧不需要酶的催化。

（2）在生物氧化中，能量随着电子在呼吸链的传递而逐步释放，很大部分用于形成高能化合物，而体外燃烧是以光和热的形式瞬间放出。

（3）生物氧化中 CO_2 是由有机酸脱羧生成，而非体外燃烧时 C 与 O_2 直接反应生成。

（4）生物氧化中 H_2O 的生成是由底物脱下的 2H 经呼吸链逐步传递给 O_2 结合而成，而非体外燃烧时 H 与 O_2 直接反应生成。

三、CO_2 的生成方式

生物氧化的特点之一就是有机酸脱羧生成 CO_2。有机酸脱羧时，根据有机酸是否发生氧化反应可分为单纯脱羧和氧化脱羧，又根据脱去的羧基在有机酸结构中的位置不同可分为 α-脱羧和 β-脱羧。

1. α-单纯脱羧

$$H_2N-\overset{\boxed{COO}H}{\overset{|}{CH}}-CH_2-CH_2-COOH \xrightarrow[\text{谷氨酸脱羧酶}]{CO_2} H_2N-CH_2-CH_2-CH_2-COOH$$

2. α-氧化脱羧

$$\underset{\text{丙酮酸}}{H_3C-\overset{O}{\overset{\|}{C}}-\boxed{COO}H} + CoASH + NAD^+ \xrightarrow[\text{丙酮酸脱氢酶系}]{} \underset{\text{乙酰辅酶A}}{H_3C-\overset{O}{\overset{\|}{C}}\sim SCoA} + CO_2 + NADH + H^+$$

3. β-单纯脱羧

$$\underset{\text{草酰乙酸}}{H\boxed{OOC}-CH_2-\overset{O}{\overset{\|}{C}}-COOH} \underset{\text{丙酮酸羧化酶}}{\overset{\text{草酰乙酸脱羧酶}}{\rightleftharpoons}} \underset{\text{丙酮酸}}{H_3C-\overset{O}{\overset{\|}{C}}-COOH} + CO_2$$

4. β-氧化脱羧

$$\underset{\text{苹果酸}}{H\boxed{OOC}-CH_2-\overset{OH}{\overset{|}{\underset{H}{\underset{|}{C}}}}-COOH} + NAD^+ \xrightarrow[\text{苹果酸酶}]{} \underset{\text{丙酮酸}}{H_3C-\overset{O}{\overset{\|}{C}}-COOH} + CO_2 + NADH + H^+$$

四、代谢物氧化方式

在生物氧化中，营养物质的氧化方式有三种：加氧、脱氢、失电子，三种反应的化学本质是相同的，其中脱氢是主要的氧化方式。

1. 加氧　底物分子中直接加入氧分子或氧原子，如苯丙氨酸、色氨酸的分解代谢中包含一系列加氧反应（详见第八章）。

$$C_6H_5-CH_2-CH(NH_2)-COOH \xrightarrow[\text{苯丙氨酸羟化酶}]{NADPH+H^++O_2 \quad NADP^++H_2O} HO-C_6H_4-CH_2-CH(NH_2)-COOH$$

苯丙氨酸　　　　　　　　　　　　　　　　酪氨酸

2. 脱氢　代谢物在脱氢酶催化下脱去氢原子，如琥珀酸的脱氢反应。

$$HOOC-CH_2-CH_2-COOH+FAD \xrightarrow{\text{琥珀酸脱氢酶}} HOOC-CH=CH-COOH+FADH_2$$

琥珀酸　　　　　　　　　　　　　　　　延胡索酸

3. 失电子　如细胞色素蛋白中二价铁离子失电子的氧化反应。

$$Fe^{2+} \xrightarrow{-e} Fe^{3+}$$

PPT

第二节　线粒体氧化体系

体内的主要产能途径即三羧酸循环和氧化磷酸化均是在线粒体内进行的，因此，线粒体是细胞内产生能量的主要场所，为细胞的各种活动提供能量，所以被称为“能量工厂”。

一、呼吸链

微课

呼吸链（respiratory chain）是指线粒体内膜中一组排列有序的递氢体和递电子体，可将代谢物脱下的电子传递给氧，生成水并释放能量，因此，也称电子传递链（electron transfer chain）。递氢体可同时传递氢离子（质子）与电子，而递电子体只能传递电子，不能传递质子，故在传递过程中，氢原子可解离成质子和电子（$H=H^++e$）。

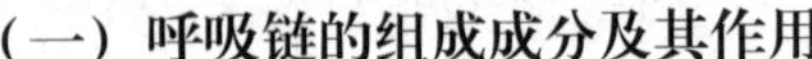

（一）呼吸链的组成成分及其作用

用胆酸类物质处理线粒体内膜，可分离出多种成分，按其结构和功能，分为以下五大类。

1. 黄素蛋白酶类及其辅基　黄素蛋白酶（flavoprotein，FP）是以黄素单核苷酸（flavin mononucleotide，FMN）和黄素腺嘌呤二核苷酸（flavin adenine dinucleotide，FAD）为辅基的一类脱氢酶，可催化底物脱氢。FMN 和 FAD 以核黄素（维生素 B_2）为主要成分，其分子中异咯嗪环中 N_1 和 N_{10} 可逆地结合氢，生成 $FMNH_2$ 和 $FADH_2$。

$$FMN/FAD \underset{-2H}{\overset{+2H}{\rightleftharpoons}} FMNH_2/FADH_2$$

FMN/FAD　　　　　　　　　　$FMNH_2/FADH_2$

黄素蛋白酶催化代谢物脱下的氢交给其辅基 FMN 或 FAD，生成 $FMNH_2$ 或 $FADH_2$，然后将 2H 再下传。

NADH 脱氢酶属于黄素蛋白酶（FP_1），它可催化 $NADH+H^+$ 将 2H 转移给辅基 FMN，使 FMN 还原为 $FMNH_2$。而以 FAD 为辅基的黄素蛋白酶是呼吸链中另一类黄素蛋白（FP_2），可催化琥珀酸等底物脱氢，将 2H 转移给其辅基 FAD 生成 $FADH_2$。

2. 铁硫蛋白类　铁硫蛋白是以铁硫簇（iron-sulfur cluster，Fe-S）为辅基的一类递电子体，分子量较小。铁硫簇由两个或多个非血红素铁和等量的无机硫构成，主要形式为 Fe_2S_2 和 Fe_4S_4（图 5-2a，2b），其中硫元素是以 S^{2-} 形式存在，铁元素则有 Fe^{2+} 和 Fe^{3+} 两种形式。铁硫簇虽含有多个铁原子，可通过 Fe^{3+} 与 Fe^{2+} 的循环变价（$Fe^{3+}+e \rightleftharpoons Fe^{2+}$）来传递电子，但每次只能接受或传递一个电子，属于单电子传递体。在呼吸链中，铁硫蛋白因具有较低的氧化还原电位，常与其他递氢体或递电子体结合成复合物而存在，参与电子传递。

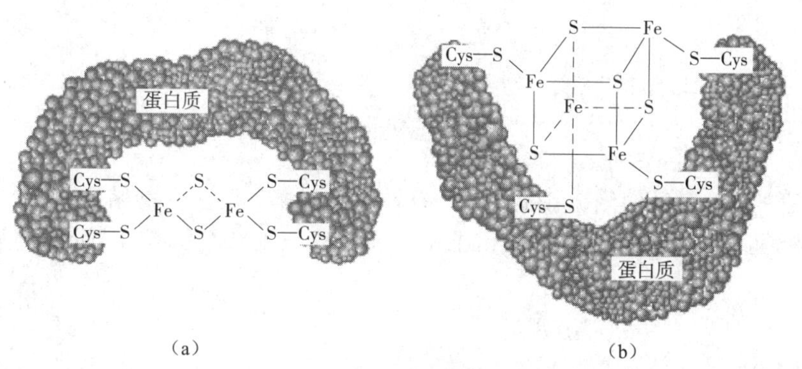

图 5-2　铁硫簇结构示意图

3. 泛醌（ubiquinone，Q）　泛醌是广泛存在于生物体内的一类脂溶性苯醌类化合物，也称辅酶 Q（coenzyme Q，CoQ），其分子中苯环的 C_6 有一个聚异戊二烯侧链。不同来源的泛醌，其侧链的异戊二烯单位数目不同，如人体内的泛醌含有 10 个异戊二烯单位（$n=10$），用 Q_{10} 表示。

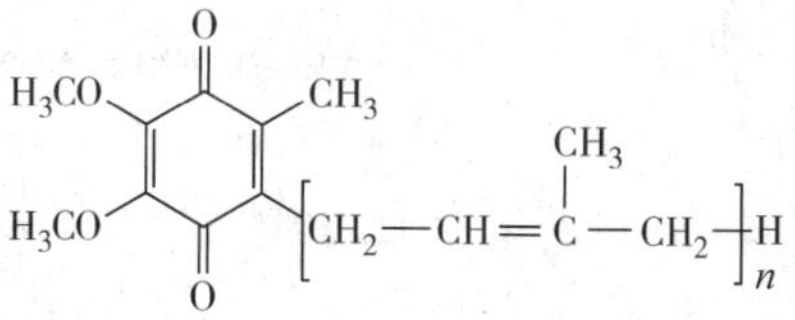

泛醌分子内的苯醌结构能可逆地加氢，接受 1 个电子和 1 个质子而被还原成泛醌自由基，再接受 1 个电子和 1 个质子被还原成二氢泛醌，此反应可逆进行。

$H^+ + e$　　　　$H^+ + e$

泛醌（全氧化型）　　泛醌自由基（半醌型）　　二氢泛醌（全还原型）

在呼吸链中，泛醌接受黄素蛋白与铁硫蛋白传递来的 2H（$2H^+ +2e$）后，将 2 个质子释入介质中，而将 2 个电子传递给后续细胞色素。因此，泛醌可作为一种游动的递氢体，在线粒体内膜脂双层中局部扩散，在呼吸链中处于中心地位。

4. 细胞色素　细胞色素（cytochrome，Cyt）是一类以铁卟啉为辅基的蛋白质，可利用辅基中 Fe^{2+} 与 Fe^{3+} 的互变（$Fe^{2+} \rightleftharpoons Fe^{3+}+e$）传递电子，属于递电子体。不同来源的细胞色素各不相同，现已发现的细胞色素有 30 多种。根据吸收光谱的不同，细胞色素可分为 Cyt *a*、Cyt *b* 和 Cyt *c* 三大类（图 5-3）。每一类又可以根据其最大吸收峰的微小差别再分成几种亚类，如呼吸链中 Cyt *a* 又有 Cyt a_3 等，由于 Cyt *a* 与 Cyt a_3 不易分开，所以常写在一起 Cyt aa_3；Cyt *b* 有 3 种形式，Cyt b_{560} 存在于复合体Ⅱ中，Cyt b_{562} 与 Cyt

b_{566}是复合体Ⅲ的成分；Cyt *c* 又分为 Cyt *c*、Cyt c_1 等，而 Cyt c_1 是复合体Ⅲ的成分。

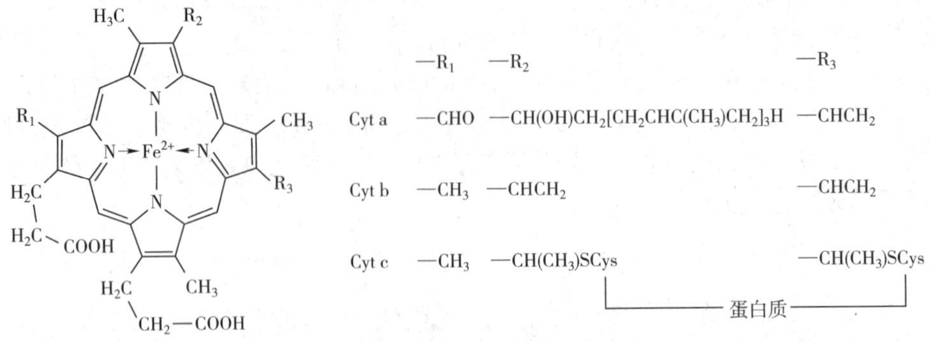
H₃C
R₂
R₁
CH₃
N
N→Fe²⁺←N
N
R₃
H₂C
H₂C
COOH
H₂C
CH₃
CH₂—COOH
—R₁
—R₂
—R₃
Cyt a
—CHO
—CH(OH)CH₂[CH₂CHC(CH₃)CH₂]₃H
—CHCH₂
Cyt b
—CH₃
—CHCH₂
—CHCH₂
Cyt c
—CH₃
—CH(CH₃)SCys
—CH(CH₃)SCys
蛋白质

图 5-3　细胞色素

不同细胞色素的铁卟啉环的侧链各不相同，且铁卟啉辅基与酶蛋白的结合方式也不相同。Cyt *c* 和 Cyt c_1 中的铁卟啉辅基通过共价键与多肽链相连（图 5-3），其他细胞色素的铁卟啉辅基与多肽链都是非共价键结合。

参与呼吸链组成的细胞色素有 Cyt *a*、Cyt a_3、Cyt *b*、Cyt *c* 和 Cyt c_1 等至少六种。各种细胞色素依靠卟啉环中铁离子价态的变化按以下顺序传递电子：

$$\text{Cyt } b \rightarrow \text{Cyt } c_1 \rightarrow \text{Cyt } c \rightarrow \text{Cyt } aa_3 \rightarrow O_2$$

Cyt aa_3 的作用是将 Cyt *c* 的电子直接传递给 $1/2O_2$，所以把 Cyt aa_3 称为 Cyt *c* 氧化酶（cytochrome c oxidase）。Cyt aa_3 中除含铁卟啉作为辅基外，还含有参与传递电子的铜离子，$Cu^+ \rightleftharpoons Cu^{2+}+e$。两个铁卟啉辅基和两种铜离子（$Cu_A$、$Cu_B$）共同构成了 Cyt aa_3 的活性中心。

Cyt *b*、Cyt *c* 和 Cyt c_1 分子的铁卟啉辅基中的铁原子分别与卟啉环和蛋白质形成了配位键，其六个配位键均已饱和。与之不同，Cyt a_3 还保留了一个配位键，能与 $1/2O_2$ 结合，并将电子传递给 $1/2O_2$ 而使之激活为 O_2^-，后者与线粒体基质中的 $2H^+$形成 H_2O 分子。然而，Cyt a_3 也可通过与 CO、CN^-等毒物形成配位键而结合，使其失去传递电子的能力，进而阻断了 O_2 的还原和 H_2O 的生成，导致机体不能利用氧而窒息死亡。

5. Cu^{2+}/Cu^+　复合体Ⅳ的亚基Ⅰ中存在一个 Cu_B，可与 Cyt a_3 的血红素 Fe 形成一个双核中心，而亚基Ⅱ中存在两个 Cu_A（Cu_A/Cu_A）也可形成一个双核中心。它们可利用 $Cu^{2+}+e \rightarrow Cu^+$反应传递电子。Cyt aa_3 从 Cyt *c* 处获得的电子沿 Cu_A、血红素 a、血红素 b、Cu_B依次传递，最终 Cu_B把电子传递给 O_2。

（二）呼吸链复合体在线粒体内膜的定位

在呼吸链各成分中，除了泛醌、细胞色素 *c* 外，其余各成分组装成四大复合体（复合体Ⅰ、Ⅱ、Ⅲ、Ⅳ）存在于线粒体内膜。用适当的方法处理线粒体内膜，可得到具有传递电子功能的四个复合体（表 5-1）。

表 5-1　呼吸链复合体组成及功能

复合体	蛋白组成（含辅基）	主要作用
复合体Ⅰ（NADH 脱氢酶）	FMN、Fe-S	将 NADH 的 H 传递给泛醌
复合体Ⅱ（琥珀酸脱氢酶）	FAD、Fe-S、Cyt *b*	将琥珀酸等底物的 H 传递给泛醌
复合体Ⅲ（泛醌-细胞色素 c 还原酶）	Cyt *b*、Cyt c_1、Fe-S	将电子从泛醌逐步传递给 Cyt *c*
复合体Ⅳ（细胞色素 c 氧化酶）	Cyt aa_3、Cu_A、Cu_B	将电子从 Cyt *c* 逐步传递给 O_2

各复合体在线粒体内膜上的定位：泛醌以游离形式存在于内膜内侧；复合体Ⅰ、Ⅲ和Ⅳ完全镶嵌在线粒体内膜中，复合体Ⅱ镶嵌在内膜的基质侧；Cyt *c* 呈水溶性，以静电引力结合于线粒体内膜外侧，极易与线粒体内膜分离。除 Cyt *c* 外，绝大部分 Cyt 与线粒体内膜紧密结合。呼吸链各成分分布概况如

图 5-4 所示。

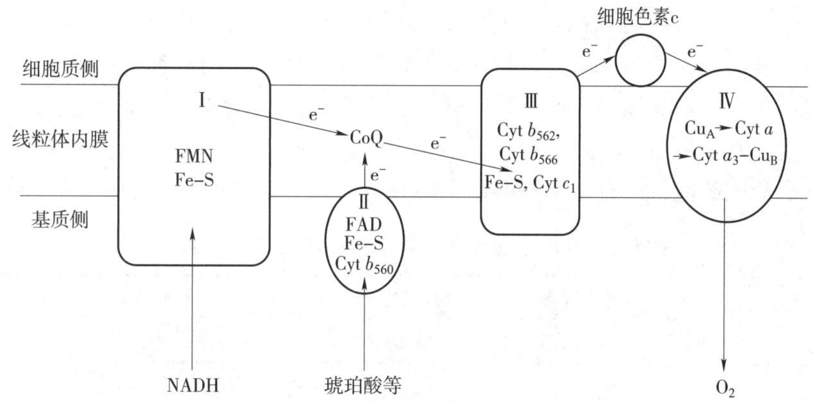

图 5-4 呼吸链各成分在线粒体内膜上的分布与定位

（三）体内重要呼吸链各成分的排列顺序

1. 呼吸链各种成分的顺序排列 主要依据以下研究结果确定。

（1）呼吸链是由一系列偶联的氧化还原反应组成，可通过测定呼吸链各成分的标准氧化还原电位 $E^{\ominus\prime}$）值确定排序。在反应中，电子总是由低氧化还原电位的电子供体向高氧化还原电位的电子受体传递，由此可确定呼吸链各成分的顺序。

（2）呼吸链各成分的氧化态和还原态的吸收光谱不同。将离体线粒体置于无氧气、有底物的反应体系时，呼吸链各成分都处于还原状态，而后缓慢给氧，分析反应体系中各成分吸收光谱变化的时间顺序，从而确定呼吸链各成分的排列顺序。

（3）加入不同的特异性呼吸链抑制剂可以分别阻断呼吸链不同成分的电子传递，被阻断部位以前的成分处于还原状态，而其后的成分处于氧化状态。用抑制剂抑制呼吸链的不同成分，测定这些成分吸收光谱的不同变化就可确定呼吸链各成分的排列顺序。

（4）在体外将呼吸链分拆和重组，确定 4 种复合体的组成和排列顺序。

2. 体内重要呼吸链 根据以上实验结果，目前已知体内主要存在 2 条呼吸链。

（1）NADH 氧化呼吸链 NADH 氧化呼吸链是体内分布最广泛的一条呼吸链。在生物体内，物质分解代谢过程的大多数脱氢酶是以 NAD^+ 为辅酶的烟酰胺脱氢酶类，如异柠檬酸脱氢酶、苹果酸脱氢酶、丙酮酸脱氢酶和 α-酮戊二酸脱氢酶等。底物在脱氢酶的作用下脱去 2H 交给 NAD^+ 生成 $NADH+H^+$，后者进入 NADH 氧化呼吸链将氢与电子依次经过 FMN、Q 和 Cyt 类传递，最后交给 $1/2O_2$ 生成 H_2O，在此过程中逐步释放能量，驱动 ADP 磷酸化生成约 2.5 分子 ATP。

$$NADH+H^+ \rightarrow \text{复合体 I} \rightarrow Q \rightarrow \text{复合体 III} \rightarrow \text{Cyt } c \rightarrow \text{复合体 IV} \rightarrow 1/2O_2$$

（2）琥珀酸氧化呼吸链（$FADH_2$ 氧化呼吸链） 体内琥珀酸脱氢酶、3-磷酸甘油脱氢酶、脂酰辅酶 A 脱氢酶等都属于黄素蛋白酶类，其辅基均为 FAD，催化琥珀酸、脂酰辅酶 A 等底物脱氢，将脱下的 2H 交给其辅基生成 $FADH_2$，进入 $FADH_2$ 氧化呼吸链进一步传递。该呼吸链与 NADH 氧化呼吸链的主要差别：$FADH_2$ 直接将氢传给泛醌，再往下的传递则与 NADH 氧化呼吸链相同。复合体Ⅱ在传递电子对时释放的能量较少，因而琥珀酸氧化呼吸链只能生成约 1.5 分子 ATP。

$$\text{琥珀酸等} \rightarrow \text{复合体 II} \rightarrow Q \rightarrow \text{复合体 III} \rightarrow \text{Cyt } c \rightarrow \text{复合体 IV} \rightarrow 1/2O_2$$

二、生物氧化与能量代谢

三大营养物质经生物氧化过程可以产生大量能量，其中一半以上转化为热能以维持体温，其余则以化学能的形式储存于高能化合物中。当生物体需要能量时，如运动、分泌、吸收、神经传导或化学反应等，高能化合物分解，释放能量供机体利用。

（一）高能化合物的种类

高能化合物是指水解其某些特殊的化学键后，能够释放大量自由能（$\Delta G^{\ominus\prime}$）的化合物（表 5-2）。这些化学键就被称为高能键，常用“~”表示，高能键所连的化学基团就称为高能基团。体内的高能化合物主要是高能磷酸化合物和高能硫酯化合物，分别含有高能磷酸键和高能硫酯键，其中高能键结合的磷酸基团称为高能磷酸基团，用“~Ⓟ”表示。事实上，高能化合物中并不是被水解的化学键含有特别多的能量，其水解时释放的能量来自整个高能化合物分子。为了方便叙述，故保留高能键这一术语。

表 5-2　几种常见高能化合物水解标准自由能变化

高能化合物	ATP	乙酰辅酶 A	磷酸肌酸	1,3-二磷酸甘油酸	磷酸烯醇式丙酮酸
$\Delta G^{\ominus\prime}$（kJ/mol）	-30.5	-31.4	-43.9	-49.3	-61.9

在能量代谢中，ATP 是体内主要高能化合物，其生成方式有两种：底物水平磷酸化和氧化磷酸化。

（二）底物水平磷酸化

底物水平磷酸化是指营养物质分解代谢生成高能化合物，通过高能基团转移给 ADP 或 GDP 形成 ATP 或 GTP 的过程，称为底物水平磷酸化（substrate level phosphorylation）。例如，葡萄糖在有氧氧化过程中，有三处底物水平磷酸化反应。

1. 1,3-二磷酸甘油酸在酶催化下把~Ⓟ转移给 ADP，生成 ATP。

$$\begin{array}{c}\text{COO}\sim\text{Ⓟ}\\ |\\ \text{H}-\text{C}-\text{OH}\\ |\\ \text{CH}_2\text{OⓅ}\end{array} + \text{ADP} \xrightleftharpoons[\text{磷酸甘油酸激酶}]{} \text{ATP} + \begin{array}{c}\text{COOH}\\ |\\ \text{H}-\text{C}-\text{OH}\\ |\\ \text{CH}_2\text{OⓅ}\end{array}$$

1,3-二磷酸甘油酸　　　　3-磷酸甘油酸

2. 磷酸烯醇式丙酮酸在酶催化下把~Ⓟ转移给 ADP，生成 ATP。

$$\begin{array}{c}\text{COOH}\\ |\\ \text{C}-\text{O}\sim\text{Ⓟ}\\ \|\\ \text{CH}_2\end{array} + \text{ADP} \xrightarrow[\text{丙酮酸激酶}]{} \text{ATP} + \begin{array}{c}\text{COOH}\\ |\\ \text{C}=\text{O}\\ |\\ \text{CH}_3\end{array}$$

磷酸烯醇式丙酮酸　　　　丙酮酸

3. 琥珀酰辅酶 A 在酶催化下使 GDP 生成 GTP。

$$\begin{array}{c}\text{SCoA}\\ |\\ \text{C}=\text{O}\\ |\\ \text{CH}_2\\ |\\ \text{CH}_2\\ |\\ \text{COOH}\end{array} + \text{Pi} + \text{GDP} \xrightleftharpoons[\text{琥珀酰辅酶A合成酶}]{} \text{GTP} + \text{CoASH} + \begin{array}{c}\text{COOH}\\ |\\ \text{CH}_2\\ |\\ \text{CH}_2\\ |\\ \text{COOH}\end{array}$$

琥珀酰辅酶A　　　　琥珀酸

（三）氧化磷酸化

在生物氧化过程中，代谢物脱下的 2H 经呼吸链氧化生成水时，所释放的能量能够驱动 ADP 磷酸化生成 ATP：$\text{ADP}+\text{Pi}\rightarrow\text{ATP}+H_2O$。即该物质氧化释放出的能量偶联 ADP 磷酸化生成 ATP 而将能量储存起来的过程，称为氧化磷酸化（oxidative phosphorylation）。这是细胞内 ATP 生成的主要方式，约占 ATP 生成总数的 80%，是维持生命活动所需要能量的主要来源。

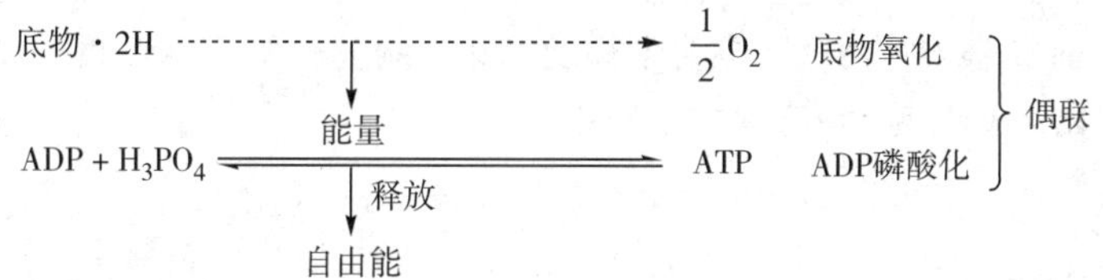

1. 氧化磷酸化的偶联部位　呼吸链中电子传递与 ATP 合成相偶联的部位，主要依据以下研究结果确定。

（1）P/O 比值　P/O 比值是指氧化磷酸化过程中，每消耗 1 摩尔氧原子（即 1/2 摩尔 O_2）所消耗的无机磷摩尔数，即生成 ATP 的摩尔数。研究氧化磷酸化最常用的方法是测定线粒体的无机磷（P）和氧（$1/2O_2$）的消耗量。将不同的底物、ADP、H_3PO_4、Mg^{2+}和分离到的线粒体在体外模拟细胞质的环境中进行孵育反应，发现在消耗氧气的同时也消耗了一定数量的无机磷，分别测定氧（$1/2O_2$）和无机磷（P）的消耗量，即可计算出不同底物的 P/O 比值（表 5-3）。

表 5-3　体外不同底物的 P/O 比值

底物	呼吸链传递过程	P/O 比值	ATP 生成数目
羟丁酸	$NAD^+ \rightarrow FMN \rightarrow Q \rightarrow Cyt \rightarrow O_2$	2.5	2.5
琥珀酸	$FAD \rightarrow Q \rightarrow Cyt \rightarrow O_2$	1.5	1.5
抗坏血酸	Cyt *c*→Cyt $aa_3 \rightarrow O_2$	1	1
Cyt *c*（Fe^{2+}）	Cyt $aa_3 \rightarrow O_2$	1	1

通过 P/O 比值实验，可以测得 NADH 氧化呼吸链 P/O 比值为 2.5，$FADH_2$ 氧化呼吸链 P/O 比值为 1.5，即每传递一对电子，NADH 氧化呼吸链生成 2.5 个 ATP，而琥珀酸氧化呼吸链生成 1.5 分子 ATP。通过不同底物 P/O 比值的测定，可以确定复合体Ⅰ、Ⅲ、Ⅳ是氧化磷酸化的偶联部位（图 5-5）。

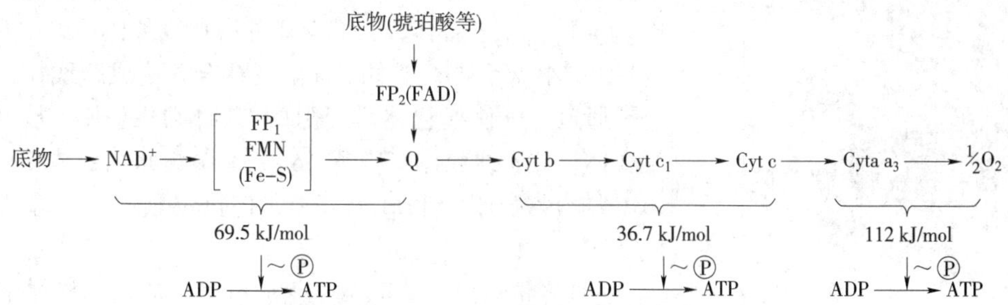

图 5-5　呼吸链中氧化磷酸化偶联的部位

（2）自由能变化　自由能变化测定实验进一步证实了上述氧化磷酸化的偶联部位。呼吸链中有 3 个阶段有较大的氧化还原电位差（$\Delta E^{\ominus\prime}$）和标准自由能变（$\Delta G^{\ominus\prime}$），而生成每摩尔 ATP 约需能 30.5kJ，所以这三个阶段释放的自由能均足以推动合成 ATP（表 5-4）。

表 5-4　呼吸链标准氧化还原电位差和标准自由能变

三个阶段	NADH→Q	cyt*b* → cytc	Cyt $aa_3 \rightarrow O_2$
$\Delta E^{\ominus\prime}$（V）	0.36	0.18	0.53
$\Delta G^{\ominus\prime}$（kJ/mol）	-69.5	-36.7	-112

2. 氧化磷酸化偶联的机制　在传递电子过程中，氧化与磷酸化是如何通过呼吸链偶联的？1961 年，P. Mitchell 提出化学渗透学说（chemiosmotic theory）较好地阐释了氧化磷酸化偶联机制（图 5-6）。该学

说认为：在呼吸链中，电子传递释放的能量驱动 H^+ 跨过线粒体内膜转移至膜间隙侧，形成跨线粒体内膜的 H^+ 浓度差和电位差，即跨线粒体内膜的电化学梯度，储存能量。当 H^+ 顺浓度梯度回流至线粒体基质中时，释放能量驱动磷酸化，ADP 与 Pi 结合生成 ATP。

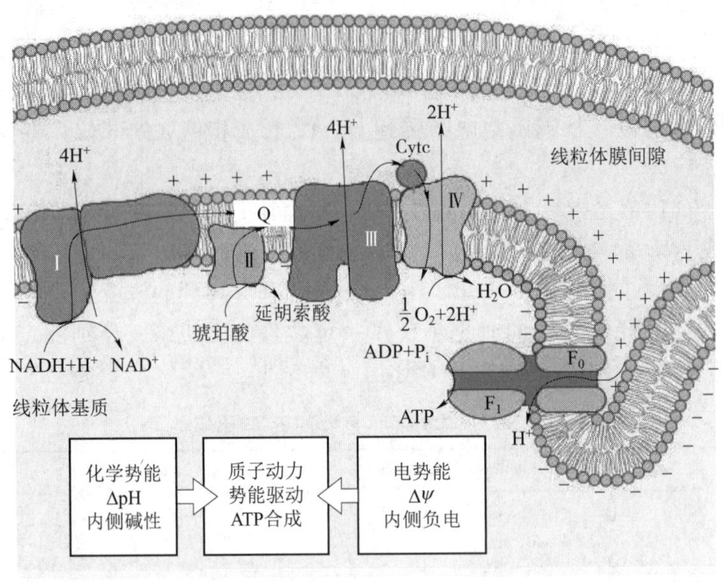

图 5-6　化学渗透机制示意图

3. 氧化磷酸化合成 ATP 的机制

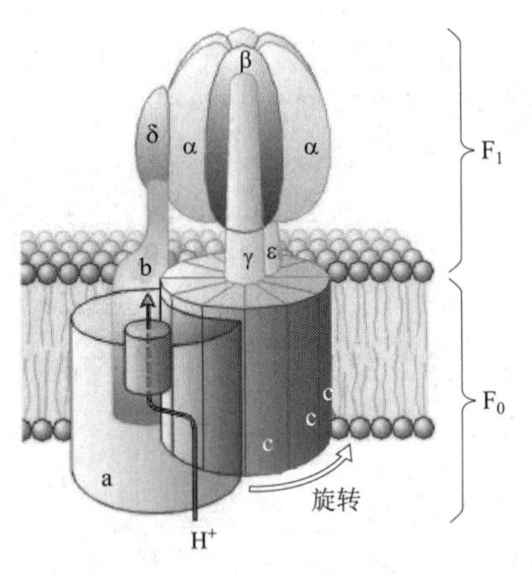

图 5-7　ATP 合酶示意图

（1）ATP 合酶　ATP 合酶存在于真核生物线粒体内膜或原核生物质膜上，由疏水的 F_0 亚基和亲水的 F_1 亚基组成（图 5-7）。F_0 为 $a_1b_2c_{10\sim12}$ 复合体，大部分亚基嵌在线粒体内膜中，其中 c 亚基呈环形排布，与环外侧的 a 亚基结合并构成跨线粒体内膜的氢离子通道，可使线粒体膜间隙的 H^+ 回流至基质。F_1 为 $\alpha_3\beta_3\gamma\delta\varepsilon$ 复合体，位于线粒体基质侧。$\alpha_3\beta_3$ 呈橘瓣状六聚体结构，ATP 和 ADP 结合点位于 α 和 β 亚基上，催化位点在 β 亚基上，催化合成 ATP。

ATP 合酶的 F_0 和 F_1 亚基组成可旋转的发动机样结构，F_0 的 2 个 b 亚基的亲水端锚定在 F_1 的 α 亚基上，其疏水端与 $\alpha_3\beta_3$ 和 δ 稳固结合，使 a、b_2、$\alpha_3\beta_3$、δ 亚基组成稳定的“定子”部分。F_1 的 γ 亚基上端组成穿过 $\alpha_3\beta_3$ 的中心轴，与 β 亚基疏松结合并影响 β 亚基活性中心构象；γ 与 ε 亚基下端与内膜中的 c 亚基环紧密结合。c 亚基环、γ 和 ε 亚基共同组成“转子”部分（图 5-7）。

（2）ATP 合成机制　1979 年，P. Boyer 等人提出结合变构机制（binding change mechanism）和旋转催化机制（rotational catalysis mechanism）较好地解释了 ATP 合酶的作用机制。

该机制认为 ATP 合酶的 β 亚基有 3 种构象：开放型（O）无活性，与 ATP 结合能力低；疏松型（L）无活性，与 ADP 和 Pi 疏松结合；紧密型（T）有合成 ATP 的活性，可紧密结合 ATP。当 H^+ 顺电化学梯度通过 F_0 的 H^+ 通道时，使 c 亚基环带动 γ 亚基构成的中心轴在由 $\alpha_3\beta_3$ 构成的橘瓣结构内相对转动。在转动过程中，γ 依次与各 αβ 单元相互作用，使其每组 β 亚基活性中心构象发生 O→L→T→O 的循环变化，每个 β 亚基每循环一次合成 1 个 ATP，从活性中心释放 ATP（图 5-8）。ATP 合酶转子循环一周，3 个 β 亚基都完成一次构象循环，合成约 3 个 ATP。Noji 等人通过荧光蛋白标记实验证实了该机制的客观存在。

实验证明，合成1分子ATP需要4个H^+，其中3个氢离子通过ATP合酶的H^+通过回流至线粒体基质，另1个H^+用于转运磷酸盐。因此，每分子NADH经呼吸链传递泵出10分子H^+，约合成2.5（10/4）分子ATP，而琥珀酸脱氢生成2H经$FADH_2$氧化呼吸链泵出$6H^+$，生成1.5（6/4）分子ATP。

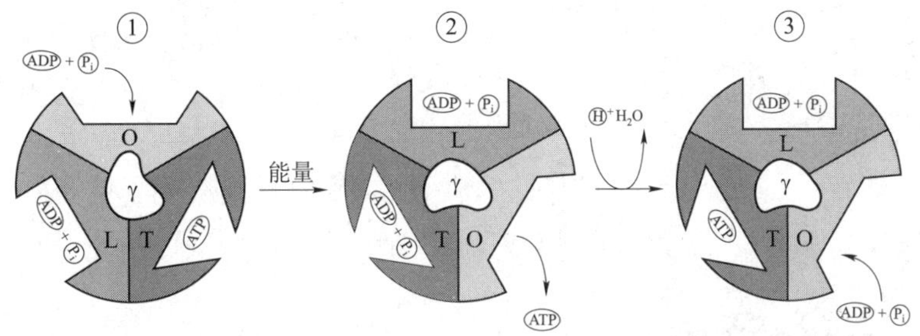

图5-8　ATP合酶示意图

（3）腺苷酸和磷酸的转运　线粒体基质中ATP的连续合成需要将产生于细胞质的ADP源源不断地转运至线粒体基质中，也需要不断地把新合成的ATP从线粒体转运至细胞质中以满足细胞代谢需要。ADP和ATP的转运由位于线粒体内膜上特异的腺苷酸转位酶（adenine nucleotide translocase，ANT）完成。该酶是二聚体蛋白，其分子量约为32kD，又称为ATP-ADP转位酶（ATP-ADP translocase）。其每个亚基都含有6个跨膜的a螺旋，形成跨膜通道，将膜间隙的ADP^{3-}（ADP电离）转运至线粒体基质，同时将基质中等量的ATP^{4-}转运至膜间隙，保持线粒体内外腺苷酸水平的平衡。该酶在线粒体内膜上含量丰富，可占内膜总蛋白量的14%，因此，腺苷酸跨内膜转运不是ATP合成的限速步骤。

磷酸盐转运蛋白是氧化磷酸化的另一个重要转运蛋白，其作用是将细胞质中的H^+和$H_2PO_4^-$以1∶1的比例同向转运至线粒体基质。

三、ATP的生成与利用

ATP是生物体内最重要的高能化合物，主要由糖、脂肪、蛋白质等物质的生物氧化合成。物质分解代谢释放的能量必须转化为ATP的形式才能被机体的各种生理活动利用。

$$ATP + H_2O \longrightarrow ADP + H_3PO_4 + 能量$$

生理条件下，ATP分子不能在细胞中储存。当ATP供应充足时，ATP的~Ⓟ可转移给肌酸（creatine，C）生成磷酸肌酸（creatine phosphate，CP），ATP所携带的能量以磷酸肌酸的形式储存；当机体ATP缺乏时，磷酸肌酸可将~Ⓟ转移给ADP生成ATP，以供机体需要。该过程主要发生在ATP迅速消耗的组织细胞，如骨骼肌、肌肉和脑等，用于维持该组织内ATP水平。

$$\underset{肌酸}{HOOC{-}CH_2{-}\overset{\overset{H_3C}{|}}{N}{-}\overset{\overset{NH}{\|}}{C}{-}NH_2} + ATP \xrightleftharpoons[肌酸激酶]{} \underset{磷酸肌酸}{HOOC{-}CH_2{-}\overset{\overset{H_3C}{|}}{N}{-}\overset{\overset{NH}{\|}}{C}{-}NH{\sim}PO_3H_2} + ADP$$

除此之外，细胞中还存在有腺苷酸激酶，可催化AMP、ADP和ATP间相互转化，以调节机体对能量的需求。

$$ATP + AMP \xrightleftharpoons[腺苷酸激酶]{} 2ADP$$

另外，生物体内糖原、磷脂、蛋白质等合成时需要UTP、CTP、GTP的生成和补充，都有赖于ATP。

$$NMP + ATP \rightleftharpoons NDP + ADP \qquad NDP + ATP \rightleftharpoons NTP + ADP$$

综上所述，生物体内能量的利用、转移和储存都是以ATP为中心的，营养物质生物氧化合成ATP，生命活动利用ATP，ATP的合成与利用构成ATP循环，ATP循环是能量代谢的核心（图5-9）。

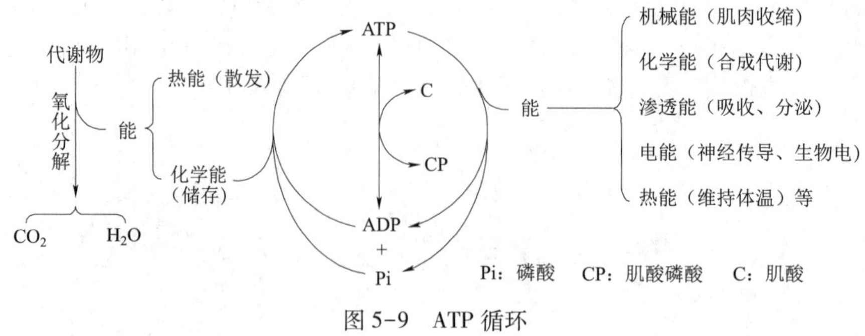

图 5-9　ATP 循环

四、影响氧化磷酸化的因素

氧化磷酸化在分子水平主要受以下因素影响。

1. ADP　氧化磷酸化的速率主要受 ADP 的调节。运动状态下机体 ATP 消耗增加，ADP 浓度升高，转运进入线粒体后氧化磷酸化速度加快；反之，静止状态下机体耗能少，ATP 较多，ADP 不足，使氧化磷酸化速度减慢。这种调节作用可使 ATP 的生成速度适应生理需要。此外，ADP 浓度较高时可加快糖酵解与三羧酸循环的速率，生成足够多的 NADH 和 $FADH_2$，以满足氧化磷酸化的需求。而 ATP 浓度较高时，降低糖酵解与三羧酸循环的速率，使相关产能途径协调进行。

2. 呼吸链抑制剂　呼吸链抑制剂（respiratory chain inhibitor）能够在特定部位阻断呼吸链中的电子传递，从而阻断氧化磷酸化的进行。例如镇静催眠药异戊巴比妥、杀虫剂鱼藤酮、麻醉药阿米妥都能与复合体Ⅰ中的铁硫蛋白结合，从而阻断电子传递；杀菌剂萎锈灵是复合体Ⅱ的抑制剂；抗霉素 A、黏噻唑菌醇主要作用于复合体Ⅲ；而氰化物（CN^-）、叠氮化物（N^{3-}）、CO 和 H_2S 等则是复合体Ⅳ的抑制剂，对呼吸链的电子传递均有选择性阻断作用，使细胞呼吸作用停止，即使此时供氧充足，也不能被细胞利用。如在城市火灾事故中，室内装饰材料燃烧时释放的 CN^- 和 CO 会造成人双重中毒，导致细胞代谢障碍，甚至危及生命（图 5-10）。

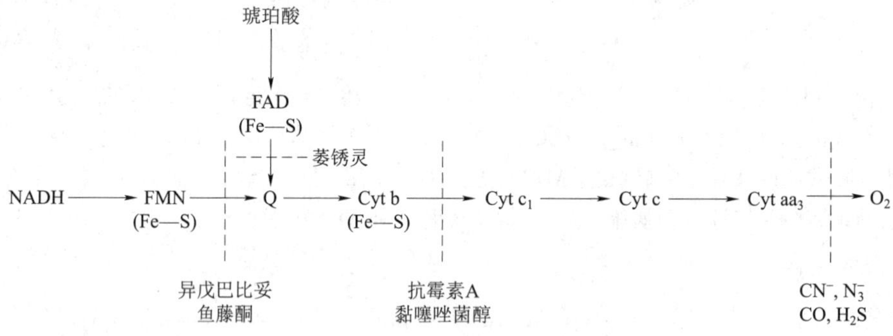

图 5-10　几种呼吸链抑制剂的作用部位

3. 解偶联剂　解偶联剂（uncoupler）能使氧化与磷酸化之间的偶联过程脱离，其作用机制是使 H^+ 不经过 ATP 合酶的 H^+ 通道回流，从而使电化学梯度中储存的能量以热能形式散发而无 ATP 生成。2,4-二硝基苯酚（2,4-dinitrophenol，DNP）是一种强解偶联剂，为小分子脂溶性化合物，在线粒体内膜自由移动，在膜间隙侧与 H^+ 结合，到基质侧释放 H^+，破坏跨线粒体内膜的电化学梯度。此时，呼吸链的电子传递虽然照常进行，但 ADP 不能磷酸化生成 ATP。

$$NO_2{-}C_6H_3(NO_2){-}O^- + H^+ \rightleftharpoons NO_2{-}C_6H_3(NO_2){-}OH$$

人体（特别是新生儿）或冬眠哺乳动物体内棕色脂肪组织的线粒体内膜存在大量的解偶联蛋白（uncoupling protein，UCP），构成跨线粒体内膜的氢离子通道，H^+通过通道回流至线粒体基质。目前发现有五种同源蛋白 $UCP_{1\sim5}$。UCP_1 与非震颤性产热有关，主要调节体温。UCP_2 组织分布广泛，其解偶联机制类似于 UCP_1，但释放的能量没有转化为热能，而是用于清除线粒体内的活性氧（reactive oxygen species，ROS），可能在抗感染、免疫调节、细胞凋亡和老化以及脂肪肝等与氧化损伤相关的病理生理过程中发挥重要的作用。UCP_3 主要存在骨骼肌中，与能量代谢的调节有关。UCP_4 和 UCP_5特异在脑组织中高表达，推测其作用可能也与体温调节、能量代谢以及自由基的产生有关。UCP 的含量和活性受多种因素的影响，而游离脂肪酸作为 UCP 的激动剂，能提高 UCP 的解偶联能力。

新生儿硬肿症（neonatal scleredema）常由寒冷损伤、感染等因素引起的一种综合征，以皮下脂肪硬化和水肿为特征，多发生在寒冷季节，严重者会出现多脏器功能损伤而危及生命。此病就是由于新生儿体内缺乏棕色脂肪组织，不能维持正常体温而使皮下脂肪组织凝固所致。

4. 甲状腺激素　正常机体细胞高钾低钠的内环境是由 Na^+,K^+-ATP 酶维持的，为此会消耗细胞内总 ATP 的 1/3，神经元细胞会更高。除脑组织外，甲状腺激素可诱导许多组织细胞膜上 Na^+,K^+-ATP 酶的生成，使 ATP 分解加速，ADP 浓度升高，转运进入线粒体后氧化磷酸化也随之加速，促进营养物质的氧化分解，使产能与产热均增加。此外，甲状腺激素还可以诱导解偶联蛋白基因表达，使其解偶联作用增强。因此，临床上甲状腺功能亢进的患者常出现基础代谢率升高、怕热、易出汗等症状。

5. 线粒体 DNA 突变　线粒体 DNA（mitochondrial DNA，mtDNA）编码呼吸链复合体中 13 条多肽链，以及 22 个线粒体 tRNA 和 2 个 rRNA。

mtDNA 为裸露环状结构，缺乏组蛋白保护和 DNA 损伤修复系统。氧化磷酸化过程产生的氧自由基对 mtDNA 的损伤是其发生突变主要诱因，使其突变率约为核基因的 10~20 倍。线粒体 DNA 突变导致氧化磷酸化功能障碍和能量代谢失常，引起细胞结构、功能的病理改变。机体不同组织和器官对 ATP 的需求不同，因此不同的线粒体突变类型会导致不同的疾病，但多是耗能较多的部位发病，如神经系统、生殖系统等。随着年龄增长，线粒体发生严重缺陷的概率在增加，帕金森病、阿尔茨海默病等退行性疾病的发病率也随之上升。

案例解析

【案例】 患者，男，37 岁。无明显诱因出现腰背部、胸壁及四肢疼痛 7 个月，治疗无效，入院。四肢麻木、肌张力减弱，日常生活需要一定的帮助。不久，患者夜间心率逐渐增至 165 次/分，呼吸急促 30 次/分，血压 95/60mmHg，意识淡漠，经气管插管机械通气治疗。10 天后呼吸机脱机、拔除气管插管。根据脑电图、肌电图、头颅磁共振成像、血乳酸等检查，诊断为“线粒体肌病”。

【解析】 mtDNA 裸露，无组蛋白保护，缺乏有效的修复系统，易突变，且为母系遗传，故不能重新修复，致突变会沿母系连续积累而致病。线粒体病临床表现多样，可累及骨骼肌、神经、肝、心、肾、内分泌等多个脏器和系统。其中，线粒体肌病患者死因中 75% 是心源性因素，主要包括心律失常和心力衰竭引起的猝死。部分线粒体肌病患者可由于体内突变线粒体 DNA 比例变化，转为线粒体脑肌病（MELAS 综合征）。

线粒体肌病和线粒体脑肌病的发生主要与 mtDNA 的 A3243G、A8344G、T8993G、T8993C、T3271C 及 T9176C 等位点突变有关。MELAS 患者中 80% 是由线粒体 DNA 第 3243 位点发生 A-G 的点突变（A3243G）所致。

知识拓展

阿尔茨海默病与线粒体 DNA 损伤

阿尔茨海默病（Alzheimer's disease，AD）是指原发性老年性痴呆，是老年期痴呆中最常见的类型。研究发现，患者脑组织神经细胞的线粒体损伤是导致 AD 的重要因素之一。

线粒体膜上含有许多重要的功能蛋白，如呼吸链电子传递体系、氧化磷酸化体系等。线粒体 DNA 由于缺乏修复机制及蛋白的保护作用，极易遭受自由基损伤，导致由 mtDNA 编码的蛋白分子发生变化，破坏膜蛋白的结构与功能，降低能量的产生与供给，进一步加速衰老进程或引发多种衰老相关性疾病。阿尔茨海默病（AD）患者脑中线粒体细胞色素氧化酶基因 DNA 片段丢失现象较为常见，使线粒体细胞色素 C 氧化酶和腺苷三磷酸酶的活力均明显下降，导致呼吸链电子传递和氧化磷酸化缺陷，从而影响能量的产生与供给。因此，能量代谢障碍引起的供能不足是 AD 发病的重要危险因素。

第三节　细胞质 NADH 的转运及氧化

PPT

线粒体是双层膜细胞器，外膜对物质的通透性高、选择性低，内膜则与之相反。线粒体内膜含有与代谢转运相关的转运蛋白体系，对各种物质进行选择性运输（表 5-5）。前面已经介绍了腺苷酸和磷酸的转运，本节重点探讨与能量代谢密切相关的 NADH 的转运。

表 5-5　线粒体内膜的某些转运蛋白对代谢物的转运

转运蛋白	进入线粒体	出线粒体
ATP-ADP 转位酶	ADP^{3-}	ATP^{4-}
磷酸盐转运蛋白	$H_2PO_4^-+H^+$	
二羧酸转运蛋白	HPO_4^{3-}	苹果酸
苹果酸-α-酮戊二酸转运蛋白	苹果酸	α-酮戊二酸
天冬氨酸-谷氨酸转运蛋白	谷氨酸	天冬氨酸
单羧酸转运蛋白	丙酮酸	OH^-
三羧酸转运蛋白	苹果酸	柠檬酸
碱性氨基酸转运蛋白	鸟氨酸	瓜氨酸
肉碱转运蛋白	脂酰肉碱	肉碱

呼吸链的入口在线粒体内，营养物质的某些脱氢反应发生在细胞质中，产生的 NADH 不能自由透过线粒体内膜，其氢原子的传递是通过特定转运途径送入呼吸链的，已经阐明的转运途径有 3-磷酸甘油穿梭和苹果酸-天冬氨酸穿梭两种。

一、3-磷酸甘油穿梭

微课

3-磷酸甘油穿梭（3-glycerophosphate shuttle）主要发生在脑和骨骼肌等组织，细胞质中 $NADH+H^+$ 在 3-磷酸甘油脱氢酶催化下，将磷酸二羟丙酮还原成 3-磷酸甘油。3-磷酸甘油可以通过线粒体外膜进入膜间隙，在内膜胞质侧，由以 FAD 为辅基的 3-磷酸甘油脱氢酶催化脱氢，生成磷酸二羟丙酮和 $FADH_2$，前者又回到胞质中继续穿梭，而 $FADH_2$ 携带的 2H 则进入琥珀酸氧化呼吸链，生成 1.5 个 ATP 分子(图 5-11)。

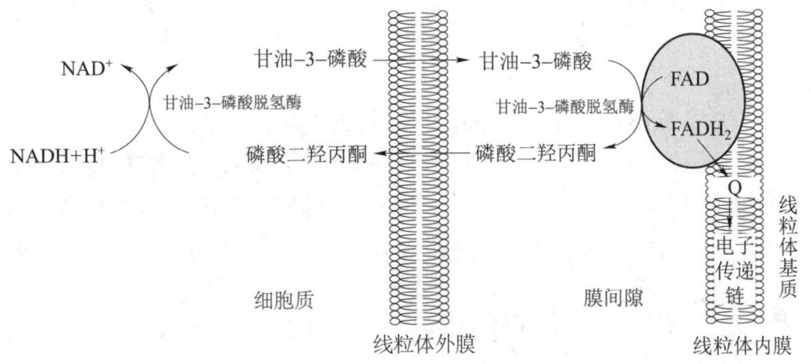

图 5-11　3-磷酸甘油穿梭

因此，在脑、骨骼肌等组织的糖有氧氧化过程中，由 3-磷酸甘油醛脱氢产生的 NADH 通过 3-磷酸甘油穿梭进入线粒体，传递给 FAD 生成 $FADH_2$，后者进入琥珀酸氧化呼吸链。此时，1 分子葡萄糖彻底氧化可生成约 30 分子 ATP。

二、苹果酸-天冬氨酸穿梭

苹果酸-天冬氨酸穿梭（malate-aspartate shuttle）在肝脏和心肌等组织中较活跃，有 2 种转运蛋白和 2 种酶协同参与。细胞质中 $NADH+H^+$在苹果酸脱氢酶催化下，将氢原子传递给草酰乙酸生成苹果酸。苹果酸通过线粒体内膜上的苹果酸-α-酮戊二酸转运蛋白进入线粒体基质，并在苹果酸脱氢酶的催化下脱氢重新生成草酰乙酸和 $NADH+H^+$，后者进入 NADH 氧化呼吸链，生成 2.5 个 ATP 分子。线粒体内生成的草酰乙酸不能自由透过线粒体内膜，而是在谷氨酸的协助下经天冬氨酸氨基转移酶催化生成天冬氨酸，后者再经天冬氨酸-谷氨酸转运蛋白转运出线粒体，在胞质中经天冬氨酸氨基转移酶催化再转变成草酰乙酸继续穿梭（图 5-12）。

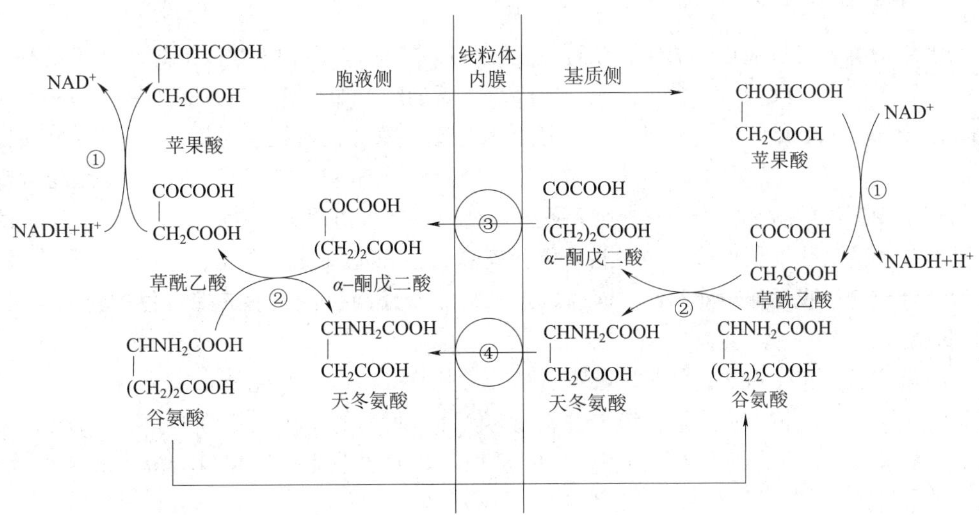

图 5-12　苹果酸-天冬氨酸穿梭

①苹果酸脱氢酶；②谷草转氨酶；③苹果酸-α-酮戊二酸转运蛋白；④天冬氨酸-谷氨酸转运蛋白

因此，在心肌和肝组织内糖的有氧氧化过程中，由胞质内 3-磷酸甘油醛脱氢产生的 NADH 可通过苹果酸-天冬氨酸穿梭机制进入线粒体氧化。此时，1 分子葡萄糖彻底氧化可生成约 32 分子 ATP。

PPT

第四节　非线粒体氧化体系

生物氧化过程主要在线粒体内进行，但线粒体外也有其他的氧化体系，统称为非线粒体氧化体系（non-mitochondrial redox reaction system），其中以微粒体和过氧化物酶体氧化体系最为重要。其特点是水的生成不经过呼吸链电子传递，氧化过程也无 ATP 的生成，所以不属于生物氧化，但与过氧化氢、类固醇和儿茶酚胺类化合物以及药物和毒物等的代谢都有密切关系，是生物转化作用的重要场所。

一、细胞色素 P450

细胞色素 P450 是以血红素为辅基，相对分子质量为 50kDa 的单链蛋白质家族，存在于多种细胞器，以微粒体含量最高。因其还原态与 CO 结合后在波长 450nm 处有最大吸收峰而得名。

Cyt P450 催化反应过程涉及多个步骤，主要反应是通过电子传递系统将氧分子还原，并将其中一个氧原子加到底物（RH）中，反应需 NADPH。其作用机制比较复杂（详见第十七章），但总反应可以表示为：

$$RH + NADPH + H^+ + O_2 \longrightarrow ROH + NADP^+ + H_2O$$

该酶系可羟化许多脂溶性药物或毒物，从而参与体内类固醇激素、胆汁酸、儿茶酚胺的合成，以及维生素 D 的活化等生物转化。

真核生物和原核生物中已经发现 500 多种 Cyt P450 基因，根据结构可分为 74 个家族，其中 20 个家族已经完成基因组定位。目前，Cyt P450 基因多态性的研究备受重视，因其分布具有种属、个体、组织、器官的差异性，会出现同一物质在不同个体内代谢会产生不同产物，导致代谢异常及疾病，还会出现因个体对药物和毒物的代谢物不同而表现对药物或毒物的敏感性不同。因此，研究 Cyt P450 基因多态性及其催化反应的特点，对于实现临床个体化用药，降低药物不良反应，避免接触敏感性有毒物质具有重要意义。

二、过氧化氢酶和过氧化物酶

人体许多组织都含有过氧化物酶体。在过氧化物酶体中既含有多种催化生成过氧化氢的酶，如 D-氨基酸氧化酶、黄嘌呤氧化酶等，也含有催化分解过氧化氢的酶，如过氧化氢酶和过氧化物酶等。

1. 过氧化氢酶（catalase） 体内能催化生成过氧化氢的酶，以血红素为辅基，可直接将从底物得到的 2H 交给 O_2 生成 H_2O_2。适量的 H_2O_2 对机体无害，并有一定的生理功能，如在粒细胞与吞噬细胞中，它可杀死入侵细菌；甲状腺细胞中，它参与酪氨酸碘化反应，促进生成甲状腺激素等。但过量的 H_2O_2 是有毒的，具有强烈的氧化损伤作用，如它能氧化含巯基的酶和蛋白质，造成生物膜结构异常及膜的流动性下降、通透性改变、膜运输功能紊乱。同时，过氧化脂质还与蛋白质形成棕褐色的色素颗粒，即脂褐素，与细胞的衰老有关。

过氧化氢酶广泛分布于血液、骨髓、黏膜、肾脏及肝脏等组织，其化学本质为含有 4 个血红素辅基的蛋白质，是过氧化物酶体的标志酶，约占过氧化物酶体总蛋白的 40%，其功能有二：①分解 H_2O_2 效率极高，因此，在正常情况下体内不会发生 H_2O_2 的蓄积；②通过催化过氧化氢与醛、醇和酚等化合物反应，参与生物转化。

$$2H_2O_2 \longrightarrow 2H_2O+O_2 \qquad H_2O_2+RH_2 \longrightarrow R+2H_2O$$

2. 过氧化物酶（peroxidase） 分布在乳汁、白细胞、血小板等体液或细胞中，该酶的辅基亦为血红素，以 H_2O_2 为电子受体催化底物氧化的酶，它催化 H_2O_2 直接氧化酚类或胺类化合物，如谷胱甘肽过氧化物酶、嗜酸性粒细胞过氧化物酶和甲状腺过氧化物酶等。具有消除过氧化氢和酚类、胺类毒性的双重作用，反应如下。

$$R+H_2O_2 \longrightarrow RO+H_2O \quad 或 \quad RH_2+H_2O_2 \longrightarrow R+2H_2O$$

临床诊断中观察粪便中有无隐血，就是利用红细胞中含有过氧化物酶的活性，将联苯胺氧化成蓝色化合物。

三、超氧化物歧化酶

组织中广泛存在着能清除超氧阴离子（O_2^-）的超氧化物歧化酶（superoxide dismutase，SOD），是一种金属酶，能催化超氧阴离子自由基歧化生成 O_2 和 H_2O_2，后者可被活性极高的过氧化氢酶进一步分解。

$$2O_2^- +2H^+ \xrightarrow{SOD} H_2O_2+O_2$$

超氧阴离子自由基（superoxide anion，O_2^-）是氧分子单电子还原产生的阴离子自由基，如超氧阴离子（O_2^-）、羟自由基（·OH）等。细胞内生成自由基的途径有多种，如呼吸链传递电子时，通常末端每个 O_2 需接受 4 个电子才能完全还原成氧离子，进而生成水。如果还原过程中只加入一个电子，就形成 O_2^-（占呼吸链耗氧的 1%～4%）。

自由基性质活泼，氧化作用极为强烈，故对机体危害很大。它们可以破坏生物膜，引起蛋白质变性交联，使酶与激素失活，免疫功能下降，核酸结构破坏并可诱导多种疾病。体内自由基在不断产生时，通过上述反应也在不断被清除，从而修复受损细胞，复原自由基对机体造成的损伤。

根据活性中心的金属离子不同，将 SOD 分为 3 种。真核生物有两种，均为四聚体金属蛋白：一种称为 Cu/Zn-SOD，每个亚基含有 Cu^{2+} 和 Zn^{2+} 作为辅基；另一种称为 Mn-SOD，存于线粒体中。此外，大多数真核藻类在其叶绿体基质中还存在 Fe-SOD。SOD 基因表达异常与很多疾病的发生、发展密切相关，例如 Cu/Zn-SOD 基因缺陷，导致体内 O_2^- 不能及时清除而损伤神经元，可引起肌萎缩性侧索硬化症。

生物氧化分解营养物质，给生命活动提供能量。生物氧化过程分 3 个阶段：①营养物质氧化生成乙酰辅酶 A；②乙酰辅酶 A 进入三羧酸循环，生成 CO_2；③前两阶段生成的 NADH 和 $FADH_2$ 经呼吸链传递给 O_2 生成水，并释放能量合成 ATP。

生物氧化中 CO_2 生成方式是有机酸脱羧，包括单纯脱羧、氧化脱羧、α-脱羧和 β-脱羧。底物氧化方式包括脱氢、加氧和失电子。

呼吸链位于真核生物线粒体内膜和原核生物质膜上，其组成成分可分为五大类：黄素蛋白及其辅基（FAD 和 FMN）、铁硫蛋白类、泛醌、细胞色素和铜离子等。除泛醌游离于线粒体内膜中，细胞色素 c 位于线粒体内膜外侧，其他成分组装成 4 种复合体：复合体Ⅰ、Ⅲ和Ⅳ镶嵌在线粒体内膜中，而复合体Ⅱ镶嵌在线粒体内膜的基质侧。

上述成分有序排列构成两条呼吸链：NADH 氧化呼吸链（$NADH+H^+$→复合体Ⅰ→Q→复合体Ⅲ→Cyt c→复合体Ⅳ→$1/2O_2$）和琥珀酸氧化呼吸链（琥珀酸等→复合体Ⅱ→Q→复合体Ⅲ→Cyt c→复合体Ⅳ→$1/2O_2$）。在标准条件下每传递一对电子，NADH 氧化呼吸链合成 2.5 个 ATP；琥珀酸氧化呼吸链合成 1.5 个 ATP。

ATP 是体内最重要的高能化合物，也是最主要的供能物质。体内 ATP 的生成方式有底物水平磷酸化和氧化磷酸化两种，以氧化磷酸化为主。化学渗透学说较好地阐释了氧化磷酸化偶联机制。

氧化磷酸化受 ADP、呼吸链抑制剂、解偶联剂、甲状腺激素、线粒体 DNA 突变等因素的影响。

ATP 循环是体内能量代谢的核心。细胞质 NADH 通过 3-磷酸甘油穿梭和苹果酸-天冬氨酸穿梭进入线粒体呼吸链，P/O 比值分别为 1.5 和 2.5。

非线粒体氧化体系的特点是在氧化过程中不合成 ATP，而是清除体内氧自由基，以及参与过氧化氢、类固醇、儿茶酚胺类化合物、药物和毒物的生物转化。

练 习 题

一、单项选择题

1. 有关生物氧化叙述中错误的是（　　）

A. 三大营养素为能量主要来源　　B. 生物氧化又称组织呼吸或细胞呼吸

C. 物质经生物氧化或体外燃烧产能不相等　　D. 生物氧化中 CO_2 经有机酸脱羧生成

E. 生物氧化中被氧化的物质称供氢体（或供电子体）

2. 呼吸链中的递氢体是（　　）

A. 辅酶 Q　　B. 铁硫蛋白　　C. 细胞色素 a　　D. 细胞色素 b　　E. 细胞色素 c

3. 呼吸链中将电子直接传递给 O_2 的是（　　）

A. 细胞色素 b　　B. 细胞色素 c　　C. 细胞色素 c_1　　D. 细胞色素 aa_3　　E. 细胞色素 p450

4. 两条呼吸链的结合点是（　　）

A. O_2　　B. 细胞色素 aa_3　　C. 复合体Ⅲ　　D. 细胞色素 b　　E. 辅酶 Q

5. 琥珀酸氧化呼吸链成分不包括（　　）

A. FAD　　B. NAD^+　　C. 辅酶 Q　　D. 细胞色素 b　　E. 细胞色素 aa_3

6. NADH 氧化呼吸链的 P/O 比值为（　　）

A. 1　　B. 1.5　　C. 2　　D. 2.5　　E. 3

7. ATP 生成的主要方式是（　　）

A. 肌酸磷酸化　　B. 氧化磷酸化　　C. 糖的磷酸化　　D. 底物水平磷酸化　　E. 有机酸脱羧

8. 呼吸链中不具质子泵功能的是（　　）

A. 复合体Ⅰ　　B. 复合体Ⅱ　　C. 复合体Ⅲ　　D. 复合体Ⅳ　　E. 以上均不具有质子泵功能

9. 机体生命活动的能量直接供应者是（　　）

A. 葡萄糖　　B. 蛋白质　　C. 乙酰辅酶 A　　D. ATP　　E. 脂肪

10. 甲亢患者不会出现（　　）

A. 耗氧增加　　B. ATP 生成增多　　C. ATP 分解减少　　D. ATP 分解增加　　E. 基础代谢率升高

11. 不含血红素的蛋白质是（　　）

A. 细胞色素 P450　　B. 铁硫蛋白　　C. 肌红蛋白　　D. 过氧化物酶　　E. 过氧化氢酶

12. 下列维生素参与构成呼吸链的是（　　）

A. 维生素 A　　B. 维生素 B_1　　C. 维生素 B_2　　D. 维生素 C　　E. 维生素 D

二、思考题

1. 简述生物氧化的特点。
2. 什么是氧化磷酸化？影响氧化磷酸化的因素有哪些？
3. 人体内主要的呼吸链有哪两条？请写出其各成分的排列顺序。

（郑晓珂）

第六章

糖 代 谢

学习导引

1. **掌握** 糖无氧氧化、糖有氧氧化、三羧酸循环、糖异生的概念、关键酶及生理意义；磷酸戊糖途径的关键酶与生理意义；血糖的概念。

2. **熟悉** 糖无氧氧化、糖有氧氧化、糖原的合成与分解、糖异生等基本过程与调节；调节血糖的激素及调节方式；糖代谢各途径的产能、耗能计算；糖代谢异常。

3. **了解** 糖类的消化吸收、乳酸循环、糖原积累病；糖代谢各途径重要的关联物质。

PPT

第一节 概 述

糖类是生物界分布最广、含量最多的有机化合物，也是生物体的主要供能物质。糖类也是机体中许多含碳物质的前体，可转化为多种非糖物质。糖类可与蛋白质、脂质等物质组成糖复合物，具有多种重要的生物学功能。

一、糖的结构与分类

糖类是多羟基醛或多羟基酮及其聚合物或衍生物。早年发现的一些糖分子中氢原子和氧原子间的比例为2∶1，与水分子中氢、氧原子数的比例相同，其分子式可用通式$C_n(H_2O)_m$表示，因此曾被称为碳水化合物（carbohydrate）。但有些糖的分子式并不符合这一通式，如脱氧核糖（deoxyribose，$C_5H_{10}O_4$）、鼠李糖（rhamnose，$C_6H_{12}O_5$）等。而有些符合这一通式的却不具备糖的特征和性质，如乳酸（$C_3H_6O_3$）、醋酸（$C_2H_4O_2$）。因此，“碳水化合物”的名称是不够确切的，只是作为习惯名词，沿用至今。

糖类在生物界中分布极广，几乎所有的动植物、微生物均含有糖类。尤其在植物中含量最高，约占植物干重的80%。人和动物的器官组织中含糖量不超过干重的2%。微生物含糖量占菌体干重的10%~30%，它们以糖或与蛋白质、脂类结合成复合糖的形式存在。根据糖类物质所含糖单位的数目可分成以下三类。

1. 单糖 单糖（monosaccharide）是指不能再水解的糖，是最简单的糖，只含一个多羟基醛或多羟基酮单位。根据分子中碳原子数目，单糖可分为丙糖、丁糖、戊糖和己糖等，自然界中最丰富的单糖是含6个碳原子的葡萄糖（glucose）。另外，根据分子中羰基的特点，单糖又可分为醛糖（aldose）和酮糖（ketose），如葡萄糖是醛糖，而果糖是酮糖。

2. 寡糖 寡糖（oligosaccharide）是由2~9个糖单位通过糖苷键连接形成的短链聚合物。寡糖中最常见的是双糖，由2个糖单位组成。典型的双糖有蔗糖、乳糖等。细胞内含3个以上糖单位的寡糖通常与非糖物质（蛋白质或脂质）形成复合糖（glycoconjugate）存在。

3. 多糖 多糖（polysaccharide）是由9个以上糖单位缩合而成的高分子聚合物。由相同糖单位构成的为同多糖，不同糖单位构成的为杂多糖。多糖与人类生活关系极为密切，其中最重要的多糖是淀粉（starch）、糖原（glycogen）和纤维素（cellulose）等。多糖中有一些与非糖物质结合的糖称为复合糖，如糖蛋白和糖脂。

二、糖的主要生理功能

糖类具有多种重要的生理功能，其主要的生理功能是氧化供能和提供碳源。生命活动需要能量，糖是人体最主要的供能物质。一般情况下，人体所需能量的50%~70%来自糖的氧化分解。1mol葡萄糖完全氧化成为CO_2和H_2O，可释放2840kJ（679kcal）的能量，其中约34%可转化为化学能储存于ATP中，供机体生理活动所需；其余能量则以热能形式释放，用于维持体温。糖也是机体重要的碳源，如糖代谢的某些中间产物可转变为氨基酸、脂肪酸、核苷等非糖化合物。糖还是机体组织细胞的组成成分，参与机体组织的构成，如蛋白聚糖、糖蛋白构成结缔、软骨和骨等组织基质。糖蛋白和糖脂不仅是细胞膜的组成成分，其糖链部分还起着信息分子的作用，参与细胞识别、黏附等多种细胞生理活动。另外，糖的磷酸衍生物可以形成许多重要的生理活性物质，如ATP、NAD^+、FAD等，在物质代谢中发挥重要作用。

PPT

第二节　糖的消化吸收与糖代谢概况

一、糖的消化吸收

人类从食物中摄取的糖主要是植物淀粉和少量动物糖原，以及少量双糖（蔗糖、乳糖、麦芽糖）等。食物中含量最多的糖类是淀粉。由多个葡萄糖单位以α-1,4-糖苷键聚合成直链以及少量α-1,6-糖苷键形成分支。淀粉必须在消化道水解酶作用下水解成葡萄糖才能被小肠吸收。

唾液和胰液中都含有α-淀粉酶（α-amylase），可水解直链淀粉分子内的α-1,4-糖苷键，生成糊精和麦芽糖。因食物在口腔中停留时间很短，所以淀粉的消化主要在小肠进行。在胰液α-淀粉酶作用下，淀粉被水解为麦芽糖、麦芽三糖和含有分支的异麦芽寡糖，以及含有4~9个葡萄糖残基的α-极限糊精。寡糖的进一步消化在小肠黏膜细胞刷状缘进行，α-葡萄糖苷酶（包括麦芽糖酶）水解没有分支的麦芽糖和麦芽三糖，α-极限糊精酶（包括异麦芽糖酶）则水解α-1,4-糖苷键和α-1,6-糖苷键，将α-极限糊精和异麦芽糖水解为葡萄糖。肠黏膜细胞还合成蔗糖酶、乳糖酶，以水解蔗糖、乳糖。另外，食物中含有的大量纤维素，虽因人体内无β-糖苷酶而不能对其分解利用，但却具有刺激肠蠕动、防止便秘等作用，也是维持健康所必需的糖类。

糖类被消化、分解为单糖（主要是葡萄糖）后，才能被小肠吸收，再经门静脉进入肝。小肠黏膜细胞对葡萄糖的吸收是一个主动耗能过程，需要Na^+依赖的葡萄糖转运体（sodium-dependent glucose transporter，SGLT）参与，并伴有Na^+转运。此类葡萄糖转运体，主要存在于小肠黏膜细胞和肾小管上皮细胞。

知识拓展

乳糖不耐症

乳糖是二糖，是乳汁中主要的糖分。乳糖分解主要是小肠上皮细胞外表面的乳糖酶催化，被水解为半乳糖和葡萄糖，随后被机体吸收。婴儿和幼儿都能消化乳糖，但部分人到青年或成年之后，体内乳糖酶活性因为遗传因素几乎消失，致使乳糖不能被完全消化或吸收。乳糖在小肠内有很强的渗透效应，会导致液体内流。此外，大肠内乳糖经细菌作用可转化为有毒物质，导致人体出现腹胀、恶心、腹痛和腹泻等症状，临床上称之为乳糖不耐症。

二、糖代谢概况

人体从食物中消化吸收的单糖主要是葡萄糖，果糖、半乳糖、甘露糖等其他单糖所占比例很小，且主要进入葡萄糖代谢途径中代谢。因此，糖代谢主要指葡萄糖代谢。

葡萄糖经门静脉入肝后，其中一部分在肝内贮存、转化和利用，另一部分经肝静脉进入体循环，供机体各个器官组织代谢利用。葡萄糖需要依赖细胞膜上的葡萄糖转运体（glucose transporter，GLUT）转运才能由血液进入组织细胞。已知的5种GLUT分别在不同的组织细胞中起作用，如GLUT-1主要存在于红细胞、脑、肌和脂肪细胞等，GLUT-2主要存在于肝细胞和胰腺细胞，而GLUT-4主要存在肌肉细胞和脂肪细胞，可限制葡萄糖进入细胞利用的速度。

糖代谢主要是指葡萄糖在体内的一系列复杂的化学反应，主要包括无氧氧化、有氧氧化、磷酸戊糖途径、糖原合成与分解，以及糖异生等途径（图6-1）。葡萄糖在体内的代谢途径取决于机体内组织细胞类型、供氧状况，以及机体对物质和能量的需求。供氧充足时，葡萄糖进行有氧氧化，彻底分解为 CO_2 和 H_2O，而在缺氧时，则通过无氧氧化生成乳酸。此外，葡萄糖也可进入磷酸戊糖途径等进行代谢，发挥不同的生理作用。葡萄糖也可经合成代谢合成糖原，储存在肝组织或肌肉组织中，以便在短期饥饿时补充血糖或分解利用。有些非糖物质如乳酸、丙氨酸等还可经糖异生途径转变为葡萄糖或糖原。

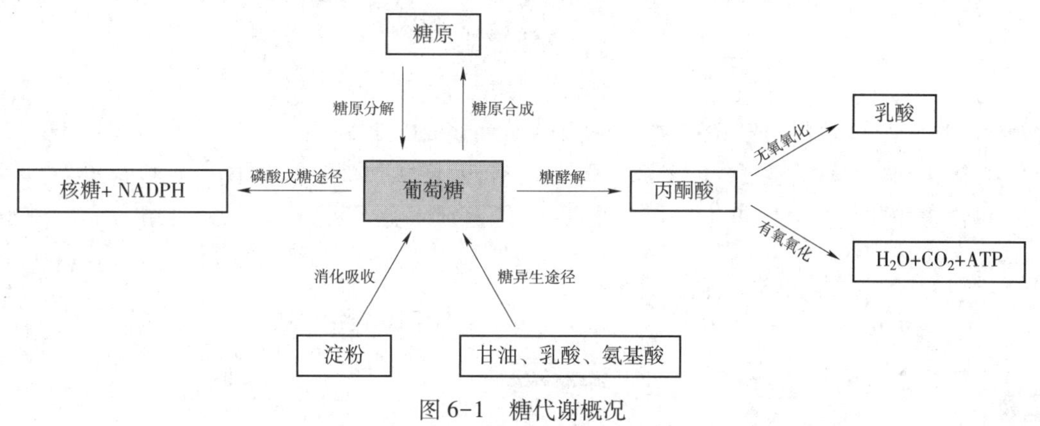

图6-1 糖代谢概况

第三节 糖的分解代谢

糖的分解代谢途径主要包括糖的无氧氧化、有氧氧化和戊糖磷酸途径。

课堂互动

运动员在赛场上与同学们在课堂上听课时，体内的主要供能方式相同吗？为什么？

一、糖的无氧氧化

糖的无氧氧化（anaerobic oxidation of glucose）是指机体在缺氧条件下，葡萄糖在细胞质中逐步分解生成乳酸（lactic acid）并产生少量ATP的过程。该过程分为两个阶段：第一阶段是糖酵解（glycolysis），即一分子葡萄糖在细胞质中分解为两分子丙酮酸（pyruvate），它是葡萄糖无氧氧化和有氧氧化的共同起始途径；第二阶段是丙酮酸还原为乳酸，即在不能利用氧或氧气供应不足时，某些微生物和人体组织将糖酵解生成的丙酮酸进一步还原生成乳酸，也称为乳酸发酵（lactic acid fermentation）。

糖无氧氧化的全部反应在细胞质中进行，共包括11步反应。

（一）糖无氧氧化的反应过程

1. 葡萄糖分解成两分子丙酮酸

（1）葡萄糖磷酸化为葡糖-6-磷酸　葡萄糖进入细胞后，在己糖激酶（hexokinase）催化下葡萄糖磷酸化，生成葡糖-6-磷酸。己糖激酶是糖酵解的第一个关键酶（key enzyme），需要 Mg^{2+} 参与，因有较大自由能释放，所以此反应是不可逆的。葡萄糖经磷酸化后不能自由透出细胞膜，利于糖在细胞中代谢。

若从糖原开始分解，需在糖原磷酸化酶催化下，生成葡糖-1-磷酸，再经变位酶作用生成葡糖-6-磷酸。哺乳类动物体内已发现有4种己糖激酶同工酶（Ⅰ～Ⅳ型），分别有不同反应特性。肝细胞中的葡萄糖激酶（glucokinase）是Ⅳ型同工酶，其特性有：①对葡萄糖亲和力很低，其 K_m 值约为10mmol/L。当餐后肝内葡萄糖浓度很高时，方可催化葡萄糖磷酸化。在低血糖情况下，肝细胞中的葡萄糖激酶不能利用葡萄糖，避免血糖浓度进一步下降。而肝外组织的其他己糖激酶 K_m 值约为0.1mmol/L，对葡萄糖有较高的亲和力。②葡萄糖激酶受激素调控。这些特性使葡萄糖激酶在维持血糖水平过程中起着重要的作用。

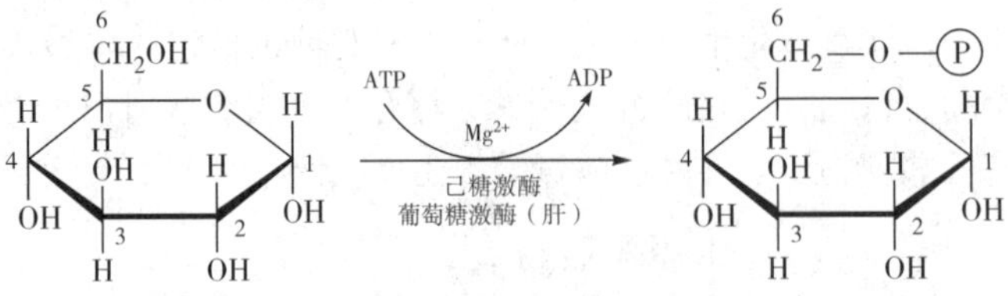

ATP　ADP　Mg^{2+}　己糖激酶　葡萄糖激酶（肝）

葡萄糖　→　葡糖-6-磷酸

葡糖-6-磷酸是重要的中间代谢产物，是多条糖代谢途径的连接点。

（2）葡糖-6-磷酸转化为果糖-6-磷酸　在己糖磷酸异构酶的催化下，葡糖-6-磷酸转变为果糖-6-磷酸（fructose-6-phosphate，F-6-P）。此反应可逆。

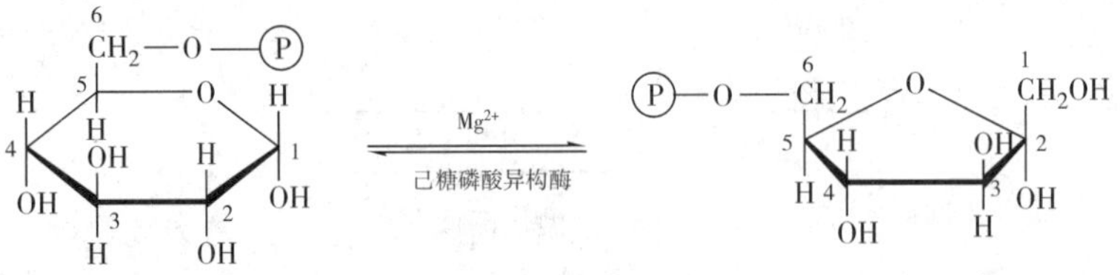

Mg^{2+}　己糖磷酸异构酶

葡糖-6-磷酸　⇌　果糖-6-磷酸

（3）果糖-6-磷酸生成果糖-1,6-二磷酸　果糖-6-磷酸的 C_1 由关键酶果糖-6-磷酸激酶-1（6-phosphofructokinase-1，PFK-1）催化，发生磷酸化，生成果糖-1,6-二磷酸（fructose-1,6-biphosphate，F-1,6-BP），反应不可逆。该反应是糖酵解中消耗ATP的反应，需ATP提供磷酸基和能量，并需 Mg^{2+}。

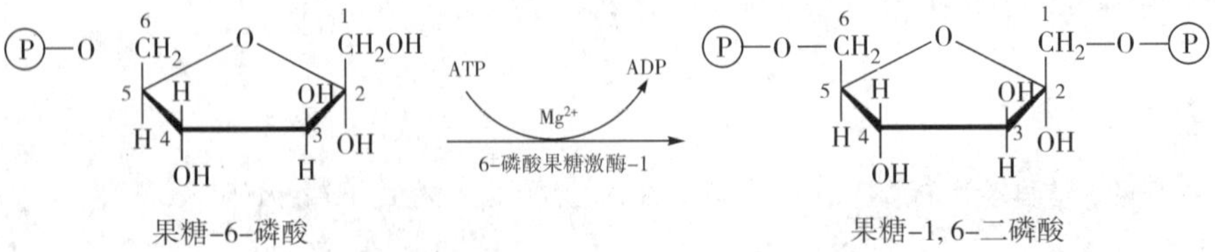

ATP　ADP　Mg^{2+}　6-磷酸果糖激酶-1

果糖-6-磷酸　→　果糖-1,6-二磷酸

（4）果糖-1,6-二磷酸裂解成2分子丙糖磷酸　由醛缩酶（aldolase）催化，果糖-1,6-二磷酸裂解成甘油醛-3-磷酸和磷酸二羟丙酮，反应可逆。

醛缩酶

果糖-1,6-二磷酸　⇌　磷酸二羟丙酮　+　甘油醛-3-磷酸

（5）磷酸二羟丙酮转变为甘油醛-3-磷酸 甘油醛-3-磷酸和磷酸二羟丙酮是同分异构体，在丙糖磷酸异构酶（triose phosphate isomerase）催化下可互相转变。由于甘油醛-3-磷酸生成后，即参与糖酵解的下一步反应，使磷酸二羟丙酮迅速转变为甘油醛-3-磷酸。因此，每分子葡萄糖经糖酵解实际上转化为2分子甘油醛-3-磷酸，再继续代谢。

$CH_2—O—Ⓟ$ / $C=O$ / CH_2OH ⇌（丙糖磷酸异构酶） $O=C—H$ / $C=O$ / $CH_2—O—Ⓟ$

磷酸二羟丙酮　　甘油醛-3-磷酸

上述5步反应为糖酵解的耗能阶段，1分子葡萄糖代谢共消耗2分子ATP，产生2分子甘油醛-3-磷酸。

（6）甘油醛-3-磷酸氧化为甘油酸-1,3-二磷酸 由甘油醛-3-磷酸脱氢酶（glyceraldehyde-3-phosphate dehydrogenase）催化，以NAD^+为辅酶接受氢和电子，甘油醛-3-磷酸氧化为甘油酸-1,3-二磷酸，产生$NADH+H^+$。该反应是糖酵解途径中唯一的脱氢（氧化）步骤，反应需无机磷酸参加，当底物的醛基氧化成羧基后即与磷酸形成混合酸酐，形成高能磷酸化合物，水解后释放大量自由能，可使ADP磷酸化生成ATP。

$O=C—H$ / $C=O$ / $CH_2—O—Ⓟ$ +Pi ⇌（NAD^+ → $NADH+H^+$；甘油醛-3-磷酸脱氢酶） $O=C—O\sim Ⓟ$ / $C=O$ / $CH_2—O—Ⓟ$

甘油醛-3-磷酸　　甘油酸-1, 3-二磷酸

（7）甘油酸-1,3-二磷酸转变成甘油酸-3-磷酸 在磷酸甘油酸激酶（phosphoglycerate kinase）催化下，甘油酸-1,3-二磷酸的高能磷酸基被转移到ADP，生成甘油酸-3-磷酸和ATP，反应需Mg^{2+}参加。该反应糖酵解中首次产生ATP反应。这种与脱氢反应偶联，直接将高能磷酸基团转至ADP，生成ATP的方式，称为底物水平磷酸化（substrate-level phosphorylation）。

$O=C—O\sim Ⓟ$ / $C=O$ / $CH_2—O—Ⓟ$ ⇌（ADP → ATP，Mg^{2+}；磷酸甘油酸激酶） $COOH$ / $C=O$ / $CH_2—O—Ⓟ$

甘油酸-1, 3-二磷酸　　甘油酸-3-磷酸

（8）甘油酸-3-磷酸转变为甘油酸-2-磷酸 由磷酸甘油酸变位酶（phosphoglycerate mutase）催化，Mg^{2+}参与，甘油酸-3-磷酸转变为甘油酸-2-磷酸。

$COOH$ / $C=O$ / $CH_2—O—Ⓟ$ ⇌（Mg^{2+}；磷酸甘油酸变位酶） $COOH$ / $HC—O—Ⓟ$ / $CH_2—OH$

甘油酸-3-磷酸　　甘油酸-2-磷酸

（9）甘油酸-2-磷酸转变成磷酸烯醇丙酮酸 由烯醇化酶（enolase）催化甘油酸-2-磷酸脱水生成磷酸烯醇丙酮酸（phosphoenolpyruvate，PEP）。此反应引起分子内部的电子重排和能量重新分布，形成了含高能磷酸键的磷酸烯醇丙酮酸。

$$\underset{\text{甘油酸-2-磷酸}}{\begin{array}{l}COOH\\ |\\ HC-O-Ⓟ\\ |\\ CH_2-OH\end{array}} \xrightleftharpoons{\text{烯醇化酶}} \underset{\text{磷酸烯醇丙酮酸}}{\begin{array}{l}COOH\\ |\\ C-O\sim Ⓟ\\ \|\\ CH_2\end{array}} + H_2O$$

（10）磷酸烯醇丙酮酸转变成丙酮酸　由关键酶丙酮酸激酶（pyruvate kinase）催化，ADP、K^+和Mg^{2+}参与，磷酸烯醇丙酮酸转化为丙酮酸，并合成 ATP，反应不可逆。这是酵解过程中第二次底物水平磷酸化。

$$\underset{\text{磷酸烯醇丙酮酸}}{\begin{array}{l}COOH\\ |\\ C-O\sim Ⓟ\\ \|\\ CH_2\end{array}} \xrightarrow[\text{丙酮酸激酶}]{ADP \curvearrowright ATP \quad Mg^{2+},\ K^+} \underset{\text{丙酮酸}}{\begin{array}{l}COOH\\ |\\ C=O\\ |\\ CH_3\end{array}}$$

糖酵解的这五步反应属于能量的释放与储存阶段。

2. 丙酮酸还原为乳酸　在无氧或缺氧情况下，经乳酸脱氢酶（lactate dehydrogenase，LDH）催化，由甘油醛-3-磷酸脱氢生成的 NADH+H^+提供氢原子，丙酮酸被还原生成乳酸（lactate），反应可逆。这使糖酵解中生成的 NADH+H^+可不需氧参与重新转变成 NAD^+，使糖酵解过程得以继续运行。在骨骼肌中，反应趋向于乳酸的生成。

$$\underset{\text{丙酮酸}}{\begin{array}{l}COOH\\ |\\ C=O\\ |\\ CH_3\end{array}} \xrightleftharpoons[\text{乳酸脱氢酶}]{NADH+H^+ \curvearrowright NAD^+} \underset{\text{乳酸}}{\begin{array}{c}COOH\\ |\\ H-C-OH\\ |\\ CH_3\end{array}}$$

除葡萄糖外，其他己糖也可转变成磷酸己糖而进入糖酵解。例如，在己糖激酶催化下，果糖转变成果糖-6-磷酸，而甘露糖则先转化为甘露糖-6-磷酸，再异构为果糖-6-磷酸；半乳糖经半乳糖激酶催化生成半乳糖-1-磷酸，再转变为葡糖-1-磷酸，又经变位酶催化生成葡糖-6-磷酸。

糖无氧氧化过程如图 6-2 所示。

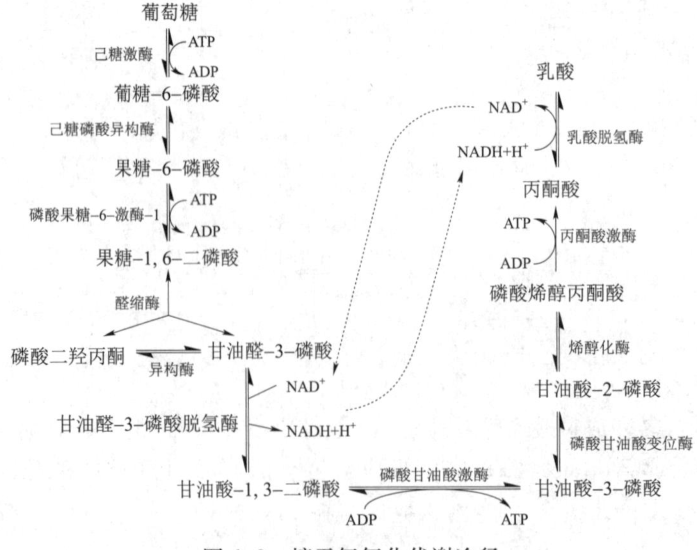

图 6-2　糖无氧氧化代谢途径

（二）糖无氧氧化的能量生成与生理意义

1. 能量生成　糖无氧氧化中1分子甘油醛-3-磷酸经2次底物水平磷酸化，可生成2分子ATP。由于1分子葡萄糖可裂解为2分子甘油醛-3-磷酸，因此1分子葡萄糖经糖酵解共生成4分子ATP，扣除葡萄糖和果糖-6-磷酸在磷酸化时消耗的2分子ATP，净生成2分子ATP。

2. 生理意义　糖无氧氧化是机体在缺氧或剧烈运动时获得能量的主要途径：①肌内ATP含量很低，只要肌肉收缩几秒即可耗尽。剧烈运动时，肌肉组织局部缺氧，因此主要通过无氧氧化来迅速供能。②病理情况下，比如呼吸与循环障碍、大失血、严重感染等因素导致供氧不足时，糖无氧氧化也会加强，而无氧氧化过度可造成乳酸堆积导致乳酸酸中毒。心肌收缩在无氧氧化较弱，故心肌不耐受缺氧。

在有氧情况下，也是某些组织、细胞获得能量的有效方式。成熟红细胞因无线粒体而完全依赖葡萄糖无氧氧化供能。人体红细胞每天利用25～30g葡萄糖，其中约90%经无氧氧化代谢。另外，少数代谢活跃的组织、细胞，即使在有氧条件下也需要无氧氧化提供部分能量，如视网膜、睾丸、神经、白细胞、骨髓等。

糖无氧氧化中间产物是其他物质的合成原料，如磷酸二羟丙酮、丙酮酸等可转化为3-磷酸甘油、丙氨酸等。

（三）糖无氧氧化的调节

在糖无氧氧化中，多数反应是可逆的，而关键酶（key enzyme）己糖激酶、果糖-6-磷酸激酶-1、丙酮酸激酶催化3个不可逆反应。其中果糖-6-磷酸激酶-1的催化活性最低，其活性大小对糖分解代谢的速度起着决定性的作用，是最重要的关键酶。机体通过变构效应剂和激素调节这三个关键酶的活性，以调控糖酵解的代谢速率。

1. 果糖-6-磷酸激酶-1　果糖-6-磷酸激酶-1（6-PFK-1）是四聚体的变构酶，该酶活性受多种变构效应剂的影响，是糖无氧氧化途径最重要的控制步骤。

果糖-6-磷酸激酶-1的变构激活剂有AMP、ADP、F-1,6-BP和F-2,6-BP。ADP、AMP增加时，糖无氧氧化反应速度加快，ATP的生成增多，使糖无氧氧化对细胞能量需要得以应答。ATP和柠檬酸可变构抑制6-PFK-1，ATP作为底物可与酶的活性中心内的催化部位结合，当ATP浓度较高时，ATP与6-PFK-1的调节部位结合，使酶活性丧失，糖无氧氧化反应速度减慢。

果糖-2,6-二磷酸（F-2,6-BP）是果糖-6-磷酸激酶-1最强的变构激活剂，可与AMP一起取消ATP、柠檬酸对6-PFK-1的变构抑制作用。果糖-6-磷酸在果糖-6-磷酸激酶-2的催化下，磷酸化生成果糖-2,6-二磷酸，随后再由果糖二磷酸酶-2（fructose biphosphatase-2）水解，再转变成果糖-6-磷酸（图6-3）。研究发现，果糖-6-磷酸激酶-2和果糖二磷酸酶-2，两者的催化活性均在同一条多肽链上，是一个双功能酶。胰高血糖素通过cAMP-蛋白激酶A信号通路，促进双功能酶ser^{32}磷酸化，使激酶活性减弱，而磷酸酶活性升高，降低果糖-2,6-二磷酸水平，抑制糖无氧氧化。如磷蛋白磷酸酶催化其去磷酸，则作用相反。H^+抑制果糖-6-磷酸激酶-1，当pH显著降低时，H^+离子浓度增高，无氧氧化速率降低。由此可防止在缺氧状态下，产生过量的乳酸而加重酸中毒。

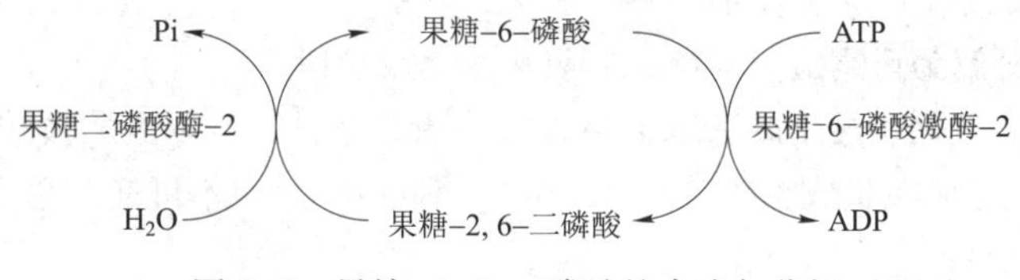

图6-3　果糖-2,6-二磷酸的合成与分解

2. 丙酮酸激酶　丙酮酸激酶是另一个调节点。果糖-1,6-二磷酸是此酶的变构激活剂，而ATP和丙氨酸为变构抑制剂。胰高血糖素可通过cAMP-蛋白激酶A信号通路，使丙酮酸激酶磷酸化失活。

3. 己糖激酶或葡萄糖激酶　己糖激酶受葡糖-6-磷酸反馈抑制。饥饿时，长链脂酰辅酶A对此酶变构抑制，减少组织摄取葡萄糖。肝细胞中葡萄糖激酶分子因不存在葡糖-6-磷酸作用部位，因此，葡萄糖激酶不受葡糖-6-磷酸的影响。胰岛素可诱导葡萄糖激酶基因表达，促进该酶的合成。

糖无氧氧化是体内葡萄糖分解供能的起始阶段，对于大多数组织，特别是骨骼肌来说，其调节目的是为了适应这些组织对能量需求。细胞内 ATP 供应足够时，糖无氧氧化减弱；反之，当 ATP 消耗过多时，果糖-6-磷酸激酶-1 和丙酮酸激酶被激活，无氧氧化加快。

案例解析

【案例】运动员在 400 米短跑比赛前 1 小时、比赛中、比赛后 1 小时的血浆乳酸浓度分别为 25μmol/L、200μmol/L 与 50μmol/L。请解释：

（1）导致血浆乳酸浓度在比赛中迅速升高的原因是什么？

（2）为什么赛后休息状态下血浆乳酸浓度没有降到零？

【解析】（1）剧烈运动时，肌肉组织中氧供应相对不足，糖无氧氧化加强，迅速供能，丙酮酸与 NADH 浓度升高，并在 LDH 催化下迅速转变为乳酸，释放入血，使血浆乳酸浓度迅速升高。

（2）LDH 催化可逆反应，骨骼肌中 LDH 对丙酮酸和 NADH 亲和力较高，使反应平衡趋向于乳酸生成。当正、逆反应平衡时，乳酸浓度不会为零。

二、糖的有氧氧化

微课

在有氧条件下，体内葡萄糖彻底氧化生成 H_2O 和 CO_2 并产生能量的过程称为有氧氧化（aerobic oxidation）。有氧氧化是糖分解供能的主要方式，反应在胞质和线粒体内进行。糖的有氧氧化可概括如图 6-4。

O_2 → O_2 → O_2 → H_2O

葡萄糖 → 葡糖-6-磷酸 → 丙酮酸 → 丙酮酸 → 乙酰CoA → 三羧酸循环 → CO_2（H+e → O_2）

胞质　　线粒体

第一阶段　　第二阶段　　第三阶段

图 6-4　葡萄糖有氧氧化概况

（一）糖的有氧氧化过程

糖的有氧氧化过程大致可分为三个阶段。

1. 葡萄糖经糖酵解分解为丙酮酸　同糖无氧氧化的第一阶段。

2. 丙酮酸进入线粒体氧化脱羧生成乙酰辅酶 A　在有氧条件下，丙酮酸被转运进入线粒体，由丙酮酸脱氢酶复合体催化，氧化脱羧生成乙酰辅酶 A（acetyl CoA），反应不可逆。总反应为：

$$\underset{\text{丙酮酸}}{\begin{matrix}COOH\\|\\C{=}O\\|\\CH_3\end{matrix}} + HSCoA \xrightarrow[\text{丙酮酸脱氢酶复合体}]{NAD^+ \ \to \ NADH+H^+} \underset{\text{乙酰CoA}}{H_3C-\overset{\overset{\displaystyle O}{\|}}{C}\sim SCoA} + CO_2$$

丙酮酸脱氢酶复合体是糖有氧氧化的关键酶，存在于真核细胞线粒体中，由丙酮酸脱氢酶（E_1）、二氢硫辛酸乙酰基转移酶（E_2）和二氢硫辛酸脱氢酶（E_3）三种酶按一定比例组合，并以二氢硫辛酸乙酰基转移酶为核心，形成特定空间结构，可催化不可逆反应。该复合体的辅助因子有硫胺素焦磷酸酯（TPP）、硫辛酸、FAD、NAD^+和辅酶A五种。丙酮酸脱氢酶复合体中的三种酶紧密相连，其中硫辛酸与二氢硫辛酸乙酰基转移酶的赖氨酸ε残基以酰胺键共价结合，形成酶合硫辛酰胺长臂，在各酶活性部位间转移乙酰基，进行连锁反应，极大地提高了催化效率。

丙酮酸脱氢酶复合体催化五步反应（图6-5）：①E_1 催化丙酮酸脱羧释出 CO_2，余下部分与 E_1 的TPP结合，形成羟乙基-TPP；②在 E_2 催化下，羟乙基-TPP的羟乙基被氧化成乙酰基，并被转给硫辛酸，形成乙酰二氢硫辛酸；③E_2 再将乙酰二氢硫辛酸上的乙酰基转移给辅酶A，生成二氢硫辛酸和乙酰辅酶A，后者离开酶复合体；④E_3 催化二氢硫辛酸脱氢氧化，重新生成硫辛酸，以进行下一轮反应；脱下的2H由FAD接受，生成 $FADH_2$；⑤E_3 将 $FADH_2$ 的2H转给 NAD^+，形成 $NADH+H^+$。

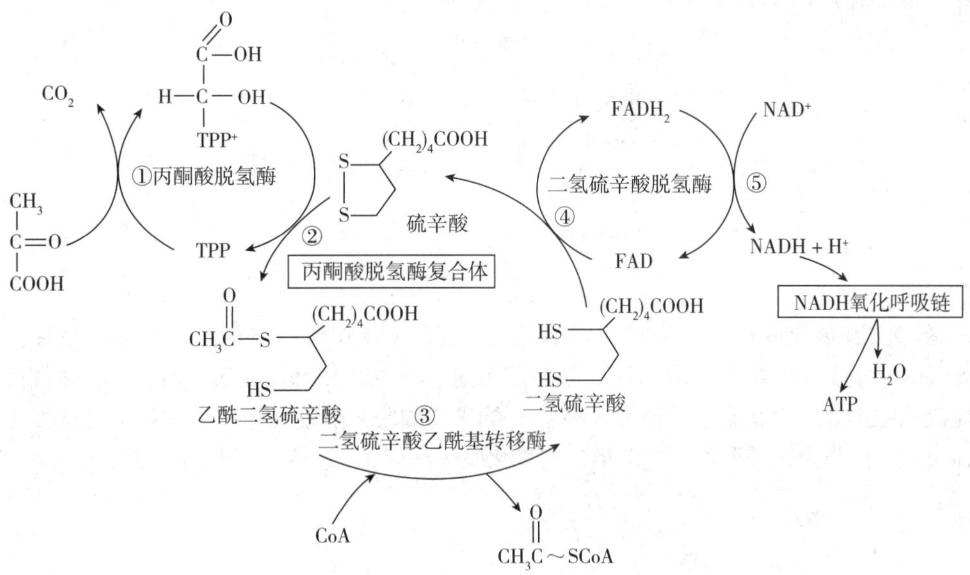

图6-5　丙酮酸脱氢酶复合体作用机制

如果维生素 B_1 缺乏，体内TPP不足可使丙酮酸氧化脱羧受阻。临床上对代谢旺盛的甲亢、发热患者或输入大量葡萄糖的病人，均应适当补充维生素 B_1，以维持糖的氧化分解。

3. 乙酰辅酶A的氧化——三羧酸循环　三羧酸循环（tricarboxylic acid cycle，TCA cycle）是指乙酰辅酶A和草酰乙酸缩合生成含三个羧基的柠檬酸，反复地进行脱氢和脱羧，重新生成草酰乙酸，再进行新一轮循环反应的过程。催化三羧酸循环反应的酶系存在于线粒体中。

因该循环的第一个产物是柠檬酸，故三羧酸循环亦称柠檬酸循环，又因该学说最早由Krebs提出，故又称Krebs循环。循环包括以下8步连续反应。

（1）柠檬酸的生成　乙酰辅酶A与草酰乙酸在柠檬酸合酶（citrate synthase）的催化下缩合成柠檬酸（citrate），并释放出CoA-SH，此为三羧酸循环的第一个限速步骤。乙酰辅酶A水解时可释放较多的自由能，使反应呈单向不可逆进行。

$$\underset{\text{草酰乙酸}}{O{=}C(COOH){-}CH_2{-}COOH} + \underset{\text{乙酰CoA}}{CH_3{-}C({=}O)\sim SCoA} + H_2O \longrightarrow \underset{\text{柠檬酸}}{HO{-}C(COO^-)(CH_2COOH)_2} + \underset{\text{辅酶A}}{HSCoA} + H^+$$

（2）异柠檬酸的形成　柠檬酸在顺乌头酸酶的催化下，经脱水及加水，将 C_3 上的羟基转移至 C_2 上，生成异柠檬酸（isocitrate）。

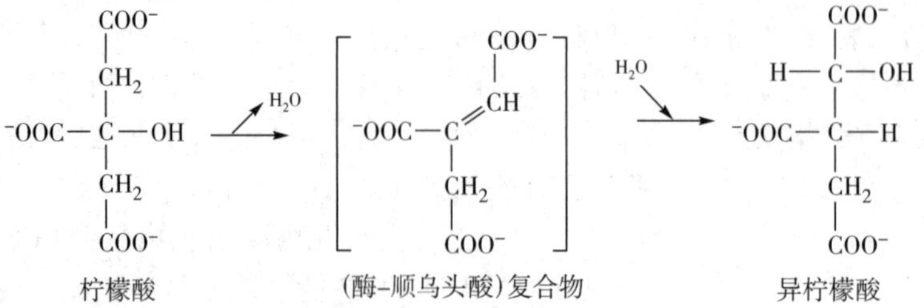

$$\text{柠檬酸} \xrightarrow{-H_2O} [\text{(酶-顺乌头酸)复合物}] \xrightarrow{+H_2O} \text{异柠檬酸}$$

（3）异柠檬酸氧化脱羧　在异柠檬酸脱氢酶（isocitrate dehydrogenase）催化下，异柠檬酸脱氢脱羧生成α-酮戊二酸（α-ketoglutarate），反应不可逆。脱下的2H由NAD^+接受，转变成$NADH+H^+$。1分子NADH携带的2H进入电子传递链氧化可产生2.5分子ATP。

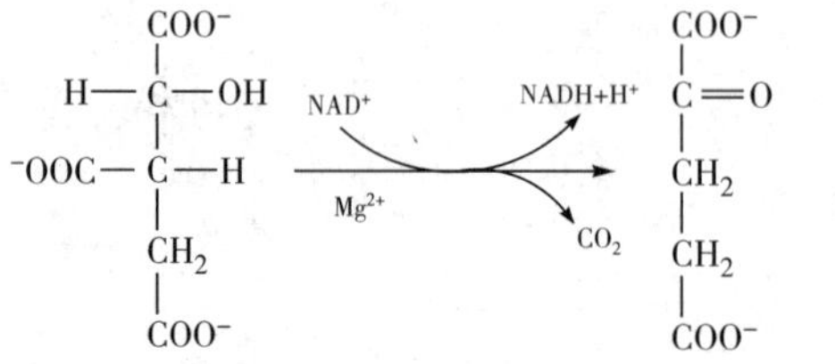

$$\text{异柠檬酸} \xrightarrow[Mg^{2+}]{NAD^+ \rightarrow NADH+H^+} \alpha\text{-酮戊二酸} + CO_2$$

（4）α-酮戊二酸氧化脱羧　在α-酮戊二酸脱氢酶复合体催化下，α-酮戊二酸氧化脱羧生成琥珀酰辅酶A（succinyl CoA），并生成$NADH+H^+$，反应不可逆。α-酮戊二酸氧化脱羧时释放较多自由能，部分能量以高能硫酯键形式储存在琥珀酰辅酶A内。α-酮戊二酸脱氢酶复合体的组成和催化过程与丙酮酸脱氢酶复合体类似。此步为三羧酸循环中的第二次氧化脱羧反应，也是第三个限速步骤，反应不可逆。

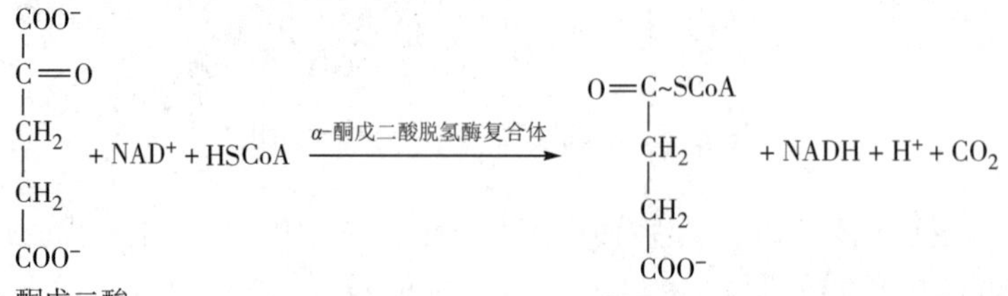

$$\alpha\text{-酮戊二酸} + NAD^+ + HSCoA \xrightarrow{\alpha\text{-酮戊二酸脱氢酶复合体}} \text{琥珀酰CoA} + NADH + H^+ + CO_2$$

（5）琥珀酰辅酶A水解　在琥珀酰辅酶A合成酶（succinyl CoA synthetase）催化下，琥珀酰辅酶A的高能硫酯键水解，催化GDP磷酸化形成GTP，释出CoA-SH，本身转变为琥珀酸。这是三羧酸循环中唯一的底物水平磷酸化反应。

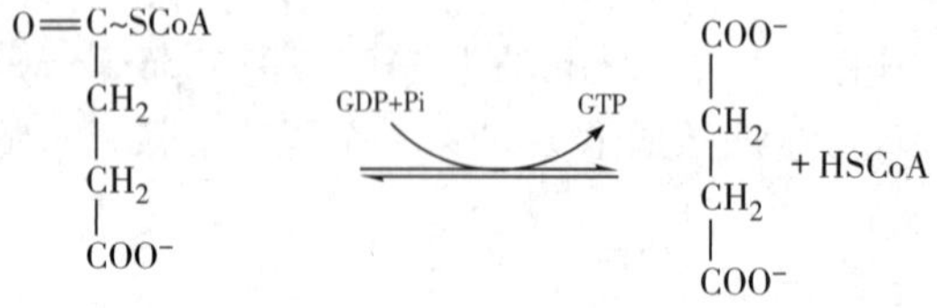

$$\text{琥珀酰CoA} \xrightleftharpoons{GDP+Pi \rightarrow GTP} \text{琥珀酸} + HSCoA$$

（6）延胡索酸的生成　琥珀酸在琥珀酸脱氢酶（succinate dehydrogenase）催化下脱氢生成延胡索酸，该酶是三羧酸循环中唯一的膜蛋白。其辅酶是FAD及铁硫中心，脱下的2H由辅酶FAD接受，转变成$FADH_2$。1分子$FADH_2$携带的2H直接进入电子传递链氧化能产生1.5分子ATP。

$$\begin{array}{c}COO^- \\ | \\ CH_2 \\ | \\ CH_2 \\ | \\ COO^-\end{array} \xrightleftharpoons[]{FAD \quad FADH_2} \begin{array}{c}COO^- \\ | \\ C-H \\ \| \\ H-C \\ | \\ COO^-\end{array}$$

琥珀酸　　　　延胡索酸

（7）苹果酸的生成　在延胡索酸酶（fumarase）的催化下，延胡索酸加水生成苹果酸。

$$\begin{array}{c}COO^- \\ | \\ C-H \\ \| \\ H-C \\ | \\ COO^-\end{array} + H_2O \rightleftharpoons \begin{array}{c}COO^- \\ | \\ HO-C-H \\ | \\ H-C-H \\ | \\ COO^-\end{array}$$

延胡索酸　　　　苹果酸

（8）草酰乙酸的再生　由苹果酸脱氢酶（malate dehydrogenase）催化，苹果酸脱氢生成草酰乙酸，反应可逆，脱下的 2H 由 NAD^+接受生成 $NADH+H^+$。再生的草酰乙酸可再次进入新一轮的三羧酸循环。由于草酰乙酸不断地被用于柠檬酸的合成而消耗，所以这一可逆反应向生成草酰乙酸的方向进行。

$$\begin{array}{c}COO^- \\ | \\ HO-C-H \\ | \\ H-C-H \\ | \\ COO^-\end{array} \xrightleftharpoons[]{NAD^+ \quad NADH+H^+} \begin{array}{c}COO^- \\ | \\ C=O \\ | \\ CH_2 \\ | \\ COO^-\end{array}$$

苹果酸　　　　草酰乙酸

三羧酸循环的总反应为：

$$CH_3CO\sim SCoA+3NAD^++FAD+GDP+Pi+2H_2O \longrightarrow 2CO_2+3NADH+3H^++FADH_2+GTP+CoA\text{-}SH$$

三羧酸循环反应过程总结于图 6-6。

（二）三羧酸循环的特点和生理意义

1. 三羧酸循环的特点

（1）三羧酸循环由草酰乙酸和乙酰辅酶 A 缩合成柠檬酸开始，以草酰乙酸的再生结束。三羧酸循环每进行一次，发生 2 次脱羧，生成 2 分子 CO_2，这是体内 CO_2 的主要来源。从量上来看，相当于消耗了乙酰辅酶 A 的乙酰基。

（2）三羧酸循环运转 1 次，发生 4 次脱氢反应，生成 3 分子 $NADH+H^+$和 1 分子 $FADH_2$。$NADH+H^+$和 $FADH_2$ 携带的 H 经呼吸链传递与氧结合为水时，释放能量驱动磷酸化生成 ATP。1 分子 $NADH+H^+$的氢传递给氧时可生成 2.5 分子 ATP，而 1 分子 $FADH_2$ 的氢传递给氧时，只生成 1.5 分子 ATP。同时发生 1 次底物水平磷酸化生成 1 分子 GTP（相当于 1 分子 ATP）。因此，1 分子乙酰辅酶 A 经三羧酸循环彻底氧化分解共生成 10 分子 ATP。

（3）三羧酸循环中的柠檬酸合酶、异柠檬酸脱氢酶、α-酮戊二酸脱氢酶复合体等三个关键酶所催化的反应均是不可逆，所以三羧酸循环不可逆。

（4）三羧酸循环中，草酰乙酸等中间产物的量不变，各种中间物既不能在循环中合成，也不能在循环中氧化分解。有些三羧酸循环的中间产物可参与其他途径的代谢被消耗减少，需要不断补充。草酰乙酸的补充主要来自糖代谢中丙酮酸的直接羧化，也可由苹果酸脱氢生成。

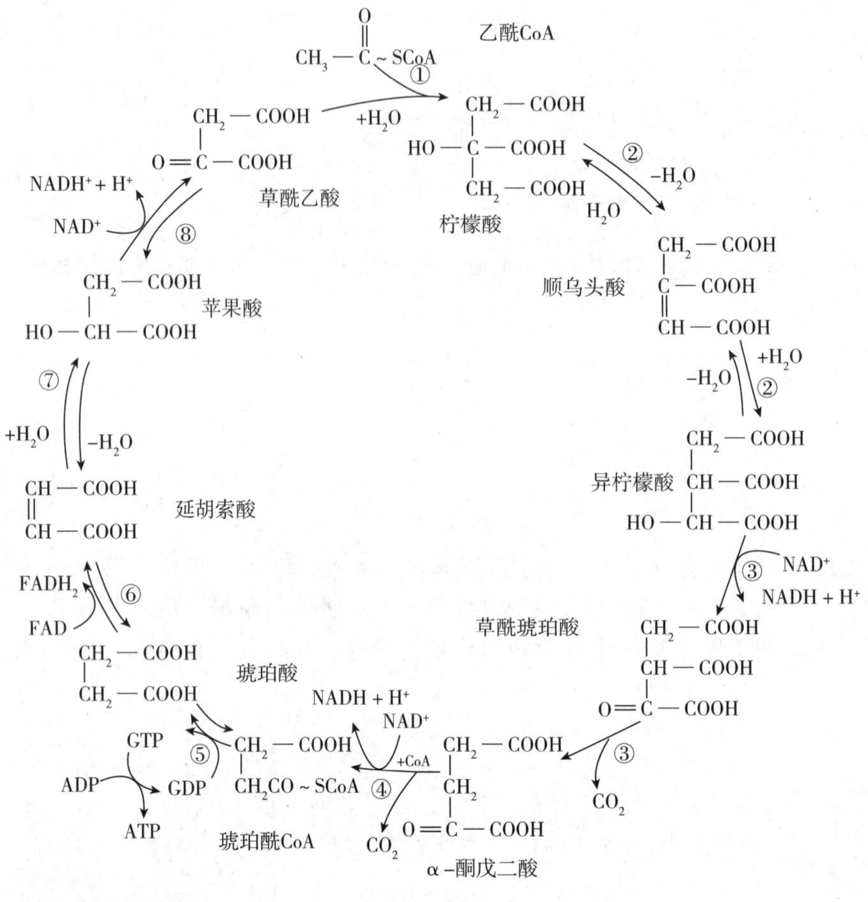

图 6-6　三羧酸循环

2. 三羧酸循环的生理意义

（1）三羧酸循环是三大营养物质的共同代谢途径，并为氧化磷酸化提供还原当量。糖、脂肪和氨基酸在体内进行氧化分解时都可生成乙酰辅酶 A，再进入三羧酸循环氧化。三羧酸循环虽可通过 1 次底物水平磷酸化生成 ATP，但有 4 次脱氢反应产生大量还原当量，经电子传递链进行氧化磷酸化生成大量 ATP。三大营养物质彻底氧化约 2/3 的自由能可经三羧酸循环释出。

（2）三羧酸循环是糖、脂肪、氨基酸代谢联系的枢纽。如糖有氧氧化在线粒体内生成的乙酰辅酶 A，经三羧酸循环合成柠檬酸，可以在能量供应充足的条件下，经特定过程转移至胞质，用于合成脂肪酸、胆固醇，脂肪酸可进一步合成脂肪；糖和甘油通过代谢生成草酰乙酸等三羧酸循环中间物，可以合成非必需氨基酸；氨基酸分解生成草酰乙酸等三羧酸循环中间物，可以合成糖或甘油等过程都可经过三羧酸循环沟通而实现。

（3）三羧酸循环为一些物质的生物合成提供前体。如琥珀酰辅酶 A 可与甘氨酸合成血红素；α-酮戊二酸可氨基化生成非必需氨基酸——谷氨酸；草酰乙酸也可氨基化为天冬氨酸；乙酰辅酶 A 又是合成胆固醇、脂肪酸和酮体的原料。

3. 糖有氧氧化的能量生成和生理意义　糖有氧氧化是机体获得能量的主要方式。1 分子葡萄糖经有氧氧化彻底分解成 CO_2 和 H_2O，净生成 30 或 32 分子 ATP（表 6-1）。糖有氧氧化的主要生理意义是为全身各个组织提供能量。在正常情况下，机体绝大多数组织细胞通过葡萄糖有氧氧化供给各种生理活动及代谢反应所需要的 ATP。

表 6-1　葡萄糖有氧氧化时 ATP 的生成与消耗

反应阶段	反应	辅酶	ATP 生成和消耗
第一阶段	葡萄糖→葡糖-6-磷酸		-1
（细胞质）	果糖-6-磷酸→果糖 1，6-二磷酸		-1
	2×甘油醛-3-磷酸→2×甘油酸-1,3-二磷酸	$2\times NAD^+$	2×1.5[#] 或 2×2.5[*]
	2×甘油酸-1,3-二磷酸→2×甘油酸-3-磷酸		2×1
	2×磷酸烯醇丙酮酸→2×丙酮酸		2×1
第二阶段（线粒体）	2×丙酮酸→2×乙酰 CoA	$2\times NAD^+$	2×2.5
第三阶段	2×异柠檬酸→2×α-酮戊二酸	$2\times NAD^+$	2×2.5
（线粒体）	2×α-酮戊二酸→2×琥珀酰 CoA	$2\times NAD^+$	2×2.5
	2×琥珀酰 CoA→2×琥珀酸		2×1
	2×琥珀酸→2×延胡索酸	2×FAD	2×1.5
	2×苹果酸→2×草酰乙酸	$2\times NAD^+$	2×2.5
			净生成 30（或 32）ATP

注：#：神经、骨骼肌组织中的 3-磷酸甘油穿梭；*：心肌、肝脏组织中的苹果酸-天冬氨酸穿梭。

（三）糖有氧氧化的调节

因糖的有氧氧化为机体供能的重要过程，所以有氧氧化的速率主要受体内能量分子 ATP 水平的敏感调节，以适应机体对能量需求的变化。

1. 糖酵解调节见无氧氧化调节。

2. 丙酮酸脱氢酶复合体调节　丙酮酸脱氢酶复合体活性可通过变构效应和共价修饰两种方式进行快速调节。其变构抑制剂有 ATP、乙酰辅酶 A、NADH、长链脂肪酸等，而其催化产物乙酰辅酶 A 和 NADH 有反馈抑制作用，ATP、长链脂肪酸可增强其抑制作用；变构激活剂有 AMP、CoA、NAD^+和 Ca^{2+}等，当进入三羧酸循环的乙酰辅酶 A 减少，而 AMP、CoA 和 NAD^+堆积时，则对该酶复合体有激活作用。

丙酮酸脱氢酶复合体可被丙酮酸脱氢酶激酶催化而磷酸化，引起酶蛋白变构，失去活性，被丙酮酸脱氢酶磷酸酶催化去磷酸化而恢复活性。NADH、乙酰辅酶 A 增加，可增强丙酮酸脱氢酶激酶的活性，加强对丙酮酸脱氢酶复合体的抑制作用，减弱糖的有氧氧化，使 NADH 和乙酰辅酶 A 生成不致过多；而 NAD^+和 ADP 则有相反作用。胰岛素可增强丙酮酸脱氢酶磷酸酶活性，促进糖的氧化分解（图 6-7）。

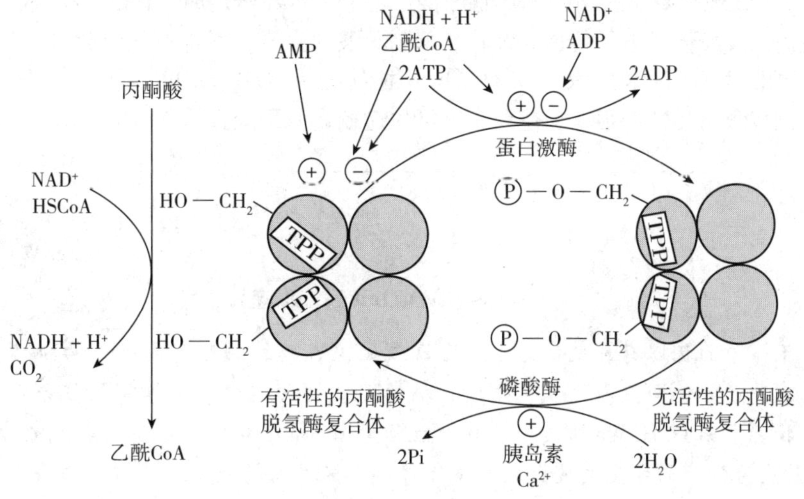

图 6-7　丙酮酸脱氢酶复合体的调节

3. 三羧酸循环调节 三羧酸循环受多种因素的调控。在三个关键酶中，异柠檬酸脱氢酶和α-酮戊二酸脱氢酶复合体是三羧酸循环的主要调节点。当 $NADH/NAD^+$ 和 ATP/ADP 比值升高时，异柠檬酸脱氢酶、α-酮戊二酸脱氢酶复合体被反馈抑制，使三羧酸循环速率减慢。

线粒体中 Ca^2浓度增高，可结合并激活上述两种关键酶及丙酮酸脱氢酶复合体（图 6-8），推动三羧酸循环和有氧氧化的进行。此外，氧化磷酸化也对三羧酸循环有调节作用，三羧酸循环中 4 次脱氢生成的 $NADH+H^+$ 和 $FADH_2$ 分子中的 H 需通过电子传递链进行氧化磷酸化生成 ATP。如氧化磷酸化受阻，三羧酸循环中的脱氢反应就被抑制。

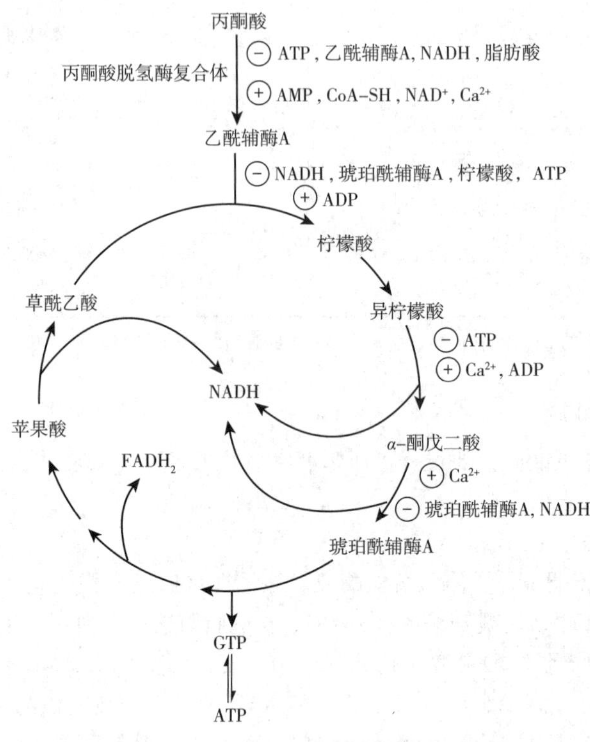

图 6-8 三羧酸循环的调控

4. 巴斯德效应 法国科学家巴斯德（Pasteur）发现酵母菌在无氧时进行生醇发酵。而将其转移至有氧环境，生醇发酵即被抑制。这种有氧氧化抑制生醇发酵（或糖无氧氧化）的现象称为巴斯德效应（Pasteur effect）。此现象在人体组织中同样存在。组织供氧充足时，丙酮酸进入三羧酸循环氧化，$NADH+H^+$可穿梭进入线粒体经电子传递链氧化，抑制乳酸的生成，所以有氧氧化抑制糖无氧氧化。缺氧时，氧化磷酸化受阻，$NADH+H^+$累积。ADP 与 Pi 不能转变为 ATP，ADP/ATP 比值升高，促使果糖-6-磷酸激酶-1 和丙酮酸激酶活性增强，加速糖无氧氧化途径，丙酮酸接受 $NADH+H^+$的氢而还原为乳酸。

知识拓展

瓦伯格（Warburg）效应

正常情况下，葡萄糖以有氧氧化为主，无氧氧化仅在缺氧或应急状况下为机体供能。但当恶性肿瘤发生时，肿瘤细胞即使在供氧充足时，糖的无氧氧化也会显著增高，被分解生成乳酸，此现象由德国生物化学家 O. H. Warburg 所发现，故称为 Warburg 效应，也称为有氧糖酵解。

Warburg 效应为肿瘤的发生发展提供如下优势：①提供大量碳源，用以合成蛋白质、脂类、核酸，满足肿瘤快速生长需要；②抑制线粒体功能，可使活性氧（ROS）生成减少，减轻 ROS 的细胞毒性，以抵抗凋亡。

三、磷酸戊糖途径

磷酸戊糖途径（pentose phosphate pathway）是糖的另一分解代谢途径，是指从葡糖-6-磷酸开始，通过氧化、基团转移两个阶段，生成 $NADPH+H^+$和核糖-5-磷酸的代谢途径。

（一）磷酸戊糖途径的主要反应过程

此途径在胞质中进行，过程可分为两个阶段：第一阶段为氧化阶段，过程不可逆，产生 $NADPH+H^+$及 CO_2；第二阶段为非氧化阶段，过程可逆。

1. 葡糖-6-磷酸氧化生成磷酸戊糖 由关键酶葡糖-6-磷酸脱氢酶（glucose-6-phosphate dehydrogenase，G-6-PD）催化，以 $NADP^+$为辅酶，葡糖-6-磷酸脱氢生成 6-磷酸葡糖酸内酯，产生 $NADPH+H^+$和 CO_2，此反应需要 Mg^{2+}参与，然后在内酯酶（lactonase）作用下水解为葡糖-6-磷酸。后者经葡糖酸-6-磷酸脱氢酶催化，再次脱氢脱羧释出 $NADPH+H^+$和 CO_2，转变为核酮糖-5-磷酸。每分子葡糖酸-6-磷酸生成核酮糖-5-磷酸时，可生成 2 分子 $NADPH+H^+$及 1 分子 CO_2。

葡糖-6-磷酸 —(H_2O；$NADP^+$ → $NADPH+H^+$；葡糖-6-磷酸脱氢酶)→ 葡糖酸-6-磷酸 —($NADP^+$ → $NADPH+H^+$，CO_2；葡糖酸-6-磷酸脱氢酶)→ 核糖-5-磷酸

核酮糖-5-磷酸在磷酸戊糖异构酶（phosphopentose isomerase）催化下，可转变为核糖-5-磷酸，也可在差向异构酶作用下催化生成木酮糖-5-磷酸。

2. 基团转移反应 此阶段通过一系列可逆的基团转移反应，将戊糖磷酸转变成果糖-6-磷酸和甘油醛-3-磷酸而进入糖酵解。可使此途经产生的多余核糖被代谢清除。

磷酸戊糖途径可概括为：3 分子葡糖-6-磷酸经氧化阶段生成 2 分子木酮糖-5-磷酸及 1 分子核糖-5-磷酸，再经过一系列转酮基和转醛基反应，生成 2 分子果糖-6-磷酸和 1 分子甘油醛-3-磷酸，最后进入糖酵解途径继续氧化分解。总反应（图 6-9）如下：

$$3\times\text{葡糖-6-磷酸}+6NADP^+ \rightarrow 2\times\text{果糖-6-磷酸}+\text{甘油醛-3-磷酸}+6NADPH+6H^++3CO_2$$

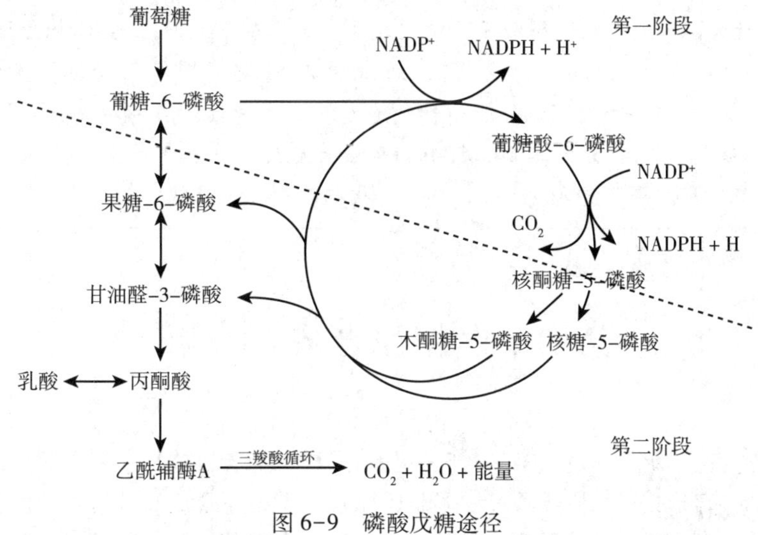

图 6-9 磷酸戊糖途径

（二）磷酸戊糖途径的生理意义

1. 为核酸的生物合成提供核糖 核糖是核酸和核苷酸的组成成分。体内的核糖并不依赖从食物摄入，而是通过磷酸戊糖途径生成。人体多数组织中核糖可由葡糖-6-磷酸经脱氢、脱羧等反应产生；肌肉组织葡糖-6-磷酸脱氢酶活性较低，可利用糖酵解的中间产物甘油醛-3-磷酸、果糖-6-磷酸经可逆的基团转移反应生成。

2. NADPH 作为多种物质代谢反应的供氢体 ①NADPH 是许多合成代谢的供氢体。如脂肪酸、胆固醇等的合成均需 NADPH 供氢，谷氨酸等非必需氨基酸的合成也需 NADPH 供氢。②NADPH 参与羟化反应。胆汁酸、类固醇激素的合成以及药物和毒物在肝中的羟化，加单氧酶促进体内的羟化等均需 NADPH 供氢。③NADPH 可维持谷胱甘肽的还原状态。NADPH 是谷胱甘肽还原酶的辅酶，对维持机体细胞中还原型谷胱甘肽（GSH）的正常含量起重要作用。谷胱甘肽是体内重要的抗氧化剂，其功能基团是半胱氨酸残基上的巯基（-SH），可以保护一些含巯基的蛋白质或酶免受氧化剂的损害。在消除过氧化氢等氧化剂时，2 分子 GSH 被氧化脱氢生成氧化型谷胱甘肽（GSSG），后者在谷胱甘肽还原酶的催化下，由磷酸戊糖途径产生的 NADPH 提供氢还原为 GSH。

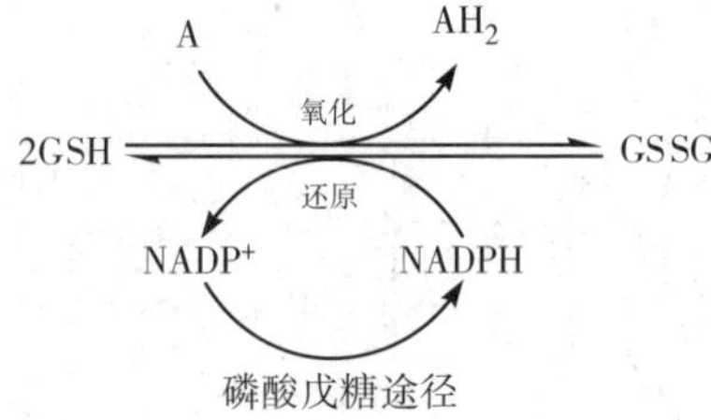

在红细胞中，GSH 可以保护红细胞膜上含巯基的酶和膜蛋白，维持红细胞膜的完整性。葡糖-6-磷酸脱氢酶缺乏症患者，由于不能通过磷酸戊糖途径获得充足的 NADPH，导致 GSH 减少，红细胞膜易被氧化而破裂，发生溶血性贫血。因该病患者常在服用抗疟药伯氨奎宁等有氧化作用的药物，或新鲜蚕豆等食物时发病，故有“蚕豆病”之称。

知识拓展

蚕豆病

因抗疟药、磺胺药、蚕豆等有较强的氧化作用，可使红细胞膜蛋白的巯基或 GSH 氧化。正常红细胞受氧化刺激时，磷酸戊糖途径增强，能生成较多的 $NADPH+H^+$，GSH 相应增加，氧化剂被清除。而葡糖-6-磷酸脱氢酶缺乏症患者，红细胞内磷酸戊糖途径受阻，不能得到充足的 $NADPH+H^+$，难以使 GSH 保持还原状态，使红细胞尤其是衰老红细胞易被氧化破坏而破裂，发生急性溶血。此症一般在食用蚕豆或其制品数小时至数天后发病，轻者有急性溶血，重者可出现贫血、黄疸、血红蛋白尿，常伴发热、恶心、呕吐、腰痛及腹痛等症状。

第四节　糖原合成与分解

PPT

糖原是以葡萄糖为基本单位通过 α-1,4-糖苷键和 α-1,6-糖苷键连接、聚合而成的高度分支的大分子多糖，是体内糖的储存形式。糖原分子有许多非还原端，是糖原合成和分解关键酶作用的位点。肝和肌肉组织是糖原的主要贮存器官。糖原的贮存量不多，但代谢极其活跃，既可以迅速分解以供急需，又可及时合成而储备。人体肝糖原总量约70g，是血糖的重要来源，肌糖原总量120~400g，主要功能是分解为肌肉收缩供能。

一、糖原合成

由单糖（主要是葡萄糖）合成糖原的过程称糖原合成（glycogenesis），主要发生在肝和骨骼肌。

肝糖原合成反应步骤如下：葡萄糖可自由通过肝细胞膜。在肝细胞内，葡萄糖由葡萄糖激酶催化为葡糖-6-磷酸；再经磷酸葡萄糖变位酶催化为葡糖-1-磷酸；后者在UDPG焦磷酸化酶（UDPG pyrophosphorylase）催化下与尿苷三磷酸（uridine triphosphate，UTP）反应生成尿苷二磷酸葡萄糖（uridine diphosphate glucose，UDPG），释出焦磷酸。此反应虽可逆，但因焦磷酸在体内迅速被焦磷酸酶水解，使反应倾向于糖原合成。每活化1分子葡萄糖实际消耗2个高能磷酸键。

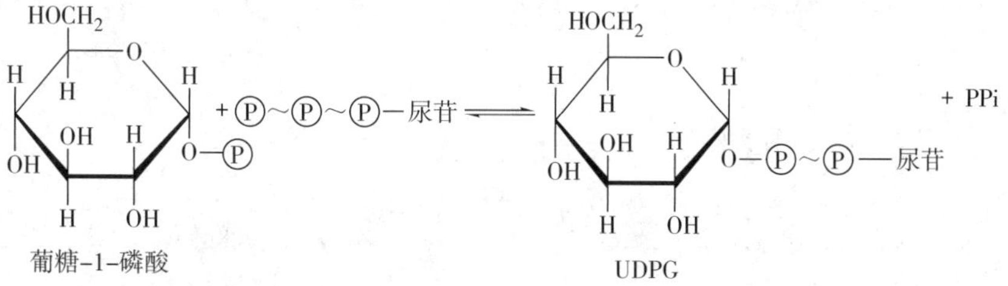

作为糖原合成的葡萄糖供体，UDPG可看作“活性葡萄糖”。在糖原合酶（glycogen synthase）的催化下，UDPG的葡萄糖基以α-1,4-糖苷键逐个连接于糖原引物的非还原端，延长糖链并释出UDP。糖原引物是指细胞内原有的较小的糖原分子。现在认为糖原引物具有37kD的蛋白质核心，蛋白质的某些特异酪氨酸以糖苷键连接部分葡萄糖基寡糖链，构成糖原引物。每反应1次，糖原引物增加1个葡萄糖基。

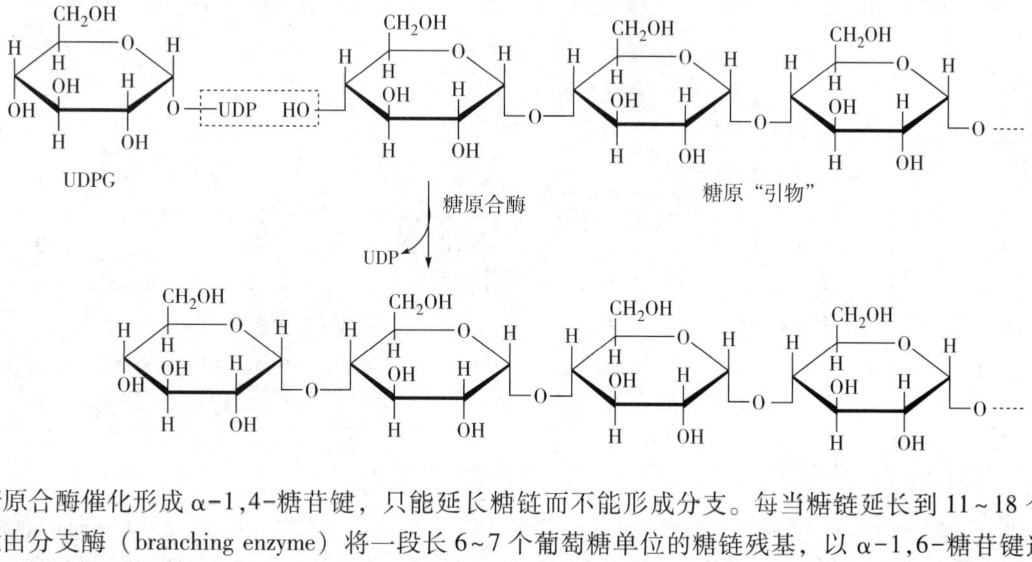

糖原合酶催化形成α-1,4-糖苷键，只能延长糖链而不能形成分支。每当糖链延长到11~18个糖基时，就由分支酶（branching enzyme）将一段长6~7个葡萄糖单位的糖链残基，以α-1,6-糖苷键连接到邻近糖链上形成新分支。两种酶次序作用，合成高度分支的糖原分子，不仅增加非还原末端数目，利于糖原迅速合成或分解，也增加糖原的水溶性（图6-10）。糖原合成是耗能过程，每增加1个葡萄糖单位需消耗2分子ATP。

二、糖原分解

糖原分解为葡萄糖或磷酸葡萄糖的过程称糖原分解（glycogenolysis）。

肝糖原在糖原磷酸化酶作用下，糖链非还原末端的糖基逐个磷酸解，生成葡糖-1-磷酸。反应虽是可逆的，但细胞内的高浓度磷酸盐促使反应朝糖原分解方向进行。糖原磷酸化酶只能分解α-1,4-糖苷键，对α-1,6-糖苷键无作用。分支点1,6-糖苷键由脱支酶水解。目前认为脱支酶为具有葡聚糖转移酶

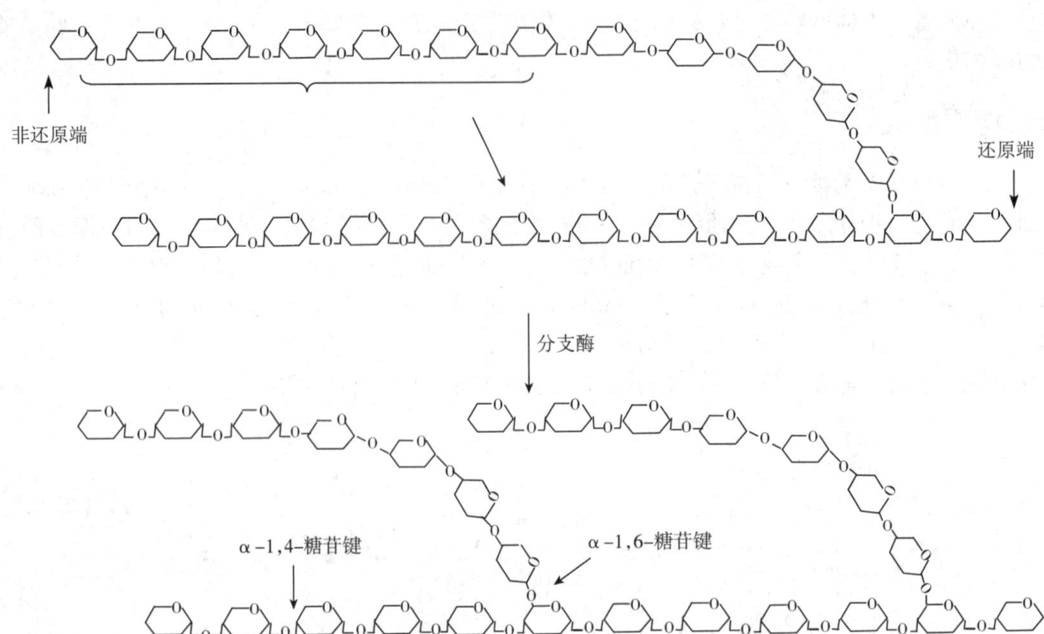

图 6-10　分支酶的作用

与 α-1,6-葡萄糖苷酶两种活性的多功能酶。当糖链上的葡萄糖基逐个磷酸解至分支点约 4 个糖基时，磷酸化酶因位阻而中止作用，再由脱支酶将糖链末端含 3 个葡萄糖基的寡糖链，以 α-1,4-糖苷键连接到邻近糖链末端。剩下的一个分支点的葡萄糖基被脱支酶的 α-1,6-葡萄糖苷酶活性水解为游离葡萄糖。在磷酸化酶和脱支酶次序作用下，使糖原分子渐渐变小。糖原分解的产物中葡糖-1-磷酸约为 85%，游离葡萄糖为 15%（图 6-11）。

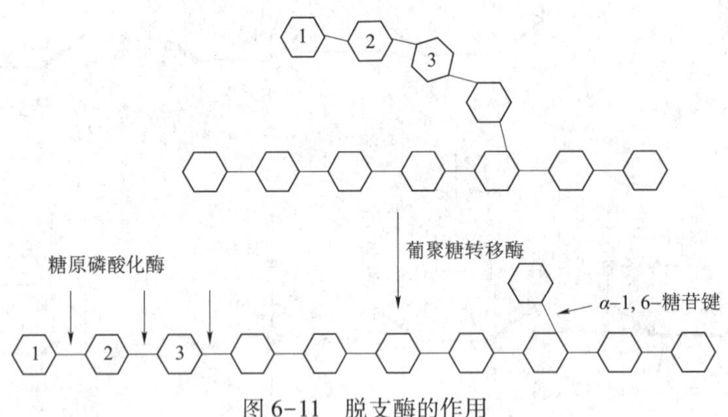

图 6-11　脱支酶的作用

葡糖-1-磷酸在变位酶作用下转变为葡糖-6-磷酸，再由葡糖-6-磷酸酶（glucose-6-phosphatase）催化，水解为葡萄糖而释放入血。葡糖-6-磷酸酶只存在于肝和肾组织中，所以只有肝糖原可直接补充血糖。肌肉中的此酶无活性，肌糖原不能直接分解成葡萄糖，只能进行无氧氧化或有氧氧化，为肌肉活动提供能量。肌糖原的合成及分解过程与肝糖原基本相同。

$$\text{1-磷酸葡萄糖} \xrightleftharpoons{\text{变位酶}} \text{葡糖-6-磷酸} \xrightarrow[H_2O\ \ (\text{肝、肾})\ \ Pi]{\text{葡糖-6-磷酸酶}} \text{葡萄糖}$$

三、糖原合成与分解的调节

糖原合成与分解是两条不同的途经，有利于机体分别进行调节。糖原合酶和磷酸化酶既是糖原代谢关键酶，也是调节酶，其活性影响糖原代谢的速率及方向。这两种酶的快速调节有共价修饰和变构调节。

1. 共价修饰调节　在体内，糖原合酶和磷酸化酶有活性型（糖原合酶 a 和磷酸化酶 a）和无活性型（糖原合酶 b 和磷酸化酶 b）两种形式。两型之间通过共价修饰，磷酸化和去磷酸化的相互转变以调节酶的活性。在蛋白激酶 A 催化下，活性型糖原合酶 a 磷酸化为无活性的糖原合酶 b，磷蛋白磷酸酶则使后者去磷酸活化，调节糖原合成。无活性的磷酸化酶 b 激酶在蛋白激酶 A 催化下，发生磷酸化转为有活性的磷酸化酶 b 激酶，后者使无活性的磷酸化酶 b 磷酸化，转为有活性的磷酸化酶 a，加强糖原分解。胰高血糖素可通过 cAMP 信号通路活化蛋白激酶 A，通过级联放大过程增加糖原分解，同时抑制糖原合成。糖原合酶去磷酸化后有活性，而磷酸化酶去磷酸化后则活性降低，实现了激素对糖原分解、合成代谢双向的精确调节。

蛋白激酶 A 还可通过磷酸化使磷蛋白磷酸酶抑制物-1 转变为有活性的抑制物，抑制磷蛋白磷酸酶-1 的脱磷酸作用，维持蛋白激酶 A 磷酸化调节效果。肝糖原主要作用为调节血糖，主要受胰高血糖素调节。而肌糖原主要为肌肉活动提供能量，主要受肾上腺素调节。

2. 变构调节　对肌糖原磷酸化酶，AMP 是变构激活剂，而 ATP、葡糖-6-磷酸是变构抑制剂，但后两者又对糖原合酶有激活作用。肌肉收缩时消耗 ATP，肌糖原分解加快。肌磷酸化酶 b 激酶的 δ 亚基是钙调蛋白，肌细胞内 Ca^{2+} 升高，可使之激活，促进糖原分解供能。肝细胞内葡萄糖作为变构效应剂可使磷酸化酶 a 变构，进而迅速脱磷酸化失活。变构调节可在几毫秒时间内迅速完成。

3. 激素调节　糖原合成与分解的生理性调节主要靠胰岛素和胰高血糖素两种激素协调作用完成。当机体血糖浓度降低或剧烈活动时，刺激胰高血糖素或肾上腺素分泌增加，进一步使细胞内 cAMP 浓度增加，激活蛋白激酶 A，进而使糖原合酶磷酸化失活，使磷酸化酶磷酸化激活，从而使细胞内糖原合成与分解途径协调有序地进行。

体内肾上腺素和胰高血糖素等激素可通过 cAMP 连锁酶促逐级放大反应调节糖原合成与分解代谢。肾上腺素和胰高血糖素这两种激素能与肝或肌肉等组织细胞膜上受体结合，由 G 蛋白介导活化腺苷酸环化酶，使 cAMP 生成增加。cAMP 又使 cAMP 依赖蛋白激酶 A 活化。活化的蛋白激酶一方面使有活性的糖原合酶磷酸化为无活性的糖原合酶，另一方面使无活性的磷酸化酶 b 激酶磷酸化为有活性的磷酸化酶 b 激酶，活化的磷酸化酶 b 激酶进一步使无活性的糖原磷酸化酶 b 磷酸化转变为有活性的糖原磷酸化酶 a。最终抑制糖原合成，促进糖原分解，肝糖原分解可使血糖升高，肌糖原分解则用于肌肉收缩。糖原合成与分解代谢的调节可归纳为图 6-12。

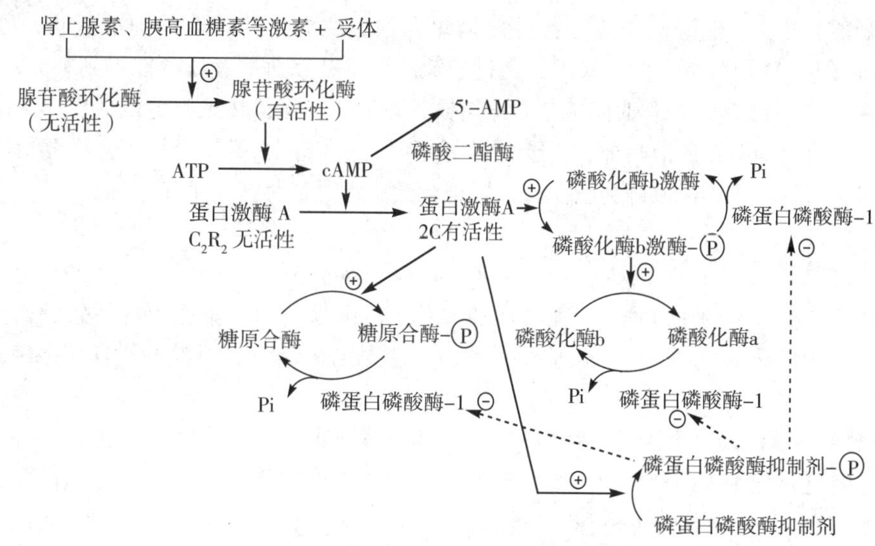

图 6-12　糖原合成与分解代谢的调节

四、糖原累积症

由于患者先天性缺乏糖原代谢相关酶类，引起糖原代谢发生障碍，使组织中正常或异常结构的糖原大量堆积，这类疾病统称为糖原累积症（glycogen storage disease）。不同类型疾病所缺陷的酶在糖原代谢中的作用、糖原累积的器官部位、糖原结构及对健康或生命的影响程度都各有特点（表6-2）。

表6-2　各种类型糖原累积症

分型	酶的缺陷	受累器官	糖原结构	主临床表现
0型	糖原合酶	肝、肌		严重低血糖，酸中毒，脂肪肝引起肝大
Ⅰ型（Von Gierke病）	G-6-P酶	肝、肾	正常	肝、肾明显肿大，发育受阻，严重低血糖，酮症，高尿酸血症伴有痛风性关节炎，高脂血症
Ⅱ型（Pompe's病）	1,4-α-D葡糖苷酶（溶酶体）	所有组织	正常	常在2岁前肌张力低、肌无力，心力、呼吸衰竭致死
Ⅲ型（Corri's病）	α-1,6-葡萄糖酶	肝、肌肉	分支多，外周糖链短	类似Ⅰ型，但程度较轻
Ⅳ型（Andersen病）	分支酶	肝、脾	分支少，外周糖链长	进行性肝硬化，常在2岁前因肝功能衰竭死亡
Ⅴ型（McArdle病）	磷酸化酶（肌）	肌	正常	由于疼痛，肌肉剧烈运动受限
Ⅵ型（Her's病）	磷酸化酶（肝）	肝	正常	类似Ⅰ型，但程度较轻
Ⅶ型（Tarui病）	磷酸果糖激酶	肌	正常	与Ⅴ型类似
Ⅸ型	磷酸化酶激酶	肝、肌	正常	轻度肝大和轻度低血糖
Ⅹ型	CAMP依赖性激酶	肝、肌		糖原缺乏

第五节　糖　异　生

PPT

乳酸、丙酮酸、甘油、生糖氨基酸等各种非糖化合物转变为葡萄糖或糖原的过程，称为糖异生作用（gluconeogenesis）。体内的糖原储备有限，通过肝糖原分解补充血糖，如不能得到补充，仅10多小时后将耗竭。但在24小时以上，较长时间地禁食或饥饿，血糖仍能保持在正常范围或仅略下降，说明机体除了使周围组织减少对葡萄糖的消耗外，主要是肝可用氨基酸、乳酸等非糖物质合成葡萄糖，不断补充血糖。肝肾都可进行糖异生，但以肝为主。长期饥饿或酸中毒时，肾糖异生作用加强。

一、糖异生途径

糖异生基本上是糖酵解的逆过程。因糖酵解的3种关键酶催化的3步反应均释放较多自由能，故都是不可逆反应，成为糖异生的“能障”反应。因此，在糖异生途径中必须由替代反应来绕过糖酵解的3步“能障”反应。

1. 丙酮酸转变为磷酸烯醇丙酮酸　在糖酵解中，磷酸烯醇丙酮酸由丙酮酸激酶催化转变为丙酮酸。而在糖异生中，其逆过程则需两步反应完成。第一步，胞质中丙酮酸进入线粒体后，在以生物素为辅酶的丙酮酸羧化酶（pyruvate carboxylase）催化下，消耗ATP，将活化的CO_2转移给丙酮酸，使丙酮酸羧化生成草酰乙酸；第二步，在线粒体或胞质中的磷酸烯醇丙酮酸羧化激酶（phosphoenolpyruvate carboxykinase）催化下，消耗GTP，草酰乙酸脱羧并磷酸化生成磷酸烯醇丙酮酸。这两步连续反应构成一个代谢支路，称为丙酮酸羧化支路（图6-13）。

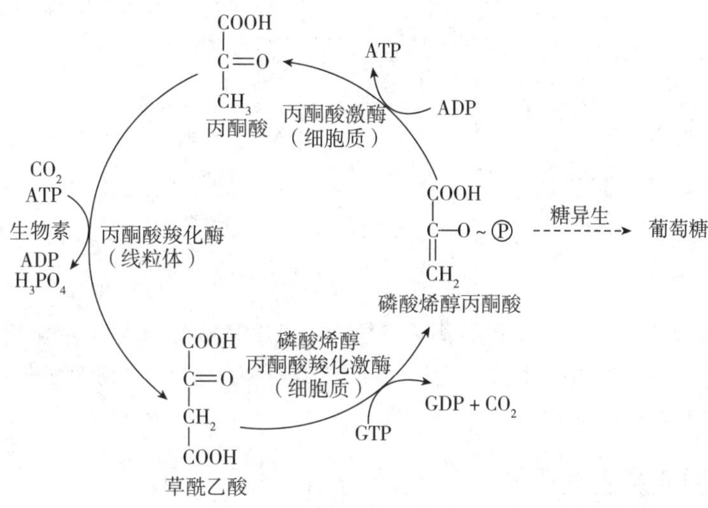

图 6-13　丙酮酸羧化支路

因丙酮酸羧化酶存在线粒体中，丙酮酸必须进入线粒体内才能完成丙酮酸羧化反应。磷酸烯醇丙酮酸羧化激酶存在于线粒体及胞质中，故草酰乙酸在线粒体内或胞质中都可被转变为磷酸烯醇丙酮酸。但草酰乙酸不能透过线粒体膜，而是转变为苹果酸或天冬氨酸进入胞质，经胞质中苹果酸脱氢酶或天冬氨酸转氨酶催化生成草酰乙酸。

2. 果糖-1,6-二磷酸转变为果糖-6-磷酸　由果糖-1,6-二磷酸酶-1 催化此反应，果糖-1,6-二磷酸的 C_1 位磷酸酯键水解，释出能量，所以反应单向不可逆。

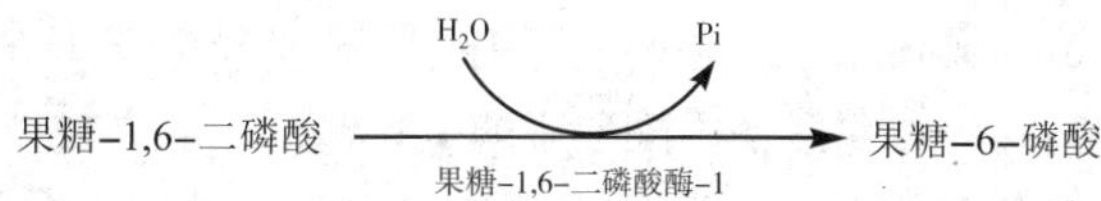

3. 葡糖-6-磷酸水解为葡萄糖　由葡糖-6-磷酸酶催化，葡糖-6-磷酸的 C_6 位磷酸酯键水解转为葡萄糖，反应不可逆。

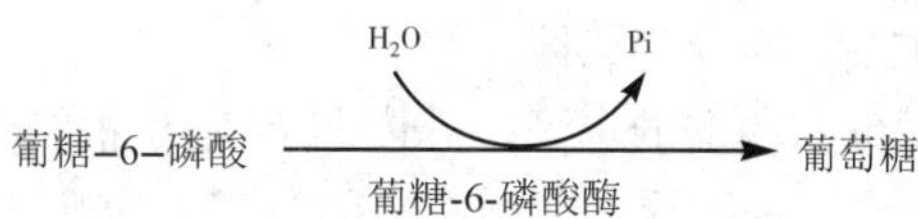

丙酮酸羧化酶、磷酸烯醇丙酮酸羧激酶、果糖-1,6-二磷酸酶-1 与葡糖 6-磷酸酶是糖异生的关键酶。糖异生与糖酵解的关键酶所催化的反应方向相反，使得乳酸、甘油、生糖氨基酸等都可转化为丙酮酸，再异生为葡萄糖。

这种由不同的酶催化的正、反单向反应构成的底物互变循环称为底物循环（substrate cycle）。正常情况下，细胞内催化底物循环正、反单向反应的酶活性不完全相等，因此代谢反应倾向一个方向进行。在糖异生过程，甘油酸-1,3-二磷酸还原成甘油醛-3-磷酸时需要 $NADH+H^+$。当丙酮酸、生糖氨基酸作为原料异生成糖时，胞质中 $NADH+H^+$需经上述草酰乙酸-苹果酸途经，由线粒体向胞质转移。

二、乳酸循环

肌肉组织糖异生活性低，其糖酵解生成的乳酸，经细胞膜扩散入血，运输到肝内，经糖异生生成葡萄糖，再释入血液后又被肌肉组织摄取利用，这种循环过程称为乳酸循环，亦称 Cori 循环（图 6-14）。乳酸循环的成因是代谢酶类的组织差异性分布，如肝组织有葡糖 6-磷酸酶，糖异生活跃，而肌肉组织内糖异生活性低，又缺乏葡糖 6-磷酸酶，因此肌肉生成的乳酸不能异生成糖。

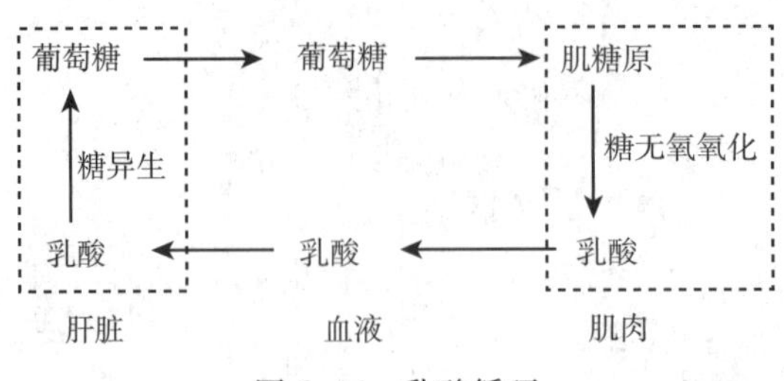

图 6-14 乳酸循环

乳酸循环的生理意义在于：①回收利用乳酸；②防止乳酸堆积导致的代谢性酸中毒。1 分子葡萄糖经无氧氧化生成 2 分子乳酸，并净生成 2 分子 ATP；而 2 分子乳酸异生成 1 分子葡萄糖需消耗 6 分子 ATP，因此，乳酸循环是耗能过程。

三、糖异生的调节及生理意义

（一）糖异生的调节

糖异生和糖无氧氧化是同样底物的两条方向相反的代谢途径，因此加强进行其中一条代谢途径，就必须抑制另一代谢途径，如从丙酮酸进行有效的糖异生，就必须抑制糖酵解，以防止葡萄糖重新分解为丙酮酸。细胞中通过对第一个底物循环，果糖-6-磷酸和果糖-1,6-二磷酸之间，以及第二个底物循环，磷酸烯醇丙酮酸和丙酮酸之间进行调节。

1. 代谢物的调节作用 第一个底物循环中，果糖-2,6-二磷酸和 AMP 可激活磷酸果糖激酶-1，同时又抑制果糖二磷酸激酶-1，使反应向糖酵解方向进行，抑制糖异生。胰高血糖素通过 cAMP 和蛋白激酶 A，使果糖-6-磷酸激酶-2 磷酸化而失活，降低肝细胞内果糖-2,6-二磷酸含量，促进糖异生作用而抑制糖的分解。目前认为果糖-2,6-二磷酸水平，是调节肝糖分解或糖异生反应方向的主要信号。

第二个底物循环中，果糖-1,6-二磷酸使丙酮酸激酶变构激活。胰高血糖素通过抑制果糖-2,6-二磷酸的合成，而减少果糖-1,6-二磷酸生成，并通过活化蛋白激酶 A 使丙酮酸激酶磷酸化失活，抑制糖的氧化。累积的乙酰辅酶 A 可激活丙酮酸羧化酶，促进丙酮酸进入糖异生。饥饿时脂肪酸氧化产生大量乙酰辅酶 A，乙酰辅酶 A 可反馈抑制丙酮酸脱氢酶，抑制丙酮酸氧化，同时变构激活丙酮酸羧化酶，促进丙酮酸异生成糖途经。丙氨酸是饥饿时糖异生的主要原料，丙氨酸可抑制肝内丙酮酸激酶活性，抑制糖酵解，有利于丙氨酸转变为丙酮酸后，再异生成糖。

2. 激素的调节作用 果糖-2,6-二磷酸的水平是肝内调节糖代谢方向的主要因素。胰高血糖素可降低肝细胞内果糖-2,6-二磷酸生成，促进糖异生而抑制糖的分解，而胰岛素的作用则与之相反。如进食后，胰高血糖素/胰岛素的比值降低，果糖-2,6-二磷酸水平增加，糖异生作用抑制，糖的分解增强。胰高血糖素还能通过 cAMP 快速诱导肝中磷酸烯醇丙酮酸羧化激酶的基因表达，增加酶的合成，促进糖异生；而胰岛素则有相反作用，对 cAMP 有对抗作用。

（二）糖异生的生理意义

1. 维持血糖浓度稳定 糖异生作用在空腹和饥饿状态加强。实验证明，禁食 12~24 小时后，肝糖原耗尽，糖异生显著增强，成为血糖的主要来源，维持血糖水平相对稳定。大脑不能利用脂肪酸，只能依赖葡萄糖供能；红细胞没有线粒体完全依赖糖无氧氧化供能，因此即使在饥饿时，机体也要每天消耗约 200g 葡萄糖，以维持生命活动所需能量，而此时的血糖几乎完全依赖糖异生补充。因此，糖异生产生的葡萄糖对保障脑神经组织正常功能十分重要。

糖异生原料是乳酸、甘油、生糖氨基酸等非糖物质。乳酸来自肌糖原分解，乳酸经血入肝，异生成糖。而短期饥饿时，糖异生原料主要是氨基酸、乳酸及甘油。长期饥饿时，每天消耗的蛋白质是无法维持生命的，脑组织减少葡萄糖消耗，并依赖酮体供能，能减少蛋白质分解，维持血糖的相对恒定，维持生命。

2. 恢复肝糖原储备　机体需经常合成糖原补充和恢复肝糖原储备，特别在饥饿后再进餐更为重要。长期以来，机体在进食后肝糖原储备丰富被认为是肝直接利用葡萄糖合成糖原的结果。但近年的研究发现，机体在进食后肝糖原储备丰富的原因有：①与葡萄糖激酶活性有关，它是决定肝细胞摄取、利用葡萄糖的主要因素；②肝糖原合成除UDPG的直接途径外，还存在摄入的葡萄糖先在肝外分解成丙酮酸、乳酸等三碳化合物，再到肝中异生成糖原的三碳途经，也称间接途径。饥饿时恢复肝糖原储备两种合成途径各占50%左右。

3. 调节酸碱平衡　肾脏是糖异生的重要器官。长期禁食后，脂肪动员增强并以酮体形式来供能，血液中酮体升高引起体液pH降低，可诱导肾小管上皮细胞合成磷酸烯醇丙酮酸羧化激酶，使糖异生作用增强。促进谷氨酸和谷氨酰胺的脱氨反应，产生α-酮戊二酸作为糖异生原料。同时，肾小管细胞将NH_3泌入肾小管腔，与原尿中的H^+结合成NH_4^+，降低了体内H^+浓度，促进泌氢保钠，防止酸中毒，调节酸碱平衡的结果。

课堂互动

为什么正常人空腹血糖水平可以保持在一个正常水平？

PPT

第六节　血糖及其调节

血糖（blood sugar）指血液中的游离葡萄糖。正常人空腹血糖浓度维持在3.9~6.0mmol/L之间。血糖水平相对稳定是机体对其来源和去路进行调节，使之维持动态平衡的结果。

一、血糖的来源和去路

血糖主要来源有：①经食物消化吸收的糖类；②肝糖原分解产糖，是空腹血糖的来源；③肝内糖异生作用生糖。

血糖的去路有：①在各组织器官中氧化分解供能；②在肝、肌肉组织合成糖原；③转变为其他物质，比如脂肪、某些氨基酸等物质；④当血糖浓度超过肾小管的肾糖阈（renal glucose threshold）时，会排出尿糖（图6-15）。

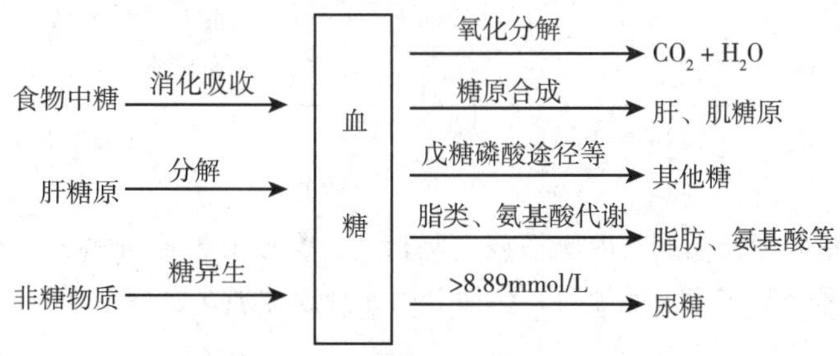

图6-15　血糖的来源和去路

二、血糖水平的调节

微课

血糖水平的调节主要依赖肝脏、肾脏等器官及激素等多种机制的调节。

（一）器官水平的调节

1. 肝脏调节　血糖水平保持稳定，既涉及糖、脂肪、氨基酸代谢的相互协调，又涉及各器官组织，如肝脏、肌肉、脂肪等组织代谢协调作用。肝脏是调节血糖水平的重要器官，主要通过肝糖原代谢和糖异生作用来维持血糖浓度的相对稳定。进食后，血糖浓度增高，肝糖原的合成、储存增加；空腹时，肝糖原能直接分解为葡萄糖，补充血糖；饥饿状态下，肝糖原耗尽时，肝糖异生作用加强，使非糖物质转变为糖。果糖、半乳糖等单糖也可在肝中转变成葡萄糖，维持血糖相对稳定。临床上，应注意严重肝功能障碍患者在饱食后可出现一过性高血糖，饥饿时多发生低血糖。

2. 肾脏调节 肾脏对血糖的调节主要体现在其对葡萄糖的重吸收能力，但肾糖阈限制，血糖水平如果超过肾糖阈，糖会入尿形成尿糖。肾糖阈是可以变化的，如妊娠妇女肾糖阈会降低，出现暂时性尿糖；有的糖尿病患者，肾糖阈较高，不一定会出现尿糖。

（二）激素水平的调节

血糖水平也受激素调节。激素通过调节关键酶的活性，使三大营养物质代谢相互协调，还能协调肝、肌肉等组织器官的代谢。

1. 降糖激素 胰岛素（insulin）是体内唯一能降低血糖的激素，也是唯一同时促进糖原、脂肪和蛋白质合成的激素。胰岛素的分泌受血糖水平的影响，血糖浓度增高可加速胰岛素分泌；血糖降低，胰岛素分泌减少。

2. 升糖激素 升糖激素有胰高血糖素、糖皮质激素、肾上腺素等。

胰高血糖素是体内主要的升糖激素。两者之间比例的变化，使血糖在正常范围内可以小幅度的波动。胰高血糖素分泌调节因素与胰岛素的相反，如血糖浓度降低或血氨基酸升高，均增加其分泌。在生理条件下，胰岛素和胰高血糖素是机体调节血糖水平最主要的两种激素。

糖皮质激素也引起血糖升高、肝糖原增加。肾上腺素可迅速升高血糖，是升血糖作用最强的激素，但主要在应急状态下发挥调节作用。降低或升高血糖，是通过两类激素相互协调、制约、共同作用来实现血糖的调节。各种激素调节血糖的主要作用机制见表 6-3。

表 6-3 几种激素对血糖水平的调节

降糖激素		升糖激素	
胰岛素	①促进肌肉、脂肪组织细胞膜葡萄糖载体 $GLUT_4$ 增加，促进将葡萄糖转运入细胞 ②加速糖原合成，抑制糖原分解 ③促进葡萄糖的有氧氧化 ④抑制肝内糖异生 ⑤抑制激素敏感性脂肪酶，减少脂肪动员	胰高血糖素	①促肝糖原分解，血糖升高 ②抑制糖酵解，促进糖异生 ③激活激素敏感脂肪酶，加速脂肪动员
		糖皮质激素	①促进肌肉蛋白质分解，产生氨基酸转移到肝进行糖异生 ②协助促进脂肪动员
		肾上腺素	①加速肝糖原分解 ②促进肌糖原酵解成乳酸，转入肝脏异生成糖

（三）神经调节

用电刺激交感神经系的视丘下部腹内侧核或内脏神经，会使肝糖原分解，血糖水平升高；用电刺激副交感神经系的视丘下部外侧或迷走神经时，会使肝糖原合成加强，血糖水平下降。

三、糖代谢异常

正常人体内存在一整套精细的调节糖代谢的机制。人体对摄入的葡萄糖具有很大耐受能力，这种现象被称为葡萄糖耐量（glucose tolerance）或耐糖现象。临床上因糖代谢障碍可发生血糖水平紊乱，常见有以下两种类型。

（一）低血糖

空腹血糖浓度低于 2.8mmol/L 时称为低血糖（hypoglycemia）。低血糖可影响脑功能，因为脑细胞所需要的能量主要来自葡萄糖的氧化。当血糖水平过低时，患者常表现出头晕、心悸、出冷汗、手颤、倦怠无力等症状，严重时出现低血糖休克，如不及时静脉补充葡萄糖，可导致死亡。出现低血糖的病因有：①胰岛β细胞功能亢进或胰岛α细胞功能低下等；②严重肝疾病；③内分泌异常；④肿瘤；⑤饥饿或不能进食者等。

临床上对于低血糖患者，可给予口服葡萄糖或其他糖类，必要时静脉输入葡萄糖，以保障患者的基本能量供应。

（二）高血糖

空腹血糖浓度高于7.0mmol/L时称为高血糖（hyperglycemia）。高血糖可分为生理性和病理性两类。如摄食过多或输入大量葡萄糖，可引起饮食性高血糖；情绪激动或精神紧张，肾上腺素分泌增加，可出现情感性高血糖。如血糖升高超过肾糖阈，出现糖尿，为生理性糖尿。胰岛素分泌障碍、胰岛素受体缺陷或升高血糖激素分泌亢进所导致的高血糖为病理性高血糖，出现的糖尿属病理性糖尿。

肾性糖尿是指肾疾病引起肾对糖重吸收障碍、糖阈降低所出现的糖尿，主要由肾糖阈下降引起，通常与血糖浓度无关。

（三）糖尿病

糖尿病（diabetes mellitus，DM）是一组因胰岛素分泌不足，或细胞胰岛素受体减少或受体敏感性降低导致的内分泌代谢性疾病，其特征为高血糖症。

糖尿病是一组复杂的代谢性疾病，主要是由于葡萄糖的利用减少导致血糖水平升高而引起。其发病率在全球呈逐年上升趋势，并随年龄增加而增大。其发病机制主要是胰岛素相对或绝对不足，或胰岛素受体敏感性降低、胰岛素受体减少等导致的胰岛素抵抗。

临床上多将糖尿病分为四型，即1型糖尿病（type 1 diabetic mellitus，T1DM）、2型糖尿病（type 2 diabetic mellitus，T2DM）、妊娠糖尿病（gestational diabetic mellitus，GDM）和其他特殊类型糖尿病（other specific type diabetes）。在糖尿病患者中，90%~95%为2型糖尿病，5%~10%为1型糖尿病，其他类型仅占较小比例。1型糖尿病多发生于青少年，主要是因为胰岛β细胞的自身免疫受损导致胰岛素分泌绝对不足而引起，是自身免疫性疾病。1型糖尿病还与遗传有关，是一种多基因疾病。2型糖尿病和肥胖、年龄、缺乏锻炼、膳食结构等环境因素关系密切，主要表现为胰岛素抵抗和胰岛α细胞功能减退，为早期胰岛素相对不足和晚期胰岛素绝对不足。2型糖尿病有更强的遗传易感性，且机制更复杂。

糖尿病的典型症状为多食、多饮、多尿和体重减轻，有时伴有视力下降，并容易继发感染，青少年患者可出现生长发育迟缓。糖尿病常伴有多种并发症，长期的高血糖症将导致多种器官的损害、功能紊乱和衰竭，尤其是眼、肾、神经、心血管系统。这些并发症的严重程度与血糖水平升高的程度直接相关。糖尿病可并发危及生命的酮症酸中毒昏迷和非酮症高渗性昏迷。糖尿病的治疗中，在进行个体化的医学营养治疗（膳食治疗）后，如血糖的控制仍不能达到治疗目标时，需采用降糖药物治疗。目前临床常用的降糖药大致分为口服降糖药物和注射降糖药物。口服降糖药物又分为促胰岛素分泌剂类（磺脲类和非磺脲类）、二甲双胍类、α-糖苷酶抑制剂类、噻唑烷二酮衍生物等。注射降糖药物有胰岛素及类似药物、胰高血糖素样肽-1（GLP-1）受体激动剂和二肽基酶Ⅳ（DDP-4）酶抑制剂等。其中，胰岛素是最有效的糖尿病治疗药物之一，胰岛素制剂在全球糖尿病药物中的使用量也位居第一。1型糖尿病由于胰岛β细胞的自身免疫损害导致胰岛素分泌不足，故大多数1型糖尿病患者应注射胰岛素进行治疗。2型糖尿病在疾病早期一般使用口服降糖药进行治疗，如出现明显的高血糖症状和（或）血糖水平明显升高，则治疗初期即考虑注射胰岛素。由于2型糖尿病是一种进行性疾病，大多数2型糖尿病患者最终仍需要注射胰岛素进行治疗。

在临床工作中要注意降糖药或胰岛素的使用剂量，要根据患者的空腹血糖、随机血糖、糖化血红蛋白水平等及时进行调整，若不慎使用过量，则可能造成低血糖，甚至出现昏迷或休克。

案例解析

【案例】患者，女性，18岁，因“口干多饮两年，加重一周入院”。患者少年起病，起病急，于2年前无明显诱因出现口渴、多饮，每日饮水量约3000ml，小便10余次，尤以夜尿增多为著，每晚2~3次，伴体重下降，当时于半月内减轻约6kg，易饥，无心悸、多汗、畏热。患者“三多一少”症状典型，伴酮症，曾有糖尿病酮症酸中毒史。最近口干，多饮症状加重入院。随机血糖13.3mmol/L。查体：T36.6℃，P92次/分，R18次/分，BP110/82mmHg，自主体位，意识清楚，慢性病容，身高164cm，体重74.5Kg。甲状腺未扪及肿大，心律齐，两肺听诊无异常，腹软，无压痛，肝脾肾未触及，下肢无水肿，足背动脉波动无减弱。VTE评分：Padua评分为0分，危险分级为低危。请思考此患者的诊断及诊断依据是什么？

【解析】

入院诊断：1型糖尿病。

诊断依据：

（1）患者，女性，18岁。少年起病，起病急，于2年前无明显诱因出现口渴、多饮，每日饮水量约3000ml，小便10余次，尤以夜尿增多为著，每晚2~3次，伴体重下降，当时于半月内减轻约6kg，易饥，无心悸、多汗、畏热。患者“三多一少”症状典型，伴酮症，曾有糖尿病酮症酸中毒史。

（2）口干多饮2年，加重1周。

（3）查体：T36.6℃，P92次/分，R18次/分，BP110/82mmHg，自主体位，意识清楚，慢性病容，身高164cm，体重74.5kg。甲状腺未扪及肿大，心律齐，两肺听诊无异常，腹软，无压痛，肝脾肾未触及，下肢无水肿，足背动脉波动无减弱。

（4）辅助检查：随机血糖13.3mmol/L，VTE评分为0分，危险分级为低危。

本章小结

糖类是自然界一类重要的生物分子，其主要生物学功能是为机体提供能量和碳源。淀粉是人体食物中主要糖类，消化为葡萄糖后在小肠被吸收。细胞摄取糖需要葡萄糖转运体。

葡萄糖的分解代谢主要包括无氧氧化、有氧氧化和磷酸戊糖途径。

糖的无氧氧化是指机体在缺氧状态下葡萄糖分解生成乳酸的过程。在胞质中进行，分两个阶段：葡萄糖分解为丙酮酸，称为糖酵解；丙酮酸还原生成乳酸。其过程受关键酶己糖激酶、果糖-6-磷酸激酶-1、丙酮酸激酶调节。糖的无氧氧化可为机体快速供能，1分子葡萄糖经底物水平磷酸化净生成2分子ATP。

糖的有氧氧化是指机体利用氧将葡萄糖彻底氧化为CO_2和H_2O过程，在胞质和线体中进行，1分子葡萄糖经有氧氧化净生成30或32分子ATP，是主要产能途径。糖的有氧氧化分三个阶段：糖酵解，丙酮酸生成乙酰CoA，三羧酸循环及氧化磷酸化。关键酶是己糖激酶、果糖-6-磷酸激酶-1、丙酮酸激酶、丙酮酸脱氢酶复合体、柠檬酸合酶、异柠檬酸脱氢酶、a-酮戊二酸脱氢酶复合体。糖的有氧氧化主要受机体能量供需平衡所调节。

磷酸戊糖途径产生重要中间产物核糖-5-磷酸和$NADPH+H^+$，关键酶是葡糖-6-磷酸脱氢酶。

肝糖原和肌糖原是体内糖的储存形式。肝糖原在饥饿时补充血糖，肌肉组织缺乏葡糖-6-磷酸酶，故肌糖原不能补充血糖，而是通过无氧氧化为肌肉收缩供能。糖原合成与分解的关键酶分别为糖原合酶、糖原磷酸化酶，主要受酶的磷酸化与去磷酸化修饰调节。

糖异生是指非糖物质在肝和肾转变为葡萄糖或糖原的过程，主要作为饥饿时补充血糖，关键酶是丙酮酸羧化酶、磷酸烯醇丙酮酸羧化激酶、果糖-1,6-二磷酸酶-1、葡糖-6-磷酸酶。

血糖是指血液中的葡萄糖。血糖浓度相对稳定，受多种激素调控。糖代谢紊乱可导致高血糖或低血糖，其中糖尿病最为常见。

练 习 题

题库

一、单项选择题

1. 缺氧时为机体供能的是（　　）
   A. 糖异生途径　B. 戊糖磷酸途径　C. 糖原合成途径　D. 糖的无氧氧化途径　E. 糖的有氧氧化途径
2. 糖酵解、糖异生、戊糖磷酸途径、糖原合成和糖原分解途径的共同代谢物是（　　）
   A. 果糖-6-磷酸　B. 葡糖-1-磷酸　C. 葡糖-6-磷酸　D. 甘油醛-3-磷酸　E. 1,6-二磷酸果糖
3. 糖酵解的关键酶是（　　）
   A. 烯醇化酶　B. 丙酮酸激酶　C. 丙酮酸羧化酶　D. 磷酸甘油酸激酶　E. 糖原合酶
4. 三羧酸循环中底物水平磷酸化反应有（　　）
   A. 1 步　B. 2 步　C. 3 步　D. 4 步　E. 5 步
5. 关于三羧酸循环的叙述，错误的是（　　）
   A. 是糖、脂肪和蛋白质的共同氧化途径　B. 产能主要途径为氧化磷酸化　C. 在线粒体内进行　D. 产生 $NADH+H^+$ 和 $FADH_2$　E. 循环是可逆的
6. 下列疾病中，与葡糖-6-磷酸脱氢酶缺乏有关的是（　　）
   A. 白化病　B. 蚕豆病　C. 帕金森病　D. 苯丙酮尿症　E. 镰状红细胞贫血
7. 糖原合成时活性葡萄糖供体是（　　）
   A. ADPG　B. CDPG　C. TDPG　D. GDPG　E. UDPG
8. 生理条件下进行糖异生的主要组织器官是（　　）
   A. 肺　B. 脑　C. 肌　D. 肝　E. 肾
9. 关于乳酸循环的下列叙述，错误的是（　　）
   A. 可防止酸中毒　B. 避免能源物质损失　C. 最终从尿中排出乳酸　D. 可防止乳酸在体内积累　E. 使肌肉中的乳酸转入肝脏异生成葡萄糖
10. 下列代谢中，糖异生必经的是（　　）
   A. 乳酸循环　B. 三羧酸循环　C. 糖醛酸途径　D. 丙酮酸羧化支路　E. 糖原分解途径

二、思考题

1. 从代谢场所、反应条件、关键酶、产能及生理意义等方面，比较糖无氧氧化与糖有氧氧化。
2. 简述戊糖磷酸途径的重要中间产物和生理意义。
3. 简述糖异生的概念、原料及生理意义。
4. 何谓三羧酸循环？有何生理意义？
5. 简述血糖的来源和去路。
6. 列举几种临床上治疗糖尿病的药物，说明其降低血糖作用机制。

（张　曼）

第七章

脂质代谢

学习导引

1. **掌握** 甘油三酯的分解代谢和合成代谢；胆固醇的主要合成过程与去路；血浆脂蛋白的分类和代谢。
2. **熟悉** 甘油磷脂合成的原料和过程；脂质的主要生理功能；脂质代谢的调节。
3. **了解** 脂质的消化和吸收；脂代谢紊乱。

脂质（lipids）是脂肪（fat）和类脂（lipoids）的统称。其种类多且结构复杂，决定了其在生命体内功能的多样性和复杂性。脂质分子不由基因编码，独立于从基因到蛋白质的遗传信息系统之外，决定了其在生命活动或疾病发生、发展中的特殊重要性。

1904 年，努珀（F. Knoop）通过动物实验首先提出了脂肪酸 β-氧化假说；1944 年，莱劳埃尔（L. Leloir）采用无细胞体系验证了 β-氧化机制；1953 年，莱宁格尔（A. Lehninger）证明 β-氧化在线粒体进行；“活泼乙酸”即乙酰辅酶 A 的发现（F. Lynen，1951 年）终于揭示了脂肪酸分解代谢全过程。放射性核素技术的应用证明乙酰辅酶 A 是脂肪酸生物合成的基本原料；丙二酸单酰辅酶 A 的发现顺利演绎了脂肪酸合成全过程（1950 年）。血浆不同密度脂蛋白（1930 ~ 1970 年）、脂蛋白受体（1960 ~ 1970 年）的陆续发现，揭示了血浆脂质的运输和代谢。脂代谢异常在心脑血管病发生中作用的证实以及脂质作为细胞信号传递分子的发现，表明脂质代谢与正常生命活动、健康、疾病发生的关系十分密切。脂质研究已成为生命科学和医药学最活跃的领域，与疾病关系的研究也从异常脂血症、心脑血管病扩展到代谢性疾病、退行性疾病、免疫系统疾病、感染性疾病、神经精神疾病和肿瘤等。近年来，种种迹象表明，在分子生物学取得重大进展基础上，脂质代谢研究将再次成为生命科学和医药学的前沿领域。

第一节　概　　述

PPT

一、脂质的结构

脂质是一类不溶于水而易溶于有机溶剂的化合物，包括脂肪和类脂。脂肪是由 1 分子甘油和 3 分子脂肪酸通过酯键连接构成的酯，故称为甘油三酯（triglyceride，TG）或三脂肪酰基甘油（triacylglycerol，TAG）；类脂主要包括磷脂（phospholipid，PL）、糖脂（glycolipid，GL）、胆固醇（cholesterol，Ch）及胆固醇酯（cholesterol ester，CE）等。

（一）甘油三酯的结构

甘油三酯为甘油的三个羟基分别被相同或不同的脂肪酸酯化形成的酯，其脂酰基链组成复杂，长度和饱和度也多种多样。体内还存在少量甘油一酯（monoacylglycerol，MG）和甘油二酯（diacylglycerol，DG）。

$$
\begin{array}{l}
H_2C-O-CO-R_1\\
\;|\\
HC-O-CO-R_2\\
\;|\\
H_2C-O-CO-R_3
\end{array}
\qquad
\begin{array}{l}
\quad\;\;\, O \qquad\;\; H_2C-OH\\
\quad\;\;\, \| \qquad\quad\;\; |\\
R_2-C-O-CH \qquad\; O\\
\qquad\qquad\quad\;\; | \qquad\quad\;\; \|\\
\qquad\qquad\;\; H_2C-O-C-R_3
\end{array}
\qquad
\begin{array}{l}
\quad\;\;\, O \qquad\;\; H_2C-OH\\
\quad\;\;\, \| \qquad\quad\;\; |\\
R_2-C-O-CH\\
\qquad\qquad\quad\;\; |\\
\qquad\qquad\;\; H_2C-OH
\end{array}
$$

甘油三酯　　　　甘油二酯　　　　甘油一酯

脂肪酸（fatty acid）的结构通式为 $CH_3(CH_2)_nCOOH$。高等动、植物脂肪酸碳链长度一般在 14~20 之间，多为偶数碳，尤以 16C 和 18C 最多（表 7-1）。

表 7-1　重要的天然饱和脂肪酸

简写式	分子结构简式	系统名称	习惯名称	m. p.（℃）
10：0	$CH_3(CH_2)_8COOH$	*n*-十烷酸 (*n*-decanoic acid)	癸酸 (capric acid)	32
12：0	$CH_3(CH_2)_{10}COOH$	*n*-十二烷酸 (*n*-dodecanoic acid)	月桂酸 (lauric acid)	43
14：0	$CH_3(CH_2)_{12}COOH$	*n*-十四烷酸 (*n*-tetradecanoic acid)	豆蔻酸 (*n*-myristic acid)	54
16：0	$CH_3(CH_2)_{14}COOH$	*n*-十六烷酸 (*n*-hexadecanoic acid)	软脂酸 (*n*-palmitic acid)	62
18：0	$CH_3(CH_2)_{16}COOH$	*n*-十八烷酸 (*n*-octadecanoic acid)	硬脂酸 (*n*-stearic acid)	69
20：0	$CH_3(CH_2)_{18}COOH$	*n*-二十烷酸 (*n*-eicosanoic acid)	花生酸 (arachidic acid)	75
22：0	$CH_3(CH_2)_{20}COOH$	*n*-二十二烷酸 (*n*-decosanoic acid)	山萮酸 (*n*-behenic acid)	81
24：0	$CH_3(CH_2)_{22}COOH$	*n*-二十四烷酸 (*n*-tetrasosanoicic acid)	木焦油酸 (lignoceric acid)	84
26：0	$CH_3(CH_2)_{24}COOH$	*n*-二十六烷酸 (*n*-hexacosanoic acid)	蜡酸 (cerotic acid)	89

脂肪酸之间的区别主要在于碳原子数目多少以及双键的数目和位置的不同。脂肪酸系统命名法主要根据脂肪酸中的碳链长度命名，碳链含双键，则标示其位置。双键标示方法从羧基端碳原子开始计双键位置的称为∧编码体系，对于 ω 或 *n* 编码体系则从甲基碳起计双键位置。不含双键的脂肪酸为饱和脂肪酸（saturated fatty acid）（表 7-1）；不饱和脂肪酸（unsaturated fatty acid）含一个或一个以上双键。含一个双键的脂肪酸称为单不饱和脂肪酸（monounsaturated fatty acid）；含两个及两个以上双键的脂肪酸称为多不饱和脂肪酸（polyunsaturated fatty acid）。根据双键位置，多不饱和脂肪酸分属于 ω-3、ω-6、ω-7 和 ω-9 四族（表 7-2）。高等动物体内的多不饱和脂肪酸由相应的母体脂肪酸衍生而来，但 ω-3、ω-6 和 ω-9 族多不饱和脂肪酸不能在体内相互转化。

表 7-2　重要的天然不饱和脂肪酸

族	简写式	分子结构式	系统命名	习惯名称	m. p.（℃）
ω-7	$16:1\Delta^9$ $(16:1\omega^7)$	$CH_3(CH_2)_5CH=$ $CH(CH_2)_7COOH$	顺-9-十六碳-烯酸 (*cis*-9-hexadecenoic acid)	棕榈油酸 (palmitoleic acid)	0

续表

族	简写式	分子结构式	系统命名	习惯名称	m. p. （℃）
ω-9	18 : $1\Delta^{9}$ （18 : $1\omega^{9}$）	$CH_3(CH_2)_7CH=$ $CH(CH_2)_7COOH$	顺-9-十八碳-烯酸 （*cis*-9-octadecenoic acid）	油酸 （oleic acid）	13
ω-6	18 : $2\Delta^{9,12}$ （18 : $2\omega^{6,9}$）	$CH_3(CH_2)_3(CH_2CH=$ $CH)_2\ (CH_2)_7COOH$	顺,顺-9,12-十八碳二烯酸 （*cis*,*cis*-9,12-octa-decadienoic acid）	亚油酸 （linoleic acid）	-5
ω-3	18 : $3\Delta^{9,12,15}$ （18 : $3\omega^{3,6,9}$）	$CH_3(CH_2CH=$ $CH)_3(CH_2)_7COOH$	全顺-9,12,15-十八碳三烯酸 （all *cis*-9,12,15-octadecatrienoic acid）	α-亚麻酸 （α-linolenic acid）	-17
ω-6	18 : $3\Delta^{6,9,12}$ （18 : $3\omega^{6,9,12}$）	$CH_3(CH_2)_3(CH_2CH=$ $CH)_3(CH_2)_4COOH$	全顺-6,9,12-十八碳三烯酸 （all *cis*-6,9,12-octadecatrienoic acid）	γ-亚麻酸 （γ-linolenic acid）	-14.4
ω-6	20 : $4\Delta^{5,8,11,14}$ （20 : $4\omega^{6,9,12,15}$）	$CH_3(CH_2)_3(CH_2CH=$ $CH)_4(CH_2)_3COOH$	全顺-5,8,11,14-二十碳四烯酸 （all *cis*-5,8,11, 14-eicosatetraenoic acid）	花生四烯酸 （arachidonic acid）	-50
ω-3	20 : $5\Delta^{5,8,11,14,17}$ （20 : $5\omega^{3,6,9,12,15}$）	$CH_3(CH_2CH=$ $CH)_5(CH_2)_3COOH$	全顺-5,8,11,14,17-二十碳五烯酸 （all *cis*-5,8,11,14, 17-eicosapen-taenoic acid）	鱼油五烯酸 （EPA）	-54
ω-3	22 : 6 $\Delta^{4,7,10,13,16,19}$ （22 : 6 $\omega^{3,6,9,12,15,18}$）	$CH_3(CH_2CH=$ $CH)_6(CH_2)_2COOH$	全顺-4,7,10,13,16, 19-二十二碳六烯酸 （all *cis*-4,7,10,13,16,19- docosahex enoic acid）	鱼油六烯酸 （DHA）	-45.5 约-44.1
ω-9	24 : $1\Delta^{15}$ （24 : $1\omega^{9}$）	$CH_3(CH_2)_7CH=$ $CH(CH_2)_{13}COOH$	顺-15-二十四烯酸 （*cis*-15-tetracosenoic acid）	神经酸 （neryenie acid）	39

（二）类脂的结构

1. 磷脂的结构 含有磷酸基团的类脂称为磷脂。磷脂组成复杂，种类繁多。根据化学组成特征，磷脂可分为两大类：一类是由甘油构成的磷脂，称为甘油磷脂，因取代基—X 不同，可分为磷脂酰胆碱（卵磷脂）、磷脂酰乙醇胺（脑磷脂）、磷脂酰丝氨酸、磷脂酰甘油、二磷脂酰甘油（心磷脂）和磷脂酰肌醇（表 7-3）。另一类是由鞘氨醇（sphingosine）或二氢鞘氨醇（dihydrosphingosine）构成的磷脂，称为鞘磷脂（sphingo-phospholipids）。鞘氨醇的氨基以酰胺键与 1 分子脂肪酸结合成神经酰胺（ceramide），为鞘磷脂的母体结构。人体含量最多的是神经鞘磷脂。

```
                        O
                        ‖
         O       CH₂—O—C—R₁
         ‖       |
    R₂—C—O—CH          O
                 |          ‖
                 CH₂—O—P—O—X
                            |
                            OH
```

甘油磷脂

表 7-3 几种重要的甘油磷脂

X—OH	X 取代基的结构式	甘油磷脂的名称
水	—H	磷脂酸
胆碱	$—CH_2CH_2N^+(CH_3)_3$	磷脂酰胆碱（卵磷脂）
乙醇胺	$—CH_2CH_2NH_3^+$	磷脂酰乙醇胺（脑磷脂）
丝氨酸	$—CH_2CHNH_2COOH$	磷脂酰丝氨酸

续表

X—OH	X 取代基的结构式	甘油磷脂的名称
甘油	$—CH_2CHOHCH_2OH$	磷脂酰甘油
磷脂酰甘油	$—CH_2CHOHCH_2O—P(=O)(OH)—OCH_2—HCOCOR_2—CH_2OCOR_1$	二磷脂酰甘油（心磷脂）
肌醇	（肌醇环结构）	磷脂酰肌醇

$$\underbrace{R—\overset{O}{\overset{\|}{C}}}_{脂酰基}—NH—CH(—CH—CH=CH—(CH_2)_{12}—CH_3)(OH)—CH_2—O—\overset{O}{\overset{\|}{P}}(OH)—O—CH_2—CH_2—\overset{+}{N}(CH_3)_3$$

鞘氨醇　磷脂酰胆碱

神经鞘磷脂

2. 糖脂的结构　糖脂（glycolipid）是糖通过半缩醛羟基以糖苷键与脂质连接形成的化合物。由于脂质部分不同，糖脂可分为鞘糖脂（sphingolipid）、甘油糖脂和类固醇衍生糖脂。鞘糖脂、甘油糖脂是细胞膜脂的主要成分，具有重要的生理功能。

与鞘磷脂一样，鞘糖脂是以神经酰胺为母体的化合物。鞘磷脂分子中的神经酰胺 1 位羟基被磷脂酰胆碱或磷脂酰乙醇胺取代，而鞘糖脂分子中的神经酰胺 1 位羟基被糖基取代，形成糖苷化合物，其结构通式如下。

$$R—\overset{O}{\overset{\|}{C}}—\overset{H}{N}—{}^{2}CH(—{}^{1}CH_2—OH)—{}^{3}CH(OH)—CH=CH—(CH_2)_{12}CH_3$$

神经酰胺

鞘糖脂分子中单糖主要为 D-葡萄糖、D-半乳糖、*N*-乙酰葡萄糖胺、*N*-乙酰半乳糖胺、岩藻糖和唾液酸；脂肪酸成分主要为 16~24 碳的饱和脂肪酸或含双键数目较少的不饱和脂肪酸，此外，还有相当数量的 α-羟基脂肪酸。鞘糖脂又可根据分子中是否含有唾液酸或硫酸基成分，分为中性鞘糖脂和酸性鞘糖脂两类。

（1）脑苷脂　是不含唾液酸的中性鞘糖脂。中性鞘糖脂的糖基不含唾液酸，常见的糖基是半乳糖、葡萄糖等单糖，也有二糖、三糖。含单个糖基的中性鞘糖脂有半乳糖基神经酰胺（Gal-β-1,1-Cer）和葡糖基神经酰胺（Glc-β-1,1-Cer），又称脑苷脂（cerebroside），其结构如下。

$$Gal—O—{}^{1}CH_2—{}^{2}CH(—NH—\overset{O}{\overset{\|}{C}}—(CH_2)_{13}—CH=CH—(CH_2)_7CH_3)—{}^{3}CH(OH)—{}^{4}CH=CH—(CH_2)_{12}CH_3$$

N-神经酰脑苷脂[Gal-β(1,1)-Ger]

含二糖基的中性鞘糖脂有乳糖基神经酰胺（Gal-β-1,1-Glc-β-1,1-Cer）。已知 ABH 和 Lewis 血型的细胞表面抗原物质也为鞘糖脂，通常由抗原决定簇的蛋白质部分与乳糖基神经酰胺共价连接成五糖基神经酰胺和六糖基神经酰胺。鞘糖脂的疏水部分伸入膜的磷脂双层中，而极性糖基暴露在细胞表面，发挥血型抗原、组织或器官特异性抗原、分子与分子相互识别的作用。

（2）硫苷脂　是指糖基部分被硫酸化的酸性鞘糖脂。鞘糖脂的糖基部分可被硫酸化，形成硫苷脂（sulfatide），如脑苷脂被硫酸化，形成最简单的硫苷脂，即硫酸脑苷脂（cerebroside sulfate），其结构如下。

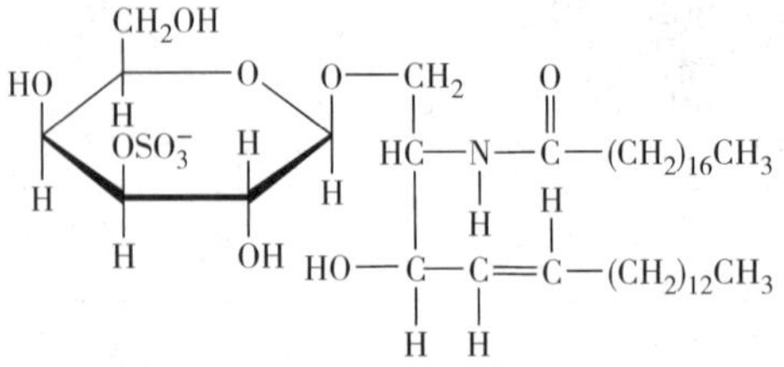

硫酸脑苷脂

硫苷脂广泛地分布于人体的各器官中，以脑中的含量为最多。硫苷脂可能参与血液凝固和细胞黏着等过程。

（3）神经节苷脂　是含唾液酸的酸性鞘糖脂。糖基部分含有唾液酸的鞘糖脂，常称为神经节苷脂（ganglioside）。神经节苷脂分子中的糖基较脑苷脂大，常为含有 1 个或多个唾液酸的寡糖链。在人体内的神经节苷脂中神经酰胺全为 N-乙酰神经氨酸，并以 α-2，3 连接于寡糖链内部或末端的半乳糖残基上，或以 α-2，6 连接于 N-乙酰半乳糖胺残基上，或以 α-2，6 连接于另一个唾液酸残基上。

神经节苷脂是一类化合物，人体至少有 60 多种。神经节苷脂可根据含唾液酸的多少以及与神经酰胺相连的糖链顺序命名。M、D、T 分别表示含 1、2、3 个唾液酸的神经节苷脂；下标 1、2、3 表示与神经酰胺相连的糖链顺序：1 为 Gal-GalNAc-Gal-Glc-Cer；2 为 GalNAc-Gal-Glc-Cer；3 为 Gal-Glc-Cer。下图显示了 G_{M1}、G_{M2}、G_{M3}的结构。

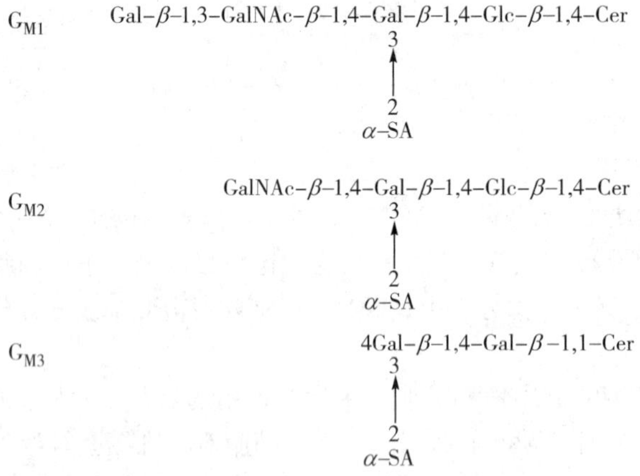

G_{M1}　Gal-β-1,3-GalNAc-β-1,4-Gal-β-1,4-Glc-β-1,4-Cer
3
↑
2
α-SA

G_{M2}　GalNAc-β-1,4-Gal-β-1,4-Glc-β-1,4-Cer
3
↑
2
α-SA

G_{M3}　4Gal-β-1,4-Gal-β-1,1-Cer
3
↑
2
α-SA

神经节苷脂分布于神经系统中，在大脑中占总脂的 6%，尤其在神经末梢中含量丰富，种类繁多，在神经冲动传递中起重要作用，其对神经再生有重大促进作用，是比较常用的一种神经营养药，临床上主要用于血管性和外伤性的中枢神经系统损伤。神经节苷脂位于细胞膜表面，其头部是复杂的糖，伸出细胞膜表面，可以特异地结合某些垂体糖蛋白激素，发挥很多重要的生理调节功能。神经节苷脂还参与细胞相互识别，因此，在细胞生长、分化，甚至癌变时都具有重要作用。神经节苷脂也是一些细菌蛋白毒素（如霍乱毒素）的受体。神经节苷脂分解紊乱时，可引起多种遗传性鞘糖脂过剩疾病（sphingolipid storage disease），如 Tay-Sachs 病，主要症状为进行性发育阻滞、神经麻痹、神经衰退等，其原因为溶酶

体内先天性缺乏 β-N-乙酰己糖胺酶 A，不能水解神经节苷脂极性部分 GalNAc 和 Gal 残基之间的糖苷键而引起 G_{M2} 在脑中堆积。

3. 胆固醇的结构　胆固醇属于固醇类化合物，由环戊烷多氢菲结构衍生形成。因 C_3 羟基氢是否被取代或 C_{17} 侧链（一般为 8~10 个碳原子）不同而衍生出不同的类固醇。动物体内最丰富的类固醇化合物是胆固醇，植物不含胆固醇而含植物固醇，以 β-谷固醇（β-sitosterol）最多，酵母含麦角固醇（ergosterol）。

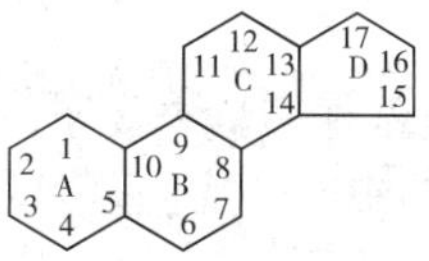

环戊烷多氢菲

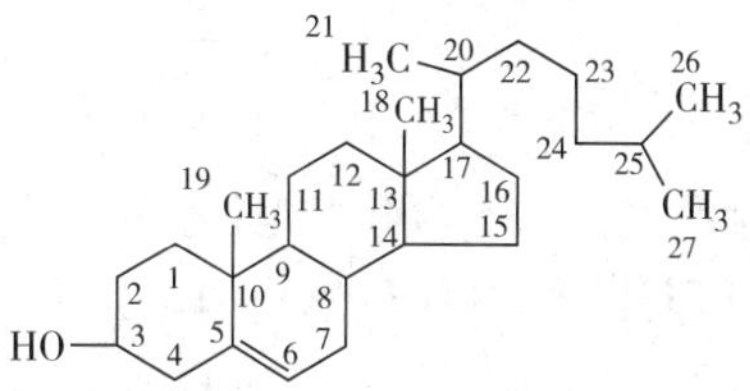

胆固醇

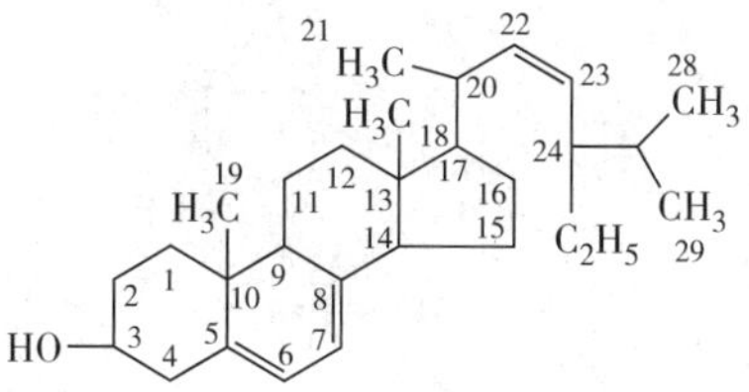

β-谷固醇

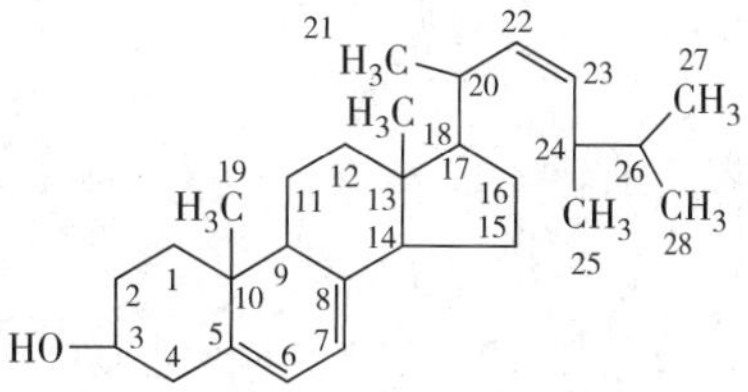

麦角固醇

二、脂质的主要生理功能

（一）甘油三酯的主要生理功能

1. 储能和供能　机体有专门的储存甘油三酯的组织——脂肪组织。甘油三酯彻底氧化时所释放的能量平均为 38.9kJ/g（9.3kcal/g），比等量的糖或蛋白质约多 1 倍。同时，甘油三酯疏水，占体积小。人空腹时所需能量的 50% 以上系由体内储存的甘油三酯氧化供给，若绝食 1~3 天，体内能量 85% 来自于甘油三酯。甘油二酯还是重要的细胞信号分子。

2. 防止热量散失　甘油三酯是热的不良导体，皮下甘油三酯可起到隔热保温的作用，使体温维持恒定。

3. 保护作用　在组织器官周围的甘油三酯，在机体受到外界撞击时起缓冲作用，减轻内脏和肌肉受撞击时的损伤程度。

（二）脂肪酸的主要生理功能

脂肪酸是脂肪、胆固醇酯和磷脂的重要组成成分。一些不饱和脂肪酸具有更多、更复杂的生理功能。

1. 提供必需脂肪酸　人体自身不能合成、必须由食物提供的脂肪酸称为必需脂肪酸（essential fatty acid）。人体缺乏 Δ^9 及 Δ^9 以上的去饱和酶，不能合成亚油酸（18：2，$\Delta^{9,12}$）、α-亚麻酸（18：3，$\Delta^{9,12,15}$）必须从含有 Δ^9 及 Δ^9 以上的去饱和酶的植物食物中获得，为必需脂肪酸。花生四烯酸（20：4，$\Delta^{5,8,11,14}$）虽能在人体以亚油酸为原料合成，但消耗必需脂肪酸，一般也归为必需脂肪酸。

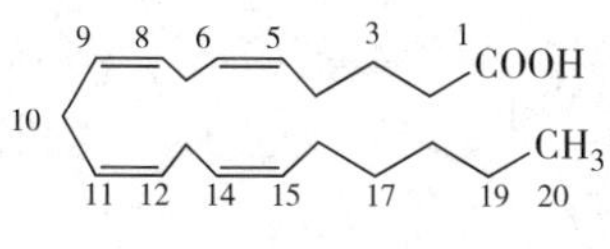

花生四烯酸
(20:4, $\Delta^{5,8,11,14}$)

2. 合成前列腺素、血栓噁烷、白三烯等不饱和脂肪酸衍生物 前列腺素、血栓噁烷、白三烯是二十碳多不饱和脂肪酸衍生物。前列腺素（prostaglandins，PGs）是花生四烯酸的环氧酶代谢产物，以前列腺酸（prostanoic acid）为基本骨架，有一个五碳环和 R_1、R_2 两条侧链。

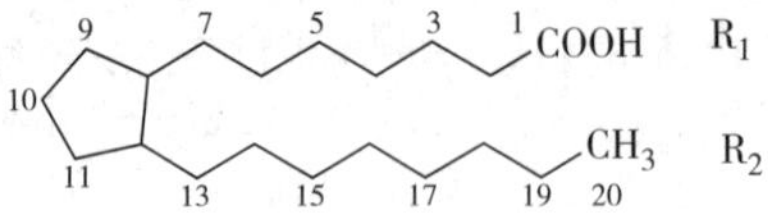

前列腺酸

根据五碳环上取代基团和不饱和双键位置的不同，前列腺素按英文字母顺序分为 PGA~PGI 等九型。体内 PGA、PGE 及 PGF 较多；PGC_2 和 PGH_2 是 PG 合成的中间产物。PGH_2 带双环，除五碳环外，还有 1 个含氧的五碳环，又称为前列腺环素（prostacyclin）。

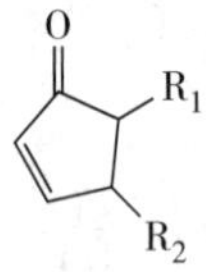

PGA 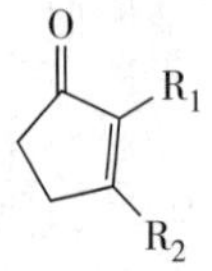　PGB 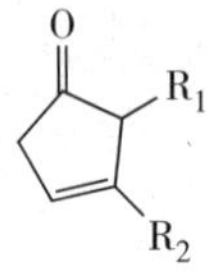　PGC 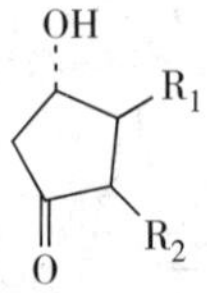　PGD 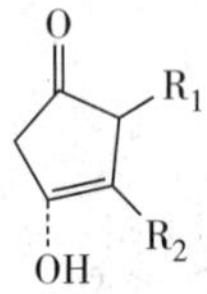　PGE 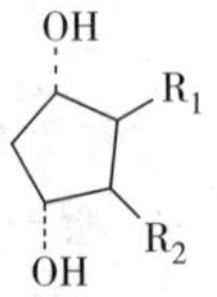　PGF

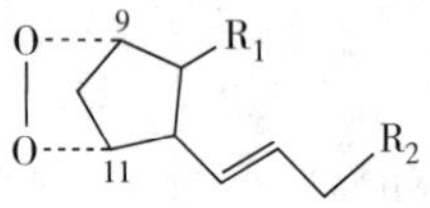

PGG 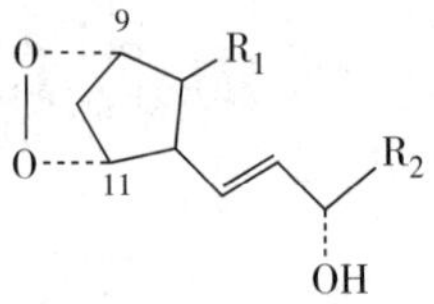　PGH 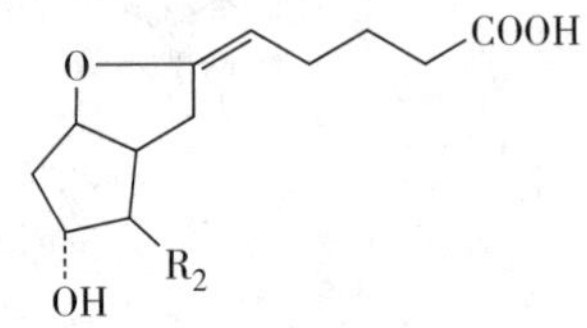　PGI

根据 R_1 及 R_2 侧链双键数目，前列腺素又分为 1、2、3 类，在字母右下角标示。

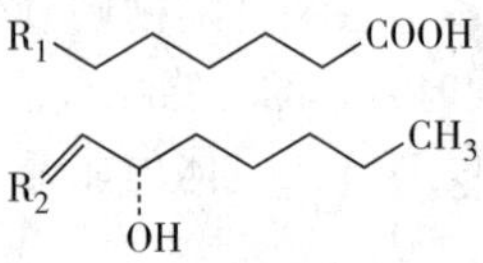

PG1类 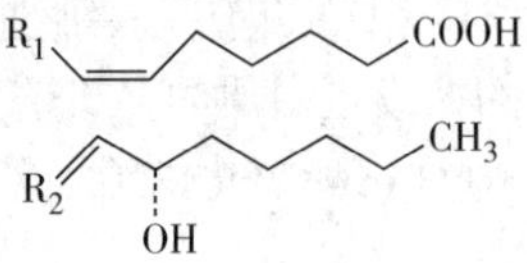　PG2类 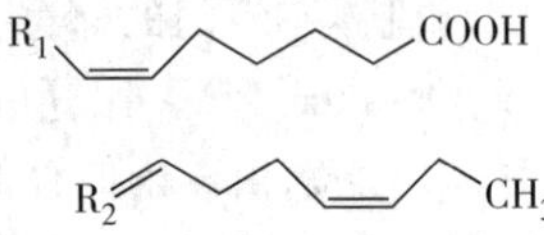　PG3类

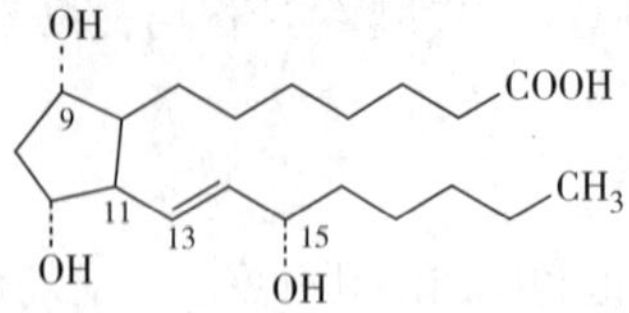

$PGF_{1\alpha}$ 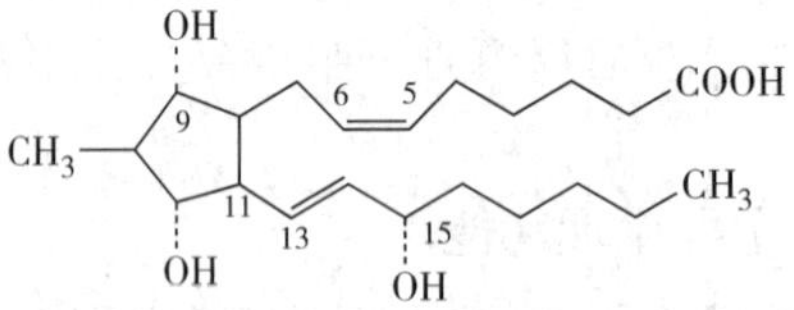　$PGF_{2\alpha}$

血栓噁烷 A（thromboxane A，TXA）也有前列腺酸样骨架，但分子中的五碳环被含氧噁烷取代，如 TXA_2。

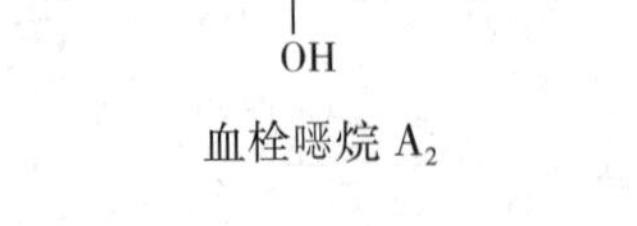

血栓噁烷 A_2

白三烯（leukotrienes，LTs）不含前列腺酸骨架，有4个双键，所以在LT右下角标以4。白三烯合成的初级产物为LTA_4，在5、6位上有一氧环。

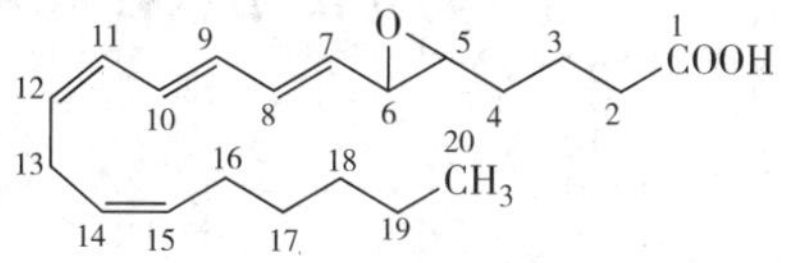

白三烯A_4（LTA_4）

如在12位加水引入羟基，并将5、6位环氧键断裂，则为LTB_4。如LTA_4的5、6位环氧键打开，6位与谷胱甘肽反应则可生成LTC_4、LTD_4及LTE_4等衍生物。现已证明，过敏反应慢反应物质（slow reacting substances of anaphylatoxis，SRS-A）就是这3种衍生物的混合物。

前列腺素、血栓噁烷和白三烯具有很强生物活性。PGE_2参与了包括发热、炎症反应、生殖活动和细胞生长及分化等一系列生理和病理过程。PGF_2、PGA能使动脉平滑肌舒张，有降血压作用。PGE_2及PGI_2能抑制胃酸分泌，促进胃肠平滑肌蠕动。卵泡产生的PGE_2、$PGF_{2\alpha}$在排卵过程中起重要作用。$PCF_{2\alpha}$可使卵巢平滑肌收缩，引起排卵。子宫释放的PGF_2能使黄体溶解。分娩时子宫内膜释放的$PGF_{2\alpha}$能使子宫收缩加强，促进分娩。

血小板产生的TXA_2、PGE_2能促进血小板聚集和血管收缩，促进凝血及血栓形成。血管内皮细胞释放的PGI_2有很强舒张血管及抗血小板聚集作用，抑制凝血及血栓形成，可见PGI_2有抗TXA_2作用。北极地区因纽特人摄食富含二十碳五烯酸的海水鱼类食物，能在体内合成PGE_3、PGI_3及TXA_2。PGI_3能抑制花生四烯酸从膜磷脂释放，抑制PGI_2及TXA_2合成。由于PGI_3活性与PGI_2相同，而TXA_3活性较TXA_2弱得多，因此，因纽特人抗血小板聚集或抗凝血作用较强，被认为是他们不易患心肌梗死的重要原因之一。

SRS-A是LTC_4、LTD_4及LTE_4混合物，其支气管平滑肌收缩作用较组胺、$PGF_{2\alpha}$强100~1000倍，作用缓慢而持久。LTB_4能调节白细胞功能，促进其游走及趋化作用，刺激腺苷酸环化酶诱发多形核白细胞脱颗粒，使溶酶体释放水解酶类，促进炎症及过敏反应发展。IgE与肥大细胞表面受体结合后，可引起肥大细胞释放LTC_4、LTD_4及LTE_4，这3种物质能引起支气管及胃肠平滑肌剧烈收缩，LTD_4还能使毛细血管通透性增加。

（三）类脂的主要生理功能

1. 磷脂是构成生物膜的重要成分　磷脂分子具有两亲性，在水溶液中可聚集成脂质双层结构，极性头位于脂质双层表面，是亲水的，非极性尾位于脂质双层内部，避开水相，是生物膜结构的化学基础。细胞膜中能发现几乎所有的磷脂，甘油磷脂中以磷脂酰胆碱（phosphatidylcholine）、磷脂酰乙醇胺（phosphatidylethanolamine）、磷脂酰丝氨酸（phosphatidylserine）含量最高，而鞘磷脂中以神经鞘磷脂为主。各种磷脂在不同生物膜中所占比例不同。磷脂酰胆碱（也称卵磷脂，lecithin）存在于细胞膜中，心磷脂（cardiolipin）是线粒体膜的主要脂质。

2. 磷脂酰肌醇是第二信使的前体　磷脂酰肌醇（phosphatidylinositol）4、5位被磷酸化生成的磷脂酰肌醇-4，5-双磷酸（phosphatidylinositol-4，5-bisphosphate，PIP_2）是细胞膜磷脂的重要组成，主要存在于细胞膜的内层。在激素等刺激下可分解为甘油二酯和三磷酸肌醇（inositol triphosphate，IP_3），均能在胞内传递细胞信号。

3. 胆固醇是细胞膜的基本结构成分　胆固醇C_3羟基亲水，能在细胞膜中以该羟基存在于磷脂的极性端之间，疏水的环戊烷多氢菲和C_{17}侧链与磷脂的疏水端共存于细胞膜。胆固醇在体内还可转变成多种类固醇激素、维生素D_3及胆汁酸等。

PPT

第二节　脂质的消化吸收

一、脂质的消化

脂质不溶于水，不能与消化酶充分接触。因此，脂质的消化首先依赖于胆汁酸盐的乳化作用。胆汁酸盐有较强乳化作用，能降低脂-水相间的界面张力，使脂质乳化成细小微团（micelles）并稳定地分散于消化液中，极大地增加消化酶与脂质接触面积，促进脂质消化。含胆汁酸盐的胆汁、含脂质消化酶的胰液分泌后进入十二指肠，所以小肠上段是脂质消化的主要场所。

胰腺分泌的脂质消化酶包括胰脂肪酶（pancreatic lipase）、胰辅脂肪酶（colipase）、胰磷脂酶 A_2（phospholipase A_2，PLA_2）和胆固醇酯酶（cholesterol esterase）。胰脂肪酶特异水解甘油三酯 1、3 位酯键，生成 2-甘油一酯及 2 分子脂肪酸。胰辅脂肪酶在胰腺泡以酶原形式存在，分泌入十二指肠腔后被胰蛋白酶从 N 端水解，移去五肽而激活。胰辅脂肪酶本身不具脂肪酶活性，但可通过疏水键与甘油三酯结合，通过氢键与胰脂肪酶结合，将胰脂肪酶锚定在乳化微团的脂-水界面，使胰脂肪酶与脂肪充分接触，发挥水解脂肪的功能。胰辅脂肪酶还可防止胰脂肪酶在脂-水界面上变性、失活。可见，胰辅脂肪酶是胰脂肪酶发挥脂肪消化作用必不可少的辅因子。胰磷脂酶 A_2 催化磷脂 2 位酯键水解，生成脂肪酸和溶血磷脂（lysophosphatide）。胆固醇酯酶水解胆固醇酯，生成胆固醇和脂肪酸。溶血磷脂、胆固醇可协助胆汁酸盐将食物脂质乳化成更小的混合微团（mixed micelles）。这种微团体积更小（直径约 20nm），极性更大，易穿过小肠黏膜细胞表面的水屏障被黏膜细胞吸收。

慢性胆囊炎患者，因胆汁酸盐代谢异常，会影响脂质的乳化作用，导致患者出现厌油腻食物表现。

二、脂质的吸收

脂质及其消化产物主要在十二指肠下段及空肠上段吸收。食物脂质含少量由（中链 6C～10C、短链 2C～4C）脂肪酸构成的甘油三酯，它们经胆汁酸盐乳化后可直接被肠黏膜细胞摄取，继而在细胞内脂肪酶作用下，水解成脂肪酸及甘油（glycerol），通过门静脉进入血循环。

脂质消化产生的长链（12C～26C）脂肪酸、2-甘油一酯、胆固醇和溶血磷脂等，在小肠以混合微团形式进入肠黏膜细胞。长链脂肪酸在小肠黏膜细胞首先被转化成脂酰辅酶 A（acyl CoA），再在滑面内质网脂酰辅酶 A 转移酶（acyl CoA transferase）催化下，由 ATP 供能，被转移至 2-甘油一酯的其他羟基上，重新合成甘油三酯；再与粗面内质网上合成的载脂蛋白（apolipoprotein，Apo）$ApoB_{48}$、ApoC、ApoA Ⅰ、ApoA Ⅳ等及磷脂、胆固醇共同组装成乳糜微粒（chylomicron，CM），被肠黏膜细胞分泌，经淋巴系统进入血液循环。

体内脂质过多，尤其是饱和脂肪酸、胆固醇过多，在肥胖、高脂血症（hyperlipidemia）、动脉粥样硬化（atherosclerosis）、2 型糖尿病（type 2 diabetic mellitus，T2DM）、高血压和癌症等发生中具有重要作用。小肠被认为是介于机体内、外脂质间的选择性屏障。脂质通过该屏障过多会导致其在体内堆积，导致上述疾病发生。小肠的脂质消化、吸收能力具有很大可塑性。脂质本身可刺激小肠、增强脂质消化吸收能力。这不仅能促进摄入增多时脂质的消化吸收，保障体内能量、必需脂肪酸、脂溶性维生素供应，也能增强机体对食物缺乏环境的适应能力。小肠脂质消化吸收能力调节的分子机制可能涉及小肠特殊的分泌物质或特异的基因表达产物，可能是预防体脂过多、治疗相关疾病、开发新药物、采用膳食干预措施的新靶标。

课堂互动

当血糖水平降低时，机体各组织器官如何获得能量？

PPT

第三节　甘油三酯的分解代谢

一、脂肪动员

脂肪动员（fat mobilization）是指储存在脂肪细胞内的脂肪在脂肪酶作用下，逐步水解，释放出游离脂肪酸和甘油被转运至其他各组织氧化利用的过程（图 7-1）。脂肪在细胞内分解的第一步主要由脂肪组织甘油三酯脂肪酶（adipose triglyceride lipase，ATGL）催化，水解成甘油二酯及脂肪酸；第二步主要由激素敏感性脂肪酶（hormone sensitive lipase，HSL）催化，主要水解甘油二酯，生成甘油一酯和脂肪酸。最后由甘油一酯脂肪酶（monoacylglycerol lipase，MGL）催化甘油一酯生成甘油和脂肪酸。

当禁食、饥饿或交感神经兴奋时，肾上腺素、去甲肾上腺素、胰高血糖素等分泌增加，作用于脂肪细胞膜受体，激活腺苷酸环化酶，使腺苷酸环化成 cAMP，激活 cAMP 依赖性蛋白激酶，使胞质内 HSL 磷酸化而激活，分解脂肪。这些能够激活脂肪酶，促进脂肪动员的激素称为脂解激素。而胰岛素、前列腺素 E_2 等能对抗脂解激素的作用，抑制脂肪动员，称为抗脂解激素。

游离脂肪酸不溶于水，不能直接在血浆中运输。血浆清蛋白具有结合游离脂肪酸的能力（每分子清蛋白可结合 10 分子游离脂肪酸），能将脂肪酸运送至全身，主要由心、肝、骨骼肌等摄取利用。

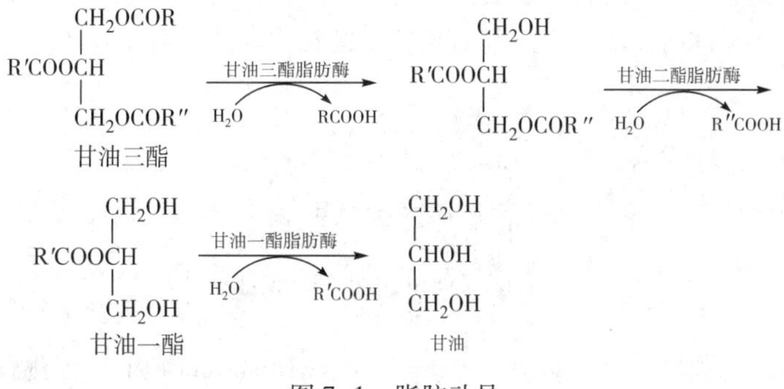

图 7-1　脂肪动员

二、甘油的氧化分解

脂肪动员产生的甘油易溶于水，可直接经血液运输至肝、肾、肠等组织利用。在甘油激酶（glycerokinase）作用下，甘油转变为 3-磷酸甘油，然后脱氢生成磷酸二羟丙酮，循糖代谢途径分解，在血糖浓度低时也可循糖异生途径转变为葡萄糖（图 7-2）。肝的甘油激酶活性最高，脂肪动员产生的甘油主要被肝摄取利用，而脂肪及骨骼肌因甘油激酶活性很低，对甘油的摄取利用很有限。

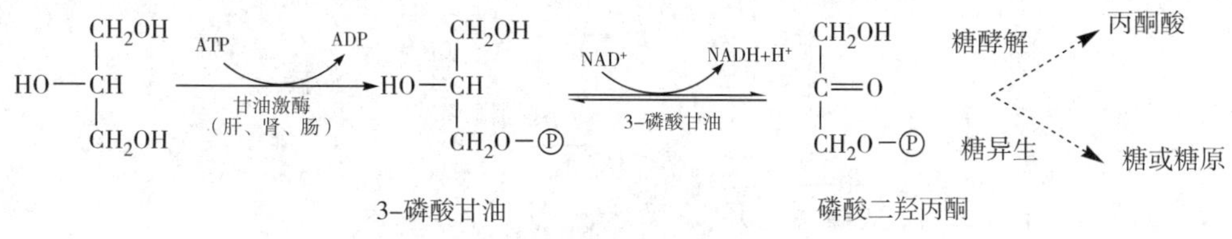

图 7-2　甘油的氧化分解

三、脂肪酸的氧化分解

微课

1904 年，努珀（F. Knoop）采用不能被机体分解的苯基标记脂肪酸 ω-甲基，喂养犬，检测尿液中的代谢产物。结果发现，无论碳链长短，如果标记脂肪酸碳原子是偶数，尿中排出苯乙酸；如果标记脂肪酸碳原子是奇数，尿中排出苯甲酸。据此，努珀提出脂肪酸在体内氧化分解从羧基端 β-碳原子开始，每次断裂 2 个碳原子，即“β-氧化学说”。

除脑外，大多数组织均能氧化脂肪酸，以肝、心肌、骨骼肌能力最强。在供 O_2 充足时，脂肪酸可经脂肪酸活化、脂酰基转移至线粒体、β-氧化（β-oxidation）生成乙酰辅酶 A 及乙酰辅酶 A 进入三羧酸循环彻底氧化 4 个阶段，最终转变为 CO_2 和 H_2O，释放大量 ATP。

（一）脂肪酸活化为脂酰辅酶 A

脂肪酸被氧化前必须先在胞质中活化，由内质网、线粒体外膜上的脂酰辅酶 A 合成酶（acyl-CoA synthetase）催化生成脂酰辅酶 A，需 ATP、辅酶 A 及 Mg^{2+} 参与。脂酰辅酶 A 含高能硫酯键，不仅可提高反应活性，还可增加脂肪酸的水溶性，因而提高脂肪酸代谢活性。活化反应生成的焦磷酸（PPi）立即被细胞内焦磷酸酶水解，阻止了逆向反应的进行，活化消耗 1 分子 ATP，但却被转变成 AMP，消耗 2 个高能磷酸键，故 1 分子脂肪酸活化视为消耗 2 分子 ATP（图 7-3）。

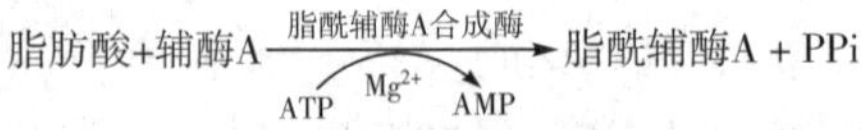

$$\text{脂肪酸}+\text{辅酶A}\xrightarrow[\text{ATP}\ \ \text{Mg}^{2+}\ \ \text{AMP}]{\text{脂酰辅酶A合成酶}}\text{脂酰辅酶A}+\text{PPi}$$

图 7-3 脂肪酸活化

（二）脂酰辅酶 A 进入线粒体

催化脂肪酸氧化的酶系存在于线粒体基质，脂酰辅酶 A 必须进入线粒体才能被氧化。由于线粒体内膜对物质转运的选择性，长链脂酰辅酶 A 不能直接透过线粒体内膜，需要肉碱协助转运，肉碱即 L-β-羟基-γ-三甲氨基丁酸。

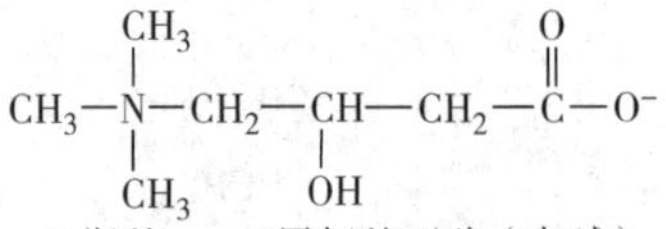

$$(CH_3)_3N^{+}-CH_2-CH(OH)-CH_2-C(=O)-O^-$$

β-羟基-γ-三甲氨基丁酸（肉碱）

线粒体内膜外侧存在的肉碱脂酰转移酶Ⅰ（carnitine acyl transferase Ⅰ）催化长链脂酰辅酶 A 与肉碱合成脂酰肉碱（acylcarnitine），后者在线粒体内膜肉碱-脂酰肉碱转位酶（carnitine acylcarnitine translocase）作用下，通过内膜进入线粒体基质，同时将等分子肉碱转运出线粒体。进入线粒体的脂酰肉碱，在线粒体内膜内侧肉碱脂酰转移酶Ⅱ作用下，转变为脂酰辅酶 A 并释出肉碱（图 7-4）。

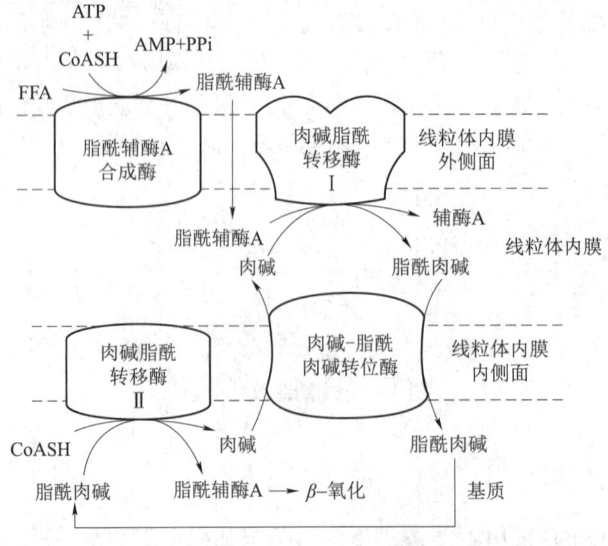

图 7-4 脂酰辅酶 A 进入线粒体的转运机制

脂酰辅酶A进入线粒体是脂肪酸β-氧化的限速步骤，肉碱脂酰转移酶Ⅰ是脂肪酸β-氧化的关键酶。当饥饿、糖尿病或高脂低糖膳食时，机体没有充足的糖供应，或不能有效利用糖，需脂肪酸供能，肉碱脂酰转移酶Ⅰ活性增加，脂肪酸氧化增强。相反，饱食后脂肪酸合成加强，丙二酸单酰辅酶A含量增加，抑制肉碱脂酰转移酶Ⅰ活性，使脂肪酸的氧化被抑制。

知识拓展

肉碱与减肥

肉碱（carnitine），化学名称L-β-羟基-γ-三甲氨基丁酸，有左旋和右旋两种构型，左旋肉碱具有生物活性。从膳食中摄入是肉碱的一个主要来源。左旋肉碱能够协助长链脂酰基进入线粒体，从而促进机体对脂肪利用，降低各种组织的脂肪量，达到去脂减肥的目的。1985年在芝加哥召开的国际营养学术会议上将左旋肉碱指定为“多功能营养品”。由于左旋肉碱在脂肪代谢中的特殊作用，常被用作减肥的辅助药物。但是，肥胖主要是体内脂肪堆积过多，因此，减肥除了利用左旋肉碱增加脂肪的消耗，还必须配合适当的运动，控制饮食。

（三）脂酰辅酶A的β-氧化

线粒体基质中存在由多个酶结合在一起形成的脂肪酸β-氧化酶系，在该酶系多个酶依序逐步催化下，从脂酰辅酶A的β-碳原子开始，进行脱氢、加水、再脱氢及硫解四步反应（图7-5），1分子脂酰辅酶A分解产生1分子乙酰辅酶A和比原来少2C的脂酰辅酶A，完成一次β-氧化。

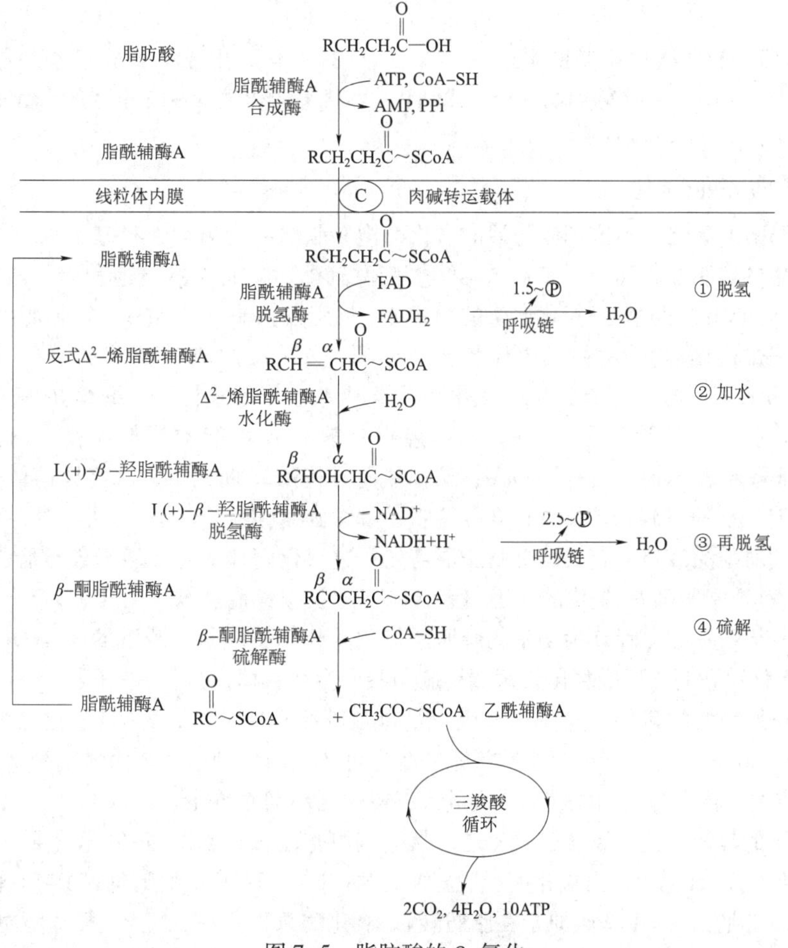

图7-5　脂肪酸的β-氧化

1. 脱氢生成烯脂酰辅酶A 脂酰辅酶A在脂酰辅酶A脱氢酶（acetyl CoA dehydrogenase）催化下，从α、β碳原子各脱下一个氢原子，由FAD接受生成$FADH_2$，同时生成反式Δ^2-烯脂酰辅酶A。

2. 加水生成羟脂酰辅酶A 反式Δ^2-烯脂酰辅酶A在烯脂酰辅酶A水化酶（enoyl CoA hydratase）催化下，加水生成L（+）-β-羟脂酰辅酶A。

3. 再脱氢生成β-酮脂酰辅酶A L（+）-β-羟脂酰辅酶A在L（+）-β-羟脂酰辅酶A脱氢酶（L-β-hydroxyacyl CoA dehydrogenase）催化下，脱下2H，由NAD^+接受生成$NADH+H^+$，同时生成β-酮脂酰辅酶A。

4. 硫解生成乙酰辅酶A β-酮脂酰辅酶A在β-酮脂酰辅酶A硫解酶（β-ketothiolase）催化下，加辅酶A使碳链在β位断裂，生成1分子乙酰辅酶A和少2个碳原子的脂酰辅酶A。

经过上述四步反应，原脂酰辅酶A的碳链被缩短2个碳原子。脱氢、加水、再脱氢及硫解反复进行，最终完成脂肪酸β-氧化。生成的$FADH_2$、$NADH+H^+$经呼吸链氧化，与ADP磷酸化偶联产生ATP。

（四）乙酰辅酶A的彻底氧化

生成的乙酰辅酶A主要在线粒体通过三羧酸循环及氧化磷酸化彻底氧化为CO_2和H_2O，产生大量ATP。在肝，部分乙酰辅酶A还可以转变成酮体，通过血液运送至肝外组织被氧化利用。

（五）脂肪酸的氧化供能

脂肪酸彻底氧化可生成大量ATP。以软脂酸（16C）为例，1分子软脂酸彻底氧化需进行7次β-氧化，生成7分子$FADH_2$、7分子$NADH+H^+$及8分子乙酰辅酶A。在pH7.0，25℃的标准条件下氧化磷酸化，每分子$FADH_2$产生1.5分子ATP，每分子$NADH+H^+$产生2.5分子ATP；每分子乙酰辅酶A经三羧酸循环彻底氧化产生10分子ATP，因此1分子软脂酸彻底氧化共生成$(7\times1.5)+(7\times2.5)+(8\times10)=108$分子ATP，因为脂肪酸活化消耗2个高能磷酸键，相当于2分子ATP，所以1分子软脂酸彻底氧化净生成106分子ATP。

同理，n个碳原子的偶数碳脂肪酸需经$(n/2)-1$次β-氧化，生成n/2分子乙酰辅酶A，故共生成$[(n/2)-1]\times4+(n/2)\times10=[(n/2)\times14]-4$分子ATP，再减去活化消耗的2个ATP，故n个碳原子的脂肪酸彻底氧化分解净生成$[(n/2)\times14]-6$分子ATP。

（六）其他脂肪酸的氧化

1. 不饱和脂肪酸的氧化 不饱和脂肪酸的氧化与饱和脂肪酸的氧化途径基本相似。不同的是，饱和脂肪酸β-氧化产生的烯脂酰辅酶A，是反式Δ^2-烯脂酰辅酶A，而天然不饱和脂肪酸中的双键为顺式。因双键位置不同，不饱和脂肪酸β-氧化产生的顺式Δ^3-烯脂酰辅酶A或顺式Δ^2-烯脂酰辅酶A不能继续β-氧化。顺式Δ^2-烯脂酰辅酶A在线粒体特异Δ^3-顺→Δ^2-反烯脂酰辅酶A异构酶（Δ^3-cis→Δ^2-transenoyl-CoA isomerase）催化下转变为β-氧化酶系能识别的Δ^2反式构型，继续β-氧化。顺式Δ^2-烯脂酰辅酶A虽然也能水化，但形成的D（-）-β-羟脂酰辅酶A不能被线粒体β-氧化酶系识别。在D（-）-β-羟脂酰辅酶A表异构酶（epimerase，又称差向异构酶）催化下，右旋异构体［D（-）型］转变为β-氧化酶系能识别的左旋异构体［L（+）型］，继续β-氧化。

2. 超长碳链脂肪酸的氧化 超长碳链脂肪酸需先在过氧化酶体氧化成较短碳链脂肪酸。过氧化物酶体（peroxisomes）存在脂肪酸β-氧化的同工酶系，能将超长碳链脂肪酸（如C_{20}、C_{22}）氧化成较短碳链脂肪酸。氧化第一步反应在以FAD为辅基的脂肪酸氧化酶作用下脱氢，脱下的氢与O_2结合成H_2O_2，而不是进行氧化磷酸化；进一步反应释出较短碳链脂肪酸，在线粒体内进行β-氧化。

3. 奇数碳原子脂肪酸的氧化 人体含有极少量奇数碳原子脂肪酸，经β-氧化除了生成乙酰辅酶A外，还生成1分子丙酰辅酶A；支链氨基酸氧化分解亦可产生丙酰辅酶A。丙酰辅酶A彻底氧化需经β-羧化酶及异构酶作用，转变为琥珀酰辅酶A，进入三羧酸循环彻底氧化。

4. 脂肪酸氧化的其他方式 脂肪酸氧化还可从远侧甲基端进行，即ω-氧化（ω-oxidation）。与内质网紧密结合的脂肪酸ω-氧化酶系由羧化酶、脱氢酶、$NADP^+$、NAD^+及细胞色素P450（cytochrome P450，CytP450）等组成。脂肪酸ω-甲基碳原子在脂肪酸ω-氧化酶系作用下，经ω-羟基脂肪酸、ω-醛基脂肪酸等中间产物，形成α，ω-二羧酸。这样，脂肪酸就能从任一端活化并进行β-氧化。

案例解析

【案例】患者，55岁。现血糖升高至今8年，长期服用降糖药，但用药不规律。突然在家中昏迷，被送往医院急诊抢救。血压80/50mmHg，面色潮红，呼吸急促，呼出的气体有“烂苹果”气味，心率130次/分，皮肤干燥。急查：血糖38.4mmol/L，尿糖（++++），尿酮体（+++）pH7.13，PCO_2 15.68，临床诊断为糖尿病酮症酸中毒。试用学过的知识解释酮症酸中毒发生的生化机制。

【解析】糖尿病酮症酸中毒为最常见的糖尿病急症。糖尿病加重时，胰岛素相对不足，三大代谢紊乱，不但血糖明显升高，而且脂肪分解增加，脂肪酸在肝脏经β氧化产生大量乙酰辅酶A，由于糖代谢紊乱，草酰乙酸不足，乙酰辅酶A不能进入三羧酸循环氧化而合成酮体，血中酮体水平升高，酮体主要成分β-羟丁酸、乙酰乙酸均为酸性物质，导致酸中毒。另一种物质为丙酮经呼吸排出体外，所以呼气中有“烂苹果”气味。患者有糖尿病病史，血糖38.4mmol/L，尿糖（++++），尿酮体（+++），pH降低，PCO_2降低，所以诊断为糖尿病酮症酸中毒。

四、酮体的生成与利用

在肝外组织，脂肪酸β-氧化产生的乙酰辅酶A全部进入三羧酸循环彻底氧化。然而，脂肪酸在肝内β-氧化产生的大量乙酰辅酶A，部分被转变成酮体（ketone），向肝外输出。酮体包括乙酰乙酸（acetoacetate）（约占30%）、β-羟丁酸（β-hydroxy-butyrate）（约占70%）和丙酮（acetone）（微量）。

（一）酮体的生成

酮体生成以脂肪酸β-氧化生成的乙酰辅酶A为原料，在肝线粒体由酮体合成酶系催化完成（图7-6）。

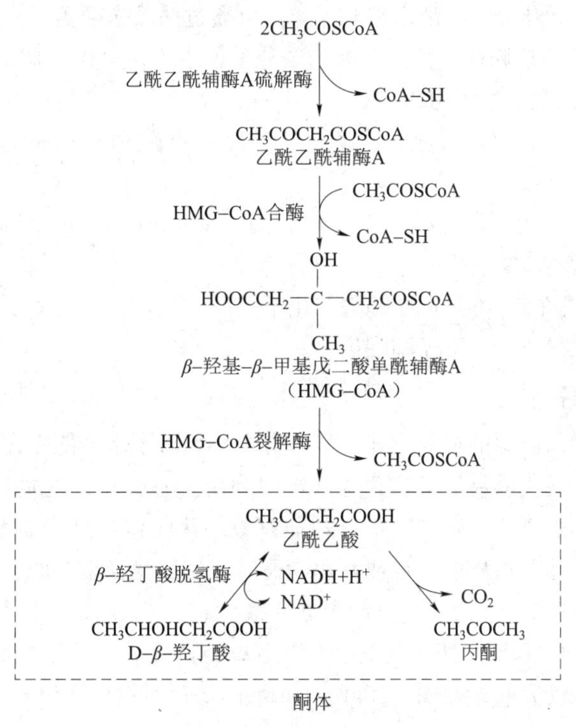

图7-6　酮体的生成

1. 2分子乙酰辅酶A缩合成乙酰乙酰辅酶A 由乙酰乙酰辅酶A硫解酶（thiolase）催化，释放1分子辅酶A。

2. 乙酰乙酰辅酶A与乙酰辅酶A缩合成HMG-CoA 由羟甲基戊二酸单酰辅酶A合酶（HMG-CoAsynthase）催化，生成β-羟基-β-甲基戊二酸单酰CoA（β-hydroxy-β-methylglutaryl CoA，HMG-CoA），释放出1分子辅酶A。

3. HMG-CoA裂解产生乙酰乙酸 在HMG-CoA裂解酶（HMG-CoA lyase）作用下完成，生成乙酰乙酸和乙酰辅酶A。

4. 乙酰乙酸还原成β-羟丁酸 由NADH+H$^+$供氢，在β-羟丁酸脱氢酶（β-hydroxybutyrate dehydrogenase）催化下完成。少量乙酰乙酸可自发脱羧转变成丙酮。

（二）酮体的氧化利用

肝组织有活性较强的酮体合成酶系，但缺乏利用酮体的酶系。肝外许多组织具有活性很强的酮体利用酶，能将酮体重新裂解成乙酰辅酶A，通过三羧酸循环彻底氧化（图7-7）。所以肝内生成的酮体需经血液运输至肝外组织氧化利用。

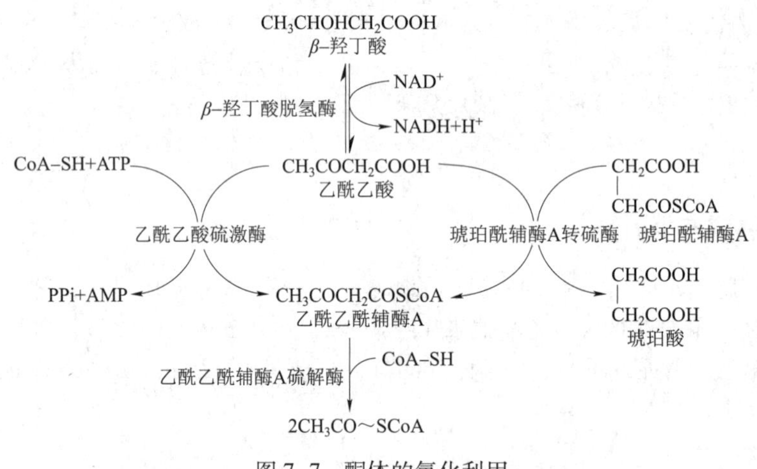

图7-7 酮体的氧化利用

乙酰乙酸的利用必须先活化变成乙酰乙酰辅酶A，可通过两条途径实现。

1. 在心、肾、脑及骨骼肌线粒体，乙酰乙酸与1分子琥珀酰辅酶A由琥珀酰辅酶A转硫酶（succinyl CoA thiophorase）催化生成乙酰乙酰辅酶A。

2. 在肾、心和脑线粒体，乙酰乙酸由ATP供能，乙酰乙酸硫激酶（acetoacetate thiokinase）催化成乙酰乙酰辅酶A。

3. 1分子乙酰乙酰辅酶A由乙酰乙酰辅酶A硫解酶（acetoacetyl CoA thiolase）催化分解生成2分子乙酰辅酶A，进入三羧酸循环彻底氧化。

4. β-羟丁酸的利用是先在β-羟丁酸脱氢酶催化下，脱氢生成乙酰乙酸，再转变成乙酰辅酶A被氧化。正常情况下，丙酮生成量很少，可经肺呼出。

（三）酮体代谢的生理意义

酮体是肝向肝外组织输出能源的重要形式，酮体分子小，溶于水，能在血液中运输，还能通过血-脑屏障、肌组织的毛细血管壁，很容易被运输到肝外组织利用。心肌和肾皮质利用酮体的能力大于利用葡萄糖的能力。脑组织虽然不能氧化分解脂肪酸，却能有效利用酮体。当葡萄糖供应充足时，脑组织优先利用葡萄糖氧化供能；但在葡萄糖供应不足或利用障碍时，酮体是脑组织的主要能源物质。

正常情况下，当糖供应能量充足时，脂肪动员减少，血中仅含少量酮体，为0.03~0.5mmol/L（0.3~5mg/dl）。在饥饿或糖尿病时，由于脂肪动员加强，酮体生成增加，大量酮体入血，超过肝外组织的利用能力，血液中酮体浓度升高，称酮血症（ketonemia）。严重糖尿病患者血中酮体含量可高出正常人数十倍，导致酮症酸中毒（ketoacidosis），是一种常见的代谢性酸中毒。血酮体超过肾阈值，便可随尿排出，称酮尿症（ketonuria）。此时，血丙酮含量也大大增加，通过呼吸道排出，产生特殊的“烂苹果气味”。

（四）酮体生成的调节

1. 餐食状态影响酮体生成　饱食后胰岛素分泌增加，脂解作用受抑制，脂肪动员减少，酮体生成减少。饥饿时，胰高血糖素等脂解激素分泌增多，脂肪动员加强，脂肪酸β-氧化及酮体生成增多。

2. 糖代谢影响酮体生成　餐后或糖供给充分时，糖分解代谢旺盛、供能充分，肝内脂肪酸氧化分解减少，酮体生成被抑制。相反，饥饿或糖利用障碍时，脂肪酸氧化分解增强，生成乙酰辅酶A增加，但草酰乙酸减少，乙酰辅酶A进入三羧酸循环受阻，导致乙酰辅酶A大量堆积，酮体生成增多。

3. 丙二酸单酰辅酶A抑制酮体生成　糖代谢旺盛时，乙酰辅酶A及柠檬酸增多，别构激活乙酰辅酶A羧化酶，促进丙二酸单酰辅酶A合成，后者竞争性抑制肉碱脂酰转移酶Ⅰ，阻止脂酰辅酶A进入线粒体进行β-氧化，从而抑制酮体生成。

课堂互动

为什么糖摄入过多可以导致肥胖?

第四节　甘油三酯的合成代谢

体内甘油三酯的合成是以脂酰辅酶A和3-磷酸甘油为直接原料，通过三个阶段即脂肪酸的合成、3-磷酸甘油的合成以及甘油三酯的合成来完成的。

一、脂肪酸的合成

（一）脂肪酸合成的部位和原料

内源性脂肪酸的合成均需先合成软脂酸（palmitic acid），然后再加工延长。软脂酸在胞质中合成。催化哺乳类动物脂肪酸合成的酶存在于肝、肾、脑、肺、乳腺及脂肪等多种组织的细胞质，肝中活性最高，其合成能力较脂肪组织大8~9倍，是人体合成脂肪酸的主要场所。

乙酰辅酶A是软脂酸合成的基本原料。用于软脂酸合成的乙酰辅酶A主要由葡萄糖有氧氧化供给，在线粒体内产生，不能自由透过线粒体内膜，需通过柠檬酸-丙酮酸循环（citrate pyruvate cycle）（图7-8）进

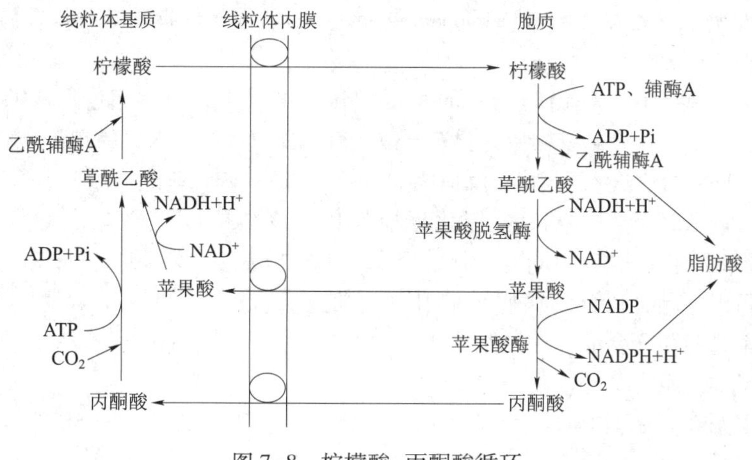

图7-8　柠檬酸-丙酮酸循环

入胞质。在此循环中，乙酰辅酶A首先在线粒体内柠檬酸合酶催化下，与草酰乙酸缩合成柠檬酸；后者通过线粒体内膜载体转运进入胞质，被ATP-柠檬酸裂解酶裂解，重新生成乙酰辅酶A及草酰乙酸。进入胞质的乙酰辅酶A作为脂肪酸合成的原料，而进入胞质的草酰乙酸在苹果酸脱氢酶作用下，由NADH+H^+供氢，还原成苹果酸，再经线粒体内膜载体转运至线粒体内。苹果酸也可在苹果酸酶作用下氧化脱羧、产生CO_2和丙酮酸，脱下的氢将$NADP^+$还原成NADPH+H^+。丙酮酸可通过线粒体内膜上的载体转运至线粒体内，经羧化重新生成线粒体内草酰乙酸，以补充线粒体内草酰乙酸的消耗，再参与乙酰辅酶A的转运。

软脂酸合成除乙酰辅酶A外，还需ATP、NADPH+H^+、HCO_3^-（CO_2）及Mn^{2+}等原料。NADPH+H^+主要来自磷酸戊糖途径。

（二）软脂酸的合成

1分子软脂酸由1分子乙酰辅酶A与7分子丙二酸单酰辅酶A缩合而成。

1. 乙酰辅酶A转化成丙二酸单酰辅酶A 是软脂酸合成的第一步反应。乙酰辅酶A进入胞质后先经乙酰辅酶A羧化酶（acetyl CoA carboxylase）催化生成丙二酸单酰辅酶A，此酶是脂肪酸合成的关键酶，以Mn^{2+}为激活剂，含生物素辅基，起转移CO_2作用。该羧化反应为不可逆反应，过程如下：

$$\text{酶-生物素}+HCO_3^-+ATP \rightarrow \text{酶-生物素}-CO_2+ADP+Pi$$

$$\text{酶-生物素}-CO_2+\text{乙酰辅酶A} \rightarrow \text{酶-生物素}+\text{丙二酸单酰辅酶A}$$

总反应：

$$HCO_3^-+\text{乙酰辅酶A}+ATP \rightarrow \text{丙二酸单酰辅酶A}+ADP+Pi$$

乙酰辅酶A羧化酶活性受别构调节及化学修饰调节。该酶有两种存在形式：无活性单体及有活性多聚体。柠檬酸、异柠檬酸可使此酶发生别构激活——由单体聚合成多聚体；软脂酰辅酶A及其他长链脂酰辅酶A可使多聚体解聚成单体，别构抑制该酶活性。乙酰辅酶A羧化酶还可在一种AMP激活的蛋白激酶（AMP-activated protein kinase，AMPK）催化下发生酶蛋白（第79位、1200位及1215位上丝氨酸残基）磷酸化而失活。胰高血糖素能激活该蛋白激酶，抑制乙酰辅酶A羧化酶活性；胰岛素能通过蛋白磷酸酶的去磷酸化作用，使磷酸化的乙酰辅酶A羧化酶脱磷酸，恢复活性。高糖膳食可促进乙酰辅酶A羧化酶蛋白合成，增加酶活性。

2. 大肠埃希菌脂肪酸合酶 该酶为多酶复合物，其核心由7种独立的多肽组成，这7种多肽包括酰基载体蛋白（acyl carrier protein，ACP）、乙酰辅酶A-ACP转酰基酶（acetyl-CoA-ACP transacylase，AT，以下简称乙酰基转移酶）、β-酮脂酰-ACP合酶（β-ketoacyl-ACP synthase，KS，以下简称β-酮脂酰合酶）、丙二酸单酰辅酶A-ACP转酰基酶（malonyl-CoA-ACP transacylase，MT，以下简称丙二酸单酰转移酶）、β-酮脂酰-ACP还原酶（β-ketoacyl-ACP reductase，KR，以下简称β-酮脂酰还原酶）、β-羟脂酰-ACP脱水酶（β-hydroxyacyl-ACP dehydratase，HD，以下简称β-羟脂酰脱水酶）及烯脂酰-ACP还原酶（enoyl-ACP reductase，ER，以下简称烯脂酰还原酶）。细菌酰基载体蛋白是一种小分子蛋白质（Mr，8860），以4′-磷酸泛酰巯基乙胺（4′-phosphopantetheine）为辅基，是脂酰基载体。此外，细菌脂肪酸合酶体系至少还有另外3种成分。

3. 哺乳类动物脂肪酸合酶 是由两个相同亚基（Mr，240×10^3）首尾相连形成的二聚体（Mr，480×10^3）。每个亚基含有3个结构域。结构域1含有乙酰基转移酶（AT）、丙二酸单酰转移酶（MT）及β-酮脂酰合酶（KS），与底物的“进入”、缩合反应相关。结构域2含有β-酮脂酰还原酶（KR）、β-羟脂酰脱水酶（HD）及烯脂酰还原酶（ER），催化还原反应；该结构域还含有一个肽段——酰基载体蛋白（ACP）。结构域3含有硫酯酶（thioesterase，TE），与脂肪酸的释放有关。3个结构域之间由柔性的区域连接，使结构域可以移动，利于几个酶之间的协调、连续作用。

细菌、哺乳类动物脂肪酸合成过程类似。

4. 细菌软脂酸合成 包括以下步骤（图7-9）：

（1）启动 乙酰辅酶A在乙酰基转移酶作用下被转移至ACP的巯基（—SH），再从ACP转移至β-酮脂酰合酶的半胱氨酸巯基上。

（2）装载　丙二酸单酰辅酶 A 在丙二酸单酰转移酶作用下，先脱去辅酶 A，再与 ACP 的—SH 缩合、连接，形成丙二酸单酰基-ACP。

（3）缩合　β-酮脂酰合酶上连接的乙酰基与 ACP 上的丙二酸单酰基缩合，生成β-酮丁酰 ACP，释放 CO_2。

（4）还原　由 NADPH+H^+供氢，β-酮丁酰 ACP 在β-酮脂酰还原酶作用下加氢、还原成 D-(−)-β-羟丁酰 ACP。

（5）脱水　D-(−)-β-羟丁酰 ACP 在脱水酶作用下，脱水生成反式 Δ^2-烯丁酰 ACP。

（6）再还原　NADPH+H^+供氢，反式 Δ^2-烯丁酰 ACP 在烯脂酰还原酶作用下，再加氢生成丁酰 ACP。

丁酰 ACP 是脂肪酸合酶复合物催化合成的第一轮产物。通过这一轮反应，即酰基转移、缩合、还原、脱水、再还原等步骤，产物碳原子由 2 个增加至 4 个。然后，丁酰由 E_1-泛酸-SH（即 ACP—SH）转移至 E_2-半胱-SH，E_1-泛酸-SH 又可与另一丙二酸单酰基结合，进行缩合、还原、脱水、再还原等步骤的第二轮循环。经 7 次循环后，生成 16 碳软脂酰-E_2；由硫酯酶水解，软脂酸从脂肪酸合酶复合物释放，即生成终产物游离的软脂酸。

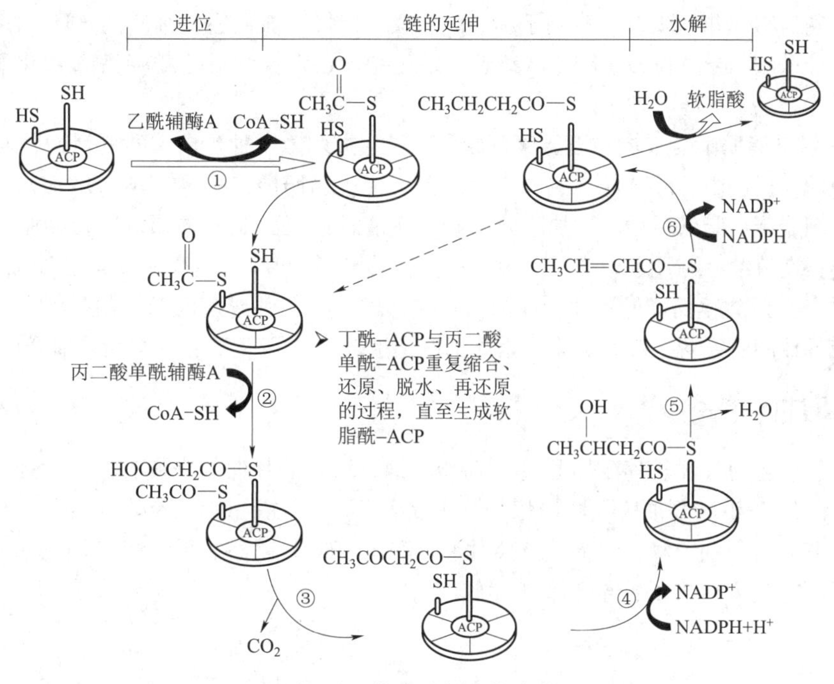

图 7-9　软脂酸的生物合成

软脂酸合成的总反应式为：

$$CH_3CO\sim SCoA+7HOOCCH_2CO\sim SCoA+14(NADPH+H^+)\longrightarrow$$
$$CH_3(CH_2)_{14}COOH+7CO_2+6H_2O+8CoA\text{-}SH+14NADP^+$$

（三）其他脂肪酸的合成

脂肪酸合酶复合物催化合成软脂酸，更长碳链脂肪酸的合成通过对软脂酸加工、延长完成。

1. 内质网脂肪酸延长途径　该途径由脂肪酸延长酶体系催化，以丙二酸单酰辅酶 A 为二碳单位供体，NADPH+H^+供氢，每通过缩合、还原、脱水及再还原等反应延长 2 个碳原子；反复进行，可使碳链延长，过程与软脂酸合成相似，但脂酰基不是以 ACP 为载体，而是连接在辅酶 A 上进行。该酶体系可将脂肪酸延长至 24 碳，但以 18 碳硬脂酸为主。

2. 线粒体脂肪酸延长途径　该途径在脂肪酸延长酶体系作用下，以乙酰辅酶 A 为二碳单位供体，软脂酰辅酶 A 与乙酰辅酶 A 缩合，生成β-酮硬脂酰辅酶 A；再由 NADPH+H^+供氢，还原为β-羟硬脂酰辅酶 A，接着脱水生成 α,β-烯硬脂酰辅酶 A，α,β-烯硬脂酰辅酶 A 由 $NADPH+H^+$ 供氢，还原为硬脂酰辅酶 A。通过缩合、还原、脱水及再还原等反应，每轮循环延长 2 个碳原子；一般可延长至 24 或 26 个碳原子，但仍以 18 碳硬脂酸为最多。

3. 不饱和脂肪酸的合成 上述脂肪酸合成途径合成的均为饱和脂肪酸，人体的不饱和脂肪酸主要有软油酸（16∶1，Δ^9）、油酸（18∶1，Δ^9）、亚油酸（18∶2，$\Delta^{9,12}$），α-亚麻酸（18∶3，$\Delta^{9,12,15}$）及花生四烯酸（20∶4，$\Delta^{5,8,11,14}$）等。由于人体只含 Δ^4、Δ^5、Δ^8 及 Δ^9 去饱和酶（desaturase），缺乏 Δ^9 以上去饱和酶，人体只能合成软油酸和油酸等单不饱和脂肪酸，不能合成亚油酸、α-亚麻酸及花生四烯酸等多不饱和脂肪酸。植物因含有 Δ^9、Δ^{12} 及 Δ^{15} 去饱和酶，故能合成 Δ^9 以上多不饱和脂肪酸。人体所需多不饱和脂肪酸必须从食物中摄取。

（四）脂肪酸合成的调节

1. 原料供应量和乙酰辅酶 A 羧化酶活性都可调节脂肪酸合成 ATP、$NADPH+H^+$ 及乙酰辅酶 A 是脂肪酸合成原料，可促进脂肪酸合成；脂酰辅酶 A 是乙酰辅酶 A 羧化酶的别构抑制剂，抑制脂肪酸合成。凡能引起这些代谢物水平有效改变的因素均可调节脂肪酸合成。例如，高脂膳食和脂肪动员可使细胞内脂酰辅酶 A 增多，别构抑制乙酰辅酶 A 羧化酶活性，抑制脂肪酸合成。进食糖类食物后，糖代谢加强，$NADPH+H^+$、乙酰辅酶 A 供应增多，有利于脂肪酸合成；糖代谢加强还使细胞内 ATP 增多，抑制异柠檬酸脱氢酶，导致柠檬酸和异柠檬酸蓄积并从线粒体渗至胞质，别构激活乙酰辅酶 A 羧化酶，促进脂肪酸合成。

2. 胰岛素是调节脂肪酸合成的主要激素 胰岛素可通过刺激一种蛋白磷酸酶活性，使乙酰辅酶 A 羧化酶脱磷酸而激活，促进脂肪酸合成。此外，胰岛素可促进脂肪酸合成磷脂酸，增加脂肪合成。胰岛素还能增加脂肪组织脂蛋白脂酶活性，增加脂肪组织对血液甘油三酯脂肪酸摄取，促使脂肪组织合成脂肪贮存。该过程若长期持续，与脂肪动员之间失去平衡，会导致肥胖。胰高血糖素能增加蛋白激酶活性，使乙酰辅酶 A 羧化酶磷酸化而降低活性，抑制脂肪酸合成。胰高血糖素也能抑制甘油三酯合成，甚至减少肝细胞向血液释放脂肪。肾上腺素、生长素能抑制乙酰辅酶 A 羧化酶，调节脂肪酸合成。

二、3-磷酸甘油的合成

合成甘油三酯所需的甘油是其活化形式 3-磷酸甘油，3-磷酸甘油的来源有两条途径。糖酵解的中间产物磷酸二羟丙酮经 3-磷酸甘油脱氢酶催化可转变成 3-磷酸甘油，是 3-磷酸甘油的主要来源。（图 7-10）肝、肾等组织含有甘油激酶，可催化游离甘油磷酸化生成 3-磷酸甘油，供甘油三酯合成。脂肪细胞甘油激酶很低，不能直接利用甘油合成甘油三酯。

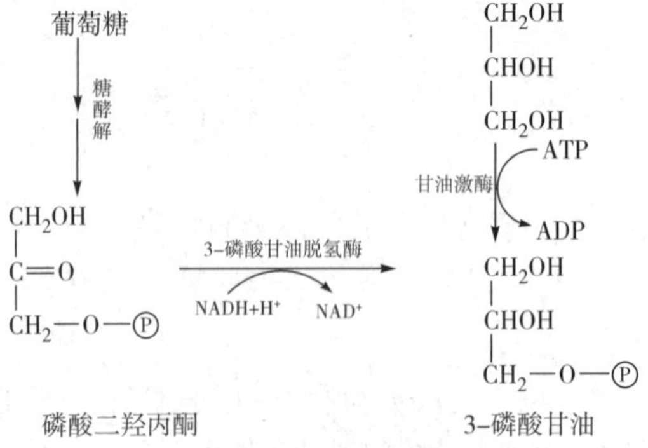

图 7-10 3-磷酸甘油的合成

三、甘油三酯的生物合成

体内甘油三酯合成在细胞质中完成，以肝合成能力最强。但肝细胞不能储存甘油三酯，需与载脂蛋白 B_{100}（Apo B_{100}）、载脂蛋白 C（Apo C）等载脂蛋白及磷脂、胆固醇组装成极低密度脂蛋白（very low density lipoprotein，VLDL），分泌入血，运输至肝外组织。营养不良、中毒，以及必需脂肪酸、胆碱或蛋白质缺乏等可引起肝细胞 VLDL 生成障碍，导致甘油三酯在肝细胞蓄积，发生脂肪肝。脂肪细胞可大量储存甘油三酯，是机体储存甘油三酯的“脂库”。

机体能分解葡萄糖产生 3-磷酸甘油，也能利用葡萄糖分解代谢中间产物乙酰辅酶 A 合成脂肪酸，人和动物即使完全不摄取甘油三酯，亦可由糖转化合成大量甘油三酯。小肠黏膜细胞主要利用摄取的甘油三酯消化产物重新合成甘油三酯，当其以乳糜微粒形式被运送至脂肪组织、肝等组织和器官后，其水解释放的脂肪酸亦可作为这些组织细胞合成甘油三酯的原料。脂肪组织还可水解极低密度脂蛋白中的甘油三酯，释放出的脂肪酸也用于合成甘油三酯。

1. 脂肪酸活化成脂酰辅酶 A　脂肪酸作为甘油三酯合成的基本原料，必须在脂酰辅酶 A 合成酶催化下活化成脂酰辅酶 A（图 7-3），才能参与甘油三酯合成。

2. 甘油一酯途径合成甘油三酯　小肠黏膜细胞以甘油一酯途径合成甘油三酯。由脂酰辅酶 A 转移酶催化、ATP 供能，将脂酰辅酶 A 的脂酰基转移至 2-甘油一酯羟基上合成甘油三酯（图 7-11）。

$R_1-CO-O-CH(CH_2OH)_2$（2-甘油一酯）$\xrightarrow[R_3COSCoA \to CoA\text{-}SH]{转酰酶}$ $R_1-CO-O-CH(CH_2-O-CO-R_2)(CH_2OH)$（1, 2-甘油二酯）$\xrightarrow[R_3COSCoA \to CoA\text{-}SH]{转酰酶}$ $R_1-CO-O-CH(CH_2-O-CO-R_2)(CH_2-O-CO-R_3)$（甘油三酯）

图 7-11　甘油一酯途径合成甘油三酯

3. 甘油二酯途径合成甘油三酯　肝和脂肪组织细胞以甘油二酯途径合成甘油三酯。以葡萄糖酵解生成的 3-磷酸甘油为起始物，先合成甘油二酯，最后通过酯化甘油二酯羟基生成甘油三酯（图 7-12）。合成甘油三酯的三分子脂肪酸可为同一种脂肪酸，也可是 3 种不同脂肪酸。

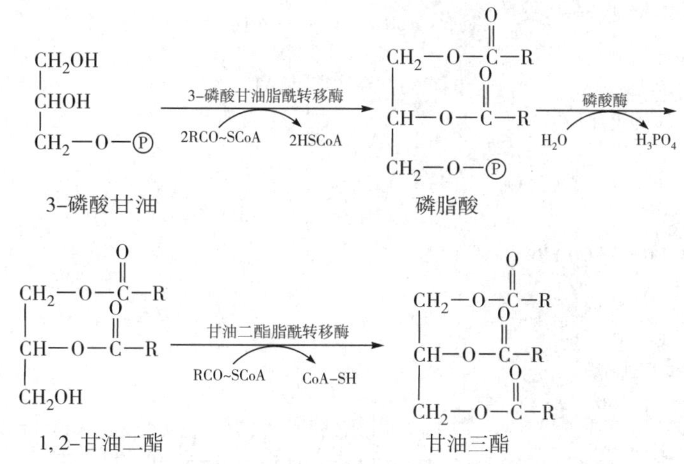

图 7-12　甘油二酯途径合成甘油三酯

第五节　磷 脂 代 谢

一、甘油磷脂的合成

（一）合成场所

人体各组织细胞内质网均含有甘油磷脂合成酶系，以肝、肾及肠等组织活性最高。

（二）合成原料

甘油磷脂合成的基本原料包括甘油、脂肪酸、磷酸盐、胆碱（choline）、丝氨酸、肌醇（inositol）等。甘油和脂肪酸主要由葡萄糖转化而来，甘油磷脂的 C_2 位羟基结合的多不饱和脂肪酸为必需脂肪酸，只能从食物摄取。胆碱可由食物供给，亦可由丝氨酸及甲硫氨酸合成。丝氨酸是合成磷脂酰丝氨酸的原料，脱羧后生成乙醇胺又是合成磷脂酰乙醇胺的原料。乙醇胺从 S-腺苷甲硫氨酸获得 3 个甲基生成胆碱。甘油磷脂合成还需 ATP、CTP。ATP 供能，CTP 参与乙醇胺、胆碱、甘油二酯活化，形成 CDP-乙醇胺、CDP-胆碱、CDP-甘油二酯等活化中间产物（图 7-13）。

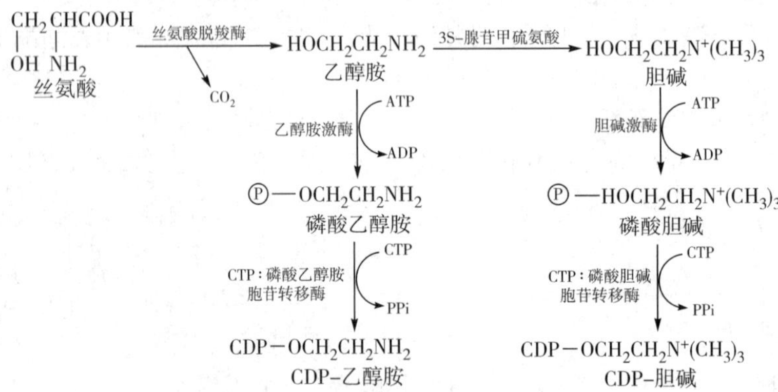

图 7-13　CDP-乙醇胺、CDP-胆碱合成

（三）合成途径

体内甘油磷脂的合成主要有甘油二酯和 CDP-甘油二酯两条途径。

1. 甘油二酯途径　磷脂酰胆碱和磷脂酰乙醇胺通过该途径合成（图 7-14、图 7-15）。甘油二酯是该

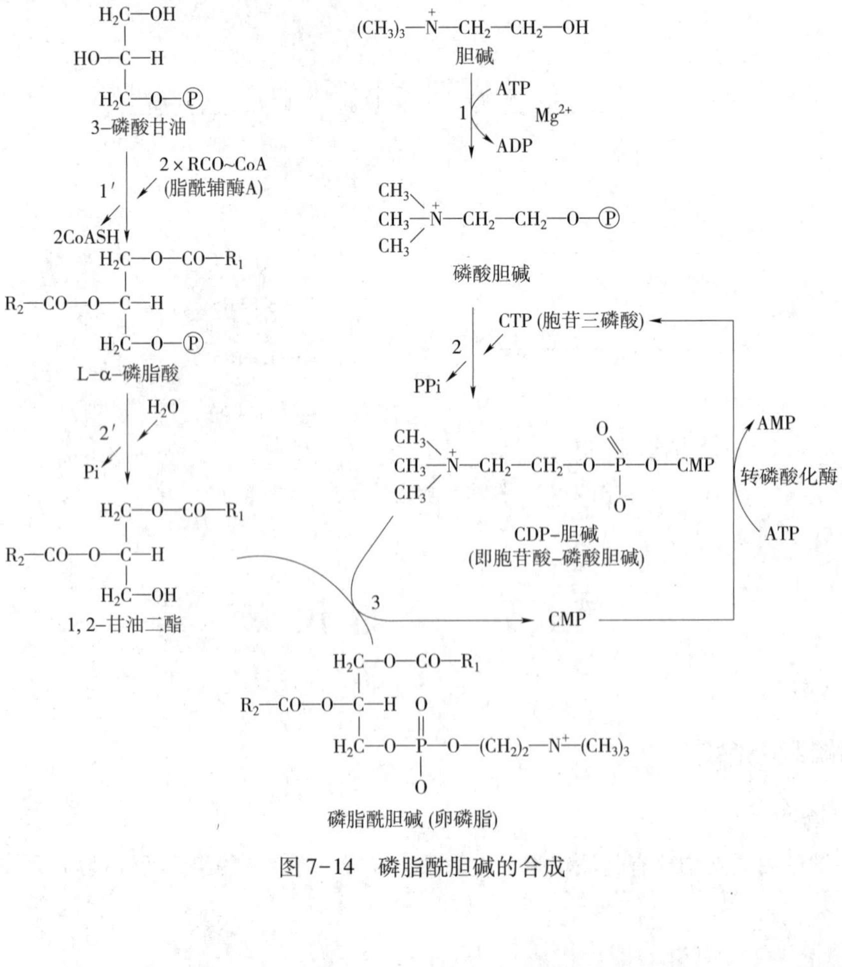

图 7-14　磷脂酰胆碱的合成

途径重要中间物，胆碱和乙醇胺被活化成 CDP－胆碱（CDP－choline）和 CDP－乙醇胺（CDP－ethanolamine）后，分别与甘油二酯缩合，生成磷脂酰胆碱（phosphatidyl choline，PC）和磷脂酰乙醇胺（phosphatidyl ethanolamine，PE）。这两类磷脂占组织及血液磷脂 75% 以上。

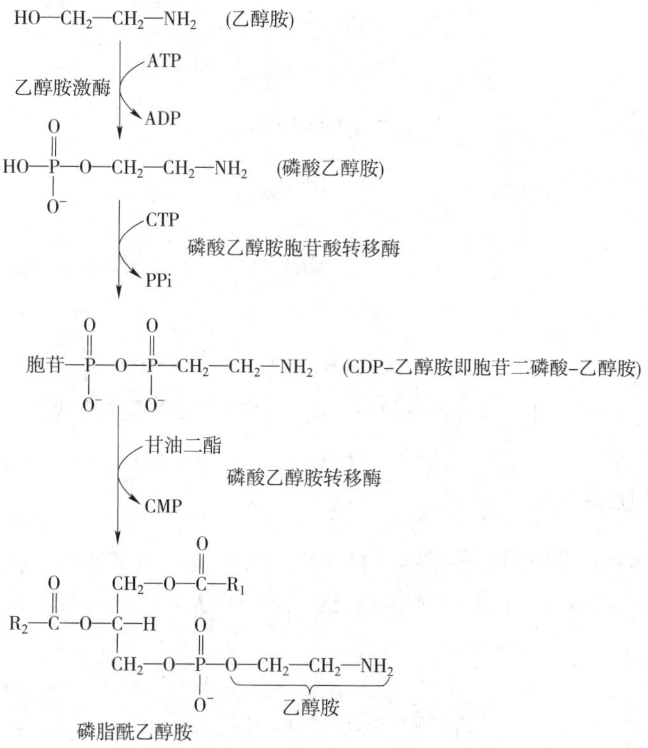

$HO—CH_2—CH_2—NH_2$ (乙醇胺)

↓ 乙醇胺激酶（ATP → ADP）

$HO—P(=O)(O^-)—O—CH_2—CH_2—NH_2$ (磷酸乙醇胺)

↓ 磷酸乙醇胺胞苷酸转移酶（CTP → PPi）

胞苷$—P(=O)(O^-)—O—P(=O)(O^-)—CH_2—CH_2—NH_2$ (CDP-乙醇胺即胞苷二磷酸-乙醇胺)

↓ 磷酸乙醇胺转移酶（甘油二酯 → CMP）

$CH_2—O—C(=O)—R_1$

$R_2—C(=O)—O—C—H$

$CH_2—O—P(=O)(O^-)—O—CH_2—CH_2—NH_2$（乙醇胺）

磷脂酰乙醇胺

图 7-15　磷脂酰乙醇胺的合成

磷脂酰胆碱是真核生物细胞膜含量最丰富的磷脂，在细胞增殖和分化过程中具有重要作用，对维持正常细胞周期具有重要意义。一些疾病如肿瘤、阿尔茨海默病（Alzheimer's disease）和脑卒中（stroke）等的发生与 PC 代谢异常密切相关。科学家们正在努力探讨 PC 代谢在相关疾病发生中的作用及其机制。一旦取得突破，将为相关疾病的预防、诊断和治疗提供新靶点。

尽管 PC 也可由 S-腺苷甲硫氨酸提供甲基，使 PE 甲基化生成，但这种方式合成量仅占人 PC 合成总量 10%～15%。哺乳类动物细胞 PC 的合成主要通过甘油二酯途径完成。该途径中胆碱需先活化成 CDP-胆碱，所以也被称为 CDP－胆碱途径（CDP－choline pathway），CTP：磷酸胆碱胞苷转移酶（CTP：phosphocholine cytidylyltransferase，CCT）是关键酶，它催化磷酸胆碱（phosphocholine）与 CTP 缩合成 CDP-胆碱。后者向甘油二酯提供磷酸胆碱，合成 PC。

2. CDP-甘油二酯途径　磷脂酰丝氨酸、磷脂酰肌醇及心磷脂通过 CDP-甘油二酯途径合成，磷脂酰丝氨酸也可由磷脂酰乙醇胺羧化或乙醇胺与丝氨酸交换生成。

肌醇、丝氨酸无需活化，CDP-甘油二酯是该途径重要中间物，与丝氨酸、肌醇或磷脂酰甘油缩合（图 7-16），生成磷脂酰丝氨酸、磷脂酰肌醇及二磷脂酰甘油（心磷脂）。

甘油磷脂合成在内质网膜外侧面进行。胞质存在一类促进磷脂在细胞内的膜之间进行交换的蛋白质，称磷脂交换蛋白，催化不同种类磷脂在膜之间交换，使新合成的磷脂转移至不同细胞器膜上，更新膜磷脂。例如在内质网合成的心磷脂可通过这种方式转至线粒体内膜，构成线粒体内膜特征性磷脂。Ⅱ型肺泡上皮细胞可合成由 2 分子软脂酸构成的特殊磷脂酰胆碱，生成的二软脂酰胆碱是较强乳化剂，能降低肺泡表面张力，有利于肺泡伸张。新生儿肺泡上皮细胞合成二软脂酰胆碱障碍，会引起肺不张。

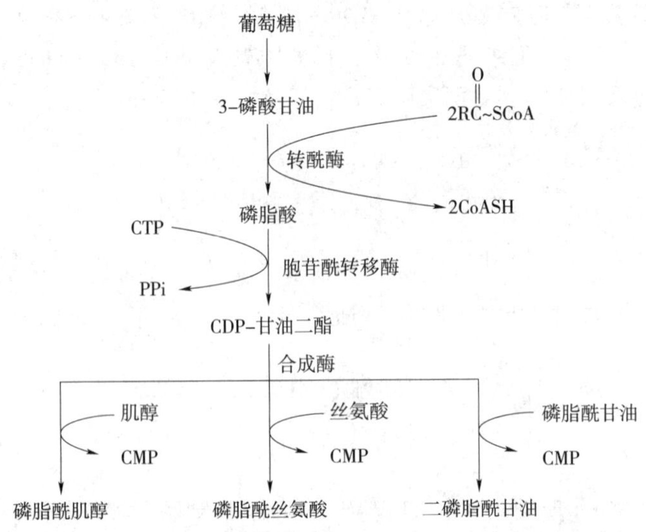

图 7-16　磷脂酰丝氨酸、磷脂酰肌醇和心磷脂的合成

二、甘油磷脂的分解

生物体内存在多种分解甘油磷脂的磷脂酶（phospholipase），包括磷脂酶 A_1、磷脂酶 A_2、磷脂酶 B_1、磷脂酶 B_2、磷脂酶 C 及磷脂酶 D，它们分别作用于甘油磷脂分子中不同的酯键（图 7-17），降解甘油磷脂。

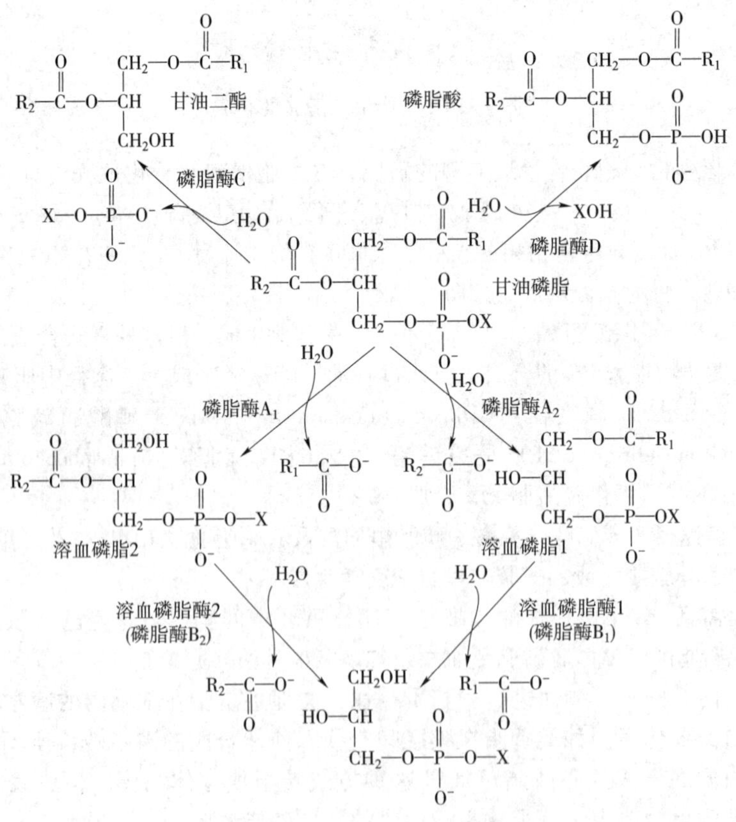

图 7-17　磷脂酶对甘油磷脂的水解

溶血磷脂 1 是较强的表面活性剂，能使红细胞膜或其他细胞膜破坏引起溶血或细胞坏死。溶血磷脂还可进一步水解，如溶血磷脂 1 在溶血磷脂酶 1（即磷脂酶 B_1）作用下，水解与甘油 1 位羟基

（—OH）缩合的酯键，生成不含脂肪酸的甘油磷酸胆碱，溶血磷脂失去对细胞膜结构的溶解作用。

三、鞘磷脂的代谢

1. 鞘磷脂合成 人体许多组织均存在合成鞘氨醇的酶系，以脑组织活性最高。鞘氨醇合成的基本原料有软脂酰辅酶A、丝氨酸、磷酸和胆碱，此外还需要NADPH、磷酸吡哆醛等参与。软脂酰辅酶A先与丝氨酸缩合、脱羧生成3-酮基二氢鞘氨醇，由NADPH供氢，还原成二氢鞘氨醇，然后在脱氢酶催化下，脱氢成鞘氨醇。在脂酰转移酶催化下，鞘氨醇的氨基与脂酰辅酶A进行酰胺缩合，生成N-脂酰鞘氨醇，然后由CDP-胆碱提供磷酸胆碱生成神经鞘磷脂。

2. 鞘磷脂分解 体内许多组织存在神经鞘磷脂酶，能使磷酸酯键水解，生成磷酸胆碱和N-脂酰鞘氨醇。先天性缺乏此酶，导致Niemann-Pick病。

PPT

第六节 胆固醇代谢

胆固醇有游离胆固醇（free cholesterol，FC），亦称非酯化胆固醇（unesterified cholesterol）和胆固醇酯两种形式，广泛分布于各组织，约1/4分布在脑及神经组织，约占脑组织20%。肾上腺、卵巢等类固醇激素分泌腺，胆固醇含量达1%～5%。肝、肾、肠等内脏及皮肤、脂肪组织，胆固醇含量为每100g组织200～500mg，以肝最多。肌组织含量为每100g组织100～200mg。

课堂互动

体检发现血浆胆固醇水平升高应采取哪些措施?

一、胆固醇的合成

除成年动物脑组织及成熟红细胞外，几乎全身各组织均可合成胆固醇，每天合成量为1g左右。肝是主要合成器官，占自身合成胆固醇的70%～80%，其次是小肠，合成10%。

（一）胆固醇合成的原料和部位

胆固醇合成酶系存在于胞质及光面内质网膜。^{14}C及^{13}C标记乙酸甲基碳及羧基碳，与肝切片孵育证明，乙酸分子中的2个碳原子均参与构成胆固醇，是合成胆固醇唯一碳源。乙酰辅酶A是葡萄糖、氨基酸及脂肪酸在线粒体的分解产物，不能通过线粒体内膜，需通过柠檬酸-丙酮酸循环（图7-8）进入胞质，裂解成乙酰辅酶A，作为胆固醇合成原料。胆固醇合成还需$NADPH+H^+$供氢、ATP供能。合成1分子胆固醇需18分子乙酰辅酶A、36分子ATP及16分子$NADPH+H^+$。

（二）胆固醇合成的过程

胆固醇合成过程复杂，有近30步酶促反应，可划分为三个阶段（图7-18）。

1. 由乙酰辅酶A合成甲羟戊酸 2分子乙酰辅酶A在乙酰乙酰CoA硫解酶作用下，缩合成乙酰乙酰辅酶A；再在HMG-CoA合酶作用下，与1分子乙酰辅酶A缩合成HMG-CoA。HMG-CoA是酮体及胆固醇合成的重要中间产物，在线粒体中，HMG-CoA被裂解生成酮体；而胞质生成的HMG-CoA，则在内质网HMG-CoA还原酶（HMG-CoA reductase）作用下，由$NADPH+H^+$供氢，还原生成甲羟戊酸（mevalonic acid，MVA）。HMG-CoA还原酶是合成胆固醇的关键酶。

2. 甲羟戊酸经15碳化合物转变成30碳鲨烯 MVA经脱羧、磷酸化生成活泼的异戊烯焦磷酸（Δ^3-isopentenyl pyrophosphate，IPP）和二甲基丙烯焦磷酸（3，3-dimethylallyl pyrophosphate，DPP）。3分子5碳焦磷酸化合物（IPP及DPP）缩合成15碳焦磷酸法尼酯（famesyl pyrophosphate，FPP）。在内质网鲨烯

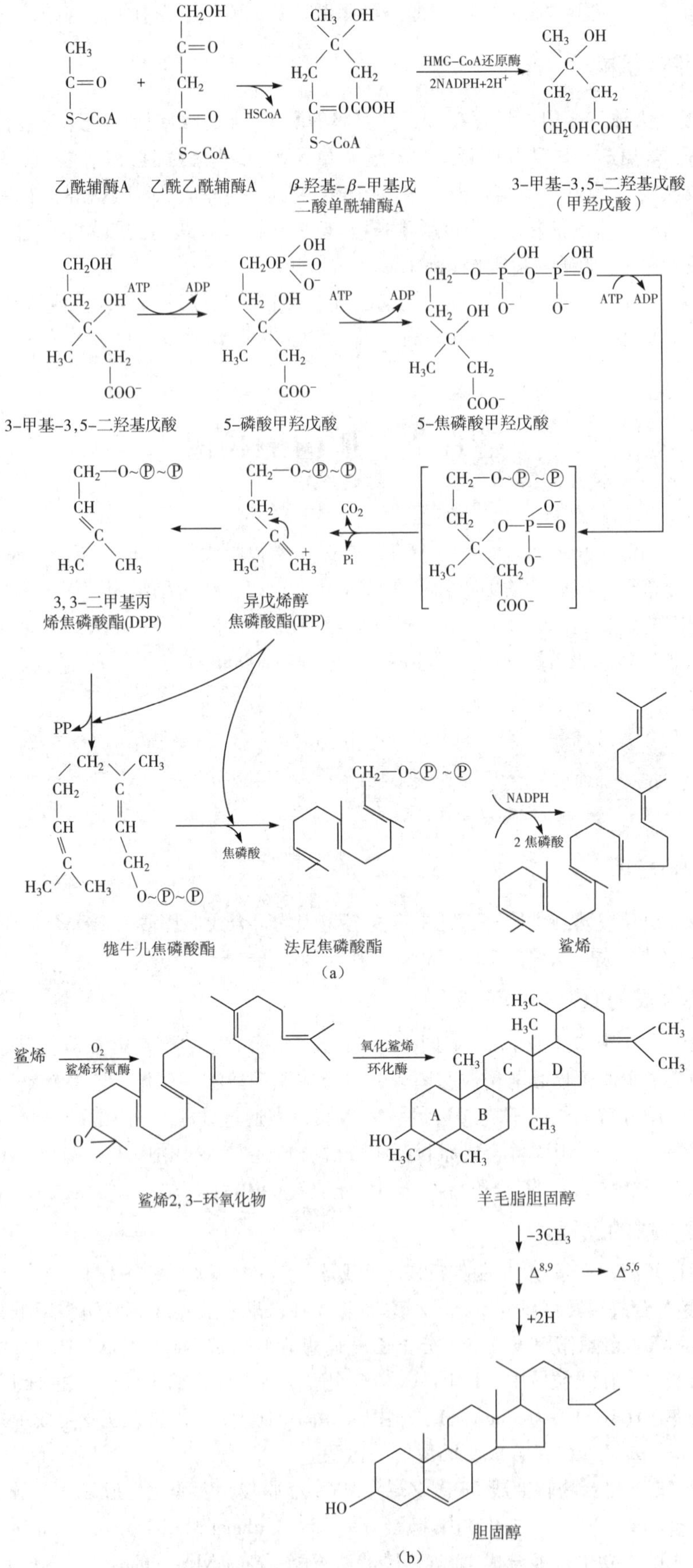

图7-18 胆固醇生物合成过程

合酶（squalene synthase）催化下，2 分子 15 碳焦磷酸法尼酯经再缩合、还原生成 30 碳多烯烃——鲨烯（squalene）。

3. 鲨烯环化为羊毛固醇后转变为胆固醇　30 碳鲨烯结合在胞质固醇载体蛋白（sterol carrier protein，SCP）上，经内质网单加氧酶、环化酶等催化，环化成羊毛固醇，再经氧化、脱羧、还原等反应，脱去 3 个甲基，生成 27 碳胆固醇。

（三）胆固醇合成的调节

胆固醇的合成受到很多因素的影响，各种影响因素都主要是通过调节 HMG-CoA 还原酶的活性或含量来实现对胆固醇合成的调节。

1. HMG-CoA 还原酶活性受别构调节、化学修饰调节和酶含量调节　胆固醇合成产物甲羟戊酸、胆固醇及胆固醇氧化产物 7β-羟胆固醇、25-羟胆固醇是 HMG-CoA 还原酶的别构抑制剂。胞质 cAMP 依赖性蛋白激酶可使 HMG-CoA 还原酶磷酸化丧失活性，磷蛋白磷酸酶可催化磷酸化 HMG-CoA 还原酶脱磷酸而恢复酶活性。

2. HMG-CoA 还原酶活性具有昼夜节律性　动物实验发现，大鼠肝胆固醇合成有昼夜节律性，午夜最高，中午最低。进一步研究发现，肝 HMG-CoA 还原酶活性也有昼夜节律性，午夜最高，中午最低。可见，胆固醇合成的周期节律性是 HMG-CoA 还原酶活性周期性改变的结果。

3. 细胞胆固醇含量是影响胆固醇合成的主要因素之一　细胞内胆固醇通过调节 HMG-CoA 还原酶的转录表达而影响胆固醇的合成。细胞内胆固醇含量升高可抑制 HMG-CoA 还原酶合成，从而抑制胆固醇合成。反之，降低细胞胆固醇含量，可解除胆固醇对酶蛋白合成的抑制作用。

4. 饮食状态影响胆固醇合成　饥饿或禁食可降低 HMG-CoA 还原酶活性而抑制肝合成胆固醇。此外，乙酰辅酶 A、ATP、NADPH+H^+不足也是胆固醇合成减少的重要原因。相反，摄取高糖、高饱和脂肪膳食，肝 HMG-CoA 还原酶活性增加，乙酰辅酶 A、ATP、NADPH+H^+充足，胆固醇合成增加。

5. 胆固醇合成受激素调节　胰岛素及甲状腺素能诱导肝细胞 HMG-CoA 还原酶合成，增加胆固醇合成。甲状腺素还能促进胆固醇在肝转变为胆汁酸，所以甲状腺功能亢进患者血清胆固醇含量降低。胰高血糖素能通过化学修饰调节使 HMG-CoA 还原酶磷酸化失活，抑制胆固醇合成。皮质醇能抑制并降低 HMG-CoA 还原酶活性，减少胆固醇合成。

二、胆固醇的酯化

胆固醇酯是胆固醇的储存和转运形式。组织细胞内的胆固醇在脂酰辅酶 A：胆固醇脂酰转移酶（acyl-CoA：cholesterol acyl transferase，ACAT）作用下，游离胆固醇能与脂酰 CoA 缩合，生成胆固醇酯储存。而在血浆中的游离胆固醇，则在卵磷脂：胆固醇脂酰转移酶（lecithin：cholesterol acyl transferase，LCAT）作用下，从卵磷脂获得一个脂酰基，生成 1 个胆固醇酯。LCAT 主要在肝脏合成，肝实质细胞病变或损伤时 LCAT 减少，进入血浆的 LCAT 减少，导致血浆胆固醇酯含量下降。

三、胆固醇的转化

胆固醇的母核——环戊烷多氢菲在体内不能被降解，所以胆固醇不能像糖、脂肪那样在体内被彻底分解；但其侧链可被氧化、还原或降解转变为其他具有环戊烷多氢菲母核的产物，或参与代谢调节，或排出体外。

1. 转化成胆汁酸　在肝被转化成胆汁酸（bile acid）是胆固醇在体内代谢的主要去路。正常人每天合成 1～1.5g 胆固醇，其中 2/5（0.4～0.6g）在肝被转化为胆汁酸，随胆汁排出。

2. 合成类固醇激素　胆固醇是肾上腺皮质、睾丸、卵巢等合成类固醇激素的原料。肾上腺皮质细胞储存大量胆固醇酯，含量可达 2%～5%，其中约 90% 来自血液，10% 自身合成。肾上腺皮质球状带、束状带及网状带细胞以胆固醇为原料分别合成醛固酮、皮质醇及雄激素。睾丸间质细胞以胆固醇为原料合成睾酮，卵泡内膜细胞及黄体以胆固醇为原料合成雌二醇及孕酮。

3. 合成维生素 D_3　胆固醇可在皮肤被氧化为 7-脱氢胆固醇，经紫外线照射转变为维生素 D_3。

PPT

第七节　血浆脂蛋白代谢

一、血脂

血浆中所含的脂质统称血脂。血脂的成分较多，包括甘油三酯、磷脂、胆固醇、胆固醇酯以及游离脂肪酸等。它们既可在体内合成后释放入血，又可从食物经消化吸收入血。血脂含量仅占全身总脂的极少部分，并受膳食、年龄、职业以及代谢的影响变动范围较大，空腹时血脂相对稳定。临床测定时应在禁食 10~12 小时后取血，才能可靠反映血脂水平。正常成人空腹血脂水平见表 7-4。

表 7-4　我国正常成人空腹血脂组成及含量

脂质	正常值	
	mmol/L	mg/dl
总脂		250~500
总胆固醇*	2.82~5.17	110~200
甘油三酯	0.23~1.24	20~110
磷脂	1.42~2.71	110~120
游离脂肪酸	0.20~0.60	5~15

*胆固醇酯约占总胆固醇（TC）的 2/3。

二、血浆脂蛋白及其代谢

脂质不溶或微溶于水，通常与蛋白质结合形成脂蛋白（lipoprotein），其作用是在组织间转运脂质，并参加脂质代谢，因此其相关量的变化有助于某些疾病的诊断。

（一）血浆脂蛋白的分类

1. 电泳法对血浆脂蛋白分类　不同脂蛋白其表面电荷及颗粒大小不同，在电场中迁移率不同。根据其在电场中迁移率的快慢，将脂蛋白分为 α-脂蛋白（α-lipoprotein）、前 β-脂蛋白（pre-β-lipoprotein）、β-脂蛋白（β-lipoprotein）及乳糜微粒（chylomicron CM）四种（图 7-19）。α-脂蛋白泳动速度最快，相当于血清蛋白电泳时 α_1-球蛋白的位置，前 β-脂蛋白相当于 α_2-球蛋白的位置，β-脂蛋白相当于 β-球蛋白的位置，乳糜微粒不泳动，停留在原点（点样处）。

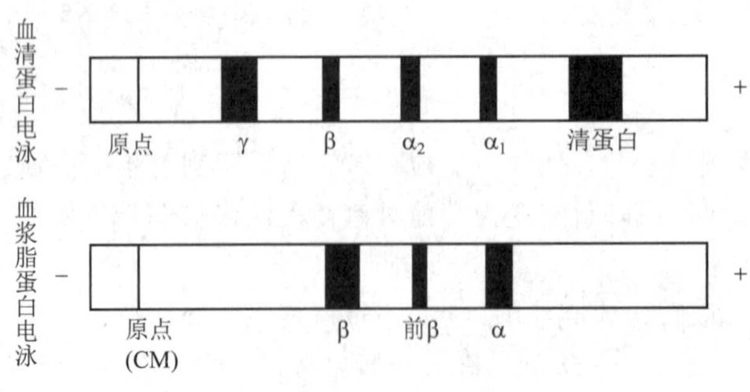

图 7-19　血浆脂蛋白琼脂糖凝胶电泳

2. 超速离心法对血浆脂蛋白分类　各种脂蛋白所含脂质和蛋白质的质和量不同，故其密度各异。脂质含量多，蛋白质含量少，脂蛋白密度就低；反之，脂蛋白密度就高。在一定密度的盐溶液中进行超速离心，各种脂蛋白因密度不同而漂浮或沉降。通常用 Svedberg 漂浮率（*Sf*）表示脂蛋白上浮或下沉特性。

在26℃下，密度为1.063kg/L的NaCl溶液中，在达因/克（dyn/g）离心力的力场中，上浮10^{-13}cm，即为1*Sf*单位，即1*Sf*=10^{-13}cm/（s·dyn·g）。这样即可将脂蛋白按密度从低到高依次分为：乳糜微粒（CM）、极低密度脂蛋白（very low density lipoprotein，VLDL）、低密度脂蛋白（low density lipoprotein，LDL）和高密度脂蛋白（high density lipoprotein，HDL）四类。

除此之外，血浆中还有中间密度脂蛋白（intermediate density lipoprotein，IDL）和脂蛋白a[lipoprotein(a)，Lp(a)]。IDL是VLDL在血浆中代谢的中间产物，Lp(a)的脂质成分与LDL相似，但含载脂蛋白(a)。

知识拓展

Lp(a)与冠心病

Lp(a)是一种类似于LDL的血浆脂质成分，主要由胆固醇、磷脂、甘油三酯等脂质成分和Apo(a)、ApoB共同组成，Apo(a)与ApoB经二硫键共价结合的复合物为其主体，Apo(a)是其主要活性成分。Lp(a)由肝脏特异性分泌，到目前为止，Lp(a)在人体的代谢机制、生理作用、致病机制均尚未明确，与其他血脂成分不同，体内血浆Lp(a)的水平受遗传因素影响，但与性别、饮食、情绪和运动等外在因素无关，也不受常规降脂药影响，不同个体的血浆浓度差异可以高达1000倍以上，Lp(a)的血浆浓度主要取决于Apo(a)的高度异质性。有研究表明，Lp(a)具有引起动脉粥样硬化形成和促血栓形成的作用，血液胆固醇浓度正常，而Lp(a)浓度升高，患心脑血管疾病的危险性比正常人高2倍，如果LDL和Lp(a)都增高，则危险性为8倍。因此，它是新的冠心病的独立危险因子。

（二）血浆脂蛋白的组成

血浆脂蛋白都含有蛋白质和脂质，但不同脂蛋白含有的蛋白质和脂质的组成比例不同。如CM的颗粒最大，含甘油三酯最多，蛋白质含量最少，密度最小；VLDL也以甘油三酯为主要成分；LDL含胆固醇最多；HDL含蛋白质最多，故密度最高，颗粒最小（表7-5）。

表7-5　血浆脂蛋白的分类、特性及功能

组成（%）	血浆脂蛋白（按密度法分类）			
	乳糜微粒（CM）	极低密度脂蛋白（VLDL）	低密度脂蛋白（LDL）	高密度脂蛋白（HDL）
名称	乳糜微粒	前β-脂蛋白	β-脂蛋白	α-脂蛋白
蛋白质	0.5~2	5~10	20~25	45~50
脂类	98~99	90~95	75~80	50~55
磷脂	5~7	15	20	25
甘油三酯	80~95	50~70	10	5
总胆固醇	1~4	15	40~50	20
合成部位	小肠黏膜细胞	肝细胞	血浆	肝、小肠及血浆
主要生理功能	运输外源性甘油三酯及胆固醇	运输内源性甘油三酯	从肝运输胆固醇至全身	从全身各组织运输胆固醇至肝脏

（三）血浆脂蛋白的结构

各种脂蛋白的结构基本相似，均为大小不同的球状颗粒，以甘油三酯、胆固醇酯等中性脂质为内核，其外包有磷脂、游离胆固醇及载脂蛋白等，它们的非极性基团向内与内核相连，极性基团朝外，增加了脂蛋白颗粒的亲水性，致使血浆脂蛋白颗粒能均匀分散在血液中。脂蛋白颗粒中的蛋白质部分称为载脂蛋白（apolipoprotein，apo），现已发现有20多种，其中主要有ApoA、ApoB、ApoC、ApoD、ApoE五类，各类载脂蛋白又可分为许多亚类，如ApoAⅠ、ApoAⅡ及ApoAⅣ。载脂蛋白大多数含有较多的双性α螺旋结构（图7-20），其氨基酸序列中隔2或3个氨基酸残基必出现1个带极性侧链的氨基酸残基，因此沿螺旋纵轴形成一极性亲水侧及另一疏水侧，亲水侧可与水溶剂及脂蛋白外周磷脂的极性区结合，疏水侧可与非极性的脂类内核结合。这种结构对载脂蛋白结合脂类、稳定脂蛋白结构、完成其结合和转运脂类有利。

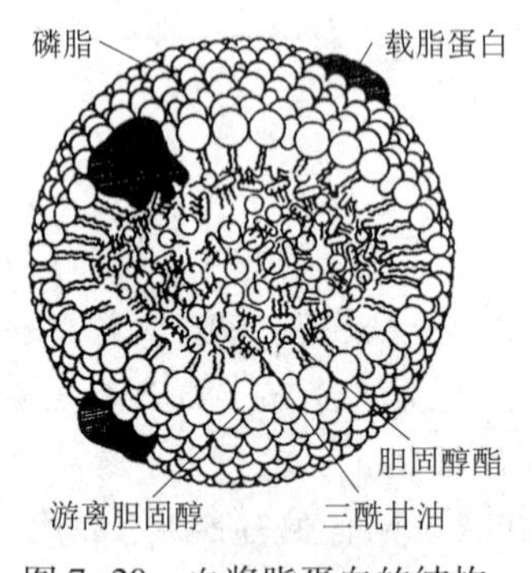

图7-20　血浆脂蛋白的结构

（四）血浆脂蛋白的代谢及功能

1. 乳糜微粒　食物脂肪消化后，小肠黏膜细胞用摄取的中长链脂肪酸再合成甘油三酯，并与合成及吸收的磷脂和胆固醇，加上ApoB48、ApoAⅠ、ApoAⅡ、ApoAⅣ等组装成新生CM，经淋巴系统入血，从HDL获得ApoC及ApoE，并将部分ApoAⅠ、ApoAⅡ、ApoAⅣ转移给HDL，形成成熟CM（图7-21）。ApoCⅡ激活骨骼肌、心肌及脂肪等组织毛细血管内皮细胞表面脂蛋白脂肪酶（lipoprotein lipase，LPL），使CM中TG及磷脂逐步水解，产生甘油、脂肪酸及溶血磷脂。随着CM内核TG不断被水解，释出大量脂肪酸被心肌、骨骼肌、脂肪组织及肝组织摄取利用，CM颗粒不断变小，表面过多的ApoAⅠ、ApoAⅡ、ApoAⅣ、ApoC、磷脂及胆固醇离开CM颗粒，形成新生HDL。CM最后转变成富含胆固醇酯、ApoB48及ApoE的CM残粒（remnant），被细胞膜LDL受体相关蛋白（LDL receptor related protein，LRP）识别、结合并被肝细胞摄取后彻底降解。正常人CM在血浆中代谢迅速，半寿期为5~15分钟，因此正常人空腹12~14小时血浆中不含CM。

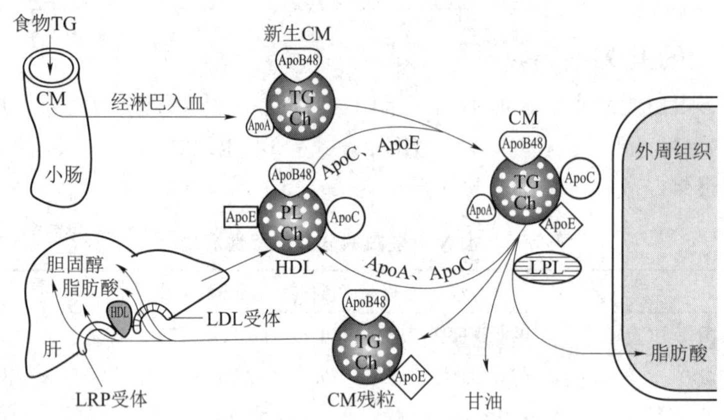

图7-21　乳糜微粒代谢示意图

2. 极低密度脂蛋白　VLDL是运输内源性TG的主要形式（图7-22）。肝细胞以葡萄糖分解代谢中间产物为原料合成TG，也可利用食物来源的脂肪酸和机体脂肪酸库中的脂肪酸合成TG，再与ApoB100、ApoE以及磷脂、胆固醇等组装成VLDL。此外，小肠黏膜细胞亦可合成少量VLDL。

VLDL分泌入血后，从HDL获得ApoC，其中ApoCⅡ激活肝外组织毛细血管内皮细胞表面的脂蛋白脂肪酶。和CM代谢一样，VLDL中TG在LPL作用下，水解释出脂肪酸和甘油供肝外组织利用。同时，VLDL表面的ApoC、磷脂及胆固醇向HDL转移，而HDL胆固醇酯又转移到VLDL。该过程不断进行，VLDL中TG不断减少，CE逐渐增加，ApoB100及ApoE相对增加，颗粒逐渐变小，密度逐渐增加，转变为IDL。IDL中胆固醇及TG大致相等，载脂蛋白则主要是ApoB100及ApoE。肝细胞膜LRP可识别和结合IDL，因此部分IDL被肝细胞摄取、降解。未被肝细胞摄取的IDL中的TG被LPL及肝脂肪酶（hepatic lipase，HL）进一步水解，表面ApoE转移至HDL。这样，IDL中剩下的脂质主要是CE，剩下的载脂蛋白

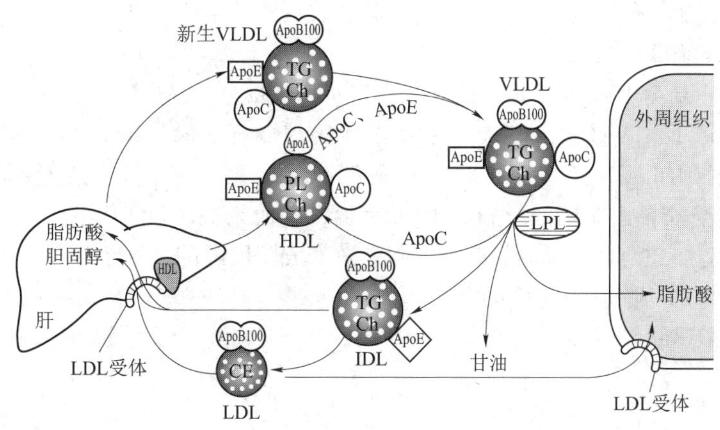

图 7-22 VLDL 代谢示意图

只有 ApoB100，转变为 LDL。VLDL 在血液中的半寿期为 6~12 小时。

3. 低密度脂蛋白 如上所述，LDL 是在血浆中由 VLDL 转变来的。LDL 主要含胆固醇，其中 2/3 为胆固醇酯。它是转运肝合成的内源性胆固醇到肝外组织的主要形式。人体多种组织器官能摄取、降解 LDL，肝是主要器官。血浆 LDL 降解既可通过 LDL 受体（LDL receptor）途径（图 7-23）完成，也可通过单核-吞噬细胞系统完成。正常人血浆 LDL，每天约 45% 被清除，其中 2/3 经 LDL 受体途径，1/3 经单核-吞噬细胞系统。血浆 LDL 半寿期为 2~4 天。

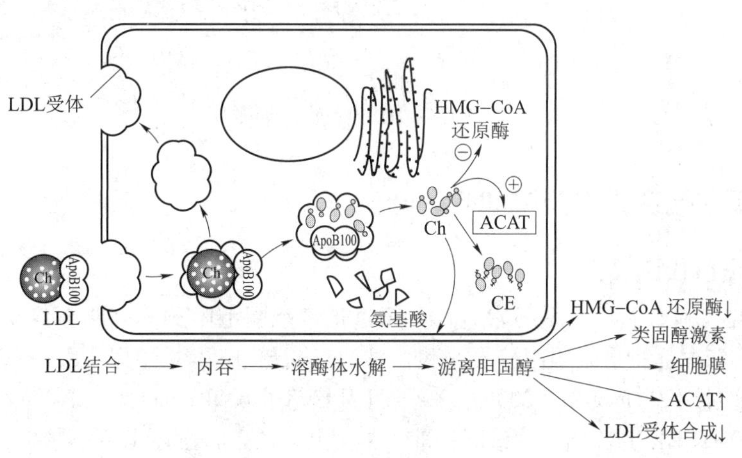

图 7-23 LDL 代谢示意图

1974 年，Brown 及 Goldstein 首先在人成纤维细胞膜表面发现了能特异结合 LDL 的 LDL 受体。他们纯化了该受体，证明它是 839 个氨基酸残基构成的糖蛋白，分子量 160000。后来发现，LDL 受体广泛分布于全身，特别是肝、肾上腺皮质、卵巢、睾丸、动脉壁等组织的细胞膜表面，能特异识别、结合含 ApoB100 或 ApoE 的脂蛋白，故又称 ApoB/E 受体（ApoB/E receptor）。当血浆 LDL 与 LDL 受体结合后，形成受体-配体复合物在细胞膜表面聚集成簇，经内吞作用进入细胞，与溶酶体融合。在溶酶体蛋白水解酶作用下，ApoB100 被水解成氨基酸；胆固醇酯则被胆固醇酯酶水解成游离胆固醇和脂肪酸。游离胆固醇在调节细胞胆固醇代谢上具有重要作用：①抑制内质网 HMG-CoA 还原酶，从而抑制细胞自身胆固醇合成；②从转录水平抑制 LDL 受体基因表达，抑制受体蛋白合成，减少细胞对 LDL 进一步摄取；③激活内质网脂酰 CoA：胆固醇脂酰转移酶，将游离胆固醇酯化成胆固醇酯在胞质贮存。

游离胆固醇还有重要生理功能：①被细胞膜摄取，构成重要的膜成分；②在肾上腺、卵巢及睾丸等固醇激素合成细胞，可作为类固醇激素合成原料。LDL 被该途径摄取、代谢的量，取决于细胞膜上受体量。肝、肾上腺皮质、性腺等组织 LDL 受体数目较多，故摄取 LDL 亦较多。

血浆 LDL 还可被修饰，如氧化修饰 LDL（oxidized LDL，ox-LDL），再被清除细胞即单核-吞噬细胞系统中的巨噬细胞及血管内皮细胞清除。这两类细胞膜表面有清道夫受体（scavenger receptor，SR），可与修饰LDL结合而清除血浆修饰LDL。

4. 高密度脂蛋白 新生HDL主要由肝合成，小肠可合成部分。在CM及VLDL代谢过程中，其表面ApoAⅠ、ApoAⅡ、ApoAⅣ、ApoC以及磷脂、胆固醇等脱离亦可形成。HDL可按密度分为HDL_1、HDL_2及HDL_3。HDL_1也称作HDLc，仅存在于摄取高胆固醇膳食后血浆，正常人血浆主要含HDL_2及HDL_3。新生HDL从肝外细胞接受的自由胆固醇分布在HDL表面，在血浆LCAT催化下，ApoAⅠ是LCAT的激活剂，HDL表面的卵磷脂变成溶血卵磷脂，而自由胆固醇变成胆固醇酯，这个过程反复进行，使新生HDL转变为成熟HDL。HDL的功能就是使胆固醇逆向转运（reverse cholesterol transport，RCT），它将肝外组织细胞胆固醇，通过血循环转运到肝，转化为胆汁酸排出，部分胆固醇也可直接随胆汁排入肠腔（图7-24）。

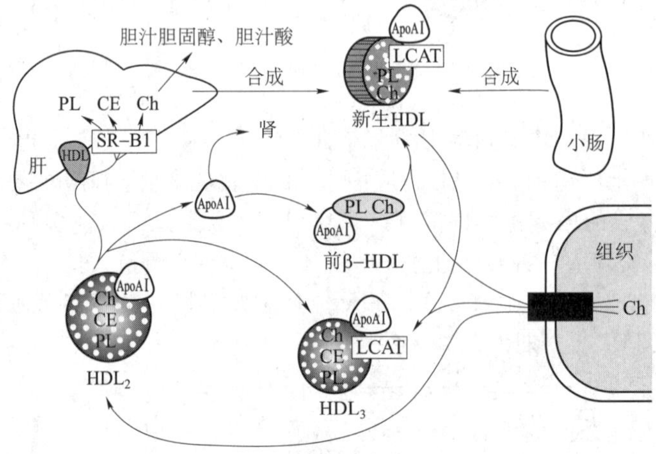

图7-24 HDL代谢示意图

三、血浆脂蛋白代谢异常及降血脂药物

（一）血浆脂蛋白代谢异常

1. 高脂蛋白血症 血浆脂质水平异常升高，超过正常范围上限称为高脂血症（hyperlipidemia）。在目前临床实践中，高脂血症指血浆胆固醇或（和）甘油三酯超过正常范围上限。一般以成人空腹12~14小时血浆甘油三酯超过2.26mmol/L（200mg/dl），胆固醇超过6.21 mmol/L（240mg/dl），儿童胆固醇超过4.14mmol/L（160mg/dl）为高脂血症诊断标准。事实上，在高脂血症患者血浆中，一些脂蛋白脂质增高，另外一些脂蛋白脂质含量可能降低。因此，有人认为将高脂血症称为脂蛋白异常血症（dyslipoproteinemia）更为合理。传统的分类方法将高脂蛋白血症分为六型（表7-6）。

表7-6 高脂蛋白血症分型

分型	血浆脂蛋白变化	血脂变化	
Ⅰ	乳糜微粒增高	甘油三酯↑↑	总胆固醇↑
Ⅱa	低密度脂蛋白增加		总胆固醇↑↑
Ⅱb	低密度及极低密度脂蛋白同时增加	甘油三酯↑↑	总胆固醇↑↑
Ⅲ	中间密度脂蛋白增加	甘油三酯↑↑	总胆固醇↑↑
Ⅳ	极低密度脂蛋白增加	甘油三酯↑↑	
Ⅴ	极低密度脂蛋白及乳糜微粒同时增加	甘油三酯↑↑↑	总胆固醇↑↑

高脂血症又可分为原发性和继发性两大类。原发性高脂血症可能与脂蛋白代谢的酶、脂蛋白受体或载脂蛋白的先天缺陷有关。继发性高脂血症常继发于控制不良的糖尿病、肝病、肾病及甲状腺功能减退。另外，过量摄入糖、肥胖、酗酒或长期服用某些药物，也可诱发高脂蛋白血症。现已发现，参与脂蛋白

代谢的关键酶如 LPL 及 LCAT，载脂蛋白如 ApoA Ⅰ、ApoB、ApoC Ⅱ、ApoC Ⅲ和 ApoE，以及脂蛋白受体如 LDL 受体等的遗传性缺陷，都能导致血浆脂蛋白代谢异常，引起脂蛋白异常血症。在这些已经阐明发病分子机制的遗传性缺陷中，Brown 及 Goldstein 对 LDL 受体研究取得的成就最为重大，他们不仅阐明了 LDL 受体的结构和功能，而且证明了 LDL 受体缺陷是引起家族性高胆固醇血症的重要原因。LDL 受体缺陷是常染色体显性遗传，纯合子携带者细胞膜 LDL 受体完全缺乏，杂合子携带者 LDL 受体数目减少一半，其 LDL 都不能正常代谢，血浆胆固醇分别高达 15.6～20.8mmol/L（600～800mg/dl）及 7.8～10.4mmol/L（300～400mg/dl），携带者在 20 岁前就发生典型的冠心病症状。

案例解析

【案例】患者，女，23 岁。2 年前出现活动时心前区疼痛，呈钝性疼痛，每次持续 1～2 分钟。平均每周发作 2～3 次，休息后可缓解。天气寒冷时外出走路发作频繁。夜间多次因发作而疼醒，坐起来后缓解。既往史：15 年前确诊为结节性黄色瘤，发现血清总胆固醇增高。家族史：患者父母血脂代谢异常，家族中无黄色瘤病史。生化检查：血清胆固醇（TC）15.8mmol/L（参考值 1.3～5.2 mmol/L），低密度脂蛋白胆固醇（LDL－C）12.02mmol/L（参考值 2.07～3.37 mmol/L），高密度脂蛋白胆固醇（HDL－C）0.86mmol/L（参考值 1.29～1.55 mmol/L）。请用你学过的知识分析一下患者所患疾病。

【解析】家族性高胆固醇血症（familial hypercholesterolemia，以下简称 FH）是一种常染色体显性遗传性疾病。其临床表现为高胆固醇血症，特征性黄色瘤，如肌腱黄色瘤、皮肤黄色瘤，早发动脉粥样硬化和冠心病等；FH 的发病机制是细胞膜表面的 LDL 受体缺如或异常，导致体内 LDL 代谢异常，造成血清总胆固醇（TC）水平和低密度脂蛋白胆固醇（LDL－C）水平升高。患者血清 TC 15.8mmol/L，LDL～C 12.02mmol/L 大大高于参考值，且患有结节性黄色瘤。患者父母血脂代谢异常，由此可推断其患有家族性高胆固醇血症。

2. 动脉粥样硬化　动脉粥样硬化（atherosclerosis）主要是动脉壁内膜损伤，血管壁纤维化增厚，管腔变狭窄的一种病理改变，凡能增加动脉壁胆固醇内流和沉积的脂蛋白，如 LDL、VLDL 等，称为致动脉粥样硬化的因素；凡能促进胆固醇从血管壁外运的脂蛋白，如 HDL，称为抗动脉硬化因素。

血浆胆固醇水平升高，易引起脂质浸润，不仅损伤动脉血管壁内皮细胞，而且还促进胆固醇在血管壁的沉积，形成泡沫细胞，使通过动脉的血流量减少，导致组织器官发生缺血性损伤，并出现相应的临床症状，如冠状动脉硬化，会导致心绞痛、心肌梗死，而脑血管粥样硬化，就会导致脑出血或脑血栓等。

3. 肥胖症　全身性的脂肪堆积过多，导致体内发生一系列病理生理变化，称为肥胖症（obesity）。目前国际上用体重指数（body mass index，BMI）作为肥胖度的衡量标准。BMI＝体重（kg）/身高^2（m^2）。我国规定 BMI 在 24～26 为轻度肥胖；26～28 为中度肥胖；大于 28 为重度肥胖。成年人肥胖表现为脂肪细胞体积增大，但数目一般不增多。生长发育期儿童肥胖则表现为脂肪细胞体积增大，数目也增多。

引起肥胖的因素很多，除了遗传因素和内分泌失调之外，常见的原因是热量摄入过多，同时体力活动过少，从而使食物中的糖、脂肪酸、甘油、氨基酸等大量转化成甘油三酯储存于脂肪组织中。

肥胖症患者常伴有高血糖、高血脂、高血压、高胰岛素血症，并会发生一系列内分泌和代谢改变。肥胖症的防治原则主要是控制饮食和增加活动量。

4. 低脂蛋白血症　高脂蛋白血症由于与心血管疾病密切相关，一直是人们研究的热点，然而较为少见的低脂蛋白血症近年来也得到了研究者的关注。引起低脂蛋白血症的原因是由于一方面脂蛋白的合成减少，另一方面可能是分解旺盛所致，目前认为前者是低脂蛋白血症的主要原因。

血清总胆固醇浓度在 3.3mmol/L 以下或甘油三酯在 0.45mmol/L 以下者，属于低脂蛋白血症。总胆固醇和甘油三酯浓度同时降低者多见，血浆脂蛋白中多见 HDL、LDL 和 VLDL 均降低。

低脂蛋白血症也分原发性和继发性两种。原发性低脂蛋白血症产生的原因常有 ApoA Ⅰ缺乏和变异、卵磷脂：胆固醇脂酰转移酶缺乏，无 β-脂蛋白血症，家族性低 β-脂蛋白血症。继发性低脂蛋白血症多见于内分泌疾病（如甲状腺功能亢进等）、各种营养不良、吸收障碍、恶性肿瘤等疾病。

（二）降血脂药物

1. 胆酸螯合剂 如考来烯胺、考来替泊等药物，这类药物也称为胆酸隔置剂，主要为碱性阴离子交换树脂，在肠道内能与胆酸呈不可逆结合，因而阻碍胆酸的肠肝循环，促进胆酸随大便排出体外，阻断胆汁酸中胆固醇的重吸收。同时伴有肝内胆酸合成增加，引起肝细胞内游离胆固醇含量减少，反馈性上调肝细胞表面 LDL 受体表达，加速血浆 LDL 分解代谢，使血浆胆固醇和 LDL-C 浓度降低。

本类药物可使血浆总胆固醇（TC）水平降低 15%～20%，使 LDL-C 降低 20%～25%，对甘油三酯（TG）无降低作用，甚或稍有升高，故仅适用于单纯高胆固醇血症，或与其他降脂药物合用治疗混合型高脂血症。

2. 烟酸及其衍生物 如烟酸、阿昔莫司等药物，属 B 族维生素，当用量超过作为维生素作用的剂量时，可有明显的降脂作用。烟酸的降脂作用机制尚不十分明确，可能与抑制脂肪组织中的脂解和减少肝脏中极低密度脂蛋白（VLDL）合成和分泌有关。此外，烟酸还具有促进脂蛋白脂肪酶的活性，加速脂蛋白中 TG 的水解，因而其降 TG 的作用明显。临床上观察到，烟酸既降低胆固醇又降低 TG，同时还具有升高 HDL-C 的作用。常规剂量下，烟酸可使 TC 降低 10%～15%，LDL-C 降低 15%～20%，TG 降低 20%～40%，并使 HDL-C 轻度至中度升高。所以，该类药物的适用范围较广，可用于除纯合子型家族性高胆固醇血症及Ⅰ型高脂蛋白血症以外的任何类型的高脂血症。

3. 苯氧芳酸类（或称贝特类） 如氯贝丁酯、非诺贝特、吉非贝齐、苯扎贝特等药物。贝特类能增强脂蛋白脂肪酶的活性，加速 VLDL 分解代谢，并能抑制肝脏中 VLDL 的合成和分泌。这类药物可降低 TG 22%～43%，而降低 TC 仅为 6%～15%，并有不同程度升高 HDL-C 作用。其适应证为高脂血症或以甘油三酯升高为主的混合型高脂血症。

4. 他汀类药物 如洛伐他汀、辛伐他汀、普伐他汀、氟伐他汀、阿伐他汀等药物。是细胞内胆固醇合成关键酶即 HMG-CoA 还原酶的抑制剂，是目前临床上应用最广泛的一类调脂药。

他汀类降脂作用的机制目前认为是由于该类药能抑制 HMG-CoA 还原酶，造成细胞内游离胆固醇减少，并通过反馈性上调细胞表面 LDL 受体的表达，因而使细胞 LDL 受体数目增多及活性增强，加速了循环血液中 VLDL 残粒（或 IDL）和 LDL 的清除。

5. 其他降脂药物 ①普罗布考又名丙丁酚。吸收进入体内后，可渗入到 LDL 颗粒核心中，因而有可能改变 LDL 的结构，使 LDL 易通过非受体途径被清除。此外，该药可能还具有使肝细胞 LDL 受体活性增加和抑制小肠吸收胆固醇的作用。同时，普罗布考还是一种强力抗氧化剂。可使血浆 TC 降低 20%～25%，LDL-C 降低 5%～15%，而 HDL-C 也明显降低（可达 25%）。主要适用于高胆固醇血症尤其是纯合子型家族性高胆固醇血症。②鱼油制剂。国内临床上应用的鱼油制剂有多烯康、脉络康及鱼烯康制剂，主要含二十碳戊烯酸（EPA）和二十二碳乙烯酸（DHA）。其降低血脂的作用机制尚不十分清楚，可能与抑制肝脏合成 VLDL 有关。鱼油制剂仅有轻度降低 TG 和稍升高 HDL-C 的作用，对 TC 和 LDL-C 无影响。主要用于高脂血症。

根据临床上高脂血症的表型，降脂药物的临床应用分三种情况。①单纯性高胆固醇血症：是指血浆胆固醇水平高于正常，而血浆甘油三酯则正常。这种情况可选用胆酸螯合剂、他汀类、普罗布考、弹性酶和烟酸，其中以他汀类为最佳选择。②单纯性高脂血症：轻至中度高脂血症常可通过饮食治疗使血浆甘油三酯水平降至正常，不必进行药物治疗。而对于中度以上的高脂血症，则可选用鱼油制剂和贝特类降脂药物。③混合型高脂血症：是指既有血浆胆固醇水平升高又有血浆甘油三酯水平升高。这种情况，还可分为两种类型：若是以胆固醇升高为主，则首选他汀类；如果是以甘油三酯升高为主，则首先试用贝特类。烟酸类制剂对于这种类型血脂异常也较为适合。

此外，对于严重的高脂血症患者，单用一种调脂药，可能难以达到理想的调脂效果，这时可考虑采用联合用药，简单说来，只要不是同一类调脂药物，均可考虑联合用药。而临床上常采用联合用药：对于严重高胆固醇血症，若单种药物的降脂效果不理想，可采用他汀类+胆酸螯合剂或+烟酸或+贝特类；对于重度高脂血症者可采用贝特类+鱼油。

本章小结

脂质是脂肪（甘油三酯）和类脂的统称，脂质能溶于有机溶剂但不溶于水。甘油三酯是机体重要的能源物质，胆固醇、磷脂及糖脂是生物膜的重要组分，参与细胞识别及信号传递，还是多种生物活性物质的前体。多不饱和脂肪酸衍生物具有重要生理功能。

甘油三酯水解生成甘油和脂肪酸。甘油经活化、脱氢转化成磷酸二羟丙酮后，进入糖代谢途径代谢。脂肪酸活化后进入线粒体，经脱氢、加水、再脱氢及硫解 4 步反应的重复循环完成β-氧化，生成乙酰辅酶 A，并最终彻底氧化，释放大量能量。肝β-氧化生成的乙酰辅酶 A 还能转化成酮体，经血液运输至肝外组织利用。

人体脂肪酸合成的主要场所是肝，基本原料乙酰辅酶 A 需先羧化为丙二酸单酰辅酶 A。在胞质脂肪酸合酶体系催化下，由 NADPH+H^+供氢，通过缩合、还原、脱水、再还原 4 步反应的 7 次循环合成 16 碳软脂酸。更长碳链脂肪酸的合成在肝细胞内质网和线粒体中通过对软脂酸加工、延长完成。脂肪酸脱氢可生成不饱和脂肪酸。

肝、脂肪组织及小肠是合成甘油三酯的主要场所，肝合成能力最强，基本原料为甘油和脂肪酸。小肠黏膜细胞以脂酰辅酶 A 酯化甘油一酯合成甘油三酯，肝细胞及脂肪细胞以脂酰辅酶 A 先后酯化 3-磷酸甘油及甘油二酯合成甘油三酯。

甘油磷脂合成以磷脂酸为重要中间产物，需 CTP 参与。甘油磷脂的降解由磷脂酶 A、磷脂酶 B、磷脂酶 C 和磷脂酶 D 催化完成。

胆固醇合成以乙酰辅酶 A 为基本原料，先合成 HMG-CoA，再逐步合成胆固醇。HMG-CoA 还原酶是胆固醇合成的关键酶。体内胆固醇的合成受很多因素的影响。胆固醇在体内可转化成胆汁酸、类固醇激素和维生素 D_3。

脂质以脂蛋白形式在血中运输和代谢。超速离心法将血浆脂蛋白分为乳糜微粒、极低密度脂蛋白、低密度脂蛋白和高密度脂蛋白。CM 主要转运外源性甘油三酯和胆固醇，VLDL 主要转运内源性甘油三酯，LDL 主要转运内源性胆固醇，HDL 主要逆向转运胆固醇。高脂血症又可分为原发性和继发性两大类。对于高脂血症患者，可单用一种降血脂药物，也可考虑采用联合用药。

练 习 题

题库

一、单项选择题

1. 下列物质每克在体内经彻底氧化后，释放能量最多的是（　　）
   A. 葡萄糖　B. 糖原　C. 蛋白质　D. 脂肪　E. 胆固醇
2. 参与长链脂酰 CoA 进入线粒体的化合物是（　　）
   A. α-磷酸甘油　B. 苹果酸　C. 酰基载体蛋白　D. 肉碱　E. 泛醌
3. 硬脂酰 CoA 彻底氧化成 CO_2 和 H_2O，净生成 ATP 的数应为（　　）
   A. 146　B. 122　C. 106　D. 108　E. 150
4. 合成酮体的关键酶是（　　）
   A. HMG 合酶　B. HMG 裂解酶

C. HMG-CoA 合酶　　D. HMG CoA 裂解酶
E. HMG-CoA 还原酶

5. 参与酮体氧化的酶是（　　）
A. 乙酰 CoA 羧化酶　　B. HMG-CoA 还原酶
C. HMG-CoA 裂解酶　　D. HMG-CoA 合酶
E. 乙酰乙酸硫激酶

6. 合成脂肪酸的原料乙酰 CoA 以（　　）方式出线粒体
A. 丙酮酸　　B. 苹果酸
C. 柠檬酸　　D. 草酰乙酸
E. 天冬氨酸

7. 可作为乙酰 CoA 羧化酶辅酶的维生素是（　　）
A. $VitB_1$　　B. $VitB_2$　　C. Vit PP　　D. $VitB_6$　　E. 生物素

8. 合成脂肪时，所需氢的供体是（　　）
A. $FADH_2$　　B. NADH　　C. NADPH　　D. FMN　　E. $NADP^+$

9. 血浆脂蛋白中密度最低的是（　　）
A. HDL　　B. IDL　　C. LDL　　D. VLDL　　E. CM

10. 能将肝外胆固醇向肝内运输的脂蛋白是（　　）
A. CM　　B. VLDL　　C. IDL　　D. LDL　　E. HDL

二、思考题

1. 何谓脂肪动员？脂肪酸是如何氧化供能的？
2. 以 18 碳硬脂酸为例，简述其氧化分解过程及能量生成。
3. 何谓酮体？酮体是如何产生和利用的？
4. 简述各种血浆脂蛋白的来源和主要功能。
5. 目前治疗高脂血症有哪些种类的药物？

（龚明玉）

第八章

蛋白质分解代谢

学习导引

1. **掌握** 氨基酸的脱氨基作用；体内氨的生成与转运；尿素的生成过程及生理意义；一碳单位代谢及生理意义；甲硫氨酸循环及其生理意义。

2. **熟悉** 蛋白质的营养价值及互补作用；氨基酸的吸收方式与特点；蛋白质的腐败作用；α-酮酸的代谢；几种重要胺类物质的生成及生理作用；芳香族氨基酸代谢异常与疾病。

3. **了解** 蛋白质的消化过程；氮平衡及其类型；蛋白质的降解途径；半胱氨酸与胱氨酸的代谢；色氨酸的代谢；支链氨基酸的代谢。

生物体内的各种蛋白质处于不断合成与分解的动态平衡之中。蛋白质的合成将在第十三章介绍，蛋白质的分解是指蛋白质分解为氨基酸以及氨基酸进一步分解为含氮化合物、二氧化碳和水并释放出能量的过程。不同氨基酸脱去氨基和羧基后，其碳骨架侧链的分解途径有所不同，这是个别氨基酸的代谢。因此，蛋白质分解和氨基酸代谢是本章的中心内容。由于体内蛋白质的更新与氨基酸的分解均需要食物蛋白质来补充，故在讨论氨基酸代谢之前，首先叙述蛋白质的营养作用及蛋白质的消化、吸收问题。

第一节 概 述

PPT

课堂互动

人体内的蛋白质有哪些功能？如何摄入蛋白质更有营养价值？

一、蛋白质的生理功能

蛋白质是生命的物质基础，在体内具有多种重要的生理功能。

1. 维持组织细胞的生长、更新和修补 蛋白质是细胞的主要组成成分，其最重要的功能就是参与构成各种组织细胞。机体每日必须摄入足够量的蛋白质，才能维持组织细胞生长、更新和修补的需要，尤其是对处于生长发育期的儿童和恢复期的患者。

2. 参与体内多种重要的生理活动 蛋白质是生命活动的物质基础，体内重要的生理活动都是由蛋白质来完成的。例如，酶可催化代谢反应、抗体参与机体防御、蛋白质类激素调节物质代谢等。肌肉收缩、血液凝固、物质的运输等也是由蛋白质来实现。此外，氨基酸代谢还可产生一些重要生理活性物质，包括胺类、神经递质、嘌呤和嘧啶等。蛋白质和氨基酸的这些功能不能由糖和脂类代替。

3. 氧化供能 除结构功能和调节功能外，蛋白质也是一种能源物质。每克蛋白质在体内氧化分解可产生 17.19kJ（4.1kcal）能量。一般情况下，成人每日约有 18% 的能量来自蛋白质。但是，蛋白质的这种功能可由糖和脂肪代替。因此，氧化供能是蛋白质的次要生理功能。

二、氮平衡

体内蛋白质的代谢状况可用氮平衡（nitrogen balance）来评价。氮平衡是指每日氮的摄入量与排出量之间的关系。摄入氮基本上来自食物蛋白质，经机体消化吸收后主要用于体内蛋白质的合成。排出氮主要指粪便和尿液中的含氮物质，绝大部分是体内蛋白质分解代谢产生的终产物。因此，通过测定摄入食物中的氮含量和排泄物中的氮含量，可以间接评价体内蛋白质的合成和分解状况。体内氮平衡有以下 3 种类型。

1. 氮总平衡 即摄入氮量等于排出氮量，体内总氮量不变。说明体内蛋白质的合成与分解处于动态平衡，通常见于健康成人。

2. 氮正平衡 即摄入氮量大于排出氮量，体内总氮量增加。说明体内蛋白质的合成大于分解。儿童、孕妇和恢复期的患者属于此种情况。

3. 氮负平衡 即摄入氮量小于排出氮量，体内总氮量减少。说明体内蛋白质的合成小于分解，常见于蛋白质摄入量不能满足需要的状况，如长期饥饿、严重烧伤、大量出血及消耗性疾病患者。

三、蛋白质的营养价值

食物蛋白质在体内的利用率称为蛋白质的营养价值（nutritional value）。组成蛋白质的 20 种氨基酸从营养学上分为必需氨基酸和非必需氨基酸两类。食物蛋白质营养价值的高低，主要取决于食物蛋白质所含必需氨基酸的种类和比例。一般来说，食物蛋白质含必需氨基酸种类多、比例接近人体蛋白质，其营养价值就高。动物蛋白质由于所含必需氨基酸的种类和比例与人体蛋白质更接近，易于被机体利用，因而营养价值高于植物蛋白质。部分食物蛋白质的营养价值见表 8-1。

表 8-1 部分食物蛋白质的营养价值

食物蛋白质	鸡蛋	牛奶	猪肉	红薯	小麦	面筋	豆腐	牛肉	大豆	玉米	小米	面粉
生物学价值	94	85	74	72	67	67	65	64	64	57	57	47

注：* 蛋白质的生物学价值（biological value，BV）简称生物价，是食物蛋白质中在体内吸收的氮与吸收后在体内贮留真正被利用的氮的数量比值，它表示蛋白质吸收后被机体贮留的程度。生物价是衡量蛋白质营养价值最常用的方法，生物价越高，表明蛋白质被机体利用程度越高，营养价值也越高。生物价 =（氮贮留量/氮吸收量）×100%。

1. 必需氨基酸 氮平衡实验表明，人体有 9 种氨基酸不能合成。这些体内需要，但机体自身不能合成或合成量少，不能满足机体需要，必须由食物供给的氨基酸，在营养学上称为必需氨基酸（essential amino acid）。不同动物的必需氨基酸的种类不同，人类必需氨基酸包括亮氨酸、异亮氨酸、苏氨酸、缬氨酸、赖氨酸、甲硫氨酸、苯丙氨酸、色氨酸和组氨酸 9 种。

2. 非必需氨基酸 是指机体本身合成能够满足机体需求，不必由食物供给的氨基酸，除上述 9 种必需氨基酸以外的其他组成蛋白质的氨基酸均为非必需氨基酸（non-essential amino acid）。此外，精氨酸在婴幼儿和儿童时期因其体内合成量常不能满足生长发育的需要，也必须由食物提供，称为半必需氨基酸。不论是必需氨基酸还是非必需氨基酸，都是生命活动必不可少的。

3. 蛋白质营养的评价 摄入体内的氨基酸不可能全部用于合成蛋白质，这是因为食物蛋白质中所含的各种氨基酸在其含量的比例方面与机体本身的蛋白质存在着差异。因此，总有一部分氨基酸不被用来合成机体蛋白质，最后在体内分解。这样，不同的食物蛋白质的利用率就存在差别。利用率愈高的蛋白质对人体的营养价值愈高。

四、蛋白质的需要量

根据氮平衡实验不仅可以分析体内蛋白质的代谢状况，还可以测算每日蛋白质的需要量。成人在食用不含蛋白质的膳食约 8 天后，每天排出的氮量逐渐趋于恒定。此时，每公斤体重每日排出的氮量约为

53mg，而蛋白质的含氮量平均约 16%，故一位 60kg 体重的成人每日至少要分解约 20g 蛋白质。由于食物蛋白质与人体蛋白质在组成上有差异，故不可能全部被机体利用，要维持氮总平衡，成人每日蛋白质最低生理需要量为 30~50g。我国营养学会推荐成人每日蛋白质的需要量为 80g，相当于每天 1~1.2g/kg 体重，用以维持长期的氮总平衡。婴幼儿与儿童因生长发育需要，应增至每天 2~4g/kg 体重。表 8-2 列出了部分食物的蛋白质含量。

表 8-2　部分食物的蛋白质含量（%）

食物	蛋白质含量	食物	蛋白质含量	食物	蛋白质含量	食物	蛋白质含量
大豆	39.2	鲤鱼	18.1	大米	8.5	橘子	0.9
花生	25.8	鸡蛋	13.4	牛奶	3.3	黄瓜	0.8
牛肉	15.8~21.7	小麦	12.4	菠菜	1.8	萝卜	0.6
鸡肉	21.5	小米	9.7	油菜	1.4	苹果	0.2
羊肉	14.3~18.7	高粱	9.5	红薯	1.3		
猪肉	13.3~18.5	玉米	8.6	白菜	1.1		

五、食物蛋白质的互补作用

日常生活中，人们并不是以单一的某种蛋白质为食，而是摄入混合蛋白质。将不同种类营养价值较低的食物蛋白质混合食用，可以互相补充所缺少的必需氨基酸，从而提高其营养价值，称为蛋白质的互补作用。例如，谷类蛋白质含赖氨酸较少而色氨酸较多，豆类蛋白质含赖氨酸较多而色氨酸较少。这两类食物单独食用，其蛋白质营养价值都不高，将其按一定比例混合食用就可以相互补充必需氨基酸，从而提高营养价值。

第二节　蛋白质的消化吸收与腐败

PPT

食物蛋白质的消化、吸收是体内氨基酸的主要来源。食物蛋白质经蛋白酶消化生成氨基酸，被机体吸收进入血液循环后，可以进一步分解，也可以用于合成机体自身蛋白质。

一、蛋白质的消化

蛋白质是生物大分子，食物蛋白质未经消化很难被机体吸收利用，而且蛋白质具有种属特异性，如果未经消化进入体内会作为抗原引起过敏反应。因此，食物蛋白质必须消化后才能被机体有效吸收和安全利用。蛋白质的消化是指蛋白质在消化道各种蛋白酶和肽酶的催化作用下，水解成寡肽和氨基酸的过程。其本质是在酶的作用下使蛋白质分子中的肽键断裂，最终生成氨基酸。蛋白质消化的基本过程如下：

$$\text{食物蛋白质} \xrightarrow[\text{胃}]{\text{水解酶}} \text{多肽} \xrightarrow[\text{肠}]{\text{水解酶}} \text{寡肽和氨基酸}$$

食物蛋白质在消化道不同部位由不同来源的酶催化消化。由于唾液中不含蛋白酶，因此食物蛋白质在口腔内没有酶促消化。食物蛋白质的酶促消化由胃开始，但主要在小肠进行。

1. 蛋白质在胃的消化　食物蛋白质进入胃后，刺激胃窦和小肠黏膜 G 细胞等分泌胃泌素（gastrin），以及主细胞分泌胃蛋白酶原（pepsinogen）。胃泌素促进胃黏膜壁细胞分泌盐酸，后者激活无活性的胃蛋白酶原，变成有活性的胃蛋白酶（pepsin）。胃蛋白酶也能激活胃蛋白酶原转变成胃蛋白酶，称为自身激活作用（autocatalysis）。胃蛋白酶将食物蛋白质水解成大小不等的多肽片段及少量氨基酸，随食糜进入小肠。

2. 蛋白质在小肠的消化 由于食物在胃内滞留时间很短，对蛋白质的消化很不完全。因此，食物蛋白质的消化主要在小肠内进行。在小肠，消化不完全的蛋白质受胰液和小肠黏膜细胞分泌的多种蛋白酶和肽酶的共同催化，被进一步水解成寡肽和氨基酸。

（1）小肠内蛋白酶原的激活 食物蛋白质被胃蛋白酶水解成多肽食糜进入小肠后，刺激小肠上段的十二指肠S细胞分泌胰泌素（secretin），胰泌素刺激胰腺分泌碳酸氢盐进入小肠，中和食糜中的盐酸。当pH达到7左右时，十二指肠释放出胆囊收缩素（cholecystokinin），刺激胰腺细胞分泌胰蛋白酶原（trypsinogen）、糜蛋白酶原（chymotrypsinogen）、弹性蛋白酶原（proelastase）和羧肽酶原（procarboxypeptidase）等一系列胰蛋白酶原并进入十二指肠。胰蛋白酶原迅速被十二指肠分泌的肠激酶（enterokinase）激活成胰蛋白酶（trypsin）。然后，胰蛋白酶又将糜蛋白酶原、弹性蛋白酶原和羧肽酶原分别激活成糜蛋白酶（chymotrypsin）、弹性蛋白酶（elastase）和羧肽酶（carboxypeptidase）。胰蛋白酶也可以自身激活，但这种作用较弱（图8-1）。

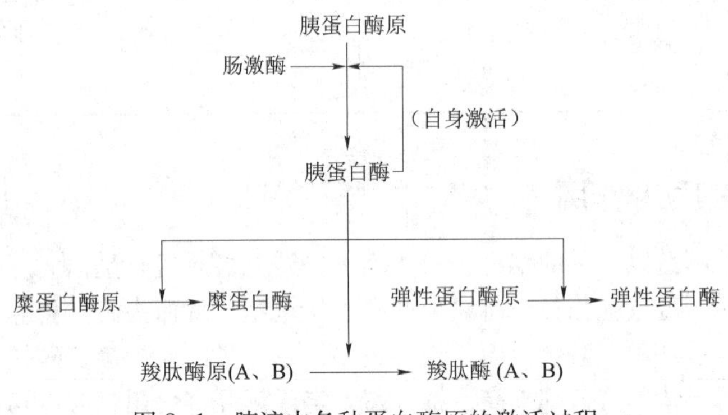

图8-1 胰液中各种蛋白酶原的激活过程

（2）小肠内蛋白质的消化过程 胰液中的各种蛋白酶原被激活后，将小肠内的多肽混合物进一步水解成更短的寡肽。胰液中存在胰蛋白酶抑制剂，可防止胰蛋白酶原过早激活对胰腺组织造成消化损伤。食物蛋白质经胃液和胰液中各种蛋白酶的消化，产物约1/3为氨基酸，2/3为寡肽。寡肽的水解主要在小肠黏膜细胞内进行。小肠黏膜细胞存在两种寡肽酶（oligopeptidase），即氨肽酶（aminopeptidase）和二肽酶（dipeptidase）。氨肽酶从氨基端逐步水解寡肽，最终生成二肽。二肽再经二肽酶水解，生成氨基酸。

上述蛋白酶和肽酶都作用于肽键，催化肽键水解。根据其作用部位不同，可分为两大类，即内肽酶（endopeptidase）和外肽酶（exopeptidase）。内肽酶催化肽链内部的肽键水解，如胃蛋白酶、胰蛋白酶、糜蛋白酶和弹性蛋白酶都是内肽酶。外肽酶则催化蛋白质或多肽末端的肽键水解，如羧肽酶和氨肽酶分别从羧基端和氨基端开始水解，每次水解脱去一个氨基酸。胰液中的外肽酶主要是羧肽酶，分为羧肽酶A和羧肽酶B。蛋白酶催化作用过程如图8-2所示。

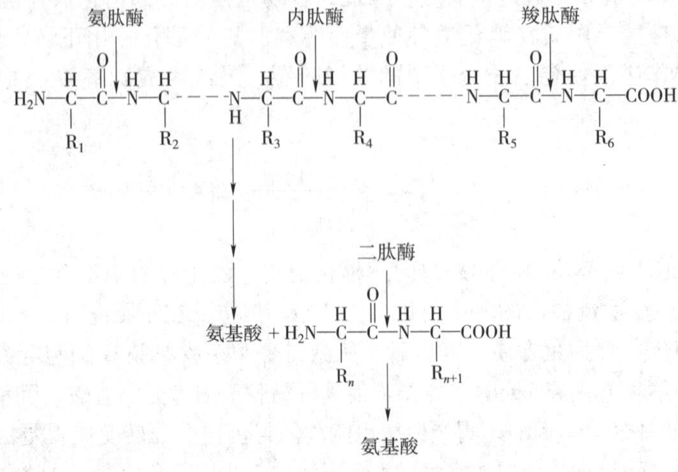

图8-2 不同蛋白酶的催化作用

（3）蛋白酶的特异性　不同蛋白酶对形成肽键的氨基酸残基具有一定的特异性（见表8-3）。胃蛋白酶主要作用于酸性氨基酸的羧基和芳香族氨基酸的氨基所形成的肽键，其最适 pH 在 1.5~2.5，适于胃内环境，活性中心含天冬氨酸，属天冬氨酸蛋白酶类。胰蛋白酶主要水解由碱性氨基酸的羧基组成的肽键。糜蛋白酶则水解由芳香族氨基酸的羧基组成的肽键。而弹性蛋白酶水解由脂肪族氨基酸的羧基组成的肽键。胰蛋白酶、糜蛋白酶和弹性蛋白酶的最适 pH 在 7.0 左右，适于小肠环境，其活性中心含丝氨酸，属丝氨酸蛋白酶类。羧肽酶 A 作用于中性氨基酸的羧基末端肽键，而羧肽酶 B 则水解由碱性氨基酸组成的羧基末端肽键。

表 8-3　部分蛋白酶特异性

蛋白酶	水解肽键的特异性
胃蛋白酶	苯丙氨酸、酪氨酸、色氨酸氨基形成的肽键
胰蛋白酶	赖氨酸、精氨酸羧基形成的肽键
糜蛋白酶	苯丙氨酸、酪氨酸、色氨酸羧基形成的肽键
弹性蛋白酶	脂肪族氨基酸羧基形成的肽键
羧肽酶 A	羧基端氨基酸（谷氨酸、天冬氨酸、赖氨酸、精氨酸、脯氨酸除外）
羧肽酶 B	羧基端氨基酸（特别是赖氨酸、精氨酸）
羧肽酶 C	羧基端由脯氨酸形成的肽键
羧肽酶 Y	各种氨基酸在羧基端形成的肽键

综上所述，在多种蛋白酶和肽酶的共同作用下，超过 95% 的食物蛋白质在消化道被水解为寡肽和氨基酸的混合物。

二、肽和氨基酸的吸收

食物蛋白质在胃肠道中经酶的催化作用，水解成氨基酸和二肽、三肽等寡肽，氨基酸和寡寡肽都可以通过主动转运机制被小肠吸收，然后通过毛细血管运入体内。但寡肽吸收进入小肠黏膜细胞后，即被胞质中的二肽酶、三肽酶水解成游离氨基酸，然后进入血液循环。

因为氨基酸不能自由通过细胞膜，一般认为氨基酸和寡肽的吸收主要通过转运蛋白（transporter）和 γ-谷氨酰基循环（γ-glutamyl cycle）两种方式，这两种方式都是消耗 ATP 的主动转运过程。

1. 转运蛋白对氨基酸和寡肽的转运作用　小肠黏膜上皮细胞的细胞膜上存在转运氨基酸和寡肽的载体蛋白（carrier protein），能与氨基酸或寡肽和 Na^+ 同时结合组成三联体，结合后可使载体蛋白的构象发生改变，从而把氨基酸或寡肽和 Na^+ 共同转入小肠黏膜上皮细胞内。Na^+ 再由钠泵排出细胞外，造成黏膜面内外的 Na^+ 梯度，有利于肠腔中的 Na^+ 继续通过载体蛋白进入细胞内，同时带动氨基酸或寡肽进入小肠黏膜上皮细胞内。因此小肠黏膜上氨基酸或寡肽的吸收是间接消耗 ATP，而直接的推动力是肠腔和小肠黏膜细胞内 Na^+ 的电化学梯度。由于氨基酸结构的差异，转运氨基酸的载体蛋白也不相同。现已证实，体内至少有 7 种转运蛋白参与氨基酸和寡肽的吸收，具体如下：

（1）中性氨基酸转运蛋白　转运氨基酸的主要载体，主要转运侧链不带电荷的氨基酸，包括短侧链或极性侧链（丝氨酸、苏氨酸、丙氨酸），芳香族或疏水侧链的氨基酸（苯丙氨酸、酪氨酸、甲硫氨酸、缬氨酸、亮氨酸、异亮氨酸）。

（2）酸性氨基酸转运蛋白　主要转运天冬氨酸和谷氨酸。

（3）碱性氨基酸转运蛋白　主要转运赖氨酸、精氨酸和组氨酸。

（4）亚氨基酸和甘氨酸转运蛋白　主要转运脯氨酸、羟脯氨酸和甘氨酸。

（5）β-氨基酸转运蛋白　主要转运 β-丙氨酸和牛磺酸。

（6）二肽转运蛋白　主要转运二肽。

（7）三肽转运蛋白　主要转运三肽。

当某些氨基酸共用同一载体时，由于这些氨基酸在结构上有一定的相似性，它们在吸收过程中有竞争作用。肾小管细胞和肌细胞等细胞膜上也存在氨基酸转运蛋白，它们对氨基酸的吸收也是通过上述机制进行的。

2. γ-谷氨酰基循环对氨基酸的转运作用 1969 年，Meister 发现小肠黏膜、肾小管和脑组织还可通过 γ-谷氨酰基循环吸收氨基酸，其机制是通过谷胱甘肽的代谢来完成氨基酸的吸收。氨基酸在进入细胞之前，先在细胞膜上 γ-谷氨酰基转移酶（γ-glutamyl transferase）的催化下，与细胞内的谷胱甘肽作用生成 γ-谷氨酰氨基酸并进入胞质，然后再经其他酶催化将氨基酸释放出来，同时使谷氨酸重新生成谷胱甘肽，进行下一轮循环（图 8-3）。这也是一个在多种酶的催化作用下主动转运氨基酸通过细胞膜的过程，该循环每转运 1 分子氨基酸，需要消耗 3 分子 ATP。

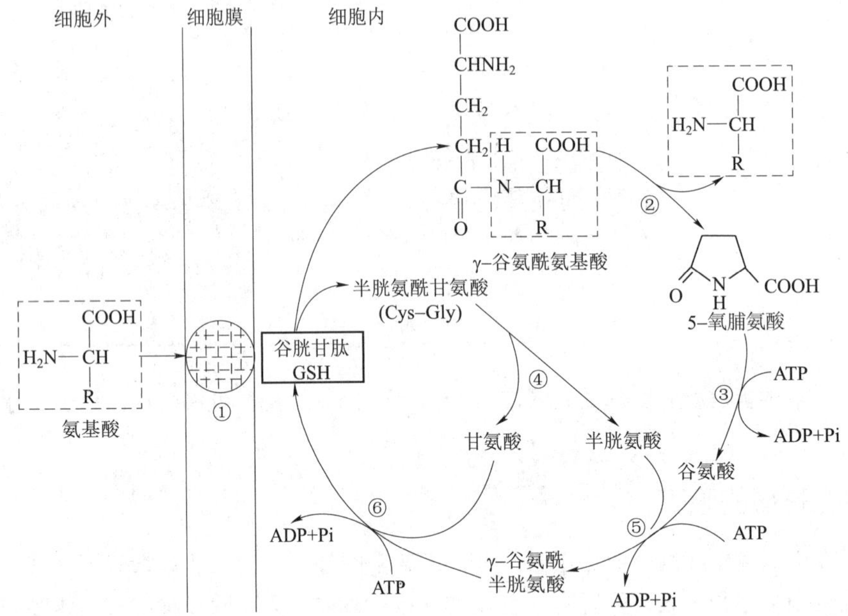

图 8-3　γ-谷氨酰基循环

①γ-谷氨酰基转移酶；②γ-谷氨酰环化转移酶；③5-氧脯氨酸酶；④二肽酶；⑤γ-谷氨酰半胱氨酸合成酶；⑥谷胱甘肽合成酶

γ-谷氨酰基转移酶位于细胞膜上，是 γ-谷氨酰基循环的关键酶。而催化循环反应的其他酶，均存在于胞质中。

三、蛋白质的腐败作用

食物中的蛋白质 95% 以上被消化吸收。小部分未被消化的食物蛋白质和未被吸收的消化产物在肠道细菌的作用下发生分解代谢的过程称为蛋白质的腐败作用（putrefaction）。未被消化的蛋白质先被肠道细菌中的蛋白酶水解为氨基酸，然后再继续受肠道细菌中其他酶类的催化。腐败作用的少数产物，对人体具有一定的营养作用，例如维生素和脂肪酸等。但大多数腐败产物对人体是有害的，例如胺类（amine）、氨（ammonia）、酚类（phenol）、吲哚（indole）和硫化氢等（表 8-4）。

表 8-4　部分氨基酸的腐败产物

氨基酸	腐败产物	氨基酸	腐败产物
组氨酸	组胺	氨基酸	氨
赖氨酸	尸胺	色氨酸	吲哚、甲基吲哚
酪氨酸	酪胺、β-羟酪胺、苯酚、对甲酚	半胱氨酸	硫化氢
苯丙氨酸	苯乙胺、苯乙醇胺		

腐败作用主要的化学反应有脱羧基作用和还原脱氨基作用。

1. 脱羧基作用产生胺类　未被吸收的氨基酸在肠道细菌氨基酸脱羧酶作用下，脱去羧基生成有毒的胺类。例如组氨酸、赖氨酸、酪氨酸和苯丙氨酸通过脱羧基作用分别生成组胺、尸胺、酪胺和苯乙胺（表 8-4）。

胺类腐败产物大多有毒性，例如组胺和尸胺会使血压下降，酪胺会使血压升高。这些有毒物质通常经肝代谢转化为无毒形式排出体外。酪胺和苯乙胺若不能在肝内及时转化，容易进入脑组织，经 β-羟化酶作用，分别转化为 β-羟酪胺和苯乙醇胺，其结构类似于儿茶酚胺类神经递质（多巴胺、去甲肾上腺素、肾上腺素），故称为假神经递质（false neurotransmitter）。假神经递质并不能传递兴奋，反而竞争性抑制儿茶酚胺传递兴奋，导致大脑功能发生抑制甚至昏迷，临床上称为肝性脑昏迷，简称肝昏迷，这就是肝昏迷的假神经递质学说。

β-羟酪胺　苯乙醇胺　多巴胺　去甲肾上腺素　肾上腺素

假神经递质　儿茶酚胺

2. 脱氨基作用产生氨　未被吸收的氨基酸在肠道细菌的作用下，通过脱氨基作用生成氨，这是肠道氨的重要来源之一。另一个来源是血液中的尿素约有 25% 可渗入肠道，受肠道细菌尿素酶的水解而生成氨。肠道内生成的氨被重吸收进入血液，再到肝合成尿素，这就是尿素的肠-肝循环。降低肠道的 pH 值，可减少氨的吸收。

3. 腐败作用产生的其他有害物质　除了胺类和氨之外，腐败作用产生的有害物质还包括苯酚、吲哚、甲基吲哚和硫化氢等其他有害物质。正常情况下，这些有害物质大部分随粪便排出，只有小部分可被肠道吸收，进入肝经生物转化而解毒。

第三节　蛋白质的降解

PPT

体内的蛋白质处于不断降解与合成的动态平衡之中。成人每天有 1%～2% 的蛋白质被降解、更新，体重 70kg 的成人每天有 400g 蛋白质更新，其中主要是骨骼肌中的蛋白质。蛋白质降解所产生的氨基酸，70%～80% 又被重新利用合成新的组织蛋白质。

一、蛋白质的降解速率

蛋白质的降解在生物体内普遍存在。不同的蛋白质降解速率不同，蛋白质的降解速率随生理需要而不断变化。蛋白质的降解速率用半寿期（half-life，$t_{1/2}$）表示，半寿期是指蛋白质浓度降至其原浓度一半所需要的时间。半寿期代表蛋白质寿命的长短，与蛋白质组成和结构有关。不同的蛋白质寿命差异很大，半寿期从数秒到数月。一些代谢途径关键酶的半寿期都很短，如多胺合成的限速酶——鸟氨酸脱羧酶的 $t_{1/2}$ 只有 10～30 分钟。肝脏中大部分蛋白质的 $t_{1/2}$ 为 1～8 天。人血浆蛋白质的 $t_{1/2}$ 约为 10 天，结缔组织中一些蛋白质的 $t_{1/2}$ 可达 180 天以上。根据生理需要，关键酶的降解既可加速也可滞后，从而改变酶的含量，进一步改变代谢产物的流量和浓度。

二、蛋白质的降解途径

细胞内蛋白质的降解也是通过一系列蛋白酶和肽酶完成的。蛋白质被蛋白酶水解成肽，后者被肽酶进一步水解成游离氨基酸。真核细胞内蛋白质的降解有两条重要途径，分别是溶酶体途径（lysosome pathway）和泛素-蛋白酶体途径（ubiquitin-proteasome pathway，UPP）。

（一）溶酶体途径

除成熟红细胞外，所有细胞都含有溶酶体。溶酶体是细胞内的消化器官，其主要功能是消化作用。溶酶体膜上有多种转运蛋白，能将有待降解的蛋白质转运入溶酶体，并把降解产物运出溶酶体，供细胞重新利用或排出细胞外。溶酶体内含有多种蛋白水解酶，称为组织蛋白酶（cathepsin）。组织蛋白酶对所降解的蛋白质选择性较差，主要降解细胞外来的蛋白质、膜结合蛋白和细胞内的长寿蛋白质。该蛋白质降解途径不需要消耗 ATP，又称非 ATP 依赖性蛋白质降解途径。

（二）泛素-蛋白酶体途径

这是蛋白质降解的主要途径，细胞内 80% 以上蛋白质通过该途径降解，尤其对不含溶酶体的红细胞更为重要。蛋白质通过该途径降解需要消耗 ATP，同时需要泛素的参与，又称泛素介导的 ATP 依赖性蛋白质降解途径。泛素（ubiquitin，Ub）是一种由 76 个氨基酸残基组成的小分子蛋白质，分子量 8450，羧基端是甘氨酸。泛素因广泛存在于真核细胞内而得名，一级结构高度保守，人类与酵母之间只相差 3 个氨基酸残基，相似性达 96%。

1. 泛素介导的蛋白质降解过程 泛素介导的蛋白质降解过程是一个复杂的过程。首先由泛素与被降解的蛋白质共价连接形成复合体，使靶蛋白标记并被激活。然后，蛋白酶体（proteasome）特异性识别泛素标记的靶蛋白并将其降解。泛素的这种标记作用称为泛素化（ubiquitination），需要三种酶催化完成，同时需要消耗 ATP。三种酶分别是泛素激活酶（ubiquitin-activating enzyme，E_1）、泛素结合酶（ubiquitin-conjugating enzyme，E_2）、泛素蛋白连接酶（ubiquitin-protein ligase，E_3）。它们在蛋白质降解过程中分工不同，E_1 负责激活泛素分子，即 E_1 的半胱氨酸残基与泛素的 C 端甘氨酸残基形成高能硫酯键。泛素分子被激活后就被运送到 E_2 的活性半胱氨酸残基上，形成高能硫酯键。E_2 再将泛素传递给相应的 E_3，E_3 具有辨认指定蛋白质的功能，可直接或间接地促进泛素转移到靶蛋白上，可使泛素 C 端的硫酯键与靶蛋白赖氨酸的 ε-氨基形成异肽键（图 8-4）。一种蛋白质的降解需要多次泛素化反应，形成泛素链（ubiquitin chain）。然后，泛素化的蛋白质在蛋白酶体降解，产生一些 7~9 个氨基酸残基组成的肽链，肽链进一步经寡肽酶水解生成氨基酸。

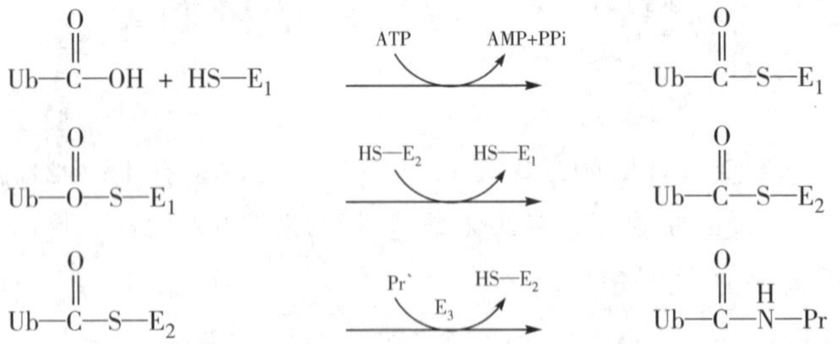

$$Ub-\overset{\overset{O}{\|}}{C}-OH + HS-E_1 \xrightarrow{ATP \quad AMP+PPi} Ub-\overset{\overset{O}{\|}}{C}-S-E_1$$

$$Ub-\overset{\overset{O}{\|}}{O}-S-E_1 \xrightarrow{HS-E_2 \quad HS-E_1} Ub-\overset{\overset{O}{\|}}{C}-S-E_2$$

$$Ub-\overset{\overset{O}{\|}}{C}-S-E_2 \xrightarrow[E_3]{Pr \quad HS-E_2} Ub-\overset{\overset{O}{\|}}{C}-\overset{H}{N}-Pr$$

图 8-4　蛋白质降解的泛素化反应

Ub：泛素；E_1：泛素激活酶；E_2：泛素结合酶；E_3：泛素蛋白连接酶；Pr：被降解蛋白质底物

2. 蛋白酶体的组成 蛋白酶体存在于细胞核和细胞质中，主要负责细胞内突变、受损、异常折叠的蛋白质和短寿蛋白质的降解。蛋白酶体是一个 26S 的蛋白质复合物，由一个 20S 的核心颗粒（core particle，CP）和两个 19S 的调节颗粒（regulatory particle，RP）组成桶状结构。CP 是由 2 个 α 环和 2 个 β 环层形成的空心圆柱体样结构，2 个 α 环分别位于圆柱体的上下两端，而 2 个 β 环则夹在 2 个 α 环之间。每个 α 环由 7 个 α 亚基组成，而 β 环由 7 个 β 亚基组成，其基本结构可书写为 $\alpha_7\beta_7\beta_7\alpha_7$。CP 中央形成空腔，是蛋白酶体的水解核心，活性位点位于 2 个 β 环上，每个 β 环 7 个 β 亚基中有 3 个具有蛋白酶水解活性，可催化不同的蛋白质降解。2个19S的RP分别位于柱状核心颗粒的两端，形成空心圆柱的盖子。每个RP都由18个不同亚基组成，形成一个圆桶状基部（base）和一个盖子（lid），并通过基部与CP两端的α环相连。RP基部的10个亚基中6个具有ATP酶活性，与蛋白质的去折叠以及使蛋白质定位于CP有关。而RP盖子一般由8个无ATP酶活性的亚基组成，这些亚基可识别、结合多泛素化的蛋白质，并启动降解过程。泛素介导的蛋白质降解基本过程如图8-5所示。

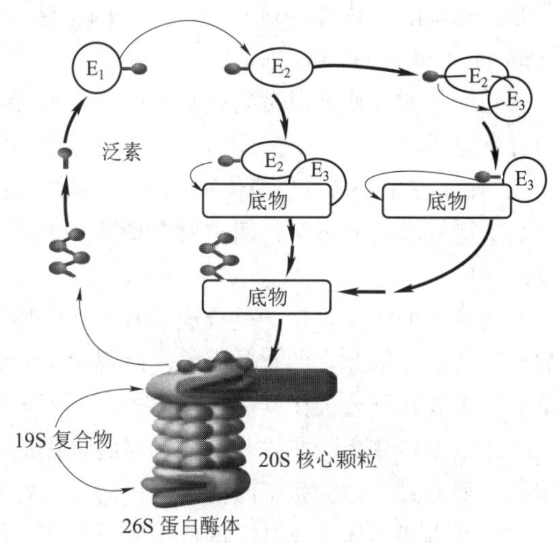

图8-5　泛素介导的蛋白质降解过程

泛素-蛋白酶体途径是调节细胞内蛋白水平与功能的重要机制，对绝大多数细胞都具有重要的生理意义。通过泛素-蛋白酶体系统不仅能够清除错误的蛋白质，而且对细胞周期、DNA复制、基因表达等一系列生命进程都有重要的调控作用，还与炎症反应、自身免疫性疾病、癌症和心血管疾病等多种疾病的发生发展有着密切关系。

泛素-蛋白酶体途径的发现为深入理解细胞诸多生理过程奠定了基础。可以预见，随着对泛素-蛋白酶体途径研究的不断深入，以该系统为靶点的新药也将逐渐增多，必将产生巨大的经济效益及科学价值。泛素-蛋白酶体途径研究领域有着广阔的发展前景。

知识拓展

泛　素　化

泛素的主要功能是通过泛素-蛋白酶体途径降解细胞内绝大多数的蛋白质。除此之外，泛素还具有其他重要的生理功能，比如组蛋白的泛素化修饰参与真核细胞的基因表达调控。组蛋白不同位点的泛素化修饰具有不同的生理功能，例如组蛋白H2AK119位点的泛素化修饰导致转录抑制，而组蛋白H2BK120位点的泛素化修饰可激活转录。

目前，泛素系统已成为研制相关药物的靶点。2006年，第一个以蛋白酶体为治疗靶标的蛋白酶体抑制剂PS341药物被批准在国内上市，用于治疗多发性骨髓瘤，能有效阻断癌细胞的信息传递通道，从而使癌细胞死亡。

第四节　氨基酸的一般代谢

PPT

微课

课堂互动

氨基酸在人体内有哪些作用？氨基酸上的氨基在体内是如何代谢的？

一、氨基酸代谢库

食物蛋白质经消化吸收的氨基酸（外源性氨基酸）、体内组织蛋白质降解产生的氨基酸及体内合成的非必需氨基酸（内源性氨基酸），通过血液循环分布于全身各组织和体液中参与代谢，称为氨基酸代谢库（amino acid metabolic pool）。

氨基酸代谢库通常以游离氨基酸的总量来计算。由于氨基酸不能自由通过细胞膜，所以氨基酸在体内的分布是不均一的。肌肉蛋白质更新所释放的游离氨基酸占总代谢库的50%以上，肝约占10%，肾约占4%，血浆占1%~6%。消化吸收的大多数氨基酸，例如丙氨酸和芳香族氨基酸等主要在肝中进行分解，而支链氨基酸的分解代谢主要在骨骼肌中进行。因此肝和肌肉对维持血液循环中氨基酸的水平起着重要的作用。

体内氨基酸的主要功能是合成多肽和蛋白质，也可转变成其他含氮化合物。由于各种氨基酸具有共同的结构特点，因此它们有共同的代谢规律。例如氨基酸经过脱氨基作用脱去氨基，生成氨和α-酮酸。脱下的氨主要在肝合成尿素后排出体外，也可参与体内重要含氮化合物合成。α-酮酸可以再合成非必需氨基酸，也可转变为糖或脂肪，或者彻底氧化成 CO_2 和 H_2O，并释放能量供机体需要。这是氨基酸分解代谢的主要方式，称为氨基酸的一般代谢。但各种氨基酸在侧链结构上存在一定的差异，又导致了各自独特的代谢方式。体内氨基酸的代谢概况见图8-6。

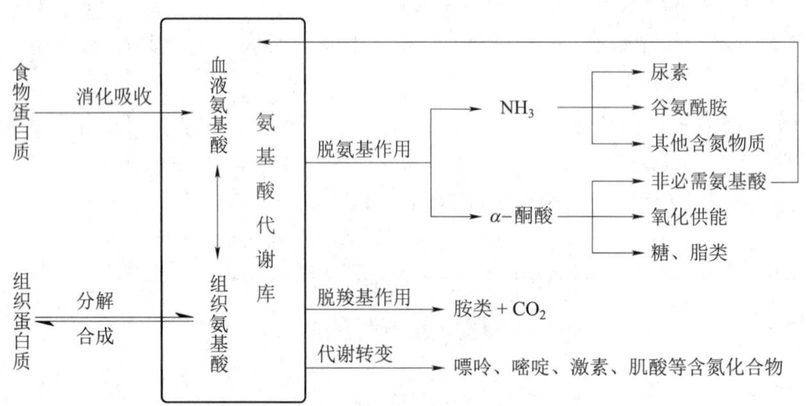

图8-6　体内氨基酸的代谢概况

二、氨基酸的脱氨基作用

氨基酸分解代谢的主要反应是脱氨基作用。氨基酸可以通过多种方式如转氨基作用、氧化脱氨基作用、联合脱氨基作用及其他脱氨基作用脱去氨基，其中联合脱氨基作用是最主要的脱氨基方式。

（一）转氨基作用

大多数氨基酸在肝中分解的第一步都是通过转氨基作用（transamination）脱氨。转氨基作用是在氨基转移酶（amino transferase）的催化下，可逆地把一个氨基酸的α-氨基转移到一个α-酮酸的羰基位置上，生成一个新的氨基酸，原来的α-氨基酸则相应转变为α-酮酸。

$$\begin{array}{l} R_1 \\ | \\ CH-NH_2 \\ | \\ COOH \end{array} + \begin{array}{l} R_2 \\ | \\ C=O \\ | \\ COOH \end{array} \xrightleftharpoons{\text{转氨酶}} \begin{array}{l} R_1 \\ | \\ C=O \\ | \\ COOH \end{array} + \begin{array}{l} R_2 \\ | \\ CH-NH_2 \\ | \\ COOH \end{array}$$

转氨基作用的平衡常数接近1.0，反应是可逆的。因此，转氨基作用既是氨基酸的分解代谢过程，也是体内某些非必需氨基酸合成的重要途径。除赖氨酸、苏氨酸、脯氨酸和羟脯氨酸外，体内大多数氨基酸都能进行转氨基作用，并各自有其特异的转氨酶。

氨基转移酶又称转氨酶，广泛分布于体内各组织线粒体和胞质中，尤其以肝和心肌组织含量最丰富。不同氨基酸与α-酮酸之间的转氨基作用只能由专一的转氨酶催化。在各种转氨酶中，以L-谷氨酸和α-酮酸的氨基转移酶最为重要。例如，丙氨酸氨基转移酶（alanine aminotransferase，ALT）和天冬氨酸氨基转移酶（aspartate aminotransferase，AST）在体内广泛存在，但各组织中的酶活性不同（表 8-5）。

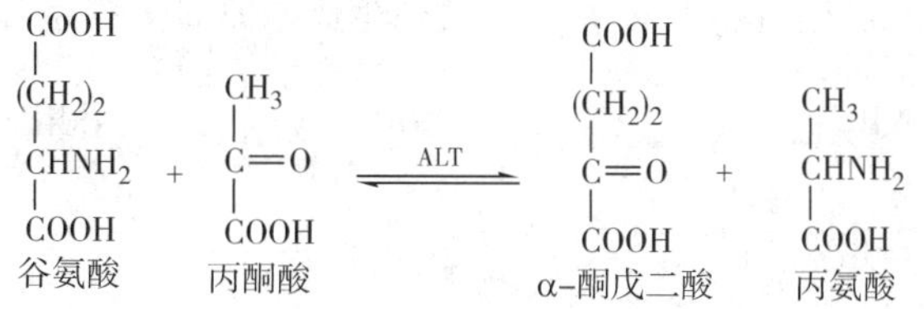

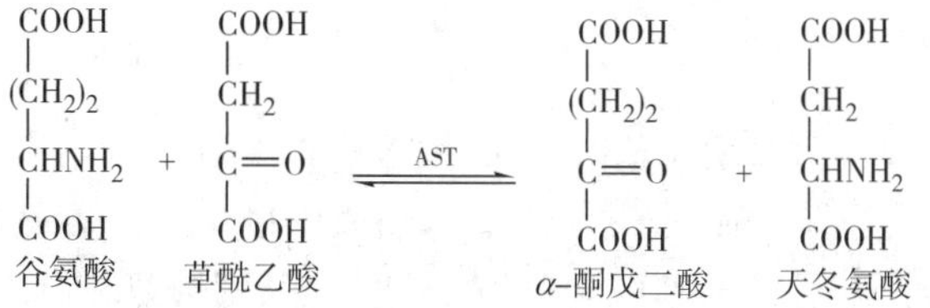

$$\underset{\text{谷氨酸}}{HOOC-(CH_2)_2-CHNH_2-COOH} + \underset{\text{丙酮酸}}{CH_3-C(=O)-COOH} \xrightleftharpoons{ALT} \underset{\alpha\text{-酮戊二酸}}{HOOC-(CH_2)_2-C(=O)-COOH} + \underset{\text{丙氨酸}}{CH_3-CHNH_2-COOH}$$

$$\underset{\text{谷氨酸}}{HOOC-(CH_2)_2-CHNH_2-COOH} + \underset{\text{草酰乙酸}}{HOOC-CH_2-C(=O)-COOH} \xrightleftharpoons{AST} \underset{\alpha\text{-酮戊二酸}}{HOOC-(CH_2)_2-C(=O)-COOH} + \underset{\text{天冬氨酸}}{HOOC-CH_2-CHNH_2-COOH}$$

经上述的转氨基作用，α-酮戊二酸可以接收许多氨基酸中的氨基形成谷氨酸。

表 8-5　正常成人各组织中 ALT 及 AST 活性（单位/克组织）

组织	心	肝	肾	骨骼肌	胰腺	脾	肺	血清
ALT	7100	44000	19000	4800	2000	1200	700	16
AST	156000	142000	91000	99000	28000	14000	10000	20

ALT 和 AST 都是细胞内酶，肝组织中 ALT 的活性最高，心肌组织中 AST 的活性最高，正常人的血清中活性很低。若因疾病造成组织细胞破损或细胞膜通透性增加，转氨酶可从细胞内逸出并大量释放到血液中，使血清中转氨酶活性明显升高。例如，急性心肌梗死患者血清 AST 活性明显升高，急性肝炎患者血清 ALT 活性明显升高。临床上常以此作为疾病诊断和预后的参考指标之一。

转氨酶的辅基是维生素 B_6的磷酸酯，即磷酸吡哆醛。在氨基转移过程中，磷酸吡哆醛先从氨基酸分子中接受氨基转变成磷酸吡哆胺，氨基酸则转变成相应的α-酮酸。继而磷酸吡哆胺进一步将氨基转移给另一种α-酮酸生成新的氨基酸，同时磷酸吡哆胺又转变为磷酸吡哆醛。在转氨酶的催化下，磷酸吡哆醛与磷酸吡哆胺的这种相互转变，起着传递氨基的作用。转氨基作用的反应机制如图 8-7 所示。

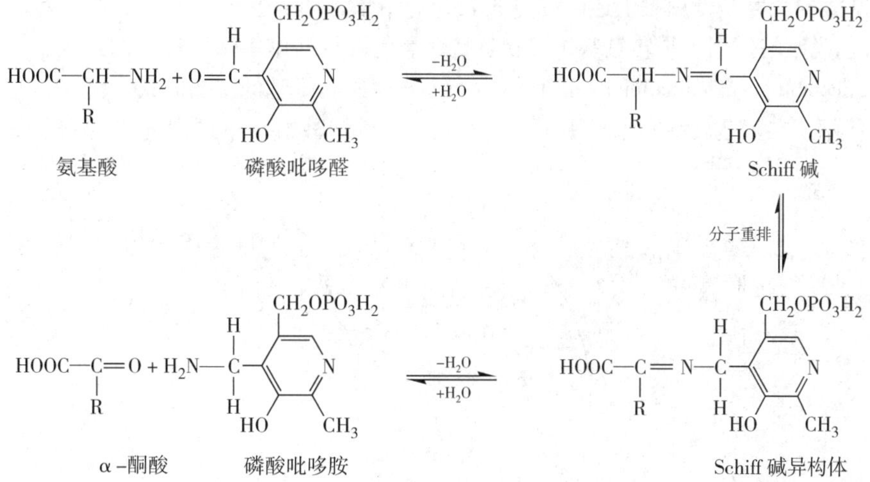

$$\underset{\text{氨基酸}}{HOOC-CH(R)-NH_2} + \underset{\text{磷酸吡哆醛}}{O=CH-Py(CH_2OPO_3H_2)(HO)(CH_3)} \underset{+H_2O}{\overset{-H_2O}{\rightleftharpoons}} \underset{\text{Schiff 碱}}{HOOC-CH(R)-N=CH-Py(CH_2OPO_3H_2)(HO)(CH_3)}$$

分子重排

$$\underset{\alpha\text{-酮酸}}{HOOC-C(R)=O} + \underset{\text{磷酸吡哆胺}}{H_2N-CH_2-Py(CH_2OPO_3H_2)(HO)(CH_3)} \underset{+H_2O}{\overset{-H_2O}{\rightleftharpoons}} \underset{\text{Schiff 碱异构体}}{HOOC-C(R)=N-CH_2-Py(CH_2OPO_3H_2)(HO)(CH_3)}$$

图 8-7　转氨基作用的反应机制

（二）氧化脱氨基作用

氧化脱氨基作用（oxidative deamination）是指在酶的催化下，氨基酸氧化脱氢、水解脱氨基，生成氨和α-酮酸。反应在线粒体内进行。催化氧化脱氨基的酶有 L-谷氨酸脱氢酶（L-glutamate dehydrogenase）和氨基酸氧化酶（amino acid oxidase），以 L-谷氨酸脱氢酶为主。L-谷氨酸脱氢酶能催化

L-谷氨酸氧化脱氨基生成氨和α-酮戊二酸，反应可逆进行。一般情况下，反应偏向于谷氨酸的合成，但当谷氨酸浓度高、氨浓度低时，则有利于α-酮戊二酸的生成，即催化L-谷氨酸氧化脱氨。

$$\underset{\text{L-谷氨酸}}{HOOC-(CH_2)_2-CH(NH_2)-COOH} \xrightarrow[NAD(P)^+ \rightarrow NAD(P)H+H^+]{\text{L-谷氨酸脱氢酶}} \underset{\text{α-亚氨基戊二酸}}{HOOC-(CH_2)_2-C(=NH)-COOH} \underset{-H_2O}{\overset{+H_2O}{\rightleftharpoons}} \underset{\text{α-酮戊二酸}}{HOOC-(CH_2)_2-C(=O)-COOH} + NH_3$$

L-谷氨酸脱氢酶存在于线粒体基质，是以NAD^+或$NADP^+$为辅酶的不需氧脱氢酶，特异性强，分布广，肝中含量最为丰富，其次是肾、脑、心、肺等，骨骼肌中最少。L-谷氨酸脱氢酶是一种别构酶，由6个相同的亚基聚合而成，分子量为330×10^3。ATP与GTP是其别构抑制剂，而ADP与GDP是别构激活剂。因此，当机体能量不足时能加速氨基酸的氧化，对体内的能量代谢起重要的调节作用。

氨基酸氧化酶有L-型和D-型两类，其活性较弱，分布不广，主要存在于肝、肾组织。L-氨基酸氧化酶是以FMN或FAD为辅基的黄素蛋白酶类，属需氧脱氢酶，可催化L-氨基酸氧化脱氨基。反应分两步进行，先由L-氨基酸氧化酶催化L-氨基酸脱氢，产生亚氨基酸，亚氨基酸在水中不稳定，自发分解成α-酮酸和氨。脱下的氢经辅基直接传递给分子氧，生成过氧化氢。D-氨基酸氧化酶的辅基是FAD，可催化D-氨基酸脱氨。

$$R-CH(NH_2)-COOH + O_2 + H_2O \xrightarrow[FAD(FMN)]{\text{氨基酸氧化酶}} R-C(=O)-COOH + NH_3 + H_2O_2$$

（三）联合脱氨基作用

转氨基作用虽然是体内普遍存在的一种脱氨基方式，但它仅仅是将氨基酸分子中的氨基转移给α-酮戊二酸或其他α-酮酸生成另一分子氨基酸，整体上看，氨基只是发生了转移，并未真正脱去，不会产生游离氨。而氧化脱氨基作用主要限于L-谷氨酸，其他氨基酸并不直接经这一途径脱去氨基。事实上，体内绝大多数氨基酸的脱氨基作用是上述两种方式联合的结果，即氨基酸的脱氨基既经转氨基作用，又通过L-谷氨酸氧化脱氨基作用，是转氨基作用和谷氨酸氧化脱氨基作用偶联进行的过程，这种方式称为联合脱氨基作用（combined deamination），这是体内许多氨基酸脱氨基的主要方式。

如图8-8所示，在氨基转移酶的作用下，氨基酸把氨基转移给α-酮戊二酸，生成谷氨酸，谷氨酸从

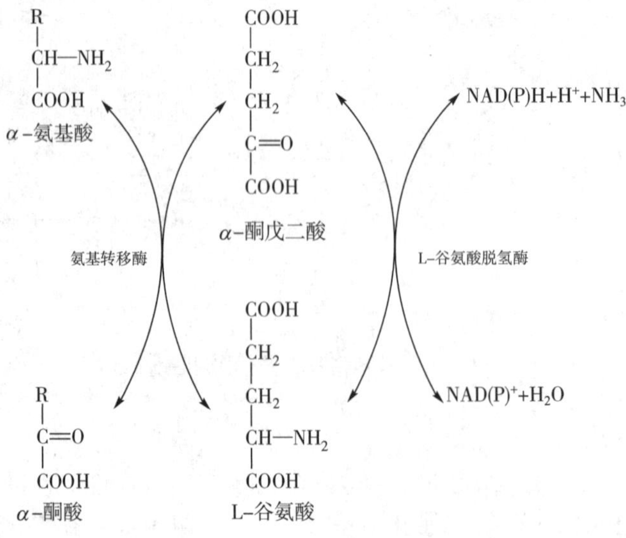

图8-8 联合脱氨基作用

胞质中进入线粒体基质，在 L-谷氨酸脱氢酶的作用下氧化脱氨，又重新变成 α-酮戊二酸。在此过程中，α-酮戊二酸起氨基传递体的作用，结果是氨基酸脱去氨基变成 α-酮酸和氨。由于反应过程是可逆的，因此也是体内合成非必需氨基酸的重要途径。

心肌和骨骼肌中 L-谷氨酸脱氢酶的活性很低，氨基酸很难通过联合脱氨基作用脱去氨基，但可以通过嘌呤核苷酸循环（purine nucleotide cycle）脱去氨基。

在嘌呤核苷酸循环中，氨基酸首先通过两步转氨基作用将氨基转移给草酰乙酸，生成天冬氨酸。天冬氨酸再与次黄嘌呤核苷酸（IMP）缩合生成腺苷酸基琥珀酸，后者经裂解释放出延胡索酸，同时生成腺嘌呤核苷酸（AMP），AMP 又在腺苷脱氨酶的催化下水解脱去氨基生成 IMP，最终完成了氨基酸的脱氨基作用。IMP 可以再参加循环。由此可见，IMP 在该循环中起传递氨基的作用（图 8-9）。实际上，嘌呤核苷酸循环也可以看成是另一种形式的联合脱氨基作用。

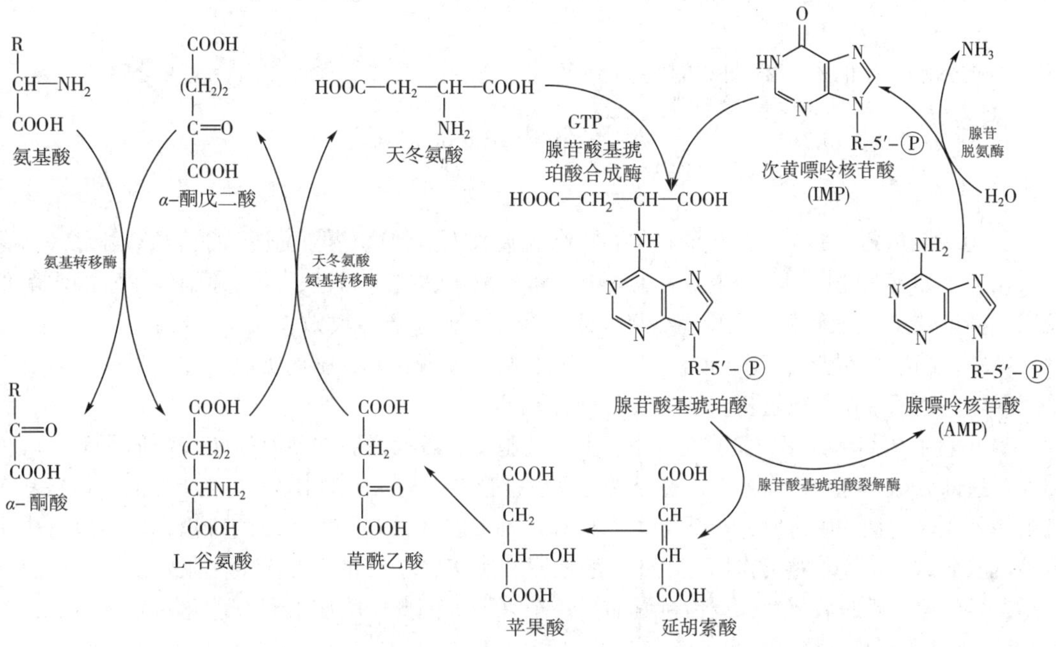

图 8-9　嘌呤核苷酸循环

（四）非氧化脱氨基作用

少数氨基酸可通过非氧化脱氨基作用（non-oxidative deamination）脱氨基：①一些含羟基的氨基酸如丝氨酸可以进行脱水脱氨基，生成丙酮酸。②半胱氨酸可以在脱巯基酶作用下脱硫化氢、脱氨基，生成丙酮酸。③天冬氨酸可以在天冬氨酸酶作用下直接裂解脱氨基，生成延胡索酸。

$$\underset{\text{丝氨酸}}{CH_2OH-CHNH_2-COOH} \xrightarrow[-H_2O]{\text{丝氨酸脱水酶}} CH_2=C(NH_2)-COOH \rightleftharpoons CH_3-C(=NH)-COOH \xrightarrow[-NH_3]{+H_2O} \underset{\text{丙酮酸}}{CH_3-CO-COOH}$$

$$\underset{\text{半胱氨酸}}{CH_2SH-CHNH_2-COOH} \xrightarrow[-H_2S]{\text{脱巯基酶}} CH_2=C(NH_2)-COOH \rightleftharpoons CH_3-C(=NH)-COOH \xrightarrow[-NH_3]{+H_2O} \underset{\text{丙酮酸}}{CH_3-CO-COOH}$$

$$\underset{\text{天冬氨酸}}{HOOC-CH_2-CH(NH_2)-COOH} \xrightarrow[-NH_3]{\text{天冬氨酸酶}} \underset{\text{延胡索酸}}{HOOC-CH=CH-COOH}$$

三、氨的代谢

氨是机体正常代谢的产物，但氨也是一种有毒物质，能渗透进细胞膜与血-脑屏障，对细胞尤其是中枢神经系统来说是有害物质，故氨在体内不能积聚，必须加以处理。体内代谢产生的氨与消化道吸收的氨进入血液后，形成血氨。正常生理情况下，血氨水平在47~65μmol/L，而细胞内氨浓度很低。严重肝病时，可引起血氨浓度升高，这是导致肝性脑病（肝昏迷）的主要原因。氨既是有毒的废物，又是生物合成某些含氮化合物所需的氮源，在体内氨可经不同的途径进行代谢。

（一）氨的来源与去路

1. 氨的来源

（1）氨基酸脱氨基作用产生的氨　体内各组织中氨基酸经脱氨基作用产生氨和α-酮酸，这是氨的主要来源。

（2）胺类分解产生的氨　氨基酸脱羧基后所产生的胺类，经胺氧化酶作用，也可分解产生氨。

$$\underset{\text{胺}}{RCH_2NH_2} \xrightarrow{\text{胺氧化酶}} \underset{\text{醛}}{RCHO} + NH_3$$

（3）肠道吸收的氨　肠道内产生的氨主要在结肠吸收入血，这是体内血氨的重要来源之一。蛋白质和氨基酸在肠道细菌腐败作用下产生氨，血液中尿素扩散渗透进入肠道，经肠道细菌尿素酶水解也产生氨。肠道产氨量较多，每天约4g，其中约90%来自尿素水解。肠道腐败作用增强时，氨的产生量增多。在碱性环境中，NH_4^+易转变为NH_3而被吸收。因此，肠道偏碱性时，氨的吸收增加。临床上对高血氨的患者采用弱酸性透析液做结肠透析，禁用碱性肥皂水灌肠。

（4）肾小管上皮细胞分泌的氨　在肾小管上皮细胞中，谷氨酰胺在谷氨酰胺酶的催化下水解生成谷氨酸和氨，这部分氨不释放入血液，而是分泌到肾小管管腔中与尿中的H^+结合成NH_4^+后，以铵盐的形式随尿排出体外。代谢性酸中毒时，肾脏增加了其对谷氨酰胺的分解，加速氨的排出，以缓解酸中毒。这对调节机体的酸碱平衡起着重要作用。因此，酸性尿有利于肾小管排氨，而碱性尿则妨碍肾小管细胞中氨的分泌，导致氨被重吸收入血，成为血氨的另一个来源。因此，临床上对肝硬化腹水的患者，不宜使用碱性利尿药，以免血氨升高。

2. 氨的去路

（1）在肝合成尿素并通过肾排出体外　这是氨的主要去路，占总量的80%~95%。

（2）合成非必需氨基酸和其他含氮化合物　氨可用于合成谷氨酸、谷氨酰胺等非必需氨基酸以及嘌呤和嘧啶碱基等含氮化合物。

（3）运输到肾随尿排出　部分氨以谷氨酰胺形式转运至肾，后者水解后释放出氨，与H^+结合成NH_4^+，随尿排出体外。

（二）氨的转运

氨在人体内是有毒物质，各组织代谢产生的氨必须以无毒的方式经血液运输到肝合成尿素，或运输到肾以铵盐的形式排出体外。氨在血液中主要以丙氨酸和谷氨酰胺两种形式转运。

1. 丙氨酸-葡萄糖循环　骨骼肌中的氨基酸在丙氨酸氨基转移酶的作用下，经转氨基作用把氨基转移给肌肉中糖分解的产物丙酮酸，生成丙氨酸，并被释放入血。丙氨酸经血液循环转运至肝后，再通过联合脱氨基作用，生成丙酮酸，并释放出氨。氨用于合成尿素或其他含氮化合物，丙酮酸则在肝中经糖异生途径转变成葡萄糖。葡萄糖通过血液循环转运至肌肉组织，经糖酵解途径分解成丙酮酸，后者再接受氨基生成丙氨酸。丙氨酸和葡萄糖的循环转变，完成骨骼肌和肝之间氨的转运，这一途径称为丙氨酸-葡萄糖循环（alanine-glucose cycle）（图8-10）。

通过该循环，可使骨骼肌中的氨以无毒的丙氨酸形式运到肝，同时，肝又为骨骼肌提供了葡萄糖，为肌肉活动提供能量。

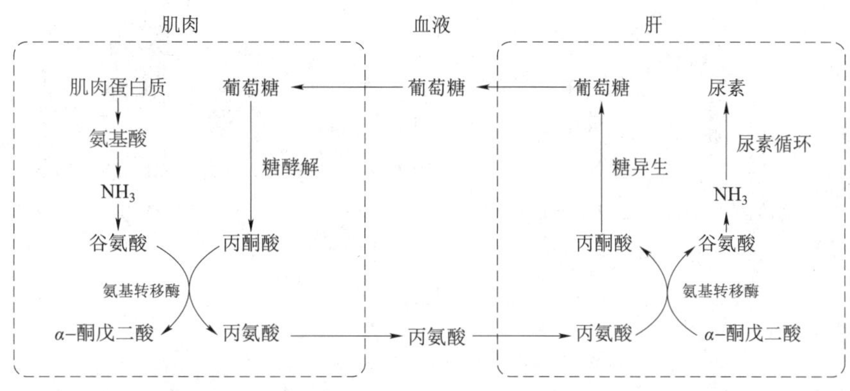

图 8-10　丙氨酸-葡萄糖循环

2. 谷氨酰胺的运氨作用　谷氨酰胺是氨的另一种转运形式，它主要从脑和骨骼肌等组织向肝或肾转运氨。谷氨酰胺是中性无毒分子，易溶于水。在脑、肌肉等组织中，谷氨酰胺合成酶（glutamine synthetase）的活性较高，它催化氨与谷氨酸反应生成谷氨酰胺，经血液循环运至肝或肾，再经线粒体谷氨酰胺酶（glutaminase）催化，水解释放出氨和谷氨酸（图 8-11）。谷氨酰胺的合成与分解是由不同酶催化的不可逆反应，其合成需消耗 ATP。

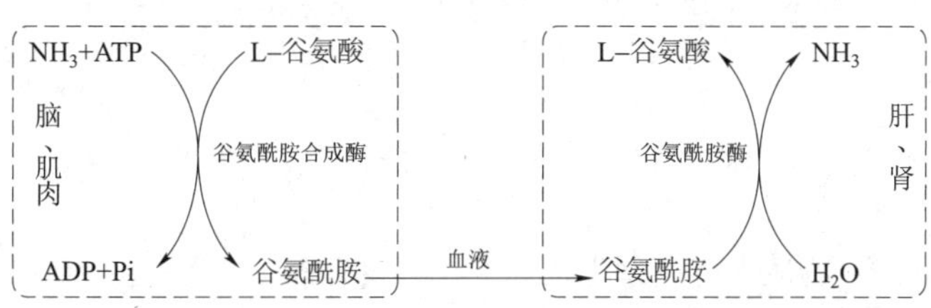

图 8-11　谷氨酰胺的运氨作用

由谷氨酰胺分解生成的氨可在肝中合成尿素或其他含氮化合物，也可在肾中生成铵盐后随尿排出。少量的谷氨酰胺在各组织中也可被直接利用，例如，参与嘌呤核苷酸合成。由此可见，谷氨酰胺既是氨的解毒产物，又是氨的储存及转运形式。正常情况下，谷氨酰胺在血液中浓度远远高于其他氨基酸。在脑组织中，谷氨酰胺在固定和转运氨的过程中起着重要作用。临床上对氨中毒患者也可通过补充谷氨酸盐来降低氨的浓度。

（三）尿素合成

正常情况下，合成尿素是体内氨的主要去路。尿素是氨代谢的最终无毒产物，水溶性强，可由肾经尿排出。正常成人尿素占排氮总量的 80%～90%。尿素主要在肝中合成，其他器官如肾及脑等虽也能合成，但其量甚微。

1932 年，德国学者 Hans Krebs 和 Kurt Henseleit 研究发现：①在有氧条件下将大鼠肝切片与铵盐共同保温数小时后，铵盐含量减少，尿素合成增多。②鸟氨酸（ornithine）、瓜氨酸（citrulline）和精氨酸都能促进尿素的合成，但它们的含量并不减少。从三种氨基酸的结构上推断，它们在代谢上可能有一定联系。经过进一步研究，Krebs 和 Henseleit 提出了尿素合成的循环机制：首先鸟氨酸与氨及 CO_2 合成瓜氨酸，然后瓜氨酸再与 1 分子氨合成精氨酸，最后精氨酸水解产生 1 分子尿素并重新生成鸟氨酸，鸟氨酸进入下一轮循环（图 8-12）。该循环过程称为鸟氨酸循环（ornithine cycle），又称尿素循环（urea cycle）。20 世纪 40 年代，利用放射性核素示踪方法进一步证实了鸟氨酸循环学说的正确性。

1. 尿素的合成过程　尿素合成过程包括五步反应，前两步在线粒体内进行，后三步在胞质中进行。

（1）氨甲酰磷酸的合成　尿素的生物合成始于氨甲酰磷酸。在 Mg^{2+}、ATP 及 *N*-乙酰谷氨酸存在时，氨甲酰磷酸合成酶Ⅰ（carbamoyl phosphate synthetase Ⅰ，CPS-Ⅰ）催化 NH_3、CO_2 生成氨甲酰磷酸。

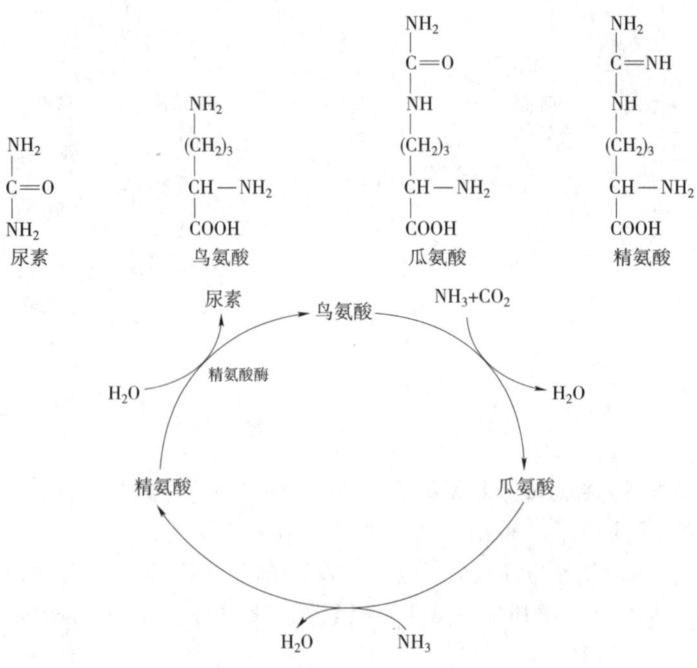

图 8-12　鸟氨酸循环的基本过程

$$NH_3 + CO_2 + H_2O + 2ATP \xrightarrow[N\text{-乙酰谷氨酸，}Mg^{2+}]{\text{氨甲酰磷酸合成酶I}} H_2N-\overset{\overset{O}{\|}}{C}-O\sim Ⓟ + 2ADP + Pi$$

此反应消耗 2 分子 ATP，为尿素合成过程的第一个限速步骤。CPS-Ⅰ是鸟氨酸循环中的关键酶，催化反应不可逆，*N*-乙酰谷氨酸（*N*-acetyl glutamic acid，AGA）是此酶的别构激活剂。AGA 可诱导 CPS-Ⅰ的构象发生改变，进而增加酶对 ATP 的亲和力。CPS-Ⅰ和 AGA 都存在于肝细胞线粒体中。

（2）瓜氨酸的合成　氨甲酰磷酸在线粒体内经鸟氨酸氨甲酰转移酶（ornithine carbamoyl transferase，OCT）的催化，将氨甲酰基转移至鸟氨酸上，生成瓜氨酸和磷酸。此反应不可逆，OCT 也存在于肝细胞线粒体中。

$$\underset{\text{鸟氨酸}}{H_2N-(CH_2)_3-CH(NH_2)-COOH} + \underset{\text{氨甲酰磷酸}}{H_2N-\overset{O}{\overset{\|}{C}}-O\sim Ⓟ} \xrightarrow{\text{鸟氨酸氨甲酰转移酶}} \underset{\text{瓜氨酸}}{H_2N-\overset{O}{\overset{\|}{C}}-NH-(CH_2)_3-CH(NH_2)-COOH} + H_3PO_4$$

（3）精氨酸代琥珀酸的合成　瓜氨酸在线粒体内合成后，即被线粒体内膜上的载体转运到线粒体外，在胞质中经精氨酸代琥珀酸合成酶（argininosuccinate synthetase，ASS）催化，与天冬氨酸缩合生成精氨酸代琥珀酸。此反应由 ATP 提供能量，天冬氨酸作为氨基的供体，提供了尿素分子中的第二个氮原子。

$$\underset{\text{瓜氨酸}}{H_2N-\overset{O}{\overset{\|}{C}}-NH-(CH_2)_3-CH(NH_2)-COOH} + \underset{\text{天冬氨酸}}{H_2N-CH(COOH)-CH_2-COOH} \xrightarrow[ATP \rightarrow AMP+PPi]{\text{精氨酸代琥珀酸合成酶},\ Mg^{2+}} \underset{\text{精氨酸代琥珀酸}}{H_2N-C(=N-CH(COOH)-CH_2-COOH)-NH-(CH_2)_3-CH(NH_2)-COOH}$$

（4）精氨酸的合成　精氨酸代琥珀酸在精氨酸代琥珀酸裂解酶（argininosuccinate lyase，ASL）的催化下，裂解为精氨酸和延胡索酸。反应产物精氨酸分子中保留了来自游离 NH_3 和天冬氨酸分子的氮。

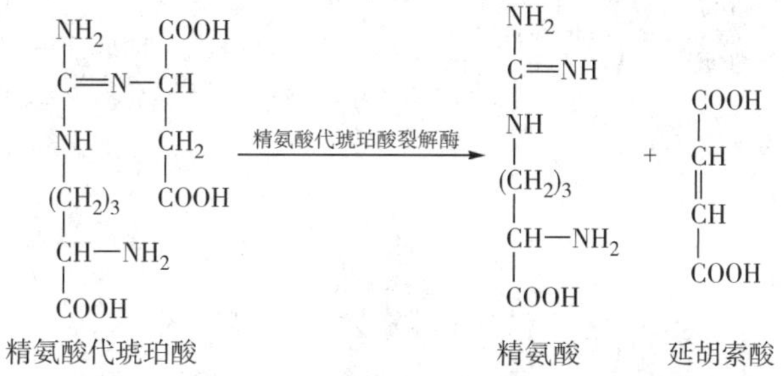

```
NH2      COOH                                  NH2
|        |                                     |
C=N—CH                                         C=NH
|        |                                     |           COOH
NH       CH2                                   NH          |
|        |      ——精氨酸代琥珀酸裂解酶——→      |       +   CH
(CH2)3   COOH                                  (CH2)3      ‖
|                                              |           CH
CH—NH2                                         CH—NH2      |
|                                              |           COOH
COOH                                           COOH
精氨酸代琥珀酸                                 精氨酸      延胡索酸
```

上述反应裂解生成的延胡索酸，可经三羧酸循环的中间步骤转变成草酰乙酸，后者与谷氨酸经转氨基作用，又重新生成天冬氨酸，而谷氨酸的氨基可来自体内多种氨基酸。由此可见，体内多种氨基酸的氨基可通过天冬氨酸的形式参与尿素的合成。通过延胡索酸和天冬氨酸，也使三羧酸循环与尿素循环联系起来。

（5）精氨酸水解生成尿素　在胞质中，精氨酸由精氨酸酶（arginase）催化，水解生成尿素和鸟氨酸。鸟氨酸通过线粒体内膜上载体的转运再进入线粒体，参与瓜氨酸的合成。如此反复，完成鸟氨酸循环。

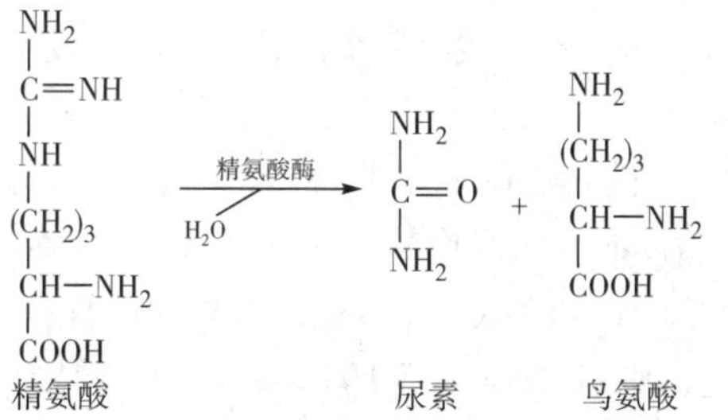

```
NH2
|
C=NH                                 NH2
|                                    |
NH                     NH2           (CH2)3
|        ——精氨酸酶——→ |             |
(CH2)3      H2O        C=O     +     CH—NH2
|                      |             |
CH—NH2                 NH2           COOH
|
COOH
精氨酸                 尿素          鸟氨酸
```

生成的尿素作为代谢终产物，则通过血液循环运至肾，随尿液排出体外。尿素合成的总反应如下：

$$2NH_3 + CO_2 + 3ATP + 3H_2O \rightleftharpoons H_2N—CO—NH_2 + 2ADP + AMP + 4Pi$$

可以看出，生成 1 分子尿素可清除 2 分子 NH_3 和 2 分子 CO_2。尿素属中性无毒物质，所以尿素的合成不仅消除了氨的毒性，还可减少 CO_2 溶于血液所产生的酸性。

尿素分子中的两个氨基，一个来自氨，另一个来自天冬氨酸，而天冬氨酸又可由其他氨基酸通过转氨基作用生成。由此可见，尿素分子中的两个氨基虽然来源不同，但均直接或间接来自各种氨基酸的氨基。

机体在将有毒的氨转换成尿素的过程是消耗能量的，合成氨甲酰磷酸时消耗了 2 分子 ATP，而在合成精氨酸代琥珀酸时虽然消耗了 1 分子 ATP，但由于生成了 AMP 和焦磷酸，实际上水解了两个高能磷酸键，所以相当于消耗了 2 分子 ATP，因此生成 1 分子尿素共需消耗 4 分子 ATP。

尿素的生物合成是一个循环的过程。反应开始时消耗的鸟氨酸在反应第五步中又重新生成，整个循环中没有鸟氨酸、瓜氨酸、精氨酸代琥珀酸和精氨酸的净丢失或净增加。

尿素合成的具体过程及其在细胞中的定位如图 8-13。

2. 尿素合成的调节

（1）食物的影响　尿素合成受食物蛋白质的影响。高蛋白膳食时，蛋白质分解增多，使尿素合成速度加快，尿素可占排出氮的 90%。反之，低蛋白膳食使尿素合成速度减慢，尿素约占排出氮的 60%。

（2）CPS-Ⅰ的影响　CPS-Ⅰ是鸟氨酸循环启动的关键酶。如前所述，AGA 是 CPS-Ⅰ的别构激活

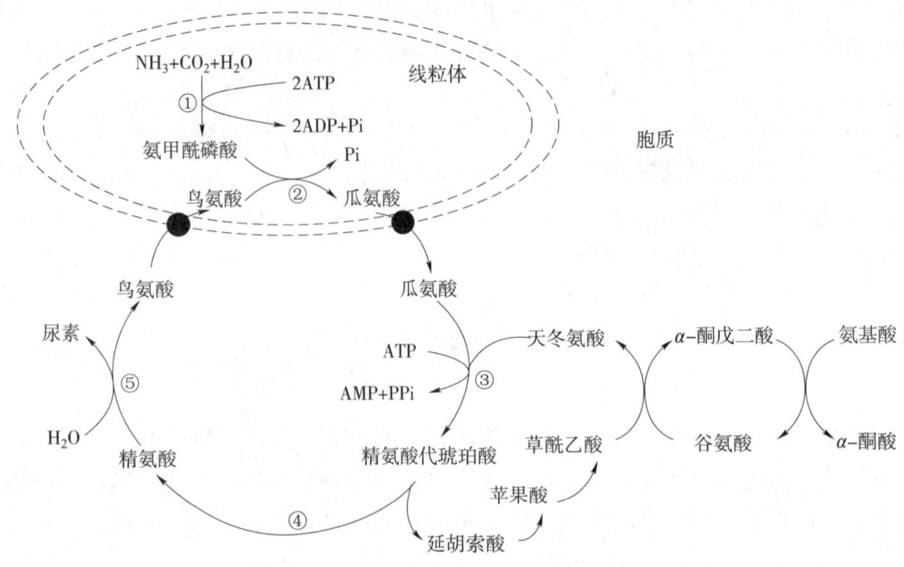

图 8-13 尿素合成的过程和细胞定位

①氨甲酰磷酸合成酶Ⅰ；②鸟氨酸氨甲酰转移酶；③精氨酸代琥珀酸合成酶；④精氨酸代琥珀酸裂解酶；⑤精氨酸酶

剂。它由乙酰 CoA 和谷氨酸通过 *N*-乙酰谷氨酸合成酶（*N*-acetyl glutamate synthetase）催化而生成。精氨酸又是 *N*-乙酰谷氨酸合成酶的激活剂，精氨酸浓度增高时，尿素合成增加。

（3）精氨酸代琥珀酸合成酶的影响　参与尿素合成的各种酶系中，以精氨酸代琥珀酸合成酶的活性为最低，是尿素合成启动以后的限速酶，可调节尿素的合成速度。

（4）循环中间产物的影响　循环的中间产物如鸟氨酸、瓜氨酸、精氨酸的浓度均可影响尿素的合成速度，例如供给充足的精氨酸就可有足够的鸟氨酸以加速循环的进行。

3. 高血氨症与氨中毒　正常生理情况下，血氨的来源与去路保持动态平衡。氨在肝中通过鸟氨酸循环合成尿素是维持这种平衡的关键。脑组织主要通过生成谷氨酰胺来解除氨的毒性。当各种因素，例如肝功能严重损伤或尿素合成相关酶的遗传性缺陷等，导致尿素合成障碍，使血氨浓度升高，称为高氨血症（hyperammonemia）。常见的临床症状包括呕吐、厌食、间歇性共济失调、嗜睡甚至昏迷等。

高氨血症的毒性机制尚不完全清楚。一般认为，氨能透过血-脑屏障进入脑组织，可与脑中的α-酮戊二酸合成谷氨酸，氨也可进一步与脑中的谷氨酸合成谷氨酰胺。高氨血症可导致：①消耗较多的 NADH 和 ATP 等供能物质；②消耗大量的α-酮戊二酸，使三羧酸循环减慢，有氧氧化减慢，ATP 合成不足；③谷氨酸是神经递质，也被大量消耗；④谷氨酰胺增多，渗透压增大引起脑水肿。能量及神经递质严重缺乏造成大脑功能障碍，严重时可发生昏迷，临床上称之为氨中毒或肝昏迷。

临床上治疗高氨血症与氨中毒的主要措施是减少氨的吸收和增加氨的排出。例如，口服乳果糖溶液可减少肠道氨的生成和吸收。乳果糖是人工合成的不吸收性双糖，具有双糖的渗透活性，可使水、电解质保留在肠腔而产生高渗效果，且无肠道刺激性。乳果糖口服后在小肠不会被分解，在结肠中可被肠道细菌分解为低分子量有机酸而降低肠道 pH 值，从而促进肠道嗜酸菌（如乳酸杆菌）的生长，抑制蛋白分解菌，使肠道细菌产氨减少。此外，酸性的肠道环境可减少氨的吸收，并促进血液中的氨渗入肠道而排出。一些促进氨代谢的氨基酸制剂能降低血氨水平，如精氨酸、鸟氨酸-天冬氨酸混合制剂能促进体内尿素的合成，谷氨酸（盐）能与氨结合形成谷氨酰胺。因此，这些氨基酸类药物都具有一定的治疗作用。

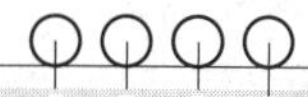

案例解析

【案例】临床上对高氨血症或肝硬化病人酸性灌肠的依据。

【解析】NH_3 比 NH_4^+ 容易通过单纯扩散透过细胞膜而被吸收。在碱性环境中，NH_4^+ 易解离成 NH_3，所以碱性肠液促进肠道对氨的吸收，碱性小管液也促进肾小管对氨的重吸收。因此，临床上对高血氨、肝硬化患者采用弱酸性透析液做结肠透析，而禁止用碱性肥皂水灌肠或碱性利尿药利尿，就是为了减少氨的吸收，避免血氨升高。

四、α-酮酸的代谢

氨基酸脱氨基之后生成的α-酮酸可以进一步代谢，主要有以下三方面的代谢途径。

1. 合成非必需氨基酸 体内的一些非必需氨基酸可通过相应的α-酮酸，经转氨作用或还原加氨等氨基化作用生成。这些α-酮酸也可来自糖代谢和三羧酸循环的产物。例如，丙酮酸、草酰乙酸、α-酮戊二酸可分别转变成丙氨酸、天冬氨酸和谷氨酸。

2. 氧化供能 α-酮酸在体内可转变成乙酰 CoA 或三羧酸循环的中间产物，然后通过三羧酸循环与生物氧化体系彻底氧化生成 CO_2 和 H_2O，同时释放能量以供机体生理活动需要。因此，氨基酸也是一类能源物质。

3. 转变成糖和脂类 α-酮酸在体内可转变成糖和脂类化合物。动物实验发现，分别用各种氨基酸喂养人工造成糖尿病的犬时，大多数氨基酸可以使尿中葡萄糖的排出增加，少数氨基酸则可使尿中葡萄糖和酮体的排出同时增加，而亮氨酸和赖氨酸只能使尿中酮体的排出增加。由此，将在体内可以转变成糖的氨基酸称为生糖氨基酸（glucogenic amino acid）；能转变成酮体的氨基酸称为生酮氨基酸（ketogenic amino acid）；既能转变成糖又能转变成酮体的氨基酸称为生糖兼生酮氨基酸（glucogenic and ketogenic amino acid）（表 8-6）。

表 8-6 氨基酸生糖和生酮性质的分类

类别	氨基酸
生糖氨基酸	甘氨酸、丙氨酸、丝氨酸、精氨酸、组氨酸、谷氨酸、谷氨酰胺、天冬氨酸、天冬酰胺、半胱氨酸、甲硫氨酸、缬氨酸、脯氨酸
生酮氨基酸	赖氨酸、亮氨酸
生糖兼生酮氨基酸	苯丙氨酸、酪氨酸、色氨酸、苏氨酸、异亮氨酸

用放射性核素标记氨基酸的实验也证明了上述营养学研究结果是正确的。各种氨基酸的碳骨架差异很大，脱氨基后所生成的α-酮酸各不相同，其分解代谢途径也不尽相同，但是最后都可与糖、脂肪的中间代谢产物尤其是三羧酸循环的中间产物相联系。转变过程的中间产物包括乙酰辅酶 A（生酮氨基酸）、丙酮酸以及三羧酸循环的中间产物，例如α-酮戊二酸、琥珀酰辅酶 A、延胡索酸和草酰乙酸等（生糖氨基酸）。

综上所述，氨基酸的代谢与糖和脂肪的代谢密切相关。氨基酸可转变成糖和脂肪；糖也可以转变成脂肪和一些非必需氨基酸的碳骨架。而三羧酸循环是物质代谢的总枢纽，通过它可以使糖、脂肪和氨基酸完全氧化，也可使三者之间相互转变，构成一个完整的代谢体系。

案例解析

【案例】临床上尿毒症患者要调配富含必需氨基酸的低蛋白膳食的原因。

【解析】机体自身可以合成一些非必需氨基酸，富含必需氨基酸的低蛋白膳食既能满足机体蛋白质合成的需要，又能降低血氨的浓度。

第五节　个别氨基酸的代谢

PPT

由于氨基酸侧链结构的不同，有些氨基酸除一般代谢途径外，还有其特殊的代谢途径，并具有重要的生理意义。本节主要介绍几种重要的氨基酸代谢途径。

一、氨基酸的脱羧基作用

氨基酸在体内分解代谢的主要途径是脱氨基作用，然而有些氨基酸也可以通过脱羧基作用（decarboxylation）脱去羧基生成相应的胺类。虽然氨基酸脱羧基只生成少量胺类，但它们具有重要的生理功能。催化氨基酸脱羧反应的酶是氨基酸脱羧酶（amino acid decarboxylases），氨基酸脱羧酶的专一性很高，一般是一种脱羧酶对应一种氨基酸，而且只对L-氨基酸起作用。脱羧酶的辅酶为磷酸吡哆醛，只有组氨酸脱羧酶不需要辅酶。

胺类物质大多具有较强的生理活性，如果产生或吸收过多，会造成机体代谢紊乱。不过，体内广泛存在各种胺氧化酶（amine oxidase），能将胺氧化成相应的醛、NH_3 和 H_2O_2。醛类可继续氧化成羧酸，羧酸再氧化成 CO_2 和 H_2O 或随尿排出，从而避免胺在体内蓄积。胺氧化酶属于黄素蛋白，在肝中活性最高。

$$\underset{\text{氨基酸}}{HOOC-\overset{\overset{R}{|}}{C}H-NH_2} \xrightarrow[\searrow CO_2]{\text{脱羧酶}} \underset{\text{胺}}{R-CH_2-NH_2} \xrightarrow[H_2O+O_2 \quad NH_3+H_2O_2]{\text{胺氧化酶}} \underset{\text{醛}}{RCHO} \xrightarrow{\text{醛氧化酶}+1/2\,O_2} \underset{\text{羧酸}}{RCOOH}$$

1. 谷氨酸脱羧作用　谷氨酸脱羧基生成γ-氨基丁酸（γ-aminobutyric acid，GABA），反应由L-谷氨酸脱羧酶催化。此酶在脑组织中活性很高，因而该组织中γ-氨基丁酸浓度较高。GABA可抑制突触传导，是一种抑制性神经递质，对中枢神经系统有抑制作用。

$$\underset{\text{谷氨酸}}{\begin{array}{c}COOH\\|\\(CH_2)_2\\|\\CHNH_2\\|\\COOH\end{array}} \xrightarrow[\searrow CO_2]{\text{L-谷氨酸脱羧酶}} \underset{\gamma\text{-氨基丁酸}}{\begin{array}{c}COOH\\|\\(CH_2)_2\\|\\CH_2NH_2\end{array}}$$

案例解析

【案例】 临床上给妊娠呕吐孕妇和抽搐惊厥婴幼儿补充维生素 B_6 治疗的原因。

【解析】 γ-氨基丁酸是一种抑制性神经递质，其生成不足会引起中枢神经系统过度兴奋。磷酸吡哆醛是谷氨酸脱羧酶的辅酶，补充维生素 B_6 可以促进 γ-氨基丁酸生成，使中枢兴奋得到抑制，缓解其临床症状。

2. 组氨酸脱羧作用　组胺（histamine）为组氨酸脱去羧基的产物，反应由组氨酸脱羧酶催化。组胺在体内分布广泛，肝、肌肉、皮肤、胃肠黏膜、肺支气管黏膜和神经系统中含量较高，主要贮存于肥大细胞内。

组氨酸 —(组氨酸脱羧酶, $-CO_2$)→ 组胺

组氨酸：咪唑环—$CH_2CH(NH_2)COOH$；组胺：咪唑环—$CH_2CH_2NH_2$

组胺是一种强烈的血管扩张剂，能增加毛细血管的通透性，引起血压下降。组胺可促进平滑肌收缩，引起支气管痉挛导致哮喘。组胺还能刺激胃黏膜细胞分泌胃酸和胃蛋白酶。组胺还是一种中枢神经递质，与控制觉醒和睡眠、调节情感和记忆等功能有关。

3. 色氨酸脱羧作用　色氨酸先通过色氨酸羟化酶催化生成 5-羟色氨酸（5-hydroxytryptophan），再经 5-羟色氨酸脱羧酶催化生成 5-羟色胺（5-hydroxytryptamine，5-HT）。5-羟色胺最早是从血清中发现的，又称血清素（serotonin）。

色氨酸 —(色氨酸羟化酶)→ 5-羟色氨酸

5-羟色氨酸 —(5-羟色氨酸脱羧酶, $-CO_2$)→ 5-羟色胺

色氨酸：吲哚环—$CH_2CH(NH_2)COOH$；5-羟色氨酸：HO-吲哚环—$CH_2CH(NH_2)COOH$；5-羟色胺：HO-吲哚环—$CH_2CH_2NH_2$

5-羟色胺广泛分布于体内各组织，除神经组织外，还存在于胃、肠、血小板和乳腺细胞中。5-羟色胺在大脑皮质及神经突触内含量很高，是一种抑制性神经递质，直接影响神经传导，与睡眠、调节体温和镇痛等有关。当 5-羟色胺浓度降低时，可引起睡眠障碍、痛阈降低。在外周组织，5-羟色胺是一种强烈的血管收缩剂，可引起血压升高。5-羟色胺还能刺激平滑肌收缩，促进胃肠蠕动。

5-羟色胺经胺氧化酶催化生成 5-羟色醛，后者进一步氧化生成 5-羟吲哚乙酸随尿排出。

4. 鸟氨酸脱羧作用　在体内，某些氨基酸通过脱羧基作用可以产生多胺类物质。多胺（polyamines）是指一类具有多个氨基的化合物。例如，鸟氨酸经脱羧基作用生成腐胺（putrescine），腐胺再与脱去羧基的 *S*-腺苷甲硫氨酸（SAM）作用转变成精脒（spermidine，又称亚精胺）和精胺（spermine）。

L-鸟氨酸 —(鸟氨酸脱羧酶, $-CO_2$)→ $H_2N—(CH_2)_4—NH_2$（腐胺）

$$S\text{-腺苷甲硫氨酸(SAM)} \xrightarrow[\searrow CO_2]{\text{SAM脱羧酶}} \text{腺苷}—S—(CH_2)_3—NH_2\ \text{(脱羧基SAM)}$$

$$\text{腐胺 + 脱羧基SAM} \xrightarrow[\searrow \text{腺苷}—S—CH_3]{\text{丙胺转移酶}} H_2N—(CH_2)_4—NH—(CH_2)_3—NH_2\ \text{(精脒)}$$

$$\text{精脒 + 脱羧基SAM} \xrightarrow[\searrow \text{腺苷}—S—CH_3]{\text{丙胺转移酶}} H_2N—(CH_2)_3—NH—(CH_2)_4—NH—(CH_2)_3—NH_2\ \text{(精胺)}$$

鸟氨酸脱羧酶（ornithine decarboxylase）是多胺合成的关键酶。精脒和精胺是调节细胞生长的重要物质，可以促进细胞增殖。在一些生长旺盛的组织，如胚胎、再生肝以及肿瘤组织等，鸟氨酸脱羧酶活性很高，多胺含量也很高。多胺促进细胞增殖的机制可能是因其带有多个正电荷，能吸引 DNA 和 RNA 之类的多聚阴离子，从而刺激 DNA 和 RNA 合成，促进核酸和蛋白质的生物合成。体内多胺大部分与乙酰基结合随尿排出，小部分经氧化生成 NH_3 和 CO_2。目前临床上把测定患者血或尿中多胺的含量作为肿瘤辅助诊断和预后的指标之一。

二、一碳单位代谢

一碳单位（one carbon unit）是指某些氨基酸在分解代谢过程中产生的仅含一个碳原子的活性基团，又称一碳基团（one carbon group）。凡涉及到一个碳原子有机基团的转移和代谢的反应，统称为一碳单位代谢。

1. 一碳单位的种类与载体 体内重要的一碳单位有甲基（$—CH_3$）、甲烯基（$—CH_2—$）、甲炔基（$—CH=$）、甲酰基（—CHO）和亚氨甲基（$—CH=NH$）等，它们主要来自丝氨酸、甘氨酸、组氨酸、色氨酸和甲硫氨酸的分解代谢。

一碳单位不能游离存在，常与四氢叶酸（5,6,7,8-tetrahydrofolic acid，FH_4）结合在一起转运，参与代谢。四氢叶酸既是一碳单位的载体，也是一碳单位转移酶的辅酶。

在体内，四氢叶酸由二氢叶酸还原酶（dihydrofolate reductase）催化叶酸经两步还原反应生成。一碳单位与四氢叶酸的结合位点在四氢叶酸的 N^5 和 N^{10} 上。

5, 6, 7, 8-四氢叶酸(FH_4)

2. 一碳单位的来源与生成 一碳单位由氨基酸生成的同时即结合在四氢叶酸的 N^5、N^{10} 位上，成为活性一碳单位，参与代谢。四氢叶酸的 N^5 结合甲基或亚氨甲基，N^5 和 N^{10} 结合甲烯基或甲炔基，N^5 或 N^{10} 结合甲酰基。丝氨酸、甘氨酸、组氨酸和色氨酸分解代谢产生一碳单位过程见图 8-14。

3. 一碳单位的相互转变 不同形式的一碳单位中碳原子的氧化状态不同。在一定条件下，这些一碳单位可以通过氧化还原反应相互转变（图 8-15）。

在这些反应中，由其他一碳单位还原生成 N^5-甲基四氢叶酸的反应是不可逆的。因此，N^5-甲基四氢

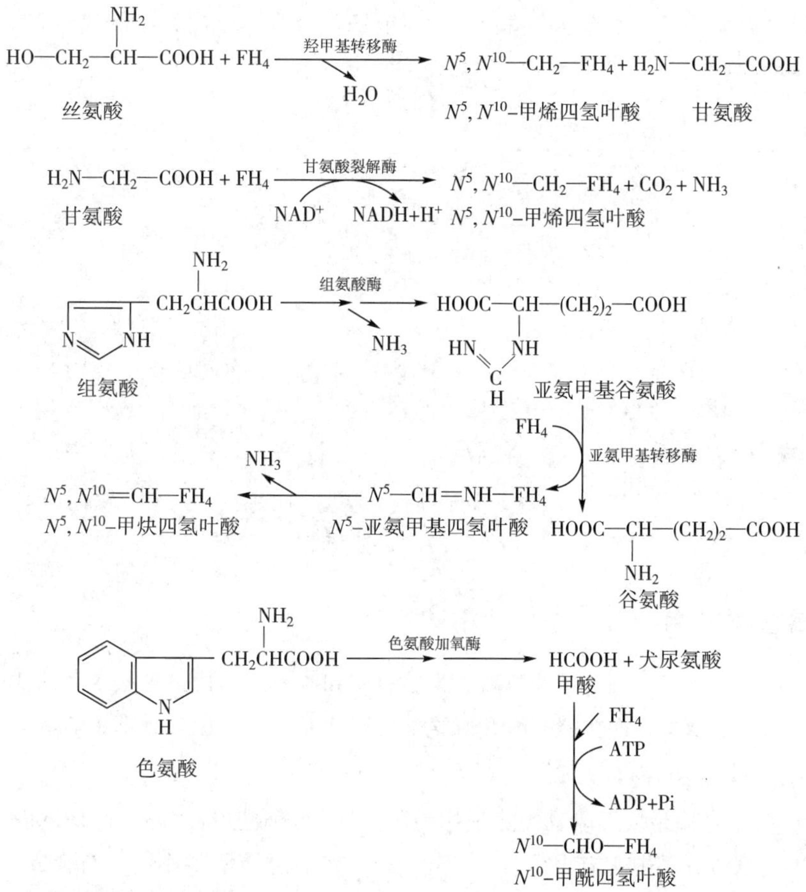

$$\underset{\text{丝氨酸}}{HO-CH_2-CH(NH_2)-COOH} + FH_4 \xrightarrow[H_2O]{\text{羟甲基转移酶}} \underset{N^5,N^{10}\text{-甲烯四氢叶酸}}{N^5,N^{10}-CH_2-FH_4} + \underset{\text{甘氨酸}}{H_2N-CH_2-COOH}$$

$$\underset{\text{甘氨酸}}{H_2N-CH_2-COOH} + FH_4 \xrightarrow[NAD^+ \quad NADH+H^+]{\text{甘氨酸裂解酶}} \underset{N^5,N^{10}\text{-甲烯四氢叶酸}}{N^5,N^{10}-CH_2-FH_4} + CO_2 + NH_3$$

组氨酸 $\xrightarrow[NH_3]{\text{组氨酸酶}}$ 亚氨甲基谷氨酸 $HOOC-CH(NH-CH=NH)-(CH_2)_2-COOH$

亚氨甲基谷氨酸 + FH_4 $\xrightarrow{\text{亚氨甲基转移酶}}$ 谷氨酸 $HOOC-CH(NH_2)-(CH_2)_2-COOH$ + $N^5-CH=NH-FH_4$（N^5-亚氨甲基四氢叶酸）

$N^5-CH=NH-FH_4$ $\xrightarrow{-NH_3}$ $N^5,N^{10}=CH-FH_4$（N^5,N^{10}-甲炔四氢叶酸）

色氨酸 $\xrightarrow{\text{色氨酸加氧酶}}$ HCOOH（甲酸）+ 犬尿氨酸

甲酸 + FH_4 $\xrightarrow[ADP+Pi]{ATP}$ $N^{10}-CHO-FH_4$（N^{10}-甲酰四氢叶酸）

图 8-14　一些氨基酸分解产生的一碳单位

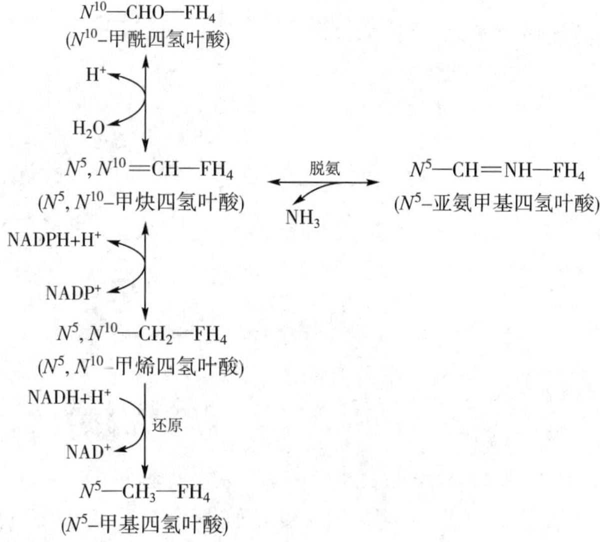

图 8-15　不同形式一碳单位的相互转变

叶酸在细胞内含量较高，是一碳单位在体内存在的主要形式。

4. 一碳单位代谢的生理意义　氨基酸分解代谢过程中产生的一碳单位是嘌呤和嘧啶碱基的合成原料。例如，$N^{10}—CHO—FH_4$ 与 $N^5,N^{10}═CH—FH_4$ 分别为嘌呤合成提供 C_2 与 C_8，$N^5,N^{10}—CH_2—FH_4$ 为胸腺嘧啶核苷酸合成提供甲基。因此，一碳单位在核酸生物合成中起重要作用，一碳单位将氨基酸代谢与核苷酸代谢密切联系起来。当一碳单位代谢发生障碍或四氢叶酸不足时，核酸代谢将受影响，可引起巨幼细胞贫血（megaloblastic anemia）等疾病。

案例解析

【案例】临床上应用磺胺类药物抑菌及甲氨蝶呤类药物抗肿瘤的机制。

【解析】磺胺类药物是对氨基苯甲酸的类似物，可以竞争性抑制细菌体内二氢叶酸合酶，使细菌二氢叶酸合成受阻，进而抑制细菌生长。而人体是利用从食物或肠道获取的叶酸还原为四氢叶酸，因此不受磺胺类药物的影响。甲氨蝶呤是叶酸类似物，是二氢叶酸还原酶的抑制剂，可以抑制四氢叶酸合成，干扰一碳单位代谢，使肿瘤细胞的分裂受阻，从而抑制核酸合成，达到抗肿瘤的目的。

三、含硫氨基酸代谢

体内含硫氨基酸有三种，分别是甲硫氨酸、半胱氨酸和胱氨酸。这三种氨基酸的代谢是相互联系的，甲硫氨酸可以转变为半胱氨酸，而半胱氨酸和胱氨酸可以相互转变，但二者都不能转变为甲硫氨酸。

（一）甲硫氨酸的代谢

1. 甲硫氨酸的转甲基作用 甲硫氨酸除了作为蛋白质的合成原料之外，还是体内重要的甲基供体，参与甲基传递。甲硫氨酸分子中含有甲硫基（CH_3—*S*—），通过转甲基作用参与合成多种含甲基的重要生理活性物质，如肾上腺素、胆碱、肌酸、肉碱等。在转甲基反应前，甲硫氨酸必须在腺苷转移酶（adenosyl transferase）的催化下与ATP反应，转变成其活性形式*S*-腺苷甲硫氨酸（*S*-adenosyl methionine，SAM），才能供给甲基。SAM中的甲基称为活性甲基（activated methyl），它是体内最重要的甲基直接供体。据统计，体内约有50余种物质需要SAM提供甲基，生成相应的甲基化合物。

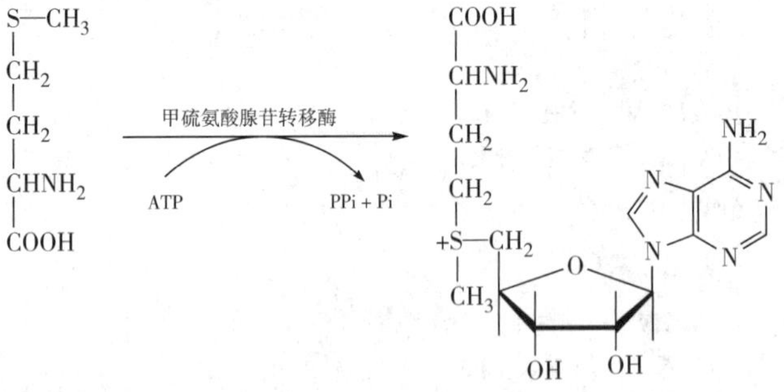

S—CH_3 | CH_2 | CH_2 | $CHNH_2$ | COOH —（甲硫氨酸腺苷转移酶；ATP → PPi + Pi）→ COOH | $CHNH_2$ | CH_2 | CH_2 | +S—CH_2（腺苷，NH₂-嘌呤环，核糖 OH OH）| CH_3

S-腺苷甲硫氨酸

SAM在甲基转移酶（methyl transferase）作用下，将甲基转移给另一种物质，使其甲基化（methylation），而SAM去甲基后则变为*S*-腺苷同型半胱氨酸，后者水解脱去腺苷生成同型半胱氨酸（homocysteine，又称高半胱氨酸）。同型半胱氨酸由N^5—CH_3—FH_4供给甲基，重新生成甲硫氨酸，由此形成一个循环，称为甲硫氨酸循环（methionine cycle）（图8-16）。

甲硫氨酸循环的生理意义是通过SAM提供甲基，用于体内广泛存在的甲基化反应，N^5—CH_3—FH_4可看成是体内甲基的间接供体。

在此循环反应中，虽然同型半胱氨酸接受N^5—CH_3—FH_4所携带的甲基后生成甲硫氨酸，但体内并不能合成同型半胱氨酸，它只能由甲硫氨酸转变而来，故甲硫氨酸必须由食物供给，是必需氨基酸。

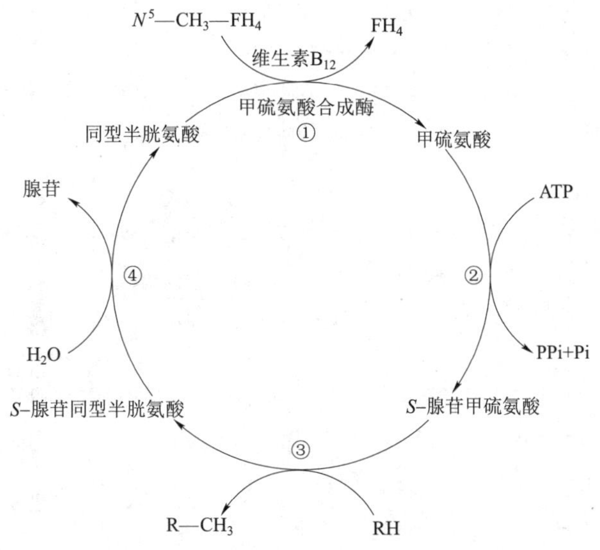

图 8-16　甲硫氨酸循环

①N^5—CH_3—FH_4 转甲基酶；②甲硫氨酸腺苷转移酶；
③甲基转移酶；④S-腺苷同型半胱氨酸水解酶

N^5—CH_3—FH_4 提供甲基使同型半胱氨酸生成甲硫氨酸的反应由 N^5—CH_3—FH_4 转甲基酶催化，该酶又称甲硫氨酸合成酶，其辅酶是维生素 B_{12}。当维生素 B_{12}缺乏时，N^5—CH_3—FH_4 的甲基不能转移给同型半胱氨酸。这不仅影响了甲基化合物的合成，同时由于已结合了甲基的四氢叶酸不能游离出来，从而影响四氢叶酸的再生。如此，可导致核酸合成障碍，影响细胞分裂，最终引起巨幼细胞贫血。

知识拓展

DNA 的甲基化

真核细胞 DNA 的甲基化在基因表达调控中具有重要作用。在 DNA 甲基转移酶作用下，通过 SAM 提供甲基，可使调控序列 CG 岛中胞嘧啶甲基化。DNA 高甲基化则基因低表达，DNA 低甲基化则基因高表达。缺少甲基来源或叶酸和维生素缺乏，会使基因组甲基化水平降低，激活某些有害基因过表达，引起基因组不稳定性，进而影响表型。

2. 甲硫氨酸为肌酸合成提供甲基　肌酸（creatine）和磷酸肌酸（creatine phosphate）是体内能量储存与利用的重要化合物。甲硫氨酸参与体内肌酸的合成。肌酸以甘氨酸为骨架，由精氨酸提供脒基，SAM 提供甲基而合成，肝是合成肌酸的主要器官。肌酸在肌酸激酶（creatine kinase，CK）催化下，接受 ATP 末端的高能磷酸基生成磷酸肌酸。磷酸肌酸作为能量的贮存形式，在骨骼肌、心肌和脑组织中含量丰富。

肌酸和磷酸肌酸在体内的最终代谢产物是肌酐（creatinine）。肌酐主要是骨骼肌中磷酸肌酸通过非酶促反应生成（图 8-17）。肌酐随尿排出体外，正常人每日尿中肌酐的排出量恒定。当肾功能障碍时，肌酐排出受阻，引起血中浓度升高。血中肌酐的测定有助于肾功能不全的诊断。

（二）半胱氨酸与胱氨酸的代谢

半胱氨酸与胱氨酸可以相互转变，半胱氨酸代谢还可产生多种重要的生理活性物质。

1. 半胱氨酸与胱氨酸的互变　半胱氨酸含有巯基（—SH），胱氨酸含有二硫键（—S—S—）。2 分子半胱氨酸可氧化脱氢生成胱氨酸，胱氨酸也可加氢还原成 2 分子半胱氨酸，二者可相互转变。

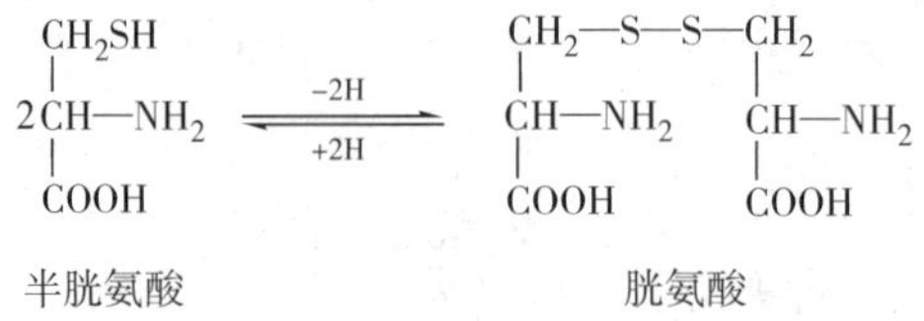

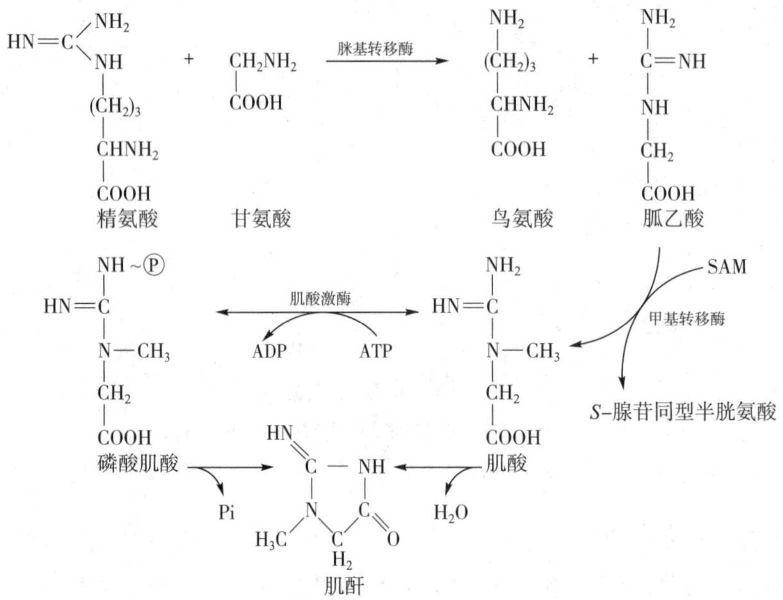

$$2\,\text{CH}(\text{CH}_2\text{SH})(\text{NH}_2)\text{COOH} \underset{+2\text{H}}{\overset{-2\text{H}}{\rightleftharpoons}} \text{HOOC-CH}(\text{NH}_2)\text{-CH}_2\text{-S-S-CH}_2\text{-CH}(\text{NH}_2)\text{-COOH}$$

半胱氨酸　　　　胱氨酸

精氨酸 + 甘氨酸 —胍基转移酶→ 鸟氨酸 + 胍乙酸

胍乙酸 + SAM —甲基转移酶→ 肌酸 + S-腺苷同型半胱氨酸

肌酸 + ATP ⇌（肌酸激酶）磷酸肌酸 + ADP

磷酸肌酸 → 肌酐 + Pi；肌酸 → 肌酐 + H_2O

图 8-17　肌酸的代谢

在许多蛋白质分子中，两个半胱氨酸残基间所形成的二硫键在维持蛋白质空间构象中起着很重要的作用。如胰岛素的 A、B 链就是以二硫键连接的，如二硫键断裂，胰岛素即失去生物活性。体内许多重要的酶，如乳酸脱氢酶、琥珀酸脱氢酶等都有赖于分子中半胱氨酸残基上的巯基以表现其活性，故有巯基酶之称。某些毒物，如重金属离子 Pb^{2+}、Hg^{2+} 等均能和酶分子上的巯基结合而抑制酶活性，从而发挥其毒性作用。二巯基丙醇可使已被毒物结合的巯基恢复原状，具有解毒功能。体内存在的还原型谷胱甘肽也能保护酶分子上的巯基，因而有重要的生理功能。

2. 半胱氨酸转变成牛磺酸　牛磺酸（taurine）最早由牛黄中分离出来，又称 β-氨基乙磺酸。它由半胱氨酸氧化成磺基丙氨酸，再经磺基丙氨酸脱羧酶催化脱去羧基而生成。人体合成牛磺酸的酶活性较低，主要依靠摄取食物中的牛磺酸来满足机体需要。牛磺酸在脑内的含量丰富、分布广泛，能明显促进神经系统的生长发育和细胞增殖、分化，母乳中的牛磺酸在婴幼儿脑组织和智力发育中起重要作用。肝中牛磺酸可与胆汁酸结合形成牛黄胆酸，从而促进脂类和脂溶性维生素的消化与吸收。

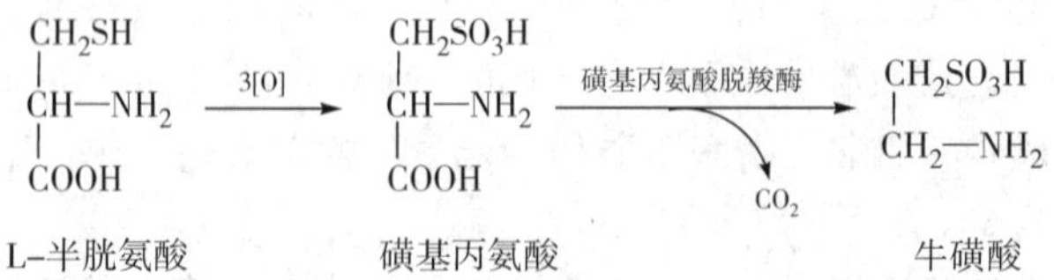

$$\text{CH}_2\text{SH-CH}(\text{NH}_2)\text{-COOH} \xrightarrow{3[\text{O}]} \text{CH}_2\text{SO}_3\text{H-CH}(\text{NH}_2)\text{-COOH} \xrightarrow[-\text{CO}_2]{\text{磺基丙氨酸脱羧酶}} \text{CH}_2\text{SO}_3\text{H-CH}_2\text{-NH}_2$$

L-半胱氨酸　　磺基丙氨酸　　牛磺酸

3. 半胱氨酸生成活性硫酸根　含硫氨基酸氧化分解均可产生硫酸根，但半胱氨酸的分解代谢是体内硫酸根的主要来源。半胱氨酸在脱巯基酶催化下可以直接脱去巯基和氨基，生成丙酮酸、氨和硫化氢，硫化氢很快被氧化成硫酸。生成的硫酸一部分以无机硫酸盐的形式随尿排出，另一部分则可经 ATP 活化生成 3′-磷酸腺苷 5′-磷酰硫酸（3′-phosphoadenosine-5′-phosphosulfate，PAPS），即活性硫酸根。反应过程如下：

$$ATP + SO_4^{2-} \xrightarrow{\quad} AMP—SO_3^- \xrightarrow{ATP \to ADP} 3'—PO_3H_2—AMP—SO_3^-$$

PPi　　腺苷-5′-磷酰硫酸　　3′-磷酸腺苷-5′-磷酰硫酸

PAPS

PAPS 化学性质活泼，在肝生物转化中可使某些物质形成硫酸酯，如类固醇激素可形成硫酸酯而被灭活，一些外源性酚类化合物也可以形成硫酸酯而排出体外。此外，PAPS 还参与蛋白聚糖分子中的糖胺聚糖，如硫酸软骨素、硫酸角质素和肝素的合成。

四、芳香族氨基酸代谢

芳香族氨基酸（aromatic amino acid，AAA）包括苯丙氨酸、酪氨酸和色氨酸。苯丙氨酸和色氨酸是必需氨基酸，酪氨酸可由苯丙氨酸羟化生成，是非必需氨基酸。它们主要在肝中分解，都能产生神经递质。

（一）苯丙氨酸及酪氨酸的代谢

苯丙氨酸和酪氨酸的结构相似，二者代谢既有联系又有区别。

1. 苯丙氨酸羟化生成酪氨酸　正常情况下，苯丙氨酸在体内的代谢主要是经苯丙氨酸羟化酶（phenylalanine hydroxylase）催化生成酪氨酸。苯丙氨酸羟化酶存在于肝，是一种单加氧酶，辅酶是四氢生物蝶呤。因其催化的反应不可逆，所以酪氨酸不能转变为苯丙氨酸。

$$苯丙氨酸 + O_2 \xrightarrow{苯丙氨酸羟化酶} 酪氨酸 + H_2O$$

四氢生物蝶呤 → 二氢生物蝶呤；NADPH+H⁺ → NADP⁺

苯丙氨酸　　　　酪氨酸

苯丙氨酸除能转变成酪氨酸外，少量可经苯丙氨酸氨基转移酶催化生成苯丙酮酸。若苯丙氨酸羟化酶先天性缺失，则苯丙氨酸羟化生成酪氨酸这一主要代谢途径受阻，于是大量的苯丙氨酸通过转氨基反应生成苯丙酮酸，导致血中苯丙酮酸含量增高。大量的苯丙酮酸及其部分代谢产物（苯乳酸、苯乙酸等）从尿中排出，临床上称之为苯丙酮酸尿症（phenylketonuria，PKU）。苯丙酮酸的堆积对中枢神经系统有毒性作用，使大脑发育障碍，患儿智力低下。治疗原则是早期诊断，严格控制膳食中苯丙氨酸的含量，同时注意补充酪氨酸。PKU 现在已可进行产前基因诊断。

2. 酪氨酸的代谢　酪氨酸的进一步代谢涉及到某些神经递质、激素及黑色素的合成。

酪氨酸在神经组织或肾上腺髓质中经酪氨酸羟化酶（tyrosine hydroxylase）催化发生羟化，生成 3,4-二羟苯丙氨酸（3,4-dihydroxyphenylalanine，DOPA，多巴），酪氨酸羟化酶的辅酶也是四氢生物蝶呤。多巴由多巴脱羧酶催化脱去羧基，生成多巴胺（dopamine）。在肾上腺髓质，由多巴胺β-羟化酶催化，多巴胺侧链的β-碳原子再被羟化，生成去甲肾上腺素（noradrenaline），后者由 N-甲基转移酶催化，从 SAM 获得甲基，生成肾上腺素（adrenaline）。多巴胺、去甲肾上腺素和肾上腺素都是具有儿茶酚结构的胺类物质，统称为儿茶酚胺（catecholamine）。儿茶酚胺是重要的生物活性物质，其中多巴胺是一种神经递质，肾上腺素是外周激素，去甲肾上腺素既是神经递质又是激素。酪氨酸羟化酶是控制儿茶酚胺合成的关键酶，受产物的反馈抑制。多巴胺生成不足时可导致帕金森病（Parkinson's disease，PD）。

酪氨酸的另一条代谢途径是合成黑色素（melanin）。在皮肤和毛囊等的黑色素细胞内，酪氨酸经酪氨酸酶（tyrosinase）催化，发生羟化反应生成多巴，后者经氧化、脱羧等反应转变成吲哚-5,6-醌，吲哚醌最后聚合成黑色素。酪氨酸酶是黑色素合成的关键酶，该酶是一种含 Cu^{2+} 的单加氧酶，具有酪氨酸羟化酶和多巴氧化酶活性。先天性缺乏该酶的患者，因黑色素合成障碍，致使皮肤、毛发等发白，称为白化病（albinism）。患者对光敏感，易患皮肤癌。

除上述代谢途径外，酪氨酸还可以彻底分解。即在酪氨酸转氨酶的催化下，生成对羟苯丙酮酸，后者经异构并氧化脱羧转变成尿黑酸，尿黑酸在尿黑酸氧化酶催化下氧化分解生成延胡索酸和乙酰乙酸，然后二者分别沿糖和脂肪酸代谢途径进行代谢。所以，苯丙氨酸和酪氨酸都是生糖兼生酮氨基酸。若有关尿黑酸氧化分解的酶先天性缺乏时，则尿黑酸在体内堆积，并使排出的尿迅速变黑，出现尿黑酸尿症（alcaptonuria）。患者的骨等结缔组织会有广泛的黑色物质沉积，晚期可伴有骨关节炎。

苯丙氨酸和酪氨酸的代谢过程如图 8-18 所示：

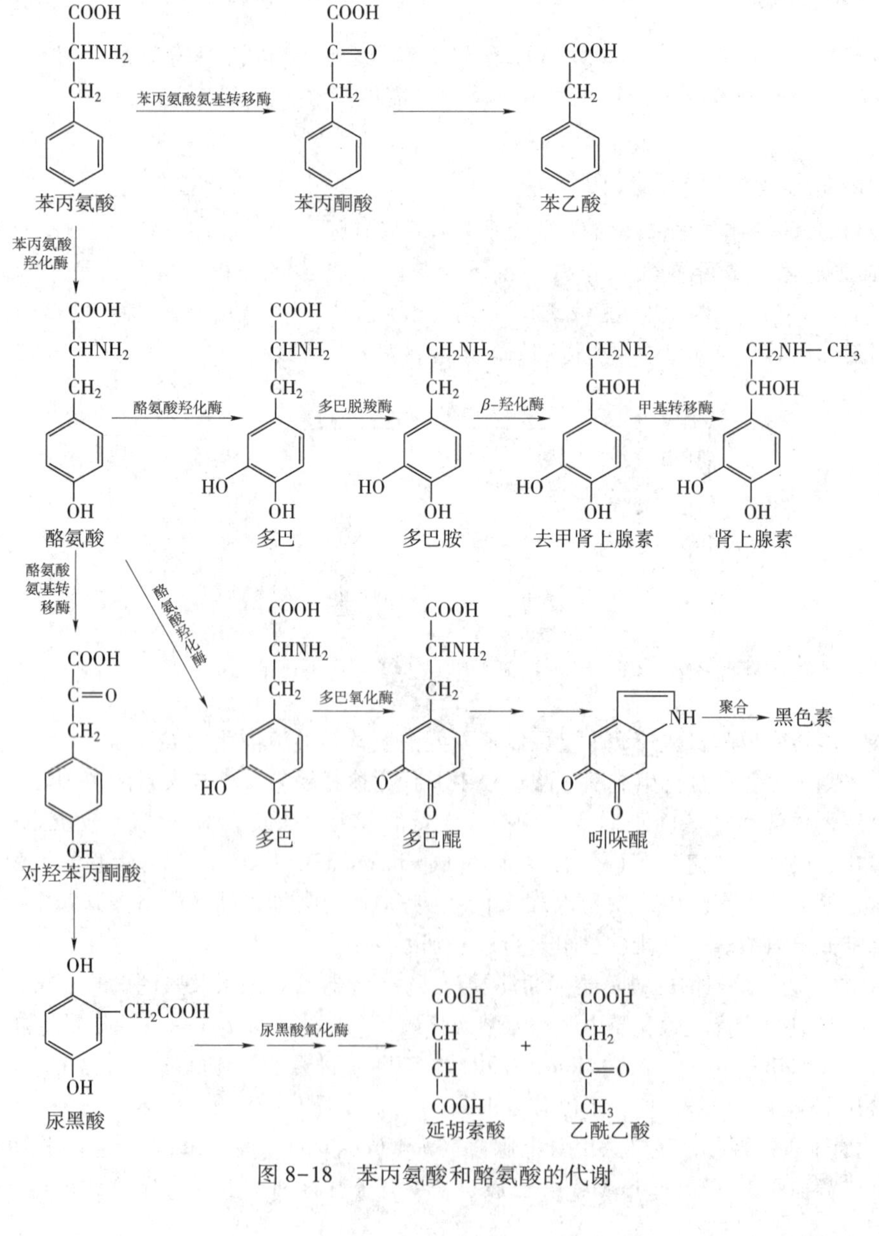

图 8-18　苯丙氨酸和酪氨酸的代谢

（二）色氨酸的代谢

色氨酸的降解途径是所有氨基酸中最复杂的。除生成5-羟色胺外，色氨酸主要在肝细胞中通过色氨酸加氧酶（tryptophan oxygenase）催化开环，生成一碳单位和犬尿氨酸。犬尿氨酸可以进一步分解产生多种酸性中间代谢产物，某些中间产物又是合成一些重要生理物质的前身，如烟酸。色氨酸在分解过程中还可产生丙酮酸和乙酰乙酰辅酶A，所以是生糖兼生酮氨基酸。

五、支链氨基酸代谢

支链氨基酸（branched chain amino acid，BCAA）包括缬氨酸、亮氨酸和异亮氨酸，它们都是必需氨基酸，主要在肌肉、脂肪、肾、脑等组织中降解。因为在这些肝外组织中有一种作用于此三个支链氨基酸的转氨酶，而肝中却缺乏。在摄入富含蛋白质的食物后，肌肉组织大量摄取氨基酸，最明显的就是摄取支链氨基酸。支链氨基酸在氮的代谢中起着特殊的作用，如在禁食状态下，它们可给大脑提供能源。

支链氨基酸在体内有相似的分解代谢过程，大体分为三个阶段：①通过转氨基作用生成相应的α-酮酸；②在支链α-酮酸脱氢酶复合体的催化作用下，α-酮酸氧化脱羧生成相应的脂酰辅酶A；③脂酰辅酶A通过脂肪酸β-氧化过程，生成不同的中间产物参与三羧酸循环，其中缬氨酸分解产生琥珀酰辅酶A，亮氨酸产生乙酰辅酶A和乙酰乙酰辅酶A，异亮氨酸产生琥珀酰辅酶A和乙酰辅酶A。所以，这三种氨基酸分别是生糖氨基酸、生酮氨基酸和生糖兼生酮氨基酸。支链氨基酸的分解代谢主要在骨骼肌中进行（图8-19）。

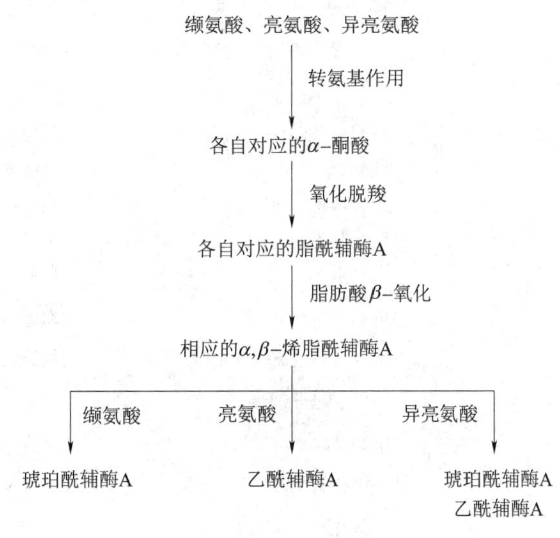

图8-19　支链氨基酸的分解代谢

案例解析

【案例】临床上对严重肝病患者为何限制芳香族氨基酸摄入而要多补充支链氨基酸？

【解析】芳香族氨基酸降解的两种主要酶——苯丙氨酸羟化酶和色氨酸加氧酶，都主要存在于肝脏，所以当患有肝脏严重疾病时，芳香族氨基酸的分解代谢受阻，使之在血液中的含量升高。而支链氨基酸分解代谢主要在肌肉进行，并不通过肝。为此，应严格限制食物或补液中的芳香族氨基酸含量且多补充支链氨基酸。血液中支链氨基酸与芳香族氨基酸浓度之比（BCAA/AAA）正常值应为3.0~3.5，肝脏严重疾病时可降至1.5~2.0，肝昏迷时常小于1，临床上此比值可作为衡量肝功能是否衰竭的一个指标。

综上所述，氨基酸除了作为合成蛋白质的原料外，还可以转变成为神经递质、激素以及其他重要的含氮生理活性物质（表 8-7）。值得指出的是，一氧化氮（nitric oxide，NO）的细胞信号转导功能研究近年来受到高度关注。NO 广泛分布于生物体内各组织，尤其是神经组织中，是一种极不稳定的小分子生物自由基，常温下为气体，具有脂溶性，可快速透过生物膜扩散。NO 作为细胞间的信使分子，在心、脑血管调节、神经、免疫调节等方面有着十分重要的生物学作用。而体内 NO 正是由精氨酸经一氧化氮合酶（nitric oxide synthase，NOS）催化而生成，具体反应如下。

$$\underset{\text{精氨酸}}{H_2N-\underset{|}{CH}-COOH \;\; (NH_2-C(=NH)-NH-(CH_2)_3-)} \xrightarrow[O_2 \quad NADPH+H^+ \;\to\; NADP^+ \quad NO]{NOS} \underset{\text{瓜氨酸}}{H_2N-\underset{|}{CH}-COOH \;\; (NH_2-C(=O)-NH-(CH_2)_3-)}$$

表 8-7　一些氨基酸代谢产生的含氮化合物

氨基酸	衍生的化合物	生理功能
谷氨酰胺、甘氨酸、天冬氨酸	嘌呤碱	含氮碱基、核酸成分
谷氨酰胺、天冬氨酸	嘧啶碱	含氮碱基、核酸成分
谷氨酸	γ-氨基丁酸	神经递质
丝氨酸	乙酰胆碱	神经递质
色氨酸	5-羟色胺 烟酸	神经递质 维生素
苯丙氨酸、酪氨酸	儿茶酚胺 甲状腺素 黑色素	神经递质 激素 皮肤、毛发色素
组氨酸	组胺	血管舒张剂
鸟氨酸、甲硫氨酸	精脒（亚精胺）、精胺	细胞增殖促进剂
甘氨酸、精氨酸、甲硫氨酸	肌酸、磷酸肌酸	能量储存
半胱氨酸	牛磺酸	结合胆汁酸成分
甘氨酸	卟啉化合物	血红素、细胞色素
精氨酸	一氧化氮（NO）	细胞信号转导分子

机体蛋白质代谢状况可用氮平衡评价。食物蛋白质的营养价值取决于其所含必需氨基酸的种类和比例是否与人体需求一致。将不同种类营养价值较低的食物蛋白质混合食用，可以提高其营养价值。

食物蛋白质由多种蛋白酶和肽酶催化消化，消化产物氨基酸通过主动转运机制吸收。少量未被消化的蛋白质和未被吸收的氨基酸受肠道细菌的腐败作用，发生分解。

氨基酸的一般分解代谢主要是脱氨基生成氨和α-酮酸。脱氨基方式有转氨基作用、氧化脱氨基作用和联合脱氨基作用等，以氨基转移酶和谷氨酸脱氢酶偶联的联合脱氨基作用为主。各组织代谢产生的氨以丙氨酸和谷氨酰胺的形式经血液循环运往肝或肾，除一部分用于合成含氮化合物外，大部分在肝脏经鸟氨酸循环合成尿素，再通过肾排出体外。氨基酸脱氨基后生成的α-酮酸，可经氨基化合成非必需氨基酸，可转变成糖或脂质，也可彻底氧化分解提供能量。

氨基酸因侧链基团不同，有其特殊的代谢途径。氨基酸脱羧基产生的胺类化合物具有重要的生理功能；某些氨基酸分解产生的一碳单位可用于合成嘌呤和嘧啶核苷酸；甲硫氨酸代谢产生的活性甲基，参与体内多种重要甲基化合物的合成；芳香族氨基酸代谢可转变为激素、神经递质和黑色素等重要生理活性物质。

练习题

题库

一、单项选择题

1. 下列氨基酸属于必需氨基酸的是（　　）
A. 苯丙氨酸、酪氨酸、甘氨酸、组氨酸　　B. 甲硫氨酸、赖氨酸、色氨酸、组氨酸
C. 苏氨酸、甲硫氨酸、丙氨酸、色氨酸　　D. 亮氨酸、脯氨酸、半胱氨酸、酪氨酸
E. 缬氨酸、谷氨酸、苏氨酸、异亮氨酸

2. 下列氨基酸中能直接进行氧化脱氨基作用的是（　　）
A. 天冬氨酸　B. 缬氨酸　C. 谷氨酸　D. 丝氨酸　E. 丙氨酸

3. 骨骼肌中氨基酸脱氨的主要方式是（　　）
A. 转氨基作用　　B. 谷氨酸氧化脱氨基作用
C. 转氨基偶联嘌呤核苷酸循环　　D. 转氨基偶联氧化脱氨基作用
E. 非氧化脱氨基作用

4. 骨骼肌中氨基酸脱下的氨在血液中的运输形式是（　　）
A. 天冬氨酸　B. 缬氨酸　C. 谷氨酰胺　D. 丙氨酸　E. 苯丙氨酸

5. 脑组织中氨基酸脱下的氨在血液中的运输形式是（　　）
A. 天冬氨酸　B. 缬氨酸　C. 谷氨酰胺　D. 丙氨酸　E. 苯丙氨酸

6. 尿素合成的关键酶是（　　）
A. CPS-Ⅰ　　B. 鸟氨酸氨基甲酰转移酶Ⅰ
C. 精氨酸代琥珀酸合成酶　　D. 精氨酸代琥珀酸裂解酶
E. 精氨酸酶

7. 下列辅酶或辅基参与一碳单位转移作用的是（　　）
A. NAD^+　B. TPP　C. FAD　D. 生物素　E. FH_4

8. 甲硫氨酸合成酶的辅酶是（　　）
A. NAD^+　B. TPP　C. FAD　D. 生物素　E. 维生素 B_{12}

9. 白化病是由于体内缺乏（　　）
A. 苯丙氨酸羟化酶　B. 苯丙氨酸转氨酶　C. 尿黑酸氧化酶　D. 酪氨酸酶　E. 谷丙转氨酶

10. 儿茶酚胺类激素的合成原料是（　　）
A. 谷氨酸　B. 酪氨酸　C. 丙氨酸　D. 蛋氨酸　E. 半胱氨酸

11. 转氨酶的辅酶是（　　）
A. TPP　B. 磷酸吡哆醛　C. 核黄素　D. NAD　E. 生物素

12. 下列是生酮氨基酸的是（　　）
A. 丙氨酸　B. 赖氨酸　C. 异亮氨酸　D. 组氨酸　E. 谷氨酸

13. 下列是甲基的直接供体的是（　　）
A. GTP　B. PAPS　C. 磷酸肌酸　D. SAM　E. 丙氨酸

14. 测定下列酶活性可以帮助诊断急性肝炎的是（　　）

A. NAD^+　　B. ALT　　C. AST　　D. FAD　　E. GOT

15. 牛磺酸是由下列（　　）代谢转变而来的

A. 甲硫氨酸　　B. 半胱氨酸　　C. 谷氨酸　　D. 天冬氨酸　　E. 丙氨酸

二、思考题

1. 简述体内氨基酸的来源和主要代谢去路。
2. 体内氨基酸脱氨基作用有哪些方式？
3. 请依据氨的来源和去路，简述肝性脑病的处理原则。
4. 试述尿素生成的过程及生理意义。
5. 何谓一碳单位？它是如何将氨基酸代谢与核苷酸代谢联系起来的？
6. 简述甲硫氨酸循环的基本过程及其生理意义。
7. 苯丙氨酸在体内代谢可生成哪些物质？

（蒋小英）

第九章

核苷酸代谢

学习导引

1. **掌握** 核苷酸从头合成途径的概念、原料及特点；核苷酸补救合成途径的概念及生理意义。

2. **熟悉** 核苷酸从头合成的主要步骤；嘌呤和嘧啶碱基分解代谢的产物及痛风症的发病机制及治疗。

3. **了解** 核酸的消化与吸收；核苷酸的生理功能；嘌呤和嘧啶碱基分解代谢的基本过程；核苷酸从头合成的调节；各种核苷酸抗代谢物的种类。

核苷酸是核酸的基本组成单位，除作为体内核酸合成的原料外，核苷酸还具有多种重要的生理功能。首先，核苷酸可作为供能物质，为机体的物质代谢及生命活动提供能量；如ATP是机体能量贮存及利用的主要形式；此外，CTP、GTP、UTP也可以为机体提供能量。其次，核苷酸可参与机体物质代谢与调节，如腺苷酸是体内NAD^+、$NADP^+$、FAD及辅酶A等几种重要辅酶的组成成分；CTP、ATP、UTP等可活化多种中间代谢物，生成性质活泼的物质并参与代谢，如CDP-胆碱是磷脂合成的原料，*S*-腺苷甲硫氨酸为体内多种甲基化反应提供活性甲基，UDPG作为葡萄糖基的活性供体参与糖原、糖蛋白的合成等；某些核苷酸或其衍生物是细胞内重要的信息分子，如cAMP、cGMP作为第二信使在细胞内的信号转导过程中发挥重要作用。核苷酸代谢包括分解代谢与合成代谢。核苷酸代谢障碍与很多遗传病、代谢性疾病的发生密切相关。

第一节　核酸的消化与吸收

PPT

课堂互动

痛风是什么原因导致的？痛风病人可以吃海鲜吗？

食物中的核酸主要以核蛋白的形式存在。在胃中，核蛋白被胃酸分解为核酸与蛋白质。核酸的消化、吸收主要在小肠进行。首先，在小肠胰核酸酶的作用下，核酸被水解为单核苷酸，后者在胰液和肠液中多种水解酶的催化下进一步水解，产物包括核苷、磷酸、碱基和戊糖等（图9-1）。核苷酸及其水解产物均可被细胞吸收和利用，其中核苷酸及核苷在肠黏膜细胞中可被继续分解；戊糖可进入体内的戊糖代谢途径；碱基（嘌呤碱基和嘧啶碱基）还可以被继续分解而最终排出体外。核苷酸作为细胞内核酸合成的原料，只有少量是来自食物中核酸的消化吸收，大部分由机体自身合成。由此可见，食物中的核酸或核苷酸类似物很少被机体重新利用，核苷酸不属于营养必需物质。

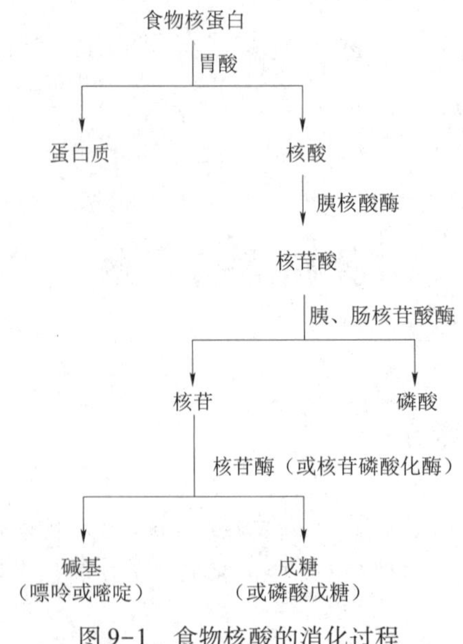

图 9-1　食物核酸的消化过程

第二节　核苷酸的分解代谢

一、核苷酸的分解代谢

体内核苷酸的分解代谢过程与食物中核苷酸的消化过程相似。首先，细胞中的核苷酸在核苷酸酶的催化下脱去磷酸生成核苷，后者经核苷磷酸化酶的作用，磷酸解而生成游离的碱基（嘌呤碱基或嘧啶碱基）和磷酸核糖。磷酸核糖既可重新用于合成新的核苷酸，也可进入戊糖磷酸途径进行代谢；嘌呤碱基和嘧啶碱基除小部分参与核苷酸的补救合成途径外，大部分继续分解排出体外。

二、嘌呤碱基的分解代谢

嘌呤碱基的分解先是在各种脱氨酶的作用下水解，脱去氨基。腺嘌呤水解脱氨生成次黄嘌呤，鸟嘌呤水解脱氨生成黄嘌呤。次黄嘌呤氧化成黄嘌呤并进一步氧化成尿酸（uric acid），反应均由黄嘌呤氧化酶催化完成（图 9-2）。黄嘌呤氧化酶是尿酸生成的关键酶。遗传性缺陷或严重肝损伤可导致该酶的缺乏，引起黄嘌呤在体内堆积，患者可表现为黄嘌呤尿、黄嘌呤肾结石、低尿酸血症等症状。

人体缺乏分解尿酸的酶，尿酸是人类嘌呤碱降解的最终产物，可经尿液排出体外。尿酸呈酸性，水溶性较差，易结晶，生理条件下形成尿酸盐。正常人血浆中尿酸含量为 0.12~0.36mmol/L（2~6mg/dL），男性略高于女性。痛风症是由于各种原因引起血中尿酸浓度升高，超过 0.48mmol/L，尿酸盐结晶会沉积于关节腔内、软组织及肾脏等处，引起疼痛，最终导致关节炎、尿路结石及肾脏疾病等。该病多见于成年男性，其发病机制尚未完全阐明。已知嘌呤核苷酸代谢酶的遗传缺陷可导致痛风。此外，当体内核酸大量分解（如恶性肿瘤、白血病等）、进食高嘌呤膳食以及由于某些药物或肾疾病等影响肾脏排泄尿酸时，均可致血中尿酸的升高。临床上常用别嘌呤醇（allopurinol）治疗痛风症。别嘌呤醇的结构与次黄嘌呤类似，可竞争性抑制黄嘌呤氧化酶，进而抑制尿酸的生成。此外，别嘌呤醇还可以与磷酸核糖焦磷酸（phosphoribosyl pyrophosphate，PRPP）反应生成别嘌呤醇核苷酸，这样不仅消耗了核苷酸合成所必需的 PRPP，使其含量减少，同时由于别嘌呤醇核苷酸与 IMP 的结构类似，还可以反馈抑制 PRPP 酰胺转移酶，从而减少嘌呤核苷酸的从头合成。

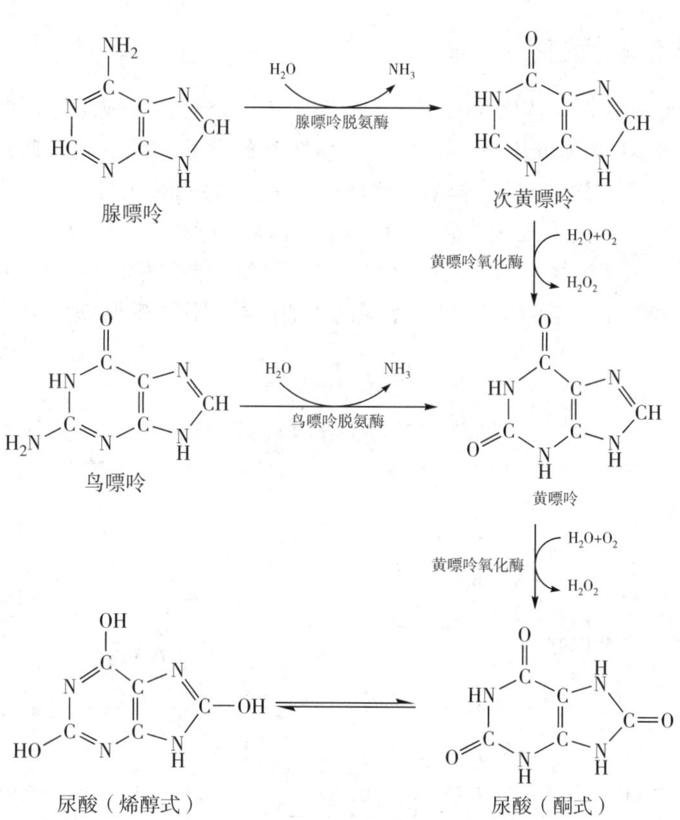

图 9-2　嘌呤碱基的分解代谢

案例解析

【案例】患者，男性，52 岁。近 3 年来反复出现踇趾疼痛、膝关节疼痛及尿路结石。辅助检查：血尿酸含量为 0.7mmol/L。请用学过的知识分析一下患者所患疾病及其可能的病因是什么？患者日常饮食应该注意什么？

【解析】痛风症是一种常见的代谢紊乱疾病，分为原发性和继发性两种，临床上以继发性居多。原发性痛风多由先天性嘌呤代谢异常引起，继发性痛风则由某些系统性疾病或者药物引起。临床症状为：高尿酸血症、急性关节炎反复发作、慢性关节炎和关节畸形，以及在病程后期出现肾尿酸结石和痛风性肾实质病变。一般发作部位为大踇趾关节、踝关节及膝关节等处。患者饮食中应减少富含嘌呤、蛋白质的食物，如动物内脏、海鲜等，做到饮食清淡，低脂低糖，多饮水，以利体内尿酸排泄。

三、嘧啶碱基的分解代谢

胞嘧啶分解代谢时先经脱氨基转化为尿嘧啶，尿嘧啶进一步还原生成二氢尿嘧啶，后者经水解、开环等多步反应，最终生成 NH_3、CO_2及 β-丙氨酸；胸腺嘧啶的分解与尿嘧啶相似，经还原、水解反应最终生成 NH_3、CO_2和 β-氨基异丁酸。嘧啶碱基的代谢产物中，NH_3和 CO_2可合成尿素，随尿排出体外；β-丙氨酸可转变为乙酰辅酶 A 并进入三羧酸循环彻底氧化分解；β-氨基异丁酸可直接随尿排出体外，也可转变成琥珀酰辅酶 A 进入三羧酸循环彻底氧化分解或经糖异生途径异生成糖（图 9-3）。高核酸饮食及肿瘤患者尿中 β-氨基异丁酸的排泄量增多。与嘌呤碱的代谢产物相比，嘧啶碱的降解产物均易溶于水。

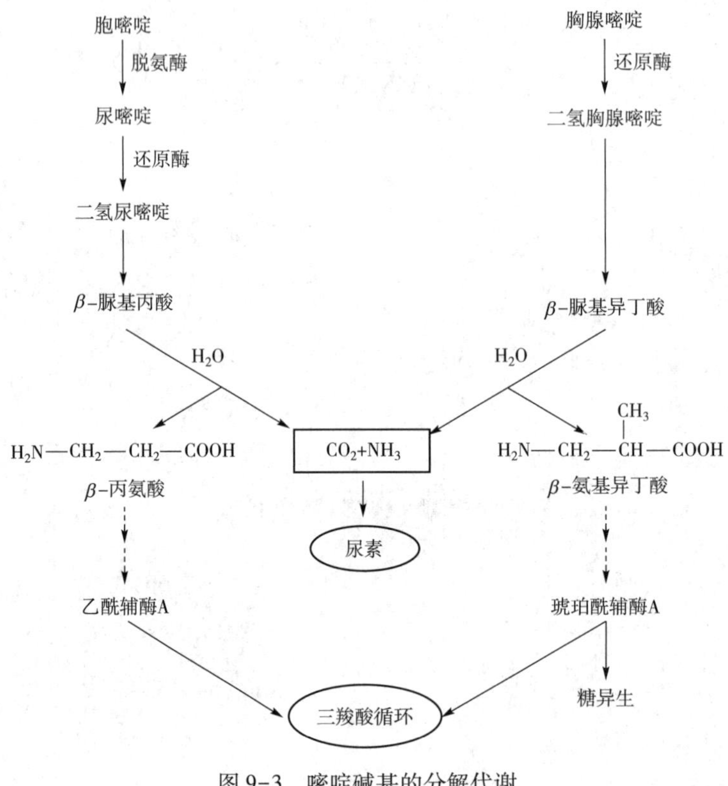

图 9-3　嘧啶碱基的分解代谢

PPT

第三节　核苷酸的合成代谢

体内核苷酸的生物合成有两条途径：从头合成途径（de novo synthesis pathway）和补救合成途径（salvage pathway）。前者是指利用氨基酸、一碳单位、CO_2及磷酸核糖等简单物质为原料，经过一系列酶促反应合成核苷酸的过程；后者是指利用体内游离的碱基或核苷，经过简单的反应合成核苷酸的过程。两者在不同组织中的重要性不同，体内绝大多数组织核苷酸合成的主要途径是从头合成途径，但脑和骨髓只能进行补救合成。

一、嘌呤核苷酸的合成代谢

微课

（一）嘌呤核苷酸的从头合成途径

嘌呤核苷酸从头合成是生物体内细胞利用 5-磷酸核糖、谷氨酰胺、甘氨酸、天冬氨酸、一碳单位及 CO_2等物质为原料，经过一系列酶促反应合成嘌呤核苷酸的过程。嘌呤碱基合成的元素来源见图 9-4。

1. 嘌呤核苷酸从头合成的过程　嘌呤核苷酸的从头合成过程比较复杂，分为两个阶段：第一阶段合成次黄嘌呤核苷酸（inosine monophosphate，IMP）；第二阶段由IMP合成腺苷一磷酸（adenosine monophosphate，AMP）和鸟苷一磷酸（guanosine monophosphate，GMP）。整个反应过程在细胞质中进行，催化反应的各种酶多以酶复合体形式存在。

（1）IMP的生成　在5-磷酸核糖的基础上逐步加入各种原料，经酶促反应，最终生成IMP（图9-5）。整个过程由11步酶促反应组成，其中催化前两步反应的磷酸核糖焦磷酸合成酶（PRPP合成酶）和磷酸核糖焦磷酸酰胺转移酶（PRPP酰胺转移酶）是IMP合成的关键酶。

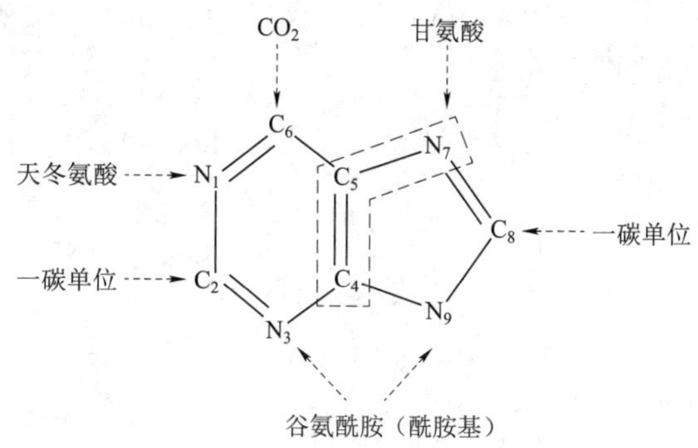

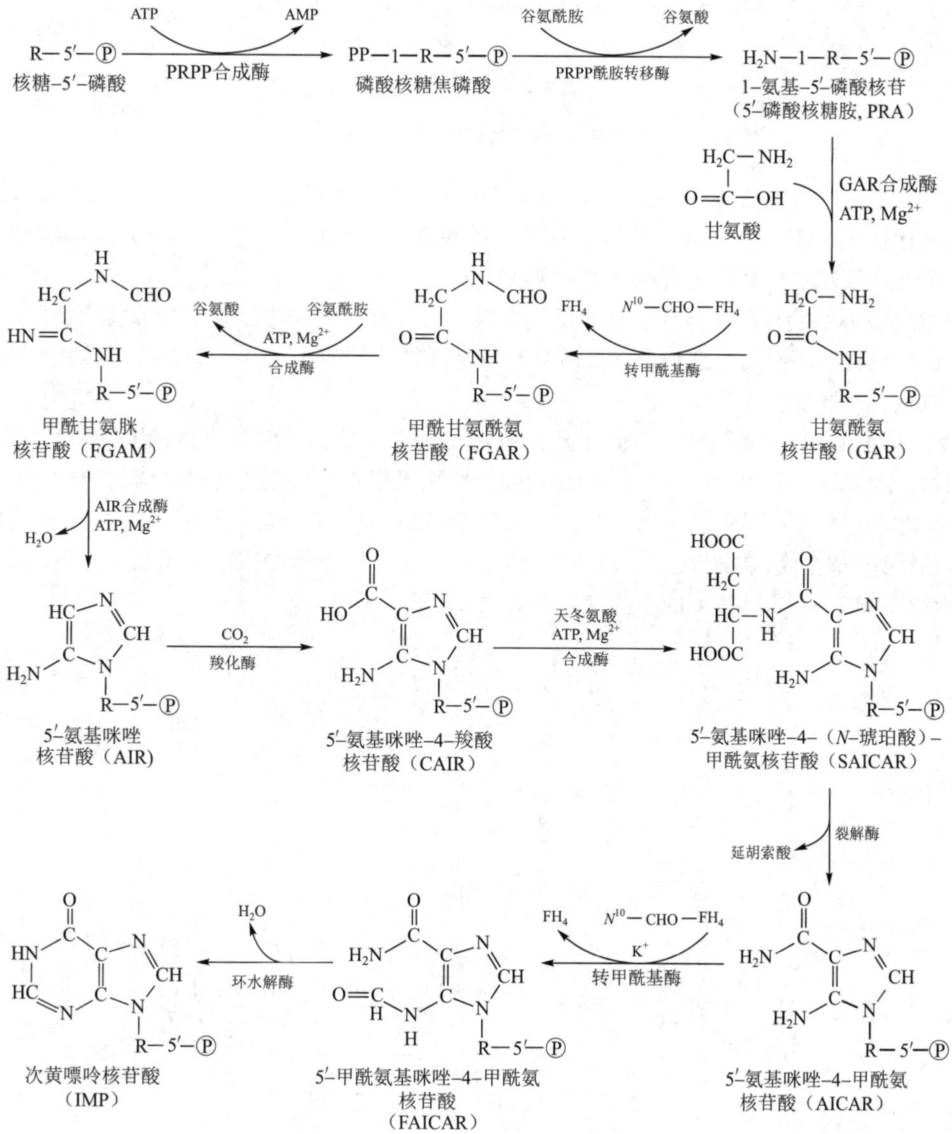

图9-4　嘌呤碱基的元素来源

R—5′—Ⓟ 核糖-5′-磷酸 →(ATP→AMP, PRPP合成酶) PP—1—R—5′—Ⓟ 磷酸核糖焦磷酸 →(谷氨酰胺→谷氨酸, PRPP酰胺转移酶) H_2N—1—R—5′—Ⓟ 1-氨基-5′-磷酸核苷（5′-磷酸核糖胺, PRA）

→(甘氨酸, GAR合成酶, ATP, Mg^{2+}) 甘氨酰核苷酸（GAR）

→(N^{10}—CHO—FH_4→FH_4, 转甲酰基酶) 甲酰甘氨酰核苷酸（FGAR）

→(谷氨酰胺→谷氨酸, ATP, Mg^{2+}, 合成酶) 甲酰甘氨脒核苷酸（FGAM）

→(AIR合成酶, ATP, Mg^{2+}, H_2O) 5′-氨基咪唑核苷酸（AIR）

→(CO_2, 羧化酶) 5′-氨基咪唑-4-羧酸核苷酸（CAIR）

→(天冬氨酸, ATP, Mg^{2+}, 合成酶) 5′-氨基咪唑-4-（*N*-琥珀酸）-甲酰氨核苷酸（SAICAR）

→(裂解酶, 延胡索酸) 5′-氨基咪唑-4-甲酰氨核苷酸（AICAR）

→(N^{10}—CHO—FH_4→FH_4, K^+, 转甲酰基酶) 5′-甲酰氨基咪唑-4-甲酰氨核苷酸（FAICAR）

→(环水解酶, H_2O) 次黄嘌呤核苷酸（IMP）

图9-5　IMP的从头合成途径

（2）AMP 和 GMP 的生成　IMP 是嘌呤核苷酸合成的重要中间产物，可进一步转变为 AMP 和 GMP（图 9-6）。

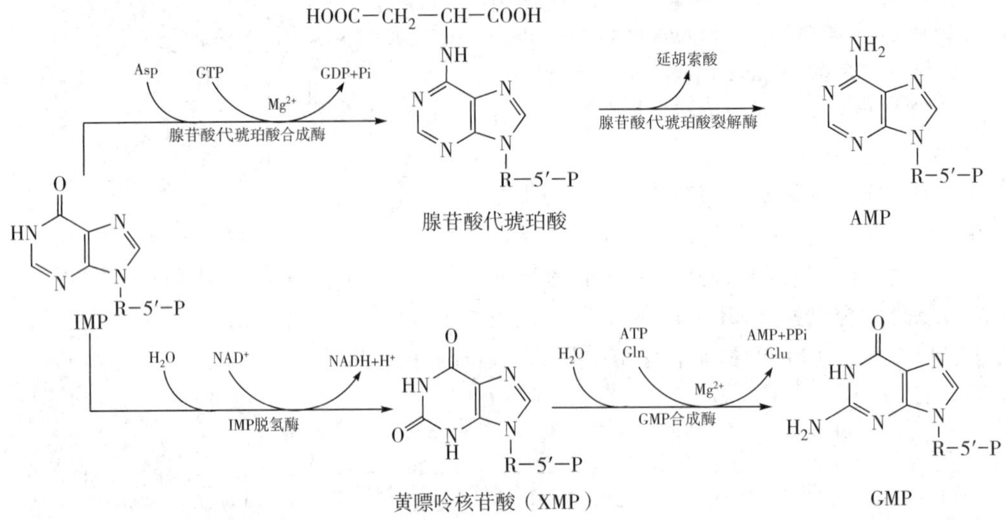

图 9-6　IMP 转变为 AMP 和 GMP

核酸生物合成的原料为核苷三磷酸，AMP 和 GMP 在核苷一磷酸激酶的催化下，分别接受 ATP 的一个高能磷酸基团而生成 ADP 和 GDP；GDP 在核苷二磷酸激酶的作用下，进一步磷酸化生成 GTP，ADP 主要经氧化磷酸化和底物水平磷酸化两种方式生成 ATP。

2. 嘌呤核苷酸从头合成的特点　从上述反应步骤可以看出，嘌呤核苷酸是在磷酸核糖的基础上逐步合成嘌呤环的，然而并不是所有细胞都具备从头合成嘌呤核苷酸的能力，从头合成嘌呤核苷酸的主要器官是肝脏，其次是小肠黏膜和胸腺。

3. 嘌呤核苷酸从头合成的调节　IMP 生成过程中的两个关键酶 PRPP 合成酶和 PRPP 酰胺转移酶，其活性均可被产物 IMP、AMP 及 GMP 反馈抑制。PRPP 则可促进 PRPP 酰胺转移酶的活性。在 IMP 转化为 AMP 和 GMP 的过程中，过量的 AMP 和 GMP 均反馈抑制自身的生成，但不影响对方的生物合成；而 ATP 可以促进 GMP 的生成，GTP 可以促进 AMP 的生成，这种自身反馈抑制、相互交叉促进的调节作用对于维持细胞内 AMP 和 GMP 浓度的平衡具有重要意义（图 9-7）。

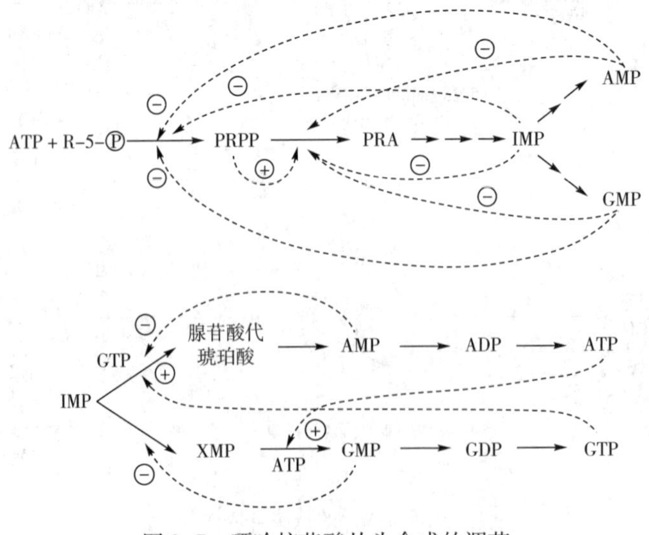

图 9-7　嘌呤核苷酸从头合成的调节

（二）嘌呤核苷酸的补救合成途径

嘌呤核苷酸的补救合成是细胞利用体内游离的嘌呤或嘌呤核苷，经过简单的反应步骤合成嘌呤核苷酸的过程，参与的酶主要有腺嘌呤磷酸核糖转移酶（adenine phosphoribosyl transferase，APRT）、次黄嘌呤-鸟嘌呤磷酸核糖转移酶（hypoxanthine-guanine phosphoribosyl transferase，HGPRT）及腺苷激酶。前两种酶分别催化腺嘌呤（A）、次黄嘌呤（I）、鸟嘌呤（G）等碱基合成 AMP、IMP 及 GMP，腺苷激酶催化腺嘌呤核苷发生磷酸化，生成 AMP。与从头合成不同，补救合成过程简单，可以减少氨基酸及能量的消耗。此外，脑和骨髓等组织由于缺乏从头合成的酶系统，只能进行补救合成。因此，对于这些组织器官来说，补救合成途径具有更重要的意义。例如，体内 HGPRT 的严重遗传缺陷引起自毁容貌症（Lesch-Nyhan 综合征）。

$$\text{腺嘌呤}+\text{PRPP} \xrightarrow{\text{APRT}} \text{AMP}+\text{PPi}$$

$$\text{次黄嘌呤}+\text{PRPP} \xrightarrow{\text{HGPRT}} \text{IMP}+\text{PPi}$$

$$\text{鸟嘌呤}+\text{PRPP} \xrightarrow{\text{HGPRT}} \text{GMP}+\text{PPi}$$

$$\text{腺苷}+\text{ATP} \xrightarrow{\text{腺苷激酶}} \text{AMP}+\text{ADP}$$

知识拓展

Lesch-Nyhan 综合征

Lesch-Nyhan 综合征，是一种 X 染色体隐性遗传病，多见于男婴。其突变基因定位在染色体 Xq26-q27.2 上。现已阐明，其病因是由于体内次黄嘌呤-鸟嘌呤磷酸核糖转移酶遗传缺陷，缺乏该酶使得次黄嘌呤和鸟嘌呤不能转换为 IMP 和 GMP 而降解为尿酸；同时 PRPP 不能利用而堆积，PRPP 促进嘌呤的从头合成，从而使嘌呤的分解产物尿酸增高。患者表现为尿酸增高及神经异常，如脑发育不全、智力低下、共济失调以及发生自残行为，常咬伤自己的口唇、手指及足趾，故亦称自毁容貌症。

二、嘧啶核苷酸的合成代谢

（一）嘧啶核苷酸的从头合成途径

嘧啶核苷酸的从头合成主要在肝内进行。与嘌呤核苷酸不同，嘧啶核苷酸的从头合成过程相对简单，嘧啶碱中各元素来源于天冬氨酸、谷氨酰胺及 CO_2（图 9-8）。嘧啶核苷酸的从头合成最先生成的核苷酸是尿苷一磷酸（uridine monophosphate，UMP），其他嘧啶核苷酸都由 UMP 转变而成。

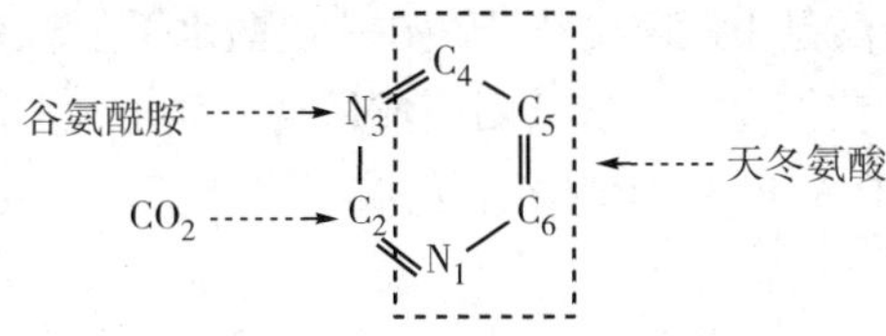

图 9-8 嘧啶碱基的元素来源

1. UMP 的合成 首先，谷氨酰胺与 CO_2 在氨甲酰磷酸合成酶Ⅱ（carbamoyl phosphate synthetase Ⅱ，CPS-Ⅱ）的催化下生成氨甲酰磷酸，反应在胞液中进行，由 ATP 提供能量；氨甲酰磷酸再与天冬氨酸缩合，经多步酶促反应生成乳清酸，然后在乳清酸磷酸核糖转移酶的作用下，乳清酸与 PRPP 结合生成乳清酸核苷酸，后者经脱羧酶作用脱去羧基即成为 UMP（图 9-9）。肝线粒体中还存在氨甲酰磷酸合成酶

Ⅰ（CPS-Ⅰ），以游离氨为氮源催化合成氨甲酰磷酸，参与尿素的生物合成（详见第八章）。

从上述反应可以看出，与嘌呤核苷酸的从头合成不同，嘧啶核苷酸从头合成的最主要特点是先合成含有嘧啶碱的乳清酸（嘧啶环），再与磷酸核糖相连。

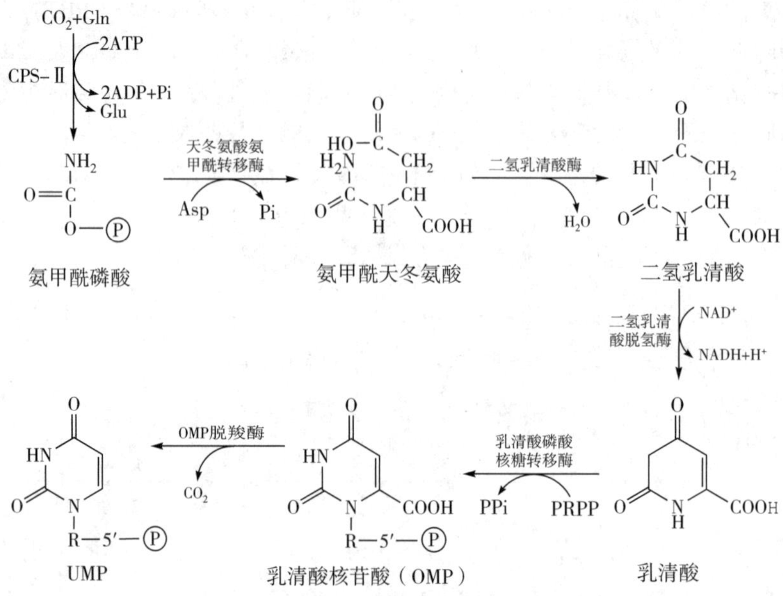

图 9-9 UMP 的从头合成途径

CPS-Ⅱ是哺乳类动物细胞嘧啶核苷酸从头合成的主要调节酶，它受产物 UMP 的反馈抑制。由于 PRPP 合成酶是嘌呤核苷酸与嘧啶核苷酸从头合成过程中共同需要的酶，因此它可同时受嘌呤核苷酸和嘧啶核苷酸的反馈抑制（图 9-10）。

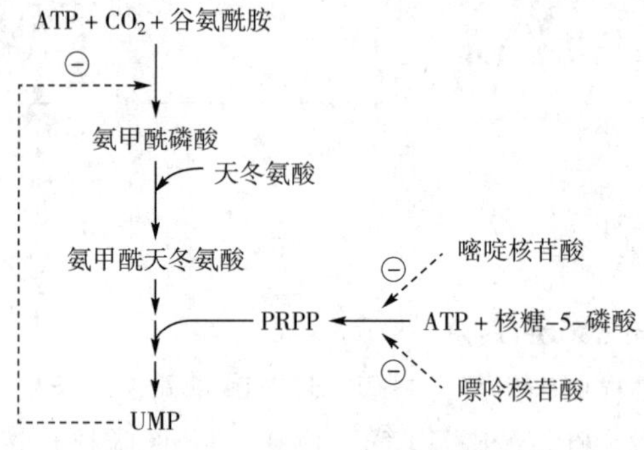

图 9-10 UMP 从头合成的调节

2. CTP 的合成 胞嘧啶核苷酸是由尿嘧啶核苷酸在三磷酸水平上转变而来。在尿苷酸激酶和核苷二磷酸激酶的作用下，UMP 从 ATP 获得高能磷酸基团生成尿苷二磷酸（UDP）和尿苷三磷酸（UTP）。在 CTP 合成酶的催化下，消耗 1 分子 ATP，UTP 从谷氨酰胺接受氨基，生成胞苷三磷酸（CTP）。

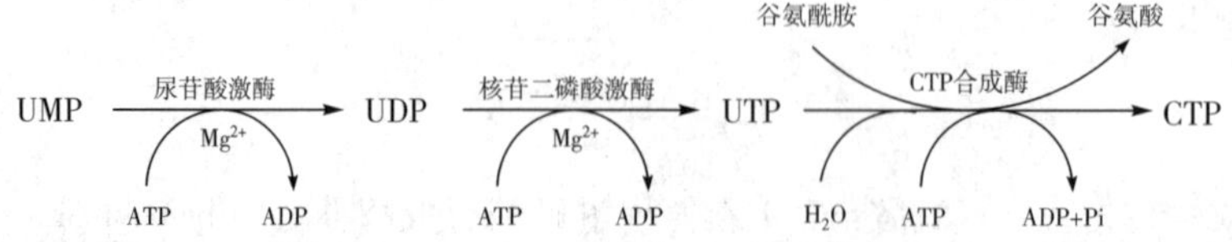

（二）嘧啶核苷酸的补救合成途径

嘧啶核苷酸的补救合成可以利用游离的尿嘧啶、胸腺嘧啶或乳清酸（胞嘧啶除外）作为底物，在尿嘧啶磷酸核糖转移酶（uracil phosphoribosyl transferase，UPRT）催化下生成相应的嘧啶核苷酸。例如：

$$\text{尿嘧啶}+\text{PRPP}\xrightarrow{\text{尿嘧啶磷酸核糖转移酶}}\text{UMP}+\text{PPi}$$

嘧啶核苷也可在相应激酶的催化下，合成嘧啶核苷酸。

$$\text{尿嘧啶核苷}+\text{ATP}\xrightarrow{\text{尿苷激酶}}\text{UMP}+\text{ADP}$$

$$\text{脱氧胸苷}+\text{ATP}\xrightarrow{\text{胸苷激酶}}\text{dTMP}+\text{ADP}$$

三、脱氧核糖核苷酸的合成

体内的脱氧核糖核苷酸包括脱氧嘌呤核苷酸和脱氧嘧啶核苷酸，是 DNA 的组成成分。

（一）核糖核苷二磷酸的还原

除胸腺嘧啶核苷酸外，脱氧核糖核苷酸是由相应的核糖核苷二磷酸（NDP，N 代表 A、G、C、U 碱基）分子中核糖 C_2羟基脱氧还原而成。这种还原反应是在核苷二磷酸水平上进行的，催化反应的酶是核糖核苷酸还原酶，由还原型硫氧化还原蛋白作为供氢体。反应生成的脱氧核苷二磷酸（dNDP）经激酶作用磷酸化生成相应的脱氧核苷三磷酸（dNTP），参与 DNA 的生物合成（图 9-11）。

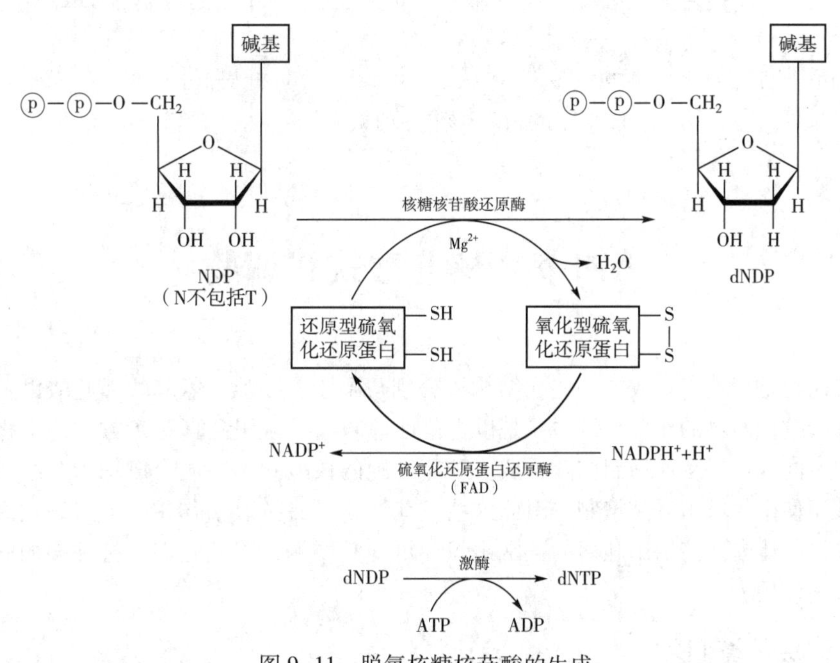

图 9-11　脱氧核糖核苷酸的生成

（二）dTMP 的合成

脱氧胸腺嘧啶核苷酸（dTMP）是由 dUMP 甲基化生成。反应由胸苷酸合酶催化，$N^5,N^{10}-CH_2-FH_4$ 提供甲基。dUMP 可来自 dUDP 的水解，也可由 dCMP 脱去氨基生成，以第二种方式为主。$N^5,N^{10}-CH_2-FH_4$提供甲基后释出二氢叶酸（FH_2），后者在二氢叶酸还原酶的催化下，重新还原生成四氢叶酸（FH_4），FH_4又可再参与体内“一碳单位”代谢（图 9-12）。胸苷酸合酶和二氢叶酸还原酶常被作为肿瘤化疗作用的靶点。此外，细胞内还存在胸苷激酶，可催化脱氧胸苷磷酸化生成 dTMP。胸苷激酶在正常肝组织中活性很低，但在再生肝中活性升高，恶性肿瘤时明显升高，并与肿瘤的恶性程度有关。

现将核苷酸的从头合成总结如图 9-13。

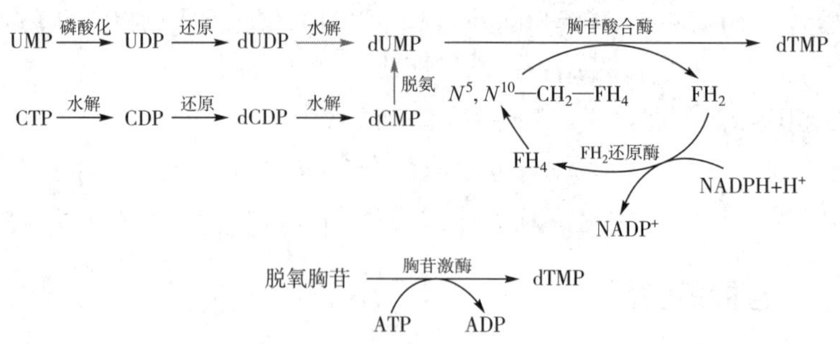

图 9-12 脱氧胸腺嘧啶核苷酸的生成

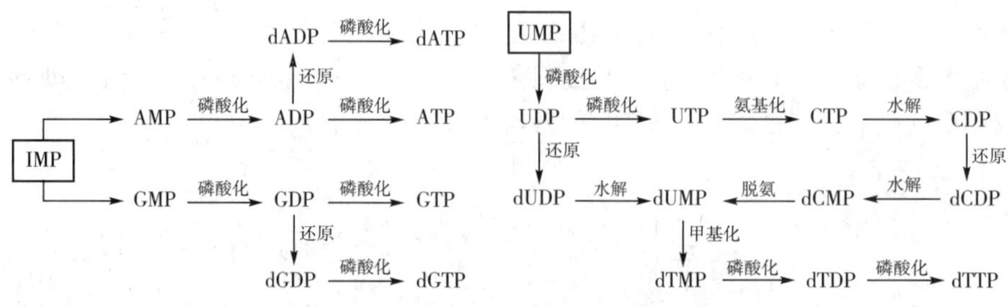

图 9-13 核苷酸的从头合成

第四节 核苷酸抗代谢物

核苷酸抗代谢物是指人工合成的一些在结构上分别与嘌呤、嘧啶、氨基酸、叶酸以及核苷等相类似的化合物。核苷酸抗代谢物的作用机制主要是以竞争性抑制或"以假乱真"等方式来干扰或阻断核苷酸合成代谢途径的不同部位，从而抑制核酸合成。肿瘤细胞的核酸和蛋白质合成均十分旺盛，能摄取更多的抗代谢物，从而使生长增殖受到抑制，因此这些抗代谢物具有抗肿瘤作用。但应该注意的是，由于抗代谢物缺乏特异性，体内某些增殖旺盛的正常组织亦可受其影响，因此它们在抗肿瘤的同时，也会对机体产生较大的毒副作用。

一、碱基和核苷类似物

碱基类似物包括嘌呤类似物和嘧啶类似物两大类。嘌呤类似物主要有 6-巯基嘌呤（6-mercaptopurine，6-MP）、6-巯基鸟嘌呤及 8-氮杂鸟嘌呤等，其中 6-MP 在临床上最常用。6-MP 的结构与次黄嘌呤相似，唯一区别仅在于用巯基取代了嘌呤环中 $C_{6'}$ 上的羟基。一方面 6-MP 可与 PRPP 结合生成 6-巯基嘌呤核苷酸，后者与 IMP 结构类似，因而可竞争性抑制 IMP 向 AMP 和 GMP 的转化；另一方面 6-MP 可直接竞争性抑制 HGPRT 的活性，从而阻止嘌呤核苷酸的补救合成途径；此外，6-巯基嘌呤核苷酸还可反馈抑制 PRPP 酰胺转移酶，干扰磷酸核糖胺的形成，进而阻断嘌呤核苷酸的从头合成途径。

嘧啶类似物主要有 5-氟尿嘧啶（5-fluorouracil，5-FU），它是临床上常用的抗肿瘤药物。5-FU 在细胞内必须转变成氟尿嘧啶脱氧核苷一磷酸（FdUMP）或氟尿嘧啶核苷三磷酸（FUTP）后才能发挥作用。FdUMP 与 dUMP 的结构相似，是胸苷酸合酶的竞争性抑制剂，可阻断 dTMP 的合成，从而抑制 DNA 的生物合成；FUTP 则能"以假乱真"以 FUMP 的形式在 RNA 合成时加入，从而破坏 RNA 的结构与功能。

此外，一些改变了核糖结构的嘧啶核苷类似物（如阿糖胞苷和环胞苷）也是重要的抗肿瘤药物。阿糖胞苷能抑制 CDP 还原生成 dCDP，从而进一步影响 DNA 的合成，以达到抗肿瘤目的。常见碱基及核苷类似物的结构如下。

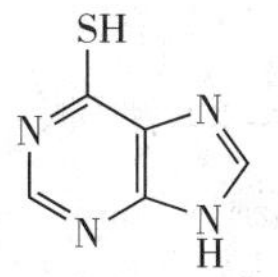

6-巯基嘌呤 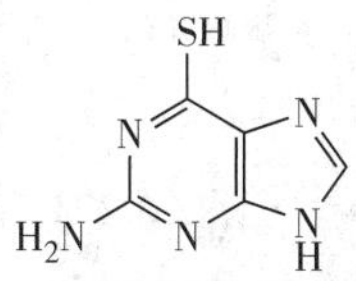　　6-巯基鸟嘌呤 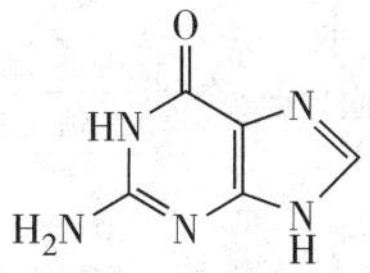　　8-氮杂鸟嘌呤

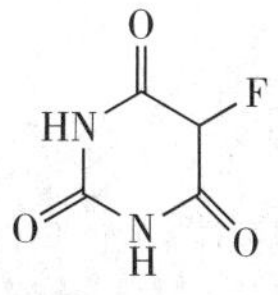

5-氟尿嘧啶 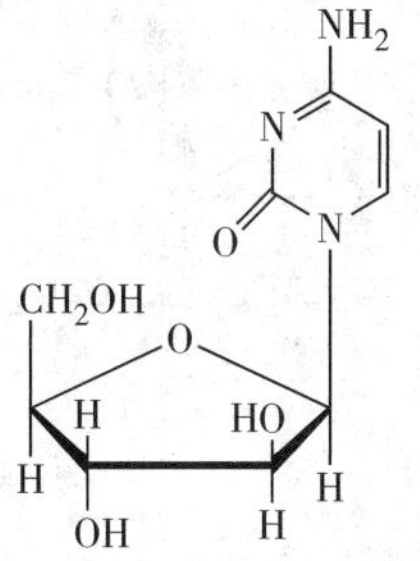　　阿糖胞苷 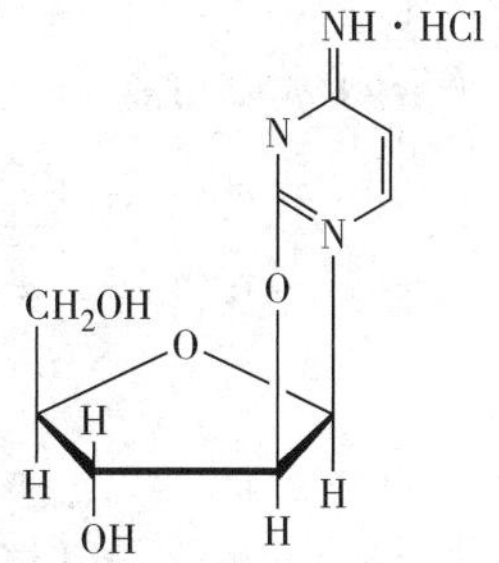　　盐酸环胞苷

二、氨基酸类似物

氨基酸类似物主要有氮杂丝氨酸及6-重氮-5-氧正亮氨酸等，它们的结构与谷氨酰胺相似，可干扰谷氨酰胺参与嘌呤、嘧啶核苷酸的合成过程，从而抑制核苷酸的合成。

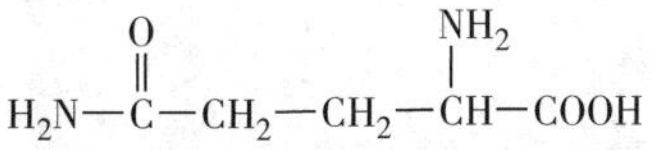

$H_2N-C(=O)-CH_2-CH_2-CH(NH_2)-COOH$　谷氨酰胺

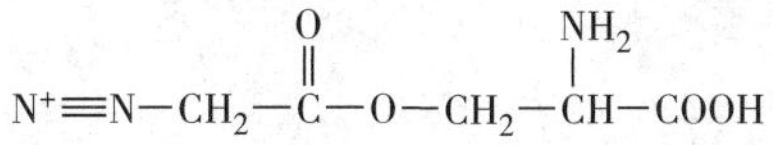

$N^+\equiv N-CH_2-C(=O)-O-CH_2-CH(NH_2)-COOH$　氮杂丝氨酸（重氮乙酰丝氨酸）

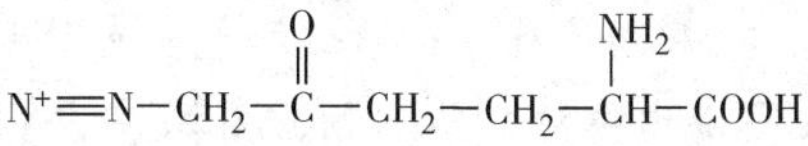

$N^+\equiv N-CH_2-C(=O)-CH_2-CH_2-CH(NH_2)-COOH$　6-重氮-5-氧正亮氨酸

三、叶酸类似物

常见的叶酸类似物有氨蝶呤（aminopterin，APT）和甲氨蝶呤（methotrexate，MTX），它们可竞争性抑制二氢叶酸还原酶，使叶酸不能还原生成二氢叶酸和四氢叶酸，影响一碳单位的正常代谢，最终导致嘌呤环和dTMP合成障碍，进而抑制核酸的生物合成。

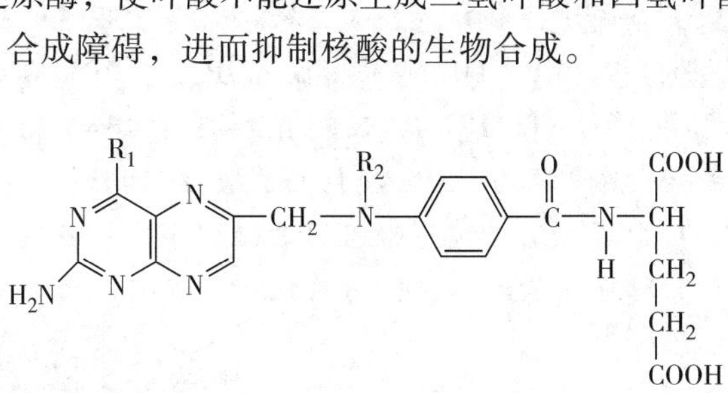

R_1=OH, R_2=H　叶酸

$R_1=NH_2$, R_2=H　氨蝶呤

$R_1=NH_2$, $R_2=CH_3$　甲氨蝶呤

各种核苷酸抗代谢物的作用见图9-14。

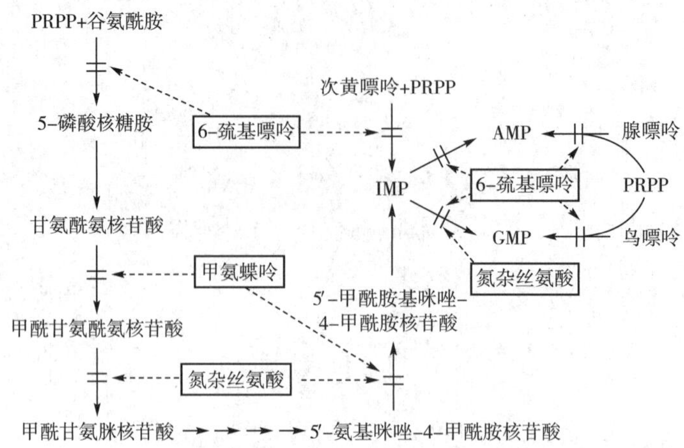

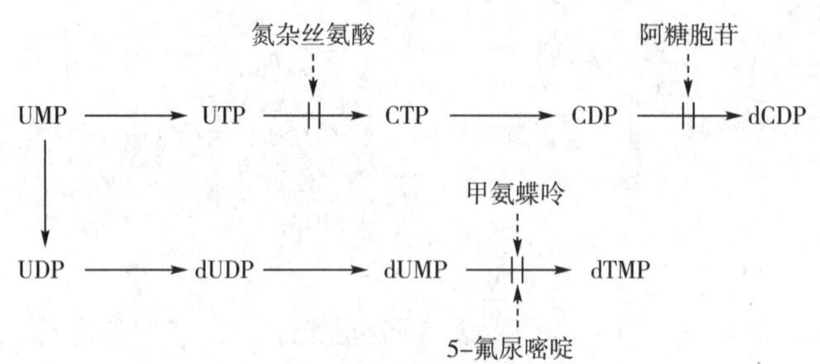

图 9-14　核苷酸抗代谢物的作用

‖表示抑制

本章小结

核苷酸具有多种重要的生理功能。食物中的核酸主要以核蛋白的形式存在。在胃和小肠中，核蛋白水解释出的核苷酸被酶逐步分解，最终生成磷酸、碱基和戊糖等。磷酸和戊糖可被机体进一步吸收利用，碱基（嘌呤碱和嘧啶碱）则主要被继续分解而最终排出体外。体内的核苷酸主要由机体细胞自身合成。食物来源的嘌呤碱和嘧啶碱很少被机体利用。

人体嘌呤碱分解代谢的终产物是尿酸，黄嘌呤氧化酶是尿酸生成的关键酶。痛风症主要由于嘌呤代谢异常，尿酸生成过多而引起，可以用别嘌呤醇治疗。嘧啶碱分解代谢产物包括 CO_2、NH_3 和 β-氨基酸。NH_3 和 CO_2 可合成尿素，随尿排出体外；β-氨基酸可随尿排出或进一步代谢。

体内核苷酸的生物合成有两条途径：从头合成途径和补救合成途径。嘌呤核苷酸的从头合成是在磷酸核糖的基础上逐步合成嘌呤环，其过程为先合成 IMP，IMP 再转变成 AMP 和 GMP，合成过程受精确的反馈调节。催化嘌呤核苷酸补救合成的酶主要有 APRT、HGPRT 及胸苷激酶。脑和骨髓等组织只能进行补救合成。嘧啶核苷酸的从头合成是先合成嘧啶环，再与 PRPP 提供的磷酸核糖相连而生成嘧啶核苷酸，其合成过程也受反馈调控。首先合成 UMP，CTP 是由 UTP 氨基化生成。催化嘧啶核苷酸补救合成的酶主要有嘧啶核苷激酶和嘧啶磷酸核糖转移酶。除胸苷一磷酸外，体内的脱氧核苷酸是由相应的核苷二磷酸直接还原而成。dTMP 则由 dUMP 甲基化生成。

核苷酸抗代谢物是一些嘌呤、嘧啶、氨基酸、叶酸或核苷等的类似物，其作用机制主要是以竞争性抑制或“以假乱真”等方式来干扰或阻断核苷酸合成代谢途径的不同部位，从而抑制核酸合成。

练 习 题

一、单项选择题

1. 嘌呤核苷酸从头合成时首先生成的是（　　）
   A. AMP　　B. GMP　　C. IMP　　D. ATP
   E. GTP
2. 人体内嘌呤核苷酸分解代谢的主要终产物是（　　）
   A. 尿素　　B. 尿酸　　C. 肌酸　　D. 肌酸酐
   E. β-丙氨酸
3. 胸腺嘧啶的甲基来自（　　）
   A. N^{10}-CHO-FH_4　　B. N^5,N^{10}=CH-FH_4
   C. N^5,N^{10}-CH_2-FH_4　　D. N^5-CH_3-FH_4
   E. N^5-CH=NH-FH_4
4. 哺乳动物嘧啶核苷酸从头合成的主要调节酶是（　　）
   A. 天冬氨酸氨基甲酰转移酶　　B. 二氢乳清酸酶
   C. 二氢乳清酸脱氢酶　　D. 乳清酸磷酸核糖转移酶
   E. 氨基甲酰磷酸合成酶Ⅱ
5. 最直接联系核苷酸合成与糖代谢的物质是（　　）
   A. 5-磷酸核糖　　B. 1-磷酸葡萄糖
   C. 6-磷酸葡萄糖　　D. 1,6-二磷酸葡萄糖
   E. 葡萄糖
6. 催化 dUMP 转变为 dTMP 的酶是（　　）
   A. 核糖核苷酸还原酶　　B. 胸苷酸合酶
   C. 核苷酸激酶　　D. 甲基转移酶
   E. 脱氧胸苷激酶
7. 5-FU 是（　　）
   A. AMP 类似物　B. 嘧啶类似物　　C. 叶酸类似物　　D. 谷氨酰胺类似物
   E. 次黄嘌呤类似物
8. MTX 是（　　）
   A. AMP 类似物　B. 嘧啶类似物　　C. 叶酸类似物　　D. 谷氨酰胺类似物
   E. 次黄嘌呤类似物
9. 别嘌呤醇是（　　）
   A. AMP 类似物　B. 嘧啶类似物　　C. 叶酸类似物　　D. 谷氨酰胺类似物
   E. 次黄嘌呤类似物
10. 动物体内嘧啶代谢的终产物不包括（　　）
    A. CO_2　　B. NH_3　　C. β-丙氨酸　　D. 尿酸
    E. β-氨基异丁酸
11. 嘌呤核苷酸从头合成的特点是（　　）
    A. 先合成嘌呤碱，再与磷酸核糖结合
    B. 先合成嘌呤碱，再与氨基甲酰磷酸结合

C. 在磷酸核糖焦磷酸的基础上逐步合成嘌呤核苷酸

D. 在氨基甲酰磷酸基础上逐步合成嘌呤核苷酸

E. 不耗能

12. 参与嘌呤合成的氨基酸是（　　）

A. 组氨酸　B. 甘氨酸　C. 谷氨酸　D. 亮氨酸

E. 苏氨酸

二、思考题

1. 体内嘌呤环和嘧啶环是如何合成的？有什么特点？

2. 说明6-巯基嘌呤、5-氟尿嘧啶、氮杂丝氨酸及甲氨蝶呤等抗代谢物抑制核苷酸生物合成的原理及主要作用点。

3. 简述痛风症与嘌呤核苷酸代谢之间的关系及别嘌呤醇治疗此病的作用机制。

（曹燕飞）

第十章

物质代谢的联系与调节

学习导引

1. **掌握** 物质代谢的定义；物质代谢的三级调节；关键酶的别构调节、化学修饰调节。
2. **熟悉** 糖、脂、氨基酸、核苷酸代谢之间的相互联系。
3. **了解** 能量代谢的定义；物质代谢的特点。

第一节 概 述

PPT

一、物质代谢的特点

机体与环境之间不断进行糖、脂质及蛋白质等物质的交换，即物质代谢（material metabolism）。物质代谢是生命的基本特征，从简单的低等生物到高等动物，都需要不断地与周围环境进行物质交换。生物体的物质代谢由许多连续和相关的代谢途径组成，如物质的合成与分解、能量的释放和利用等，各条代谢途径不是孤立存在、单独进行的，而是相互联系、相互作用、相互制约又相互协调的，是一个完整统一的过程。

生物体内物质代谢中所伴随着的能量贮存、释放、转移和利用等，称为能量代谢（energy metabolism）。能量代谢是生物体与外界环境之间能量的交换和生物体内能量的转变过程，能量代谢是伴随着物质代谢过程进行的，人体生命活动所需的能量来自食物中含有丰富能量的糖、脂肪和蛋白质。能量代谢是从能量方面来观察物质代谢，物质代谢产生的化学键转换成 ATP 等高能键化合物进行贮存，然后转化成热能用于维持体温，或转换成动能（肌肉、纤毛、鞭毛的运动、细胞分裂活动）、电能（生物发电器官、神经细胞）、光能（生物发光）等。

体内物质代谢的特点如下：

1. 物质代谢过程的整体性 整体性是指体内糖、脂质、蛋白质、水、无机盐、维生素等物质的代谢是同时进行，他们相互联系、相互转变、相互依存，构成统一的整体。例如，糖类、脂质在体内分解代谢释放的能量可用于核酸、蛋白质等的生物合成，合成的酶蛋白作为生物催化剂还可以促进体内各种物质代谢的迅速进行。蛋白质在一定条件下也可以通过代谢释放能量，而蛋白质和脂质代谢程度取决于糖代谢进行的程度。当糖类和脂质供能不足时，蛋白质的分解增强，而当糖代谢旺盛时，又可减少脂质的消耗。

2. 物质代谢过程的精细调节 正常情况下，机体各种物质代谢能适应内外环境的不断变化，有条不紊地进行。这是由于机体存在一套精细、完善而又复杂的调节机制，不断调节各种物质代谢的强度、方向和速度，以适应内外环境的变化，顺利完成各种生命活动。代谢调节普遍存在于生物界，是生物的重要特征。一旦机体这种维持体内外相对恒定和动态平衡的调节机制发生紊乱，无法适应机体内外环境改变的需要，就会使细胞、机体的功能失常，从而导致疾病的发生。

3. 物质代谢的共同代谢池 无论是体外摄入的营养物质，还是体内各组织的代谢物，只要是同一化学结构的物质在进行中间代谢时，不分彼此，都可参与到共同的代谢池中进行代谢。以血糖为例，无论是外源性食物中消化吸收的糖、肝糖原分解产生的葡萄糖，还是非糖物质通过糖异生转化生成的糖，都形成共同的血糖池，并通过有氧氧化或无氧氧化，释放能量供机体利用。

4. ATP是机体能量利用的共同形式 糖、脂质及蛋白质在体内氧化分解释放出的化学能，通过氧化磷酸化或底物水平磷酸化生成ATP，使能量以高能磷酸键形式储存于ATP。生命活动如生长、发育、繁殖、运动等所涉及的蛋白质、核酸、多糖等生物大分子的合成，肌收缩，神经冲动的传导，以及细胞渗透压及形态的维持均直接利用ATP。ATP就像能量货币，作为能量交换的媒介，使细胞中复杂的能量循环得以简化。

5. NADPH是合成代谢所需的还原当量 许多参与还原性合成代谢的还原酶以NADPH为辅酶，提供还原当量。NADPH主要通过磷酸戊糖途径生成。而参与氧化分解代谢的脱氢酶常以NAD^+为辅酶。

二、物质代谢的研究方法

目前，我们主要应用代谢组学对物质代谢进行研究。代谢组学是20世纪90年代中期发展起来的一门新兴学科，主要研究生物整体、系统或器官的内源性代谢物质及其所受内在或外在因素的影响。它是关于生物体系内源代谢物质种类、数量及其变化规律的科学。代谢组学利用高通量、高灵敏度与高精确度的现代分析技术，对细胞、有机体分泌出来的体液中的代谢物的整体组成进行动态跟踪分析，借助多变量统计分析方法来辨识和解析被研究对象的生理、病理状态及其与环境因子、基因组成等的关系。由于代谢组学着眼于把研究对象作为一个整体来观察和分析，也被称为“整体的系统生物学”。

通过现代超高效液相色谱-高分辨质谱联用仪等技术分析体液中的代谢物组成谱，并利用多变量统计分析技术，把所有代谢物的组成信息都整合到一起，为在系统和整体的层面上比较和分析生物的代谢特性开辟了新的技术路线，具有广阔的发展前景。近几年来，已经有越来越多的学者将现代代谢组学技术运用到人体和动物的整体代谢与功能性研究中。

由于代谢组学的研究对象是人体或动物体的所有代谢产物，而这些代谢产物的产生都是由机体的内源性物质发生反应生成的，因此，代谢产物的变化也揭示了内源性物质或是基因水平的变化，这使研究对象从微观的基因变为宏观的代谢物，宏观代谢表型的研究使得科学研究的对象范围缩小而且更加直观，易于理解。代谢组学研究的优势主要包括：对机体损伤小，所得到的信息量大，相对于基因组学和蛋白质组学检测更加容易。

第二节　物质代谢的相互关系

PPT

微课

体内糖、脂质、蛋白质和核酸等的代谢不是彼此独立，而是相互关联的，主要表现在它们各自代谢的中间产物可以相互转变，当一种物质代谢障碍时，可引起其他物质代谢的紊乱。如糖尿病时糖代谢的障碍，可引起脂质代谢、蛋白质代谢甚至水盐代谢的紊乱；糖代谢进行的程度决定了蛋白质和脂质代谢进行的程度。当糖和脂质不足时，蛋白质的分解就增强；当糖多时，又可减少脂质的消耗。糖、脂质、蛋白质通过共同的中间代谢物即两种代谢途径汇合时的中间产物如丙酮酸、乙酰辅酶A等，将三羧酸循环和生物氧化等连成整体。

一、蛋白质与糖代谢的相互联系

组成人体蛋白质中的20种氨基酸，除生酮氨基酸（亮氨酸、赖氨酸）外，都可通过脱氨作用，生成相应的α-酮酸。这些α-酮酸可通过三羧酸循环及生物氧化生成 CO_2 和 H_2O 并释放出能量，也可转变成某些中间代谢物如丙酮酸，循糖异生途径转变为糖。同时糖代谢的一些中间产物也可氨基化成某些非必需氨基酸。但是，苏氨酸、缬氨酸、亮氨酸、异亮氨酸、甲硫氨酸、苯丙氨酸、色氨酸、赖氨酸、组氨酸9种氨基酸不能由糖代谢中间物转变而来，必须由食物供给，因此称为必需氨基酸。由此可见，20种氨基酸除亮氨酸及赖氨酸外均可转变为糖，而糖代谢中间代谢物仅能在体内转变成11种非必需氨基酸，其余9种必需氨基酸必须从食物摄取。因此，依靠糖来合成整个蛋白质分子中各种氨基酸的碳链，在机体内是不可能的，所以不能用糖来完全代替食物中蛋白质的供应。相反，蛋白质在一定程度上可以代替糖。

二、糖与脂质代谢的相互联系

糖代谢和脂质代谢的主要结合点为乙酰辅酶A和磷酸二羟丙酮。糖代谢产生的乙酰辅酶A可以羧化成丙二酸单酰辅酶A，进而合成脂肪酸及脂肪。另外，糖分解的另一中间产物磷酸二羟丙酮，可以还原为3-磷酸甘油（在甘油三酯合成途经中的甘油二酯途经，是以3-磷酸甘油为原料的），也可以通过糖代谢途径生成丙酮酸，丙酮酸氧化脱羧转变成乙酰辅酶A，用于合成脂肪酸和脂肪。即糖可以转变为脂肪，这就是为什么摄取不含脂肪的高糖膳食可使人肥胖及甘油三酯升高的原因。但是必需脂肪酸是不能在体内合成的，因此食物中不可绝对缺少脂质的供给，尤其是含必需脂肪酸的脂质。

而脂肪绝大部分不能在体内转变为糖。这是因为脂肪酸分解生成的乙酰辅酶A不能转变为丙酮酸，因为丙酮酸转变成乙酰辅酶A这步反应是不可逆的。尽管脂肪分解产物之一的甘油可以在肝、肾、肠等组织中甘油激酶作用下转变为3-磷酸甘油，进而转变成糖，但其量和脂肪中大量分解生成的乙酰辅酶A相比是微不足道的。此外，脂肪分解代谢的强度及顺利进行还依赖于糖代谢的正常进行。当饥饿或糖供给不足或代谢障碍时，引起脂肪大量动员，脂肪酸进入肝β-氧化生成酮体量增加，由于糖的不足，致使草酰乙酸相对不足，由脂肪酸分解生成的过量酮体不能及时通过三羧酸循环氧化，造成血酮体升高，产生高酮血症。

三、蛋白质与脂质代谢的相互联系

无论生糖、生酮氨基酸还是生糖兼生酮氨基酸，其对应的α-酮酸，在进一步代谢过程中均生成乙酰辅酶A，后者经还原缩合反应可合成脂肪酸进而合成脂肪。乙酰辅酶A也可合成胆固醇以满足机体的需要。此外，甘氨酸或丝氨酸等还可以作为合成磷脂的原料，从而合成磷脂酰丝氨酸、磷脂酰乙醇胺、磷脂酰胆碱等。总之，蛋白质可以转变为脂肪。

脂肪酸不能转变成任何氨基酸，仅脂肪中的甘油可生成一些与非必需氨基酸对应的α-酮酸，能合成非必需氨基酸。但由于脂肪分子中甘油所占比例较少，所以氨基酸的实际生成量非常有限，不能代替食物蛋白质。

四、核苷酸与糖、脂质和蛋白质代谢的相互联系

核苷酸分解代谢与糖、脂质和氨基酸代谢的关系密切（图10-1），核苷酸的碱基是以氨基酸为原料合成的，如以甘氨酸、天冬氨酸、谷氨酰胺及一碳单位为原料合成嘌呤碱；以天冬氨酸、谷氨酰胺及一碳单位为原料合成嘧啶碱。参与构成核苷酸所需的磷酸核糖由磷酸戊糖途径提供。另外，蛋白质合成的全过程几乎都需要核酸的参与，而核酸的生物合成又需要许多蛋白质因子参与。

课堂互动

为什么有些人体重增加很容易，但减肥却很难？

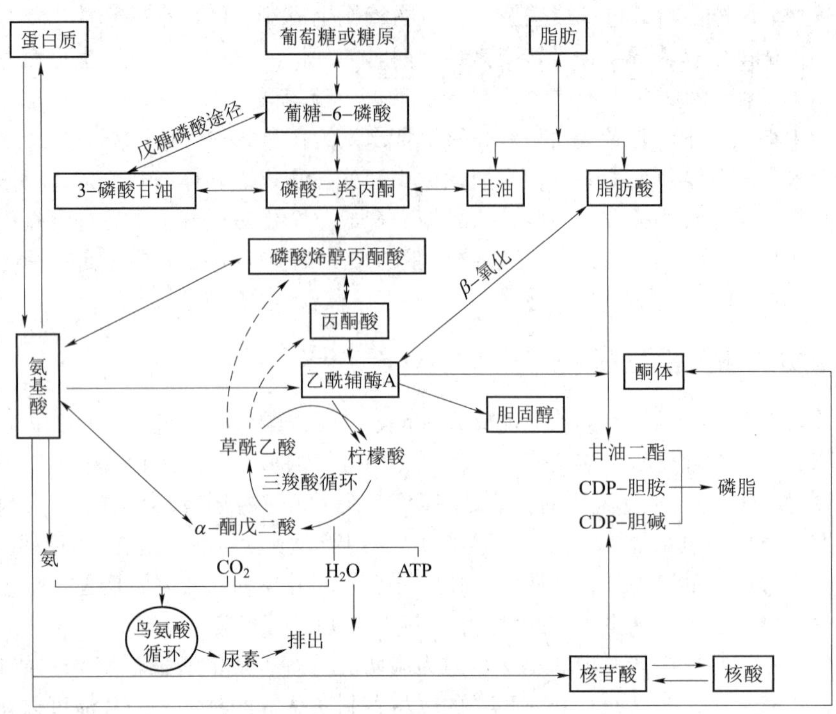

图 10-1　糖、脂质、氨基酸代谢途径之间的相互联系

知识链接

代谢综合征

代谢综合征是指人体的蛋白质、脂肪、糖等物质发生代谢紊乱的病理状态，是一组复杂的代谢紊乱症候群，是导致糖尿病、心脑血管疾病的危险因素。代谢综合征集多种代谢紊乱于一身，如高血压、高血糖、肥胖、血脂异常、高尿酸、高血黏稠度、高脂肪肝发生率和高胰岛素血症。目前这一疾病已经成为全球性的健康问题。代谢综合征可通过减轻体重、减轻胰岛素抵抗、改善血脂紊乱、降低血压等途经进行防治。

第三节　物质代谢的调节

机体内的物质代谢受机体内一套精细的调节机制进行调节，所以才能井然有序、相互联系、相互协调地进行，才能适应机体内外环境的不断变化，保持内环境的相对恒定。人们把生物体内的代谢调节分为细胞水平的调节、激素水平的调节和整体水平的调节三个层次。

一、细胞水平的调节

细胞水平的调节主要是指通过细胞内代谢物浓度的变化对酶的活性和含量进行的调节，这是单细胞生物主要的调节方式，也是一切代谢调节的基础，激素及整体水平的调节都是通过细胞水平的调节实现的。

1. 酶在细胞内的隔离分布　酶在细胞内的分布有一定的布局和定位，细胞内有关的酶大多组成各种多酶体系，分布于细胞的某一区域或亚细胞结构中（表10-1）。这就使得有关代谢途径只能分别在细胞不同区域内进行，不致使各种代谢途径互相干扰。如脂肪酸β-氧化、三羧酸循环和氧化磷酸化的酶系存在于线粒体中；而脂肪酸合成、糖的无氧氧化、戊糖磷酸途径在胞质中进行；尿素合成在胞质和线粒体中进行；核酸生物合成的酶系大多在细胞核中。

表10-1　多酶体系在细胞内的分布

多酶体系	分布	多酶体系	分布
蛋白质合成	内质网、胞质	胆固醇合成	内质网、胞质
糖无氧氧化	胞质	血红素合成	线粒体及胞质
戊糖磷酸途径	胞质	脂肪酸氧化	线粒体
三羧酸循环	线粒体	尿素合成	线粒体及胞质
糖原合成	胞质	水解酶	溶酶体
氧化磷酸化	线粒体	核酸合成	细胞核
脂肪酸合成	胞质		

代谢途径实质是一系列酶催化的连续的化学反应，其速度和方向由这条途径中一个或几个具有调节作用的关键酶的活性所决定的。这些调节代谢的酶称为关键酶（key enzyme）。关键酶所催化的反应具有以下特点：它所催化的反应速度慢，故又称为限速酶（limiting velocity enzyme），它的活性决定整个代谢途径的总速度；这类酶催化单向反应，或非平衡反应，因此它的活性决定整个代谢途径的方向；这类酶活性除受底物控制外，还受多种代谢物或效应剂的调节。表10-2列出了一些重要代谢途径的关键酶。

表10-2　多酶体系在细胞内的分布

代谢途径	关键酶	代谢途径	关键酶
糖无氧氧化	己糖激酶 6-磷酸果糖激酶-1 丙酮酸激酶	糖异生	丙酮酸羧化酶 磷酸烯醇丙酮酸羧化激酶 果糖-1,6二磷酸酶-1
糖有氧氧化	丙酮酸脱氢酶系 柠檬酸合酶 异柠檬酸脱氢酶 α-酮戊二酸脱氢酶复合物	脂酸合成	乙酰辅酶A羧化酶
糖原分解	磷酸化酶	胆固醇合成	HMG-CoA还原酶
糖原合成	糖原合酶		

代谢调节主要通过对关键酶活性的调节而实现的，可分为两种方式：一种是快速调节，即对酶结构的调节，分为别构调节和化学修饰调节两种，这类调节方式效应快，但不持久。另一种是迟缓调节，是通过改变酶蛋白的合成或降解速度来改变细胞内酶的含量，这种调节发生较慢，但作用持久。

2. 关键酶的别构调节　别构调节在第三章酶中已经叙述。别构酶多是由两个以上亚基组成的具有四级结构的蛋白质，在酶分子中与底物结合起催化作用的亚基称催化亚基，与别构效应剂结合起调节作用的亚基称调节亚基。别构效应剂通过非共价键与调节亚基结合，引起酶构象改变，不涉及酶共价键的变化，从而影响酶与底物结合，使酶催化活性受到影响，酶构象的改变可表现为亚基的聚合或解聚等。别构调节是细胞水平调节中一种较常见的快速调节，代谢终产物常可对酶起别构抑制作用，此即反馈调节，使代谢物不致过多，也不致过少，也可使能量得以有效利用。别构调节可使不同代谢途径相互协调。如葡萄糖可抑制糖原磷酸化酶，葡糖-6-磷酸可抑制己糖激酶和糖原磷酸化酶。

知识拓展

关键酶与药物作用靶点

关键酶在体内营养物质的代谢过程中具有重要作用。由于关键酶参与一些疾病发病过程，在酶催化下产生一些病理反应介质或调控因子，因此关键酶成为一类重要的药物作用靶点。药物以酶为作用靶点，对酶产生抑制、诱导、激活或复活作用。此类药物多为酶抑制剂，在临床应用中具有特殊地位。

他汀类药物主要起降血脂的作用，尤其对于高胆固醇或者以胆固醇为主的混合型高脂血症。另外，它还有稳定斑块、抗动脉硬化的作用。他汀类药物降胆固醇的机制主要是抑制肝细胞HMG-CoA还原酶，导致低密度脂蛋白受体激活，加速清除血浆低密度脂蛋白，降低血液中胆固醇及三酰甘油含量。

3. 酶的化学修饰调节 酶蛋白肽链上某些残基在酶的催化下发生可逆的共价修饰，从而引起酶活性改变，这种调节称为酶的化学修饰调节。调节方式包括磷酸化和去磷酸化、乙酰化和去乙酰化、腺苷酰化和去腺苷酰化、甲基化和去甲基化等，其中以磷酸化和去磷酸化最为常见。以磷酸化为例，酶蛋白分子中丝氨酸、苏氨酸、酪氨酸的羟基是磷酸化的位点，但有些酶经磷酸化后活性升高，而有些酶磷酸化后却活性降低，再去磷酸化才是其活性状态。

绝大多数属此类调节方式的酶有无活性（低活性）和有活性（或高活性）两种形式。这两种形式通过化学修饰互相转变。化学修饰引起酶的共价键变化，且化学修饰发生的是酶促反应。一个酶分子可催化多个作用物（酶蛋白）出现组成变化，故有放大效应，催化效率比别构调节高。

别构调节和化学修饰调节都是通过改变酶的结构来实现对酶活性的调节，两种调节方式可以同时存在，相辅相成，共同参与细胞水平的代谢调节。然而，别构调节大多是通过别构效应影响关键酶的活性，当效应剂浓度过低，别构调节就不如化学修饰来得快而有效，故在应激情况下，化学修饰尤为重要。在调节作用上，别构调节大多影响关键酶，使代谢发生方向性的变化；化学修饰调节则以放大效应调节代谢强度为主要作用。

4. 酶量的调节 对酶量的调节主要通过对酶蛋白的合成及降解的调节来实现，消耗ATP较多，所需时间较长，通常需要数小时甚至数天才能发挥调节作用，故酶量调节属迟缓调节（详见第三章酶）。

二、激素水平的调节

激素水平的代谢调节是通过激素来调节物质代谢，也是高等动物体内代谢调节的重要方式。不同激素作用于不同组织产生不同的生物效应，表现出较高的组织特异性和效应特异性，这是激素作用的一个重要特点。激素之所以能对特定的组织或细胞发挥作用，是由于组织或细胞存在特异识别和结合相应激素的受体（receptor）。按激素与受体在细胞的部位不同，可将激素水平的调节分为两种方式。

1. 膜受体激素的调节 膜受体是存在于细胞质膜表面上的跨膜糖蛋白，膜受体激素包括胰岛素、生长激素、促性腺激素、促甲状腺激素、甲状旁腺素等蛋白质类激素，生长因子等肽类及肾上腺素等儿茶酚胺类激素。这些亲水的激素难以越过脂双层构成的细胞表面质膜。这类激素作为第一信使分子与相应的膜受体结合后，通过跨膜传递将所携带的信息传递到细胞内。然后通过第二信使将信号逐级放大，产生生物效应（详见第十六章）。

2. 胞内受体激素的调节 包括类固醇激素，前列腺素、甲状腺素、1,25-$(OH)_2D_3$及视黄酸等疏水性激素。这些激素可透过脂双层细胞质膜进入细胞，它们的受体大多数位于细胞核内，激素与胞质中受体结合后再进入核内或与核内特异受体结合，引起受体构象改变，然后与DNA的特定序列即激素反应元件（hormone response element，HRE）结合调节相邻的基因转录，进而影响蛋白质的合成，从而对细胞代谢进行调节。

三、整体水平的调节

高等生物为了维持机体的正常功能，适应内外环境的变化，可在神经系统的主导下，通过神经-体液途径协调多种激素的释放，并通过激素整合不同组织、器官的各种物质代谢途径，从而实现整体调节。现分别以饥饿及应激状态为例，说明物质代谢的整体水平调节。

（一）饥饿状态的代谢调节

1. 短期饥饿　1~3 天未进食通常称为短期饥饿。机体在禁食 24 小时后，肝糖原显著减少，血糖趋于降低，引起胰岛素分泌减少和胰高血糖素分泌增加。胰岛素和胰高血糖素这两种激素的增减可引起一系列的代谢改变，主要表现如下。

（1）脂肪动员加强，酮体生成增多　糖原耗尽后，机体逐渐从糖氧化供能为主转变为脂肪氧化供能为主。大部分组织细胞对葡萄糖的摄取利用减少，对脂肪动员释放的脂肪酸及脂肪酸分解的中间代谢物——酮体摄取利用增加。此时脂肪酸和酮体成为心肌、骨骼肌和肾皮质的重要能源，一部分酮体可被大脑利用。

（2）糖异生作用增强　饥饿两天后，肝糖异生明显增强，糖异生主要在肝脏，小部分在肾皮质。此时肝糖异生速度约为 150g/d 葡萄糖，其中约 30% 的葡萄糖来自乳酸，10% 来自甘油，其余 60% 来自氨基酸。

（3）肌肉蛋白质分解加强　蛋白质分解加强略迟于脂肪动员增加。肌肉蛋白质分解的氨基酸大部分转变为丙氨酸和谷氨酰胺释放入血循环，进入肝脏后可以作为糖异生的原料，也可氧化供能。

（4）组织细胞对葡萄糖的利用降低　由于心肌、骨骼肌及肾皮质摄取、氧化分解脂肪酸及酮体增加，因而减少了这些组织细胞对葡萄糖的摄取及利用。饥饿初期大脑仍以葡萄糖为主要能源，但脑对葡萄糖的利用亦有所减少。

总之，饥饿时的主要能量来源是储存的蛋白质和脂肪，其中以脂肪提供能量为主。如此时输入葡萄糖，不但可减少酮体的生成，降低酸中毒的发生率，还可防止机体内蛋白质的消耗，这对不能进食的消耗性疾病患者尤为重要。

2. 长期饥饿　长期饥饿是指未进食 3 天以上，通常在饥饿 4~7 天以后，引起机体代谢的进一步调整，此时机体蛋白质降解减少，主要靠脂肪酸和酮体供能，主要表现如下。

（1）脂肪动员进一步加强，肝生成大量酮体，脑组织因其不能利用脂肪酸，故以利用酮体为主，且超过葡萄糖。肌肉以脂肪酸为主要能源。

（2）肌肉蛋白质分解减少，乳酸和丙酮酸取代氨基酸成为糖异生的主要来源。氮负平衡有所改善。

（3）肾糖异生作用明显加强。与短期饥饿相比，机体糖异生作用明显减少，而肾糖异生作用明显增强，几乎与肝脏相同。

此外，长期饥饿使脂肪动员显著增加，大量非必需氨基酸消耗，酮体生成聚积，加之蛋白质分解，缺乏维生素、矿物质和蛋白质的补充，严重时将造成器官损害甚至可危及生命。

（二）应激状态的代谢调节

应激是机体受到创伤、剧痛、冻伤、缺氧、中毒、感染以及极度恐惧等各种刺激时所作出的全身性非特异性适应反应。应激状态时，交感神经兴奋，肾上腺髓质及皮质激素分泌增多，血浆胰高血糖素及生长激素水平升高，而胰岛素水平降低，引起一系列代谢改变。

1. 血糖升高　交感神经兴奋引起的肾上腺素及胰高血糖素分泌增加，均可激活磷酸化酶促进肝糖原分解并使肝糖异生加强，不断补充血糖；另外，周围组织细胞对糖的利用量降低，使血糖升高。这对保证大脑、红细胞以葡萄糖为能源有重要意义。

2. 脂肪动员增强　脂肪合成受到抑制，血浆脂肪酸增加，成为心肌、骨骼肌及肾等组织主要的能量来源。

3. 蛋白质分解加强 肌肉释放出的丙氨酸等氨基酸增加，同时尿素生成及尿氮排出增加，机体呈现负氮平衡。

总之，应激时糖、脂质、蛋白质代谢特点是分解代谢增强，合成代谢受到抑制，血液中分解代谢中间产物如葡萄糖、氨基酸、游离脂酸、甘油、乳酸、酮体、尿素等含量增加。

案例解析

【案例】 战士们连续几天奋战在抗洪抢险的最前沿，能量供给不足，在这种应激状态下，机体可以通过释放肾上腺素调节血糖变化，保证能量供应。

【解析】 身体处于紧急状态时肾上腺素大量释放。肾上腺素与受体结合后，通过系列反应使磷酸化酶活化，糖原就分解生成葡萄糖。葡萄糖一部分进入血液，一部分还可经糖酵解而产生ATP。与此同时，活化的蛋白激酶还使细胞质中的糖原合酶磷酸化，而失去活性，因而细胞中产生的葡萄糖就不能转化为糖原了。肾上腺素释放的结果则是增加了葡萄糖和ATP，并防止了葡萄糖重新合成为糖原。这就为应急行为（如战斗、负重、奔跑等）保证了能量的供应。

知识拓展

代谢组学和中医药现代化

代谢组学的概念来源于代谢组，代谢组是指某一生物或细胞在一特定生理时期内所有的低分子量代谢产物，代谢组学则是对某一生物或细胞在一特定生理时期内所有低分子量代谢产物同时进行定性和定量分析的一门新学科。它是以组群指标分析为基础，以高通量检测和数据为手段，以信息建模与系统整合为目标的系统生物学的一个分支。代谢组学是研究生物整体、系统或器官的代谢物质及其与内在或外在因素相互作用的科学，通过检测一系列样品的图谱，结合化学模式识别方法、量化生物整体代谢随时间变化的规律，建立内外因素影响下，代谢整体的变化轨迹，达到从整体上把握人体健康状态和疾病治疗措施的效果。

代谢组学技术应用于中医药现代化研究，能在继承和发扬中医药优势和特色的基础上，借鉴国际通行的医药标准规范，研究生命体规律、认识疾病本质、阐明中药作用机制及药效物质基础，从而对中药进行整体评价，确保用药安全。代谢组学创始人 Nicholson 教授认为，代谢组学与中医药学在许多方面有着近似的属性，他们的有机结合将有力推动中医药现代化的进程。

本章小结

机体与环境之间不断进行糖、脂质及蛋白质等物质的交换，即物质代谢。体内物质代谢的特点是：①代谢过程的整体性；②代谢过程的精细调节；③物质代谢的共同代谢池；④ATP是能量代谢的共同形式；⑤NADPH是合成代谢所需的还原当量。

体内糖、脂质、蛋白质和核酸等的代谢不是彼此独立，而是相互关联的，主要表现在它们各个代谢的中间产物可以相互转变，当一种物质代谢障碍时可引起其他物质代谢的紊乱。从能量供应的角度看，这些营养素之间可以相互补充，并相互制约，但不能完全互相转变。

机体内存在三级水平的代谢调节，包括细胞水平的调节、激素水平的调节和整体水平的调节。细胞水平的调节主要是通过对关键酶活性的调节而实现的，调节方式包括结构调节和含量调节。激素水平的代谢调节是通过激素来调节物质代谢。按激素受体在细胞的部位不同，可分为膜受体激素、胞内受体激素。高等生物可在神经系统的主导下，通过神经-体液途径协调多种激素的释放，并通过激素整合不同组织、器官的各种物质代谢途径，从而实现整体调节。饥饿及应激状态时物质代谢变化就是整体水平调节的结果。

练习题

题库

一、选择题

1. 在胞质中进行的反应是（　　）

A. 氧化磷酸化　　B. 三羧酸循环

C. 脂酸合成　　D. 磷脂合成

E. DNA 及 RNA 合成

2. 关于关键酶正确的是（　　）

A. 催化单向反应或非平衡反应　　B. 一个反应体系中所有的酶

C. 受别构调节，而不受共价修饰调节　　D. 不催化处于代谢途经起始或终末的反应

E. 一个代谢途经只有一个关键酶

3. 静息状态时，体内耗糖量最多的是（　　）

A. 骨骼肌　　B. 心

C. 肝　　D. 脑

E. 红细胞

4. 关于糖、脂肪和氨基酸代谢的叙述，错误的是（　　）

A. 乙酰辅酶 A 是糖、脂肪、氨基酸分解代谢的共同中间产物

B. 脂肪酸不能转化为氨基酸

C. 三羧酸循环是糖、脂肪、氨基酸分解代谢的共同途经

D. 当摄入大量脂肪时，脂肪可转变为糖

E. 当吸收的糖量超过体内消耗时，过多的糖可转化为脂肪

5. 下列激素为膜受体激素的是（　　）

A. 甲状腺素　　B. 前列腺素

C. 胰岛素　　D. 类固醇激素

E. $1,25\text{-}(OH)_2D_3$

6. 长期饥饿时大脑的能量来自（　　）

A. 脂肪酸　　B. 葡萄糖

C. 糖原　　D. 氨基酸

E. 酮体

7. 正常代谢条件下，人体的主要供能物质是（　　）

A. 糖　　B. 脂质

C. 核酸　　D. 维生素

E. 蛋白质

8. 作用于细胞内受体的激素是（　　）

A. 胰岛素　　B. 生长激素

C. 儿茶酚胺类激素　　D. 类固醇激素

E. 生长因子

9. 下列各组代谢物中，以磷酸二羟丙酮为结合点的是（　　）

A. 糖与胆固醇　　B. 糖与甘油

C. 糖与核酸　　D. 糖与氨基酸

E. 糖与脂肪酸

10. 应激状态时，下列说法错误的是（　　）

A. 游离脂肪酸升高　　B. 胰高血糖素增加

C. 葡萄糖浓度升高　　D. 交感神经兴奋

E. 胰岛素增加

二、思考题

1. 试述物质代谢的特点。
2. 试述三大营养物质（糖、脂质和蛋白质）的相互联系。
3. 应激和饥饿状态时，机体如何进行代谢调节来适应变化？

（张春蕾）

第三篇

遗传信息的传递

第十一章

DNA 生物合成

学习导引

1. **掌握** DNA 半保留复制的概念和特征；DNA 生物合成过程；逆转录的概念。
2. **熟悉** 参与 DNA 复制的主要物质和 DNA 聚合酶的作用特点。
3. **了解** DNA 损伤的类型；DNA 修复的主要途径。

DNA 生物合成的方式主要包括 DNA 复制、DNA 损伤修复和逆转录。DNA 复制（DNA replication）是以 DNA 为模板合成新 DNA 分子，是基因组的复制过程。这一生物学过程是生物遗传的基础，保证了物种的连续性。DNA 分子在某些外界环境和生物体内部因素作用下发生损伤，这些损伤大部分可通过生物体特殊的修复机制得以恢复，从而保持 DNA 结构与功能的相对稳定。DNA 修复是一种特殊的复制现象。此外，一些 RNA 病毒可以利用 RNA 为模板，通过逆转录的方式合成 DNA。逆转录的发现，是对“中心法则”的一个重要补充。

课堂互动

人类能一代代繁衍下去的原因是什么?

PPT

第一节 DNA 复制的基本特征

微课

一、DNA 的半保留复制

DNA 生物合成的半保留复制方式是遗传信息传递机制的重要发现之一。在复制过程中，亲代双链 DNA 解开为两股单链并各自作为模板，依据碱基配对原则指导合成与之序列互补的 DNA 链。最后形成的两个子代 DNA 分子序列与亲代 DNA 相同，且均含有一股亲代 DNA 链和一股新生 DNA 链，故称为半保留复制（semiconservative replication）。

半保留复制方式是 1953 年 Watson 和 Crick 在 DNA 双螺旋结构基础上提出的假说，并由 Meselson 和 Stahl 于 1958 年通过氮标记技术在大肠埃希菌（*E. coli*）中加以证实（图 11-1）。依据半保留复制的方式，子代 DNA 中保留了亲代的全部遗传信息，保证了亲代与子代 DNA 之间碱基序列的高度一致。这一规律的阐明，对于理解 DNA 的功能和物种的延续性有重大意义。

二、从复制起点双向复制

Cairns 等用放射自显影技术研究大肠埃希菌 DNA 的复制过程，证明 DNA 是边解链边复制。DNA 的解链和复制是从具有特定序列的位点开始，该位点称为复制起点。从一个 DNA 复制起点起始的 DNA 复制区域称为复制子。复制子是含有一个复制起点的独立完成复制的功能单位。DNA 复制时，在复制起点双链打开形成的分叉结构称为复制叉（图 11-2）。

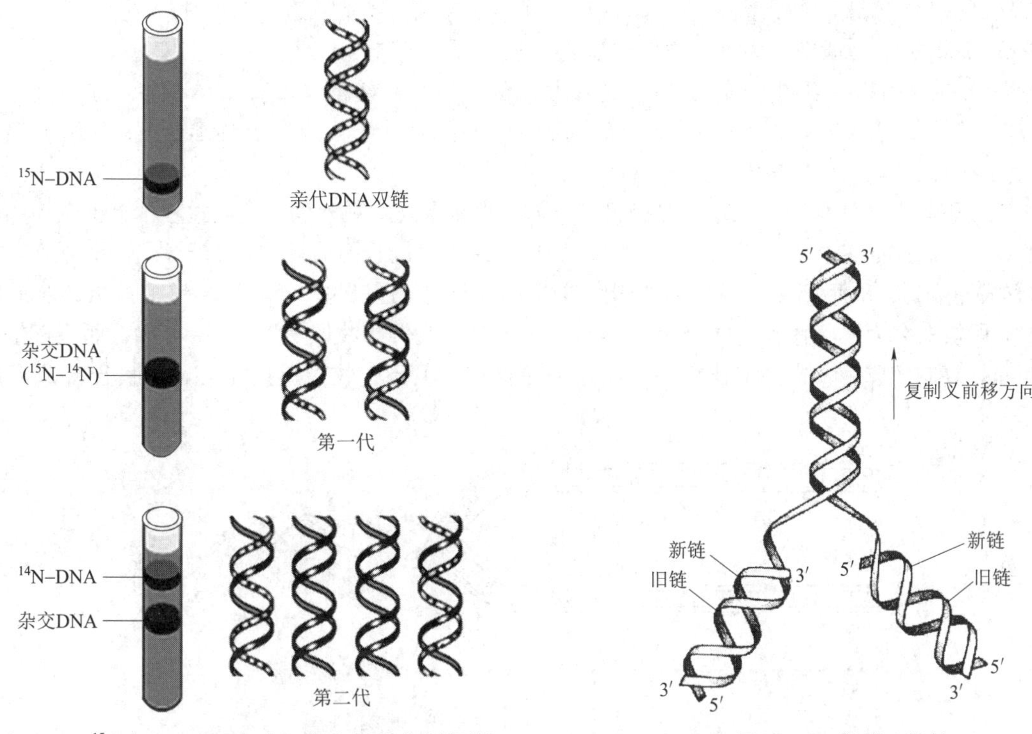

图 11-1　^{15}N 标记 DNA 实验证明半保留复制假说

图 11-2　复制叉结构

原核生物基因组是环状 DNA，只有一个复制起点，复制时形成单复制子结构。复制从起点开始向 DNA 分子两端进行延伸，形成两个方向相反的复制叉，这种方式称为双向复制（图 11-3）。真核生物基因组庞大而复杂，有多个复制起点，可形成多复制子结构。每个起点产生两个移动方向相反的复制叉，呈多起点双向复制特征。复制完成时，复制叉相遇并汇合连接（图 11-4）。

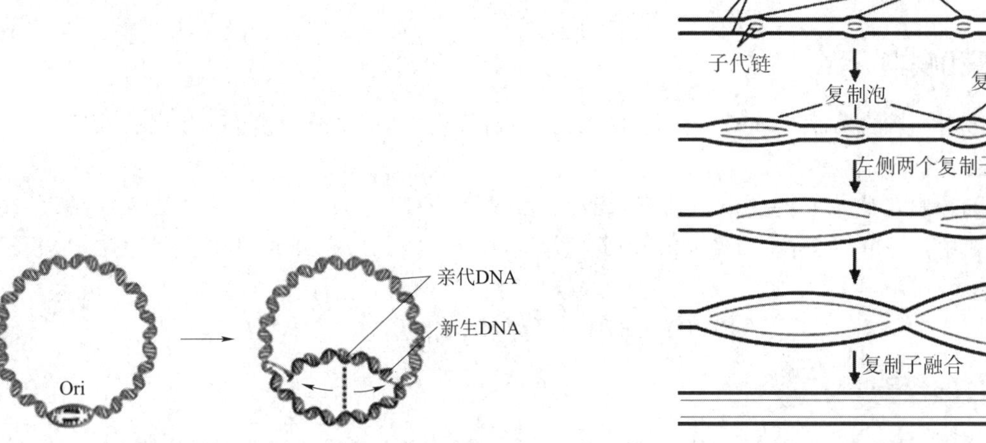

图 11-3　原核生物的复制起点与双向复制

图 11-4　真核生物的多复制子

三、DNA 的半不连续复制

DNA 双螺旋结构的特征之一是两条链的反向平行，一条链为 5′→3′方向，其互补链是 3′→5′方向。

DNA 聚合酶只能催化 DNA 链从 5′→3′方向的合成，故子链沿着模板复制时，只能从 5′→3′方向延伸。在同一个复制叉上，解链方向只有一个，此时一条子链的合成方向与解链方向相同，另一条子链的合成方向则与解链方向相反。

目前认为，一个复制叉内沿着解链方向生成的子链 DNA 的合成是连续进行的，这股链称为前导链（leading strand）；另一股链因为复制方向与解链方向相反，不能连续延长，只能随着模板链的解开，逐段地从 5′→3′生成引物并复制子链，这一不连续复制的链称为后随链（lagging strand）。前导链连续复制而后随链不连续复制的方式称为半不连续复制（图 11-5）。在引物生成和子链延长上，后随链都比前导链迟一些，因此，两条互补链的合成是不对称的。

1968 年，冈崎（R. Okazaki）用电子显微镜结合放射自显影技术观察到，复制过程中会出现一些较短的新 DNA 片段，后人证实这些片段只出现于同一复制叉的一股链上。由此提出，子代 DNA 合成是以半不连续的方式完成的，从而克服 DNA 空间结构对 DNA 新链合成的制约。沿着后随链的模板链合成的较短的 DNA 片段被命名为冈崎片段（Okazaki fragment）。真核生物冈崎片段长度 100~200nt，而原核生物是 1000~2000nt。复制完成后，这些不连续片段经过去除引物，填补引物留下的空隙，最后连接成完整的 DNA 长链。

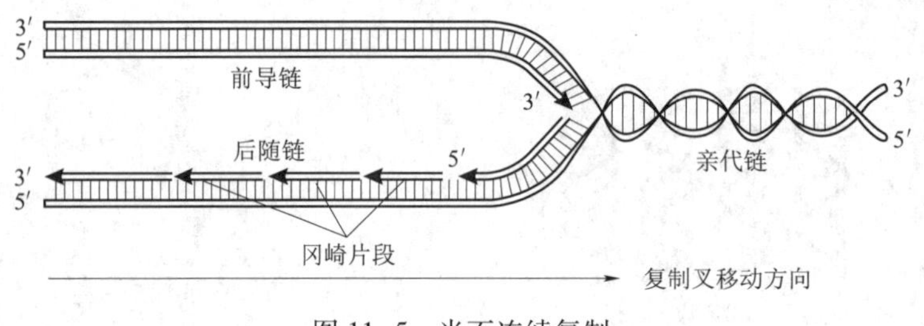

图 11-5　半不连续复制

第二节　参与 DNA 复制的物质

DNA 的复制是一个复杂的生物学过程，需要 DNA 模板、引物、dNTP、酶和蛋白质等多种物质的参与。

一、模板和底物

DNA 的合成有严格的模板（template）依赖性，需以解开的 DNA 单链为模板，指引着 dNTP 按照碱基配对的原则逐一合成新链。

DNA 合成的原料（底物）为脱氧核苷三磷酸，即 dATP、dCTP、dGTP 和 dTTP，总称 dNTP。由于 DNA 的基本构成单位是单核苷酸（dNMP），因此每聚合 1 分子核苷酸需释放 1 分子焦磷酸。其反应表示为：

$$(dNMP)_n + dNTP \rightarrow (dNMP)_{n+1} + PPi。$$

二、DNA 聚合酶

DNA 聚合酶（DNA polymerase）是催化底物 dNTP 聚合为 DNA 的酶，由于聚合时依赖 DNA 母链作为模板，故全称为依赖 DNA 的 DNA 聚合酶（DNA dependent DNA polymerase，DDDP）。

1. DNA 聚合酶的催化特点　该类酶在原核生物及真核生物中有不同的类型，但都具有以下共同性质：①以 dNTP 为原料催化 DNA 合成；②需要模板的存在；③不能起始合成新 DNA 链，必须要有引物提供 3′—OH，延伸时催化 dNTP 加到延长中的 DNA 链的 3′—OH 端；④催化 DNA 合成的方向是 5′→3′。

2. 大肠埃希菌 DNA 聚合酶　DNA 聚合酶最早在 *E. coli* 中发现，到目前为止已确定有 5 种类型，分别为 DNA 聚合酶Ⅰ、DNA 聚合酶Ⅱ、DNA 聚合酶Ⅲ、DNA 聚合酶Ⅳ和 DNA 聚合酶Ⅴ，都与 DNA 链的延长有关。其中 DNA 聚合酶Ⅰ、Ⅱ、Ⅲ研究得比较明确（表 11-1）。

DNA 聚合酶Ⅰ是 1956 年由 Arthur Kornberg 在 *E. coli* 中首先发现，是一种多功能酶，有三个不同的活性中心：①5′→3′聚合酶活性催化 DNA 链的延伸，主要用于填补 DNA 上的空隙或切除 RNA 引物后留下的空隙；②3′→5′外切酶活性能识别和切除 DNA 3′端在聚合作用中错误配对的核苷酸，起到校读作用；③5′→3′外切酶活性主要用于切除 5′引物或受损伤的 DNA。此酶缺陷的突变株仍能生存，表明 DNA 聚合酶Ⅰ不是 DNA 复制的主要聚合酶。

DNA 聚合酶Ⅱ是一种多酶复合体，有 5′→3′聚合酶活性中心和 3′→5′外切酶活性中心，但没有 5′→3′外切酶活性中心。其催化 5′→3′方向合成反应的活性只有 DNA 聚合酶Ⅰ的 5%。因该酶缺陷的 *E. coli* 突变株的 DNA 复制都正常，所以也不是 DNA 复制的主要聚合酶，可能是在 DNA 的损伤修复中起到一定的作用。

DNA 聚合酶Ⅲ是一种多酶复合体，全酶由 α、β、γ、δ、δ′、ε、θ、τ、χ 和 ψ 共 10 种亚基构成，其中 α、ε 和 θ 亚基构成全酶的核心。α 亚基含 5′→3′聚合酶活性中心，ε 亚基含 3′→5′外切酶活性中心，θ 亚基可能起装配作用，其他亚基各有不同作用。DNA 聚合酶Ⅲ活性最高，在 DNA 复制链的延长上起着主导作用，是催化 DNA 复制合成的主要酶。

DNA 聚合酶Ⅳ和Ⅴ发现于 1999 年，主要参与 DNA 修复。

表 11-1　大肠埃希菌三种 DNA 聚合酶性质的比较

DNA 聚合酶	DNA 聚合酶Ⅰ	DNA 聚合酶Ⅱ	DNA 聚合酶Ⅲ
3′→5′外切酶活性	+	+	+
5′→3′外切酶活性	+	-	-
5′→3′聚合酶活性	+	+	+
5′→3′聚合速度（nt/s）	16~20	40	250~1000
功能	切除引物，DNA 修复	DNA 修复	DNA 复制

3. 真核生物　DNA 聚合酶真核生物中已发现十几种 DNA 聚合酶，常见的有 α、β、γ、δ 和 ε 五种，均具有 5′→3′聚合酶活性（表 11-2）。DNA 聚合酶 α 负责合成引物，DNA 聚合酶 δ 用于合成细胞核 DNA，DNA 聚合酶 β 和 DNA 聚合酶 ε 主要参与 DNA 损伤修复，DNA 聚合酶 γ 用于线粒体 DNA 的合成。

表 11-2　真核细胞 DNA 聚合酶性质的比较

	DNA 聚合酶 α	DNA 聚合酶 β	DNA 聚合酶 γ	DNA 聚合酶 δ	DNA 聚合酶 ε
细胞定位	细胞核	细胞核	线粒体	细胞核	细胞核
外切酶活性	-	-	3′→5′外切酶	3′→5′外切酶	3′→5′外切酶
引物合成酶活性	+	-	-	-	-
功能	引物合成和核 DNA 合成	修复	线粒体 DNA 合成	核 DNA 合成	修复

4. DNA 聚合酶与复制的保真性　DNA 复制的保真性是遗传信息稳定传代的保证。生物体至少有 3 种机制实现保真性：①遵守严格的碱基配对原则；②5′→3′聚合酶活性中心对底物的选择，使核苷酸的错配率仅为 10^{-4}~10^{-5}；③3′→5′外切酶活性中心在复制出错时的即时校对，使错配率降至 10^{-6}~10^{-8}。

三、参与 DNA 解链的酶类

DNA 具有超螺旋、双螺旋等结构，复制时亲代 DNA 需要松解螺旋，解开双链，暴露碱基，才能作为模板，按照碱基配对原则合成子代 DNA。参与亲代 DNA 解链，并将其维持在解链状态的酶和蛋白质主要有解旋酶、拓扑异构酶和单链 DNA 结合蛋白。

1. 解旋酶 作用是解开 DNA 双链。解旋酶（helicase）可以和单链 DNA 以及 ATP 结合，利用 ATP 分解产生的能量沿 DNA 链向前移动解开 DNA 双链，每解开一个碱基对需要消耗两分子 ATP。目前在大肠埃希菌中已经鉴定出至少四种解旋酶：解旋酶 Rep、Ⅱ、Ⅲ和 DnaB。其中解旋酶 DnaB 参与 DNA 复制，在复制叉的后随链模板上沿着 5′→3′方向移动解链，解链过程会在前方形成正超螺旋结构，由拓扑异构酶松解。

2. 拓扑异构酶 拓扑一词，在物理学上是指物体或图像作弹性移位而保持物体原有的性质。DNA 双螺旋沿轴旋绕，复制解链也沿同一轴反向旋转，复制速度快，旋转达 100 次/秒，会造成复制叉前方的 DNA 分子打结、缠绕、连环现象。闭环状态的 DNA 也会按一定方向扭转形成超螺旋。复制中的 DNA 分子遇到这种超螺旋及局部松弛等过渡状态，需要拓扑异构酶（topoisomerase）作用以改变 DNA 分子的拓扑构象，理顺 DNA 链结构来配合复制进程。

DNA 拓扑异构酶简称拓扑酶，广泛存在于原核生物与真核生物内，分为Ⅰ型和Ⅱ型两种，最近还发现了Ⅲ型拓扑异构酶。原核生物拓扑异构酶Ⅱ又称促旋酶（gyrase），真核生物的拓扑异构酶Ⅱ还有几种不同亚型。

DNA 拓扑异构酶Ⅰ的作用是暂时切断一条 DNA 链，形成酶-DNA 共价中间物，使超螺旋 DNA 松弛，再将切断的单链 DNA 连接起来，催化反应不需要消耗 ATP。DNA 拓扑异构酶Ⅱ能暂时性地切断双链 DNA，将负超螺旋引入 DNA 分子，重新连接双链 DNA，同时需要 ATP 水解提供能量。

案例解析

【案例】拓扑异构酶抑制剂和毒性剂的细胞毒作用。

【解析】此类药物的作用机制是阻止亲代链解旋，使复制延缓或停止，或使 DNA-拓扑异构酶之间的共价连接无法通过酯交换转变为磷酸二酯键，使切口不能封闭，导致链的断裂。

喜树碱及其衍生物作用于拓扑异构酶Ⅰ，形成稳定的药物-DNA 裂解复合物，其后的 DNA 复制造成细胞毒性作用。依托泊苷、阿霉素等作用于拓扑异构酶Ⅱ，激发和稳定拓扑异构酶Ⅱ-DNA 裂解复合体，DNA 合成受阻，并在复合体形成位点因拓扑异构酶Ⅱ引起的 DNA 链断裂处引发重组和突变，从而发挥相应的细胞毒作用。

3. 单链 DNA 结合蛋白 解旋酶沿复制叉方向向前推进必将产生一段单链区，这种单链 DNA 极不稳定，很快就会重新配对形成双链 DNA 或被核酸酶降解。单链 DNA 结合蛋白（single strand DNA binding protein，SSB）与单链 DNA 有强亲和性，能很快地与其结合，稳定处于单链状态的 DNA 并拮抗核酸酶的降解作用。SSB 结合到单链 DNA 上之后，也能使 DNA 呈伸展状态，没有弯曲和结节，有利于复制的进行。SSB 作用时不像聚合酶那样沿着复制方向向前移动，而是不断地结合、脱离。

四、引物与引物酶

DNA 聚合酶不能催化两个游离的 dNTP 互相聚合，只能催化 dNTP 与已有寡核苷酸链 3′-OH 形成 3′, 5′-磷酸二酯键，然后依次延长，这一寡核苷酸链称为引物（primer）。生物体内引物的本质是一段短链的 RNA 分子。RNA 引物由引物酶（primase，又称引发酶）催化合成。

大肠埃希菌的引物酶是 DnaG 蛋白。DnaG 单独存在时无活性。当解旋酶 DnaB 联合其他复制因子识别复制起点并启动解链时，引物酶 DnaG 与解旋酶 DnaB 结合，构成引发体（primosome），在模板的一定部位合成 RNA 引物，合成方向和 DNA 一样，也是 5′→3′。

五、DNA 连接酶

DNA 连接酶（DNA ligase）可催化 DNA 链的 3′-羟基与另一 DNA 链的 5′-磷酸生成磷酸二酯键，从而把两段相邻的 DNA 链连成完整的链。复制中的后随链是分段合成的，产生的冈崎片段由连接酶接合。此催化反应需消耗能量，原核生物消耗 NAD^+，真核生物则利用 ATP 供能。大肠埃希菌的 DNA 连接酶不能连接游离的单链 DNA，只能连接双链 DNA 上的切口。除了 DNA 复制之外，DNA 连接酶还参与 DNA 重组、DNA 修复等过程。

PPT

第三节 DNA 的复制过程

一、大肠埃希菌 DNA 的复制过程

在大肠埃希菌 DNA 的复制过程中，各种与复制有关的酶和蛋白因子结合在复制叉上，构成复制体。复制过程可以分为起始、延长和终止三个阶段。不同阶段的复制体具有不同的组成和结构。

（一）复制起始

在复制的起始阶段，亲代 DNA 从复制起点解链、解旋，形成复制叉。

1. 复制的起始点 *E. coli* 上的复制起始点称为 oriC，长度为 245bp，包含两种保守序列（图 11-6）：①三段串联重复排列的 13bp 序列，富含 A-T，共有序列为 GATCTNTTNTTTT，是起始解链区。②四段反向重复排列的 9bp 序列，共有序列为 TTATCCACA，是 DnaA 蛋白识别区。

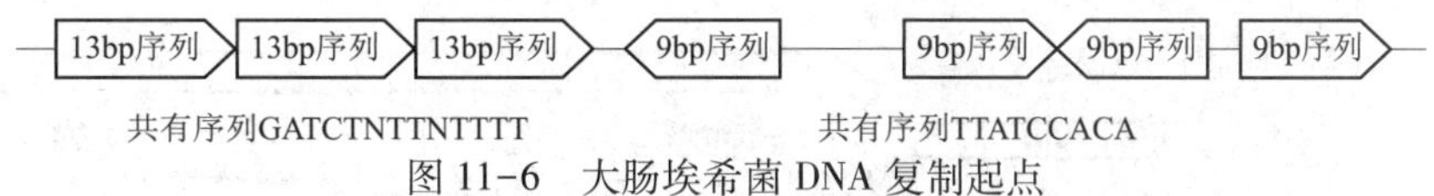

图 11-6 大肠埃希菌 DNA 复制起点

2. 起始过程 复制起始阶段需要多种酶和蛋白质，主要有 DnaA 蛋白、解旋酶（DnaB 蛋白）、DnaC 蛋白、组蛋白、SSB、Ⅱ型拓扑异构酶、引物酶（DnaG 蛋白）。它们从复制起始点解开 DNA 双链，装配引发复合体。

DNA 复制的起始过程如下：①DnaA 蛋白识别并结合复制起始点；②DnaB 蛋白在 DnaC 蛋白的协同下，结合到解链区，并利用 ATP 水解提供的能量双向解链产生两个初步的复制叉，DnaA 蛋白被逐步置换；③随着解链的进行，DnaG 蛋白与 DnaB 蛋白、DnaC 蛋白等结合于复制起始点构成引发体（primosome），引发体的蛋白质组分在 DNA 链上移动至适当的位置时，引物酶依据模板的碱基序列合成 RNA 引物；④DNA 聚合酶Ⅲ结合至模板，催化第一个 dNTP 与引物 3′— OH 形成磷酸二酯键。

在此过程中 SSB 结合于已解开的单链上稳定 DNA 模板，DNA 拓扑异构酶Ⅱ负责松解下游由于 DNA 高速解链而形成的超螺旋结构。

（二）复制延长

在多种酶及蛋白质参与下形成复制叉后，DNA 聚合酶Ⅲ催化 DNA 新生链的合成，dNTP 以 dNMP 的方式逐个加入延长中的子链上，其化学本质是磷酸二酯键的不断生成。

DNA 复制的延长阶段是合成前导链和后随链。两股链的合成反应都由 DNA 聚合酶Ⅲ催化，但合成过程有显著区别（图 11-7）。前导链的合成较简单，通常是一个连续的过程，其方向与复制叉行进的方向保持一致。先由引发体在复制起点处催化合成一段长度为 10～12nt 的 RNA 引物，随后 DNA 聚合酶Ⅲ利用 dNTP 在引物 3′端合成前导链。后随链的合成较为复杂，是分段进行的，其合成稍滞后于前导链。当亲代 DNA 解开一定长度时，先由引发体催化合成 RNA 引物，再由 DNA 聚合酶Ⅲ在引物 3′端催化合成冈崎片段。当冈崎片段合成遇到前方引物时，DNA 聚合酶Ⅰ替换 DNA 聚合酶Ⅲ，通过 5′→3′外切酶活性切除

RNA 引物并合成 DNA 填补空隙。最后，DNA 连接酶催化连接 DNA 切口。

DNA 双链是反向互补的，且前导链和后随链是被一个 DNA 聚合酶Ⅲ复合体催化同时合成的。为此，后随链的模板绕成一个回环，使后随链的合成方向与前导链一致，得以在同一复制体上进行合成。DNA 聚合酶Ⅲ不断地与后随链的模板结合，合成冈崎片段，脱离，再结合、合成、脱离……进而保证前导链和后随链协调合成。

（三）复制终止

大肠埃希菌环状 DNA 的两个复制叉向前推进，最后到达终止区（terminus region），形成连环体，在细胞分裂前由Ⅱ型拓扑异构酶催化解离（图 11-8）。复制被终止后，仍有 50~100bp 的 DNA 链没有被复制，此时，在两条子一代 DNA 链分开后，通过修复方式填补其空缺。

大肠埃希菌终止区含有 10 个终止子位点（图 11-9），终止子位点与 Tus 蛋白结合后，形成的复合物阻止了复制叉前移，以防止复制叉超过终止区过量复制，而且一个终止子位点-Tus 复合物只阻止一个方向复制叉的前移。在正常情况下，两个复制叉前移的速度是相等的，到达终止区后就都停止复制；如果一个复制叉前移速度慢，另一个复制叉达到终止区就会受到终止子位点-Tus 复合物的阻挡，以等待速度慢复制叉的汇合。

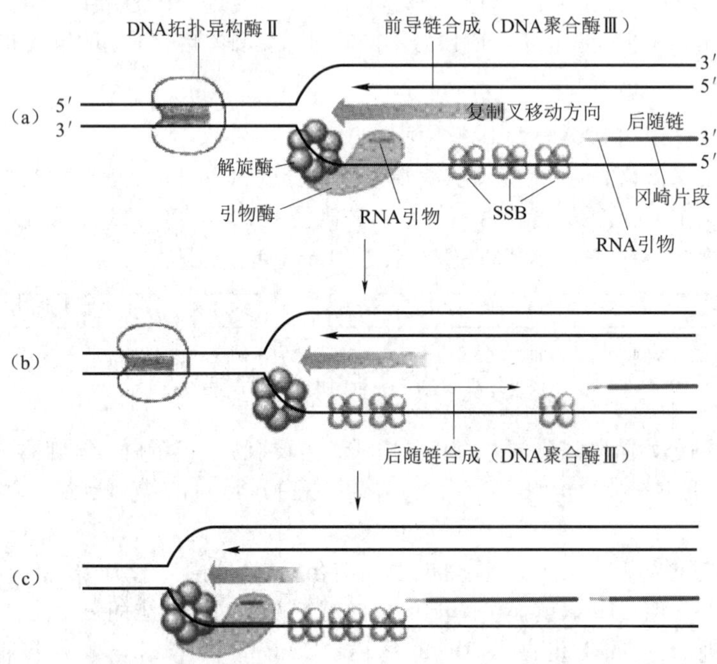

图 11-7　原核生物 DNA 复制基本过程

图 11-8　连环体解离

图 11-9　大肠埃希菌 DNA 复制终止区

二、真核生物染色体 DNA 的复制

真核生物在细胞周期 S 期复制染色体 DNA，复制机制与大肠埃希菌相似，但是由于基因组庞大及核

小体的存在，反应体系、反应过程和调节都更为复杂。

（一）染色体 DNA 的复制特点

1. 复制速度慢　染色体 DNA 复制叉的推进速度约为 50nt/s，仅为大肠埃希菌 DNA 复制叉推进速度的 1/20。

2. 发生染色质解离与重塑　染色体 DNA 与组蛋白形成核小体结构，复制叉经过时需要解开；复制叉经过之后，两条子代 DNA 双链上重塑核小体结构。原有组蛋白及新合成的组蛋白结合到复制叉后的 DNA 链上组装成核小体。

3. 多起点复制　染色体 DNA 有多个复制起点，同时启动复制形成多复制子结构，每个复制子控制的复制区域比较小。

4. 引物及冈崎片段比原核生物短　真核生物 DNA 复制过程中所需的 RNA 引物及合成的冈崎片段均比原核细胞短。真核细胞 RNA 引物约为 10 个核苷酸，冈崎片段长度大致与一个核小体所含 DNA 碱基数或其若干倍相等。而大肠埃希菌冈崎片段的长度为 1000~2000nt。

5. 参与复制和修复的 DNA 聚合酶及其他因子　比原核生物多而复杂（表 11-3）。

表 11-3　大肠埃希菌与真核生物参与 DNA 复制的相关酶和蛋白质对比

大肠埃希菌	真核生物
DNA 聚合酶Ⅲ	DNA 聚合酶 δ
DNA 聚合酶Ⅰ	DNA 聚合酶 ε
DnaA	复制起点识别复合体（ORC）
DnaC	细胞分裂周期蛋白 6（Cdc6）与 Cdc10 依赖性转录因子 1（Cdt1）
解旋酶 DnaB	微染色体维持蛋白 MCM2~MCM7
引物酶 DnaG	DNA 聚合酶 α
Ⅰ型、Ⅱ型拓扑异构酶	Ⅰ型、Ⅱ型拓扑异构酶
单链 DNA 结合蛋白（SSB）	复制蛋白 A（RPA）、复制因子 C（RFC）、增殖细胞核抗原（PCNA）

6. DNA 复制受细胞周期时相的控制　染色体 DNA 在一个细胞周期中只复制一次，而快速生长的大肠埃希菌 DNA 在一轮复制完成之前即可启动下一轮复制。

案例解析

【案例】针对 DNA 合成前体物质的化疗药物

【解析】此类药物的作用机制是干预 DNA 合成所需的 dNTP 库。例如，羟基脲——抑制核苷酸还原酶（催化 NDP 生成 dNDP），用于治疗黑色素瘤和骨髓异常增生性疾病（慢性髓细胞性白血病）。但具有骨髓抑制等副作用。

知识拓展

全新 DNA 复制起始位点调控机制获揭示

中国科学院生物物理研究所研究员李国红和朱明昭课题组联合在《自然》上发表论文，揭示了组蛋白变体 H2A.Z 对 DNA 复制起始位点的调控机制。

研究人员推测组蛋白变体 H2A. Z 在 DNA 复制起始位点的认证中起关键作用，并进一步通过实验揭示了其过程：含有 H2A. Z 的核小体通过直接结合甲基化酶 SUV420H1，促进核小体上的 H4 组蛋白第 20 位赖氨酸发生二甲基化修饰；带有上述修饰的 H2A. Z 核小体能够招募复制前体复合物中的 ORC1 蛋白，从而帮助染色质上复制起始位点的选择。至此，确定了一个全新的 DNA 复制起始位点认证的调控通路。通过全基因组学分析，研究人员确认了这个调控通路对 DNA 复制的必要性，并进一步发现受 H2A. Z 调控的复制位点相比于其他的复制位点有着更高的复制信号，也更偏向在复制期早期被激活使用。研究人员还通过构建特定模型小鼠进行体内实验验证，发现条件性敲除小鼠 T 细胞中的 H2A. Z，会导致活化后的 T 细胞增殖变慢，复制信号显著降低。

了解 DNA 复制起始的精细调控机制对于理解生长发育、癌症发生和其他许多生理、病理过程都有重要意义。此项研究发现 DNA 复制起始除了受 DNA 序列的调控外，表观遗传因素也发挥了极为重要的作用，为阐明 DNA 复制起始的精细调控机制提供了新思路和新方向。

（二）端粒 DNA 复制

真核生物线形染色体两端 DNA 子链上的 RNA 引物去除后留下空隙，使其亲代 DNA 单链形成单链区（图 11-10），可导致其被核内 DNase 酶解。2009 年诺贝尔生理学或医学奖在瑞典卡罗林斯卡医学院揭晓，Elizabeth H. Blackburn、Carol W. Greider 和 Jack W. Szostak 共同获得了该奖项。他们对端粒和端粒酶的发现解答了生物学的这一重大问题：在细胞分裂时染色体如何完整地自我复制以及染色体如何受到保护以免于退化？

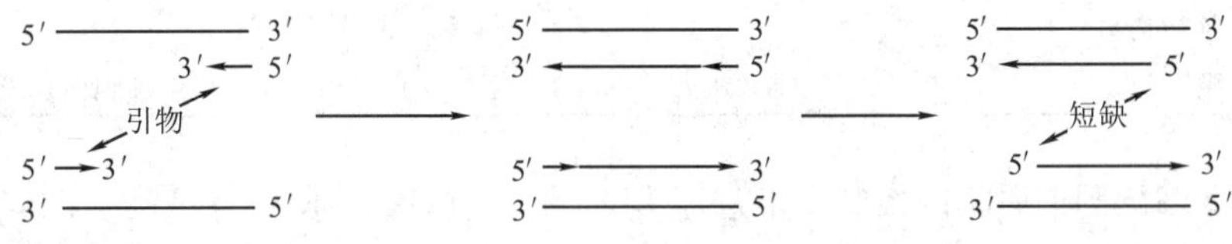

图 11-10　染色体 DNA 复制时末端短缺

1. 端粒的结构　端粒（telomere）是真核生物染色体线性 DNA 分子末端的结构。由于与特异性结合蛋白紧密结合，通常膨大成粒状。端粒 DNA 为短串联重复序列，其片段长度在不同物种中变化较大，从约 300bp（如酵母）到数千 bp（如人类）不等。DNA 测序发现端粒结构的共同特点是富含 T-G 短序列的多次重复，如人类的端粒是由 TTAGGG 短序列重复数千次组成。

2. 端粒酶与端粒 DNA 合成　研究表明，体细胞染色体的端粒 DNA 会随细胞分裂而逐渐缩短。1984 年，分子生物学家在对单细胞生物进行研究后，发现了一种能防止端粒缩短的酶，称为端粒酶（telomerase）。端粒 DNA 是由端粒酶催化合成的。端粒酶是一种自身携带模板 RNA 的逆转录酶，本质为 RNA-蛋白质复合物。端粒酶能在缺少 DNA 模板的情况下，依赖自身 RNA 为模板，催化端粒 DNA 的 3′端延长，从而补偿由于除去引物引起的末端缩短。

端粒的复制过程（图 11-11）：①端粒酶结合于端粒的 3′端；②以端粒酶 RNA 为模板，催化合成端粒的一个重复单位；③重复合成、推进达到一定长度之后，端粒酶脱离，端粒 3′端回折，引导合成新生链填补 5′端短缺片段。

3. 端粒的功能　端粒在维持染色体的稳定性和 DNA 复制的完整性中有着重要的作用。端粒防止正常染色体端部间发生融合，避免染色体被核酸酶降解，使染色体保持稳定，并与核纤层相连，使染色体得以定位。研究表明，端粒在衰老与肿瘤发生过程中具有一定的作用。

端粒 DNA 序列的长度或端粒酶活性与细胞分裂、增殖速度有关。经端粒酶活性测试发现，在胚系细胞中端粒酶可以维持端粒的长度，正常体细胞中难以检测到端粒酶活性，端粒 DNA 随细胞分裂进行性缩

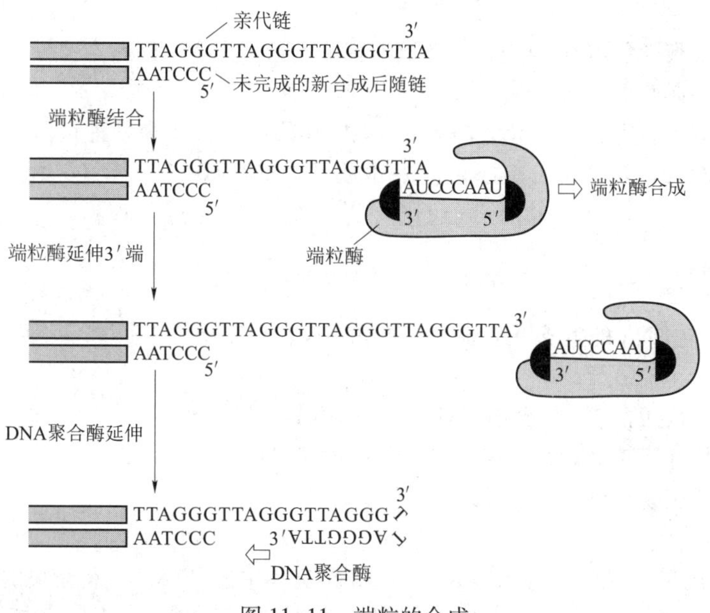

图 11-11 端粒的合成

短。越来越多的研究证明，端粒的平均长度随着培养细胞分裂次数的增多和人类年龄的增长而逐渐变短。端粒 DNA 序列的变短或消失，会影响染色体结构的稳定性，降低 DNA 复制能力，使细胞不能正常分裂。

在正常人的体细胞中，端粒的程序性缩短可以限制转化细胞的生长能力，当端粒酶重新活化时可使细胞永生化和促进肿瘤的形成。因此深入研究端粒、端粒酶活性和细胞衰老、死亡以及肿瘤发生的关系具有重要的理论意义和临床诊断价值。

第四节 逆 转 录

1970 年，Baltimore 和 Temin（1975 年诺贝尔生理学或医学奖获得者）发现致癌 RNA 病毒的基因组是 RNA，可以作为模板指导合成 DNA，这类病毒称为逆转录病毒。由于其遗传信息流动方向（RNA→DNA）与转录过程（DNA→RNA）相反，故称为逆转录（reverse transcription）。

逆转录的发现修正和补充了中心法则，逆转录现象则说明遗传物质不只是 DNA，也可以是 RNA。加之核酶（ribozyme）的发现，使科学界对 RNA 在生命活动中所处的角色有了更深刻的认识，因此推测，在进化过程中，RNA 是比 DNA 更早出现的生物大分子。

一、逆转录酶

逆转录酶是逆转录病毒基因组的表达产物，能催化以单链 RNA 为模板合成双链 DNA 的反应，也称依赖 RNA 的 DNA 聚合酶（RNA dependent DNA polymerase，RDDP）。该酶的作用需 Zn^{2+} 的辅助，主要具有 3 种酶活性：①RNA 指导的 DNA 聚合酶活性，可利用 RNA 为模板合成互补 DNA 链，形成 RNA-DNA 杂化分子；②核糖核酸酶（RNase H）活性，水解 RNA-DNA 杂化分子中的 RNA 链；③DNA 指导的 DNA 聚合酶活性，以新合成的 DNA 为模板合成另一条互补 DNA 链，形成 DNA 双链分子。除此之外，有些逆转录酶还有 DNA 内切酶活性，这可能与病毒基因整合到宿主细胞染色体 DNA 中有关。

值得注意的是，由于逆转录酶不具有 3′→5′和 5′→3′外切酶活性，因此没有校正功能，所以由逆转录酶催化合成的 DNA 出错率比较高，这可能是致病病毒突变率高，易出现新毒株的一个原因。

哺乳动物的胚胎细胞和正分裂的淋巴细胞含有逆转录酶，推测可能与细胞分化和胚胎发育有关。致癌 RNA 病毒中的逆转录酶可能与病毒的恶性转化有关。病毒的 RNA 通过逆转录先合成 DNA（前病毒），然后将其整合到宿主细胞染色体 DNA 中去。在此细胞中，除合成宿主细胞本身蛋白质外，同时也合成病毒特异的某些蛋白质，促使宿主细胞癌变。

逆转录酶的发现对于基因工程技术起了很大的推动作用，它已成为一种重要的工具酶。如逆转录酶可将细胞中提取的 mRNA 逆转录成互补的 cDNA，由此可构建出 cDNA 文库（cDNA library），从中筛选特异的目的基因。

二、逆转录过程

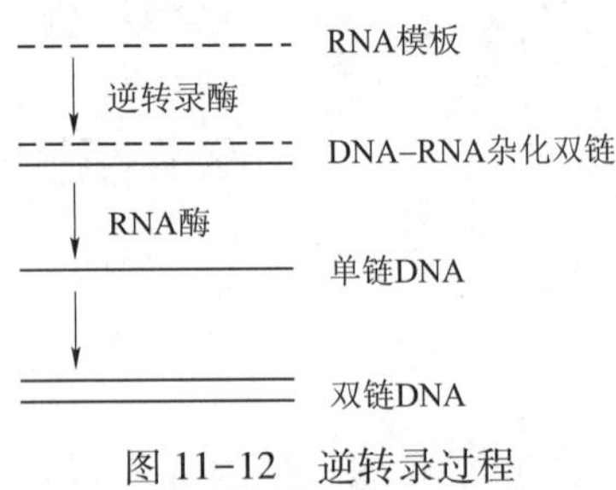

图 11-12　逆转录过程

从单链 RNA 到双链 DNA 的生成可概括为逆转录、水解和复制三个步骤（图 11-12）。

1. 逆转录　RNA 指导的 DNA 聚合酶活性中心以 RNA 为模板，沿 5′→3′方向合成其单链互补 DNA（sscDNA），形成 RNA-DNA 杂交体。该合成反应需要引物提供 3′-OH，该引物是逆转录病毒颗粒自带的 tRNA。

2. 水解　核糖核酸酶 H 活性中心水解 RNA-DNA 杂交体中的 RNA，获得游离的单链互补 DNA。

3. 复制　DNA 指导的 DNA 聚合酶活性中心催化复制单链互补 DNA，得到双链互补 DNA（dscDNA）。单链互补 DNA 和双链互补 DNA 统称互补 DNA（cDNA）。

逆转录是所有致癌 RNA 病毒使宿主细胞恶性转化的关键步骤之一。因此，研究逆转录病毒将对阻抑癌的发生、发展起到重要作用。人类免疫缺陷病毒（HIV）亦是逆转录病毒，它是艾滋病的病原体。可见，对逆转录的深入研究有利于探索逆转录病毒致病的机制，从而开发治疗药物。

第五节　DNA 损伤与修复

PPT

一、DNA 损伤

遗传物质 DNA 的遗传保守性是维持物种相对稳定的最主要因素，这种遗传保守性主要通过 DNA 聚合酶的校读功能以确保 DNA 复制的保真性而实现。但 DNA 的改变不可避免，一方面 DNA 复制的保真性并不是万无一失，另一方面也因在长期的生命进化过程中，生物体时刻受内外环境各种因素的作用。DNA 组成与结构的变化如果能遗传到子代，则称为突变（mutation），其化学本质就是 DNA 损伤（DNA damage）。

（一）DNA 损伤的因素

能引起 DNA 损伤的因素很多，一般可分为体内因素和体外因素。体内因素和体外因素的作用，有时是不能截然分开的，许多体外因素通过诱发体内因素而引发 DNA 损伤。

1. 体内因素　体内因素包括机体代谢过程中产生的某些代谢物，DNA 复制过程中发生的碱基错配以及 DNA 自身的热不稳定性等因素，可诱发 DNA 的自发损伤。

（1）DNA 自身的不稳定性　DNA 结构自身的不稳定性是 DNA 自发性损伤中最频繁和最重要的因素。如当受热或所处环境的 pH 值发生改变时，可发生：①糖苷键自发水解，DNA 分子的碱基脱落丢失；②含有氨基的碱基可能自发脱氨基，致使碱基转变。

（2）DNA 复制错误　①在 DNA 复制过程中，碱基的异构互变或 dNTP 之间浓度的不平衡等均可能引起碱基的错配；②DNA 聚合酶具有校对功能，可以保证 DNA 复制的保真性，但仍有 10^{-6}～10^{-8}的错配率；③DNA 复制系统发生模板链或新生链核苷酸“环出”现象，导致复制滑脱，表现为新生链片段的缺失或插入。真核生物染色体 DNA 分子中广泛分布的短重复序列是发生复制滑脱的主要位点。引发复制滑脱有物理、化学和生物等方面因素，这些因素导致 DNA 损伤的机制各不相同。

（3）机体代谢过程中产生的活性氧　机体代谢过程中产生的活性氧可以直接作用于碱基，如作用于鸟嘌呤产生 8-羟基脱氧鸟嘌呤等。

2. 体外因素　最常见的导致 DNA 损伤的体外因素主要包括物理因素、化学因素和生物因素等。这些因素导致 DNA 损伤的机制各有特点。

（1）物理因素　电离辐射和紫外线照射是导致 DNA 损伤的主要物理因素。①电离辐射可直接作用于 DNA 等生物大分子，破坏分子结构（如断裂化学键等），也可以激发细胞内的自由基反应（如作用于水产生活性氧），间接导致 DNA 链交联、断裂或碱基氧化修饰等；②紫外线波长范围在 100~400nm，其中 260nm 左右的紫外线在 DNA 和蛋白质的吸收峰附近，容易导致这些生物大分子损伤，如使 DNA 链上的胸腺嘧啶形成二聚体，在局部扭曲 DNA 双螺旋结构，阻断复制和转录。大气臭氧层可吸收 320nm 以下的大部分紫外线，一般不会对地球上的生物造成损害。但近年来，臭氧层的破坏日趋严重，紫外线对生物的影响受到越来越多的关注。

（2）化学因素　引起 DNA 损伤的化学因素主要包括自由基、碱基类似物、碱基修饰物和嵌入性染料等。①自由基的化学性质异常活跃，可与 DNA 分子发生相互作用，导致碱基、核糖、磷酸基的损伤，引发 DNA 结构与功能的异常。②碱基类似物是人工合成的一类与 DNA 正常碱基结构类似的化合物，在 DNA 复制时，可替代正常碱基掺入 DNA 链中，造成碱基对的置换。通常被用作促突变剂或肿瘤化疗药物。③碱基修饰剂、烷化剂是通过对 DNA 链中碱基的某些基团进行修饰，改变被修饰碱基的配对性质，进而改变碱基序列。若修饰后的碱基脱落形成无碱基位点，还可导致 DNA 链的交联与断裂。④嵌入性染料如溴化乙锭、吖啶橙等可直接插入到 DNA 碱基对中，导致碱基对间的距离增大一倍，极易造成 DNA 两条链的错位，在 DNA 复制中引发核苷酸的缺失或插入。嵌入性染料在分子生物学研究中常被用于 DNA 染色。

（3）生物因素　生物因素主要指病原微生物产生的毒素和代谢产物，对 DNA 分子具诱变作用，如病毒和霉菌。病毒 DNA 整合可以改变基因结构，或改变基因表达活性；黄曲霉素是由黄曲霉产生的毒素，主要污染花生、玉米、大豆等粮油产品，各种植物性与动物性食品也能被污染。

（二）DNA 损伤的类型

DNA 损伤类型多种多样，其中有些损伤导致表型改变并且可以遗传，属于基因突变。

1. 点突变　又称错配（mismatch），是指 DNA 链上的一个碱基对被另一个碱基对置换（图 11-13）。错配有两种类型：嘧啶碱基之间或嘌呤碱基之间的置换称为转换；嘌呤碱基与嘧啶碱基之间的置换称为颠换。转换是错配的常见方式。

碱基置换突变对多肽链中氨基酸序列的影响一般有下列几种类型。

（1）同义突变　碱基置换后，产生了新的密码子，但由于密码子的简并性，新旧密码子可能是同义密码子，故所编码的氨基酸种类不变，因此实际上同义突变不会发生突变效应。例如，DNA 分子编码链中 GCC 的第三位 C 被 T 取代，变为 GCT，则 mRNA 中相应的密码子 GCC 就变为 GCU，由于 GCC 和 GCU 都是编码丙氨酸的密码子，故突变前后的基因产物（蛋白质）完全相同。同义突变约占碱基置换突变总数的 25%。

（2）错义突变　碱基对的置换使 mRNA 的某一个密码子变成编码另一种氨基酸的密码子的突变称为错义突变。错义突变的结果通常能使机体内某种蛋白质或酶的结构及功能发生异常，许多蛋白质的异常就是由错义突变引起的。如人类正常血红蛋白 β 链的第六位是谷氨酸，其密码子为 GAA 或 GAG，如果第二个碱基 A 被 U 替代，就变成 GUA 或 GUG，谷氨酸则被缬氨酸替代，形成异常血红蛋白 HbS，导致个体产生镰形细胞贫血，产生了突变效应。

（3）无义突变　某个碱基的改变使代表某种氨基酸的密码子突变为终止密码子，从而使肽链合成提前终止，形成一条不完整的多肽链。例如，DNA 编码链的 TAC 中的 C 被 A 取代时，相应 mRNA 链上的密码子便从 UAC 变为 UAA，因而使翻译提前停止。这种突变在多数情况下会影响蛋白质或酶的功能。

2. 插入和缺失　是指 DNA 序列中发生一个核苷酸或一段核苷酸序列的插入（insertion）或缺

失（deletion）。插入和缺失可能会导致移码突变（frame shift mutation），即突变位点下游的遗传密码全部发生改变（图 11-13）。这种突变往往产生比碱基置换突变更严重的后果，会造成插入或缺失位点以后的一系列编码顺序发生错位而造成阅读框的改变，翻译过程中其下游的三联体密码被错读，其后果是翻译出的蛋白质可能完全不同。不过，插入或缺失 3n 个碱基对不会引起移码突变。

原序列：	GGG	AGT	GTA	CGT	CAG	ACC	CCG	CCC	TAT	AGC
	Gly	Ser	Val	Arg	Gln	Thr	Pro	Pro	Tyr	Ser
错　配：	GGG	AGT	GTA	CGT	CAG	ACC	CCG	TCC	TAT	AGC
	Gly	Ser	Val	Arg	Gln	Thr	Pro	Ser	Tyr	Ser
插　入：	GGG	AGT	GTA	CGT	CAG	ACC	CCG	GCC	CTA	TAG
	Gly	Ser	Val	Arg	Gln	Thr	Pro	Ala	Leu	终止
缺　失：	GGG	AGT	GTA	CGT	CAG	ACC	CCG	CCT	ATA	GC
	Gly	Ser	Val	Arg	Gln	Thr	Pro	Pro	Ile	

图 11-13　错配、插入和缺失

3. 重排　又称基因重排、DNA 重排、染色体易位（chromosomal translocation），是指基因组中 DNA 发生较大片段的交换，但没有遗传物质的丢失与获得。重排发生在基因组中，可以在 DNA 分子内部，也可以在 DNA 分子之间。例如，血红蛋白 Lepore 病就是重排的结果（图 11-14）。

4. 共价交联　例如同一股 DNA 链上相邻的胸腺嘧啶发生共价交联，会形成胸腺嘧啶二聚体（图 11-15）。

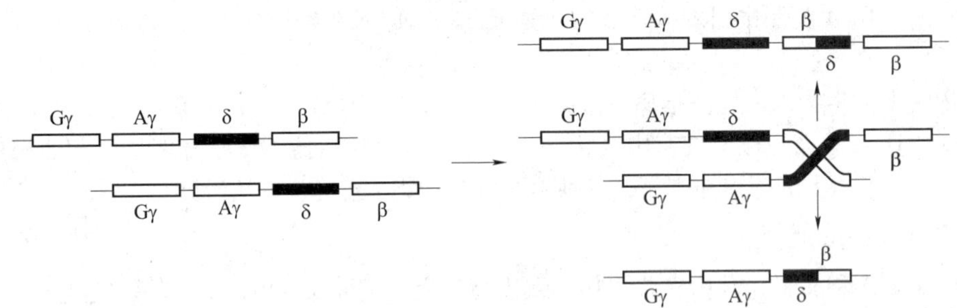

图 11-14　重排与血红蛋白 Lepore 病

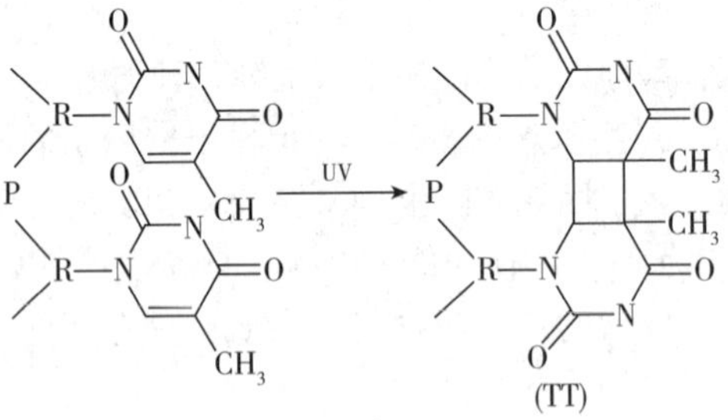

图 11-15　共价交联形成胸腺嘧啶二聚体

（三）DNA 损伤的意义

DNA 损伤导致的基因突变，一方面有利于生物进化，另一方面又可能产生不良后果。

（1）突变是生物进化的分子基础。遗传与变异是对立而又统一的生命现象。大多数 DNA 损伤导致的突变会产生不良的后果，然而从物种进化史的角度来看，突变也具有积极意义，它不仅促成了生命世界的多样性，也增强了物种对不同环境的适应性。有基因突变才有生物进化。

（2）致死突变如果发生在对生命过程至关重要的基因上，可以导致细胞至个体的死亡。例如，短指是一种隐性致死突变，其纯合子会因骨骼缺陷而夭亡。人类常利用此特性消灭病原体。

（3）突变是许多疾病的分子基础，例如遗传病、肿瘤等。

（4）DNA 突变可能只是改变基因型，体现为个体差异，而不影响其基本表型。这是基因多态性的分子基础，现广泛用于亲子鉴定、个体识别以及疾病易感性分析等。

二、DNA 损伤的修复

在内、外因素的作用下，生物体的 DNA 损伤是不可避免的。其损伤所致结局取决于 DNA 损伤的程度和细胞对损伤 DNA 的修复能力。DNA 损伤修复是指纠正 DNA 两条单链间错配的碱基、清除 DNA 链上受损的碱基或糖基、恢复 DNA 正常结构的过程。DNA 损伤修复是机体维持 DNA 结构的完整性与稳定性，保证生命延续和物种稳定的重要环节。

（一）DNA 修复途径

细胞内存在多种 DNA 损伤修复的途径或系统，主要类型包括直接修复、错配修复、切除修复、重组修复和 SOS 修复等。一种 DNA 损伤可通过多种途径来修复，而一种修复途径亦可参与多种 DNA 损伤的修复过程。

1. 直接修复　是指不切除损伤碱基或核苷酸，直接将其修复。①嘧啶二聚体的直接修复（direct repair）又称为光修复，是指由光裂合酶修复嘧啶二聚体。光裂合酶（photolyase）以 FAD、亚甲基四氢叶酸为辅助因子，被可见光激活之后可以解聚嘧啶二聚体。光裂合酶分布很广，从低等单细胞生物到鸟类都有，不过高等哺乳动物没有。②烷基化碱基的直接修复是由一类特异的烷基转移酶催化。该类酶通过将烷基从核苷酸转移到自身肽链上完成对 DNA 的修复，如人类的 O^6-甲基鸟嘌呤-DNA 甲基转移酶可使 O^6位甲基化的鸟嘌呤恢复正常结构。

2. 错配修复　是在 DNA 复制过后，根据模板序列，对新生链上的错配碱基进行修复。错配修复（mismatch repair）的关键是识别构成子代 DNA 双链的模板和新生链，然后根据模板序列修复新生链上的错配碱基。大肠埃希菌是通过寻找模板上的甲基标志来识别模板和新生链，此甲基标志位于 DNA 的全部 GATC 序列，之中的 A 被 Dam 甲基化酶甲基化为 N^6-mA（N^6-甲基腺嘌呤）。错配修复系统可以修复距 GATC 序列 1kb 以内的错配碱基，将复制精确度提高 10^2～10^3倍。

3. 切除修复　是指将一股 DNA 的损伤片段切除，然后以其互补链为模板，合成 DNA 填补缺口，使 DNA 恢复正常结构。切除修复（excision repair）是细胞内最普遍的修复机制。原核生物和真核生物都有两套切除修复系统：核苷酸切除修复系统（图 11-16）和碱基切除修复系统，以核苷酸切除修复系统为主。两套系统都包括两个步骤：①由特异性核酸酶寻找损伤部位，切除损伤片段；②DNA 聚合酶合成 DNA 填补缺口，DNA 连接酶连接。

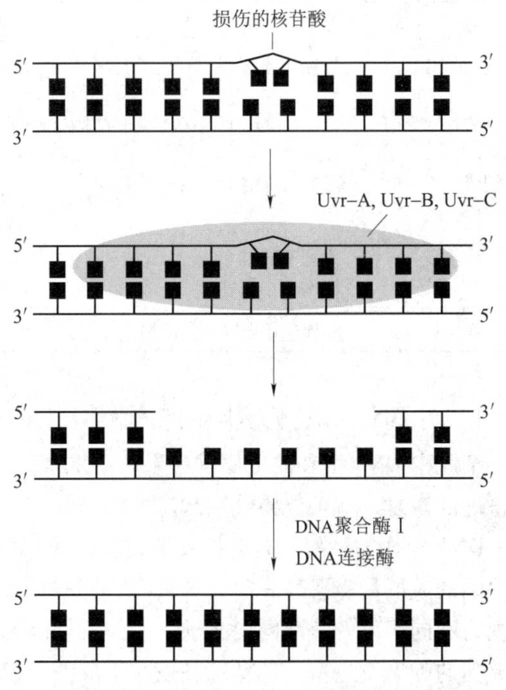

图 11-16　大肠埃希菌核苷酸切除修复

Uvr-A，Uvr-B，Uvr-C 蛋白质涉及核苷酸切除修复

4. 重组修复　DNA 复制过程中有时会遇到尚未修复的 DNA 损伤，可以先复制再修复。此修复过程中有 DNA 重组发生，因此称为重组修复（recombinational repair）。

在有些损伤部位，复制酶系统无法根据碱基配对原则合成新生链，可以通过图 11-17 所示的重组修复机制进行复制。复制完成之后，损伤部位并未修复，可以再通过切除修复机制进行修复。

5. SOS 修复　当 DNA 损伤严重至难以继续进行正常复制时，细胞会诱发一系列复杂的反应，称为 SOS 应答。SOS 应答除了能诱导合成负责切除修复和重组

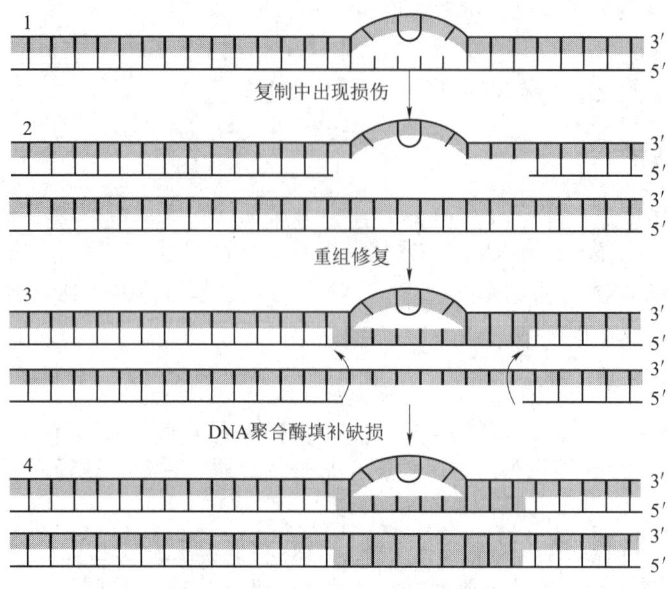

图 11-17　重组修复的机制

修复的酶和蛋白质，提高这两种修复能力之外，还能诱导合成缺乏校对功能的 DNA 聚合酶进行修复，这种修复称为 SOS 修复（SOS repair）。与切除修复和重组修复相比，负责 SOS 修复的 DNA 聚合酶对碱基的识别能力差，在损伤部位依然进行复制，从而避免死亡，但同时因保留较多的 DNA 损伤而造成突变积累。因此，不少诱发 SOS 修复的化学物质都是致癌物。SOS 修复系统的基因一般情况下都是沉默的，紧急情况下才被整体激活，因此属于应急修复系统。

常见的 DNA 损伤修复途径、修复对象和参与修复的酶等见表 11-4。

表 11-4　常见的 DNA 损伤修复途径

修复途径	修复对象	参与修复的酶或蛋白
光修复	嘧啶二聚体	DNA 光裂合酶
碱基切除修复	受损的碱基	DNA 糖基化酶、无嘌呤嘧啶核酸内切酶
核苷酸切除修复	嘧啶二聚体中、DNA 螺旋结构的改变	大肠埃希菌 UvrA、UvrB、UvrC 和 UvrD 人 XP 系列蛋白 XPA、XPB、XPC……XPG 等
错配修复	复制或重组中的碱基配对错误	大肠埃希菌 MutH、MutL、MutS 人的 MLH1、MSH2、MSH3、MSH6 等
重组修复	大范围的损伤或复制前来不及修复的损伤	RecA 蛋白和外切核酸酶Ⅴ（RecBCD 复合体）
SOS 修复	其他途径难以修复的损伤	RecA 蛋白、LexA 蛋白、其他类型 DNA 聚合酶

（二）DNA 损伤修复障碍与疾病

细胞中 DNA 损伤的生物学后果主要取决于 DNA 损伤的程度和细胞的修复能力。如果损伤得不到及时正确的修复，就可能导致细胞功能的异常，甚而引发疾病。

DNA 损伤与肿瘤、衰老以及免疫性疾病等多种疾病的发生有着密切的关联。先天性 DNA 损伤修复系统缺陷的人群易患恶性肿瘤。如具有不同临床表现的着色性干皮病（xeroderma pigmentosum，XP）患者，表现为不同程度的核酸内切酶缺乏引发的切除修复功能缺陷，所以患者在受到有害环境因素刺激时，会有较高的肿瘤发生率，其易患肿瘤有皮肤癌、黑色素瘤等。众多研究表明，DNA 损伤修复异常所致基因突变亦是贯穿肿瘤发生、发展过程的重要环节。随着年龄的增长，细胞 DNA 修复功能逐渐衰退，如果同时发生免疫监控功能的障碍，便不能及时清除突变细胞，从而导致肿瘤发生。值得注意的是，DNA 修复功能缺陷虽可引起肿瘤的发生，但已癌变的细胞本身 DNA 修复功能却显著升高，使癌细胞得以修复化疗药物引起的 DNA 损伤，导致化疗药物疗效降低。

案例解析

【案例】生物体如何维持 DNA 的稳定性？

【解析】（1）DNA 的精确复制　DNA 复制的保真性是遗传信息稳定传代的保证。生物体至少有 3 种机制实现保真性：①遵守严格的碱基配对原则；②5′→3′聚合酶活性中心对底物的选择；③3′→5′外切酶活性中心在复制出错时的即时校对。

（2）细胞具有识别和修复 DNA 损伤的系统　DNA 复制虽具有保真性，但也不是完全准确的。同时，DNA 损伤亦不能完全避免。细胞为了维持遗传信息的稳定，形成了识别和修复 DNA 损伤的系统。

本章小结

DNA 的复制是指以亲代 DNA 分子的两条链为模板合成各自的互补链，形成两个子代 DNA 分子的过程。复制的基本特征包括半保留复制、从复制起点双向复制和半不连续复制。

DNA 复制过程需要 DNA 模板、引物、dNTP、酶和蛋白质等多种物质的参与。DNA 聚合酶不能起始合成新 DNA 链，必须要有引物提供 3′-OH，从 5′→3′的方向催化核苷酸以 3′,5′-磷酸二酯键相连合成 DNA。复制过程分为起始、延长、终止三个阶段。端粒是真核生物染色体末端线性 DNA 分子的特殊结构，由端粒酶负责端粒的复制。DNA 复制具有保真性。

由逆转录酶催化，以 RNA 为模板合成 DNA 的过程称为逆转录。

原有的 DNA 序列发生改变，并导致遗传特征改变的现象称为 DNA 损伤，也称突变。突变可分为碱基置换或碱基错配、缺失、插入和重排等几种类型。DNA 损伤修复机制有错配修复、直接修复、切除修复、重组修复和 SOS 修复。

练 习 题

题库

一、单项选择题

1. DNA 复制时，以 5′TAGA3′为模板，合成产物的序列是（　　）

A. 5′ATCT3′　　B. 5′TCTA3′

C. 5′AUCU3′　　D. 5′GCGA3′

E. 3′TCTA5′

2. DNA 的合成原料是（　　）

A. AMP、GMP、CMP、TMP　　B. dATP、dGTP、dCTP、dTTP

C. dADP、dGDP、dCDP、dTDP　　D. dAMP、dGMP、dCMP、dTMP

E. AMP、GMP、CMP、UMP

3. DNA 半保留复制不需要（　　）

A. 引物酶
B. 逆转录酶
C. 拓扑异构酶
D. DNA 聚合酶
E. SSB

4. 下列蛋白质中，有解旋酶活性的是（　　）
A. DnaA 蛋白
B. DnaB 蛋白
C. DnaC 蛋白
D. DnaG 蛋白
E. 拓扑异构酶

5. 冈崎片段是指（　　）
A. 两个复制起点之间的 DNA 片段
B. DNA 连续复制时合成的 DNA 片段
C. 复制起始时，RNA 聚合酶合成的片段
D. DNA 半不连续复制时合成的 DNA 片段
E. 复制延长时的前导链

6. 下列成分中，在 DNA 复制时能与 DNA 单链结合的是（　　）
A. SSB
B. 连接酶
C. DnaB 蛋白
D. DnaG 蛋白
E. 拓扑异构酶

7. 关于逆转录酶的下列叙述，正确的是（　　）
A. 以 RNA 模板催化合成 DNA
B. 其催化合成的方向是 $3'\rightarrow5'$
C. 以 DNA 为模板催化合成 RNA
D. 以 mRNA 为模板催化合成 RNA
E. 以 DNA 为模板催化合成 DNA

8. 紫外线对 DNA 的损伤主要是（　　）
A. 发生碱基插入
B. 引起碱基置换
C. 形成嘧啶二聚体
D. 使磷酸二酯键断裂
E. 引起碱基颠换

9. DNA 复制时，子链的合成方向是（　　）
A. 一条链 $5'\rightarrow3'$，另一条链 $3'\rightarrow5'$
B. 两条链均为 $3'\rightarrow5'$
C. 两条链均为 $5'\rightarrow3'$
D. 两条链均为连续合成
E. 两条链均为不连续合成

10. 以下 DNA 损伤肯定会造成移码突变的是（　　）
A. 缺失 1 个核苷酸
B. 碱基的转换
C. 插入 3 个核苷酸
D. 碱基的颠换
E. 错义突变

二、思考题

1. 试分析 DNA 复制保真性的机制。
2. 试分析逆转录与逆转录酶发现的生物学意义。
3. 试分析 DNA 损伤与修复的意义。

（卢　群）

第十二章

RNA 生物合成

学习导引

1. **掌握** 原核生物和真核生物 RNA 转录合成的基本过程及特征、RNA 聚合酶的组成和功能。
2. **熟悉** 真核生物转录后加工修饰、原核生物操纵子结构。
3. **了解** 真核生物转录启动子结构和转录因子的作用、转录水平基因表达调控的基本要素、大肠埃希菌乳糖操纵子结构和调控机制。

在生物界，RNA 合成有两种方式。一是 DNA 指导的 RNA 合成，称为转录（transcription），为生物体内 RNA 的主要合成方式。转录产物主要包括 mRNA、rRNA 和 tRNA，在真核细胞内还有 snRNA、miRNA 等非编码 RNA。二是 RNA 指导的 RNA 合成，即 RNA 复制（RNA replication），常见于病毒。RNA 的转录合成是本章的主要内容。

转录是遗传信息由 DNA 向 RNA 传递的过程，即在 RNA 聚合酶催化下，一股 DNA 的碱基序列按照碱基配对原则指导合成与之序列互补的 RNA 的过程。中心法则的核心内容是由 DNA 指导合成 mRNA，再由 mRNA 指导合成蛋白质，合成蛋白质的过程还需要 tRNA 和 rRNA 的参与，而 tRNA 和 rRNA 也是转录的产物。因此，转录是中心法则的关键，转录产物 RNA 在 DNA 和蛋白质之间建立联系。

对 RNA 转录过程的调节可以导致蛋白质合成速率的改变，并由此而引发一系列细胞功能变化。mRNA 转录过程及其加工和剪切发生错误均可引起疾病。因此，理解转录机制对于认识许多生物学现象和医学问题具有重要意义。

第一节　RNA 转录的模板和酶

PPT

课堂互动

是否细胞内全部基因组 DNA 都需要转录？何为不对称转录？

RNA 的生物合成属于酶促反应，反应体系中需要 DNA 模板、NTP、RNA 聚合酶、其他蛋白因子及 Mg^{2+} 和 Mn^{2+} 等。

一、转录的模板

微课

合成 RNA 需要以 DNA 作为模板。RNA 生物合成时，DNA 以碱基互补关系决定了合成的 RNA 全部碱基成分及其排列顺序，通过此过程，将 DNA 模板上的信息传递到 RNA 分子上。为了保留物种完整的遗传信息，全部基因组 DNA 都需要进行复制。但转录是具有选择性、区段性的。同一生物个体，在不同的发育阶段、不同的组织细胞、不同的生存环境下，都会有某些基因被转录，某些基因不被转录。能够转录生成 RNA 的 DNA 区段称为结构基因。早期研究认为，DNA 的每一个转录区都只有一股链可以被转录，另一股链则不被转录，这种对模板具有选择性的转录称为不对称转录。作为模板被转录的那股 DNA 链称为模板链（template strand），与其互补的另一股不被转录的 DNA 链称为编码链（coding strand）。模板链并非总是在同一股 DNA 单链上，即在某一区段 DNA 分子中一股链是模板链，而在另一区段 DNA 分子中又以其互补链作为模板。因此，就整个双链 DNA 分子而言，每一股链都含有指导 RNA 合成的模板（图 12-1）。但是，现在越来越多的基因被确认为：其转录区的两股链都可以被转录，至少是部分序列可以被转录。RNA 聚合酶催化合成的 RNA 称为初级转录产物，大多数需要经过转录后加工才能成为成熟 RNA 分子。

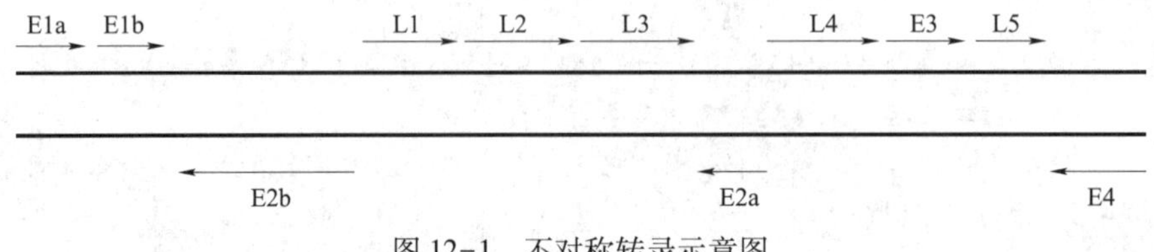

图 12-1　不对称转录示意图

二、RNA 聚合酶

RNA 聚合酶（RNA polymerase）以 DNA 为模板催化 RNA 的转录合成，又称为 DNA 指导的 RNA 聚合酶，是参与转录的关键物质之一。4 种核糖核苷三磷酸（ATP、GTP、CTP、UTP）作为 RNA 聚合酶的底物，二价金属离子 Mg^{2+}、Mn^{2+} 是该酶的必需辅因子。其催化的反应表示为：$(NMP)_n + NTP \rightarrow (NMP)_{n+1} + PPi$。

1. RNA 聚合酶的特点　RNA 聚合酶催化 RNA 的合成，其与 DNA 聚合酶有许多相同的催化特点：①以 DNA 为模板；②催化核苷酸通过聚合反应合成核酸；③聚合反应是核苷酸形成 3′,5′-磷酸二酯键的反应；④以 3′→5′方向阅读模板，5′→3′方向合成核酸；⑤按照碱基配对原则忠实转录模板序列。但是，RNA 聚合酶亦有不同于 DNA 聚合酶的催化特点（表 12-1）。

表 12-1　RNA 聚合酶与 DNA 聚合酶特点比较

特点	RNA 聚合酶	DNA 聚合酶
DNA 模板	基因组局部（转录区），转录单链（模板链）	基因组全部，复制双链
原料	NTP	dNTP
引物	不需要	需要
碱基配对原则	A-U，T-A，G-C，C-G	A-T，T-A，G-C，C-G
校对功能	无，错配率 $10^{-4} \sim 10^{-5}$	有，错配率 $10^{-6} \sim 10^{-8}$
终止	识别部分终止子	不识别终止区
产物	单链 RNA	双链 DNA
后加工	有	无
功能	转录	复制

2. RNA 聚合酶的分类　通常可根据生物的类别，将 RNA 聚合酶分为原核生物 RNA 聚合酶和真核生物 RNA 聚合酶。

（1）原核生物 RNA 聚合酶　目前研究得最清楚的是大肠埃希菌 RNA 聚合酶。该酶是由五种亚基组成的六聚体（$\alpha_2\beta\beta'\omega\sigma$），分子量约 500 000。其中，$\alpha_2\beta\beta'\omega$ 称为核心酶（core enzyme），σ 因子与核心酶结合后称为全酶（holoenzyme）。各亚基功能见表 12-2。

表 12-2　大肠埃希菌 RNA 聚合酶各亚基功能

亚基	功能
σ 亚基	识别 DNA 模板上的启动子
α 亚基	与基因的调控序列结合，决定被转录基因的类型和种类
β 亚基	催化 3′,5′-磷酸二酯键的形成
β′ 亚基	与 DNA 模板结合，促进 DNA 解链
ω 亚基	促进 RNA 聚合酶装配

σ 因子的主要作用是识别 DNA 模板上的启动子，其单独存在时不能与 DNA 模板结合，与核心酶结合成全酶后，才可使全酶与模板 DNA 上的启动子结合。当它与启动基因的特定碱基序列结合后，DNA 双链解开一部分，使转录开始，故 σ 因子又称起始因子。已经鉴定的大肠埃希菌有 7 种 σ 因子，不同的 σ 因子可以竞争结合核心酶，以决定哪个基因被转录。其中 σ^{70}（数字表示其分子量大小）协助识别管家基因的启动子。环境变化可以诱导产生特定 σ 因子，启动特定基因的转录。

核心酶只有一种，参与整个转录过程，催化所有 RNA 的转录合成。

其他原核生物的 RNA 聚合酶在结构和功能上均与大肠埃希菌相似。抗生素利福平或利福霉素可以特异抑制原核生物的 RNA 聚合酶，成为抗结核菌治疗的药物。它专一性地结合 RNA 聚合酶的 β 亚基。若在转录开始后才加入利福平，仍能发挥其抑制转录的作用，这说明 β 亚基是在转录全过程都起作用的。

（2）真核生物 RNA 聚合酶　真核生物有 3 种不同的细胞核 RNA 聚合酶，分别是 RNA 聚合酶Ⅰ（RNA pol Ⅰ）、RNA 聚合酶Ⅱ（RNA pol Ⅱ）和 RNA 聚合酶Ⅲ（RNA pol Ⅲ）。这三种 RNA 聚合酶不仅在功能和理化性质上不同，而且对 α-鹅膏草碱（一种毒蘑菇含有的环八肽毒素）的敏感性也不同（表 12-3）。

表 12-3　真核生物细胞核 RNA 聚合酶

RNA 聚合酶	定位	转录产物	对 α-鹅膏草碱的敏感性
RNA 聚合酶Ⅰ	核仁	28S、5.8S、18S rRNA 前体	极不敏感
RNA 聚合酶Ⅱ	核质	mRNA、snRNA 前体	非常敏感
RNA 聚合酶Ⅲ	核质	5S rRNA、tRNA、snRNA 前体	中等敏感

真核生物的 3 种细胞核 RNA 聚合酶的结构比原核生物复杂，3 种 RNA 聚合酶都有 2 个不同的大亚基、2 个类 α 亚基和 1 个类 ω 亚基，分别与大肠埃希菌核心酶的 β 和 β′、2 个 α 亚基和 ω 亚基同源。除上述 5 个亚基外，三种 RNA 聚合酶还各含 7～11 个小亚基。合成 RNA 时，原核细胞依赖 RNA 聚合酶的各个亚单位就能完成转录过程，而真核细胞还需要一些蛋白质因子参与，并对转录产物进行加工修饰。

真核生物线粒体有自己的 RNA 聚合酶，催化合成线粒体 mRNA、tRNA 和 rRNA。线粒体 RNA 聚合酶在功能和性质上与原核细胞 RNA 聚合酶类似，其活性也可被利福平或利福霉素抑制。

PPT

第二节　RNA 的转录过程

原核生物和真核生物 RNA 的转录合成遵循着共同的规律，分为起始、延长和终止三个阶段。但原核生物和真核生物 RNA 聚合酶的结构、性质不同，与模板结合的特异性不同，所以转录过程不尽相同。

一、原核生物 RNA 转录过程

大肠埃希菌 RNA 的转录合成分为起始、延长、终止和后加工四个阶段。转录起始阶段需要 RNA 聚合酶全酶催化，其所含的σ因子协助识别并结合启动子元件，延长阶段需要核心酶催化，终止阶段有的需要ρ因子参与。

（一）转录起始

转录起始是基因表达的关键阶段，RNA 聚合酶全酶与 DNA 模板的启动子结合，DNA 双链局部解开，根据模板序列进入第一、第二个 NTP 并形成 3′,5′-磷酸二酯键，构成转录起始复合物，启动 RNA 合成。

课堂互动

原核生物 RNA 聚合酶是如何识别、结合 DNA 模板启动转录的?

1. 启动子 是 RNA 聚合酶识别、结合和启动转录的一段 DNA 序列，具有方向性。启动子（promoter）的结构影响其与 RNA 聚合酶的结合，从而影响其所控制基因的表达效率。

通常将编码链上位于转录起始位点的核苷酸编为+1 号；转录进行的方向为下游，核苷酸依次编为+2 号、+3 号等；相反方向为上游，核苷酸依次编为-1 号、-2 号等。大肠埃希菌基因的启动子位于-70 区~+30 区，长度为 40~70bp，其中有两段保守序列，具有高度的保守性和一致性，称为 Sextama 框和 Pribnow 框，分别位于-35 区和-10 区（图 12-2）。

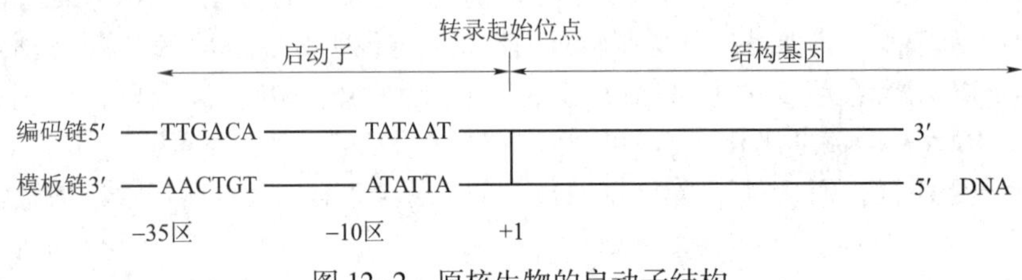

图 12-2 原核生物的启动子结构

（1）Sextama 框 共有序列 TTGACA，位于-35 号核苷酸处，故又称-35 区，是 RNA 聚合酶依靠σ因子识别并初始结合的位点，又称 RNA 聚合酶识别位点。

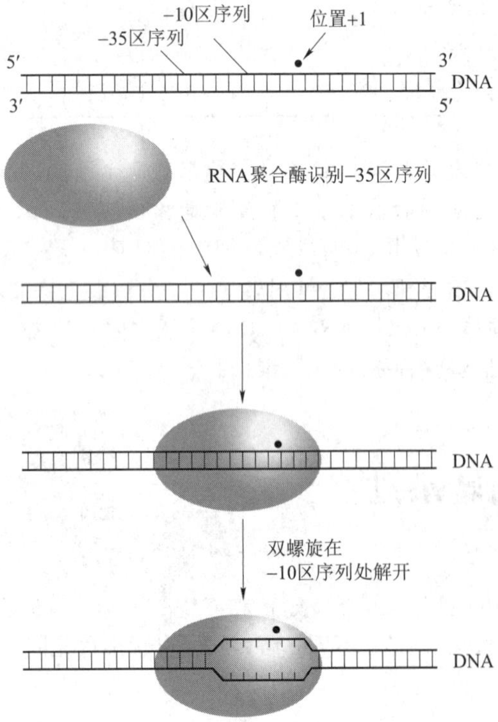

（2）Pribnow 框 共有序列 TATAAT，位于-10 号核苷酸处，故又称-10 区，是 RNA 聚合酶牢固结合的位点，又称 RNA 聚合酶结合位点。Pribnow 框富含 A-T 碱基对，容易解链，有利于 RNA 聚合酶结合并启动转录。其功能是：①与 RNA 聚合酶紧密结合；②形成开放起始复合体；③使 RNA 聚合酶定向转录。

实际上，仅有少数基因启动子-35 区和-10 区的碱基序列与共有序列完全相同，多数启动子存在碱基差异，并且差异碱基的多少影响到转录的启动效率。差异碱基少的启动子启动效率高，属于强启动子；差异碱基多的启动子启动效率低，属于弱启动子。

图 12-3 大肠埃希菌的转录起始

2. 起始过程 大肠埃希菌转录起始过程可分四步（图 12-3）。

（1）形成闭合复合体 大肠埃希菌 RNA 聚合酶核心酶与 DNA 的结合是非特异性的，在与σ因子结合成全酶时获得特异性。σ因子辨认启动子-35 区的 TTGACA 序列，RNA 聚合酶全酶与之结合。在这一区段，酶与模板结合松弛。

（2）形成开放复合体　RNA 聚合酶全酶向下游移动，-10 区富含 A 和 T 碱基，DNA 双螺旋容易解开。DNA 双链解开约 17bp（包括转录起始位点）。

（3）启动 RNA 合成　RNA 聚合酶全酶根据模板链指令获取第一、二个 NTP，形成 3′,5′-磷酸二酯键。其中第一个核苷酸通常是 GTP 或 ATP，与模板链互补的第二个核苷酸进入，并与第一个核苷酸之间形成磷酸二酯键，释放出焦磷酸，GTP 或 ATP 在形成磷酸二酯键之后，保留其 5′端的三磷酸基，生成四磷酸二核苷酸 pppGpN，直到转录后加工时才被修饰或切除。

$$pppG\text{-}OH+pppN\text{-}OH \rightarrow pppGpN\text{-}OH+PPi$$

（4）释放 σ 因子　RNA 聚合酶全酶催化数个核苷酸连接到 RNA 链上，此时酶与 DNA 模板结合较稳定，σ 因子脱落，核心酶构象改变，沿着 DNA 模板链向下游移动。合成进入到持续稳定的延伸状态。脱落的 σ 因子可与另一核心酶结合，循环参与起始位点的识别作用。

（二）转录延长

在此阶段，核心酶沿着 DNA 模板链 3′→5′方向移动，使双链 DNA 保持约 17bp 解链；同时，NTP 按照碱基配对原则与模板链结合，由核心酶催化，通过 α-磷酸基与 RNA 的 3′-羟基形成磷酸二酯键，使 RNA 链以 50~90nt/s 的速度从 5′→3′方向延伸。

新合成的 RNA 链与模板 DNA 链配对形成 RNA-DNA 杂交双链，这种由酶-DNA-RNA 形成的转录复合物，称为转录泡（transcription bubble）（图 12-4）。在转录泡上，RNA 的 3′端始终与模板链结合，形成长约 8bp 的 RNA-DNA 杂交体，而 5′ 端则脱离模板链甩出，但仍保持 pppGpN 结构。由于 DNA-DNA 双链结构比 RNA-DNA 杂交双链稳定，已经转录完毕的 DNA 模板链与编码链重新结合。

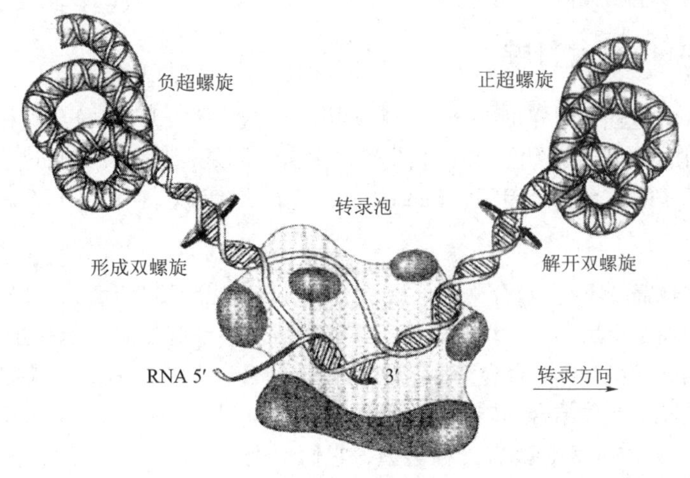

图 12-4　转录泡

转录延长有以下特点：①核心酶负责 RNA 链延长反应；②RNA 聚合酶对 DNA 模板链的阅读方向是 3′端向 5′端，合成的 RNA 链从 5′端向 3′端延长，与模板链呈反向互补；③合成区域存在着动态变化的 8bp 的 RNA-DNA 杂合双链；④模板 DNA 的双螺旋结构随着核心酶的移动发生解链和再复合的动态变化。

（三）转录终止

RNA 聚合酶核心酶读到转录终止信号时结束转录，RNA 释放，核心酶与模板链解离。转录终止信号又称终止子（terminator），是位于转录区下游的一段 DNA 序列，最后才被转录，编码 RNA 的 3′端。原核生物基因的终止子分为两类：ρ 因子非依赖型终止子和 ρ 因子依赖型终止子。

1. ρ 因子非依赖型终止子　这类基因终止子的转录产物有两个特征：①有一段连续的 U 序列，与模板链以 A-U 对结合；②U 序列之前有一段富含 G 和 C 的回文序列，可以形成茎环结构。茎环结构一方面削弱 A-U 结合力，使 RNA 容易释放，另一方面改变 RNA 与核心酶的结合，使转录终止（图 12-5）。

2. ρ 因子依赖型终止子　这类基因终止子的转录产物没有连续的 U 序列，但终止子有一个富含 CA

的 rut 元件。rut 元件本身不能终止转录，需要 ρ 因子的协助。ρ 因子是一种同六聚体蛋白，具有依赖 RNA 的 ATP 酶和依赖 ATP 的解旋酶活性。目前认为 ρ 因子终止转录的机制是：ρ 因子结合到新生 RNA 的 5′端，靠水解 NTP 产生的能量沿着 RNA 链向 3′方向移动。当 RNA 聚合酶在终止序列处暂停时，ρ 因子与 RNA 聚合酶的 β 亚基结合。ρ 因子的 ATP 酶活性催化 ATP 水解，释放出的能量使 DNA-RNA 之间的碱基对解开，RNA 链释放下来（图 12-6）。

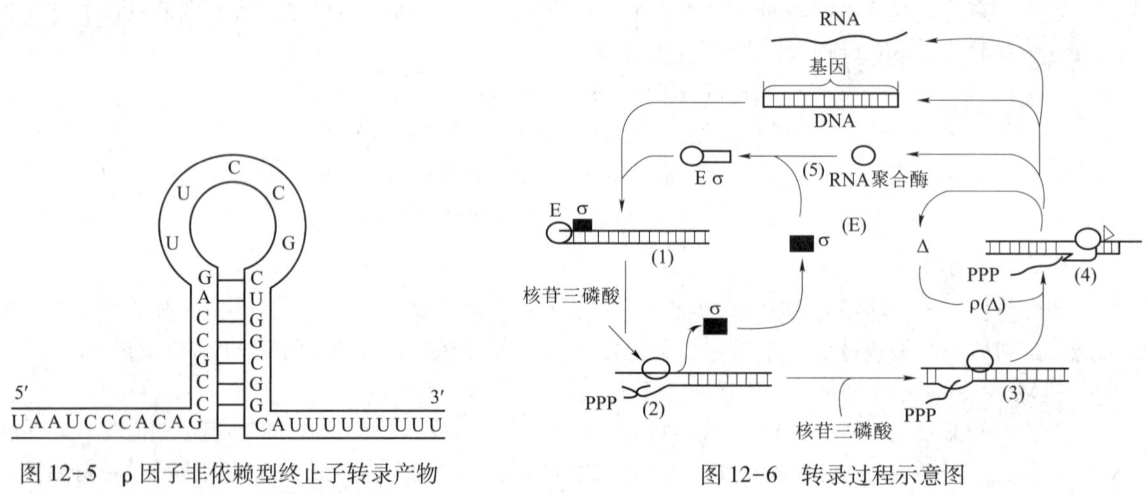

图 12-5 ρ 因子非依赖型终止子转录产物

图 12-6 转录过程示意图

大肠埃希菌 mRNA 基因的初级转录产物即为 mRNA，一般不需后加工。rRNA 和 tRNA 前体需要进行后加工，加工方式与真核生物类似。

二、真核生物 RNA 转录过程

真核生物的基因转录过程，同样可以分为 3 个阶段：起始阶段（RNA 聚合酶和通用转录因子形成转录起始复合体）、延长阶段和转录终止。与原核生物的显著不同是，起始和延长过程都需要众多相关的蛋白质因子参与，这些因子被称为转录因子（transcription factor，TF）。

（一）转录起始

真核生物转录起始也需要 RNA 聚合酶辨认启动子序列并形成起始复合物。真核生物的转录起始比原核生物复杂，其调控序列是由启动子、增强子及沉默子组成。转录起始时，原核生物 RNA 聚合酶可直接与 DNA 模板结合，而真核生物 RNA 聚合酶不直接与模板结合，需要众多的转录因子参与，形成转录起始前复合物。其中与启动子元件结合的转录因子称为通用转录因子（general transcription factor）。

1. 启动子 真核生物 RNA 聚合酶有三种类型，它们识别的启动子各有特点。RNA 聚合酶Ⅱ识别的Ⅱ类启动子包含两类元件（图 12-7）：①核心启动子元件（CPE），包括起始子、TATA 框和下游启动子元件，功能是确定转录起始位点；②上游启动子元件（UPE），包括 GC 框和 CAAT 框，功能是控制转录启动效率。这些启动元件并非存在于所有的Ⅱ类启动子。

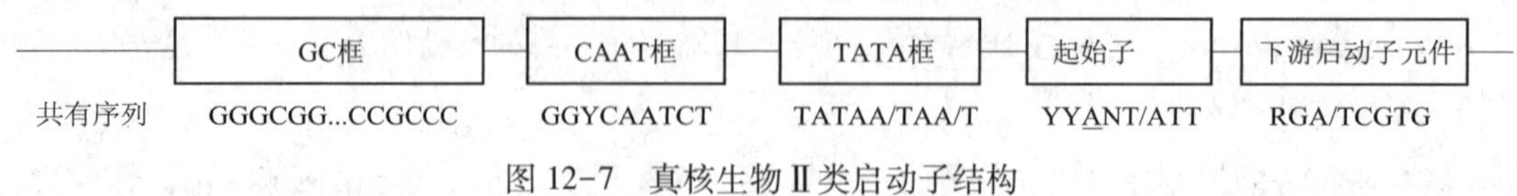

图 12-7 真核生物Ⅱ类启动子结构

2. 转录因子 相对应于 RNA 聚合酶Ⅰ、Ⅱ、Ⅲ的 TF，分别称为 TFⅠ、TFⅡ、TFⅢ。目前已知 RNA 聚合酶Ⅱ至少有六种不同的转录因子参与转录起始复合物的形成，这些转录因子包括 TFⅡA、TFⅡB、TFⅡD、TFⅡE、TFⅡF 和 TFⅡH（表 12-4）。其中 TFⅡD 是起始转录中最重要的通用转录因子，是唯一能识别并结合 TATA 框的转录因子。它是由 TATA 结合蛋白（TATA binding protein，TBP）和 8~10 个 TBP 辅因子（TBP associated factor，TAF）组成的复合物，TBP 能与 TATA 框结合，TAF 能辅助 TBP 与 TATA 框结合。

表 12-4　人 RNA 聚合酶Ⅱ的通用转录因子

转录因子	功能
TFⅡA	与 TBP 结合，稳定 TBP 与 TATA 框的结合
TFⅡB	与 TFⅡD 结合，协助 RNA 聚合酶Ⅱ与启动子结合，决定转录起始
TFⅡD	TBP 和 TAF 形成的复合物，与 TATA 框结合
TFⅡE	结合 TFⅡH，调节 TFⅡH 的解旋酶和蛋白激酶活性
TFⅡF	协助 TFⅡB，促使 RNA 聚合酶Ⅱ与启动子结合，促进转录延长
TFⅡH	具有解旋酶及蛋白激酶活性，参与转录起始

3. 起始过程　RNA 聚合酶在转录因子协助下，识别并结合启动子元件，组装转录起始复合物。其过程包括：①TFⅡD-TFⅡA-TFⅡB-DNA 复合物形成；②RNA 聚合酶Ⅱ就位，闭合转录前起始复合体形成；③DNA 解链，开放转录起始复合物形成；④第一、二个核苷酸通过磷酸二酯键连接，启动 RNA 合成。

（二）转录延长

真核生物基因的转录延长与原核生物基本相同，但需转录延长因子参与，且转录速度较慢（10nt/s）。RNA 聚合酶Ⅱ在转录反应中被修饰，修饰的聚合酶在转录延伸过程可以募集其他组分，包括一些 RNA 加工酶等。

（三）转录终止

真核生物终止机制未完全阐明。目前研究表明，真核生物的转录终止是和转录后修饰密切相关的。例如，真核生物 mRNA 所特有的多腺苷酸［poly(A)］尾结构，是转录后才加上的，因为在 DNA 模板链上并未找到相应的多胸苷酸［poly(dT)］。RNA 聚合酶Ⅱ所催化的 mRNA 前体的转录终止是与 poly(A) 尾的形成同时发生的。分析 mRNA 的 DNA 序列，发现其最后一个外显子中有一段保守序列，称为加尾信号，其共有序列是 AAUAAA，再远处的下游还有一段富含 G 和 U 的序列（图 12-8）。这些序列被认为是 mRNA 转录终止的相关信号。

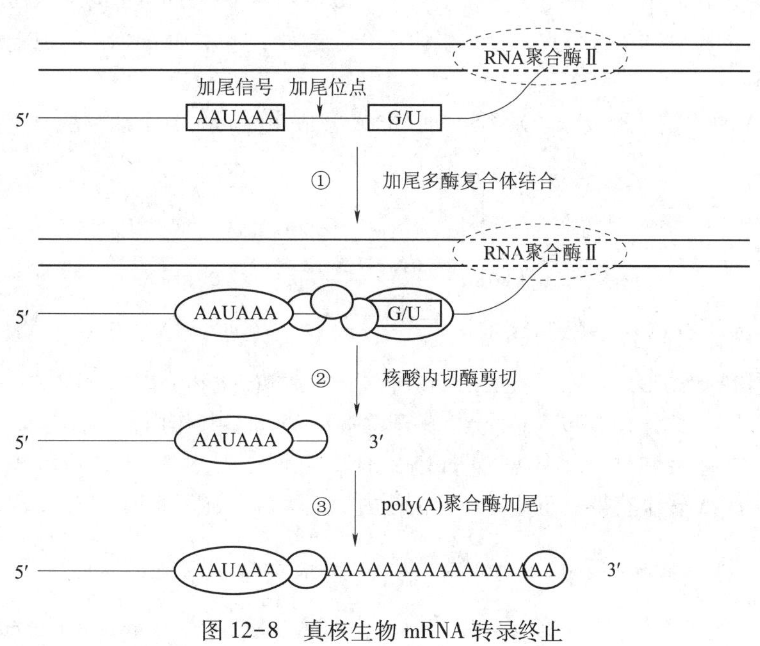

图 12-8　真核生物 mRNA 转录终止

案例解析

【案例】以 RNA 聚合酶为靶点的抗生素。

【解析】抑制细菌的 RNA 聚合酶活性，从而抑制 RNA 合成。转录是基因表达的第一步，缺乏 RNA 聚合酶活性意味着没有蛋白质的合成。因此，RNA 聚合酶受抑制可导致生物体死亡。

例：利福霉素及其同类化合物可与细菌 RNA 聚合酶全酶特异性结合，抑制转录进入延长阶段。其具有广谱抗菌作用，对结核杆菌杀伤力更强，用于结核病治疗。哺乳动物 RNA 聚合酶与原核生物的差别很大，故利福霉素不会对宿主产生明显的毒副作用。

PPT

第三节 真核生物的转录后加工

转录生成的 RNA 是初级转录产物（primary transcripts），其分子量大，且不具有生物学活性。原核生物和真核生物转录初级产物均需要在酶的作用下，进行加工修饰才能成为有活性的 RNA。

真核生物 RNA 的转录后加工尤为复杂和重要。真核生物有完整的细胞核，转录和翻译存在时空隔离；真核生物基因多数是断裂基因，在转录之后需要把外显子剪接成连续的编码序列。真核生物 RNA 的转录后加工主要在细胞核中进行。

一、mRNA 的转录后加工

真核生物 mRNA 基因的初级转录产物称为 mRNA 前体，经过加工成为成熟 mRNA，加工方式主要有加帽、加尾、剪接等。

1. 帽子结构的形成 真核生物大多数 mRNA 的 5′端存在特殊结构，第一个核苷酸是 N^7-甲基鸟苷酸，与第二个核苷酸以 5′-5′三磷酸键连接，该结构称为真核生物 mRNA 的 5′帽子结构，表示为 m^7GpppNpN（图 12-9）。其作用：①参与 5′外显子剪接；②参与成熟的 mRNA 向细胞质转运；③是真核生物核糖体 40S 小亚基的识别和结合位点，参与蛋白质合成起始；④增加 mRNA 的稳定性，阻止 5′核酸外切酶对 mRNA 的降解。

真核生物 mRNA 的 5′帽子形成于转录的早期，RNA 合成 20~30nt 时由加帽酶、甲基转移酶等催化形成。反应过程如下：

$$\text{pppG-C-RNA} \xrightarrow{\text{RNA 磷酸酶}} \text{ppG-C-RNA} + \text{Pi}$$

$$\text{pppG} + \text{ppG-C-RNA} \xrightarrow{\text{鸟苷酸转移酶}} \text{GpppG-C-RNA} + \text{PPi}$$

$$\text{GpppG-C-RNA} + S\text{-腺苷甲硫氨酸} \xrightarrow{\text{甲基转移酶}} \text{m}^7\text{GpppG-C-RNA} + S\text{-腺苷同型半胱氨酸}$$

2. poly（A）尾结构的形成 除了组蛋白 mRNA 之外，真核生物 mRNA 的 3′端都有多腺苷酸序列，称为 poly（A）尾，其长度因不同 mRNA 而异，一般为 80~250nt。其作用：①参与 mRNA 向细胞质转运；②参与蛋白质合成的起始和终止；③增加 mRNA 的稳定性，阻止 3′核酸外切酶对 mRNA 的降解。poly（A）尾不是由 DNA 转录获得，而是转录后在核内加上去的。加尾修饰与 RNA 转录终止同时进行。

$$\text{mRNA-X—OH} + n\text{ATP} \xrightarrow{Mg^{2+}\text{或}Mn^{2+}} \text{mRNA-X-(A)}_n\text{-A—OH} + n\text{PPi}$$

真核生物 mRNA 基因的 3′端有一段保守序列，称为加尾信号（polyadenylation signal），其共有序列是 AATAAA。加尾信号下游 10~30bp 处是加尾位点（polyadenylation site），加尾位点下游 20~40bp 处有一段富含 G 和 T 的序列。RNA 聚合酶Ⅱ转录过加尾位点之后，一个由核酸内切酶、poly（A）聚合酶、加尾信号识别蛋白等构成的加尾多酶复合物与加尾信号结合。核酸内切酶从加尾位点切断 RNA。poly（A）聚合酶在 RNA 的 3′端合成 80~250nt 的 poly（A）尾。

3. 剪接 真核生物 mRNA 基因多数是断裂基因（split gene），即其编码序列是不连续的（见第二章），在转录区及初级转录产物中外显子与内含子交替连接（图 12-10）。真核生物通过加工除去初级转录产物中的内含子，连接外显子，得到成熟 mRNA 分子的过程称为剪接（splicing）。

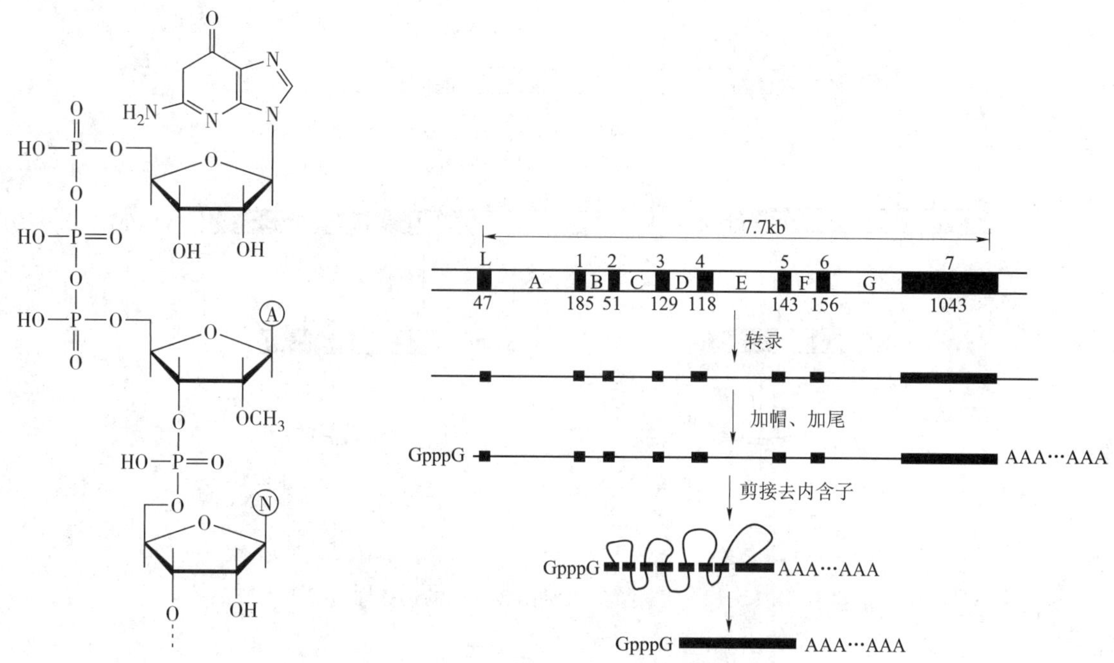

图 12-9 真核生物 mRNA 5′帽子结构

图 12-10 鸡卵清蛋白基因转录及其转录后加工修饰

外显子以 L、1、2、3、4、5、6、7 表示，

内含子以 A、B、C、D、E、F、G 表示

mRNA 剪接反应需要有核小 RNA（small nuclear RNA，snRNA）参与。这些 snRNA 与蛋白质结合成小核糖核蛋白颗粒（small nuclear ribonucleoprotein partical，snRNP），每一种 snRNP 含有一种 snRNA。几乎所有真核生物的 mRNA 前体剪接点都具有特征的 GU 为 5′端起始，AG 为 3′端末端，称为 GU-AG 规则，亦称为剪接接头（splicing junction）或边界序列（图 12-11）。

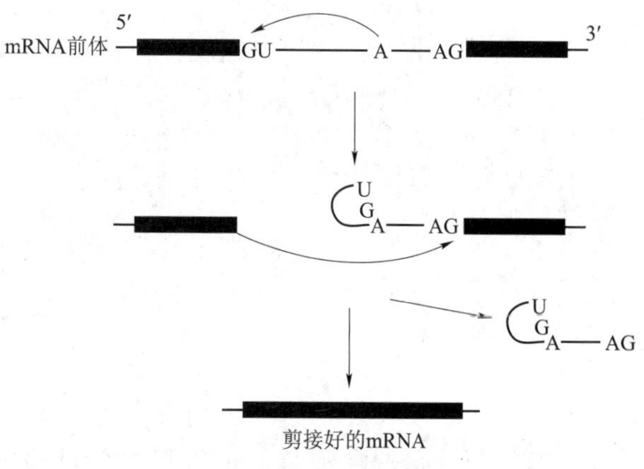

图 12-11 mRNA 的剪接示意图

很多 mRNA 前体可以产生两种或两种以上的成熟 mRNA，说明真核生物的剪接方式存在可变性，这一现象称为可变剪接，又称选择性剪接。例如，大鼠的同一前体 mRNA 分子，由于其具有 2 个多腺苷酸位点，经选择性剪接，形成了两种不同的成熟 mRNA 分子，分别在甲状腺指导降钙素的合成，在脑组织则指导降钙素基因相关肽合成（图 12-12）。

二、tRNA 的转录后加工

真核生物 tRNA 基因由 RNA 聚合酶Ⅲ催化转录，得到的初级转录产物由 100~140nt 组成。在 tRNA 前体分子中，5′端有一段前导序列，3′端含有一段附加序列，中部为 10~60nt 组成的内含子，一般位于反密码子环。

tRNA 前体后加工包括：①剪切 5′端的前导序列和 3′端的附加序列；②由 tRNA 核苷酸转移酶催化，以 CTP 和 ATP 为底物合成 3′端 CCA；③常规碱基修饰形成稀有碱基，如嘌呤碱基甲基化成甲基嘌呤、腺嘌呤脱氨基成次黄嘌呤、尿嘧啶还原成二氢尿嘧啶及尿苷变位成假尿苷等；④切除中部内含子，将两段外显子连接（图 12-13）。

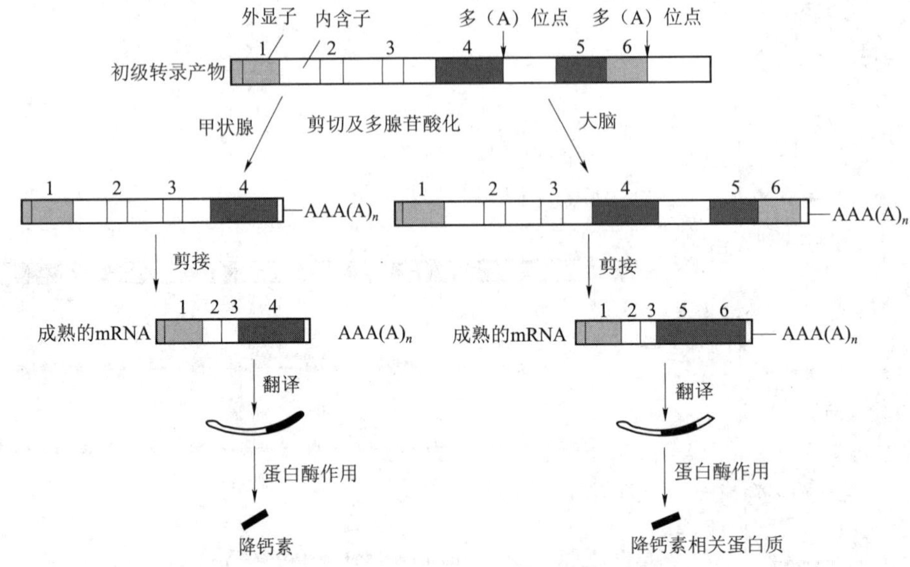

图 12-12　大鼠降钙素基因转录物的选择性剪接

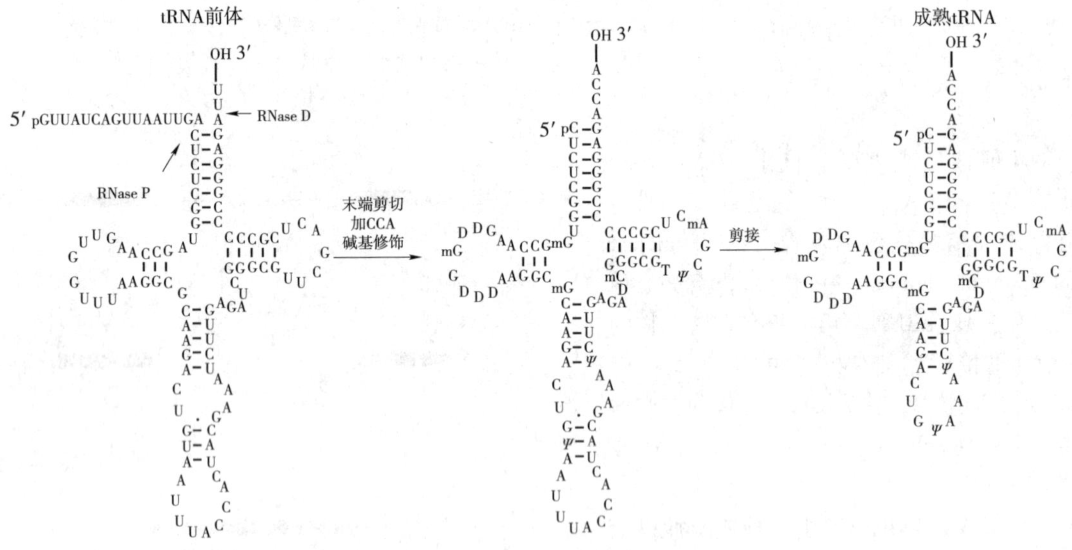

图 12-13　真核生物 tRNA 转录后加工

三、rRNA 的转录后加工

真核生物 18S rRNA、5. 8S rRNA 和 28S rRNA 基因组成一个转录单位，它们彼此间被间隔序列分开。经 RNA 聚合酶 I 催化生成一条 45S 的 rRNA 前体，在多种核酸酶作用下产生 18S rRNA、5. 8S rRNA 和 28S rRNA（图 12-14）。rRNA 成熟后，就在核仁上与核糖体蛋白装配成大、小亚基，形成核糖体，通过核孔转运到胞质，参与蛋白质的生物合成。

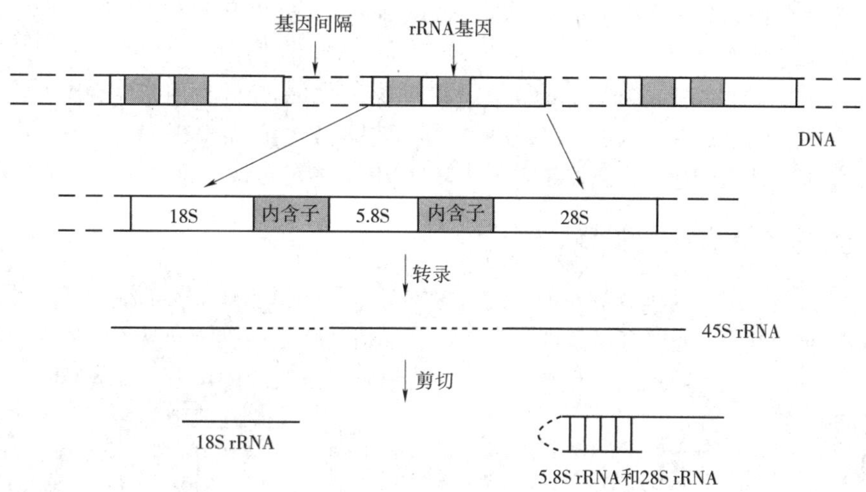

图 12-14　真核生物 rRNA 转录后加工

案例解析

【案例】 为什么内含子剪切的一些突变可能导致某些遗传性疾病的发生？

【解析】 mRNA 的剪接是一个由许多分子事件组成的复杂过程，这些分子事件的突变可能导致某些遗传性疾病的发生。例如，几乎所有真核生物的 mRNA 前体剪接点都具有特征的 GU 为 5′端起始，AG 为 3′端末端，称为 GU-AG 规则，亦称为剪接接头。如果其中的 G 突变为 A，就意味着剪接会越过这一位点，导致成熟的 mRNA 中存在多余序列；亦可能导致该有的序列被错误的剪切。此为 β-地中海贫血的发病机制之一，β-珠蛋白 mRNA 的错误剪接造成功能性 β-珠蛋白的合成减少，与细胞内 α-珠蛋白的比例失衡，不能形成有效的血红蛋白，导致贫血症状的出现。

第四节　基因转录调控

课堂互动

基因转录是如何调控的？其基本要素包括哪些？

基因转录调控又称转录调节，是对 RNA 合成时机、合成水平的调控，主要是控制转录起始，其本质是控制 RNA 聚合酶与启动子的识别与结合。

一、基因转录调控的基本要素

RNA 聚合酶、调控序列和调节蛋白是调节转录起始的基本要素。

1. 调控序列　调控序列（regulatory sequence）是影响基因表达效率的 DNA 序列。根据作用机制分为两类：①顺式作用元件（*cis*-acting element），是基因序列的一部分，通过与 RNA 聚合酶或调节蛋白结合调节基因表达。包括启动子、终止子、原核生物的操纵基因和激活蛋白结合位点，真核生物的增强子和沉默子等。②反式作用元件（*trans*-acting element），又称调节基因（regulatory gene），通过编码产物调节基因表达。其编码产物称为反式作用因子（*trans*-acting factor），包括蛋白质和 RNA。反式作用元件与其靶基因可位于不同染色体 DNA 上。

2. 调节蛋白 调节蛋白（regulatory protein）又称调节因子，是反式作用元件编码产物之一。调节蛋白通过与顺式作用元件结合调节基因表达，是决定基因表达特异性的主要因素。调节蛋白调节基因表达产生两种效应：①促进基因表达的正调控效应；②阻遏基因表达的负调控效应。

二、原核生物转录水平的调节

原核生物是单细胞生物，通过调节其各种代谢适应营养条件和环境条件的变化，并使其生长繁殖达到最优化。原核生物的基因表达与环境条件关系密切，其相关基因形成的操纵子结构有利于对环境变化迅速做出反应。此外，原核生物没有细胞核，mRNA 的编码区是连续的，因此，其 mRNA 转录合成和蛋白质合成可以同时进行。

（一）操纵子

大多数原核生物的多个功能相关基因串联在一起，依赖同一调控序列对其转录进行调节，使这些相关基因实现协调表达。操纵子机制在原核基因表达调控中具有普遍意义。

操纵子（operon）是原核生物基因的转录单位，亦是原核生物绝大多数基因转录调控的基本单位，由启动子、操纵基因和受操纵基因调控的一组结构基因组成（图 12-15），有些操纵子还有激活蛋白结合位点。例如大肠埃希菌有 4000 多个基因，有约半数基因形成操纵子。每个结构基因序列都含有一个独立的开放阅读框，指导合成一种蛋白质，该 RNA 分子称为多顺反子 mRNA（polycistronic mRNA）。

1. 启动子 决定基因的基础转录水平。大肠埃希菌基因的启动子包含-35 区和-10 区两段保守序列，分别是 RNA 聚合酶的识别位点和结合位点。

2. 操纵基因 与启动子相邻、重叠或包含，是阻遏蛋白结合位点。阻遏蛋白与操纵基因（operator）的结合可以使 RNA 聚合酶不能与启动子结合，或结合后不能启动转录结构基因。

3. 激活蛋白结合位点 位于启动子上游，是激活蛋白结合位点（activator site）。激活蛋白结合于该位点时可以增强 RNA 聚合酶的转录启动活性。

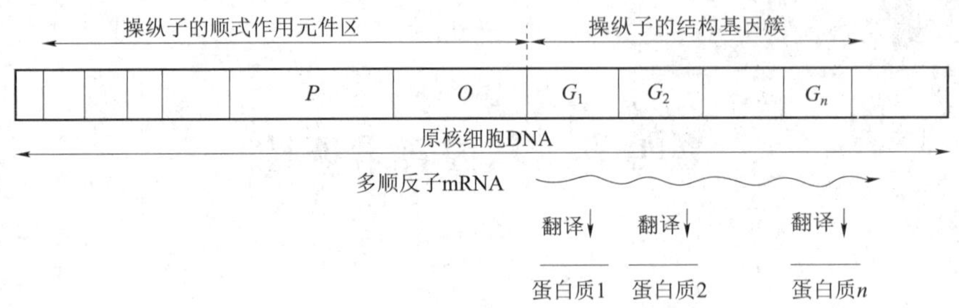

图 12-15 操纵子和多顺反子 mRNA

P：启动子，*O*：操纵基因，G_1、G_2、G_n：结构基因

（二）乳糖操纵子的调控机制

葡萄糖是大肠埃希菌的主要能源。当可以得到葡萄糖和其他糖时，大肠埃希菌会先利用葡萄糖，这种现象称为葡萄糖效应或分解代谢物阻遏。当葡萄糖耗尽之后，大肠埃希菌会停止生长，经过短暂适应，转而利用其他糖。针对这种现象，Jacob 和 Monod（1965 年诺贝尔生理学或医学奖获得者）经过研究，于 1960 年提出操纵子模型。该模型被视为阐述原核生物基因转录调控机制的经典模型。

1. 乳糖操纵子的基本组件及其作用 大肠埃希菌乳糖操纵子（*lac* operon）包含三个结构基因（*lacZ*、*lacY*、*lacA*）和位于其上游的调控序列。*lacZ* 基因编码 β-半乳糖苷酶，催化乳糖分解为半乳糖和葡萄糖；*lacY* 基因编码 β-半乳糖苷通透酶，促进乳糖透过细胞膜进入细菌体内；*lacA* 基因编码硫代半乳糖苷乙酰转移酶，催化生成乙酰半乳糖。调控序列包括操纵基因 *lacO*、启动子 *lacP* 和分解代谢物基因激活蛋白结合位点（简称 CAP 位点）等调控序列。乳糖操纵子上游还存在一个调节基因 *lacI*，*lacI* 基因具有独立的启动序列，组成性表达一种阻遏蛋白 *LacI*。*LacI* 可与 *lacO* 序列结合，使操纵子受阻遏而处于关闭状态。别乳糖可以结合阻遏蛋白，使其构象变化而去阻遏（图 12-16）。

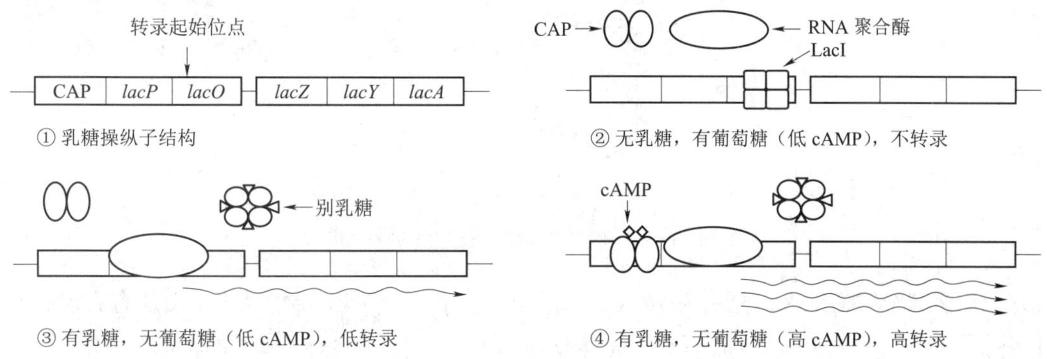

图 12-16 乳糖操纵子结构与调控机制

2. 乳糖操纵子受到阻遏蛋白和 CAP 的双重调节

（1）阻遏蛋白的负调控 在没有乳糖存在时，调节基因 *lacI* 表达的阻遏蛋白 LacI 与操纵基因 *lacO* 结合，阻碍 RNA 聚合酶与启动子 *lacP* 结合，抑制转录启动。当有乳糖存在时，乳糖通过细胞内已有的少量 β-半乳糖苷通透酶的作用进入细胞，再由 β-半乳糖苷酶催化，异构产生别乳糖（由半乳糖苷酶催化乳糖水解生成半乳糖和葡萄糖，别乳糖为其催化反应的副产物）。别乳糖作为诱导物与阻遏蛋白 LacI 结合，使 LacI 的构象发生改变，不能与操纵基因 *lacO* 结合，失去阻抑作用，使 RNA 聚合酶可以转录结构基因（图 12-16）。转录启动效率可以提高 1000 倍，翻译合成的 β-半乳糖苷酶用于乳糖分解。

（2）CAP 的正调控 野生型 *lacP* 为弱启动子，RNA 聚合酶与之识别、结合的效率很低，所以即使解除 LacI 的阻遏调控，乳糖操纵子的转录效率仍然不高，需要分解代谢物基因激活蛋白（CAP，又称 cAMP 结合蛋白）的激活调控。

CAP 是乳糖操纵子的激活蛋白，是一个同二聚体，每个亚基都含有两个结构域：DNA 结合域和 cAMP 结合域。CAP 必须与 cAMP 结合成复合物后才能结合到乳糖操纵子的 CAP 位点，促进转录，所以，CAP 的激活效应受细胞内 cAMP 浓度的控制。

大肠埃希菌细胞内 cAMP 水平与葡萄糖水平呈负相关：①当葡萄糖缺乏时，cAMP 水平高，CAP-cAMP 复合物水平高，与 CAP 位点结合效率高，促进 RNA 聚合酶与启动子结合，可以将转录启动效率提高 50 倍。②当葡萄糖充足时，cAMP 水平低，CAP-cAMP 复合物水平低，与 CAP 位点结合效率低，对乳糖操纵子转录的促进效应弱（图 12-16）。

（3）协同调节 乳糖操纵子的转录受 LacI 和 CAP 的双重调控，只有因存在乳糖而解除 LacI 的阻遏调控，同时因缺乏葡萄糖而启动 CAP 的激活调控，才会使乳糖操纵子高效转录，最终使 β-半乳糖苷酶分子从不到 10 个增加到几千个。

乳糖操纵子的双重调控机制有利于大肠埃希菌的生存。一方面在没有乳糖时，没有必要表达参与乳糖分解代谢的酶；另一方面在葡萄糖和乳糖都可利用时，诱导表达分解乳糖的酶系也不经济。因此，乳糖操纵子调控机制有利于大肠埃希菌优先利用最易代谢的葡萄糖。

（三）色氨酸操纵子的调控机制

原核生物受环境影响大，在生存过程中需要以最大限度减少能源消耗，对非必需蛋白质都尽量关闭其编码基因。例如，只要环境中有相应的氨基酸供应，大肠埃希菌就会将其合成代谢酶编码基因全部关闭。

大肠埃希菌色氨酸操纵子是一种阻遏操纵子，并可通过转录衰减的方式在转录延长环节上阻遏基因表达，从而有效关闭已经开始的 mRNA 转录合成。色氨酸操纵子的这种衰减调控其基础是原核生物的转录与翻译偶联（图 12-17）。转录与翻译的偶联调节提高了基因表达调控的有效性。

1. 色氨酸操纵子的基本组件 大肠埃希菌色氨酸操纵子（*trp* operon）编码一组催化分支酸合成色氨

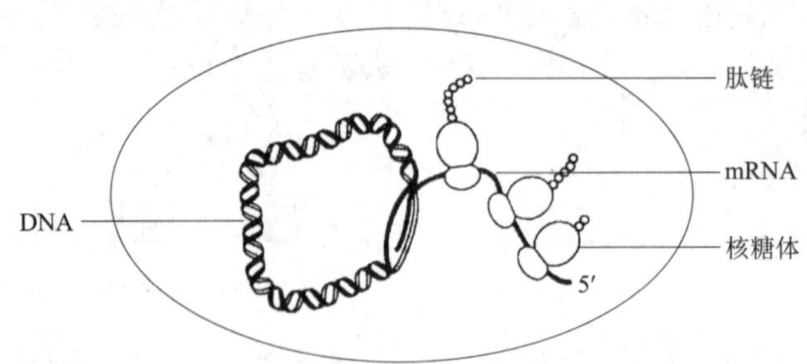

图 12-17　原核生物的转录与翻译偶联

酸的酶类，包含五个结构基因，分别为 *trpE*、*trpD*、*trpC*、*trpB* 和 *trpA*。结构基因上游还有启动子 *trpP*、操纵基因 *trpO* 和前导序列 *trpL*。色氨酸操纵子上游存在调节基因 *trpR*，编码阻遏蛋白 TrpR（图 12-18）。

2. 色氨酸操纵子的阻遏调控

（1）色氨酸缺乏时，游离的阻遏蛋白 TrpR 不能与操纵基因 *trpO* 结合，RNA 聚合酶可以有效地转录结构基因，维持较高的色氨酸合成速度。

（2）色氨酸充足时，色氨酸作为阻遏物与阻遏蛋白 TrpR 结合，形成活性复活物，与操纵基因 *trpO* 结合，阻遏 RNA 聚合酶与 *trpP* 结合。已转录的 mRNA 也很快降解（其半衰期约 3 分钟），最终降低色氨酸的合成速度（图 12-18）。

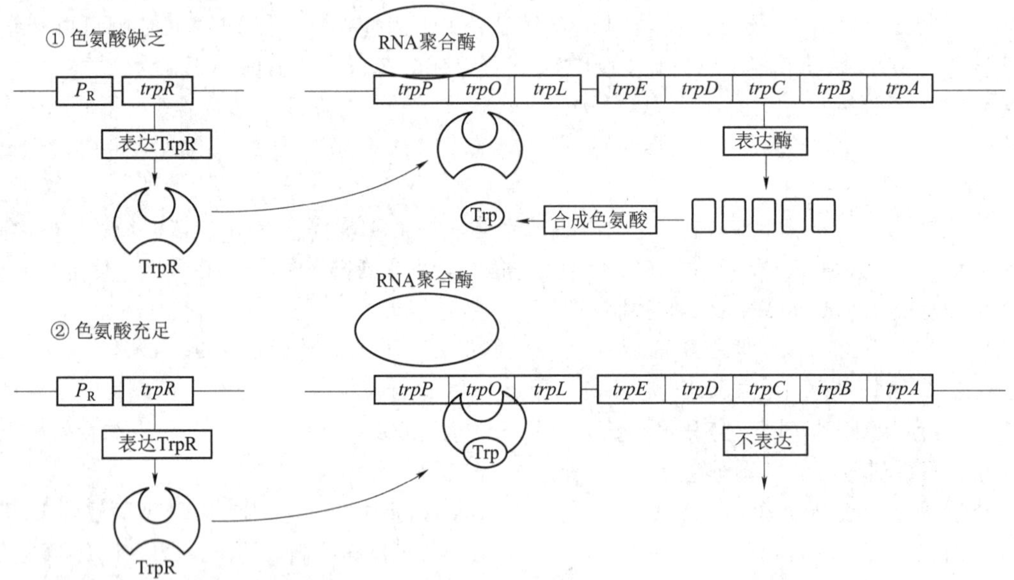

图 12-18　色氨酸操纵子结构及其阻遏调控机制

3. 色氨酸操纵子的衰减调控　衰减调控又称弱化调控，作用于转录延长环节，是通过控制一个前导肽的合成来进行的。色氨酸操纵子的前导序列（leader sequence）*trpL* 位于结构基因 *trpE* 与操纵基因 *trpO* 之间，其转录产物的结构特点：①长度 162nt，含四个区段，分别编号为序列 1、2、3、4；②序列 1 有独立的起始密码子和终止密码子，编码一个被称为前导肽（leader peptide）的十四肽，其第 10 位、11 位都是色氨酸残基；③序列 2 和序列 3 存在互补序列，可以形成发夹结构；④序列 3 和序列 4 也存在互补序列，可以形成发夹结构，该发夹结构之后有一段连续的 U 序列，是一个 ρ 因子非依赖型终止子，称为衰减子（attenuator），又称弱化子（图 12-19）。

（1）色氨酸缺乏时，合成前导肽的核糖体停滞于序列 1 的第 10 或 11 位色氨酸密码子位点，序列 2 与序列 3 形成发夹结构，使序列 3 不能与序列 4 形成衰减子结构，下游的结构基因 *trpE* 等可以被 RNA 聚合酶有效转录，最终合成约 7000nt 的全长 mRNA。

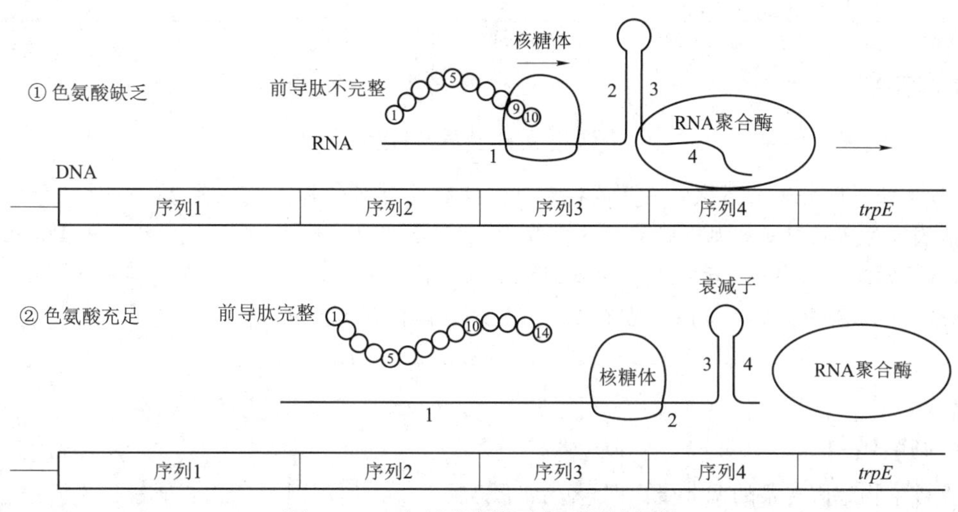

图 12-19　色氨酸操纵子衰减调控机制

（2）色氨酸充足时，核糖体在 RNA 聚合酶完成序列 3 转录之前完成序列 1 的翻译，并对序列 2 形成约束，导致序列 3 不能与序列 2 形成发夹结构，转而与序列 4 形成转录终止子结构——衰减子，使下游正在转录结构基因的 RNA 聚合酶脱落，转录终止，只合成约 140nt 的 mRNA 片段。

4. 色氨酸操纵子的双重负调控　阻遏调控和衰减调控相辅相成：①阻遏调控作用于转录起始环节，衰减调控作用于转录延长环节；②阻遏调控有效、经济，衰减调控细微、迅速。

三、真核生物基因转录的调节

真核生物基因组中的顺式作用元件是转录起始的关键调节部位，转录调节蛋白是转录调控的关键分子。顺式作用元件与调节蛋白对转录激活的调节最终由 RNA 聚合酶体现，其中关键环节是转录起始复合物的形成。真核生物有三种 RNA 聚合酶，分别催化合成三类 RNA，其中 RNA 聚合酶Ⅱ催化合成 mRNA 前体，mRNA 前体加工成为成熟 mRNA。不论是调节蛋白的基因还是受调节蛋白调控的基因，其表达过程都包括 mRNA 合成，所以 RNA 聚合酶Ⅱ是转录调控的核心。

真核生物 RNA 聚合酶对启动子的亲和力小，必须依赖调控蛋白才能结合。真核生物调控蛋白包括起正调控作用的激活蛋白和起负调控作用的阻抑蛋白，但负调控并不普遍，真核生物基因组广泛存在着正调控。

（一）调控序列

真核生物的调控序列又称调节元件（regulatory element），是对基因的转录启动及转录效率起重要调控作用的 DNA 序列，包括启动子、终止子、增强子和沉默子。启动子和终止子是启动和终止转录所必需的；增强子介导正调节作用，促进转录；沉默子介导负调节作用，阻遏转录。

1. 启动子　真核生物蛋白质基因的启动子属于Ⅱ类启动子，它包含 GC 框、CAAT 框、起始子、TATA 框、下游启动子元件等元件（图 12-7）。

2. 增强子　真核生物促进转录的一类调控序列，与启动子可以相邻、重叠或包含，通过结合调节蛋白、改变染色质构象而促进一种或一组基因的转录。它们相互作用，决定着基因表达的特异性。增强子（enhancer）特性：①增强效应明显，能使转录效率提高数十倍至上千倍；②增强效应与增强子所处的位置和取向无关；③没有基因特异性，有组织细胞特异性，因为增强子必须与调控蛋白结合才能发挥作用，而很多调控蛋白只在特定组织细胞合成；④增强子的作用具有协同性。

3. 沉默子　真核生物基因中阻遏转录的调控序列称为沉默子（silencer）。沉默子与相应的调节蛋白结合之后，使正调节失去作用。沉默子对基因簇的选择性转录起重要作用。沉默子和增强子协调作用可以决定基因表达的时空顺序。

知识拓展

调控元件变异与疾病

真核生物基因的表达调控离不开调控元件，其变异会引起基因表达异常，导致遗传病。例如PAX6基因表达不足引起的无巩膜的显性遗传病。PAX6基因（11p13）编码转录因子Pax-6，其靶基因参与眼睛发育。在一些无巩膜患者基因组中往往伴有PAX6基因转录区突变或者增强子丢失、易位现象，进而导致PAX6基因表达不足，引起无巩膜的临床表型。

（二）调节蛋白

调控真核生物基因转录的调节蛋白即转录因子，属于反式作用因子，它们通过识别并结合调控序列等影响RNA聚合酶Ⅱ识别并结合启动子，以影响转录起始复合物的组装，从而调控转录。调控真核生物基因转录的调节蛋白可以分为三类。

（1）通用转录因子　是与启动子元件特异性结合并启动转录的调节蛋白，分布在各种细胞内。

（2）转录调节因子　是通过与增强子或沉默子结合来调控转录的调节蛋白。其中，与增强子结合促进转录的称为转录激活因子，与沉默子结合阻遏转录的称为转录阻遏因子。某些转录调节因子的调节效应可以改变。例如某些类固醇激素受体本身是转录阻遏因子，与类固醇激素结合后变构成为转录激活因子。

（3）共调节因子　不直接与DNA结合，而是通过蛋白质-蛋白质相互作用介导转录调节因子作用于RNA聚合酶-通用转录因子复合物，从而调控转录。其中，促进转录的称为共激活因子（又称辅激活物），阻遏转录的称为共阻遏因子（又称辅阻遏物）。共调节因子的合成和作用受细胞类型和分化阶段的控制，并对细胞外信号产生应答。

调节蛋白含特定的DNA结合域、转录激活域或二聚化域，并可通过数量调节、变构调节、化学修饰调节、蛋白质-蛋白质相互作用等方式调节基因表达。

调控蛋白与调控序列的结合具有相对特异性：一种调节蛋白可与一种或多种调控序列结合；一种调控序列也可与同一种或多种调节蛋白结合。

此外，转录后加工过程是真核生物基因表达必不可少的环节。转录后加工调控主要影响真核生物mRNA的结构与功能，只有经过加工的成熟mRNA才能转运到细胞质指导合成蛋白质。

本章小结

RNA的转录合成需要DNA模板、NTP原料、RNA聚合酶、其他蛋白质因子及Mg^{2+}和Mn^{2+}。RNA聚合酶催化核苷酸以3′,5′-磷酸二酯键相连合成RNA，合成方向为5′→3′。原核生物RNA聚合酶只有1种，全酶形式是$\alpha_2\beta\beta'\omega\sigma$；真核生物RNA聚合酶有3种，催化不同RNA的合成。转录的基本特征包括选择性转录、不对称转录和转录后加工。

原核生物和真核生物的RNA转录都可分为起始、延长和终止三个阶段。原核生物转录起始是基因表达的关键阶段，由RNA聚合酶全酶识别启动子并与之结合，形成转录起始复合物，启动RNA合成。转录终止有两种方式：ρ因子非依赖型终止子和ρ因子依赖型终止子。真核生物RNA转录后需要进行加工，真核mRNA加工方式主要有加帽、加尾、剪接等。

转录调控主要是控制转录起始，其本质是控制RNA聚合酶与启动子的识别与结合。RNA聚合酶、调控序列和调节蛋白是调节转录起始的基本要素。原核生物转录水平的基因表达调控以操纵子机制进行；真核生物基因组中顺式作用元件与调节蛋白对转录激活的调节最终由RNA聚合酶体现。

练 习 题

题库

一、单项选择题

1. 下列关于转录的叙述，正确的是（　　）
   A. 转录与复制可以同时进行　　B. 凡是 RNA 的合成过程都称为转录
   C. 初级转录产物是无功能的 RNA 分子　　D. 模板链可以是 DNA 分子中的任何一股链
   E. 转录与翻译不可以同时进行
2. 关于转录的下列叙述，正确的是（　　）
   A. 以四种 dNTP 为原料　　B. 需要拓扑异构酶 E 参与
   C. 合成反应的方向为 3′→5′　　D. 转录起始不需要引物参与
   E. 终止需要 ρ 因子
3. 大肠埃希菌 RNA 聚合酶识别并结合 DNA 模板上转录起始位点的是（　　）
   A. σ 因子　　B. α 亚基　　C. β 亚基　　D. ρ 因子　　E. β′亚基
4. 真核生物 RNA 聚合酶Ⅱ所识别的 DNA 结构是（　　）
   A. 沉默子　　B. 启动子　　C. 外显子　　D. 增强子　　E. 终止子
5. 一个操纵子通常含有（　　）
   A. 数个启动子和数个结构基因　　B. 数个启动子和一个结构基因
   C. 一个启动子和数个结构基因　　D. 一个启动子和一个结构基因
   E. 数个启动子和一个终止子
6. 阻遏蛋白在 DNA 上的结合部位是（　　）
   A. 启动子　　B. 操纵基因　　C. 前导序列　　D. CAP 位点　　E. 衰减子
7. 乳糖操纵子中 *lacZ* 基因编码产物为（　　）
   A. β-半乳糖苷酶　　B. β-半乳糖苷通透酶
   C. 硫代半乳糖苷乙酰转移酶　　D. β-半乳糖苷甲基转移酶
   E. 硫代半乳糖苷水解酶
8. 色氨酸操纵子衰减子的形成依靠下面（　　）结构的形成
   A. 序列 1 与序列 2 配对　　B. 序列 2 与序列 3 配对
   C. 序列 3 与序列 4 配对　　D. 序列 1 与序列 4 配对
   E. 序列 1 与序列 3 配对

二、思考题

1. 比较原核生物和真核生物 RNA 聚合酶的异同。
2. 简述真核生物 mRNA 转录后加工过程及其意义。

（马克龙）

第十三章

蛋白质生物合成

学习导引

1. **掌握** 蛋白质生物合成的概念和体系；三种RNA的作用；遗传密码的概念和特点；氨基酸的活化及转运；翻译的起始、延长、终止过程及核糖体循环。

2. **熟悉** 原核和真核生物肽链合成过程的差异；翻译后的加工修饰；分子伴侣、信号肽的概念；蛋白质靶向转运的概念及方式。

3. **了解** 蛋白质折叠异常引发的疾病；抗生素、干扰素和某些毒素等干扰蛋白质合成的机制。

蛋白质的生物合成过程又称为翻译（translation），是细胞内以mRNA为直接模板，依照mRNA上的密码指令合成蛋白质的过程。蛋白质的合成就是mRNA上所蕴含的遗传信息通过编码20种氨基酸的排列顺序的方式表达出来，最终合成不同种类的蛋白质。蛋白质的生物合成大致可以包括如下内容。①蛋白质的合成体系：由多种RNA、多种蛋白质、供能物质及无机离子等共同构成，为多肽链的合成提供物质基础。②多肽链的生物合成过程：氨基酸按照mRNA上密码指令进行排列，并以肽键相连。肽链合成过程包括起始、延长和终止3个连续循环阶段。③肽链合成后的加工修饰：多肽链合成后需要对其进行加工修饰才能具有生物学功能，包括对一级结构及空间结构的修饰、多肽链折叠成天然三维构象等。④蛋白质合成后的靶向转运：不同的蛋白质具有不同的细胞定位，只有通过不同的方式将蛋白质定向转运至特定的部位才能完全发挥生物学活性。

蛋白质是生命的物质基础，蛋白质丰富的多样性造就了千变万化的生物世界，并且从生命体的诞生直至消亡过程，一切的生命活动诸如生长发育、组织修复都与蛋白质有关。因此，蛋白质的生物合成在细胞生命过程中具有至关重要的意义。为了满足代谢需要及适应环境的变化，蛋白质的合成时时都在以惊人的速度进行着。

第一节 蛋白质生物合成体系

PPT

蛋白质的生物合成机制十分复杂。除需要20种氨基酸作为原料外，众多蛋白质因子、蛋白酶类、供能物质和某些无机离子也是不可缺少的。蛋白质合成体系主要包括：①mRNA模板。细胞核内的DNA分子贮存遗传信息，但不直接指导多肽链的合成。mRNA转录DNA上的遗传信息，并转移至细胞质中，作为多肽链合成的直接模板。②氨基酸运载体。tRNA作为氨基酸的运载体，一方面能够特异性地结合并运载氨基酸，另一方面能够通过反密码子识别mRNA分子上的遗传密码，使氨基酸按照mRNA的遗传信息排序。③合成场所。由rRNA与核糖体蛋白相结合构成的核糖体是蛋白质合成的场所。由此可以看出，RNA在蛋白质合成中发挥了十分重要的作用。

一、mRNA 与遗传密码

微课

（一）mRNA 模板

以细胞核中 DNA 为模板，依据碱基互补配对原则转录生成 mRNA 后，mRNA 就含有与 DNA 分子中某些功能片段相对应的碱基序列，作为蛋白质生物合成的直接模板。mRNA 虽然只占细胞总 RNA 的 2%~5%，但种类最多，并且代谢十分活跃，是半衰期最短的一种 RNA，合成后数分钟至数小时即被分解。

不同的 mRNA 分子虽然碱基序列不同，但基本组成都包含 5′端非编码区、编码区和 3′端非编码区。5′端非编码区是指从 5′端到起始密码子 AUG 的区域，其中含有调控翻译的序列。编码区又称为开放阅读框（open reading frame，ORF），是从起始密码子到终止密码子之间的区域。在此区域内，密码子编码氨基酸合成多肽链。从终止密码子到 3′端称为 3′端非编码区。在此基础上，真核生物 mRNA 还存在 5′端的帽子结构及 3′端的多聚 A 尾［poly（A）］这一特殊的首尾结构。帽子结构与帽结合蛋白（cap binding protein，CBP）结合成复合物后，协助 mRNA 与核糖体定位结合，启动蛋白质生物合成过程。帽子结构与多聚 A 尾共同促进 mRNA 从细胞核内向核外转移，并参与维持 mRNA 的稳定。原核与真核细胞基因结构及 mRNA 转录产物都是不同的。遗传学将编码一个多肽链的遗传单位称为顺反子（cistron）。原核细胞中数个结构基因常串联排列构成一个转录单位，转录生成的 mRNA 可编码几种功能相关的蛋白质，称为多顺反子 mRNA，转录后一般不需特别加工。真核细胞的一个 mRNA 分子只编码一种蛋白质，称为单顺反子 mRNA，转录后需要加工、成熟才能成为翻译的模板。

（二）遗传密码

在 mRNA 分子的阅读区内，每 3 个相邻的核苷酸构成一组，编码一种氨基酸，称为密码子（codon）或三联体密码（triplet code）。由含 A、G、C、U 四种碱基的核苷酸组合成 64 个三联体密码子。在 64 个密码子中，有 61 个密码子分别编码 20 种氨基酸（表 13-1）。AUG 既编码多肽链中的甲硫氨酸，同时又作为多肽链合成的起始信号，作为起始信号的 AUG 称为起始密码子（initiation codon）。在某些原核生物中，GUG 和 UUG 也可充当起始密码子。UAA、UAG、UGA 三个密码子不编码任何氨基酸，仅作为肽链合成终止的信号，称为终止密码子（termination codon）。从 mRNA 5′端的起始密码子 AUG 到 3′端的终止密码子之间的核苷酸序列为开放阅读框架（ORF），通常一个 ORF 包含 500 个以上的密码子。

表 13-1　遗传密码表

第一核苷酸	第二核苷酸				第三核苷酸
（5′）	U	C	A	G	（3′）
U	苯丙氨酸 UUU	丝氨酸 UCU	酪氨酸 UAU	半胱氨酸 UGU	U
	苯丙氨酸 UUC	丝氨酸 UCC	酪氨酸 UAC	半胱氨酸 UGC	C
	亮氨酸 UUA	丝氨酸 UCA	终止密码子 UAA	终止密码子 UGA	A
	亮氨酸 UUG	丝氨酸 UCG	终止密码子 UAG	色氨酸 UGG	G
C	亮氨酸 CUU	脯氨酸 CCU	组氨酸 CAU	精氨酸 CGU	U
	亮氨酸 CUC	脯氨酸 CCC	组氨酸 CAC	精氨酸 CGC	C
	亮氨酸 CUA	脯氨酸 CCA	谷氨酰胺 CAA	精氨酸 CGA	A
	亮氨酸 CUG	脯氨酸 CCG	谷氨酰胺 CAG	精氨酸 CGG	G
A	异亮氨酸 AUU	苏氨酸 ACU	天冬酰胺 AAU	丝氨酸 AGU	U
	异亮氨酸 AUC	苏氨酸 ACC	天冬酰胺 AAC	丝氨酸 AGC	C
	异亮氨酸 AUA	苏氨酸 ACA	赖氨酸 AAA	精氨酸 AGA	A
	甲硫氨酸 AUG	苏氨酸 ACG	赖氨酸 AAG	精氨酸 AGG	G

续表

第一核苷酸	第二核苷酸				第三核苷酸
(5′)	U	C	A	G	(3′)
G	缬氨酸 GUU	丙氨酸 GCU	天冬氨酸 GAU	甘氨酸 GGU	U
	缬氨酸 GUC	丙氨酸 GCC	天冬氨酸 GAC	甘氨酸 GGC	C
	缬氨酸 GUA	丙氨酸 GCA	谷氨酸 GAA	甘氨酸 GGA	A
	缬氨酸 GUG	丙氨酸 GCG	谷氨酸 GAG	甘氨酸 GGG	G

遗传密码具有以下几个重要的特点。

1. 方向性 mRNA 分子是具有方向性的，碱基序列由 5′端指向 3′端。因此，翻译过程亦具有方向性，从 5′端的 AUG 起始密码开始，逐一连续阅读，延伸至 3′端的终止密码子。也就是说，mRNA 上 5′端向 3′端的核苷酸顺序对应了多肽链中氨基酸从氨基端（N 端）到羧基端（C 端）的排列顺序。

2. 简并性 一种氨基酸一般由两个或两个以上的密码子编码，这一特性称为遗传密码的简并性。从表 13-2 中可以看到，除甲硫氨酸和色氨酸只对应 1 个密码子外，其他氨基酸都有 2 个、3 个、4 个或 6 个密码子为之编码。反之，每个密码子仅编码一种氨基酸。编码同一种氨基酸的密码子称为简并密码子。比较简并密码子，前两位碱基往往相同，仅第三位碱基存在差异。也就是说，第三位碱基的不同并不会改变其编码的氨基酸，因此合成的蛋白质结构是不变的。如丙氨酸的密码子是 GCU、GCC、GCA、GCG，而 ACU、ACC、ACA、ACG 都编码苏氨酸。这一特性对于减少基因突变、稳定蛋白质功能具有一定的生物学意义。

表 13-2 氨基酸密码子数目

氨基酸	密码子数目	氨基酸	密码子数目
丙氨酸 Ala	4	色氨酸 Trp	1
精氨酸 Arg	6	酪氨酸 Tyr	2
亮氨酸 Leu	6	缬氨酸 Val	4
脯氨酸 Pro	4	赖氨酸 Lys	2
丝氨酸 Ser	6	天冬氨酸 Asp	2
苏氨酸 Thr	4	半胱氨酸 Cys	2
谷氨酸 Glu	2	谷氨酰胺 Gln	2
甘氨酸 Gly	4	甲硫氨酸 Met	1
组氨酸 His	2	苯丙氨酸 Phe	2
异亮氨酸 Ile	3	天冬酰胺 Asn	2

3. 连续性 翻译开始后，从 5′端向 3′端读取遗传密码的过程连续进行，既不重叠亦不间断，即遗传密码具有连续性。基于遗传密码的连续性，mRNA 分子中如有一个或多个（非 3*n* 个）核苷酸插入或缺失，就会使此后的读码产生错译，造成下游翻译产物氨基酸序列发生改变，合成不同的多肽链，由此而引起的突变称为移码突变（frameshift mutation）（图 13-1）。多种生物基因转录后存在一种对 mRNA 外显子加工的过程，可通过特定碱基的插入、缺失和置换，使 mRNA 序列中出现移码突变、错义突变和提前终止，导致 mRNA 与其 DNA 模板序列之间不匹配，使同一前体 mRNA 翻译出序列、功能不同的蛋白质，这种基因表达的

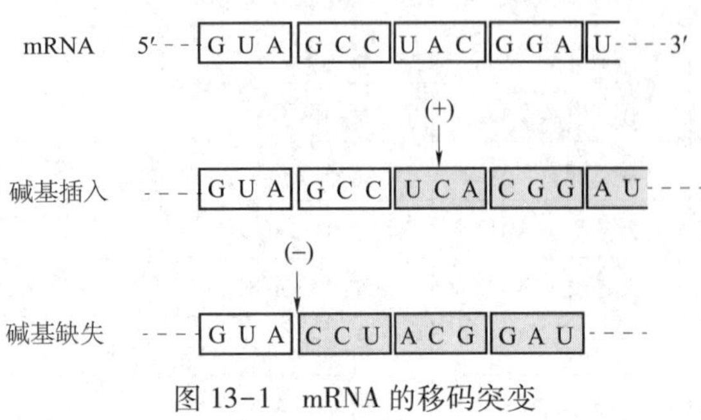

图 13-1 mRNA 的移码突变

调节方式称为 mRNA 编辑（mRNA editing）。

4. 摆动性　tRNA 上的反密码子通过与 mRNA 上的三联体密码反向互补配对结合，使氨基酸“对号入座”。但有时，密码子与反密码子之间并不严格地遵守碱基配对原则，称为摆动配对。摆动配对常发生在反密码子的第 1 位碱基和密码子的第 3 位碱基之间，在 tRNA 反密码子中除 A、G、C、U 四种碱基外，第 1 位经常出现次黄嘌呤（I）。次黄嘌呤可以与密码子第 3 位 U、C、A 配对。此外，反密码子中第 1 位碱基 U 可以与密码子第 3 位 A、G 配对；G 可以与 U、C 配对（表 13-3）。由于存在摆动性，细胞内只需 32 种 tRNA，就能识别编码氨基酸的 61 个密码子。

表 13-3　tRNA 反密码子与 mRNA 密码子摆动配对关系

tRNA 反密码子第 1 位碱基	I	U	G	A	C
mRNA 密码子第 3 位碱基	U，C，A	A，G	U，C	U	G

5. 通用性　不论低等生物还是高等生物，从原核生物到人类，都使用一套共同的遗传密码，这种现象称为遗传密码的通用性。这表明各种生物是从同一祖先进化而来的，但也存在例外，如动物的线粒体内存在独立的基因表达体系，编码方式与通用的遗传密码不同，22 种 tRNA 就能识别全部氨基酸密码子。在线粒体的遗传密码中，AUA、AUG、AUU 为起始密码子，AUA 不再代表异亮氨酸密码子，而是作为甲硫氨酸的密码子，UGA 除了代表终止信号，也代表色氨酸。

二、tRNA 与氨基酸活化

蛋白质合成过程中，分散于胞质中的氨基酸本身不能直接进入核糖体，必须首先经过活化，即与特定的 tRNA 结合形成氨酰 tRNA。因此，tRNA 有两方面作用：一是作为氨基酸的载体，与氨基酸结合生成氨酰 tRNA；二是通过反密码子与 mRNA 上的密码子反向互补配对结合，将氨基酸卸载到正确的位置。

1. tRNA 与氨基酸结合部位　氨基酸通过与 tRNA 结合进行活化，结合部位是 tRNA 的 3′端氨基酸臂的—CCA—OH。氨基酸的 α-羧基与 tRNA 的 3′端—CCA—OH 通过酯键结合，生成氨酰 tRNA 活化形式。

2. 氨酰 tRNA 合成酶　氨基酸与 tRNA 结合生成氨酰 tRNA，反应由氨酰 tRNA 合成酶（aminoacyl-tRNA synthetase）催化完成。反应式为：

$$\text{氨基酸}+\text{tRNA}+\text{ATP}\longrightarrow\text{氨酰 tRNA}+\text{AMP}+\text{PPi}$$

每个氨基酸活化需消耗 2 个高能磷酸键。氨酰 tRNA 合成酶（E）催化氨酰 tRNA 合成过程分为两步。第一步，通过消耗 ATP 高能磷酸键，生成 AMP-E，氨基酸与 AMP-E 相结合形成中间产物氨酰-AMP-E。第二步，生成氨酰 tRNA。反应中氨基酸的 α-羧基与 tRNA 的 3′端的—CCA—OH 通过酯键结合，这一反应过程贯穿翻译的起始、肽链延长阶段。反应中生成的 PPi 由焦磷酸酶不断水解，使整个反应向右侧进行。

$$\text{氨基酸}+\text{ATP-E}\longrightarrow\text{氨酰-AMP-E}+\text{AMP}+\text{PPi}$$
$$\text{氨酰-AMP-E}+\text{tRNA}\longrightarrow\text{氨酰 tRNA}+\text{AMP}+\text{E}$$

氨基酸与 tRNA 分子的正确结合，对于遗传信息能否被准确翻译为蛋白质至关重要。而这种正确结合很大程度上依赖于氨酰 tRNA 合成酶的特异性及校正活性（proofreading activity）。首先，氨酰 tRNA 合成酶具有高度特异性，能够通过分子中相分隔的活性部位分别识别并结合 ATP、特异氨基酸和携带简并密码子的数种 tRNA。其次，氨酰 tRNA 合成酶具有校正活性，通过水解任何错误的氨酰-AMP-E 或氨酰 tRNA 的酯键，并替换上与密码子相对应的氨基酸，保证了从核酸到蛋白质的遗传信息传递的准确性。

因通常用三字母缩写代表氨基酸，各种氨基酸和对应的 tRNA 结合后形成的氨酰 tRNA 可以表示为：氨基酸的三字母缩写-$\text{tRNA}^{\text{氨基酸的三字母缩写}}$，如 Ala-$\text{tRNA}^{\text{Ala}}$、Ser-$\text{tRNA}^{\text{Ser}}$、Met-$\text{tRNA}^{\text{Met}}$等。

3. 原核生物与真核生物的起始氨酰 tRNA　真核生物中 AUG 既编码甲硫氨酸，又作为起始密码子，因此，携带甲硫氨酸的 tRNA 主要有两种：一种是具有起始功能的 $\text{tRNA}_i^{\text{Met}}$（initiator-tRNA），它与甲硫氨酸结合后生成 Met-$tRNA_i^{Met}$，可以与 mRNA 上起始密码子 AUG 对应结合，参与形成翻译的起始复合物；另一种是参与肽链延长的 $tRNA^{Met}$，它和甲硫氨酸结合后生成 Met-$tRNA_i^{Met}$，进入核糖体，参与合成多肽链，提供甲硫氨酸。Met-$tRNA_i^{Met}$和 Met-$tRNA^{Met}$可分别被起始或延长过程起催化作用的酶和蛋白质因子所辨认。

原核生物中参与肽链延长的 $tRNA_m^{Met}$和甲硫氨酸结合后生成 Met-$tRNA_m^{Met}$，而具有起始功能的 $tRNA^{Met}$与甲硫氨酸结合后，甲硫氨酸很快被甲酰化为 *N*-甲酰甲硫氨酸（*N*-formyl methionine，fMet），于是形成 *N*-甲酰甲硫氨酰 tRNA（fMet-$tRNA^{fMet}$），原核生物的起始密码子只辨认 fMet-$tRNA^{fMet}$。fMet-$tRNA^{fMet}$的生成反应由转甲酰基酶催化，将甲酰基从 N^{10}-甲酰四氢叶酸（THFA）转移到甲硫氨酸的 α-氨基上，反应如下：

$$\underset{\text{Met-tRNA}^{\text{fMet}}}{H_2N—\overset{\overset{\overset{\overset{CH_3}{|}}{S}}{|}}{\underset{}{CH(CH_2CH_2)}}COO—tRNA^{fMet}} + THFA—CHO \xrightarrow{\text{转甲酰基酶}} \underset{\text{fMet-tRNA}^{\text{fMet}}}{\overset{O}{\overset{\|}{HC}}—NH—\overset{CH_3—S—CH_2—CH_2}{|}CHCOO—tRNA^{fMet}}$$

三、rRNA 与核糖体

核糖体是由 rRNA 和几十种蛋白质构成的复合体，是蛋白质生物合成的场所。不同的 tRNA 将不同的氨基酸携带到核糖体处，与 mRNA 互变识别结合后，将碱基的排列顺序转化为氨基酸的排列顺序，合成多肽链。核糖体在肽链合成过程中沿着 mRNA 移动，无论原核生物还是真核生物，一条 mRNA 链可以结合 10～100 个核糖体。也就是说，mRNA 上每隔一段核苷酸序列就附着一个核糖体。这些核糖体依次结合起始密码子并沿 5′→3′的方向读码移动，同时进行肽链合成。这种 mRNA 与多个核糖体形成的聚合物称为多核糖体（polysome）（图 13-2）。多核糖体的形成可以使蛋白质生物合成效率大大提高。

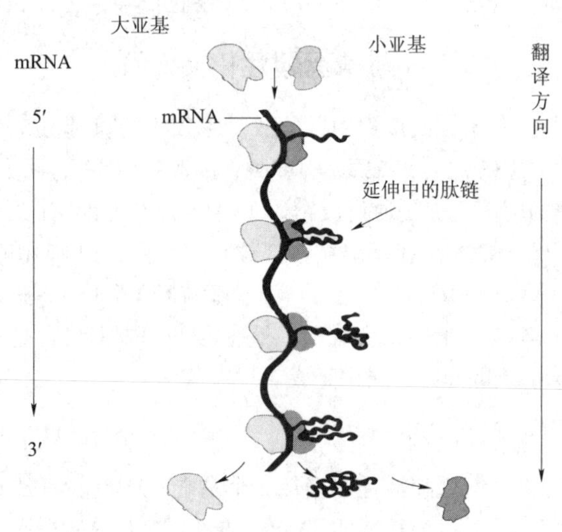

图 13-2　真核生物多核糖体

Venkatraman Ramakrishnan、Thomas A. Steitz 和 Ada E. Yonath 三位科学家通过采用 X 射线蛋白质晶体学技术与方法，获得了原核生物核糖体的高分辨率三维结构图谱，标识出了核糖体的原子构成。核糖体由大、小两个亚基构成，每个亚基都包含一个或几个 rRNA 和多种核糖体蛋白质（ribosomal protein，rp）。大、小亚基所含核糖体蛋白分别称为 rpL 和 rpS，一般是参与蛋白质生物合成过程的酶和蛋白质因子。rRNA 分子含较多局部螺旋结构区，可折叠形成复杂的三维构象作为亚基的结构骨架，使各种核糖体蛋白质附着结合，装配成完整亚基。原核细胞的大亚基（50S）由 23S rRNA、5S rRNA 和 31 种蛋白质组成；小亚基（30S）由 16S rRNA 和 21 种蛋白质组成，大、小亚基结合形成 70S 的核糖体。真核细胞的大亚基（60S）由 28S rRNA、5. 8S rRNA、5S rRNA 和 49 种蛋白质组成；小亚基（40S）由 18S rRNA 和 33 种蛋白质组成，大、小亚基结合形成 80S 的核糖体。5. 8S rRNA 是真核细胞核糖体大亚基所特有的，含有与原核细胞 5S rRNA 的保守序列（CGAAC）相同序列，与 tRNA 相互识别。

原核生物核糖体的大、小亚基间的接合处是 mRNA 及 tRNA 的结合部位。原核生物核糖体上有三个特殊位点，A 位、P 位及 E 位。结合氨酰 tRNA 的氨酰位（aminoacyl site）称为 A 位，结合肽酰 tRNA 的肽酰位（peptidyl site）称为 P 位，两者都是由大、小亚基蛋白质成分共同构成。排出卸载 tRNA 的排出位称 E 位，主要是大亚基成分（图 13-3）。真核生物的核糖体结构与原核生物的相似，核糖体上均存在 A 位、P 位和 E 位这三个重要的功能部位，但组分更复杂。

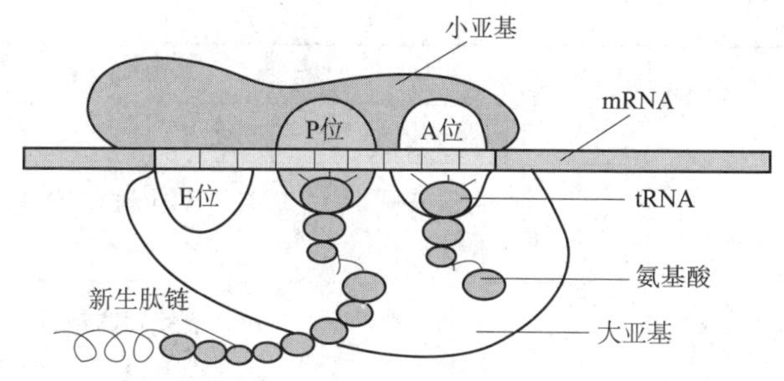

图 13-3　原核生物核糖体结构

四、酶类及蛋白质因子

蛋白质合成体系除了上述三种 RNA 外，还需要多种蛋白酶、蛋白质因子、无机离子及功能物质参与。

1. 蛋白酶类　参与蛋白质生物合成的重要酶有：①氨酰 tRNA 合成酶，已在前面内容中阐述。②转肽酶，是核糖体大亚基的组成成分，催化核糖体 P 位的肽酰基转移至 A 位氨酰 tRNA 的氨基上，使酰基与氨基结合生成肽键。与释放因子结合后发生变构，表现出酯酶的水解活性，使 P 位上的肽链与 rRNA 分离。③转位酶，其活性存在于延长因子 G 中，催化核糖体向 mRNA 的 3′端移动一个密码子的距离，使下一个密码子进入 A 位。

2. 蛋白因子　在蛋白质生物合成的各阶段都有蛋白质因子参与反应。翻译过程中它们仅临时性地与核糖体发生作用，之后会从核糖体复合物中解离出来。①起始因子（initiation factor，IF）：原核生物和真核生物的起始因子分别用 IF 和 eIF 表示；②延长因子（elongation factor，EF）：原核生物与真核生物的延长因子分别用 EF 和 eEF 表示；③终止因子（termination factor）：又称释放因子（release factor，RF），原核生物与真核生物的释放因子分别用 RF 和 eRF 表示。参与原核和真核生物翻译过程的蛋白质因子见表 13-4。

表 13-4　参与原核和真核生物翻译过程的蛋白质因子及其功能

参与反应阶段	原核生物		真核生物	
	蛋白质因子	功能	蛋白质因子	功能
起始阶段（起始因子）	IF-1	占据 A 位，防止结合其他 tRNA	eIF-1	参与翻译多个步骤
	IF-2	促进 fMet-$tRNA^{fMet}$与小亚基结合	eIF-2	促进 Met-$tRNA_i^{Met}$与小亚基结合
	IF-3	促进大小亚基分离，提高 P 位对结合 fMet-$tRNA^{fMet}$的敏感性	eIF-2B、eIF-3	促进大、小亚基分离
			eIF-4A	eIF-4F 复合物成分，有 RNA 解旋酶活性
			eIF-4B	结合 mRNA，促进 mRNA 定位起始密码子 AUG
			eIF-4E	eIF-4F 复合物成分，结合 mRNA 5′帽子结构
			eIF-4G	eIF-4F 复合物成分，结合 eIF-4E、eIF-3
			eIF-5	促进各种起始因子从小亚基解离，进而结合大亚基
			eIF-6	促进大、小亚基分离
延长阶段（延长因子）	EF-Tu	促进氨酰 tRNA 进入 A 位，结合并分解 GTP	eEF1-α	促进氨酰 tRNA 进入 A 位，结合分解 GTP
	EF-Ts	调节亚基	eEF1-βγ	调节亚基
	EF-G	有转位酶活性，促进 mRNA-肽酰 tRNA 由 A 位转移至 P 位，促进 tRNA 卸载与释放	eEF-2	有转位酶活性，促进 mRNA-肽酰 tRNA 由 A 位移至 P 位，促进 tRNA 卸载与释放

续表

参与反应阶段	原核生物		真核生物	
	蛋白质因子	功能	蛋白质因子	功能
终止阶段（终止因子）	RF-1	特异识别 UAA、UAG，诱导转肽酶转变为酯酶	eRF	识别所有终止密码子
	RF-2	特异识别 UAA、UGA，诱导转肽酶转变为酯酶		
	RF-3	可与核糖体其他部位结合，有 GTP 酶活性，能介导 RF-1 及 RF-2 与核糖体的相互作用		

3. 能源物质及无机离子 蛋白质生物合成的能源物质为 ATP 和 GTP，为合成中耗能过程提供能量。参与蛋白质生物合成的无机离子有 Mg^{2+} 和 K^{+} 等，主要作为合成过程中催化酶类的辅因子。

PPT

第二节 肽链的生物合成过程

课堂互动

mRNA 上的遗传信息是如何传递并精确合成蛋白质的?

mRNA 模板、tRNA 载体、核糖体加工厂、氨基酸原料及众多蛋白酶、蛋白质因子等共同构建蛋白质复杂的合成体系。翻译过程从 mRNA 的起始密码子 AUG 开始，沿着 5′→3′方向连续阅读三联体密码，直至终止密码子。通过翻译得到了一条与 mRNA 相对应的，从氨基端（N 端）向羧基端（C 端）延伸的多肽链。无论原核生物还是真核生物，翻译过程都分为起始、延伸、终止三个阶段。

微课

一、原核生物的肽链合成过程

（一）起始阶段

原核生物多肽链合成的起始是指 mRNA、起始氨酰 tRNA（$fMet-tRNA^{fMet}$）、与核糖体小亚基结合形成翻译起始复合物（initiation complex）的过程（图 13-4）。此外，起始阶段还需要 3 种起始因子 IF-1、IF-2、IF-3 及 GTP 参与。具体过程及机制如下。

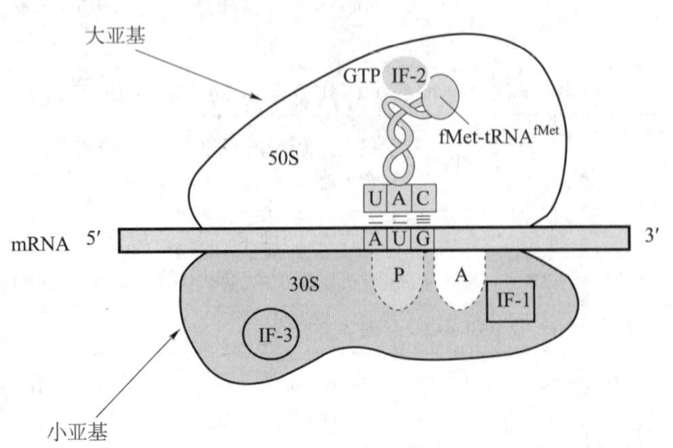

图 13-4 原核生物翻译起始复合物

1. 核糖体大、小亚基分离 通过 IF-3 与核糖体小亚基结合，使核糖体大、小亚基分离，为 mRNA 及氨酰 tRNA 结合做准备。

2. mRNA 与小亚基结合 mRNA 上的起始密码子 AUG 上游 8～13 个核苷酸的部位存在一段富含嘌呤的核苷酸序列，一般由 4～9 个核苷酸组成，称为 SD 序列（图 13-5）。该序列能与核糖体小亚基 16S rRNA 的 3′端的一段富含嘧啶的核苷酸序列识别并互补结合，使起始密码子 AUG 能够与 fMet-tRNA^{fMet}反密码子进行配对。此外，SD 序列之后存在一段小核苷酸序列，能够与核糖体小亚基蛋白质 rpS-1 结合，协助 mRNA 在小亚基上准确定位并与之结合。原核生物 mRNA 为多顺反子，一条 mRNA 链含有多个编码序列，编码多条多肽链。每段编码序列具有独立的 AUG 起始密码子及 SD 序列。

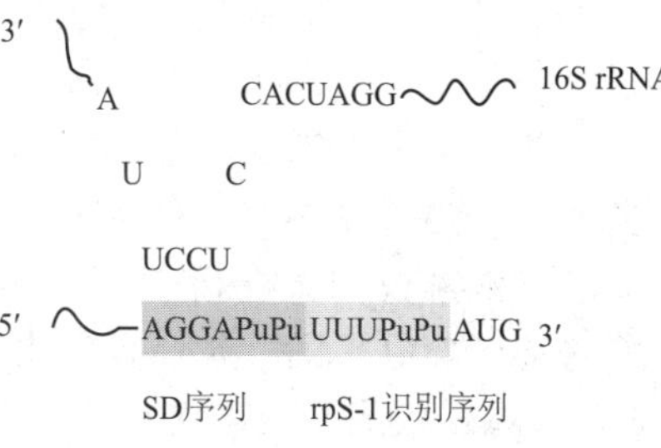

图 13-5　原核生物 mRNA 与小亚基结合

3. 起始氨酰 tRNA 与小亚基结合　起始因子 IF-2 首先与 GTP 结合，之后结合起始氨酰 tRNA 即 fMet-tRNA^{fMet}并共同结合于核糖体小亚基的 P 位，与 mRNA 上的 AUG 对应识别。

4. 翻译起始复合物形成　小亚基与 mRNA、fMet-tRNA^{fMet}结合后，与核糖体大亚基重新结合，GTP 被水解，3 种 IF 释放。此时，核糖体、mRNA、fMet-tRNA^{fMet}三者共同组成的翻译起始复合物。此时，结合起始密码子 AUG 的 fMet-tRNA^{fMet}占据 P 位，A 位留空，且对应于紧接在 AUG 后的密码子，为延长阶段的进位作好准备。

（二）延长阶段

起始翻译复合物形成后，以 mRNA 起始密码子后的三联体密码为模板，与之相对应的氨酰 tRNA 通过反密码子识别，逐一进入核糖体 A 位，开始肽链的延长阶段。延长阶段分为 3 个步骤：进位（entrance）、成肽（peptide bond formation）、转位（translocation）。这 3 个步骤连续循环进行，称为核糖体循环（ribosomal cycle）（图 13-6）。每完成这 3 个步骤一次，就由 N 端向 C 端添加了一个氨基酸残基。因此，肽链的延长实质上是上述 3 个步骤以惊人的速度反复循环的结果。核糖体循环的过程中参与的蛋白质因子称为延长因子（elongation factor，EF）。在原核细胞中，延长因子有 EF-Tu、EF-Ts、EF-G。

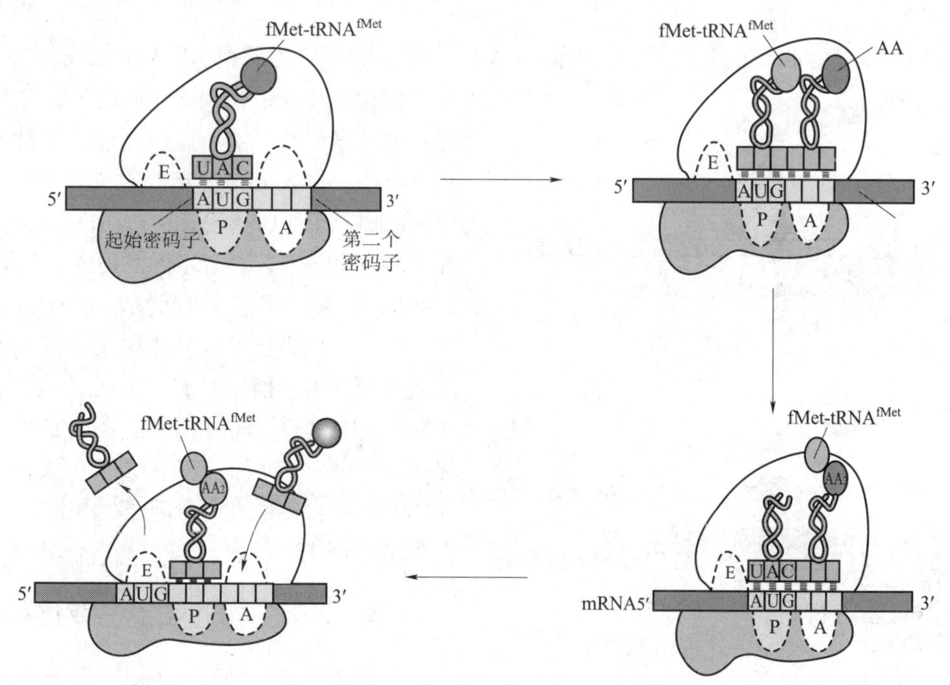

图 13-6　原核生物核糖体循环

1. 进位　又称注册（registration），是指氨酰 tRNA 按照 mRNA 模板的密码子逐一进入并结合到核糖体 A 位的过程。翻译起始复合物形成后，fMet-tRNA^{fMet}与核糖体 P 位结合，此时 A 位留空，等待与 mRNA 起始密码子 AUG 下游开放阅读框中的三联体密码相配对的氨酰 tRNA 进入 A 位。

延长因子 EF-Tu 和 EF-Ts 参与延长过程。EF-Tu 结合 GTP 后与 EF-Ts 分离，结合氨酰 tRNA，然后以氨酰 tRNA—Tu-GTP 活性复合物形式进入并结合 A 位。EF-Tu 有 GTP 酶活性，能将 GTP 水解，释放的能量驱动 EF-Tu 和 GDP 从核糖体释出，并继续催化下一个氨酰 tRNA 进位。如与密码子不能匹配的氨酰 tRNA 进入 A 位，则自动从 A 位解离。

2. 成肽 成肽过程是在转肽酶的催化下肽键的形成过程，即核糖体 P 位上 fMet-tRNA^{fMet}的 *N*-甲硫氨酰基或肽酰 tRNA 的肽酰基转移到 A 位并与 A 位上氨酰 tRNA 的 α-氨基结合形成肽键。在这一过程中，结合于核糖体 A 位的氨酰 tRNA 的氨基酸臂部分弯折，使该氨基酸在空间上接近 P 位。P 位的 fMet-tRNA^{fMet}（或延长中的肽酰 tRNA）由肽酰转移酶催化，将氨酰基（或延长中的肽酰基）从 tRNA 转移，与 A 位氨基酸的 α-氨基形成键连接，即成肽反应在 A 位上进行。第一个肽键形成后，二肽酰-tRNA 占据核糖体 A 位，而卸载的 tRNA 仍在 P 位。起始的 *N*-甲酰甲硫氨酸的 α-氨基因被保留而成为新生肽链的 N-端。

3. 转位 转位是在转位酶的催化下，由水解 GTP 提供能量，使核糖体沿着 mRNA 5′→3′的方向移动一个密码子的距离。延长因子 EF-G 有转位酶（translocase）活性。结果肽酰 tRNA 由核糖体 A 位移至 P 位，从原来 P 位卸下的 tRNA 进入 E 位。A 位重新空出并对应下一组三联体密码，准备与之配对的氨酰 tRNA 进位，开始新一轮的核糖体循环。

延长过程不断循环，使三肽酰 tRNA、四肽酰 tRNA 等依次出现于核糖体 P 位，A 位留空，开始下一个氨酰 tRNA 进位。这样，核糖体从 5′→3′阅读 mRNA 序列中的密码子，连续进行进位、成肽、转位的循环过程，这个过程也被称为核糖体循环。每次循环向肽链 C 端添加一个氨基酸，使肽链从 N 端向 C 端延伸。

（三）终止阶段

肽链合成的终止是指随着核糖体循环的不断进行，当核糖体 A 位出现 mRNA 的终止密码子后，多肽链停止延长过程，并从肽酰 tRNA 中释放出来。核糖体大、小亚基重新分离。原核生物翻译终止阶段需要释放因子 RF 参与。

尽管 mRNA 序列上的终止密码子已在核糖体 A 位出现，但细胞内氨酰 tRNA 无法识别终止密码子，必须依靠释放因子识别终止密码子而进入 A 位并与终止密码子结合，这一识别过程需要水解 GTP。原核生物中，进入 A 位的释放因子为 RF-1 或 RF-2，RF-1 能够识别 UAA 和 UAG，RF-2 能够识别 UAA 和 UGA，RF-3 不识别终止密码子，但能刺激 RF-1 及 RF-2 释放因子发挥活性。RF-1 或 RF-2 结合终止密码子后可触发核糖体构象改变，将肽酰转移酶活性转变为酯酶活性，将 P 位肽酰 tRNA 的肽链 C 端的酯键水解，同时释放出合成完的多肽链，并促使 mRNA、卸载的 tRNA 及 RF 从核糖体脱离，mRNA 模板和各种蛋白质因子，其他组分都可被重新利用（图 13-7）。

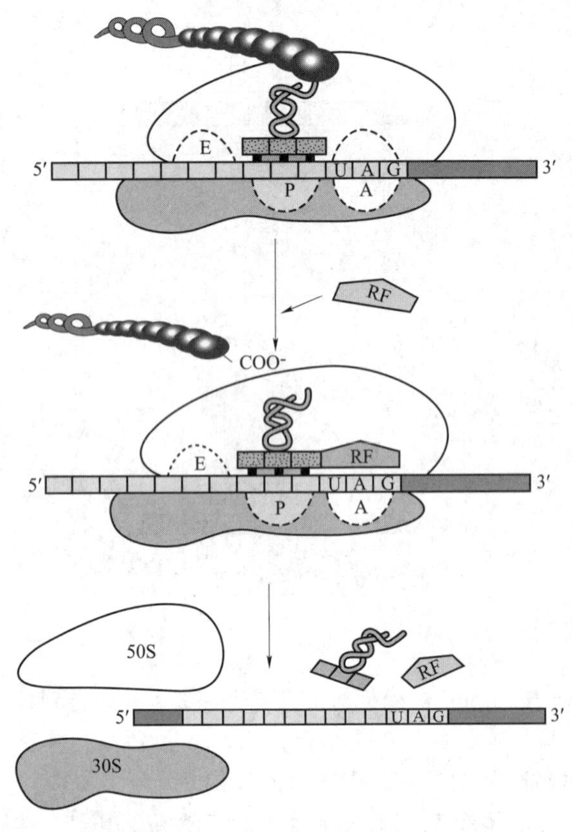

图 13-7 原核生物肽链合成终止

二、真核生物的肽链合成过程

真核生物多肽链的合成过程与原核生物多肽链的合成过程类似，也分为起始、延长、终止 3 个阶段，但反应机制更为复杂，更多的蛋白因子参与其中。

（一）起始阶段

真核生物多肽链合成的起始过程与原核生物相似，主要包括核糖体大、小亚基分离，起始氨酰

tRNA 与核糖体小亚基结合，mRNA 与小亚基结合，翻译复合物形成，大、小亚基重新结合等几个步骤。但其起始过程也存在较大差异，主要体现在：①真核生物核糖体由 40S 的小亚基和 60S 的大亚基组成；②起始甲硫氨酸未被甲酰化，形成的起始氨酰 tRNA 为 Met-$tRNA_i^{Met}$；③真核 mRNA 不含 SD 序列，mRNA 与小亚基的定位结合是依赖 5′帽子结构与帽结合蛋白组成的复合物完成的；④原核生物 mRNA 为多顺反子，有多个含 SD 序列的起始位点，而真核生物为单顺反子，一条 mRNA 只含一个起始位点，只翻译出一条多肽链；⑤与原核生物相反，核糖体小亚基先与 Met-$tRNA_i^{Met}$结合，再与 mRNA 结合，形成翻译起始复合物；⑥起始因子更多。原核生物只有 3 种 IF，真核至少有 10 种 eIF 参与起始阶段。

真核生物多肽链合成的起始过程主要包括以下四步。

1. 核糖体大、小亚基分离 起始因子 eIF-2B、eIF-3 与核糖体小亚基结合，在 eIF-6 的参与下，促进 80S 核糖体解离成大、小亚基。

2. 起始氨酰 tRNA（Met-$tRNA_i^{Met}$）与核糖体小亚基结合 在 eIF-2B 的作用下，eIF-2 与 GTP 结合；在其他 eIF 的参与下，Met-$tRNA_i^{Met}$与结合了 GTP 的 eIF-2 共同结合于小亚基的 P 位。

3. mRNA 与核糖体小亚基结合 多种蛋白质因子 eIF-4A、eIF-4E、eIF-4G 组成的帽子结合蛋白复合物（eIF-4F 复合物），可通过与帽子结构结合，使真核 mRNA 在核糖体小亚基上正确定位结合。eIF-4E 结合 mRNA 5′帽子结构，poly（A）结合蛋白（poly A binding protein，PAB 或 PAPB）可结合 mRNA 的 3′poly（A）尾，结合了帽子结构的 eIF-4E 和结合了 poly（A）的 PAB 通过 eIF-4G 和 eIF-3 与核糖体小亚基结合成复合物，Met-$tRNA_i^{Met}$以 5′→3′的方向沿 mRNA 移动，直到起始 AUG 与 Met-$tRNA_i^{Met}$的反密码子配对结合，使 mRNA 最终在小亚基准确定位。

4. 翻译起始复合物形成 mRNA、Met-$tRNA_i^{Met}$与小亚基结合并已与 AUG 相遇后，与 60S 大亚基结合，形成翻译起始复合物，同时，通过 eIF-5 作用和水解 GTP 供能，促进各种 eIF 从核糖体释放。

（二）延长阶段

除反应体系和延长因子不同外，真核生物多肽链延长过程和原核生物基本相同，但亦有差异。在真核生物中，一个新的氨酰 tRNA 进入 A 位后会产生别构效应，致使空载 tRNA 从 E 位排出。

（三）终止阶段

真核生物翻译终止过程只有 1 种释放因子 eRF，其功能相当于原核生物的各类 RF，可识别所有终止密码子。

真核生物与原核生物肽链合成过程的差别见表 13-5。

表 13-5 原核生物与真核生物翻译过程的主要差别

阶段	区别点	原核生物	真核生物
起始阶段	核糖体	70S（30S+50S）	80S（40S+60S）
	mRNA	多顺反子	单顺反子
	起始位点	多个	1 个
	起始氨酰 tRNA	fMet-$tRNA^{fMet}$	Met-$tRNA_i^{Met}$
	SD 序列	有，多个	无
	5′帽子结构	无	有
	起始因子	3 种，IF-1、IF-2、IF-3	至少 10 种 eIF
	小亚基、mRNA、氨酰 tRNA 结合顺序	核糖体小亚基先与 mRNA 结合，再与 fMet-$tRNA^{fMet}$结合	核糖体小亚基先与 Met-$tRNA_i^{Met}$结合，再与 mRNA 结合
延长阶段	延长因子	EF-Tu、EF-Ts、EF-G	eEF-1α、eEF-1β、eEF-γ 和 eEF-2
终止阶段	释放因子	3 种，RF-1、RF-2、RF-3	1 种，eRF

知识拓展

蛋白质生物合成的忠实性

体内蛋白质合成不仅是细胞新陈代谢中最复杂的过程，也是一个速度快、遗传信息表达高度忠实性的过程。而高度的忠实性主要表现在以下三个方面：首先，蛋白质合成的忠实性需要消耗能量。当合成了错误的氨酰tRNA时，需要额外消耗ATP将不正确的产物水解掉。其次，合成酶的校对功能提高了忠实性，氨酰tRNA合成酶的识别能力直接关系到翻译的忠实性。最后，核糖体对忠实性的影响。从核糖体的晶体结构分析中知道，16S rRNA可与氨酰tRNA多处接触，16S rRNA的两个碱基结合在tRNA反密码子与mRNA密码子形成的螺旋前两个碱基对浅沟上，从而稳定了配对结构。

蛋白质的生物合成过程是十分高效、快速的过程，同时也是耗能过程，每增加1个肽键平均需要消耗由GTP或ATP提供的4个高能键。

PPT

第三节　多肽链的加工修饰与靶向转运

课堂互动

多肽链合成后需要经过哪些加工修饰才能形成具有天然构象和生物活性的蛋白质？

真核细胞中新合成的肽链一般不具备生物活性，须经过复杂的加工过程才能转变为具有生物学功能的活性蛋白质，这一加工过程称为翻译后加工修饰（post translational modification）。加工修饰过程主要包括肽链一级结构的修饰、多肽链折叠为天然的三维构象及空间结构的修饰等。不同的多肽链加工修饰发生的时间和部位不同。从时间上，可以发生在肽链合成开始、肽链合成完成之前、合成结束后、折叠之前、折叠之后、定位前、定位之后；从部位上，可以发生在核糖体中、内质网、高尔基体、其他细胞器或者细胞以外的其他部位。经过加工修饰，不仅使蛋白质获得天然空间构象，并且能够通过对最初20种氨基酸的修饰最终衍生出100多种氨基酸，极大地丰富了多肽链的氨基酸种类，使蛋白质更加复杂多样化。多肽链在细胞质的核糖体合成后需要定向输送到特定作用部位才能行使各自的生物学功能。肽链加工修饰与其合成部位及作用部位密切相关。在新合成的蛋白质中，如留在细胞质中，则从核糖体释放后即可发挥功能；如被运往到其他细胞器或被分泌到细胞外，并通过体液输送到其发挥作用的靶细胞，则在运送过程中可进行加工修饰。蛋白质合成后被定向输送到其发挥作用的靶位点的过程，称为蛋白质的靶向转运（protein targeting）。

一、多肽链一级结构的修饰

多肽链一级结构的修饰主要是指肽键水解和个别氨基酸的共价修饰。

（一）多肽链N端的切除

这类修饰都是在特异的蛋白水解酶催化下进行的。在细胞液中新合成的肽链的N端首个氨基酸总是*N*-甲酰甲硫氨酸（原核生物）或甲硫氨酸（真核生物），但实际上多数天然蛋白质并不以*N*-甲酰甲硫氨酸或甲硫氨酸作为N端第一位氨基酸。细胞内脱甲酰基酶可以将N端甲酰甲硫氨酸残基的甲酰基去除，氨基肽酶可以去除N端甲硫氨酸。

（二）多肽链的水解加工

在生物体内许多蛋白质在刚合成或分泌时都是以无活性或低活性的蛋白质前体或酶原的形式存在的。在一定条件下，这些多肽链水解断裂，生成有活性或者高活性的蛋白质或酶，表现出生物活性。这种通过水解加工修饰使蛋白质获得活性的情况在生物体内十分普遍，是一种机体自我保护的重要方式，是生物经过长期进化获得的。这类经过水解加工后获得活性的蛋白质主要包括参与消化过程的一些蛋白水解酶、蛋白激素和参与血液凝固的蛋白因子等。例如胰蛋白酶原刚合成时不具备活性，进入小肠后，在肠激酶的作用下，第6位赖氨酸残基与第7位异亮氨酸残基之间的肽键被切断，水解掉一个六肽后成为具有催化活性的胰蛋白酶。再如，胰岛素作为一类蛋白质类激素，合成之初也是以胰岛素原的形式存在的。猪胰岛素原是由84个氨基酸残基组成的一条多肽链，其活性较低，仅为胰岛素活性的10%。胰岛素原经两种专一性水解酶的作用，将多肽链中31、32、62、63位4个氨基酸残基切除，生成一分子29个氨基酸残基组成的C肽和一分子由A链和B链组成的胰岛素分子。A链由21个氨基酸残基构成，B链由30个氨基酸残基构成，两链之间通过二硫键连接。胰岛素分子从而获得生物学活性。

（三）个别氨基酸的化学修饰

构成蛋白质的氨基酸只有20种，但天然具有活性的多肽链中，氨基酸的种类可超过百种。在一定条件下，多肽链分子中个别氨基酸残基的侧链与某些化学基团发生可逆的共价修饰作用，这些修饰对蛋白质的生物学功能的发挥至关重要。通过共价修饰，有的蛋白活性改变，如糖原合酶和磷酸化酶的磷酸化；有的延长蛋白质半衰期，如自然界中约80%的蛋白质进行的N端氨基乙酰化；有的参与蛋白质分子的靶向输送，如糖基-磷脂酰肌醇修饰使蛋白定位镶嵌于细胞膜上。下面几种修饰方式是生物体内比较常见的共价修饰。

1. 磷酸化修饰　磷酸化修饰（phosphorylation modification）是在研究肌肉中糖原磷酸化酶时发现的，被认为是体内最重要、也是最常见的一类调节蛋白质活性的化学修饰。这类化学修饰主要针对蛋白质分子中丝氨酸、苏氨酸或酪氨酸残基进行磷酸化的。磷酸化和去磷酸化分别由蛋白激酶和磷酸化酶催化。糖原的合成和分解是磷酸化修饰的典型例子。在胰高血糖素的调控下，糖原合成和分解途径中的关键酶糖原合酶、糖原磷酸化酶分别被蛋白激酶催化发生磷酸化，两种酶的活性变化相反，糖原合酶磷酸化后活性受到抑制，而糖原磷酸化酶磷酸化后活性增强，从而使糖原合成减弱，而分解增强。反之，在发生去磷酸化作用后，酶活性向相反方向改变。通过磷酸化修饰，使糖原代谢过程受到高效精确的调节。那么，为什么磷酸化修饰后能使底物蛋白的生物学活性发生升高或降低的变化？从化学组成角度，共价连接的磷酸基团一个显著特征就是带有负电荷。比较糖原磷酸化酶a（被磷酸化的）和b（未被磷酸化的）两种形式的晶体结构，可以发现，发生共价结合的磷酸基团通过静电作用引起蛋白质的构象发生显著变化，从而导致活性发生改变。

2. 糖基化修饰　糖基化修饰（glycosylation modification）是体内另一类广泛存在的翻译后化学修饰过程，主要发生在真核细胞的细胞膜蛋白或者分泌蛋白上。被糖基化修饰的氨基酸残基主要有天冬酰胺和丝氨酸/苏氨酸。在这些蛋白质中所加上的糖基大多是寡糖基，参与寡糖基形成的单糖主要包括葡萄糖、半乳糖、甘露糖、*N*-乙酰半乳糖胺、*N*-乙酰葡萄糖胺等。当被修饰的残基是天冬酰胺时，糖基连接在天冬酰胺侧链的酰胺基的氮原子上，称为*N*型糖基化（*N*-glycosylation）；当被修饰的残基是丝氨酸/苏氨酸时，糖基则连接在侧链羟基的氧原子上，因此被称为*O*型糖基化（*O*-glycosylation）。与其他化学修饰显著不同的是，加在真核细胞膜和分泌蛋白上的寡糖基并没有固定的组成，即使在同一细胞中的同一种蛋白质分子上所连接的寡糖基都可能是不同的。

3. 脂酰基化修饰　脂酰基化修饰（fatty acylation modification）是指某些蛋白质翻译后在肽链的特定位点共价连接了一个或多个疏水性脂类基团，使其与膜结构的结合能力大为增强。最常见的脂类基团是肉豆蔻酰基（myristoyl）及棕榈酰基（palmitoyl）。肉豆蔻酰基修饰在蛋白激酶、磷酸酯酶、钙离子结合蛋白或与细胞膜和细胞骨架结合的结构蛋白中普遍存在。在这些蛋白中，肉豆蔻酰基与多肽链N端的Gly残基通过酰胺键结合。棕榈酰基则是通过一个硫酯键与底物蛋白上的一个特异的Cys残基共价结合的。

肉豆蔻酰基是肽链在翻译的过程中起始部位的甲硫氨酸被切除时发生的共价结合。与肉豆蔻酰基不同的是，棕榈酰基修饰是在多肽链翻译后发生的。二者均与调节蛋白与膜结构、蛋白质与蛋白质的动态相互作用有关。

4. 甲基化修饰 一些原核生物（如大肠埃希菌）具有甲基转移酶，可将多肽链中特定谷氨酸残基甲基化，从而调节原核生物的化学趋化性。在真核生物中，多肽链的甲基化修饰（methylation modification）也具有多方面的作用。如组蛋白的精氨酸残基可被甲基化修饰而影响染色质的精细结构，进而参与基因表达的调节；某些受损蛋白质分子中的天冬氨酸可被甲基化，从而促进蛋白质的修复或降解。

除上述最常见的几种化学加工修饰外，多肽链还存在羟基化、硫酸化、泛素化等多种共价修饰方式。例如胶原蛋白前体的赖氨酸、脯氨酸残基经羟基化后形成羟赖氨酸、羟脯氨酸，是成熟胶原形成链间共价交联结构的基础。

二、多肽链天然构象的形成

从核糖体上新合成的多肽链虽具有特定的氨基酸排列顺序，但必须经过折叠过程，形成三维的天然空间构象后才能具有生物学活性。完成多肽链折叠所需的所有信息都包含在蛋白质自身的氨基酸排列顺序中，即一级结构是空间构象的基础。从热力学角度，蛋白质的折叠结构是自由能最低的构象，因此肽链的折叠是一自发过程。折叠在肽链合成早期就已开始，与肽链延伸同步进行，期间不断地进行构象的调整。也就是说，新生肽链合成、延伸伴随折叠、构象调整，直到最终形成有功能的蛋白质，始终处于一个协调的动态过程中。

由于新生肽链从合成起始即开始折叠，因此这部分肽段很可能因为肽链不完整形成错误的折叠。另外，未形成天然构象的多肽链容易发生缠绕聚集甚至沉淀，这对于细胞可能存在致命的影响。事实上，细胞中大多数天然蛋白质的折叠过程都并非独立完成，而是需要其他酶或蛋白质的协助。在体内至少有两类蛋白质参与体内多肽链的折叠过程。第一类是分子伴侣（molecular chaperon），防止新生肽链的错误折叠和聚集；第二类是折叠酶（foldase），包括蛋白质二硫键异构酶和肽基脯氨酰顺反异构酶。前者能够加速蛋白质中正确二硫键的形成，后者能够催化肽-脯氨酸之间的肽键的异构化反应。

（一）分子伴侣

分子伴侣是细胞内一类可识别肽链的非天然构象、促进各功能域和整体蛋白质正确折叠的保守蛋白质。分子伴侣的主要功能是识别新生肽链折叠过程中所暴露的错误结构，与之结合形成复合物，纠正不正确的折叠途径，抑制多肽链不可逆的聚合发生。某些分子伴侣还具有去折叠的作用，能够使错误折叠展开。分子伴侣种类很多，目前研究最多的是热休克蛋白（heat shock protein，Hsp）。Hsp 属于应激反应性蛋白质，在高温、毒素、缺氧等外界强烈刺激下，可应激性诱导该蛋白质迅速合成。在蛋白质翻译后修饰过程中，这些热休克蛋白可促进多肽链折叠为有天然空间构象的蛋白质。

1. Hsp70 家族 大肠埃希菌的 Hsp70 由基因 *dnaK* 编码，故 Hsp70 又被称为 Dna K。它有两个主要功能域：一个是存在于 N 端，为高度保守的 ATP 酶结构域，能结合并水解 ATP，释放能量，驱动 Hsp70 与多肽的结合、释放；另一个是存在于 C 端的多肽链结合结构域。两个结构域的相互作用促进了蛋白质的折叠过程。此外，Hsp70 还需要 Hsp40 和 GrpE 作为辅因子。GrpE 作为核苷酸交换因子与 Hsp40 作用，通过改变 Hsp70 的构象而控制 Hsp70 的 ATP 酶活性。Hsp70 能够识别和结合新合成的、部分折叠的肽链，维持其稳定性，防止错误折叠。

2. 伴侣蛋白 伴侣蛋白（chaperonin）是另一类协助蛋白质分子正确折叠的蛋白质。在大肠埃希菌分为 Gro EL 和 Gro ES；在真核细胞中分为 Hsp60 和 Hsp10 等。Gro EL 是由 14 个相同亚基组成的多聚体，每 7 个亚基分别构成一个环状结构，并叠加形成筒状腔。Gro ES 是由 7 个相同的亚基组成的圆顶状结构，与 Gro EL 形成 Gro EL-Gro ES 复合物。当待折叠肽链进入 Gro EL 的筒状空腔后，Gro ES 可作为“盖子”瞬时封闭 Gro EL 的出口，封闭后的筒状空腔提供了能完成该肽链折叠的工作平台。

因此，伴侣蛋白所识别结合的是多肽链中不正确的部分，并提供一个工作平台或微环境，通过一系列 ATP 的水解，最终完成其工作对象——折叠有误蛋白质的正确折叠。

（二）折叠酶

1. 二硫键异构酶 肽链中两分子的半胱氨酸之间的巯基氧化形成二硫键。多肽链内或肽链之间二硫键的正确形成对稳定分泌蛋白质、膜蛋白等的天然构象十分重要。内质网管腔中分布了高浓度的蛋白质二硫键异构酶，催化二硫键形成。此外，该酶还表现出类似于分子伴侣的作用。如果半胱氨酸间出现错配的二硫键，二硫键异构酶（protein disulfide isomerase，PDI）可催化错配的二硫键断裂并形成正确的二硫键连接。

2. 肽基脯氨酰顺反异构酶 脯氨酸为亚氨基酸，多肽链中肽酰脯氨酸间形成的肽键有顺、反两种异构体，其空间构象有显著差别。反式脯氨酸亚氨基的肽键更为稳定。但在蛋白分子中，有部分脯氨酸亚氨基的肽键是顺式的。肽基脯氨酰顺反异构酶（peptidyl prolyl *cis-trans* isomerase，PPIase）可促进上述顺、反两种异构体之间的转换。肽基脯氨酰顺反异构酶是蛋白质三维构象形成的关键酶。

多肽链的正确折叠对于蛋白质形成天然构象及发挥生物学活性具有重要的意义。只有折叠形成正确的空间构象，蛋白质才能具有生物学功能。一旦折叠出现异常，尽管一级结构没有改变，蛋白质的空间构象发生变化，生物学功能不同程度的受到影响，甚至丧失活性。因此，蛋白质错误折叠是多种疾病发病的分子生物学基础，这类疾病被统称为蛋白质构象病，如疯牛病、阿尔茨海默病、亨廷顿舞蹈病、人纹状体脊髓变性病等，常伴随蛋白质淀粉样沉淀的病理改变。蛋白质发生异常折叠后，常表现为三种情况：①虽然折叠异常，但并未影响蛋白合成过程，转运、定位输送基本正常，但丧失了正常的功能。肌萎缩性脊髓侧索硬化症正是属于这种情况。②蛋白质的错误折叠引起转运、定位输送异常。例如家族性高胆固醇血症患者的 LDL 受体蛋白发生了错误折叠，不能准确地靶向输送至细胞膜表面，失去识别和结合 LDL 的功能，使患者的血浆 LDL 水平显著升高。③发生错误折叠的蛋白质相互缠绕、聚集，形成抗蛋白水解酶的淀粉样纤维沉淀，产生毒性致病，典型疾病如阿尔茨海默病、疯牛病等。

案例解析

【案例】 以疯牛病为例解释蛋白质构象病的发病机制。

【解析】 疯牛病是由朊病毒蛋白（prion protein，PrP）引起的一种人和动物神经退行性病变，它在动物间的传播是由 PrP 组成的传染性颗粒（不含核酸）完成的。PrP 是染色体基因编码的蛋白质，正常型 PrP 的二级结构含有多个 α 螺旋，其水溶性强、对蛋白酶敏感，称为 PrP^C。PrP^C 在某种未知蛋白质作用下可转变为致病型 PrP，称为 PrP^{SC}。PrP^{SC} 的二级结构主要为 β 折叠。PrP^{SC} 对蛋白酶不敏感，水溶性差，易相互聚集，最终形成不溶性的淀粉样纤维沉淀而致病。因此，疯牛病是一种蛋白质折叠异常引起的蛋白构象疾病。

三、蛋白质空间结构的修饰

在生物体中，许多蛋白质含有两条或者两条以上的多肽链，每一条多肽链称为一个亚基。亚基之间通过非共价键相连接，形成了蛋白质寡聚体或多聚体。多肽链合成后，除了一级结构以及三维空间构象外，以寡聚体或多聚体形式存在的蛋白质，还需要经过一定的空间结构的修饰，才能实现全部生物学功能。这种空间结构的修饰实际上是亚基之间通过非共价结合方式聚合，组装成寡聚体或多聚体的过程。此外，结合蛋白质中蛋白质部分与辅基的连接也属于空间修饰。

1. 蛋白质寡聚体及多聚体的形成 自然界中现存的蛋白质分子大部分是以寡聚体或多聚体的形式存在的。例如，血红蛋白是由 2 个 α 亚基和 2 个 β 亚基组成的四聚体，α 亚基和 β 亚基分别含有 141 个和

146 个氨基酸。此外，生物体内的结构性蛋白质如胶原蛋白、细胞骨架蛋白、角蛋白等几乎都是以多聚体的形式存在的。寡聚体蛋白如由相同亚基构成，称为同源寡聚体；如果由不同亚基构成，称为异源寡聚体。一般来说，具有生物学功能的蛋白质都是以同源或异源寡聚体（多聚体）形式出现的，亚基间主要通过氢键和离子键等非共价结合。蛋白质以寡聚体或多聚体的形式存在具有重要的生物学意义的，其优势在于：①能够降低转录和翻译过程中出现的错误所造成的影响；②多功能酶催化的代谢途径中使前一种酶的催化产物直接进入后一种酶的活性中心，而无需扩散进入所在的溶液环境中，形成“底物隧道”现象，使代谢反应的效率大大提高；③可以根据环境中底物、产物、信号分子等代谢物质的含量反馈性进行自我调节，使蛋白质活性发挥更为高效；④通过一个亚基与配体结合，使寡聚体蛋白的构象发生改变，影响寡聚体中其他亚基与配体的结合能力，引起正协同效应；⑤从热力学角度，以寡聚体或者多聚体形式存在的蛋白亚基比游离存在的亚基更加稳定，因此，亚基通过聚合增加了蛋白质分子的稳定性。

2. 寡聚体的亚基聚合过程 现有的研究主要是通过在体外对纯化的寡聚蛋白进行变性和再聚合分析。有些寡聚蛋白变性后当去除变性条件后亚基可以自发再聚合成特异的寡聚体结构，但有些寡聚蛋白在这种体外条件下却不能够再聚合。目前，这类研究多是针对亚基聚合过程中中间寡聚体的分析，而很少涉及具体聚合时的特异分子识别和动态的实现途径。

对亚基聚合分子机制研究的另一途径是根据所测定的寡聚蛋白的晶体结构，统计参与亚基之间相互作用的非共价键的情况。此外，通过分析已经获得了晶体结构的寡聚蛋白分子的亚基作用也可帮助我们认识这种蛋白质分子识别的规律。目前，用来解释同源寡聚蛋白亚基聚合的一个比较成熟的模型是“结构域对换模型”（domain swapping model）。也就是说，寡聚体的组装是一个亚基的一个“结构域”被另一个相同亚基的相同结构域置换的结果。通过这种结构域的对换，使同源二聚体或多聚体的亚基相互聚合。

很多蛋白质是在发挥生物学功能的动态过程中发生寡聚化的。例如，一些调节基因表达的转录因子和在信号转导过程中接受外来信号的细胞膜受体在发挥作用的过程中发生聚合化。

3. 结合蛋白质的辅基连接 根据蛋白质的组分分类，蛋白质分为单纯蛋白质和结合蛋白质两类。将蛋白质水解后，除氨基酸外还有其他非蛋白成分的称为结合蛋白质。其中的非蛋白成分称为辅基，绝大部分辅基都是通过共价方式与蛋白质部分相连，结合过程十分复杂。辅基种类繁多，常见的有金属离子、色素化合物、寡糖、脂质等。结合蛋白质需要连接辅基后才具有生物学活性。

4. 膜蛋白空间结构的修饰 细胞中有一类数量庞大的蛋白质位于外表面亲水、内表面疏水的磷脂双分子层中，即定位于细胞膜和细胞内膜上的膜蛋白，如膜镶嵌蛋白、物质跨膜转运蛋白复合体、细胞核膜上的核孔蛋白复合体、ATP 酶、离子通道等。膜蛋白多为寡聚体蛋白，虽然各亚基具有独立的功能，但必须以一定的空间排布方式存在，才能发挥其生物学作用。多数跨膜蛋白复合体中的亚基之间都是通过跨膜螺旋结构或 β 片层发生特异性的相互作用的，在这种螺旋结构中广泛存在着 GXXG（G：甘氨酸；X：可变的氨基酸）模体。膜蛋白的跨膜部分的表面带有较多的疏水残基。

目前这类膜蛋白复合体的亚基在细胞内具体的聚合过程还不完全清楚，例如位于线粒体内膜的蛋白复合体 NADH 脱氢酶（又名复合体Ⅰ），其部分亚基由细胞核基因组中的基因所编码，而另一部分却是由线粒体基因组中的基因所编码。这样的蛋白质复合体的亚基聚合机制有待于深入研究。

四、蛋白质合成后的靶向转运

每种蛋白质都有特定的细胞定位，也就是说，在核糖体上合成后，蛋白质需要被输送到某一特定部位才能发挥其生物学功能。蛋白质有的定位在特定的细胞器中，有的定位在细胞膜上，有的被输送到细胞外。例如，RNA 聚合酶只能在细胞核中才能发挥活性，ATP 酶总是定位在线粒体内膜上等。

那么，核糖体中合成的数万种蛋白质是怎样进行准确的定位及靶向输送的呢？20 世纪 70 年代，Blobel 就曾提出“信号假说”，认为蛋白质的定位和转运是通过新合成肽链中存在的“信号序列”完成的。后来证实，靶向输送的蛋白质中确实存在特异的氨基酸序列，用于引导蛋白质转移到合适的部位，被称为信号序列（signal sequence）。不同定位的蛋白质拥有不同的信号序列。分泌型蛋白的信号序列位于N端称为信号肽，定位在线粒体的蛋白信号序列也在N端，细胞核蛋白质的信号序列常位于多肽链的中间，而引导蛋白质进入过氧化体的信号序列位于多肽链的C端。

1. 分泌型蛋白质的靶向转运 分泌型蛋白质的肽链N端有一长度为13~36个氨基酸残基组成的信号序列称为信号肽（signal peptide）。其氨基酸序列具有一定的特点，如N端多含碱性氨基酸残基，信号肽的中段含6~12个疏水的中性氨基酸，具有疏水性，末端含有信号肽酶（signal peptidase）酶切的位点。利用放射性同位素跟踪及蛋白水解酶作用实验发现，许多蛋白质分子合成后，被引导至内质网腔。分泌型蛋白质进入内质网的过程是：①mRNA与细胞液中的游离核糖体结合，先合成信号肽，之后合成的肽链长度约为70个氨基酸时，信号肽从核糖体中延伸出来后，与存在于细胞质中的一类“信号肽识别颗粒”（signal recognition particle，SRP）相结合，再连同GTP及核糖体共同构成复合物，肽链合成过程暂时中止。②复合物与SRP受体识别结合，SRP受体又称为SRP对接蛋白（docking protein，DP），存在于内质网膜上。③SRP及SRP受体从核糖体上脱离，新生蛋白质的信号肽通过开放的跨内质网膜通道插入内质网膜。肽链合成过程重新启动，延长的肽链直接进入内质网腔，信号肽被信号肽酶迅速切除，肽链在分子伴侣Hsp70的作用下折叠成天然构象（图13-8）。

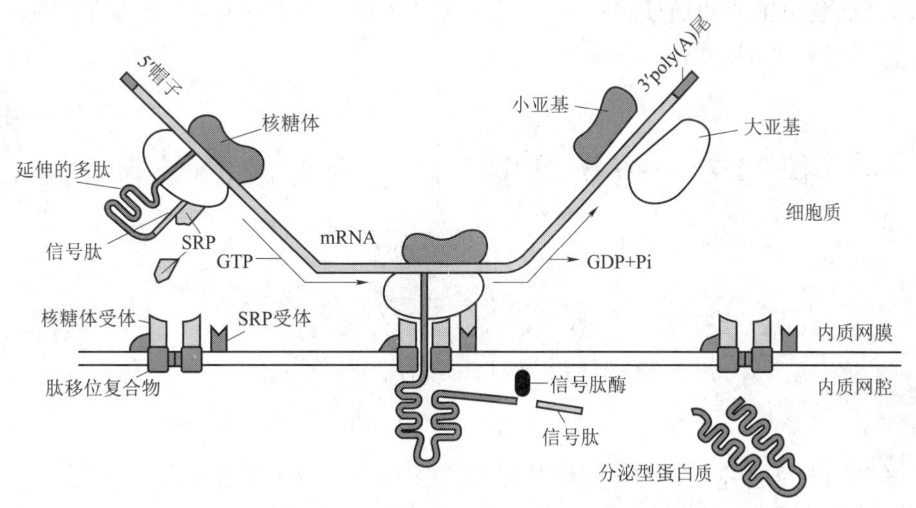

图13-8 真核生物分泌型蛋白由胞质进入内质网

内质网中折叠完的蛋白质分子可以通过高尔基体和囊泡被运送到细胞外，也可以通过囊泡运送到溶酶体中。

2. 线粒体蛋白质的靶向转运 利用放射性同位素进行的示踪实验证明，位于线粒体的数百种蛋白质，除少数几种在线粒体基质的核糖体中合成外，绝大多数都是在细胞质中的核糖体上合成释放后运送至线粒体的。

这些定位在线粒体的蛋白质在细胞质中都是以前体形式合成的。前体的N端一般都具有一段富含精氨酸和赖氨酸的“基质导入序列（matrix-targeting sequence，MTS）”。蛋白质分子转运进入线粒体基质的过程一般包括：①前体蛋白在细胞质中的游离核糖体上合成，释放到细胞质中；②细胞质中的分子伴侣、线粒体输入刺激因子（mitochondrial import stimulating factor，MSF）或Hsp70，与尚未完全折叠的前体蛋白结合，以维持其稳定；③前体蛋白上的信号序列与线粒体外膜转运体（transporter of outer membrane，TOM）识别，并被转运跨过外膜；④前体蛋白在膜间质中与位于内膜上的内膜转运体（transporter of inner membrane，TIM）接触并被转运至线粒体基质；⑤基质Hsp70水解ATP释放的能量与跨内膜电化学梯度驱动肽链进入线粒体；⑥前体蛋白上的基质导入序列被基质中的特异蛋白水解酶切除，之后蛋白质分子在分子伴侣协助下折叠形成天然构象。

3. 细胞核蛋白质的靶向转运 细胞核和细胞质之间物质交换十分活跃，参与复制、转录的各种酶和蛋白因子都是在细胞质的核糖体中合成后转运至细胞核中的。而细胞核中的mRNA和tRNA也需要到细胞质中参与蛋白质的合成过程。这些靶向定位在细胞核中发挥作用的蛋白质分子都含有一段特异信号序列，称为核定位序列（nuclear localization sequence，NLS）。NLS 是含有 4~8 个碱性氨基酸残基的短序列，富含赖氨酸、精氨酸和脯氨酸，可位于肽链的不同部位。与线粒体蛋白质信号肽不同的是，NLS 在完成靶向输送后并不被切除。细胞核蛋白质通过核孔进入细胞核的，靶向转运的过程分为：①在细胞质中，蛋白质合成并折叠成空间结构后，暴露在表面的 NLS 与存在于细胞质中的蛋白因子，输入因子 α 和输入因子 β 分别结合，形成蛋白质-输入因子复合物。②复合物通过输入因子 β 与核孔复合体识别，引导进入细胞核。在细胞核内，存在一种被称为 Ran 蛋白（Ran protein）的小分子 GTP 酶。Ran 蛋白与 GTP 结合，通过水解 GTP 释放能量，驱动蛋白质-输入因子复合物进入核基质中。

4. 膜蛋白的靶向定位与插入 靶向定位于内质网膜、高尔基体膜及细胞膜等的膜蛋白也需要进入粗面内质网再转移至这些膜结构上。这与分泌型蛋白的输送机制类似，但不同的是，这类蛋白转运过程中并非全部进入内质网腔，而是锚定在内质网膜上。所有膜蛋白的拓扑定位是由其肽链上的特殊序列决定的，这些序列包括内质网跨膜信号序列、终止转移序列、膜锚定序列等。例如，单次跨膜蛋白质的肽链中含有终止转移序列，该序列是由疏水性氨基酸残基构成的跨膜序列。当合成中的肽链向内质网腔导入时，终止转移序列可与内质网膜的脂质双分子层结合，阻止肽链向内质网腔的进一步转入，使蛋白质锚定在膜结构上。细胞膜蛋白质也通过上述方式跨膜并形成囊泡，转移到高尔基体进行加工，再通过囊泡移至细胞膜，并最终在细胞膜融合。

第四节 药物对蛋白质生物合成的影响

课堂互动

体内蛋白质的合成受哪些因素的影响？抗生素是如何发挥抗菌作用的？

蛋白质的合成过程受多种物质影响，其不同阶段及组分也成为一些药物，如抗生素、干扰素、毒素等作用的靶点。抗生素等能够阻断真核、原核生物蛋白质合成体系中某些组分的功能，从而干扰和抑制蛋白质生物合成过程。真核、原核生物的翻译过程虽然相似，但又存在差别，因此不同的药物将产生不同的抑制效应，如抗生素可以直接抑制细菌蛋白合成，但对人体细胞影响甚小，这是我们研究开发抗菌药物的理论依据。仅作用于原核细胞蛋白质合成的抗生素可作为抗菌药，作用于真核细胞的抗生素作为抗肿瘤药物。下面讨论某些干扰和抑制翻译过程的抗生素或生物活性物质的作用及其机制。

一、抗生素对蛋白质合成的影响

影响翻译过程的抗生素主要通过导致 mRNA 与核糖体不能脱离，引起密码和反密码之间错配，影响肽键形成、阻碍肽链延长及阻止转位过程几个方面发挥作用。图 13-9 列出几种常见抗生素作用部位。

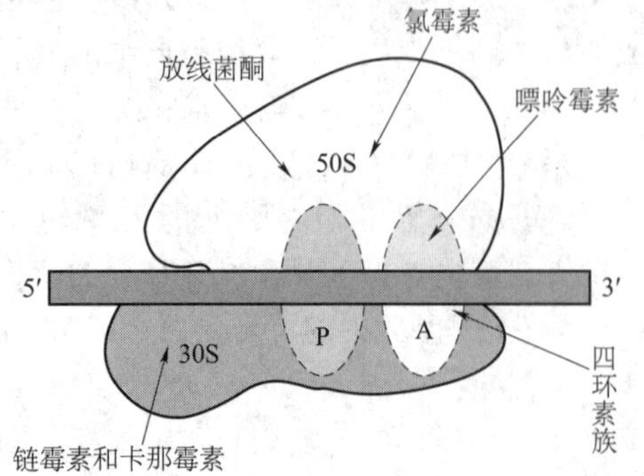

图 13-9 几种抗生素抑制肽链合成的作用部位

1. 导致 mRNA 与核糖体不能脱离的抗生素 四环素（tetracycline）和土霉素（terramycin）能够抑制翻译起始复合物的形成，特异性结合 30S 亚基的 A 位，抑制氨酰 tRNA 的进位，阻止肽链的延伸；粉霉素（pulvomycin）可降低 EF-Tu 的 GTP 酶活性，从而抑制 EF-Tu 与氨酰 tRNA 结合；黄色霉素（kirromycin）阻止 EF-Tu 从核糖体释出；以上均导致核糖体停留在 mRNA 上，使核糖体循环停止。

2. 引起密码和反密码之间错配的抗生素 氨基糖

苷（aminoglycoside）类抗生素主要抑制革兰阴性细菌蛋白质合成，除抑制起始复合物形成外，还在肽链延长阶段，引起读码错误，造成氨酰 tRNA 与 mRNA 错配。例如，巴龙霉素（paromomycin）诱导的构象改变能增强核糖体 A 位对近关联氨酰 tRNA（near cognate tRNA：其反密码子与 mRNA 的密码子结合时有一个碱基错配）的亲和力；链霉素（streptomycin）与 30S 小亚基结合，改变 A 位上氨酰 tRNA 与其对应的密码子配对的精确性和效率，使氨酰 tRNA 与 mRNA 错配；潮霉素 B（hygromycin B）和新霉素（neomycin）能与 16S rRNA 和 rpS12 结合，干扰 30S 亚基的解码部位，引起读码错误。这些抗生素均能使延长中的多肽链引入错误的氨基酸残基，使合成的蛋白变异，从而使细菌蛋白质失活。

3. 影响肽键形成和阻碍肽链延长的抗生素　嘌呤霉素（puromycin）具有与 tRNA 分子末端类似的结构，能够同氨基酸结合，在翻译中代替氨酰 tRNA 进入核糖体 A 位，但延长中的肽酰嘌呤霉素容易从核糖体脱落，中断肽链合成；氯霉素（chloramphenicol）可与核糖体上的 A 位紧密结合，阻碍氨酰 tRNA 进入 A 位，并且能抑制肽酰基转移酶活性，阻止肽酰基与氨酰基之间的肽键的形成；林可霉素（lincomycin）作用于核糖体 50S 大亚基上的 A 位和 P 位，阻止 tRNA 在这两个位置就位，抑制肽键形成。大环内酯类（macrolide）抗生素，如红霉素（erythromycin），能与核糖体 50S 亚基中肽链排出通道结合，阻止新生肽链从核糖体大亚基中排出，从而阻止肽键的进一步形成；放线菌酮（cycloheximide）特异性抑制真核生物核糖体转肽酶的活性，无法应用于人体，因而通常只限于实验室研究用途。

4. 阻止转位过程的抗生素　夫西地酸（fusidic acid）、硫链丝菌肽（thiostrepton）和细球菌素（micrococcin）抑制 EF-G 的酶活性，阻止核糖体循环中的转位过程。壮观霉素（spectinomycin）结合核糖体 30S 亚基，阻碍小亚基变构，从而抑制 EF-G 催化的转位反应。

部分抗生素抑制蛋白质生物合成机制见表 13-6。

表 13-6　常用抗生素抑制蛋白质生物合成的机制

抗生素	作用位点	作用机制	作用细胞类型
伊短菌素	30S/40S 核糖体小亚基	阻碍翻译起始复合物形成	原核或真核生物
四环素、土霉素	30S 核糖体小亚基	抑制氨酰 tRNA 与小亚基结合	原核生物
链霉素、新霉素、巴龙霉素	30S 核糖体小亚基	改变构象引起读码错误、抑制起始	原核生物
氯霉素、林可霉素、红霉素	50S 核糖体大亚基	抑制肽酰转移酶、阻断肽链延长	原核生物
嘌呤霉素	50S/60S 核糖体大亚基	使肽酰基转移到它的氨基上后脱落	原核或真核生物
放线菌酮	60S 核糖体大亚基	抑制肽酰转移酶、阻断肽链延长	真核生物
夫西地酸、希求菌素	EF-G	抑制 EF-G、阻止转位	原核生物
壮观霉素	30S 核糖体小亚基	阻止转位	原核生物
春日霉素	30S 核糖体小亚基	抑制翻译起始阶段	原核生物

二、其他影响蛋白质合成的物质

1. 白喉毒素　白喉毒素（diphtheria toxin）是一种由白喉杆菌产生，对真核细胞蛋白质合成具有强烈抑制作用的毒性物质。白喉毒素实际上是寄生于白喉杆菌内的溶源性噬菌体 β 基因编码合成，对真核生物的延长因子 eEF-2 起到共价修饰作用，生成 eEF-2-腺苷二磷酸核糖衍生物，从而使 eEF-2-失活。白喉毒素毒性剧烈，仅需微量就能有效抑制整个蛋白合成过程，导致细胞死亡。

2. 干扰素　干扰素（interferon，IFN）是真核细胞感染病毒后合成和分泌的一类小分子蛋白，具有抗病毒作用。干扰素分为三大类：①α 型，来源于白细胞；②β 型，来源于纤维母细胞；③γ 型，来源于致敏淋巴细胞。干扰素抑制病毒的作用机制主要有两方面：一是干扰素在某些病毒双链 RNA 存在时，能诱导特异的蛋白激酶活化，该活化的蛋白激酶使 eEF-2 磷酸化而失活，从而抑制病毒蛋白质的合成；二是干扰素能与双链 RNA 共同活化特殊的 2′,5′-寡聚腺苷酸合成酶，催化 ATP 聚合，生成单核苷酸间以 2′,5′-磷酸二酯键连接的 2′,5′-AMP 多聚物，2′,5′-AMP 再活化磷酸内切酶 RNase L，后者可降解病毒

mRNA，从而阻断病毒蛋白质合成。

干扰素目前在临床上应用十分广泛。因具有广谱的抗病毒作用，所以在病毒性肝炎、病毒性心肌炎、艾滋病等病毒感染性疾病的治疗中发挥了显著的作用。除抗病毒外，目前还被应用于免疫调节和抗肿瘤等疾病的治疗中。

本章小结

蛋白质的生物合成过程又称为翻译，mRNA上核苷酸序列所蕴含的遗传信息通过编码20种氨基酸的排列顺序表达出来。蛋白质的生物合成包括：①蛋白质的合成体系；②多肽链的生物合成过程；③肽链合成后的加工修饰；④蛋白质合成后的靶向转运。

mRNA是蛋白质合成的直接模板，每3个相邻的核苷酸称为一个遗传密码。密码子共64个，其中61个密码子分别代表20种氨基酸，3个为终止密码子。遗传密码具有方向性、简并性、连续性、摆动性及通用性的特点。tRNA有两方面作用：一是作为氨基酸的载体，与氨基酸结合生成氨酰tRNA（氨基酸的活化形式）；二是通过反密码子与mRNA上的密码子反向互补配对结合，将氨基酸卸载到正确的位置。rRNA与核糖体蛋白共同构成核糖体，是蛋白质合成的场所。

蛋白质合成过程分为起始、延伸、终止3个阶段。起始阶段核心内容是mRNA、起始氨酰tRNA与核糖体小亚基等结合形成翻译起始复合物的过程。延长阶段分为3个步骤：进位、成肽、转位，这3个步骤连续重复进行蛋白质合成，称为核糖体循环。当核糖体A位出现mRNA的终止密码子后，多肽链停止延长过程，并从肽酰tRNA中释放。

多肽链合成后需经过复杂的加工过程才能转变为活性蛋白质，主要包括肽链一级结构修饰、折叠为天然构象及空间结构修饰等；还需要通过靶向输送到某一特定部位才能发挥其生物学功能。某些药物和生物活性物质可以通过干扰蛋白质生物合成而发挥杀菌作用，这也为新药的研发提供了途径。

练 习 题

题库

一、单项选择题

1. 蛋白质生物合成是指（　　）
   A. 蛋白质分解代谢的逆过程
   B. 由氨基酸自发聚合成多肽
   C. 氨基酸在氨基酸聚合酶催化下连接成肽
   D. 由mRNA上的密码子翻译成多肽链的过程
   E. 以上都不对
2. 蛋白质合成的直接模板是（　　）
   A. DNA　B. hnRNA　C. mRNA　D. tRNA　E. rRNA
3. DNA的遗传信息通过（　　）传递到蛋白质
   A. DNA本身　B. rRNA　C. tRNA　D. mRNA　E. hnRNA
4. 生物体编码20种氨基酸的密码子个数是（　　）
   A. 20　B. 24　C. 61　D. 64　E. 32
5. 蛋白质合成的方向是（　　）
   A. 由mRNA的3′端向5′端进行　B. 由mRNA的3′端和5′端方向同时进行

C. 由肽链的 C 端向 N 端进行　　D. 由肽链的 N 端和 C 端方向同时进行
E. 由肽链的 N 端向 C 端进行

6. 氯霉素抑制蛋白质合成，与其结合的是（　　）
A. 真核生物核糖体小亚基　　B. 原核生物核糖体小亚基
C. 真核生物核糖体大亚基　　D. 原核生物核糖体大亚基
E. 氨酰 tRNA 合成酶

7. 蛋白质生物合成中不需要能量的步骤是（　　）
A. 氨酰 tRNA 合成　　B. 启动
C. 肽链延长　　D. 转肽
E. 终止

8. 原核生物蛋白质生物合成的肽链延长阶段不需要（　　）
A. GTP　　B. 转肽酶
C. 甲酰蛋氨酸 tRNA　　D. mRNA
E. 甲硫氨酸

9. 关于 mRNA，错误的叙述是（　　）
A. 一个 mRNA 分子只能指导一种多肽链生成
B. mRNA 通过转录生成
C. mRNA 与核糖体结合才能起作用
D. mRNA 极易降解
E. 以上都不对

10. 可识别分泌蛋白新生肽链 N 端的物质是（　　）
A. 转肽酶　　B. 信号肽识别颗粒
C. GTP 酶　　D. RNA 酶
E. mRNA 多聚 A 尾

二、思考题

1. 何为遗传密码？遗传密码有何特点？
2. 蛋白质合成体系包含哪些物质？
3. 简述核糖体循环的概念。
4. 简述信号肽的概念及作用机制。
5. 多肽链的正确折叠对于蛋白质形成天然构象及发挥生物学活性具有哪些重要的意义？
6. 简述蛋白质生物合成的过程，并比较原核生物与真核生物的差异。

（祝香芝）

第十四章

基因重组与重组 DNA 技术

学习导引

1. **掌握** DNA 重组的方式；DNA 重组的相关概念；目的基因的获得方式；重组 DNA 技术常见载体类型；重组 DNA 技术的基本步骤。

2. **熟悉** 限制性核酸内切酶的分类、结构及功能特点；重组体的筛选方法。

3. **了解** 同源重组的机制；重组 DNA 技术常见工具酶；克隆载体的选择；重组 DNA 技术与医药学的关系。

DNA 重组（DNA recombination）是指不同 DNA 分子之间或同一 DNA 分子的不同部位之间发生链的断裂和片段的交换重接，形成新的 DNA 分子。DNA 重组普遍存在于自然界不同物种或个体之间，这是生物遗传变异和物种进化的基础。重组 DNA 技术（recombinant DNA technology）是指在体外将不同来源的目的 DNA 与载体 DNA 连接形成重组 DNA 分子，并导入受体细胞中进行复制、扩增，以获得大量目的 DNA 片段的拷贝或进一步表达相关基因产物的过程，又称为分子克隆（molecular cloning）或 DNA 克隆（DNA cloning）或基因工程（genetic engineering）。

课堂互动

克隆技术有什么应用？克隆技术的利与弊有哪些？

PPT

第一节　自然界的 DNA 重组

自然界不同物种或个体之间的基因转移和 DNA 重组是经常发生的。自然界基因转移和 DNA 重组的方式有多种，包括在原核及真核细胞均可发生的同源重组、特异位点重组、转座重组，以及只发生在原核细胞的接合作用、转化作用、转导作用等。

一、同源重组

同源重组（homologous recombination）是指在两个 DNA 分子同源序列间进行的单链或双链片段的交换。同源重组是最基本的重组方式，又称基本重组（general recombination）。同源重组不需要特异 DNA 序列，只要两条 DNA 序列相同或基本相同，即可发生重组。同源重组需要一系列重组蛋白（recombinant protein，Rec）和酶的催化，如原核生物细胞内的 Rec A 蛋白、Rec BCD 复合物、Ruv C 蛋白及 DNA 连接酶等。Holliday 模型可以用来解释同源重组的机制：①两个同源染色体 DNA 排列整齐；②一个 DNA 的一条链断裂、并与另一个 DNA 对应的链连接，形成 Holliday 中间体；③通过分支移动产生异源双链 DNA；④Holliday 中间体切开并修复，形成两个双链重组体 DNA（图 14-1）。

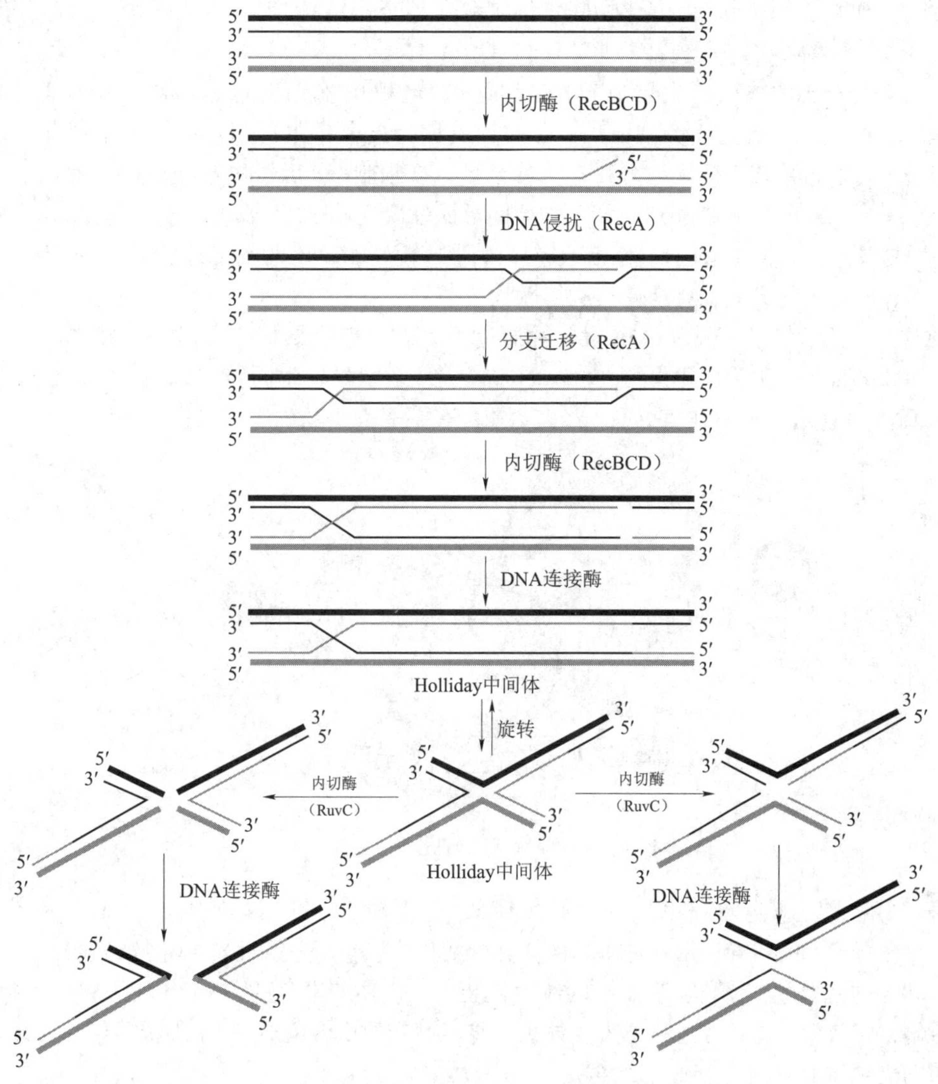

图 14-1　同源重组的 Holliday 模型

二、位点特异性重组

在整合酶的催化下，两段 DNA 序列在特异位点间发生整合的现象，称为位点特异性重组（site specific recombination）。与同源重组不同，位点特异性重组只需要在重组位点存在较短的同源序列，这是整合酶结合并催化 DNA 链的断裂和重新连接的部位。位点特异性重组广泛存在于各类细胞中，例如噬菌体感染宿主菌时通过重组作用将其 DNA 整合进宿主菌染色体的特异位点、病毒感染宿主细胞时其 DNA 与宿主细胞基因组的整合、免疫球蛋白基因的重排等均属于位点特异性重组。

三、转座重组

基因组中有一些基因可以从一个位置移动到另一个位置，这些可移动的 DNA 序列包括插入序列（insertion sequences，IS）和转座子（transposon，Tn）。由插入序列和转座子介导的基因移位或重排称为转座（transposition）或转座重组（transpositional recombination）。转座可对新位点基因的结构和表达产生多种遗传学效应，如导致插入突变、产生新的基因、产生染色体畸变及引起生物进化等。

四、基因转移与重组

原核细胞（如细菌）还可以通过细胞间直接接触（接合作用）、细胞主动摄取（转化作用）和噬菌体传递（转导作用）等方式来实现基因的转移与重组。

1. 接合作用 当细胞与细胞、或细菌与细菌通过菌毛相互接触时，质粒 DNA 就可从一个细胞（细菌）转移至另一细胞（细菌），这种 DNA 转移的方式称为接合作用（conjugation）。只有一些较大的质粒，如 F 因子，可通过接合作用从一个细胞转移至另一个细胞。F 因子决定细菌表面性菌毛的形成，接合作用过程如下：①F^-菌与 F^+菌相遇；②两细菌间形成性菌毛连接桥；③F 质粒双链 DNA 中的一条被酶切割，产生单链缺口，单链 DNA 通过性菌毛连接桥向 F^-菌转移；④两细菌分别以单链 DNA 为模板合成互补链，同时，F^-菌出现 F 质粒所携带的遗传性状。

2. 转化作用 细菌摄取外源 DNA 片段，并通过重组机制将外源 DNA 片段整合到基因组中，从而获得新的遗传性状的现象，称为转化作用（transformation）。自然界发生的转化作用常见于细菌溶菌时，其裂解释放的 DNA 片段可被另一细菌摄取，经基因重组使后者获得新的表型（图 14-2）。

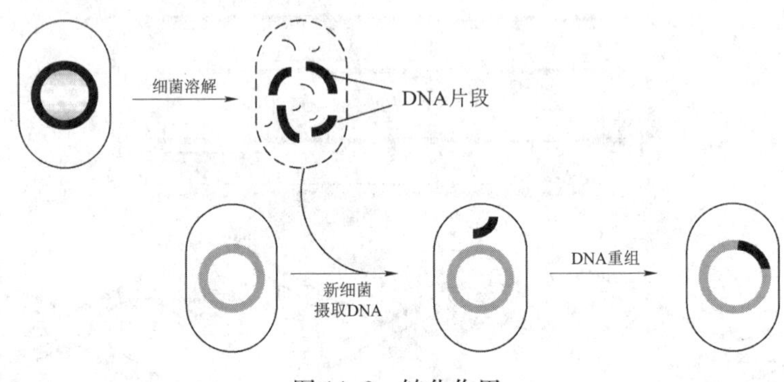

图 14-2 转化作用

3. 转导作用 通过病毒把供体细胞的 DNA 片段转移到受体细胞的过程，称为转导作用（transduction）。自然界的转导作用常见于噬菌体介导的传导，包括普遍性转导和特异性转导。

普遍性转导的基本过程：当噬菌体在供体菌包装时，供体菌自身的 DNA 片段被包装入噬菌体颗粒，随后细菌溶解，释放出的噬菌体通过感染受体菌而将所携带的供体菌 DNA 片段转移到受体菌中，进而重组于受体菌的染色体 DNA 上。

特异性转导的基本过程：①当噬菌体感染供体菌后，噬菌体 DNA 以位点特异性重组机制整合到供体菌染色体 DNA 上；②整合的噬菌体 DNA 从供体菌染色体上切离时，可携带位于位点侧翼的 DNA 片段，随后切离的噬菌体 DNA 被包装入噬菌体衣壳中；③供体菌裂解，所释放出的噬菌体感染受体菌，继而携带有供体菌 DNA 片段的噬菌体整合于受体菌染色体 DNA 的特异性位点上。这样，位于整合位点侧翼的供体菌 DNA 片段重组于受体菌染色体 DNA 上。

第二节　重组 DNA 技术

1973 年美国斯坦福大学教授 S. Cohen 等人首次将两个不同的质粒 DNA 分子在体外进行连接，获得重组 DNA 分子，并在大肠埃希菌成功表达，由此产生了重组 DNA 技术。此后，重组 DNA 技术得到迅速发展，并对生命科学的飞速发展起到了重要作用。目前该技术已广泛应用于基因诊断、基因治疗、遗传病的预防及生物制药等领域。

一、重组 DNA 技术常用工具酶

微课

在重组 DNA 技术中，常需要多种工具酶对基因进行操作，例如对 DNA 分子进行切割、重新连接、修饰及合成等操作均需要工具酶来完成。重组 DNA 技术中常用的工具酶包括限制性核酸内切酶、外切酶、DNA 连接酶、DNA 聚合酶、末端转移酶及反转录酶等（表 14-1）。其中限制性核酸内切酶具有最重要的意义。

表 14-1　重组 DNA 技术中常用的工具酶

工具酶	主要功能
限制性核酸内切酶	识别特异核苷酸序列，切割 DNA 分子
DNA 连接酶	催化 DNA 中相邻的 5′磷酸基和 3′羟基之间形成磷酸二酯键，使 DNA 切口封闭或使两个 DNA 分子连接
DNA 聚合酶 I	具有 5′→3′的聚合酶活性、5′→3′的核酸外切酶活性和 3′→5′的核酸外切酶活性，用于合成双链 DNA 分子、缺口平移制作 DNA 探针、DNA 序列分析、填补 3′端
碱性磷酸酶	切除核酸 5′端磷酸基团，在重组 DNA 时防止线性化的载体分子发生自我连接
T4 多聚核苷酸激酶	催化多聚核苷酸 5′端磷酸化，常用来标记核酸分子的 5′端，或使寡核苷酸磷酸化
反转录酶	催化以 RNA 为模板合成 DNA 的反应，可合成 cDNA、替代 DNA 聚合酶 I 进行填补、标记或 DNA 序列分析
末端转移酶	催化 5′脱氧核苷三磷酸按 5′→ 3′方向进行聚合，逐个地将脱氧核苷酸分子加到线性 DNA 分子的 3′羟基端，用于在 3′羟基端进行同聚物加尾
Taq DNA 聚合酶	催化 PCR 反应

1. 限制性核酸内切酶　限制性核酸内切酶（restriction endonuclease）简称限制性酶，是一类能够识别双链 DNA 分子上的特异核苷酸序列，并在识别位点或其周围切割双链 DNA 的水解酶。限制性核酸内切酶主要来源于细菌，其命名根据细菌属名与种名相结合的原则，通常用三个斜体字母的缩略语来表示。第一个字母取自产生该酶的细菌属名，用大写，斜体；第二、第三个字母取自该细菌的种名，用小写，斜体；第四个字母代表细菌的株；最后的罗马数字表示同一菌株中不同限制性酶发现和分离的先后顺序。例如 *Eco*R Ⅰ 的命名：*E* 代表 *Escherichia*，埃希菌属；*co* 代表 *coli*，大肠埃希菌菌种；R 代表 RY13，菌株；Ⅰ代表该菌株发现分离出的第一种限制性核酸内切酶。

根据结构及作用方式不同，限制性酶分为三型：Ⅰ型、Ⅱ型和Ⅲ型。Ⅰ型和Ⅲ型限制性酶兼有限制、修饰两种功能，它们是在识别位点之外切开 DNA 链，因而在重组 DNA 技术中较少使用。Ⅱ型限制性酶能在其识别序列内部或附近特异地切开 DNA 链，故其被广泛用作“分子剪刀”，对 DNA 进行精确切割，产生确定的限制性片段。因此，用于重组 DNA 技术的限制性酶，如果不特别说明，通常所说的限制性酶即是指Ⅱ型酶。

大多数Ⅱ型限制性酶识别的 DNA 序列为反向重复序列，即回文结构（palindrome），其核苷酸序列一般由 4~8bp 组成，最常见的为 6bp。例如 *Eco*R Ⅰ 的识别序列为 GAATTC，构成此序列的两条单核苷酸链，从 5′→3′方向的核苷酸序列是完全一致的。限制性酶在识别位点处水解磷酸二酯键从而使 DNA 链发生断裂，产生 5′磷酸端和 3′羟基端。不同的限制性酶识别位点不同，切割双链 DNA 的方式也不尽相同。大多数限制性酶交错切开 DNA，产生带有单链突出端的 5′或 3′黏性末端（sticky end），简称黏端。

如 *Eco*R Ⅰ 切割 DNA 后产生 5′黏性末端（箭头代表切割位置）：

```
5′-G↓AATT  C-3′      5′-G          AATT C-3′
3′-C  TTAA↑G-5′ ──→  3′-C TTAA  +       G-5′
```

Apa Ⅰ 切割 DNA 后产生 3′黏性末端：

```
5′-G  GGCC↓C-3′      5′-GGGCC           C-3′
3′-C↑CCGG  G-5′ ──→  3′-C        +  CCGGG-5′
```

还有一些限制性酶沿对称轴切割双链 DNA，产生平端或钝端（blunt end），如 *Sma* Ⅰ切割 DNA 后即产生平端：

$$\begin{matrix}5'\text{-CCC}\downarrow\text{GGG-}3'\\3'\text{-GGG}\uparrow\text{CCC-}5'\end{matrix}\longrightarrow\begin{matrix}5'\text{-CCC}\\3'\text{-GGG}\end{matrix}+\begin{matrix}\text{GGG-}3'\\\text{CCC-}5'\end{matrix}$$

有些限制性酶来源不同，但识别和切割的位点相同，称为同工异源酶（isoschizomer）。如 *Bst* Ⅰ和 *Bam* HⅠ识别的序列都是 G↓GATCC，二者可相互代用。

有些限制性酶识别序列不同，但切割 DNA 后产生相同的黏性末端，称为同尾酶（isocaudarner），如 *Bam* HⅠ（G↓GATCC）和 *Sau* 3AⅠ（N↓GATCN），切割 DNA 后产生相同的黏性末端，称配伍末端（compatible end）。配伍末端相互之间可进行连接，增加了 DNA 重组的灵活性。

2. DNA 连接酶 DNA 连接酶（DNA ligase）在重组 DNA 技术中也发挥着举足轻重的作用，其中 T4 DNA 连接酶是重组 DNA 技术中最常用的一种连接酶。它能催化双链 DNA 的 3′羟基与另一双链 DNA 的 5′磷酸基团之间形成 3′,5′-磷酸二酯键，使具有相同黏性末端的两个 DNA 片段或具有平末端的两个 DNA 片段连接起来。

除此之外，重组 DNA 技术还常会用到其他工具酶，例如 DNA 聚合酶Ⅰ、碱性磷酸酶、T4 多聚核苷酸激酶、逆转录酶及 *Taq* DNA 聚合酶等。

二、重组 DNA 技术常用载体

重组 DNA 技术的目的之一就是获得外源 DNA 片段的大量扩增产物。但外源 DNA 片段不具备自主复制能力，必须和载体（vector）相连接才能进入宿主细胞进行复制和表达。载体是指能够容纳外源 DNA 且具有自我复制能力的 DNA 分子。载体按功能分为克隆载体（cloning vector）和表达载体（expressing vector）两类。克隆载体用于在宿主细胞中大量扩增外源 DNA 片段，有的兼具表达功能；表达载体主要用于在宿主细胞中表达外源基因。

应用于重组 DNA 技术的载体应该具备以下条件：①包含一个复制起始点，在宿主细胞内可独立自主进行复制；②具有较多的拷贝数，易于从宿主细胞中分离提纯；③具备一个或多个筛选标记，利于筛选克隆的重组子；④包含多个限制性酶的单一切点，即多克隆位点（multiple cloning site，MCS）；⑤具有较高的遗传稳定性；⑥分子质量相对较小，但能容纳较大的外源 DNA 片段。载体的设计和构建是重组 DNA 技术中的一个重要环节。重组 DNA 技术中所用载体一般是由天然 DNA 改造而来，常用的载体有质粒、噬菌体及病毒 DNA 等。

1. 质粒 质粒（plasmid）是独立存在于细菌染色体之外，能自主复制的小型环状双链 DNA。不同质粒在细胞内复制的方式不同。有的质粒复制与细菌染色体复制同步，受到严格控制，在细胞中的拷贝数较低，称严紧型质粒；有的质粒复制不受染色体复制的严格控制，在细胞内的拷贝数可达数十个至数百个，称松弛型质粒。重组 DNA 技术中所用质粒通常都为松弛型。质粒具有以下特征：①分子量相对较小，大小 2~300kb 不等；②具有一个以上的遗传标志，如氨苄西林抗性基因（amp^R）或四环素抗性基因（tet^R），能使宿主细胞在含有氨苄西林或四环素的培养基上存活，可作为筛选的标记；③包含多克隆位点；④具有松弛型复制子，能在宿主细胞内稳定存在，有较高的拷贝数。质粒一般只能容纳小于 10kb 的外源 DNA 片段，重组 DNA 技术中常用的质粒有 pBR322 和 pUC 系列等。图 14-3 为 pUC18 质粒的物理图谱示意图。

2. 噬菌体 DNA 噬菌体（bacteriophage，phage）是一类感染细菌的病毒，因能引起宿主菌的裂解，故而得名。常用作克隆载体的噬菌体 DNA 主要有 λ 噬菌体、M13 噬菌体等。经野生型 λ 噬菌体改造成的克隆载体，分为插入型载体和置换型载体两类。前者通常用于构建 cDNA 文库或小片段 DNA 的克隆，如 λgt10 和 λgt11 是目前应用较广的插入型载体；后者可插入较大的外源 DNA 片段（9~23kb），适用于克隆高等真核生物的染色体 DNA，多用于真核生物基因组文库的构建，如 EMBL 系列是目前常用的置换型载体。

3. 病毒 DNA 质粒和噬菌体载体只能在原核细胞中繁殖，不能在真核细胞中复制和表达。为适应

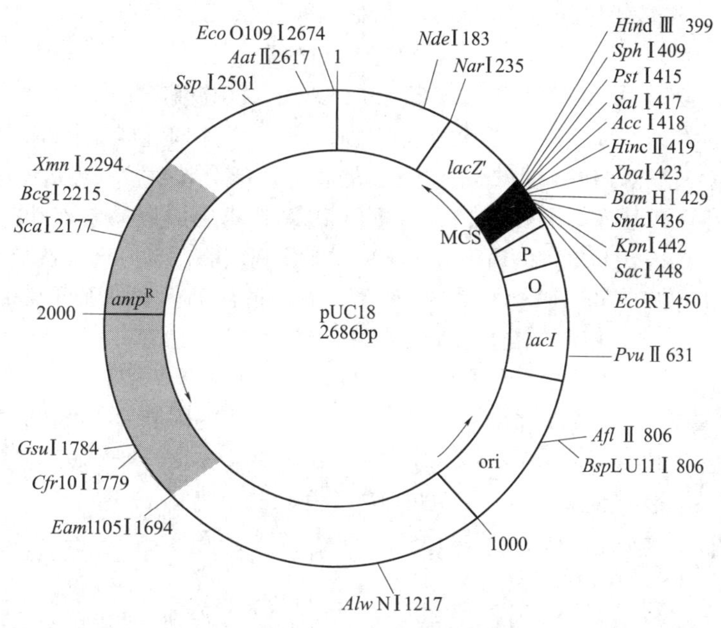

图 14-3　pUC18 质粒物理图谱

真核细胞重组 DNA 技术的需要，构建了一系列由感染动、植物的病毒 DNA 改造的载体。如猴肾病毒 SV40 载体、逆转录病毒载体、腺病毒载体和昆虫杆状病毒载体等。

4. 其他常用载体　除了上述载体系统以外，还有为克隆大片段 DNA 而设计构建的载体包括黏粒载体、酵母人工染色体（yeast artificial chromosome，YAC）载体、细菌人工染色体（bacterial artificial chromosome，BAC）载体和哺乳动物人工染色体（mammalian artificial chromosome，MAC）载体等。此外，为了在宿主细胞中表达外源基因，由相应的克隆载体发展衍生出表达载体。该类载体不仅具有克隆载体所具备的性质，还包含转录和翻译所必需的 DNA 序列，如启动子、转录终止序列和核糖体结合位点等。表达载体分为原核表达载体和真核表达载体两类，分别适用于在原核细胞和真核细胞中表达外源 DNA。

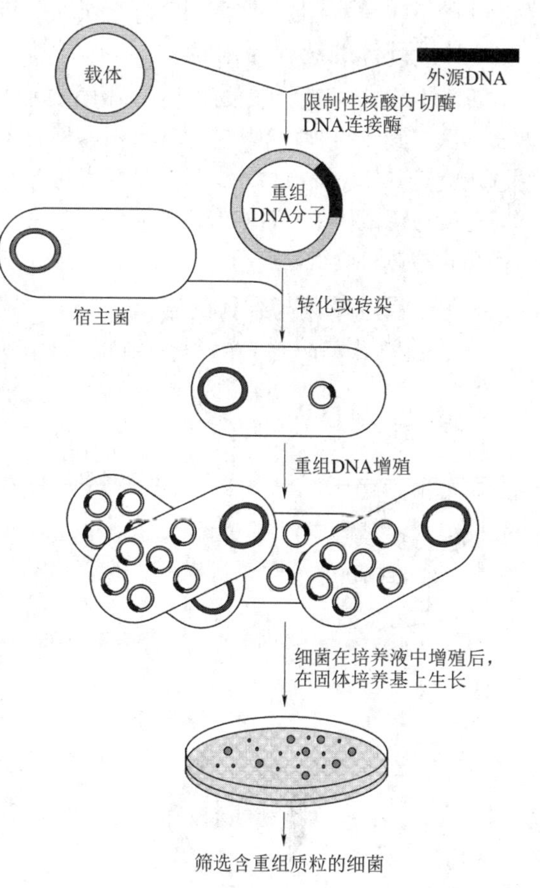

图 14-4　以质粒为载体的 DNA 克隆示意图

三、重组 DNA 技术基本原理与操作步骤

重组 DNA 技术的基本步骤主要包括：①目的基因的分离与制备（分）；②载体的选择与构建（选）；③将目的基因与载体连接成重组 DNA 分子（连）；④将重组 DNA 分子转入受体细胞（转）；⑤DNA 重组体的筛选与鉴定（筛）。图 14-4 是以质粒为载体进行 DNA 克隆的示意图。

（一）目的基因的分离与制备

重组 DNA 技术的第一步就是获得目的基因。目的基因是指所要研究或应用的基因，也就是需要克隆或表达的外源 DNA。目的基因可以来自于化学合成的 DNA、PCR 产物、基因组 DNA 或 cDNA 等。依据构建 DNA 重组体的目的不同，目的基因可选择不同的制备方法。

1. 化学合成法 如果目的基因的核苷酸序列已知，或根据该基因产物的氨基酸序列按照宿主偏爱的密码子推导出其核苷酸序列，可以利用 DNA 合成仪通过化学合成原理直接合成目的 DNA。此法仅适用于合成较小的 DNA 片段，较长的 DNA 链需分段合成，然后用 DNA 连接酶按一定顺序加以连接。

2. PCR 法 采用 PCR 法获取目的基因，在重组 DNA 技术中应用非常普遍。PCR 是聚合酶链反应（polymerase chain reaction，PCR）的简称，是一种在体外利用酶促反应选择性扩增 DNA 的技术方法。如果要克隆的目的基因序列已知，或至少 5′端、3′端的核苷酸序列已知，则可利用 PCR 直接以基因组 DNA 或 cDNA 为模板，高效快速地扩增出目的基因片段（详见第十九章）。

3. 基因组 DNA 文库法 基因组文库（genomic library）是指含有一个生物体基因组 DNA 的全套重组 DNA 分子的集合。分离某一生物体完整的基因组 DNA，再用适当的限制性核酸内切酶，将其切割成许多基因水平的 DNA 片段。将每一个 DNA 片段分别与载体 DNA 进行连接，产生许多不同的重组 DNA 分子，导入宿主细胞，使每一个宿主细胞含有一种重组 DNA 分子，经过复制、增殖，这些包含生物体全部 DNA 片段的克隆群，即构成了这个生物体的基因组文库。通过核酸分子杂交的方法可从基因组文库中筛选出目的基因。

4. cDNA 文库法 cDNA 文库（cDNA library）是生物体某一发育时期细胞中所转录的全部 mRNA 经逆转录形成的 cDNA 片段，与某种载体连接而形成的克隆的集合。与基因组文库的构建过程相似，cDNA 文库的构建过程是先提取生物体组织细胞的总 mRNA，经逆转录酶催化合成 cDNA 片段，将每一个 cDNA 片段与适当载体连接后转入宿主细胞扩增，得到含全部 cDNA 的克隆群，即为该生物体的 cDNA 文库。在 cDNA 文库中通过核酸杂交即可筛选出特定的 cDNA 克隆。cDNA 文库由于不含内含子及基因表达调控序列等非编码序列，只能反映基因转录和加工后 mRNA 产物所携带的信息。

（二）载体的选择与构建

重组 DNA 技术中，载体的选择和构建是一项极富技术性的工作。DNA 克隆的目的不同、目的基因的性质不同，载体的选择和构建方法也不尽相同。如果克隆的目的是要获得目的 DNA 片段的大量扩增，通常选用克隆载体；如果构建的目的是要表达外源基因，获得表达产物蛋白质，则要选择合适的表达载体。同时还要考虑载体中是否有合适的 MCS、目的基因的大小及宿主细胞的种类等因素。目前，市场上有很多商品化载体可供人们选用。

（三）目的基因与载体的连接

在 DNA 连接酶的催化下，目的基因与载体在体外连接成人工重组体。体外连接的方式主要有：①黏性末端连接；②平末端连接；③同聚物加尾连接；④人工接头连接；⑤黏-平端连接。

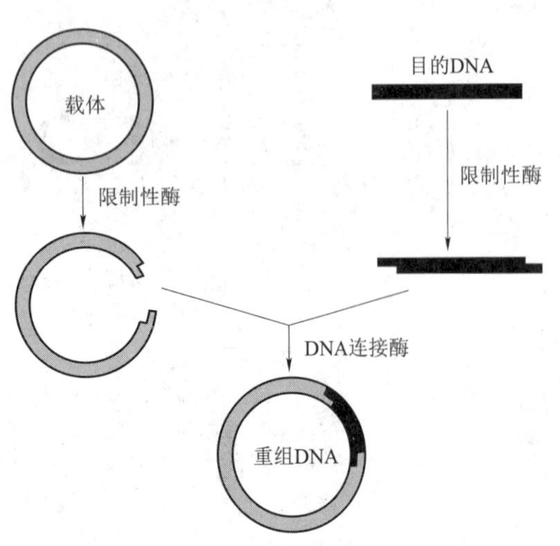

图 14-5 黏性末端连接构建重组 DNA

1. 黏性末端连接 黏性末端连接是指在 DNA 连接酶的作用下，将具有相同黏性末端的两个双链 DNA 分子，连接成一个重组 DNA 分子（图 14-5）。由同一种限制性酶切割产生的相同黏性末端，或由同尾酶切割形成的配伍末端，均可通过末端单链的碱基互补配对进行连接。黏性末端连接效率较高，且经济、省时，是重组 DNA 技术中常用的 DNA 连接方式。

2. 平末端连接 平末端连接是指将两个具有平末端的双链 DNA 分子连接成重组 DNA 分子。DNA 经限制性酶切割后产生的平末端，或是不同的黏性末端经特殊酶处理变为平端，均可在 T4 DNA 连接酶催化下进行连接。平端连接效率远低于黏性末端连接，但适合于任何 DNA 片段的连接。适当提高反应中 ATP 及 T4 DNA 连接酶的浓度，可提高连接效率。

3. 同聚物加尾连接　同聚物加尾连接是利用末端转移酶在末端为平端的载体及目的 DNA 的 3′端各加上一段互补的寡聚脱氧核苷酸（例如目的 DNA 加多聚 G，载体 DNA 则加多聚 C），形成人工黏性末端，然后在 DNA 连接酶的作用下，连接为重组 DNA。同聚物加尾连接的两个 DNA 分子均具有互补的人工黏性末端，可提高连接效率，属于特殊的黏性末端连接。

4. 人工接头连接　人工接头（linker）是指人工设计合成的含有一个或多个限制性酶识别位点的一段双链 DNA 片段。对于平末端的 DNA，有时为提高连接效率，可先与人工接头连接，产生新的限制性酶切位点，再用识别新位点的限制性酶进行切割，产生黏性末端，即可进行黏性末端连接（图 14-6）。

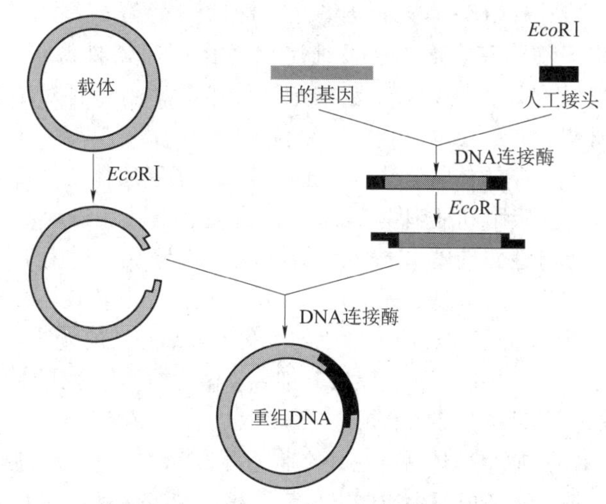

图 14-6　人工接头连接法构建重组 DNA

5. 黏-平端连接　黏-平端连接指目的 DNA 和载体通过一端为黏端，另一端为平端的方式连接。以该方式连接时，目的 DNA 被定向插入载体（定向克隆），连接效率介于黏端和平端连接之间。可采用提高平端连接效率的方法提高该方式的连接效率。

（四）重组 DNA 转入受体细胞

重组 DNA 分子需要转入适当的宿主细胞（受体细胞），才能进行复制、表达。宿主细胞包括原核细胞和真核细胞两类。宿主细胞一般具有以下基本性质：①安全性：无致病性；②易感性：易于吸收外源 DNA；③限制-修饰系统缺陷型：不含限制性核酸内切酶，避免破坏导入的外源基因；④重组缺陷型：不含重组酶，避免外源 DNA 与宿主染色体 DNA 发生重组；⑤遗传表型具有互补功能：为便于转化细胞的筛选，尽量选择外源基因功能缺陷的宿主细胞。

根据采用的载体性质不同，将重组体分子导入宿主细胞的方式主要有转化（transformation）、感染（infection）和转染（transfection）等。

1. 转化　转化是指将质粒 DNA 或其它外源 DNA 导入宿主细胞，使之获得新的遗传表型的过程。常用的宿主细胞是耐受性较强的原核细胞（以大肠埃希菌最为多见）或酵母细胞，前提是宿主细胞需经氯化钙处理，细胞膜的通透性增加，从而具有摄取外源 DNA 的能力，这种细胞称为感受态细胞（competent cell）。

2. 感染　感染是指以噬菌体或病毒 DNA 为载体构建的重组 DNA 分子，在体外包装成有活力的噬菌体或病毒颗粒进入宿主细胞中繁殖的过程。此法模拟了病毒感染细胞的生物过程，具有定向性好、导入效率高等优点。但病毒 DNA 的序列有时会影响外源基因的表达，并对所插入的外源基因大小有一定的限制（<8kb），并且具有潜在的危险性。

3. 转染　转染是将外源 DNA 导入真核宿主细胞（酵母除外）的过程。转染是转化的一种特殊形式，其重点在于对外源 DNA 进行包装，包装效率越高、对细胞的毒副作用越小，转染效率就越高，不需对宿主细胞作任何处理。因此转染常适用于耐受性较弱的宿主细胞，如除酵母以外的其他真核细胞（特别是哺乳动物细胞）。常用的细胞转染方法有：磷酸钙转染法（calcium phosphate transfection）、DEAE-葡聚糖介导转染法、脂质体转染法（lipofectin transfection）、电穿孔法（electroporation）、原生质体融合法（protoplast fusion）、显微注射技术（micromanipulation technique）及基因枪法（gene gun）等。可根据细胞的种类、特性和表达载体的性质来选择不同的转染方法。

（1）磷酸钙转染法　将待转化的外源 DNA 先后与氯化钙、磷酸缓冲液混合，形成包含 DNA 的微小磷酸钙颗粒，加入宿主细胞后，这些磷酸钙-DNA 复合物黏附到细胞膜表面，利于细胞通过胞饮作用摄入外源 DNA。此法适用于任何外源 DNA 导入哺乳类动物细胞，可获得短暂或长期表达。磷酸钙转染法操作简单、成本较低、不需要昂贵的仪器设备且可大批量转染，但转化效率较低。

（2）DEAE-葡聚糖转染法　DEAE-葡聚糖是阳离子多聚物，可与带负电的外源 DNA 结合，并黏附于细胞膜表面，通过细胞内吞作用促使外源 DNA 进入细胞。DEAE-葡聚糖转染法操作简便、快速、有效，但只对少数细胞系转染效率高，且对细胞有毒性作用，目前主要用于外源基因的瞬时表达研究。

（3）脂质体转染法　带正电的阳离子脂质体与带负电的 DNA 通过静电引力作用形成 DNA-脂质体复合物，并吸附到细胞膜表面，通过细胞内吞作用进入胞内。此法适用性广、转染效率高、稳定性好、对细胞无毒性，且操作步骤简单易行、容易掌握，适用于将各种核酸导入体外培养的细胞内。

（4）电穿孔法　是通过短暂的高压脉冲电场破坏细胞膜电位，使细胞膜产生瞬时的可逆性微孔通道，外源 DNA 分子通过膜上形成的小孔导入细胞内的方法。电穿孔法适用性广，但细胞致死率高，DNA 和细胞用量大，多适用于悬浮培养细胞。由于操作的稳定性较好，在重组 DNA 技术中应用很普遍。但需要特殊的仪器设备才能进行。

（5）原生质体融合法　在将外源 DNA 导入酵母细胞或植物细胞时，通常需要先用合适的酶将细胞壁消化掉，制备成原生质体，后者在聚乙二醇和氯化钙的存在下，即可有效摄取外源 DNA。原生质体经过细胞培养后可以再生出细胞壁。

（6）显微注射技术　指在显微镜下，用极细的注射器针头将 DNA 直接注入靶细胞内的方法。本法效率极高，但操作复杂、需要昂贵的仪器，且导入 DNA 时只能一个细胞一个细胞地注射，不适合大量细胞的基因导入，多用于胚胎细胞等较大的细胞的转染。

（7）基因枪法　本法是将 DNA 吸附在惰性重金属颗粒（如金粒或钨粒）的表面，通过基因枪的动力系统将带有外源 DNA 的金属颗粒，以一定的速度射进宿主细胞。基因枪法具有应用面广、方法简单、转化时间短、转化频率高等优点，但转化效率较低。

（五）DNA 重组体的筛选与鉴定

外源重组 DNA 分子被导入受体细胞后，经过适当培养基培养，得到大量转化子菌落或转染噬菌斑。其中可能包括非转化菌、重组 DNA 转化菌、野生型载体转化菌和外源基因多拷贝转化菌等，因此必须将重组 DNA 从转化菌落或转染噬菌斑中筛选出来，并鉴定哪一菌落或噬菌斑所含重组 DNA 分子确实带有目的 DNA。根据载体、宿主及外源 DNA 性质的不同，常选用不同的筛选和鉴定方法。

1. 抗药性标志筛选法　是针对载体携带有抗药性标志基因而设计的筛选方法。如果克隆载体携带有某种抗药性标志基因，如氨苄西林抗性基因（amp^R）、四环素抗性基因（tet^R）或卡那霉素抗性基因（kan^R）等，转化后只有含这种抗药基因的转化菌才能在含该抗生素的培养基中生存并形成菌落，此法常用于区分转化菌和非转化菌。有的质粒带有多种抗药性标志基因，例如质粒 pBR322 含有 amp^R 和 tet^R，当外源 DNA 插入到 tet^R 基因中，破坏了该基因的完整性，则重组质粒转化的细菌不能在含四环素的培养基上生长，只能在含氨苄西林的培养基中生长。由于含有野生型载体的细菌在含两种抗生素的培养基上均能生长，以此可区分质粒的重组体和非重组体。

2. α-互补筛选　α-互补筛选又称为蓝白筛选。此法适用于携带 β-半乳糖苷酶基因（*lacZ′*）的载体（如 pUC 系列质粒、λgt11 等）的鉴定。*lacZ′*基因的编码产物为 β-半乳糖苷酶 N 端肽段（包含 146 个氨基酸残基），称为 α 片段；宿主菌突变型 *lac-E. coli* 的基因组可表达该酶的 C 端肽段，即 ω 片段。单独存在的 α 或 ω 片段均无 β-半乳糖苷酶活性，但二者共存时可产生酶活性，在 IPTG（异丙基硫代-β-D-半乳糖苷）的诱导下，能将无色的人工底物 X-gal（5-溴-4-氯-3-吲哚-β-D-半乳糖苷）水解生成蓝色产物，从而使菌落（或噬菌斑）呈现蓝色，这就是 α-互补作用。如果外源基因插入 *lacZ′*基因的多克隆位点上，*lacZ′*基因失活，不能产生 α 片段，在加入 IPTG 和 X-gal 的平板上不再出现蓝色菌落，而是白色菌落，以此鉴别载体中有无插入外源片段。图 14-7 是以 pUC18 为载体进行的克隆，利用 α-互补原理进行重组体筛选的示意图。

3. 免疫学方法筛选　免疫学方法不是直接筛选目的基因，而是利用特异抗体与目的基因表达产物特异性结合的作用来进行筛选，属非直接选择法。免疫学方法特异性强、灵敏度高，适用于筛选不为宿主菌提供任何标志的基因。

4. 序列特异性筛选　根据重组 DNA 序列特异性进行筛选的方法包括限制性酶酶切图谱鉴定法、PCR 法、核酸杂交法、核苷酸序列测定法等。

（六）外源基因的表达

重组 DNA 技术的最终目的是获得目的基因的表达产物——蛋白质或多肽等。因此将某一目的基因克隆后，再将其重组表达载体导入到适宜的表达系统中，经过转录、翻译以及蛋白质产物的加工修饰、分离纯化等过程，才能获得相应的蛋白产物。基因表达系统的建立包括表达载体的构建、宿主细胞的建立及表达产物的检测、分离、纯化等步骤。常用的表达系统主要有原核表达系统和真核表达系统。

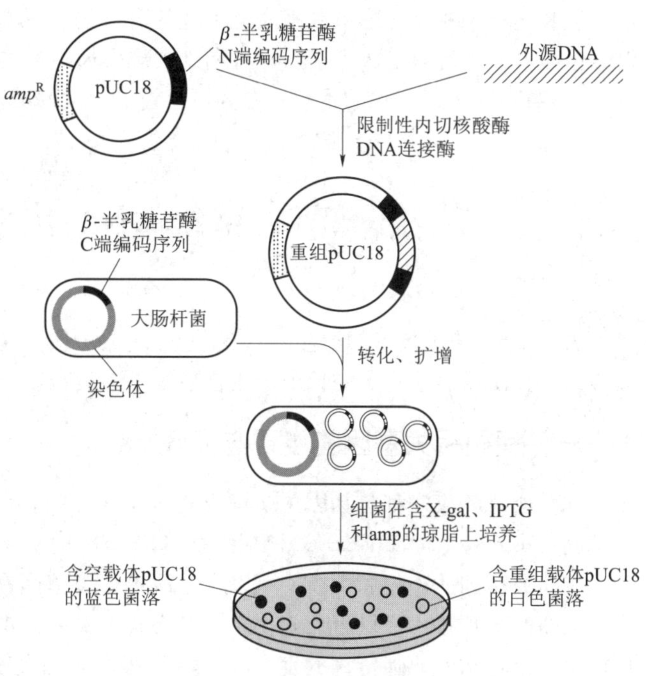

图 14-7　α-互补筛选重组体

1. 原核表达系统　原核表达系统主要有大肠埃希菌系统和枯草杆菌系统等。大肠埃希菌由于操作简单、生长繁殖快、经济而又适合大规模生产工艺，且人们对其作为外源基因表达的宿主已积累了丰富的经验，是当前采用最多的原核表达系统。外源基因在大肠埃希菌中表达要符合下述标准：①含大肠埃希菌适宜的选择标志；②具有能调控转录、产生大量 mRNA 的强启动子，如 tac、T7 等；③含适当的翻译控制序列，如翻译起始位点、SD 序列等；④含有合理设计的多克隆位点，以确保目的基因按一定方向与载体正确连接。

大肠埃希菌表达体系在实际应用中尚有一些不足之处：①由于缺乏转录后加工机制，不能剪切内含子，只能表达真核 cDNA，不宜表达真核基因组 DNA；②由于缺乏适当的翻译后加工修饰体系，如糖基化、磷酸化和信号肽的剪切等，因此表达的真核蛋白质不能形成适当的折叠或进行糖基化修饰等；③表达的蛋白质常常形成不溶性的包涵体，欲使其具有活性尚需进行复杂的复性处理；④很难表达大量的可溶性蛋白；⑤表达的外源蛋白往往不够稳定，易被细菌的蛋白酶降解，可以通过表达融合蛋白的方式或选用缺乏相应蛋白酶的菌株来提高其稳定性。

2. 真核表达系统　结构复杂的蛋白质在原核细胞中不能被正确折叠或修饰，因而不具有生物学活性；或外源基因为真核基因组 DNA 时，必须采用真核表达系统。常用的真核表达系统包括酵母细胞表达系统、哺乳动物细胞表达系统和昆虫细胞表达系统等。

（1）酵母细胞表达系统　酵母作为表达真核生物重组蛋白的受体细胞具有许多优越性：①属于单细胞真核生物，其操作和生产相对简单，无需特殊的培养基；②可将表达的外源蛋白分泌到培养基中，便于分离纯化；③具有蛋白质翻译后加工和修饰系统；④具有强启动子，如 AOX、MOX、lac4 等，可以调控基因进行高效表达。目前应用酵母表达系统已成功表达了多种重组蛋白质类药物，如干扰素、人表皮生长因子、人乙型肝炎表面抗原和核心抗原等。

（2）哺乳动物细胞表达系统　当前采用最多的哺乳类动物细胞是 COS 细胞（猿猴肾细胞）和 CHO 细胞（中国仓鼠卵巢细胞）。哺乳动物细胞表达系统的优势在于能够指导蛋白质的正确折叠，提供复杂、准确的糖基化等多种翻译后加工功能，因此哺乳动物细胞系统不仅可以表达克隆的 cDNA，而且还可以表达真核基因组 DNA。其表达的产物在分子结构、理化性质和生物学活性等方面与天然蛋白质相似，但操作技术难、费时和成本高导致其应用受限。

（3）昆虫细胞表达系统　昆虫细胞表达系统主要有两类：果蝇表达系统和杆状病毒表达系统。与其他真核表达系统相比，昆虫细胞表达系统具有其独特的优点：昆虫细胞生长速度快，培养条件简单，可以悬浮培养，并且容易放大培养，有利于大规模表达外源重组蛋白；能进行翻译后加工修饰（如糖基化等）；多数情况下，表达的重组蛋白为可溶性的，较易分离纯化。

PPT

第三节　重组 DNA 技术与医药学的关系

随着重组 DNA 技术的诞生和飞速发展，重组 DNA 技术在疾病相关基因的发现，基因诊断与治疗，遗传病的预防及表达有药用价值的蛋白质等方面具有广泛应用价值，并取得了巨大成就。

一、疾病相关基因的发现与克隆

几乎所有的疾病都与基因的结构或表达异常有关。目前将影响疾病发生发展的基因，统称为疾病相关基因（disease related gene），包括致病基因和疾病易感基因。通过重组 DNA 技术克隆疾病相关基因，进一步研究基因的定位和性质，可以详尽地了解该基因在疾病的病因和发病机制中的作用，为开发新的诊断策略和干预技术提供可靠依据。一个疾病相关基因的发现可帮助新的遗传病的发现和定位，使人类从根本上治疗和防止遗传病的发生成为可能。疾病相关基因克隆的策略和方法有多种，包括功能克隆、定位克隆和表型克隆等。

二、基因诊断与治疗

1. 基因诊断　基因诊断（gene diagnosis）又称分子诊断（molecular diagnosis），是从基因（DNA 或 RNA）水平上检验基因的存在状态与缺陷，分析基因的功能及表达是否正常，从而对疾病做出诊断的方法。基因诊断的主要流程为分离样品的核酸，扩增目的 DNA，然后利用分子杂交等分析方法，鉴定 DNA 的异常。基因诊断的灵敏度高、适用性强、诊断范围广。目前人们已经利用重组 DNA 技术发现了多种人类遗传性疾病的致病基因，如苯丙酮酸尿症、杜氏肌营养不良症、血友病等。此外，基因诊断的原理和方法还适用于遗传易感性疾病（如家族性高脂血症、糖尿病、高血压等）、自身免疫性疾病、肿瘤、心血管疾病、流行病、感染性疾病、法医学和精神心理疾病等的诊断。

2. 基因治疗　基因治疗（gene therapy）是指将正常基因或有某种治疗作用的基因通过一定方式导入人体靶细胞，以纠正基因的缺陷或发挥治疗作用，从而达到治疗疾病目的的一种生物医学医疗技术。从广义上讲，凡是采用分子生物学技术在核酸水平上对疾病进行治疗都属于基因治疗。例如通过反义核酸、核酶、siRNA 和 miRNA 等也可抑制基因的表达，从而实现治疗目的。目前基因治疗已广泛应用于单基因缺陷和多基因综合征、肿瘤、心血管疾病、神经系统疾病等疾病的治疗。

基因治疗分为生殖细胞基因治疗和体细胞基因治疗，由于伦理问题，实验室研究普遍采用体细胞基因治疗的方法。基因治疗的基本过程分以下几个步骤：①选择治疗基因；②选择携带治疗基因的载体；③选择好靶细胞；④治疗基因导入受体细胞；⑤治疗基因表达的检测。1990 年世界上第一例经基因治疗获得成功的案例，是美国的一位 4 岁女童由于腺苷脱氨酶（adenosine deaminase，ADA）基因先天缺陷，导致 T 和 B 淋巴细胞发育受阻，而患重度免疫缺陷症。通过重组 DNA 技术，将克隆的 ADA 基因导入患儿自身的淋巴细胞，经过体外培养后再回输入患儿体内，患儿免疫力增强，临床症状得到明显缓解。我国于 1991 年对首例 B 型血友病进行基因治疗也取得了满意的效果。但由于技术所限，基因治疗目前仍存在许多问题：如何选择有效的治疗基因、基因转移效率低、基因表达的可调控性差、缺乏准确的疗效评价等。随着人们对基因治疗研究的不断发展，基因治疗有可能取得重大突破，从而为人类健康做出重要贡献。

知识拓展

腺苷脱氨酶缺乏症

腺苷脱氨酶（ADA）基因位于20q13-qter，编码一条含363个氨基酸残基的多肽链。ADA缺陷为常染色体隐性遗传，哺乳动物细胞中ADA催化腺苷酸和脱氧腺苷酸的脱氨基作用，ADA缺乏可导致细胞中腺苷酸、脱氧腺苷酸、脱氧腺苷三磷酸（dATP）以及*S*-腺苷同型半胱氨酸浓度的增加和ATP的耗尽。dATP对正在分裂的淋巴细胞有高度选择性毒性，它通过抑制核糖核酸还原酶和转甲基反应，阻滞DNA的合成。故ADA缺陷导致成熟T、B淋巴细胞的严重不足，引发重度联合免疫缺陷症（SCID）。

三、遗传病的预防

疾病相关基因的克隆不仅为遗传病的有效预测、诊断、治疗提供了有力手段，更重要的是，将这一手段应用到产前诊断、携带者测试、症状前诊断和遗传病易感性等研究，同时结合早期预防、积极治疗等措施，从根本上杜绝遗传病患儿的出生及遗传疾病的发生。

四、生物制药

重组 DNA 技术诞生前，多肽类药物主要从生物组织中直接提取获得，受材料来源限制，产量有限，且价格昂贵，限制了临床应用。利用重组 DNA 技术可生产出有药用价值的蛋白质和多肽类产品，不仅能提高生产效率、降低生产成本，同时也提高了生物制品的安全性。迄今为止，已开发出数百种基因工程药物，包括胰岛素、干扰素、凝血因子、促红细胞生成素、人生长激素、各种单克隆抗体，以及各种疫苗，如乙型肝炎疫苗、伤寒疫苗、霍乱疫苗和疟疾疫苗等。其中有上百种已投入市场，还有一部分处于临床试验的不同阶段。基因工程药物已广泛应用于治疗癌症、肝炎、发育不良、糖尿病、囊纤维变性和一些遗传病上，在很多领域特别是疑难病症治疗上，起到了传统化学药物难以达到的作用。

案例解析

【案例】 以胰岛素为例，通过理论推导构建一套利用重组DNA技术开发生物药物的基本策略。

【解析】 基因工程药物的生产必须首先获得目的基因，例如，用化学合成法人工合成人胰岛素基因，该基因全部采用人的偏爱密码子。然后通过限制性核酸内切酶和DNA连接酶的作用，将目的基因插入合适的载体（质粒或噬菌体）中，并转入大肠埃希菌或其他宿主菌（细胞），以便大量扩增目的基因。目的基因经过测序验证后与表达载体重组，转入原核或真核生物系统进行表达。经筛选获得高效表达的基因工程菌（或工程细胞）。确立适合目的基因高效表达的发酵工艺，以获得高产量的目的蛋白。

基因重组是指不同DNA分子之间或同一DNA分子的不同部位之间发生链的断裂和片段的交换重接，

形成新的DNA分子。DNA重组现象普遍存在，自然界基因转移和DNA重组的方式有同源重组、位点特异性重组、转座重组等。其中，同源重组是最基本的DNA重组方式。细菌的基因转移方式有接合作用、转化作用、转导作用等。

重组DNA技术又称为DNA克隆或基因工程。实现基因克隆需要多种工具酶，其中最重要的是限制性核酸内切酶。重组DNA技术的基本步骤包括：目的基因的分离与制备，载体的选择与构建，目的基因与载体的连接，重组DNA分子转入受体细胞，重组体的筛选与鉴定。目的基因可通过化学合成法、PCR法、基因组文库以及cDNA文库等方式获得。常用的载体有质粒、噬菌体和病毒DNA等。将重组DNA分子导入受体细胞的方法有转化、感染和转染等。重组DNA分子导入受体细胞后，经过培养增殖，可以利用多种方法对含有重组子的细菌或细胞进行筛选和鉴定，并对筛选出的重组子细胞进行扩增或表达所需要的基因产物。常用的表达系统有原核表达系统和真核表达系统两种。重组DNA技术在疾病基因的发现、基因诊断与治疗、遗传病的预防及生物制药等方面具有广泛应用价值，并取得了巨大成就。

练习题

题库

一、单项选择题

1. 在分子生物学领域，重组DNA技术又称（　　）
A. 蛋白质工程　B. 酶工程　C. 细胞工程　D. 基因工程　E. DNA工程
2. 在重组DNA技术中，不常见到的酶是（　　）
A. DNA连接酶　B. DNA聚合酶
C. 限制性核酸内切酶　D. 反转录酶
E. 拓扑异构酶
3. 由插入序列和转座子介导的基因移位或重排称为（　　）
A. 转化　B. 转导　C. 转染　D. 转座　E. 结合
4. 可识别特异DNA序列，并在识别位点或其周围切割双链DNA的一类酶称为（　　）
A. 限制性核酸外切酶　B. 限制性核酸内切酶
C. 非限制性核酸外切酶　D. 非限制性核酸内切酶
E. DNA内切酶
5. 限制性核酸内切酶Hind Ⅲ 切割5′-A↓A GCTT-3′后产生（　　）
A. 平端　B. 5′黏性末端　C. 3′黏性末端　D. 钝性末端　E. 配伍末端
6. 以质粒为载体，将外源基因导入受体菌的过程称（　　）
A. 转化　B. 转染　C. 感染　D. 转导　E. 转位
7. 催化合成cDNA的是（　　）
A. 碱性磷酸酶　B. DNA连接酶
C. DNA聚合酶　D. 逆转录酶
E. 限制性核酸内切酶
8. 来源不同的DNA拼接成重组DNA分子需（　　）
A. 碱性磷酸酶　B. DNA连接酶
C. DNA聚合酶　D. 逆转录酶
E. 限制性核酸内切酶
9. 下列方法不能获得目的基因的是（　　）
A. 化学合成法　B. 基因组DNA文库

C. cDNA 文库　　D. 物理方法
E. PCR 法

10. 在体外将不同来源的 DNA 连接起来称（　　）
A. 同源重组　B. 转座重组　C. 人工重组　D. 随机重组　E. 将异位点重组

11. 一般不用作基因工程载体的是（　　）
A. 质粒 DNA　　B. 昆虫病毒 DNA
C. 基因组 DNA　　D. 噬菌体 DNA
E. 逆转录病毒 DNA

12. F 因子从一个细菌转移至另一个细菌，此转移方式称（　　）
A. 转化　B. 转染　C. 转导　D. 接合　E. 转座

二、思考题

1. 简述重组 DNA 技术的基本过程和获得目的基因的方法。
2. 作为基因工程的载体必须具备哪些条件？
3. 如何筛选含有目的基因的重组子？

（曹燕飞）

第四篇

专 题 篇

第十五章

肝的生物化学

学习导引

1. **掌握** 生物转化的概念、反应类型及影响因素；胆红素在体内的正常代谢过程。
2. **熟悉** 肝在物质代谢中的特殊作用；胆汁酸的分类、功能及其代谢过程。
3. **了解** 胆红素代谢障碍与黄疸的关系。

PPT

第一节　肝在物质代谢中的作用

肝是人体最大的腺体，约占体重的2.5%，也是人体内最大的实质器官，它不仅在蛋白质、糖类、脂质、维生素和激素的代谢中起着重要作用，而且还与胆汁酸代谢、胆色素代谢和非营养物质生物转化密切相关，被誉为物质代谢和物质代谢调节的“中枢性”器官。

肝的生理功能是由其独特的形态结构和化学组成特点决定的，其特点包括：①肝具有肝动脉和门静脉的双重血液供应，肝动脉将肺吸收的氧运至肝内，门静脉将消化道吸收的养分首先运入肝加以改造，对有害物质进行处理。②肝有两条输出的通道，即肝静脉与体循环相连，将肝的代谢产物运输到其他组织，或排出体外；胆道系统与肠道相连，将肝分泌的胆汁酸、某些生物转化产物、代谢废物等排入肠道。③肝有丰富的肝血窦，此处血流缓慢，肝细胞与血液接触面积大且时间长，有利于肝细胞与血液间进行物质交换。④肝有丰富的线粒体、内质网、高尔基体、微粒体、溶酶体和过氧化物酶体等亚细胞结构，为肝细胞糖、脂质和氨基酸等物质氧化供能及生物转化提供场所。⑤肝中蛋白质含量约占其干重的1/2，其中一部分参与构成肝的组织结构，另一部分主要是酶类，丰富的酶类和完备的酶体系使肝在物质代谢和生物转化中具有重要作用。因此，肝发生疾病就会影响机体的生命活动，严重时可危及生命，维持肝的正常功能对机体有着极其重要的意义。

课堂互动

肝在物质代谢中的作用有哪些?

一、肝在糖代谢中的作用

肝的糖代谢不仅为自身的生理活动提供能量，还为其他组织器官提供葡萄糖以满足其对能量的需求，肝通过糖原的合成、分解与糖异生作用维持血糖浓度稳定。

肝是合成和储存糖原的重要器官，可将糖原分解为葡萄糖来补充血糖。肝还是糖异生最活跃的器官。

所以，肝维持血糖恒定主要通过调节肝糖原合成与分解、糖异生途径来实现。饱食之后，血糖浓度有升高的趋势，肝可利用血糖，将其合成糖原储存；过多的糖还可以在肝内转变为脂肪；肝的磷酸戊糖途径也可加速，以增加血糖的去路，维持血糖浓度恒定。相反，空腹时血糖浓度有降低的趋势，此时肝糖原分解增强，在葡萄糖-6-磷酸酶作用下，最终转化成葡萄糖补充血糖，使之不致过低，保持血糖恒定。当肝糖原耗尽后，肝的糖异生作用加强，肝通过糖异生作用把非糖物质转变成葡萄糖；肝还将脂肪动员所释放的脂肪酸氧化成酮体，供大脑利用，节省葡萄糖，以维持血糖的正常水平。

当肝细胞严重损伤时，肝调节血糖的能力下降，肝糖原代谢及糖异生能力减弱，难以维持正常血糖水平，因而进食后会出现一过性高血糖，饥饿时则出现低血糖。

二、肝在脂质代谢中的作用

肝在脂质的消化、吸收、分解、合成与运输过程中均具有重要作用。

肝分泌胆汁，胆汁中的胆汁酸盐可将消化道食物中的脂质乳化成细小的颗粒，增加其与各种消化酶的接触面积，有利于促进脂质的消化吸收。如果肝胆疾患导致胆汁酸分泌减少，或胆道阻塞导致胆汁排泄受阻，会引起脂质的消化吸收障碍，出现厌油和脂肪泻等临床症状。

肝是脂肪酸、脂肪、胆固醇、磷脂等各种脂质物质和血浆脂蛋白代谢的主要场所。肝中脂肪酸的分解和合成代谢十分活跃，这是因为肝细胞内有丰富的脂肪酸分解酶系和脂肪酸合成酶系。肝合成脂肪酸和脂肪的能力是脂肪组织的9~10倍。肝组织可用脂肪酸分解产生的乙酰辅酶A合成酮体，通过血液运输到肝外组织氧化供能，肝是合成酮体的唯一场所。

肝是合成胆固醇最旺盛的器官，占全身合成胆固醇总量的80%，也是血浆胆固醇的主要来源；肝可进一步将胆固醇转化成胆固醇酯；肝以血浆脂蛋白的形式向肝外输出胆固醇和胆固醇酯；肝将胆固醇转化成胆汁酸并汇入胆囊；肝向血液释放卵磷脂-胆固醇酰基转移酶，与HDL共同清除血浆游离胆固醇。

肝是体内磷脂合成量最多、合成速度最快的场所，并且进一步将其组装成脂蛋白，向肝外运输。肝内磷脂的合成与三酰甘油的合成与转运密切相关，肝功能受损，磷脂合成障碍，影响脂蛋白的形成，导致肝内脂肪不能正常地转运出去，堆积在肝形成脂肪肝。

三、肝在蛋白质代谢中的作用

肝的蛋白质及氨基酸代谢非常活跃，尤其是在蛋白质的合成、氨基酸的分解和尿素的合成过程中具有重要作用。

1. 肝是合成蛋白质的重要场所　肝合成蛋白质的能力非常强，除了合成自身结构蛋白外，还可合成多种蛋白质分泌入血。除γ-球蛋白外，几乎所有的血浆蛋白质都在肝内合成，如清蛋白、凝血酶原、纤维蛋白原、α_1-抗凝血酶、凝血因子等。

肝细胞合成与分泌血浆清蛋白的速度最快，从合成到分泌仅需20~30分钟，正常成人每天肝合成清蛋白12g，约占全身清蛋白总量的1/20，几乎占肝合成蛋白质总量的1/4。血浆清蛋白是维持血浆胶体渗透压的主要成分，当机体营养不良或肝功能紊乱时，肝细胞合成清蛋白的能力下降，血浆胶体渗透压降低，此时可出现水肿及腹水。此外，当肝受损时，肝合成凝血因子、纤维蛋白原和凝血酶原等不足，可导致凝血功能障碍，出血、凝血时间延长，患者可有出血倾向。

肝可合成一种与血浆清蛋白分子量相似的甲胎蛋白，胎儿出生后其合成受到抑制，正常人血浆中很难检出。肝癌时，癌细胞中的甲胎蛋白基因表达失去阻遏，血浆中可再次检出此种蛋白质，对肝癌的诊断有一定价值。

2. 肝是分解氨基酸的主要场所　肝是体内除支链氨基酸以外所有氨基酸分解和转变的重要场所，肝细胞内含有丰富的氨基酸代谢酶，所以氨基酸代谢非常活跃。氨基酸的转氨基、脱氨基、脱羧基及其他特殊代谢都能在肝组织中进行。当肝受损时，肝细胞通透性增加，某些胞内氨基酸代谢酶（如丙氨酸氨基转移酶）释放入血，其在血液中的浓度会升高，临床上常作为诊断肝受损的重要指标。

3. 肝是处理氨基酸代谢产物的主要场所　各组织氨基酸分解产生的氨以及肠道腐败作用产生的氨，

都可在肝通过鸟氨酸循环合成尿素，以解氨毒，这是体内处理氨的主要方式。当肝细胞受损伤时，导致尿素合成下降，血氨浓度升高，可导致氨中毒，进而引起神经系统症状，严重时形成肝性脑病。

肝也是胺类物质的解毒器官。肠道细菌对芳香族氨基酸的作用产生芳香族胺类物质，结构与神经递质儿茶酚胺相似，属于“假神经递质”，能抑制神经递质的合成并取代或干扰这些神经递质的正常作用。故肝功能受损时，胺类物质不能及时被处理，会对中枢神经系统功能产生严重影响，也可导致肝性脑病。

四、肝在维生素代谢中的作用

肝在维生素的吸收、运输、储存和代谢过程中起重要作用。肝分泌的胆汁酸盐可协助脂溶性维生素的吸收，同时肝也是维生素 A、维生素 E、维生素 K 和维生素 B_{12}的主要储存场所。多种维生素在肝转变为辅酶的组成成分。肝、胆疾病时，容易引起脂溶性维生素的吸收障碍。

五、肝在激素代谢中的作用

肝与许多激素的灭活与排泄有密切关系。激素在发挥调节作用后，主要在肝内被分解转化而降低或失去活性，这一过程称为激素灭活。激素灭活是体内调节激素作用时间长短和强度的重要方式之一，灭活后的产物大部分随尿液排出体外。严重肝功能损害时，肝对激素的灭活作用受到影响，可造成激素在体内积累，如抗利尿激素水平升高，可使重症肝病患者出现水肿或腹水；肾上腺皮质激素和醛固酮积累，可引起高血压和水钠潴留。

第二节　肝的生物转化作用

PPT

一、生物转化的概念

在代谢过程中，机体从外界摄入的某些物质，既不能氧化供能，又不能作为机体组织细胞的组成成分，称为非营养物质。机体在排出这些物质前要先进行氧化、还原、水解和结合反应，使之极性增强，易溶于水，易于通过胆汁或尿液排出体外，这一过程称为生物转化（biotransformation）。机体内生物转化过程主要在肝中进行，其他组织也有一定的生物转化功能。

机体需要生物转化的非营养物质按其来源分为内源性和外源性两大类：①内源性物质包括激素、神经递质、胺类等具有强烈生物学活性的物质以及氨和胆红素等对机体有毒性的物质；②外源性物质包括食品添加剂、色素、药物、毒物等及蛋白质在肠道的腐败产物等。这些物质多是脂溶性的，需经过生物转化作用才能排出体外。

通过生物转化对体内非营养物质进行改造，使其生物学活性降低或消除（灭活作用），或使有毒物质的毒性减低或清除（解毒作用），更重要的是通过生物转化作用可增加这些非营养物质的水溶性和极性，促使其易于从胆汁或尿液中排出。但有些非营养物质经肝的生物转化后，反而毒性增加或溶解性降低，不易排出。故不能将肝的生物转化作用简单地看作是“解毒”作用。

案例解析

【案例】 锅炉工王某，工作十几年，今年因咳痰带血，伴有胸背胀痛，体检为原发性支气管肺癌，系苯丙芘所致。

【解析】苯丙芘进入机体后，一部分经肝、肺细胞微粒体中混合功能氧化酶激活而转化为数十种代谢产物，转化为环氧化物者，便可能是最终致癌物。环氧化物可与DNA形成共价键结合，造成DNA损伤，如果DNA不能修复或修而不复，细胞就可能发生癌变。苯丙芘存在于煤焦油、各类碳和煤、石油等燃烧产生的烟气、香烟烟雾、汽车尾气中，以及焦化、炼油、沥青、塑料等工业污水中。地面水中的苯丙芘除了工业排污外，主要来自洗刷大气的雨水。一般都把苯丙芘作为大气致癌物的代表。食品中的苯并芘化合物主要来源于熏烤或高温烹调时使食品污染苯丙芘，此外还有包装材料污染、环境污染等。

二、生物转化反应的主要类型

肝的生物转化反应分为两相反应：第一相包括氧化、还原和水解反应；第二相为结合反应。

（一）第一相反应

许多非营养物质通过第一相反应，使分子中某些非极性基团转变为极性基团，增加亲水性，或使其分解，改变其理化性质，使其易于排出体外。

1. 氧化反应　肝细胞的微粒体、线粒体和细胞质含有多种氧化酶系或脱氢酶系，可催化不同类型的氧化反应。

（1）微粒体氧化酶系　肝细胞内存在多种氧化酶系，其中最主要的是依赖细胞色素P450为传递体的酶系，该酶系位于微粒体内，以FAD或FMN为辅基，可直接激活O_2，使一个氧原子加到底物分子上，另一个氧原子被$NADPH+H^+$还原成水，故也称单加氧酶。该酶系中羟化酶含细胞色素P450，能羟化多种脂溶性物质。大多数氧化反应均由此酶系催化，基本反应方程式如下：

$$RH + O_2 + NADPH + H^+ \rightarrow ROH + NADP^+ + H_2O$$

单加氧酶系重要的生理意义在于参与药物和毒物的转化。单加氧酶系的羟化作用不仅增加了药物或毒物的水溶性，使其有利于排泄，而且是许多物质代谢不可缺少的步骤。如苯胺在单加氧酶系催化下生成对氨基苯酚。

单加氧酶系的特点是此酶可被诱导合成。长期服用苯巴比妥安眠药的患者，可诱导肝微粒体单加氧酶的合成，加速药物的代谢过程，产生耐药性。又如口服避孕药的妇女，若同时服用利福平，由于利福平是细胞色素P450的诱导剂，可使其氧化作用增强，加速避孕药的排出，降低避孕药的效果。

（2）单胺氧化酶　线粒体内的单胺氧化酶（monoamine oxidase，MAO）是另一类参与生物转化的氧化酶类。MAO的作用对象是蛋白质、多肽和氨基酸在肠道菌作用下所生成的胺类物质，如组胺、色胺、腐胺等。MAO将这些物质氧化脱氨基生成相应的醛和氨，使之丧失生物学活性。

该酶催化的基本反应如下：

$$RCH_2NH_2 + O_2 + H_2O \rightarrow RCHO + NH_3 + H_2O_2$$

（3）脱氢酶系　位于细胞液和微粒体内的醇脱氢酶（alcohol dehydrogenase，ADH）和醛脱氢酶（aldehyde dehydrogenase，ALDH），以NAD^+为辅酶，醇脱氢酶可催化醇氧化成醛，再经醛脱氢酶催化，生成酸。例如肝细胞中含有非常活跃的醇脱氢酶和醛脱氢酶，乙醇在肝中的生物转化反应如下：

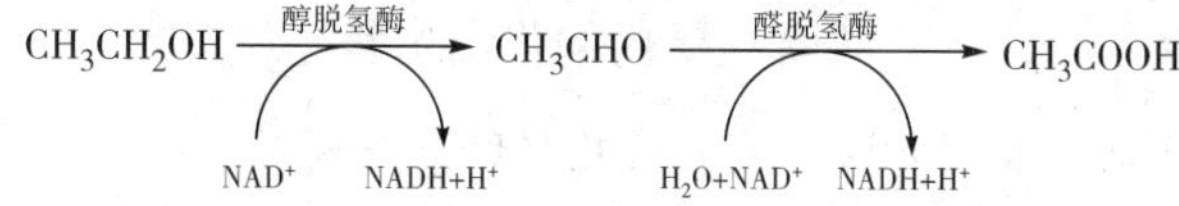

人们都知道饮酒伤肝，这是因为摄入的乙醇30%被胃吸收，70%在小肠上段吸收。吸收后的乙醇90%~98%在肝代谢，2%~10%经肾和肺排出体外。人血中乙醇的清除率为100~200mg/（kg·h）。即70kg体重的成人每小时可代谢7~14g乙醇，超量摄入的乙醇，除经醇脱氢酶氧化外，还可以诱导微粒体乙醇氧化系统（microsomal ethanol oxidizing system，MEOS）。MEOS是乙醇-细胞色素P450单加氧酶，其

催化的产物是乙醛。只有血液中乙醇浓度很高时，此系统才显示出催化作用。乙醇持续摄入或慢性乙醇中毒时，MEOS 活性可诱导增加 50%～100%，代谢乙醇总量 50%。但是值得注意的是，乙醇诱导 MEOS 活性不但不能使乙醇氧化产生 ATP，反而增加对氧和 NADH 的消耗，使肝内能量耗竭，造成肝细胞损伤。

2. 还原反应 肝微粒体内含有还原酶系催化还原反应，包括硝基还原酶和偶氮还原酶，分别催化硝基化合物与偶氮化合物还原成相应的胺，所需氢由 NADH 或 NADPH 提供，这些胺类继续被单胺氧化酶氧化生成相应的酸。硝基化合物和偶氮化合物经常应用在食品防腐剂、化妆品及纺织工业，某些可能是前致癌物质，在体内经还原为胺类后，降低了毒性。其反应方程式如下：

$$C_6H_5-NO_2 \xrightarrow{2H\ \ H_2O} C_6H_5-NO \xrightarrow{2H} C_6H_5-NHOH \xrightarrow{2H\ \ H_2O} C_6H_5-NH_2$$

硝基苯　亚硝基苯　苯胲　苯胺

$$C_6H_5-N{=}N-C_6H_5 \xrightarrow{2H} C_6H_5-NH-NH-C_6H_5 \longrightarrow 2\,C_6H_5-NH_2$$

偶氮苯　苯胺

3. 水解反应 细胞微粒体和细胞质内含有多种水解酶，如酯酶、酰胺酶及糖苷酶等，可催化脂质、酰胺类和糖苷类化合物等发生水解反应，以消除或减弱其活性。不过，这些水解产物通常还需经过进一步反应（特别是结合反应）才能排出体外。例如，进入人体的乙酰水杨酸（阿司匹林），首先经水解反应转化为水杨酸，然后进一步通过多种不同途径处理。

（二）第二相反应

有些物质经过第一相反应后，可使某些非极性基团转化为极性基团，增强亲水性。但有些产物还必须再经过第二相反应继续转化，即与一些极性更强的物质结合。结合之后才能具有更大的溶解度，使其易于随尿液或胆汁排出体外；也能使其生物活性发生明显变化。凡含有羟基、巯基、氨基、羧基等化学基团的激素、药物和毒物等，均可与极性较强的葡糖醛酸、硫酸、谷胱甘肽、甘氨酸等发生结合反应，或进行酰基化和甲基化等反应。其中以葡糖醛酸、硫酸和酰基的结合反应最为重要。

1. 葡糖醛酸结合反应 肝细胞微粒体富含葡糖醛酸转移酶，它能以尿苷二磷酸葡糖醛酸（UDPGA）为供体，将葡糖醛酸基转移到含有羟基、羧基或巯基的某些毒物或药物分子上去，形成葡糖醛酸结合物，使其易于排出。酚、苯甲酸、胆红素、类固醇激素、吗啡、苯巴比妥类药物等均可在肝与葡糖醛酸结合而进行生物转化，如苯酚与UDP-葡糖醛酸的结合反应。

$$C_6H_5-OH + UDPGA \longrightarrow \beta\text{-葡萄糖醛酸苷} + UDP$$

苯酚　*β*-葡萄糖醛酸苷

知识拓展

吗啡在体内的代谢过程

吗啡在体内主要的代谢器官为肝脏，其次是肾脏和中枢神经系统，小肠和皮肤组织也参与吗啡的代谢。中枢神经系统还是吗啡发挥阵痛作用的部位。吗啡在脑中的各分区及同一部位不同时间的分布均不同。吗啡口服可吸收，但由于肝首过效应大，生物利用度低，故常皮下注射，半小时后可吸收 60%，1/3 与血浆蛋白结合。游离型吗啡迅速分布全身组织，少量通过血-脑屏障进入中枢发挥作用，60%～70% 在肝中与葡萄糖醛酸结合，10% 去甲基成为去甲吗啡，其余的为游离型。

2. 硫酸结合反应　这是一种常见的结合方式。肝细胞液含有硫酸转移酶，它能将硫酸基从3′-磷酸腺苷-5′-磷酸硫酸（PAPS）转移到各种醇、酚的羟基上或芳香胺的氨基上，生成相应的硫酸酯。例如：雌酮在肝内与硫酸结合而失活。

3. 乙酰基结合反应　肝细胞内含有活泼的乙酰基转移酶，能催化乙酰辅酶A的乙酰基转移给苯胺、磺胺类药物、抗结核药物异烟肼等芳香族胺类化合物，生成相应的乙酰化衍生物而失活。

异烟肼与乙酰基的结合反应如下：

$$\underset{\text{异烟肼}}{\text{(4-}CONHNH_2\text{-吡啶)}} + CH_3CO\sim SCoA \xrightarrow{\text{乙酰基转移酶}} \underset{\text{乙酰异烟肼}}{\text{(4-}CONHNHCOCH_3\text{-吡啶)}} + HSCoA$$

4. 甲基结合反应　肝细胞质及微粒体中含有多种甲基转移酶，以*S*-腺苷甲硫氨酸（SAM）为甲基供体，催化含有氨基、羟基、巯基的药物和生物活性物质的甲基化而灭活，如使儿茶酚胺、5-羟色胺、组胺和烟酰胺等甲基化而失去生物活性。

三、生物转化作用的主要影响因素

肝的生物转化作用受年龄、性别、疾病、抑制物、诱导物等体内外因素影响。

1. 年龄　新生儿肝生物转化酶系统发育尚未完全，转化能力较弱，对药物和毒物的耐受性较差，易出现中毒现象。例如葡糖醛酸转移酶在出生时才开始低水平表达，3个月时达到正常水平，故新生儿易发生黄疸或氯霉素中毒所致的“灰婴综合征”。老年人肝的生物转化能力以及肝生物转化酶的诱导作用仍属正常，但老年人肝血流量及肾的廓清率下降，导致老年人血浆药物的清除速度下降，药物在体内半衰期延长，如安替匹林的半衰期青年人为12小时，老年人则为17小时。

2. 性别　不同性别肝微粒体药物转化酶活性也不同。例如，氨基比林的半衰期在男性体内为13.4小时，而在女性体内则为10.3小时，说明女性转化氨基比林的能力比男性强，这可能与性激素对药物转化酶的影响有关。

3. 疾病　肝是生物转化的主要器官，肝功能不良可导致生物转化能力下降，药物或毒物灭活能力减弱，所以肝病患者应当慎重用药。

4. 药物之间生物转化作用的影响　由于药物往往可以诱导酶的生成，所以长期服用某一类药物可使有关的酶活性增高，从而出现耐药性；另外，某些因素产生的诱导和抑制作用也可影响生物转化作用。例如，吸烟者对烟碱有较强的耐受力；长期服用某些药物可诱导相关酶的合成而出现耐药性。

由于各种物质的有关反应常由同一酶体系催化，因而同时服用几种药物时，这些药物有可能发生药物之间对酶的竞争性抑制作用，从而影响生物转化。因此，临床用药应考虑到上述因素。

第三节　胆汁与胆汁酸的代谢

PPT

一、胆汁

（一）胆汁

胆汁（bile）是肝细胞分泌的一种液体，贮存于胆囊，经胆道系统循胆总管进入十二指肠。正常成人平均每天分泌胆汁300~700ml。从肝分泌的胆汁称为肝胆汁，呈黄褐色或金黄色，有苦味，澄清透明，固体成分较少，相对密度较低。肝胆汁进入胆囊后，胆囊壁吸收其中水分、无机盐等，胆汁被浓缩为胆囊胆汁，相对密度增高。胆囊胆汁呈暗褐色或棕绿色。

胆汁的主要固体成分有胆汁酸盐、胆色素、磷脂、脂肪、黏蛋白等，此外还有脂肪酶、磷脂酶、淀粉酶、磷酸酶及从消化道吸收的药物、毒物、重金属盐等。其中，胆汁酸盐的含量最高。除胆汁酸盐和一些酶与消化作用有关外，其余成分多属排泄物。进入人体的药物、毒物、染料及重金属盐等经过肝生物转化后，都可随胆汁排出体外。

（二）胆汁酸的分类

胆汁酸是胆汁的主要有机成分，按结构分为两类：一类是游离型胆汁酸，包括胆酸、脱氧胆酸、鹅脱氧胆酸和石胆酸；另一类是结合型胆汁酸，包括上述四种游离胆汁酸与甘氨酸或牛磺酸结合形成的产物。

胆汁酸也可按其来源分为两类：一类是初级胆汁酸，是肝细胞以胆固醇为原料合成的，包括胆酸、鹅脱氧胆酸及相应的结合胆汁酸；另一类是次级胆汁酸，由初级胆汁酸在肠道细菌作用下转变生成的脱氧胆酸和石胆酸及其重吸收回肝后所生成的结合产物。胆汁酸的分类见表 15-1。

表 15-1　胆汁酸的分类

	来源分类	结构分类	
		游离型胆汁酸	结合型胆汁酸
胆汁酸	初级胆汁酸	胆酸	甘氨胆酸、牛磺胆酸
		鹅脱氧胆酸	甘氨鹅脱氧胆酸、牛磺鹅脱氧胆酸
	次级胆汁酸	脱氧胆酸	甘氨脱氧胆酸、牛磺脱氧胆酸
		石胆酸	甘氨石胆酸、牛磺石胆酸

（三）胆汁酸的主要生理功能

1. 促进脂质的消化和吸收　胆汁酸分子内部既含有羟基、羧基、磺酸基等亲水基团，又含有甲基和烃核等疏水部分。两类不同性质的结构恰好位于环戊烷多氢菲核的两侧，故胆汁酸的立体构象具有亲水性和疏水性的两个侧面，能降低油和水两相之间的表面张力。胆汁酸的结构特点，使其成为较强的乳化剂，能将脂质物质在水溶液中乳化成只有 3~10μm 的细小微团，既有利于消化酶的作用，又利于脂质的吸收。

2. 抑制胆固醇结石形成　由于胆固醇难溶于水，部分未转化的胆固醇随胆汁排入胆囊，胆汁被胆囊浓缩后，胆固醇易沉淀析出，形成胆固醇结石。胆汁酸通过与卵磷脂的协同作用，与脂溶性的胆固醇形成可溶性微团，促进胆固醇溶于胆汁中，使之不易结晶沉淀，故胆汁酸有防止结石生成的作用。若肝合成、分泌胆汁酸的能力下降，消化道丢失胆汁酸过多或肠-肝循环中摄取胆汁酸过少，以及排入胆汁中的胆固醇过多，均可造成胆汁中胆汁酸、卵磷脂与胆固醇的比值下降，易发生胆固醇沉淀析出，从而形成结石。

二、胆汁酸的代谢

微课

1. 初级胆汁酸的生成　肝细胞以胆固醇为原料合成初级胆汁酸，这是体内排泄胆固醇的主要途径。初级胆汁酸的生成，是胆汁酸代谢的重要环节。在肝细胞的微粒体和胞质中，胆固醇经胆固醇 7α-羟化酶的催化下生成 7α-羟胆固醇，然后经过氧化、还原、羟化、侧链氧化及断裂等多步反应，生成游离型初级胆汁酸，游离型胆汁酸与甘氨酸或牛磺酸结合生成结合型胆汁酸，随胆汁排入肠道。胆汁酸合成的限速酶是胆固醇 7α-羟化酶，此酶受胆汁酸浓度负反馈调节。

2. 次级胆汁酸的生成　初级胆汁酸随胆汁分泌进入肠道，在协助脂质物质消化后，在回肠和结肠上段受细菌作用分解。结合型胆汁酸随胆汁入肠，受肠道细菌的作用，一部分水解脱去甘氨酸或牛磺酸，重新生成游离型胆汁酸。游离型胆汁酸脱去 7 位羟基，生成脱氧胆酸和石胆酸，即次级游离型胆汁酸。部分次级游离型胆汁酸被肠黏膜吸收经门静脉入肝，在肝内再与甘氨酸或牛磺酸结合生成次级结合型胆汁酸。

3. 胆汁酸的肠-肝循环　进入肠道的各种胆汁酸（包括初级、次级、结合型和游离型胆汁酸）约95%经过肠黏膜被重吸收，经门静脉回到肝。在肝细胞内，游离型胆汁酸与甘氨酸或牛磺酸重新结合成结合型胆汁酸，并同新合成的胆汁酸一起再次排入肠道，此过程称为“胆汁酸的肠-肝循环”。其余的胆汁酸随粪便排出，正常人每日有0.4~0.6g胆汁酸随粪便排出（图15-1）。

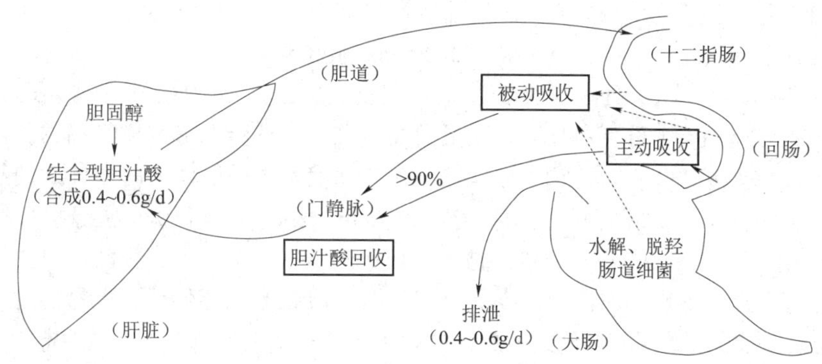

图15-1　胆汁酸的肠肝循环

胆汁酸的肠-肝循环能使有限的胆汁酸反复利用。正常人肝每天合成胆汁酸的量仅有0.4~0.6g，但是每天可进行6~12次肠-肝循环，从而维持肠内胆汁酸盐浓度，满足了每天乳化脂质所需要16~32g胆汁酸的量。此外，胆汁酸的重吸收，使胆汁中的胆汁酸盐与胆固醇比例恒定，不易形成胆固醇结石。

因胆汁酸的生成和代谢与肝脏有密切关系，因此，胆汁酸的测定能反映肝脏合成、分泌、摄取功能及胆道排泄功能，故血清胆汁酸水平是反映肝细胞损害的一个敏感指标。

知识拓展

熊　　胆

熊胆号称“中药瑰宝”，是传统的名贵药材，天然熊胆为熊科动物黑熊或棕熊的干燥胆囊，主要含胆汁酸，其中有效成分为牛磺熊脱氧胆酸，水解生成牛磺酸及熊去氧胆酸，尚含有少量鹅去氧胆酸及胆酸，并含多种氨基酸、胆甾醇及胆汁色素。熊胆属中药中清热解毒药中的一种，其性寒，味苦，入肝、胆、心经，具有清热解毒，止痉，明目之功效。但获取熊胆不可避免会对熊造成严重伤害。由于熊胆的活性成分与药理作用及作用机制的研究还不充足，虽然我们不能说人工熊胆或中草药可以完全取代天然熊胆，但我国中医界已陆续发现五十多种在某些方面可替代熊胆的中草药。目前中医临床实践已经证明，银花、连翘、黄连、野菊花、苦楝根皮等五十多种中草药，同样具有清热去黄等功效，用这类药材制成的方剂，在治疗痉挛抽搐、目赤红肿、黄疸以及小儿惊风等症时都能取得良好效果，而且这些中药价格非常便宜。我们期待研发更多的熊胆替代品，保护黑熊。

第四节　胆色素的代谢

胆色素（bile pigment）是体内铁卟啉化合物的主要分解代谢产物，包括胆红素（bilirubin）、胆绿素（biliverdin）、胆素原（bilinogen）和胆素（bilin）等，主要随胆汁排出体外。其中胆红素是胆色素的主要成分，对神经组织（特别是脑）有不可逆的损伤作用，呈橙黄色，也是胆汁中的主要色素。

一、胆红素的生成和转运

1. 胆红素的生成 体内血红蛋白、肌红蛋白、细胞色素、过氧化氢酶和过氧化物酶等铁卟啉化合物在肝、脾、骨髓等组织分解代谢产生胆红素，其中80%来源于衰老红细胞中血红蛋白的分解，所以胆红素主要由衰老红细胞中血红蛋白的分解产生。另外造血过程中红细胞过早破坏以及非血红蛋白血红素分解也可以产生少量胆红素，正常人每天可生成250~350mg胆红素。

正常人红细胞寿命约120天，处于不断被更新的过程中。衰老红细胞在肝、脾、骨髓被单核-吞噬细胞系统破坏释放出血红蛋白，血红蛋白分解为珠蛋白和血红素。珠蛋白降解成氨基酸，参与体内氨基酸代谢。血红素在O_2和$NADPH+H^+$的参与下，由单核-吞噬细胞系统微粒体内的血红素加氧酶催化裂解成胆绿素，并释放出CO和Fe^{2+}。CO可排出体外，Fe^{2+}与铁蛋白结合供再利用。胆绿素进一步在细胞质中胆绿素还原酶的作用下，由$NADPH+H^+$供氢，被还原成胆红素。在肝、脾、骨髓中生成的胆红素将直接释放入血，称为血胆红素，又称为游离胆红素。血胆红素具有疏水亲脂性质，极易透过生物膜，当透过血-脑屏障与神经核团结合时，引起胆红素脑病。故游离胆红素是人体内一种内源性毒物。

2. 胆红素的转运 在生理条件下，胆红素难溶于水，但游离胆红素进入血液后，与清蛋白结合为清蛋白-胆红素，从而增加了游离胆红素的溶解度，便于运输，同时限制了游离胆红素透过细胞膜对组织产生毒性作用。血液中的清蛋白-胆红素，因未进入肝进行结合反应，故称为未结合胆红素或间接胆红素。清蛋白-胆红素呈水溶性，分子量大，不能经肾小球滤过，故尿中无清蛋白-胆红素。

正常人血中游离胆红素含量仅为3.4~17.1μmol/L（0.2~1.0mg/dl），而每100ml血浆中的清蛋白能结合20~25mg胆红素，所以在正常情况下，血浆清蛋白结合胆红素的潜力很大，足以结合全部胆红素，防止其进入组织而产生毒性作用。但某些有机阴离子如磺胺药、抗生素、利尿剂等可竞争地与清蛋白结合，干扰游离胆红素与清蛋白结合，使胆红素从胆红素-清蛋白复合物解离，渗入各种组织细胞，产生毒性作用。如果过多的游离胆红素与脑部基底核神经元的脂质结合，会干扰脑的正常功能，称为胆红素脑病或核黄疸。新生儿由于血-脑屏障发育不全，游离胆红素更易进入脑组织，所以对血浆游离胆红素升高的疾病应谨慎用药。

二、胆红素在肝中的转变

1. 摄取 胆红素-清蛋白复合物随血液运输到肝后，在肝血窦中胆红素与清蛋白分离，很快被肝细胞摄取，肝细胞摄取胆红素的能力很强。肝细胞有Y和Z两种载体蛋白，能非特异性结合包括胆红素在内的有机阴离子，主动将其摄入细胞内。胆红素与载体蛋白结合后以胆红素-Y蛋白、胆红素-Z蛋白的形式转运至肝细胞内质网进一步代谢转化。Y蛋白对胆红素的亲和力强于Z蛋白，故胆红素优先与Y蛋白结合。不过，其他物质如类固醇等也可与Y蛋白结合，从而竞争性地抑制Y蛋白与胆红素的结合。另外，新生儿在出生7周之后Y蛋白水平才能接近成人。某些药物如苯巴比妥可诱导合成Y蛋白，促进胆红素的转运，故临床上应用苯巴比妥来消除新生儿黄疸。

2. 结合 胆红素由Y蛋白和Z蛋白运至滑面内质网，在UDP-葡糖醛酸转移酶的催化下，胆红素接受来自UDP-葡糖醛酸的葡糖醛酸，生成胆红素葡糖醛酸酯或胆红素二葡糖醛酸酯，称为肝胆红素或结合胆红素。胆红素在肝细胞内与葡糖醛酸结合后，从极性低的未结合胆红素转变为极性高的结合胆红素，不再透过生物膜，这样既有利于胆红素的排泄，又消除了其对细胞的毒性作用。

3. 排泄 结合胆红素在滑面内质网形成后，经高尔基体的分泌与排泄，最终被排入毛细胆管中。正常人每天随胆汁排入肠道的胆红素为250~300mg，仅有不到0.2mg/dl进入血液循环，故尿中结合胆红素含量极微。

三、胆红素在肠道中的变化和胆色素的肠-肝循环

葡糖醛酸胆红素随胆汁排泄入肠道后，在肠菌酶作用下，脱去葡糖醛酸基，使结合胆红素转变成游离胆红素，再逐步加氢还原为无色的胆素原。胆素原包括中胆素原、尿胆素原和粪胆素原。大部分胆素

原在结肠下端与空气接触后被氧化生成黄色的粪胆素。粪胆素是尿和粪便的主要色素。正常人每天从粪便排出的粪胆素 40~280mg。当胆道完全阻塞时，结合胆红素进入肠道受阻，肠道不能生成胆素原，故粪便呈灰白色，尿液呈无色。

肠道中的胆素原有 10%~20% 可被肝吸收，经门静脉入肝，其中大部分再随胆汁排入肠道，这一过程称胆素原的肠-肝循环。少量重吸收的胆素原经血循环入肾随尿排出，正常人每日从尿中排出胆素原 0.5~4mg。胆素原接触空气后氧化成尿胆素，尿胆素是尿的主要色素。

四、血清胆红素与黄疸

正常人血清胆红素分为两大类型：一类未经肝细胞转化、没有结合葡糖醛酸或硫酸等的胆红素称为未结合胆红素；另一类经过肝细胞转化、与葡糖醛酸结合的胆红素称为结合胆红素。

正常人体内胆红素不断地生成并随胆汁排泄，所以其来源和去路保持动态平衡，胆红素在血中总量为 3.4~17.1μmol/L，其中未结合胆红素占 4/5，其余为结合胆红素。凡是引起胆红素生成过多，或在肝的摄取、转化和排泄的某个环节发生障碍的因素，均导致胆红素代谢紊乱，血浆胆红素浓度升高，出现高胆红素血症。胆红素为金黄色物质，且对弹性蛋白有较强的亲和力，当血清中胆红素含量过高时，可出现巩膜、皮肤及黏膜等组织黄染，临床上称为黄疸。黄疸程度取决于血浆胆红素的浓度，如血浆胆红素浓度超过 34.2μmol/L 时，巩膜和皮肤等组织黄染通过肉眼即可看出，称为显性黄疸。如血浆胆红素浓度虽然高出正常范围，但未超过 34.2μmol/L，通过肉眼看不出黄染，称为隐性黄疸。

根据黄疸形成的原因、发病机制可将黄疸分为溶血性黄疸、肝细胞性黄疸和阻塞性黄疸三类。

1. 溶血性黄疸　由于某些疾病、药物使用不当或输血不当引起红细胞大量破坏，这些破坏了的红细胞经单核-吞噬细胞系统吞噬、处理后生成大量的胆红素，当胆红素的量超过肝细胞摄取、转化和排泄能力时，就会引起血液中游离胆红素浓度增高，导致黄疸。这种黄疸被称为溶血性黄疸，又称为肝前性黄疸。其特征为血清游离胆红素明显增加，结合胆红素变化不大；尿胆红素阴性，尿胆素原增加，粪胆素原增加。

2. 肝细胞性黄疸　肝细胞功能受损，肝摄取、转化和排泄胆红素能力降低所致的黄疸称肝细胞性黄疸，又称为肝源性黄疸。肝细胞性黄疸时，肝细胞不能将游离胆红素完全摄取、转化为结合胆红素，造成血中游离胆红素增多；另外肝细胞肿胀，毛细胆管阻塞或毛细胆管与肝血窦直接相通，引起部分结合胆红素反流入血，使血中结合胆红素增加。血中结合胆红素经肾小球滤过，引起尿胆红素阳性。肠道重吸收胆素原经受损的肝进入体循环，引起尿胆素原增加。因结合胆红素进入肠道减少，而引起粪胆素原减少，粪便颜色变浅。肝细胞性黄疸常见于肝实质性疾病，如各种肝炎、肝肿瘤等。

3. 阻塞性黄疸　阻塞性黄疸又称肝后性黄疸。阻塞性黄疸是由于各种原因引起的胆道阻塞，引起胆汁排泄通道受阻，造成胆小管和毛细胆管内压力增高而破裂，使结合胆红素逆流入血，造成血中结合胆红素升高引起的黄疸。此时血清结合胆红素明显升高，并可从肾排出，尿胆红素阳性，而游离胆红素无明显改变；胆管阻塞使肠道生成胆素原减少，尿胆素原和粪胆素原降低，完全阻塞可出现白陶土色粪便。阻塞性黄疸常见于胆管炎症、胆道结石、肿瘤及先天性胆管闭锁等疾病。

肝独特的结构和化学组成特点，赋予了肝多样的生物化学功能。肝不仅是多种物质的代谢中枢，而且还具有生物转化、分泌和排泄的功能。肝的糖、脂、蛋白质代谢非常活跃，尤其是在蛋白质的合成、氨基酸的分解和尿素的合成过程中具有重要作用。

肝是进行生物转化的重要场所。肝通过生物转化作用使脂溶性非营养性物质增强极性和水溶性，易于排出体外。生物转化过程分为两相反应，第一相包括氧化、还原和水解反应；第二相为结合反应，以葡糖醛酸、硫酸和酰基的结合反应最为重要。

胆汁酸是胆汁的重要成分，它既能乳化脂质，促进脂质的消化吸收，又能抑制胆固醇在胆汁中析出。胆固醇在肝细胞内转化成初级胆汁酸，汇入胆汁，排入肠道。部分初级胆汁酸在肠道转化成次级胆汁酸。

大部分胆汁酸经重吸收从肠道回到肝，汇入胆汁，再排入肠道形成肠-肝循环。

胆色素是铁卟啉化合物在体内代谢的产物，主要成分是胆红素。胆色素代谢障碍可出现黄疸，根据发病机制不同分为溶血性黄疸、肝细胞性黄疸和阻塞性黄疸，临床上可通过病史和血、尿、粪便检查进行鉴别。

练习题

题库

一、单项选择题

1. 肝脏不具备的功能是（　　）
   A. 合成清蛋白　B. 合成尿素　C. 合成消化酶　D. 进行生物氧化　E. 储存糖原
2. 人体合成胆固醇速度最快、合成量最多的器官是（　　）
   A. 脾脏　B. 肝脏　C. 心脏　D. 脑　E. 肾脏
3. 肝中储存最多的维生素是（　　）
   A. 维生素 A　B. 维生素 B　C. 维生素 C　D. 维生素 D　E. 维生素 E
4. 胆固醇对自身合成的调控是（　　）
   A. 激活 3α-羟化酶　B. 激活 7α-羟化酶
   C. 激活 12α-羟化酶　D. 抑制 3α-羟化酶
   E. 抑制 7α-羟化酶
5. 单加氧酶体系主要存在于（　　）
   A. 线粒体　B. 细胞质　C. 细胞膜　D. 微粒体　E. 细胞核
6. 下列物质不是初级胆汁酸的是（　　）
   A. 胆酸　B. 脱氧胆酸　C. 甘氨胆酸　D. 鹅脱氧胆酸　E. 牛磺胆酸
7. 不参与肝脏生物转化反应的是（　　）
   A. 结合反应　B. 氧化反应　C. 水解反应　D. 脱羧反应　E. 还原反应
8. 正常人粪便中主要色素是（　　）
   A. 胆红素　B. 胆绿素　C. 胆素原　D. 粪胆素　E. 粪胆素原
9. 有关生物转化的描述，错误的是（　　）
   A. 进行生物转化最重要的器官是肝脏　B. 使疏水性物质水溶性增加
   C. 使非极性物质极性增加　D. 有些物质转化后毒性增强
   E. 转化的本质是裂解生物活性物质
10. 实验室下列检测项目中，对肝癌诊断意义最大的是（　　）
    A. 碱性磷酸酶　B. L-乳酸脱氢酶同工酶
    C. γ-谷氨酰胺转肽酶　D. 甲胎蛋白
    E. 癌胚抗原

二、思考题

1. 试述生物转化反应的类型、意义、影响因素。
2. 简述胆红素的来源和去路。
3. 简述胆汁酸的分类和功能。

（张春蕾）

第十六章

细胞信号转导

学习导引

1. **掌握** 细胞信号转导的概念；第二信使的概念与作用特点；受体的结构与功能、信息分子与受体的结合特点；细胞内主要的信号转导途径。

2. **熟悉** 细胞间的信息分子、细胞内的信息分子；细胞信号转导异常与疾病。

3. **了解** 细胞信号转导分子是重要的药物作用靶位。

外界环境变化时，单细胞生物直接应对外界变化作出反应。多细胞生物则通过细胞间复杂的信号传递系统传递信息，调控机体不同部位细胞对外部刺激做出协调统一的反应。细胞对外源信息发生反应，将细胞外信息传递到细胞内，通过细胞内多种信号分子的有序作用，最终引发靶细胞功能发生变化的全过程称为细胞信号转导（cellular signal transduction）。细胞信号转导是多细胞生物维持正常生理功能的基本机制，细胞信号转导途径的异常与人类许多疾病的发生密切相关。阐明细胞信号转导机制不仅对正确认识生命现象的本质具有重要的意义，还将有助于开发新的诊疗靶点和新药研发。

PPT

第一节　信息分子

课堂互动

1. 细胞内传递信息的物质有哪些?
2. 细胞内传递信息的分子，他们的化学属性是什么?

外界刺激如神经递质、激素、生长因子、光、味、机械刺激等可诱发细胞内信息分子的含量或活性变化，进而调节物质和能量代谢，改变细胞的行为。信息分子（signaling molecule）是指由特定的信号源（如信号细胞）产生的，可以通过扩散或体液转运等方式进行传递，作用于靶细胞并产生特异应答的一类化学物质。信息分子可以携带各种生物信息，通过细胞之间的交流，调节细胞的生长、发育、分化、代谢及学习记忆等生命过程。

按信息分子的存在部位及发挥功能的方式，可分为细胞间信息分子和细胞内信息分子。

一、细胞间信息分子

由细胞分泌的、能够调节细胞生命活动的化学物质，统称为细胞间信息分子，又称为第一信使（first messenger）。细胞间信息分子根据其作用方式，可分为以下三类（表16-1）。

1. 激素 激素（hormone）又称内分泌信号（endocrine signal），是由内分泌细胞合成并分泌的化学信号分子，经血液循环运输至全身各组织，作用于远距离的靶细胞，引起相关蛋白或酶的结构和功能改变，从而改变细胞的代谢。激素的种类繁多，功能各异。按照化学本质的不同，可将激素分为四大类：①类固醇衍生物类，如肾上腺皮质激素、性激素等；②氨基酸衍生物类，如甲状腺激素，儿茶酚胺类激素；③多肽和蛋白质类，如胰岛素、胰高血糖素、下丘脑激素、垂体激素等；④脂肪酸衍生物类，如前列腺素等。

2. 神经递质 神经递质（neurotransmitters）又称突触分泌信号（synaptic signal），是在神经末梢动作电位作用下，突触前膜释放的一种化学信号分子。它与突触后膜相应受体作用后诱发突触后膜电位变化，引起靶细胞的一系列生理生化反应，如乙酰胆碱、肾上腺素、五羟色胺等递质。

3. 局部化学物质 局部化学物质又称旁分泌信号（paracrine signal），如炎症介质。机体内一些细胞可分泌一种或数种化学物质，如细胞因子、生长因子、气体分子（如 CO、NO）等，可通过局部扩散作用于邻近的靶细胞，产生特定的生理效应，作用时间短。

表 16-1 细胞间信息物质及其作用的途径

种类	信息物质	受体	引起细胞内变化
激素	蛋白质、多肽及氨基酸衍生物类	膜受体	引起酶蛋白和功能蛋白的磷酸化和脱磷酸化，改变细胞的代谢
	类固醇激素、甲状腺激素	胞内受体	影响基因的转录和表达
神经递质	乙酰胆碱、谷氨酸、γ-氨基丁酸	膜受体	影响离子通道开闭
细胞因子	表皮生长因子、白细胞介素、神经生长因子	膜受体	引起酶蛋白和功能蛋白的磷酸化和脱磷酸化，改变细胞的代谢和基因表达

知识拓展

信号分子 H_2S

H_2S 是目前除 CO 和 NO 外，机体内非常重要的气体信号分子。作为内源性信号分子，H_2S 可以在哺乳动物的组织中合成并自由地穿过细胞膜，并通过多种机制直接或间接参与动脉粥样硬化、高血压、心肌损伤、心力衰竭等心血管疾病的发生、发展过程。

二、细胞内信息分子

在细胞内传递生物信息的化学物质，称为细胞内信息分子。细胞内信息分子的种类多样，包括：①无机离子，如 Ca^{2+}；②脂类衍生物，如二酰甘油（diacylglycerol，DAG）、花生四烯酸及其代谢产物、神经酰胺（ceramide，Cer）；③糖类衍生物，如肌醇三磷酸（inositol triphosphate，IP_3）；④核苷酸，如 cAMP、cGMP；⑤蛋白质，细胞内信号蛋白分子多数为原癌基因的产物，如 Ras 蛋白（*ras* 基因编码）和底物酶。底物酶是一些酶兼底物的蛋白质，主要表现出酪氨酸或丝氨酸/苏氨酸蛋白激酶活性，如 JAK（just another kinase，另一类蛋白激酶）、Raf 蛋白（*raf* 基因编码）等。通常将 Ca^{2+}、cAMP、cGMP、DAG、IP_3、Cer、花生四烯酸及其代谢产物等在细胞内传递信息的小分子化合物称为第二信使（second messenger）。

负责细胞核内、外信号转导的物质，称为第三信使（third messenger），是一类与靶基因特异序列结合的核蛋白，能调节基因的转录，因此又称为 DNA 结合蛋白，发挥着转录因子或转录调节因子的作用。例如，立早基因（immediate-early gene）多数为细胞原癌基因（如 *c-fos*、AP_1/*c-jun* 等），编码的蛋白质常作为第三信使参与基因表达调控、细胞增殖与分化，以及肿瘤的形成等。

细胞内信息分子在传递信号时绝大部分通过酶促级联反应方式进行。它们最终通过改变细胞内有关酶的活性、开启或关闭细胞膜离子通道及细胞核内基因的转录等，达到调节细胞代谢和控制细胞的生长、繁殖和分化的功能。所有的信息分子在完成信息传递后，通常经过酶促降解、代谢转化或细胞摄取等方式被灭活。

第二节　受　　体

PPT

课堂互动

1. 受体的种类有哪些?
2. 分布在人体细胞膜上的受体有多少种?

受体（receptor，R）是细胞膜上或细胞内能识别配体并与之特异结合，把信号传递到细胞内部，引起相应生物学效应的一类物质，受体大多数是蛋白质，少数为糖脂。

配体（ligand，L）是在细胞外能与受体特异结合的生物活性物质。细胞间信息分子就是常见的配体，某些毒素、药物、维生素也可作为配体，与受体结合发挥生物学作用。

一、受体的分类、结构及功能

根据受体存在的亚细胞部位的不同，可将其分为两大类：膜受体和胞内受体。膜受体主要是整合蛋白，很多膜受体与糖链结合形成糖蛋白。糖链可参与配体的识别，如胰岛素受体、促甲状腺激素受体等。一些细胞因子的膜受体是蛋白聚糖，如胰高血糖素受体经脂类分子修饰，可形成脂蛋白，主要与磷脂结合。胞内受体则位于细胞质或细胞核中，兼有转录因子的作用，又称为转录因子型受体。

（一）膜受体

按受体结构、接收信号的种类、转换信号方式等差异，膜受体可分为以下三种类型。

1. 离子通道型受体　离子通道型受体（ionotropic receptor）即配体依赖性离子通道（ligand-gated channel receptor），其配体主要是神经递质等。离子通道型受体是自身为离子通道的受体。离子通道型受体介导的突触作用迅速而短暂，也称快速传递。当神经递质与这类受体结合后，数毫秒内即可引起受体构象改变，促使离子通道开放或关闭，使离子流动，导致膜电位改变，从而传递信息。离子通道型受体的典型代表是神经元的*N*-乙酰胆碱受体，由$\alpha_2\beta\gamma\delta$ 5个跨膜亚基组成，其中α亚基具有配体结合部位。5个亚基在细胞膜内呈五边形排列，构成离子通道（图16-1）。当两分子乙酰胆碱与受体的α亚基结合时，引起受体变构、通道开放、膜外的阳离子（主要是Na^+）内流，导致突触后膜的电位变化，引起相应的生物学效应。

2. G蛋白偶联受体　G蛋白偶联受体（G-protein coupled receptors，GPCRs）与细胞间信息分子结合后，在G蛋白（G-protein）介导下，调节第二信使（cAMP、IP_3等）浓度，把信号转导给下游胞内信息分子（蛋白激酶等），改变酶或功能蛋白的活性，最终引起生物学效应。

（1）受体特点　G蛋白偶联受体是单链球状糖蛋白，肽链的N端在细胞外侧，C端在细胞内，肽链反复跨膜7次，因此又称为七次跨膜受体。该受体由7个跨膜α螺旋结构、3个亲水性细胞外环和3个细胞内环连接成束状跨越细胞膜（图16-2）。

七次跨膜受体胞质内第三个环能与G蛋白结合，激活腺苷酸环化酶（adenylate cyclase，AC）或磷酸酯酶C（phopholipase C，PLC）的活性，进而催化细胞内产生第二信使。G蛋白偶联受体广泛存在于全身

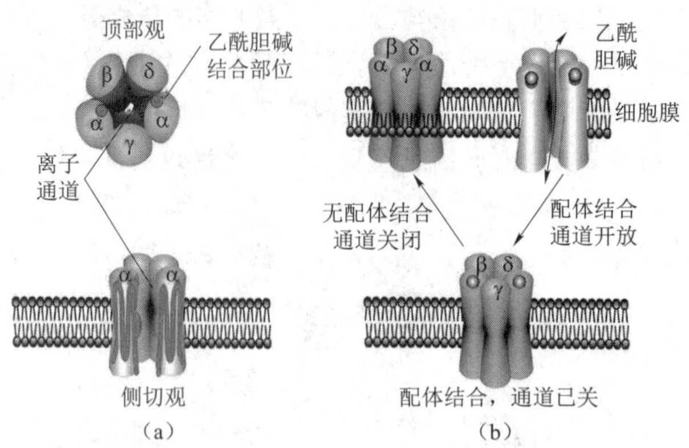

图 16-1　*N*-乙酰胆碱受体的结构与功能模式图

（a）*N*-乙酰胆碱受体的结构；（b）*N*-乙酰胆碱受体的作用模式

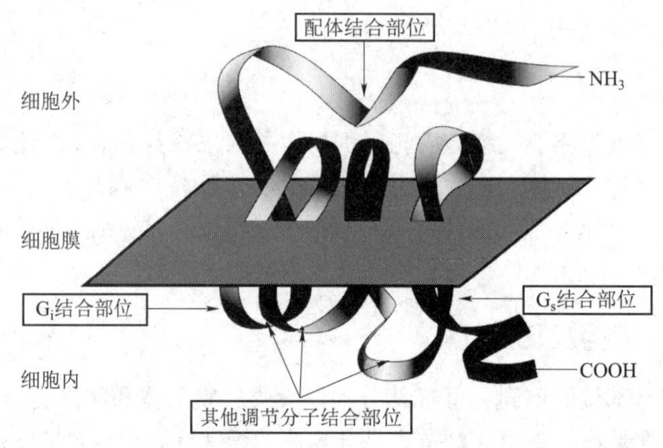

图 16-2　G 蛋白偶联受体的结构

各组织，其介导的效应比较缓慢，可持续数秒、数分钟，甚至数小时，也称为缓慢传递。

（2）G 蛋白的结构及功能　G 蛋白的全称是鸟苷酸调节蛋白（guanylate regulation protein），也称 GTP 结合蛋白。G 蛋白附着在七次跨膜受体胞质侧，由 α（45kDa）、β（35kDa）和 γ（7kDa）3 种亚基组成。α 亚基既有 GTP 水解酶活性，又有调节效应蛋白的功能；β 和 γ 亚基通常结合在一起，都具有调节 α 亚基的功能，也有调节效应蛋白的作用。G 蛋白有两种构象，一种是 α 亚基与 GTP 结合并导致 βγ 二聚体脱落，此构型为活化型 G 蛋白。另一种是以 α、β 和 γ 三聚体存在并与 GDP 结合，此为非活化性 G 蛋白。G 蛋白在有活性和无活性状态之间连续转换，称为 G 蛋白循环（G protein cycle）（图 16-3）。

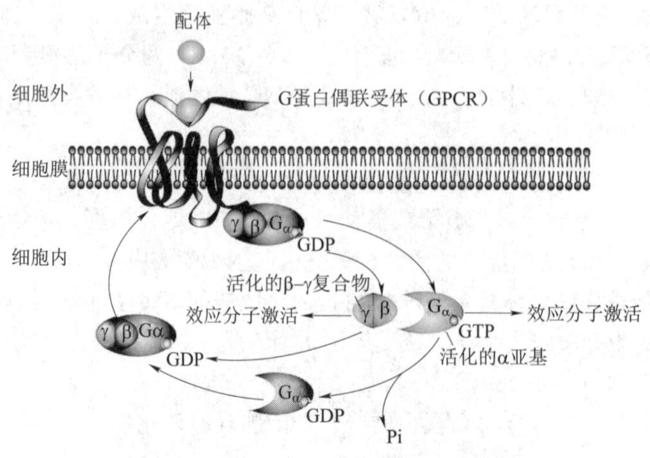

图 16-3　G 蛋白循环

G 蛋白种类很多，其中 β、γ 亚基都非常相似，而 α 亚基则各不相同，故 α 亚基决定 G 蛋白的特性及功能。根据 G 蛋白对酶或效应蛋白的作用不同，可分为若干种（表 16-2）。现已知的 G 蛋白中研究较多的主要有兴奋型 G 蛋白（stimulatory G protein，G_s）、抑制型 G 蛋白（inhibitory G protein，G_i）、磷脂酶 C 型 G 蛋白（PI-PLC G protein，G_p）等。G 蛋白偶联受体与相应信息分子结合后发生构象变化，导致 G 蛋白由非活化型转变为活化型，将信息由受体传给酶或效应蛋白。G 蛋白调节的效应蛋白主要是腺苷酸环化酶、磷酸二酯酶及磷脂酶 C、磷脂酶 A_2 及离子通道等。

表 16-2　G 蛋白的种类和功能

G 蛋白种类	α 亚基类型	功　能
G_s	α_s	激活腺苷酸环化酶与 Ca^{2+} 通道
G_i	α_i	抑制腺苷酸环化酶与 Ca^{2+} 通道
G_p	α_p	抑制特定的磷脂酶 C
G_o*	α_o	大脑中主要的 G 蛋白，调节磷脂代谢
G_T**	α_T	激活视觉
G_g	α_g	可能与味觉有关

注：o＊表示另一种（other）；T＊＊传导素（transductin）。

3. 酶偶联受体　酶偶联受体主要是生长因子和细胞因子的受体。此类受体介导的信号转导主要是调节蛋白质的功能和表达水平、调节细胞增殖和分化。

（1）酪氨酸蛋白激酶受体　酪氨酸蛋白激酶受体（tyrosine protein kinase receptor）主要有两类：受体型酪氨酸蛋白激酶及非受体型酪氨酸蛋白激酶。前者与配体结合后才有酪氨酸蛋白激酶活性；后者受体本身缺乏酪氨酸蛋白激酶活性，受体配体结合后可吸附胞质内游离存在的酪氨酸蛋白激酶（如 JAKs）至受体的细胞内段，继而表现酪氨酸蛋白激酶活性，进而完成信息转导。

酪氨酸蛋白激酶受体由一条多肽链构成，包括四个功能区：细胞外配体结合区、跨膜区、细胞内酪氨酸激酶功能区和调节区。细胞外配体结合区含有 500~800 个氨基酸残基，常富含半胱氨酸或免疫球蛋白（Ig）同源结构。跨膜区是由 22~26 个疏水氨基酸残基构成的 α 螺旋。细胞内酪氨酸激酶功能区位于 C 端，包括结合底物和结合 ATP 两个部位。配体与细胞膜外受体识别部位结合后，使细胞内酪氨酸蛋白激酶活化，受体二聚化并自身磷酸化，进而使底物蛋白 Tyr 残基磷酸化，触发细胞转导过程。这一家族包括许多肽类激素和生长因子的受体，能调节细胞增殖、分化，与肿瘤发生发展密切相关（图 16-4）。

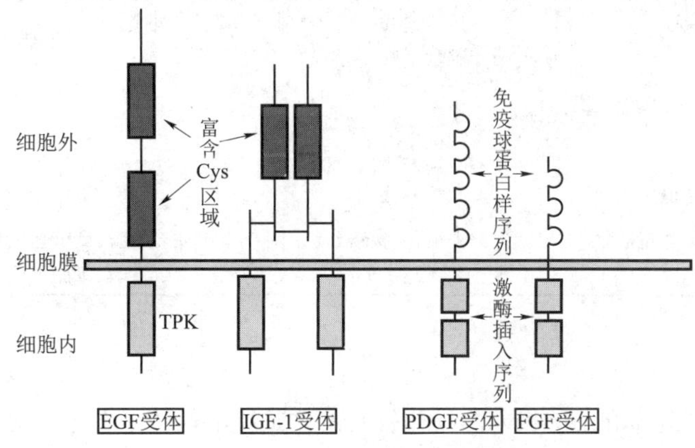

图 16-4　含 TPK 结构域的受体

EGF：表皮生长因子；IGF-1：胰岛素样生长因子-1；

PDGF：血小板衍生生长因子；FGF：成纤维细胞生长因子

该类受体的下游分子常含有：SH_2 结构域（Src homology 2 domain）、SH_3 结构域（Src homology 3 domain）和PH结构域（pleckstrin homology domain）等。SH_2 结构域与原癌基因 *src* 编码的两结构域同源，该结构域能与酪氨酸残基磷酸化的多肽链结合；SH_3 结构域能与肽链中的脯氨酸残基结合；PH结构域能识别具有磷酸化的丝氨酸和苏氨酸的短肽，并能与G蛋白的β-γ复合物结合，此外，PH结构域还能与带电的磷脂结合。由此可见，这些结构域能与其他蛋白质发生蛋白质-蛋白质相互作用，参与细胞间的信息转导。

（2）鸟苷酸环化酶受体　鸟苷酸环化酶（guanylate cyclase，GC）受体可分为膜受体和可溶性受体两类。膜受体的配体包括心房肽（atrial natriuretic peptide，ANP），可溶性的鸟苷酸环化酶受体（soluble guanylate cyclase，GC-S）的配体为NO和CO。

膜受体由同源的三聚体或四聚体组成。每一个亚基包括N端的胞外受体结构域、跨膜结构域、膜内的蛋白激酶样结构域和C端的鸟苷酸环化酶结构域。蛋白激酶样结构域无激酶活性，目前尚不知它的功能。每个亚基通过胞外受体结构域间的氢键连接成三聚体或四聚体（图16-5）。

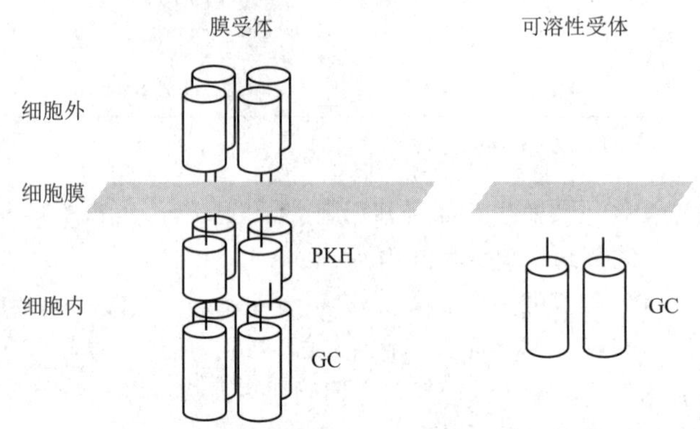

图16-5　鸟苷酸环化酶受体结构

PKH：蛋白激酶样结构域；GC：鸟苷酸环化酶结构域

可溶性受体是由α、β两个亚基组成异源二聚体。每个亚基具有一个鸟苷酸环化酶催化结构域和血红素结合结构域。当异源二聚体解聚后，酶活性丧失。三类膜受体的结构和功能特点见表16-3。

表16-3　三类膜受体的结构和功能特点

特性	离子通道受体	G-蛋白偶联受体	酶偶联受体
配体	神经递质	神经递质、激素、趋化因子、外源刺激（味、光）	生长因子、细胞因子
结构	寡聚体形成的孔道	单体	具有或不具有催化活性的单体
跨膜区段数目	4~5个	7个	1个
功能	离子通道	激活G蛋白	激活蛋白激酶
细胞应答	去极化与超极化	去极化与超极化，调节蛋白质功能和表达水平	调节蛋白质的功能和表达水平，调节细胞分化和增殖

（二）胞内受体

胞内受体包括位于细胞质和细胞核内的受体，其配体是脂溶性信号分子，如类固醇激素、甲状腺激素、维甲酸和维生素D等。胞内受体多为反式作用因子，可与DNA的顺式作用元件结合，调节基因转录。无配体时，受体通常与具有抑制作用的蛋白质结合，阻止受体与DNA的结合。该类受体中，除糖皮质激素受体存在于细胞质，其他胞内受体都位于细胞核内。

胞内受体一般由400~1000个氨基酸残基组成的多肽链，主要包括四个结构区域（图16-6）。

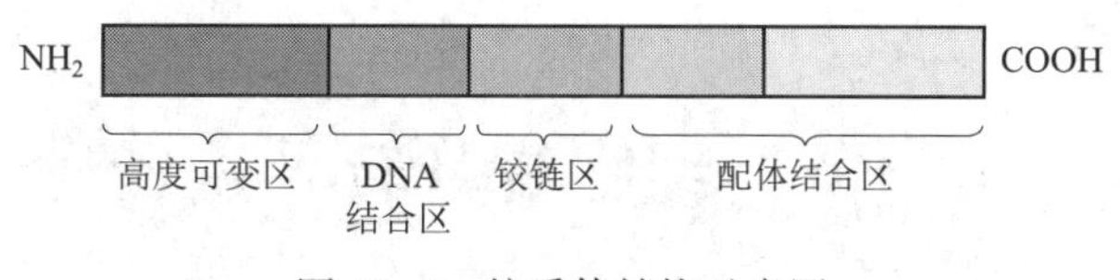

图 16-6　核受体结构示意图

1. 高度可变区　位于多肽链 N 端，含 25~603 个氨基酸残基，有转录激活作用。

2. DNA 结合区　由 66~68 个氨基酸残基构成，富含半胱氨酸及锌指结构，可与 DNA 螺旋结合，调节基因转录。

3. 铰链区　位于 DNA 结合区和配体结合区之间，可能与转录因子相互作用及受体向核内运动有关。

4. 配体结合区　位于多肽链 C 端，由 220~250 个氨基酸残基构成，与配体结合后通过与热休克蛋白解离，暴露 DNA 结合区从而调控转录。另外，该区具有核定位信号，但核定位具有激素依赖性。

二、受体的作用特点及活性调节

（一）受体的作用特点

1. 高度的亲和力　受体与相应配体的结合反应在极低的浓度下即可发生，表明二者之间存在高度的亲和力（high affinity）。通常用其解离常数（K_d）来表示亲和力的大小，大多数受体的解离常数为 10^{-11} ~ 10^{-9} mol/L，解离常数越小，则受体与配体结合时所需浓度越低，二者的亲和力越高。

2. 高度的特异性　高度的特异性（high specificity）是指受体只能选择性与相应的配体结合的性质。其原因在于受体分子存在一定空间构象的配体结合位点，即配体结合结构域，该结构域只能选择性地与具有特定分子结构的配体相结合。这一性质使靶细胞只能对其周围的特定信号分子产生效应，保证了调控的准确性。

3. 可饱和性　可饱和性（saturability）是指在一定条件下，存在于靶细胞表面或细胞内的受体数目是一定的。因此，受体与其配体的结合反应也是可饱和的，当二者之间达到最大结合值后，不再随配体浓度增加而增大，出现饱和现象。

4. 可逆性　可逆性（reversibility）是指配体与受体通常以非共价键可逆地结合在一起，当生物效应发生后，受体-配体复合物容易发生解离，从而导致信号转导的终止。受体可恢复到原来的状态，再次接收配体信息。

5. 特定的作用模式　是指受体的分布和含量具有组织和细胞特异性，并呈现特定的作用模式，受体与配体结合后可引起某种特定的生理效应。

（二）受体的活性调节

靶细胞表面或细胞内的受体数目以及受体对配体的亲和力是可以调节的。如果某种因素引起靶细胞受体数目增加或亲和力增强，称为向上调节（up regulation）；反之，则称为向下调节（down regulation）。向上调节可增强靶细胞对信号分子的反应敏感性（超敏），而向下调节则降低靶细胞对信号分子的反应敏感性（脱敏）。受体活性调节常见的机制有：

1. 磷酸化和脱磷酸化　受体磷酸化和脱磷酸化在许多受体的功能调节上起重要作用。如胰岛素受体和表皮生长因子受体分子的酪氨酸残基被磷酸化后，能促进受体与相应配体结合，而磷酸化则使类固醇激素受体无力与其配体结合。

2. 膜磷脂代谢的影响　膜磷脂在维持膜流动性和膜受体蛋白活性中起重要作用。例如，质膜的磷脂酰乙醇胺被甲基化转变为磷脂酰胆碱后，可明显增加肾上腺素能 β 受体激活腺苷酸环化酶的能力。

3. 酶促水解作用　有些膜受体可通过内化（internalization）方式被溶酶体降解。

4. G 蛋白的调节　G 蛋白可在多种活化受体与腺苷酸环化酶之间起偶联作用，当一个受体系统被激活而使 cAMP 水平升高时，就会降低同一细胞受体对配体的亲和力。

PPT

第三节　细胞信号转导途径

细胞内不同信号转导分子的特定组合及其有序的相互作用，构成了细胞内不同的信号转导通路（signal transduction pathway）。生物体内信号转导途径有多种，主要分为两大类：膜受体介导的信号转导途径和胞内受体介导的信号转导途径。不同受体激活的信号转导通路由不同的信号转导分子组成，同一类型受体介导的信号转导通路具有共同的特点。细胞信号转导途径错综复杂，相互影响，介导细胞功能调节，保证生命活动的维持及细胞内环境的稳定。

一、膜受体介导的信号转导

膜受体介导的信息转导存在多种途径。以下为几条主要的信息传递途径。

（一）cAMP-蛋白激酶A途径

该途径以靶细胞内cAMP浓度改变和蛋白激酶A（protein kinase A，PKA）激活为主要特征，是激素调节物质代谢的主要途径。

$$\text{ATP} \xrightarrow[\text{Mg}^{2+}\ (\to \text{ppi})]{\text{AC}} \text{cAMP} \xrightarrow[\text{Mg}^{2+}\ (\text{H}_2\text{O})]{\text{磷酸二酯酶}} 5'\text{-AMP}$$

1. cAMP的生成与分解　腺苷酸环化酶（adenylate cyclase，AC）可催化ATP生成3′,5′-环腺苷酸和焦磷酸（PPi）。cAMP在磷酸二酯酶（phosphodiesterase，PDE）催化下降解为5′-AMP而失活。

正常细胞内cAMP平均浓度为10^{-6}mol/L，在激素作用下可升高100倍以上。cAMP浓度与腺苷酸环化酶和磷酸二酯酶活性相关，如胰岛素可激活PDE，加速cAMP降解。某些药物，如茶碱，则抑制PDE，使cAMP浓度升高。

2. 以cAMP为第二信使的信息分子　大多数肽类激素，如下丘脑的释放激素、垂体促激素、血管加压素、甲状旁腺激素、胰高血糖素等都是通过细胞膜上相应受体激活Gs蛋白，经Gs活化腺苷酸环化酶，引起cAMP合成增多。儿茶酚胺的β受体也以此方式激活腺苷酸环化酶，使cAMP增多。而生长抑素及儿茶酚胺α_2受体可通过Gi蛋白抑制腺苷酸环化酶活性，使cAMP减少而发挥抑制作用。

案例解析

【案例】 生长激素（GH）是脑垂体生长素细胞分泌的一种肽类激素，其主要功能是促进组织及骨骼生长，是治疗侏儒症的有效药物。试分析生长激素在幼年时分泌过多造成巨人症，成年时分泌过多导致肢端肥大症的原因。

【解析】 GH的分泌受下丘脑GH释放激素和生长抑素的双重调节，GH释放激素通过激活G蛋白促进cAMP水平升高而促进分泌GH的细胞增殖和分泌功能；生长抑素则通过降低cAMP水平而抑制GH分泌。当G蛋白α亚基由于突变而失去GTP酶活性时，G蛋白处于异常的激活状态，垂体细胞分泌动能活跃。GH过度分泌，可刺激组织和骨骼过度生长。如在青春期前发病，骨骺尚未融合，则表现为巨人症；如在青春期以后发病，骨骺已融合，则表现为肢端肢大症。

3. cAMP激活蛋白激酶A　cAMP的生物效应主要是通过激活蛋白激酶A而实现的。蛋白激酶A由2

个催化亚基（C）和2个调节亚基（R）构成的四聚体，调节亚基抑制催化亚基的催化活性。调节亚基有cAMP的结合域，当cAMP与调节亚基结合后，使调节亚基变构，从而释放出游离的、具有催化活性的催化亚基（图16-7）。

4. 蛋白激酶A的生物学效应　蛋白激酶A广泛存在于各组织，可催化靶蛋白Ser/Thr残基磷酸化，是丝氨酸/苏氨酸蛋白激酶的一种。蛋白激酶A主要在物质代谢和基因表达调控中发挥作用。

（1）对代谢的调节作用　蛋白激酶A可使有活性的糖原合酶a磷酸化，转变成无活性的糖原合酶b，从而抑制糖原合成。蛋白激酶A还可磷酸化糖原磷酸化酶b激酶，使其激活，促进糖原分解（图16-7）。另外，蛋白激酶A还可使乙酰CoA羧化酶磷酸化，使其活性降低，抑制脂肪酸合成。

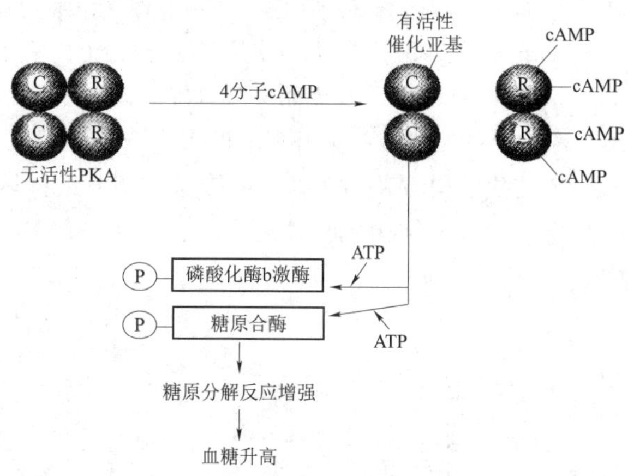

图16-7　cAMP激活PKA而升高血糖的机制示意图

（2）对基因表达的调节作用　蛋白激酶A激活后，也可以进入核内，磷酸化一些转录因子，调控基因表达。细胞核内受cAMP和蛋白激酶A调节的基因转录调控区，都存在一个由8个碱基构成的保守DNA序列——TGACGTCA，称为cAMP反应元件（cAMP response element，CRE）。能与CRE结合的蛋白质，称为CRE结合蛋白（CRE binding protein，CREB）。CREB的C端都有亮氨酸拉链结构（leucine zipper），是DNA结合域，N端是转录活化域。蛋白激酶A的催化亚基可使CREB的133位Ser残基磷酸化而被激活，进而促使CREB与CRE结合，调控基因表达。

蛋白激酶A还可使细胞核内的组蛋白、酸性蛋白以及胞质的核糖体、膜蛋白、微管蛋白及受体蛋白磷酸化，从而调控这些蛋白质的功能（表16-4）。

表16-4　PKA对底物蛋白的磷酸化

底物蛋白	磷酸化的后果	生理意义
组蛋白	失去对转录的阻遏作用	加速转录，促进蛋白质的生物合成
核中酸性蛋白	加速转录	加速转录，促进蛋白质的生物合成
核糖体蛋白	加速翻译	促进蛋白质合成
细胞膜蛋白	膜蛋白构象和功能改变	改变膜对水及离子的通透性
微管蛋白	构象和功能改变	影响细胞分泌
心肌肌原蛋白	易于与Ca^{2+}结合	加强心肌收缩
心肌肌浆网膜蛋白	加速Ca^{2+}摄入肌浆网	加速肌纤维舒张
肾上腺能β受体蛋白	影响受体功能	脱敏化及下调

（二）Ca^{2+}-依赖性蛋白激酶途径

Ca^{2+}是机体内的一个重要的第二信使，参与许多生命活动，如收缩、运动、分泌和分裂等。胞质内Ca^{2+}浓度在0.01~1.0μmol/L，比细胞外液中Ca^{2+}浓度（约2.5mmol/L）低得多。细胞质中游离Ca^{2+}浓度的改变却是调节细胞生理活动的关键环节。细胞内的肌浆网、内质网和线粒体是细胞内 Ca^{2+} 的储存库。当刺激使细胞外少量的 Ca^{2+} 通过钙通道进入胞质或钙库释放稍有增加，均可导致胞质 Ca^{2+} 浓度急剧升高，继而引起一系列生物效应。依赖 Ca^{2+} 的信息传递途径有两种：Ca^{2+}-磷脂依赖性蛋白激酶途径和 Ca^{2+}-钙调蛋白依赖性蛋白激酶途径。

1. Ca^{2+}-磷脂依赖性蛋白激酶途径 研究表明，体内跨膜信息传递方式中还有一种三磷酸肌醇和甘油二酯为第二信使的双信号途径。该系统可以单独调节细胞内的许多反应，又可以与 cAMP-蛋白激酶系统及酪氨酸蛋白激酶系统相偶联，组成复杂的网络，共同调解细胞的代谢和基因表达。

（1）三磷酸肌醇和甘油二酯的生物合成和功能 促甲状腺释放激素、去甲肾上腺素和抗利尿激素等作用于靶细胞特异性受体后，通过特定的 G 蛋白（Gp）激活磷脂酰肌醇特异性磷脂酶 C（phosphatidylinositol specific phospholipase C，PI-PLC），后者则特异性地水解膜组分——磷脂酰肌醇 4,5-二磷酸（phosphatidylinositol 4,5-bi-phosphate，PIP_2）而生成甘油二酯和三磷酸肌醇（图 16-8）。甘油二酯生成后仍留在质膜上，在磷脂酰丝氨酸和 Ca^{2+} 的配合下激活蛋白激酶 C（protein kinase C，PKC）。蛋白激酶 C 由一条多肽链组成，含一个催化结构域和一个调节结构域。调节结构域常与催化结构域的活性中心部分贴近或嵌合，一旦蛋白激酶 C 的调节结构域与甘油二酯、磷脂酰丝氨酸和 Ca^{2+} 结合，蛋白激酶 C 构象发生改变而暴露出活性中心。

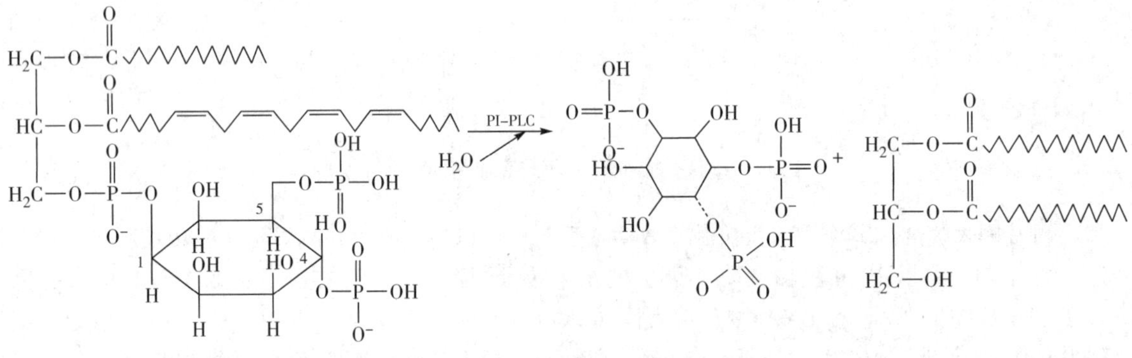

PIP_2　　IP_3　　DAG

图 16-8 磷脂酰肌醇特异性磷脂酶 C（PI-PLC）的作用

三磷酸肌醇生成后，从膜上扩散至胞浆中，与内质网和肌浆网上的受体结合，因而促进钙库内的 Ca^{2+} 迅速释放，使胞浆内的 Ca^{2+} 浓度升高。Ca^{2+} 能与胞浆内的蛋白激酶 C 结合并聚集至质膜，在甘油二酯和膜磷脂共同诱导下，蛋白激酶 C 被激活。

（2）蛋白激酶 C 的生理功能 蛋白激酶 C 广泛存在于机体的组织细胞内，目前已发现 12 种蛋白激酶 C 同工酶，它们对机体的代谢、基因表达、细胞分化和增殖起作用。

1）对代谢的调节作用 蛋白激酶 C 被激活后可引起一系列靶蛋白的丝氨酸残基和（或）苏氨酸残基发生磷酸化反应。靶蛋白包括膜受体、膜蛋白和多种酶。蛋白激酶 C 能催化质膜的 Ca^{2+} 通道磷酸化，促进 Ca^{2+} 流入胞内，提高胞质中 Ca^{2+} 浓度。蛋白激酶 C 还能催化肌浆网的 Ca^{2+}-ATP 酶磷酸化，使钙进入肌浆网，调节多种生理活动处于动态平衡。总之，蛋白激酶 C 通过对靶蛋白的磷酸化而改变功能蛋白的活性和性质，影响细胞内信息的传递，而启动一系列生理、生化反应。

2）对基因表达的调节作用 蛋白激酶 C 对基因的活化过程可分为早期反应和晚期反应两个阶段（图 16-9）。蛋白激酶 C 能磷酸化立早基因的反式作用因子，加速立早基因的表达。立早基因多数为细胞原癌基因（如 *c-fos*、*c-jun* 等），它们表达的蛋白质寿命短暂（半寿期为 1~2 小时），具有跨越核膜传递信息的功能，因此称为“第三信使”。第三信使受磷酸化修饰后，最终活化晚期基因并导致细胞增生/或核型变化。促癌剂——佛波酯（phorbol ester）正是作为蛋白激酶 C 的强激活剂而引起细胞持续增生，诱导癌变。

2. Ca^{2+}-钙调蛋白依赖性途径（Ca^{2+}-CaM 途径） 钙调蛋白（calmodulin，CaM）为钙结合蛋白，

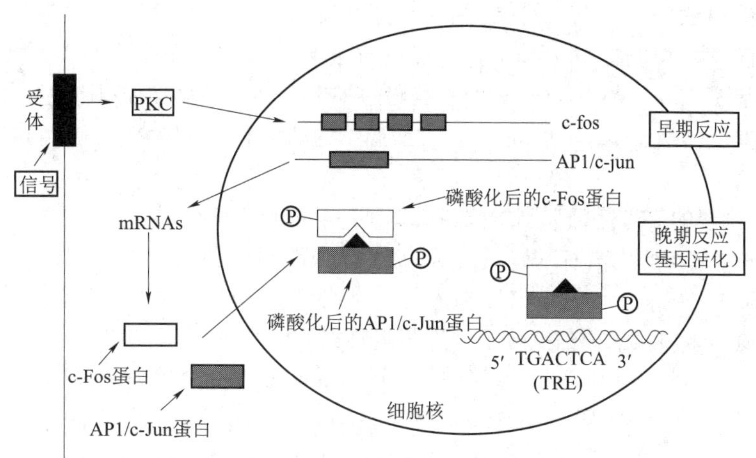

图 16-9　PKC 对基因的早期和晚期活化

是细胞内重要的调节蛋白。钙调蛋白是一条多肽链组成的蛋白。人体的钙调蛋白有 4 个 Ca^{2+} 结合位点，这些位点全部被占满后其构象发生改变，分子的大部分呈现 α 螺旋结构。当胞浆的 Ca^{2+} 浓度高到 10^{-2}mmol/L时，Ca^{2+} 与钙调蛋白结合。

Ca^{2+}-CaM 底物谱非常广，可以磷酸化许多蛋白质的丝氨酸和（或）苏氨酸残基，使之激活或失活。Ca^{2+}-CaM 激酶能激活腺苷酸环化酶又能激活环腺苷酸磷酸二酯酶，即它既加速 cAMP 的生成，又加速 cAMP 的降解，使信息迅速传至细胞内，又迅速消失。Ca^{2+}-CaM 不仅参与调节蛋白激酶 A 的激活和抑制，还能激活胰岛素受体的酪氨酸蛋白激酶活性。可见 Ca^{2+}-CaM 在细胞信息传递中起非常重要的作用。

一些代谢的关键酶，如糖原合酶、丙酮酸激酶、丙酮酸脱氢酶、丙酮酸羧化酶等都受 Ca^{2+} 和磷酸化的调节。

（三）cGMP-蛋白激酶系统

cGMP 广泛存在于动物组织中，其含量为 cAMP 的 1/10～1/100。它由 GTP 在鸟苷酸环化酶的催化下环化而成，经磷酸二酯酶催化而降解。

$$GTP \xrightarrow[Mg^{2+}]{\text{鸟苷酸环化酶}} cGMP \xrightarrow[Ca^{2+}\text{或}Mg^{2+}]{\text{磷酸二酯酶}} 5'\text{-}GMP$$

（GTP 转变为 cGMP 时释放 ppi；cGMP 降解时消耗 H_2O）

心房肽（atrial natriuretic peptide，ANP）是小分子肽，由心房细胞合成的大分子蛋白前体——心钠素（atrial natriuretic factor，ANF）衍生而来。当心脏的血流负载过大时，心房细胞分泌 ANP。当 ANP 与靶细胞膜上的鸟苷酸环化酶受体结合后，激活鸟苷酸环化酶，催化 GTP 转变为 cGMP。cGMP 能激活 cGMP 依赖性蛋白激酶 G（cGMP-dependent protein kinase，PKG），催化有关蛋白或酶类的丝氨酸/苏氨酸残基磷酸化，松弛血管平滑肌和增加尿钠，并间接地影响交感神经系统和肾素-血管紧张素-醛固酮系统，从而降低血压。PKG 的结构与 PKA 完全不同，它为单体酶，分子中有一个 cGMP 结合位点。

一氧化氮（NO）是新发现的神经递质和血液调节物。NO 通过与血红素的相互作用激活胞质内的鸟苷酸环化酶的可溶性受体，使 cGMP 增加，进而激活蛋白激酶 G，引起血管平滑肌松弛。临床上常用硝酸甘油等血管扩张剂，就是因为它们能产生 NO，经上述途径使血管扩张。由血红素氧化酶合成的内源性 CO 能与鸟苷酸环化酶的血红素 Fe^{2+} 结合，激活鸟苷酸环化酶，使细胞内 cGMP 浓度增高，达到 NO 相同的效应。

（四）酪氨酸蛋白激酶途径

酪氨酸蛋白激酶（tyrosine-protein kinase，TPK）在细胞的生长、增殖、分化等过程中起重要的调节作用，并与肿瘤的发生有密切的联系。细胞中的酪氨酸蛋白激酶包括两大类，一类是位于细胞质膜上，称为受体型酪氨酸蛋白激酶，如胰岛素受体、表皮生长因子受体及某些原癌基因（*erb*-*B*、*kit*、*fms* 等）编码的受体，它们均属于催化性受体；另一类位于胞质中，称为非受体型酪氨酸蛋白激酶，如底物酶 JAK 和某些原癌基因（*src*、*yes*、*ber*-*abl* 等）编码的 TPK，但它们常与非催化性受体偶联而发挥作用。

受体型 TPK 和非受体型 TPK 虽然都能使蛋白质底物的酪氨酸残基磷酸，但它们的信息传递途径有所不同。

1. 受体型 TPK 介导的信号途径 当配体与受体型酪氨酸蛋白激酶结合后，受体二聚体化而自身磷酸化。磷酸化的酪氨酸可被细胞内具有 SH_2 结构域的蛋白质所识别，通过细胞内其他效应蛋白的逐级传递，最终产生生物学效应。

（1）受体型酪氨酸蛋白激酶的信息分子 许多生长因子的受体都具有酪氨酸蛋白激酶活性，可被相应的生长因子激活，如成纤维细胞生长因子（fibroblast growth factor，FGF）、表皮生长因子（epidermal growth factor，EGF）、转化生长因子 α（transforming growth factor-α，TGF-α）、胰岛素样生长因子（insulin-like growth factor，IGF）及血小板衍生生长因子（platelet-derived growth factor，PDGF）等。

（2）受体型 TPK-Ras-MAPK 途径 当具有酪氨酸蛋白激酶活性的受体与配体合后，受体二聚体化，受体细胞内段的酪氨酸蛋白激酶被激活，彼此可使对方的酪氨酸残基磷酸化，称为自身磷酸化（autophosphorylation）。磷酸化的酪氨酸信号被细胞内信号分子逐级传递，最终产生效应。以表皮生长因子（epithelial growth factor，EGF）为例，其信号途径基本过程是：①表皮生长因子受体（epithelial growth factor receptor，EGFR）与其配体（EGF）结合后形成二聚体，激活受体细胞内段的酪氨酸蛋白激酶活性；②受体自身酪氨酸残基磷酸化，形成 SH_2 结合位点，从而能够结合含有 SH_2 结构域的接头蛋白 Grb2；③Grb2 的两个 SH_3 结构域与 SOS 分子中的富含脯氨酸序列结构结合，将 SOS 活化；④活化的 SOS 结合 Ras 蛋白，促进 Ras 释放 GDP、结合 GTP；⑤活化的 Ras 蛋白（Ras-GTP）可激活 MAPKKK，活化的 MAPKKK 可磷酸化 MAPKK 而将其激活，活化的 MAPKK 将 MAPK 磷酸化而激活；⑥活化的 MAPK 可以转位至细胞核内，通过磷酸化作用激活多种效应蛋白，最终使细胞对外来信号产生生物学应答（图 16-10）。

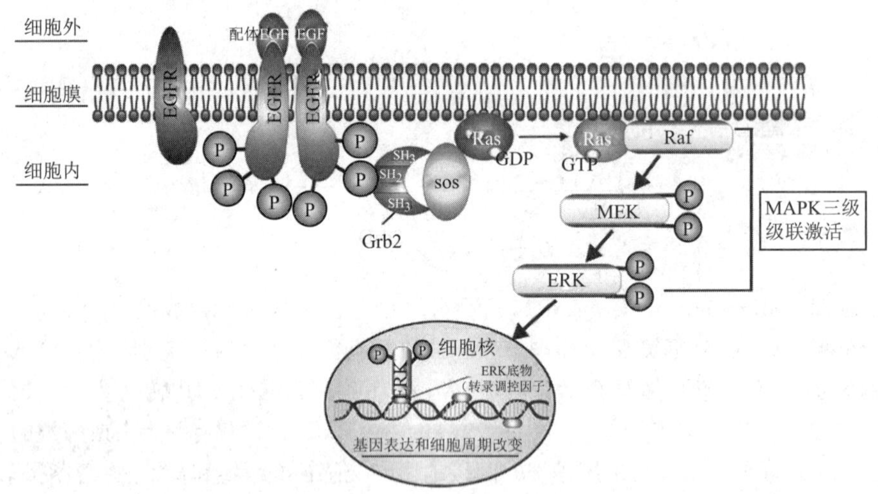

图 16-10 EGFR 介导的信号转导通路

Ras 蛋白是一条多肽链组成的单体蛋白，由原癌基因 *ras* 编码。Ras 蛋白的分子量为 21×10^3D，又称 P21 蛋白。因其分子量小于 7 次跨膜螺旋受体偶联的 G 蛋白，故又称小 G 蛋白。Ras 蛋白是膜结合型蛋白质，性质类似于 G 蛋白中的 Gα 亚基，与 GTP 结合时有活性，与 GDP 结合时无活性。活化的 Ras 蛋白可进一步活化 Raf 蛋白。Raf 蛋白具有丝氨酸/苏氨酸蛋白激酶活性，它可激活丝裂原活化的蛋白激酶（mitogen-activated protein kinase，MAPK）系统。

MAPK 系统包括 MAPK、MAPK 激酶（MAPKK）、MAPKK 激酶（MAPKKK）。它们是一组酶兼底物的蛋白分子。其中 MAPK 具有广泛的催化活性，它既能催化丝氨酸/苏氨酸残基磷酸化又能催化酪氨酸残基磷酸化。MAPK激酶除调节花生四烯酸的代谢和细胞微管形成之外，更重要的是可催化细胞核内许多反式作用因子的丝氨酸/苏氨酸残基磷酸化，导致基因转录或关闭。MAPK至少有12种，分属于ERK家族、p38家族、JNK家族。在不同的细胞中，MAPK通路成员的组成及诱导的细胞应答有所不同。

磷酸化的酪氨酸信号还可以被磷脂酶Cγ、磷脂酰肌醇-3-激酶（PI-3K）等分子识别，引发细胞内复杂的信号网络，使不同信号途径交织在一起。

2. 非受体型TPK介导的信号途径　这类受体本身没有酪氨酸蛋白激酶活性，但与配体结合后可吸附胞浆游离的酪氨酸蛋白激酶至其胞内段，使受体自身和细胞内特定的底物磷酸化而传递信号。

（1）非受体型TPK的信息分子　这类受体的配体常为一些细胞因子，如生长激素（growth hormone，GH）、干扰素（interferon，INF）、促红细胞生成素（erythropoietin，EPO）、白细胞介素（interleukin，IL）、淋巴因子（lymphokine）、单核因子（monokines）等。

（2）非受体型TPK-JAK-STAT信号转导途径　配体与非催化型受体结合后，活化具有酪氨酸激酶结构的JAK（janus kinase）完成信息转导。JAK为胞浆内非受体型蛋白酪氨酸激酶，与细胞因子受体结合存在。不同配体活化各自的JAK，活化的JAK磷酸化信号转导子和转录激动子（signal transducer activator of transcription，STAT），STAT既是信号转导分子，又是转录因子。磷酸化的STAT分子形成二聚体，迁移入胞核，调控基因的表达，改变靶细胞的增殖与分化。

细胞内有数种JAK和数种STAT的亚型存在，不同的受体可与不同的JAK和STAT组成信号通路，分别转导不同细胞因子的信号。例如，干扰素γ（INF-γ）是通过JAK1/JAK2-STAT1通路传递信号：①INF-γ结合受体并诱导受体聚合和激活；②受体将JAK1/JAK2激活，JAK1和JAK2为相邻蛋白，从而相互磷酸化，并将受体磷酸化；③JAK将STAT1磷酸化，使其产生SH_2结合位点，磷酸化的STAT分子彼此间通过SH_2结合位点和SH_2结构域结合成二聚化，并从受体复合物中解离；④磷酸化的STAT同源二聚体转移到核内，调控基因的转录（图16-11）。

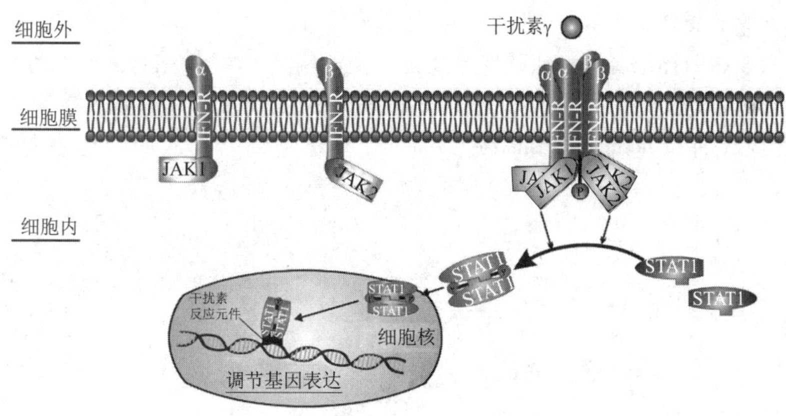

图16-11　JAK-STAT信号转导通路

（五）核因子κB途径

核因子κB（nuclear factor-κB，NF-κB）途径主要涉及机体防御反应、组织损伤和应激、细胞分化和凋亡以及肿瘤生长等过程。该系统的发现源于研究免疫球蛋白κ链，后来证明NF-κB是一种几乎存在于所有细胞的转录因子。肿瘤坏死因子受体、白介素-1受体等重要的促炎细胞因子受体家族所介导的主要信号转导通路之一是NF-κB通路（图16-12）。

NF-κB是由p50和p65两个亚单位以不同形式组合形成的同源或异源二聚体，在体内发挥生理功能的主要是p50-p65二聚体。NF-κB的结构包括DNA结合区、蛋白质二聚化区和核定位信号。静止状态下，NF-κB在细胞质内与NF-κB抑制蛋白（inhibitor of NF-κB，IκB）结合成无活性的复合物。受体激活后，可将IκB激酶（IKK）激活，IKK使IκB磷酸化，导致IκB与NF-κB解离，NF-κB得以活化。活化的NF-κB转位进入细胞核，作用于相应的增强子元件，影响多种细胞因子、黏附因子、免疫受体、急性时相蛋白和应激蛋白基因的转录。

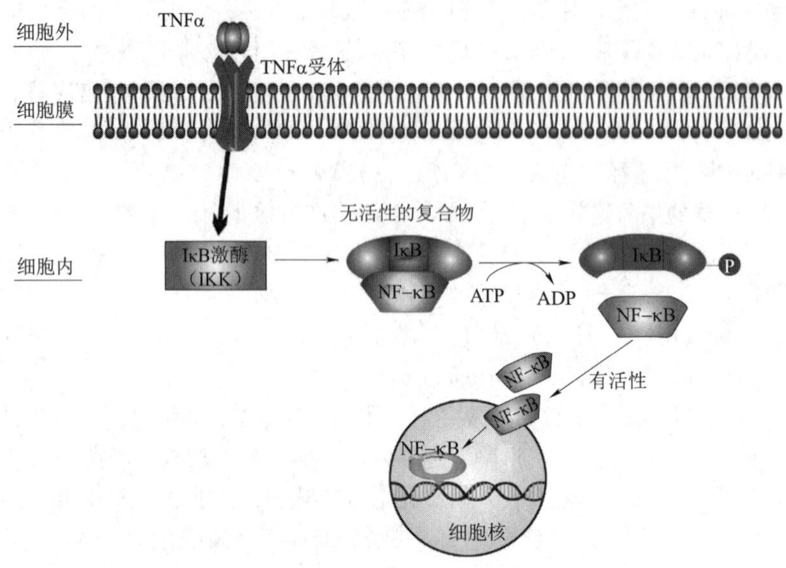

图 16-12　NF-κB 信号转导通路

二、胞内受体介导的信号转导

通过胞内受体进行信号转导的信号分子通常具有脂溶性，包括糖皮质激素、盐皮质激素、雄激素、雌激素、孕激素、甲状腺激素（T_3、T_4）、1,25-二羟维生素 D_3等，上述激素除甲状腺激素外均为类固醇化合物。胞内受体又可分为胞质内受体和核内受体，如糖皮质激素的受体属于胞质内受体，盐皮质激素、甲状腺激素和性激素等的受体属于核内受体。

类固醇激素与其核内受体结合后，使其构象发生改变，暴露出 DNA 结合区。在胞质中形成的类固醇激素-受体复合物以二聚体形式穿过核孔进入核内。在核内，激素-受体复合物作为反式作用因子与 DNA 特异基因的激素反应元件（hormone response element，HRE）结合，从而促进或抑制特异基因的转录（图 16-13）。

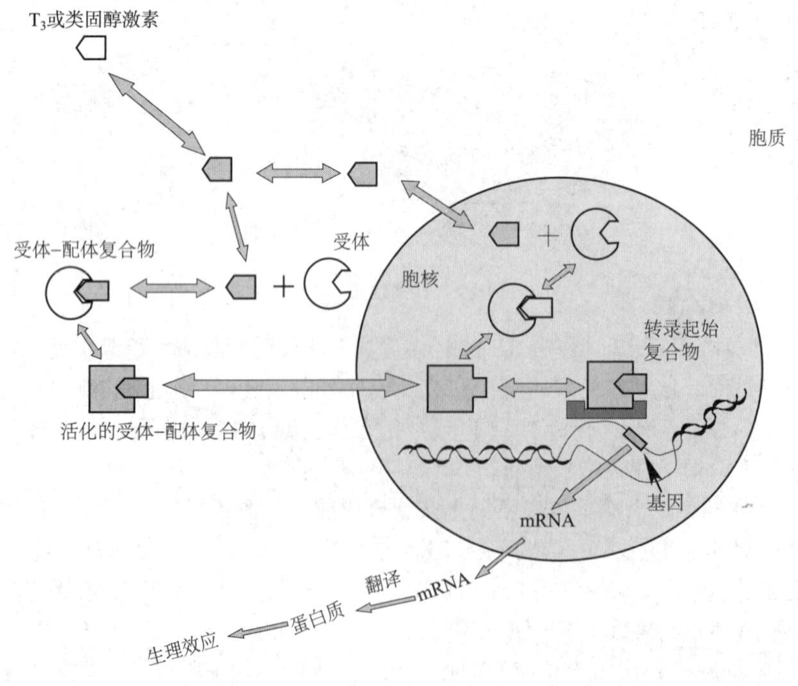

图 16-13　类固醇激素与甲状腺素通过胞内受体调节生理过程

甲状腺激素进入靶细胞后，与细胞内的核受体结合，甲状腺激素-受体复合物可与DNA上的甲状腺激素反应元件（TRE）结合，调节基因的表达。此外，在肝、肾、心及肌肉的线粒体内膜上也存在甲状腺激素受体，结合后能促进线粒体某些基因的表达，可能与甲状腺激素能加速氧化磷酸化有关。

以上着重介绍了PKA、PKC和TPK，强调了蛋白质的磷酸化作用，但必须掌握以下两个基本概念：①蛋白质并非磷酸化就一定被激活，而去磷酸化则被灭活。众所周知，磷酸化的糖原合酶是无活性的，而去磷酸化的糖原合酶则是有活性的。②与蛋白激酶相对应，细胞中也存在专一的蛋白磷酸酶（protein phosphate），特异地催化丝氨酸磷蛋白、苏氨酸磷蛋白和酪氨酸磷蛋白脱磷酸化。蛋白质磷酸化和脱磷酸化均参与细胞内信号转导。细胞内存在磷酸化和脱磷酸化两种蛋白质构象的互变，说明细胞内既有激活机制，又有抑制机制，是细胞内调节生理效应的最快、最有效的方式。现已发现有数百种蛋白激酶和1000多种磷酸酶，行使调节细胞代谢、生长、增殖、分裂和分化甚至癌变的功能。

PPT

第四节　细胞信号转导与医药学

细胞信号转导机制的阐明为医药学的发展带来了新的机遇和挑战。信号转导机制研究在医药学发展中的意义主要体现在两个方面：一是对疾病发病机制的深入认识；二是为新的诊疗技术和药物研发提供靶点。细胞信号转导过程涉及许多信号转导分子，这些信号转导分子的数量或结构的异常均可导致疾病的发生，而临床上也常常通过使用药物对这些信号转导分子的活性进行调节来治疗疾病。目前，人们对信号转导异常与疾病关系的认识还相对有限，该领域的不断深入研究将为发现新的诊疗技术及药物作用靶点提供更多的依据。

一、信息分子的改变与疾病

细胞信号转导异常在疾病中的作用表现具有多样性，既可以作为疾病的直接原因，引起特定疾病的发生；也可以参与疾病的某个环节，导致特异性症状或体征的产生。疾病时细胞转导异常的原因和机制虽然很复杂，但基本上可从两个层次来认识，即受体异常和细胞内信号分子的异常。

（一）受体异常与疾病

家族性高胆固醇血症是一种典型的受体异常性疾病。LDL富含胆固醇，它的主要作用是运输内源性胆固醇。由于患者LDL受体的遗传性缺陷（常染色体显性遗传），导致纯合子细胞膜LDL受体完全缺乏，杂合子受体数目减少一半，因此血浆中的LDL不能与肝细胞膜的受体结合，导致肝对血浆中的胆固醇运输及清除能力下降，使血浆胆固醇含量升高，从而发生高胆固醇血症，引起动脉粥样硬化，患者在20岁前发生典型的冠心病症状。另外，胶质纤维肉瘤的恶性程度随血小板衍生生长因子（PDGF）及其受体水平的升高而增强。2型糖尿病的病因之一是胰岛素受体数目的减少或功能障碍，导致对胰岛素的敏感性下降所致。

（二）细胞内信号分子的异常与疾病

1. 细胞内信号分子异常激活　细胞内信号分子的结构发生改变，可导致其激活并维持在活性状态。如霍乱毒素的A亚基进入小肠上皮细胞后，可直接结合G蛋白的α亚基，使其发生ADP-核糖化修饰，抑制其GTP酶活性，使G蛋白处于持续激活状态，持续激活PKA。PKA通过将小肠上皮细胞膜上的蛋白质磷酸化而改变细胞膜的通透性。Na^+通道和Cl^-通道持续开放，造成水与电解质的大量丢失，引起腹泻和水、电解质紊乱等症状。

MAPK通路是调控细胞增殖的重要信号转导通路，其中小分子G蛋白Ras也可因基因突变而导致其异常激活。Ras的12位或13位甘氨酸、61位谷氨酰胺被其他氨基酸取代时，均可导致Ras的GTP酶活性降低，使其处于持续活化状态，因而使MAPK通路持续激活，这是肿瘤细胞持续增殖的重要机制之一。

2. 细胞内信号分子异常失活　细胞内信号转导分子表达降低或结构改变，可导致其失活。如胰岛素受体介导的信号转导通路中包括PI-3K通路，基因突变可导致磷脂酰肌醇-3-激酶的p85亚基表达下调或结构改变，使磷脂酰肌醇-3-激酶不能正常激活或不能达到正常表达水平，因而不能正常传递胰岛素信号。

在遗传性假性甲状旁腺低下疾病中，甲状旁腺信号通路中G蛋白的α亚基基因的起始密码子ATG突变为GTG，产生N端缺失59个氨基酸残基的异常α亚基，从而使G蛋白不能向下游传递信号。

慢性长期儿茶酚胺刺激可导致β肾上腺能受体（β adrenoceptor，β-AR）表达下降，并使心肌细胞失去对肾上腺素的反应性，细胞内cAMP水平降低，从而导致心肌收缩功能不足。

二、信息分子与药物作用靶点

细胞信号转导机制的研究，尤其是对于各种疾病过程中的信号转导异常的深入认识，为开发新的疾病诊疗手段和发现药物作用靶点提供了更多的机会。在研究各种病理过程中发现的信号转导分子结构与功能的改变为新药研究提供了靶点，由此产生了信号转导药物这一概念。通过一些化学物或反义核苷酸等，针对信息转导途径中的异常环节来阻断不正常的信号转导，达到治疗疾病的目的。

信号转导分子的激动剂和抑制剂是信号转导药物研究的出发点，尤其是各种蛋白激酶的抑制剂更是被广泛用作母体药物进行抗肿瘤新药的研发。如蛋白激酶C（PKC）参与调节多种细胞功能，而且能被佛波酯和其他促癌剂激活，也可被某些抗肿瘤物抑制，所以PKC的特异性抑制剂（如calphostin C），不仅可作为研究其生物效应的工具，而且也是潜在的肿瘤化疗药物。酪氨酸蛋白激酶（TPK）是大多数生长因子的受体，可促进细胞增殖。该激酶抑制剂如木黄酮（genistein）对细胞的生长、分化有抑制作用。这促使人们去寻找更为特异的TPK抑制剂作为抗肿瘤药物使用。

许多药物可通过阻断受体的作用来治疗疾病，包括乙酰胆碱、肾上腺素、组胺H_2受体的阻断药等。还有些药物则是通过影响胞内第二信使的浓度来治疗疾病，如氨茶碱、咖啡碱等能抑制胞内cAMP-磷酸二酯酶的活性，提高cAMP的含量，引起平滑肌松弛来发挥平喘作用。

信号转导药物能否用于疾病的治疗且副作用较小，主要取决于两点：一是它所干扰的信号转导通路是否在体内广泛存在，如果该通路广泛存在于各种细胞内，其副作用很难控制；二是药物自身的选择性，对特定信号转导分子的选择性越高，副作用就越小。基于以上两点，人们一方面正在努力筛选和改造已有的化合物，以期发现具有更高选择性的信号转导分子的激动剂和抑制剂，同时也在努力了解信号转导分子在不同细胞的分布情况。这些努力将为开发出更多更好的信号转导药物奠定基础。

细胞信号转导是多细胞生物对信息分子应答引起相应生物学效应的重要生理生化过程。由一个细胞分泌的能够调节靶细胞生命活动的信号物质称为细胞间信息分子，在细胞内传递生物信息的信号转导物质则称为细胞内信息物质。受体在信号转导过程中起识别并结合配体、转导信息引起相应的生物学效应等重要作用，可分为膜受体和胞内受体两大类。受体与配体都是非共价键结合，其结合特点主要有：高亲和力、高特异性、可饱和性、可逆性及特定的作用模式。

细胞信号转导途径分为膜受体介导的信号转导和细胞内受体介导的信号转导两大类。经膜受体介导的五条信息转导途径是：①cAMP-蛋白激酶A途径；②Ca^{2+}-依赖性蛋白激酶途径，该途径又分为两条：第一条是Ca^{2+}-磷脂依赖性蛋白激酶途径，第二条是Ca^{2+}-钙调蛋白依赖性蛋白激酶途径；③cGMP-蛋白激酶途径；④酪氨酸蛋白激酶途径；⑤核因子κB途径。胞内受体介导的信息转导主要是类固醇激素等的作用途径，胞内受体包括胞质受体和核受体。这条途径通过特定基因的激素应答元件（HRE）调节基因表达，进而导致生物学效应。

细胞信号转导与医药学的联系非常紧密。受体或细胞内信号转导分子的数量或结构改变，可导致信号转导通路的异常激活或失活，从而使细胞产生异常功能或失去正常功能，导致疾病的发生或影响疾病的进程。

练 习 题

题 库

一、单项选择题

1. 下列物质不是第二信使的是（　　）
   A. cAMP　B. cGMP　C. IP_3　D. DAG　E. cTMP
2. 活化的 G 蛋白结合的核苷酸是（　　）
   A. ATP　B. CTP　C. UTP　D. GTP　E. TTP
3. 表皮生长因子的受体属于（　　）
   A. 离子通道型受体　B. G 蛋白偶联受体
   C. 酪氨酸蛋白激酶受体　D. 鸟苷酸环化酶受体
   E. 细胞内受体
4. ANP 的受体属于（　　）
   A. 离子通道型受体　B. G 蛋白偶联受体
   C. 酪氨酸蛋白激酶受体　D. 鸟苷酸环化酶受体
   E. 细胞内受体
5. 通过核内受体发挥作用的激素是（　　）
   A. 乙酰胆碱　B. 肾上腺素　C. 甲状腺激素　D. NO　E. 表皮生长因子
6. 甲状旁腺激素细胞内激活蛋白激酶 A 的是（　　）
   A. cAMP　B. cGMP　C. IP_3　D. DAG　E. cTMP
7. 关于 Ca^{2+}-依赖性蛋白激酶途径描述正确的是（　　）
   A. 单次跨膜受体与配体结合后活化该途径
   B. DAG 进入胞浆促进 Ca^{2+} 释放
   C. IP_3 扩散入胞浆储钙器官，使胞浆 Ca^{2+} 升高
   D. 一分子钙调蛋白可结合六分子 Ca^{2+}
   E. 单独的 Ca^{2+} 即可激活 PKC
8. 人体内，一分子钙调蛋白 Ca^{2+} 结合位点有（　　）
   A. 1 个　B. 2 个　C. 3 个　D. 4 个　E. 5 个
9. NO 的胞内信号传导途径是（　　）
   A. cAMP-PKA 途径　B. NF-κB 途径　C. TPK 途径　D. TGF β 途径　E. cGMP/PKG 途径
10. 识别磷酸化酪氨酸残基的蛋白质结构域是（　　）
    A. SH_2　B. SH_3　C. PH　D. 亮氨酸拉链　E. 锌指结构
11. 一分子 PKA 可被（　　）个 cAMP 激活
    A. 1 个　B. 2 个　C. 3 个　D. 4 个　E. 5 个
12. γ 干扰素的细胞内信号途径是（　　）
    A. Ras-MAPK 途径　B. Ca^{2+}-磷脂依赖性蛋白激酶途径
    C. JAK-STAT 信号转导途径　D. NF-κB 途径
    E. cGMP/PKG 途径
13. 下列有关 Ras 蛋白的叙述，错误的是（　　）
    A. 由 3 条多肽链组成的单体蛋白
    B. Ras 蛋白既可与 GTP 结合，也可与 GDP 结合

C. Ras 蛋白具有 GTP 酶活性

D. Ras-GTP 可进一步活化 Raf 蛋白

E. 又称小 G 蛋白

14. PKC 由（　　）条肽链组成

A. 1 条　　B. 2 条　　C. 3 条　　D. 4 条　　E. 5 条

15. 类固醇激素受体复合物发挥作用需要通过（　　）

A. cAMP　　B. HRE　　C. G 蛋白　　D. HSP　　E. IP_3

二、思考题

1. 何谓受体？简述受体的类型和特点。
2. 简述 GPCRs 介导的信号通路中 G 蛋白循环的过程及意义。
3. 简述各条信号途径的主要特点。
4. 简述细胞信号转导与医药学领域的关系。

（蒋小英）

第十七章

药物的体内转运与代谢

学习导引

1. **掌握** 药物代谢的概念、酶系、类型及过程。
2. **熟悉** 药物的吸收、分布、排泄及其影响因素，药物代谢的影响因素。
3. **了解** 药物代谢的意义。

药物在体内的吸收、分布、代谢和排泄过程，称为药物的体内过程。

药物从给药部位进入体循环的过程称为吸收（absorption），从体循环转运至各组织器官的过程称为分布（distribution）。药物在吸收过程中或进入体循环后，结构发生转变的过程称为代谢（metabolism）或生物转化（biotransformation）。药物及其代谢物排出体外的过程称为排泄（excretion）。代谢和排泄过程又称为消除（elimination）。分布、代谢和排泄过程统称为处置（disposition）。

课堂互动

药物在体内是如何代谢的?

PPT

第一节 药物的体内转运

药物在体内的吸收、分布和排泄过程，称为药物的体内转运（transport）。转运过程中药物没有发生结构的变化，但药物的吸收过程会影响药物进入体循环的速度和浓度，而分布过程则会影响药物到达疾病相关组织器官的能力，代谢和排泄过程与药物在体内存留的时间有关。药物在体内的转运直接影响药物在血液中和靶部位的浓度，从而影响药物疗效的发挥。

一、药物的吸收

药物需要从给药部位经过吸收过程进入体循环，然后才能经血液循环运送到各个组织器官。血管内注射给药不需要吸收过程而直接进入体循环。血管外给药时，口服、注射、皮肤、黏膜等不同的给药方式有不同的吸收过程。

（一）口服药物的吸收

口服药物的吸收过程包括胃、小肠、大肠内的吸收。药物经胃肠道上皮细胞进入血液，通过体循环分布至各组织器官发生疗效。口服给药是最常用、安全、方便和经济的给药方式。口服药物多数通过被动扩散吸收，也有部分药物通过载体转运吸收。

胃液中含有胃蛋白酶等酶类和0.4%~0.5%的盐酸，可使口服药物在胃内崩解、分散和溶解。但是胃黏膜表面缺乏微绒毛，吸收面积小，血流速度慢，药物停留时间短，仅适合部分弱酸性药物的吸收，不是药物的主要吸收部位。

小肠黏膜表面分布着环状皱褶和大量指状突起的绒毛。绒毛内有丰富的血管、毛细血管和乳糜淋巴管，表面有丰富的微绒毛。小肠吸收面积很大，血流速度快，药物停留时间长，是药物的主要吸收部位。

大肠黏膜上有皱纹但没有绒毛，吸收面积较小。在胃和小肠内没有被完全吸收的药物，能够在大肠内被吸收。

（二）非口服药物的吸收

1. 注射给药

（1）静脉注射和动脉注射　将药物注射进入静脉或动脉血管，没有经消化道的吸收过程，药物直接进入体循环，起效迅速。

（2）肌内注射、皮下注射和皮内注射　将药物注射到骨骼肌或皮肤中，经毛细血管吸收进入血液循环。

（3）鞘内注射　将药物注射到椎管内，可以克服血-脑屏障进入脑内，主要用于颅内等感染的治疗。

2. 皮肤给药　皮肤外用药物可用于治疗局部皮肤病，也可以经皮肤吸收后进入体循环发挥全身作用。药物需要经过角质层、活性表皮、真皮、皮下组织，才能被毛细血管吸收并进入体循环，其中角质层是药物经皮吸收的主要屏障。

3. 黏膜给药

（1）口腔给药　药物经口腔黏膜吸收后进入循环系统的给药方式，起效迅速。

（2）鼻腔给药　药物经鼻黏膜吸收后进入循环系统的给药方式。鼻黏膜渗透性好，血管丰富，药物吸收速度快。

（3）肺部给药　药物经口腔吸入，经咽喉进入呼吸道并在肺部被吸收的给药方式。肺部毛细血管丰富、细胞膜渗透性好、吸收面积大、代谢酶活性较低，利于药物吸收。

（4）直肠给药　药物经直肠黏膜吸收，剂型以栓剂为主。直肠黏膜吸收面积较小、吸收速度较慢，但直肠给药作用时间长。

（5）阴道给药　药物经阴道黏膜吸收。阴道吸收面积大、血管丰富，利于药物吸收。

案例解析

【案例】患者，男，60岁，诊断为心肌梗死。医嘱其随身携带硝酸甘油片备用。某日患者突然心前区疼痛难忍，舌下含服硝酸甘油片，几分钟后症状缓解。

【解析】舌下含服属于口腔黏膜给药方式，药物经口腔黏膜吸收后直接进入体循环，避免了胃肠道及肝脏内代谢酶的降解。口腔内舌下黏膜的渗透性很好，有助于药物的快速吸收起效。

（三）影响药物吸收的因素

1. 生理因素　影响药物吸收的生理因素主要包括：①消化系统：经消化道吸收的药物受到胃肠液的成分和性质、肠内环境、食物、胃肠道代谢等因素的作用而影响药物的吸收。②肝首过效应：药物进入体循环前的降解或失活称为首过效应（first pass effect）。如在胃肠道吸收的药物经肝门静脉进入肝脏，在酶作用下可降解失活，若吸收过程不经肝脏的药物则不受影响。③用药部位黏膜（皮肤）的渗透性：药物经黏膜或皮肤吸收时，用药部位处黏膜或皮肤的渗透性越好，药物的吸收速度越快。例如口腔内舌下部位的黏膜渗透性最佳，因此舌下含服的药物吸收速度非常快。④血流速度：吸收部位的血流速度越快，药物的吸收速度越快；⑤疾病因素：疾病引起的胃肠道 pH 变化，以及胃排空和肠内环境的变化都会影响口服药物的吸收。如肝硬化患者的肝细胞活性降低，减少了肝首过效应对药物吸收的影响。

2. 药物的理化性质　药物的脂溶性、解离度、溶解度、分子量大小和药物颗粒大小等理化性质，对药物的体内吸收影响较大。

3. 剂型因素　药物的吸收速度与制剂的处方、剂型、工艺以及吸收促进剂等因素有关。

4. 药物相互作用　同时服用多种药物时，一种药物可能会影响其他药物的吸收，比如：①改变胃肠道的 pH 值，从而影响其他药物的离子化程度；②影响其他药物的溶解度；③影响胃肠蠕动或胃排空；④多种药物形成复合物；⑤影响药物转运体的功能。

知识拓展

肠蠕动对药物吸收的影响

肠腔与小肠上皮细胞交界处的不搅动水层，是药物吸收的重要屏障。肠的适当蠕动可以降低不搅动水层的厚度，促进固体药物制剂的崩解和溶解，有利于药物的吸收。肠的过度蠕动则不利于药物的吸收。药物、食物、疾病等因素都会影响肠蠕动，从而影响药物的吸收。

二、药物的分布

药物从给药部位吸收进入体循环后，经血液运送至各组织器官中才能发挥治疗效果。如果药物能选择性分布于靶组织器官，尽量少向其他组织器官分布，就能够更好地发挥疗效并降低副作用。

影响药物分布的因素主要包括以下几个方面。

1. 血液循环与血管通透性　①血液循环：血流量大的组织器官，药物转运速度较快；②血管通透性：毛细血管的通透性受到组织生理、病理状态的影响，也会影响药物转运速度。

2. 生理性屏障　主要包括血-脑屏障、胎盘屏障、血-睾屏障等。生理性屏障有助于保持机体内环境的稳定，但是会造成某些药物无法透过屏障到达靶组织器官，从而造成药物治疗失败。

3. 药物与血浆蛋白结合率　很多药物在血液中可与血浆蛋白可逆结合成为结合型药物，从而影响到药物的分布。

（1）结合型药物与体内分布　结合型药物难以穿透细胞膜扩散进入组织，非结合的游离型药物则易于穿透细胞膜而被转运，迅速到达靶组织中发挥疗效。当游离型药物由于转运和代谢而浓度降低时，一部分结合型药物会转变为游离型药物。

（2）结合型药物与药效　药物与血浆蛋白的结合会影响游离型药物浓度，导致药物的分布、代谢、排泄等过程发生变化，从而影响药效的强度和持续时间。

药物与蛋白的结合与动物种属、性别、生理和病理状态等因素有关。

4. 药物理化性质　药物的脂溶性、解离度、分子量大小、异构体等因素会影响到药物在体内的分布。

5. 药物与组织亲和力　除了与血液中的血浆蛋白结合外，药物还可以与组织内的蛋白、脂肪、DNA 等高分子物质发生可逆结合，从而影响药物在血液和组织中的分布。例如服用大量对乙酰氨基酚以后，由于其活性代谢物与肝脏蛋白的结合，从而在肝脏蓄积而出现肝毒性症状。

6. 药物相互作用　理化性质相似的药物、代谢物间会竞争性结合血浆蛋白和组织蛋白，从而相互影响药物与血浆蛋白、组织蛋白的结合率，进而影响药物的分布。

三、药物的排泄

体内的药物及其代谢物需要经过排泄过程才能排出体外。排泄途径主要有肾排泄和胆汁排泄，以及肠、肺、唾液腺、汗腺和乳腺等方式。如果药物排泄速度过快，体内药物量减少，会造成药效降低。如果药物排泄速度过慢，造成药物及其代谢物在体内积累，可能引起不良反应。

（一）药物从肾排泄

肾排泄是最主要的药物排泄途径。药物及代谢物经肾小球滤过到达肾小管后，其中部分药物可以被肾小管重吸收。有些药物则由肾小管主动分泌。

1. 肾小球滤过 肾小球毛细血管壁上分布着直径为6～10nm的微孔，绝大部分游离型药物和代谢都可经肾小球滤过至原尿，血浆蛋白结合的药物则不能通过。

2. 肾小管重吸收 经肾小球滤过的药物及代谢物，部分或者全部在肾小管重吸收。肾小管重吸收有两种方式，主动重吸收和被动重吸收。经过肾小球滤过的水分绝大部分被肾小管重吸收，造成药物在原尿中浓度升高，产生尿液与血浆中药物的浓度梯度，有利于药物的被动重吸收。

3. 肾小管主动分泌 肾小管的分泌过程是将药物转运至尿中的主动转运过程。肾小管分泌的药物主要是有机酸和有机碱，分别通过阴离子分泌机制和阳离子分泌机制进行。

（二）药物从胆汁排泄

胆汁排泄是肾排泄之外最主要的排泄途径。进入肝脏的药物，被肝细胞摄取后，通过胆管膜转运至胆汁中，再排入肠道。

1. 胆汁排泄 药物的过程胆汁由肝细胞分泌后，汇入胆囊浓缩储存，再通过胆总管排入十二指肠。药物的胆汁排泄是跨膜转运过程，分为被动扩散和主动转运。

（1）被动扩散 小分子药物可以通过细胞膜上的小孔扩散，部分油/水分配系数大、脂溶性高的药物可以通过细胞膜的类脂质扩散。

（2）主动转运 很多药物或代谢物在胆汁中的浓度显著高于血液，需要通过主动转运的方式排泄至胆汁。已知肝细胞中存在着分别针对有机酸、有机碱、中性化合物（强心苷、甾体类激素等）、胆酸及胆汁酸盐、重金属等物质的多个转运系统。

2. 药物的肠肝循环 有些药物经小肠吸收，在肝脏与葡萄糖醛酸结合形成代谢产物，经胆汁排泄至肠道后，又被肠道菌群水解成为脂溶性较大的原型药物，因而在小肠被重吸收，再次返回肝脏，该过程称为药物的肠-肝循环（见第十五章）。经过肠-肝循环的药物从胆汁排泄的速度较慢，在体内存留时间延长。

（三）药物的其他排泄途径

1. 乳汁排泄 药物可通过乳腺进行排泄。虽然多数药物进入乳汁的数量较少，但是婴儿肝肾功能尚未发育完全，仍有造成毒副作用的风险，这也是哺乳期妇女谨慎用药的原因。

2. 唾液排泄 唾液中药物浓度一般低于血液，主要通过被动扩散方式转运。

3. 肺排泄 某些分子量较小、沸点较低的挥发性药物可随肺呼气排出。机动车驾驶员呼出气体中的酒精浓度检测就是利用了这一排泄途径。

4. 汗腺和毛发排泄 某些药物及其代谢物可以通过汗腺和毛发排泄，因此刑侦破案时可通过测定毛发中的药物残留还原案情。

（四）影响药物排泄的因素

1. 生理因素 由于个体差异较大，药物在体内的排泄速度与自身的血流量、胆汁流量、年龄、种族、性别等因素有关。

2. 药物及剂型因素 ①药物的理化性质：药物的分子量、水溶性、脂溶性、解离状态等与药物的体内排泄密切相关；②药物与血浆蛋白结合率：药物与血浆蛋白的结合会影响药物的被动扩散，结合后的药物不能经肾小球滤过排泄，而药物的主动转运则不受影响；③药物代谢过程：药物经代谢后极性和水溶性增加，有利于药物的肾排泄和胆汁排泄；④药物剂型：药物的不同剂型、给药途径、辅料等因素会影响到药物的排泄。

3. 疾病因素 ①肾脏疾病：造成肾小球滤过和肾小管主动分泌能力降低，影响药物的肾排泄；②肝脏疾病：造成肝的药物代谢酶活性降低和胆汁排泄能力降低，使药物排泄速度减慢。

4. 药物的相互影响　①影响血浆蛋白结合：药物间竞争与血浆蛋白的结合，引起药物与血浆蛋白的结合率降低，血液中游离药物浓度增加，使药物排泄速度加快。②影响肾排泄：有些药物会影响肾小球的血流速度或尿液 pH，以及药物间竞争肾小管主动分泌或重吸收位点，从而降低药物从肾排泄的速度；③影响胆汁排泄：有些药物会影响胆汁流量、药物转运体的表达量或肠道菌群的酶活性，以及药物间竞争与肝细胞载体蛋白的结合，降低药物从胆汁排泄的速度。

第二节　药物的体内代谢

PPT

微课

体内的药物在体液环境和酶的作用下，经过代谢转变成为化学结构和理化性质不同于原型药物的代谢产物。这一过程主要在肝内进行，也可发生在肠黏膜、肾、肺等其他器官。但药物在进入体循环以前可能由于代谢而降解或失活，最典型的就是口服药物吸收过程中在消化道和肝的首过效应。多数药物经过代谢后的产物极性增大，有利于药物的排泄。也有些药物代谢后极性降低，不利于药物排泄。

药物的代谢与其药理作用关系密切，体现在以下几个方面：①代谢使药物失活：药物代谢后失去活性基团使药物失活；②代谢使药物活性降低：药物代谢产物的药理活性低于原型药物；③代谢使药物活性增强：某些药物的代谢产物活性比原型药物更强；④代谢使药物活化：某些药物本身没有活性，代谢后的产物具有药理活性；⑤代谢产生毒性代谢产物：某些药物本身没有毒性或毒性较低，代谢后的产物具有毒性或毒性增强。

一、药物代谢的酶系

大部分药物在体内经过酶的催化作用发生结构和理化性质的变化。这一过程主要发生在肝脏或其他组织器官的内质网。滑面内质网含有丰富的药物代谢酶，体外匀浆时内质网破裂形成的碎片称为微粒体，这些包含在其内的酶就被称为微粒体酶。微粒体酶主要存在于肝脏、肺、肾、小肠等部位，其中肝脏微粒体酶活性最强。

（一）氧化酶

1. 细胞色素 P450 酶系　细胞色素 P450（cytochrome P450，CYP）是编码 500 多种酶的基因超家族。因为还原态 CYP 与一氧化碳结合后在 450nm 波长处有特征性吸收峰而得名。CYP 的命名是根据其氨基酸序列的同源性：同一家族（序列同源性大于 40%）的 CYP 用一个阿拉伯数字表示，比如 CYP2、CYP3；同一亚家族（序列同源性大于 50%）的 CYP 在家族编号后再加一个大写字母，如 CYP3A；每一亚家族的单个成员在以上编号后再加一个数字，如 CYP3A4。

由细胞色素 P450 催化的药物氧化反应原理是：①作为底物的药物与氧化型细胞色素（CYP-Fe^{3+}）结合，形成 CYP-Fe^{3+}-药物复合物；②复合物接受 NADPH 经黄素蛋白传递提供的电子，形成还原型细胞色素 CYP-Fe^{2+}-药物复合物；③再与一分子氧结合形成 CYP-Fe^{2+}-药物-O_2复合物，并将电子传递给氧形成具有活性氧的 CYP-Fe^{3+}-药物-O_2^-复合物；④复合物接受 NADH 经细胞色素 b_5传递提供的电子，形成氧离子 O^{2-}和氧化型细胞色素 CYP-Fe^{3+}-药物-O 复合物；⑤氧离子和两个质子生成水，复合物释放出氧化型细胞色素 CYP-Fe^{3+}和氧化型药物。初始参与反应的 CYP-Fe^{3+}在最后一步又被重新生成而没有被消耗，药物则在该过程中被氧化（图 17-1）。

人体肝脏内有丰富的 CYP 酶，肾、肺、胃肠道等组织中也有 CYP 酶分布。分布于内质网的 CYP 主要负责药物的代谢，分布在线粒体的 CYP 则主要负责激素等内源性物质的代谢。参与药物代谢的主要 CYP 包括 CYP3A4、CPY2D6、CYP2C9、CYP2C19、CYP2E1 等，同一个 CYP 酶可以负责多种药物的代谢。如果同时服用的药物经同一个 CYP 代谢，就会产生药物代谢的竞争性抑制，造成药物代谢速度降低。

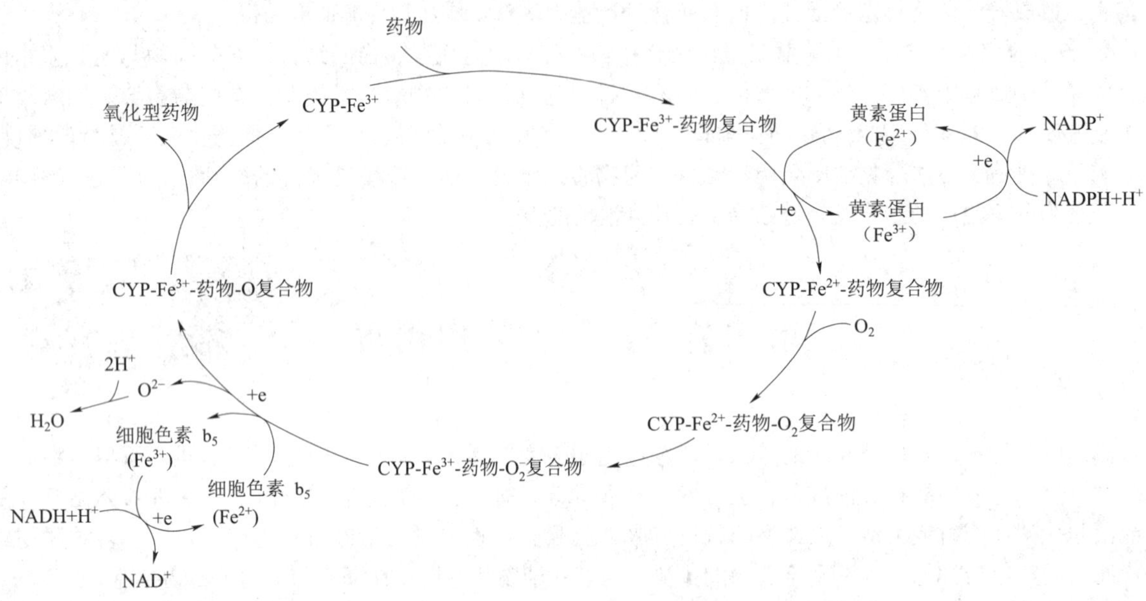

图 17-1 细胞色素 P450 催化的药物氧化反应

2. 黄素单加氧酶 黄素单加氧酶（flavin-containing monooxygenase，FMO）是依赖 FAD、NADPH 和分子氧的一类微粒体酶，能催化药物中氮、硫、磷、硒等亲核杂原子的氧化。人体内参与药物代谢的 FMO 有 5 种（FMO1 ~ FMO5）。成人肝脏中 FMO3 和 FMO5 亚型的表达量最高，肾脏和肺中 FMO1 和 FMO2 的表达量最高；胎儿肝脏中则是 FMO1 和 FMO5 表达量最高。

3. 单胺氧化酶 单胺氧化酶（monoamine oxidase，MAO）是一类催化胺类物质代谢的酶，主要以单胺类物质为底物。体内的 MAO 分为两种（MAO-A 和 MAO-B）。MAO-A 主要作用于儿茶酚胺类和含羟基的胺类物质，MAO-B 则主要作用于不含羟基的胺类物质。

（二）还原酶

还原酶是针对药物的羰基、羟基、硝基和偶氮基等功能基团进行还原反应，主要包括硝基或偶氮基化合物还原酶、醛酮还原酶，其辅酶均为 NADH 或 NADPH。硝基还原酶和偶氮基还原酶存在于肝细胞微粒体中，能够催化硝基苯和偶氮苯等还原为苯胺。醛酮还原酶存在于肝细胞的细胞质中，能够催化醛、酮类等物质还原成醇。

（三）水解酶

水解酶可以催化酯类、酰胺类和酰肼类药物水解而失去活性，主要包括肝细胞微粒体或细胞质中的酯酶和酰胺酶。

（四）转移酶

原型药物或代谢产物结构中的极性基团与体内的内源性物质结合的过程称为结合反应。结合反应产生的代谢物活性较低或失去活性，且极性较大而易于排泄。常见的参与结合反应的内源性物质有葡萄糖醛酸、硫酸、谷胱甘肽、乙酰辅酶 A 等。参与结合反应的代谢酶称为转移酶。

1. 葡萄糖醛酸转移酶 葡萄糖醛酸转移酶（uridine diphosphate glucuronosyl transferase，UGT）以鸟苷-5′-二磷酸葡萄糖醛酸（uridine diphosphate glucuronic acid，UDPGA）为糖基供体，一般作用于含羧基或酚羟基的药物，使其极性增加而易于排泄。

人的 UGT 分为四个基因家族，其中 UGT1 主要参与酚类和胆红素代谢，UGT2 主要参与类固醇代谢。UGT 主要分布在肝脏内，在肾脏、肠道等部位也有分布。

2. 甲基化转移酶 儿茶酚-O-甲基化转移酶（catechol-O-methyltransferase，COMT）是儿茶酚类化合物的主要代谢酶，可以使多巴胺等神经递质失去活性。COMT 广泛分布在肝脏、肾脏、脑、中枢神经系统等各个器官内。

巯嘌呤甲基转移酶（thiopurine methyltransferase，TPMT）是嘌呤类药物的重要代谢酶，其编码基因的遗传多样性决定了 TPMT 活性的个体差异。

N-甲基化转移酶可以催化组胺和烟酰胺的 *N*-甲基化，主要分布在消化系统、支气管、肾脏等部位。

3. 硫酸基转移酶　硫酸基转移酶（sulfotransferase，SULT）是催化多种化合物硫酸化的重要代谢酶。SULT 分为 SULT1 和 SULT2 亚家族。其中 SULT1 参与酚类物质的代谢，主要分布在肝脏；SULT2 主要参与类固醇的代谢，分布在肾上腺皮质、肝脏和肾脏。

4. *N*-乙酰化转移酶　*N*-乙酰化转移酶（*N*-acetyltransferase，NAT）是催化含氮物质乙酰化反应的代谢酶。NAT 还参与芳香胺物质形成加合物的反应，与一些致癌物质的形成也有关系。NAT 广泛分布于人体多种组织器官中。

5. 谷胱甘肽-*S*-转移酶　谷胱甘肽-*S*-转移酶（glutathione *S*-transferase，GST）是催化多种化合物与还原型谷胱甘肽（GSH）结合的代谢酶。GST 在哺乳动物的胎盘和肝脏中表达水平最高，在其他组织中也有不同程度的分布。

二、药物代谢的类型及过程

药物的代谢反应分为第一相反应和第二相反应。第一相反应是功能基团反应，即对药物进行氧化、还原和水解，可在药物分子中引入或使其暴露出羟基、羧基、巯基和氨基等极性基团；第二相反应是结合反应，将药物或药物经过第一相反应产生的极性基团与葡萄糖醛酸、硫酸、谷胱甘肽等内源性物质结合，产生极性较大的结合物。多数脂溶性药物经过第一相反应和第二相反应后产生的代谢产物易溶于水，易于排泄。也有些药物只需要经过第一相反应或第二相反应后即可排出体外。少数药物可以不经代谢而直接以原型排出体外。一种药物的化学结构中往往含有多种可代谢基团，所以同一药物可以经过不同类型的代谢反应而得到不同的代谢产物。

（一）氧化反应

1. 细胞色素 P450 酶系统

（1）侧链烷基氧化反应　侧链烷基被氧化为醇或酸。例如，大黄酚可氧化为芦荟大黄醇，再继续氧化为大黄酸。

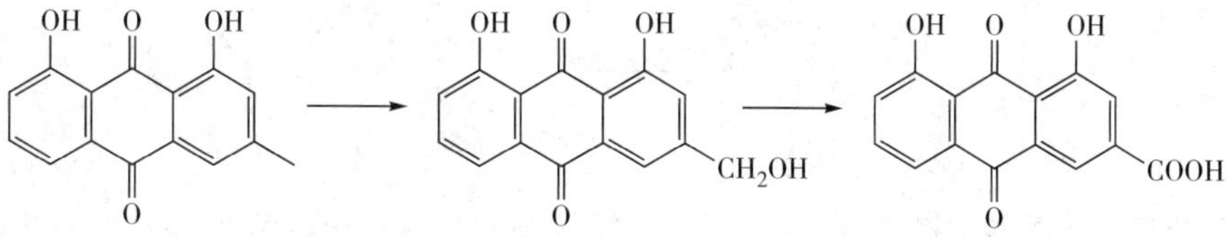

OH　O　OH → OH　O　OH（CH_2OH）→ OH　O　OH（COOH）

大黄酚

（2）醛（酮）基氧化反应　例如视黄醛中的醛基被氧化为对应的视黄酸。

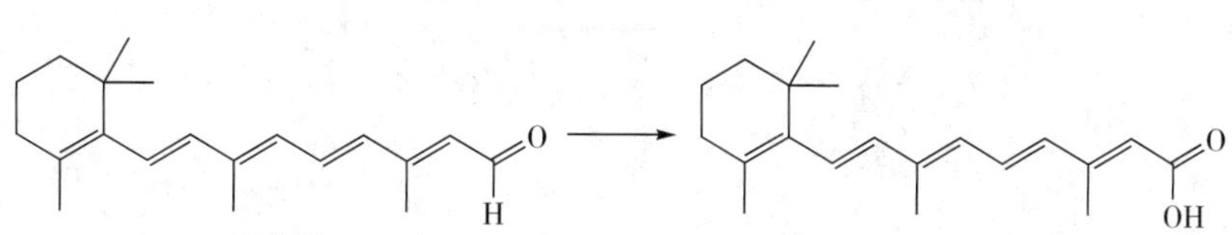

视黄醛

（3）氮原子的氧化反应　主要是发生在伯胺、仲胺、芳胺、芳基酰胺药物中氮原子上的 *N*-羟基化反应。例如氨苯砜的氮原子被氧化。

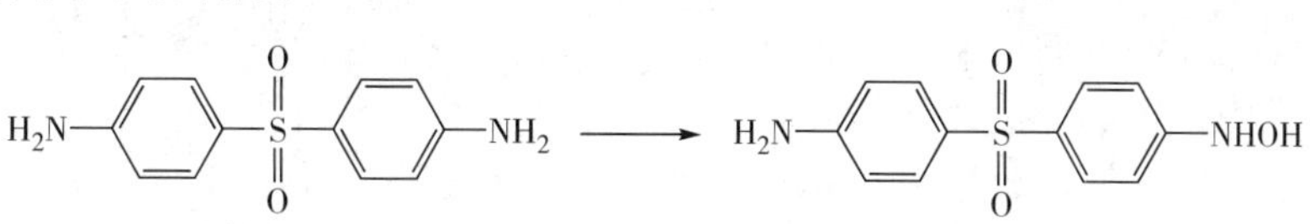

H_2N–C₆H₄–SO_2–C₆H₄–NH_2 → H_2N–C₆H₄–SO_2–C₆H₄–NHOH

氨苯砜

（4）硫原子的氧化反应　药物中的硫原子被 CYP 氧化为亚砜或砜类化合物。例如，奥美拉唑的硫原子氧化为砜基。多数药物的硫原子氧化反应主要由 CYP 催化，少数由 FMO 催化。

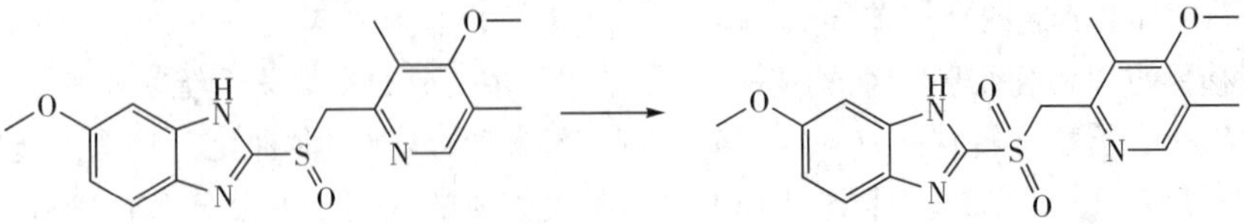

奥美拉唑

（5）杂原子上烷基的氧化反应　药物中与氮、氧、硫杂原子相连的烷基被氧化后键断裂，药物则生成胺、酚、巯基化合物。甲基、乙基上容易发生该类氧化反应。例如，非那西丁（对乙酰氨基苯乙醚）经 O-脱烷基氧化形成对乙酰氨基酚和乙醛。

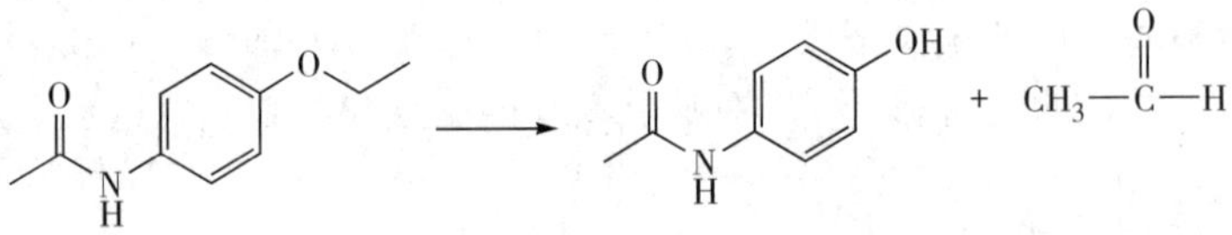

非那西丁

2. 黄素单加氧酶系统

（1）氮原子的氧化反应　药物的氨基被 FMO 氧化为羟胺化合物，然后形成带有双羟基的中间体，最后经脱水反应生成肟或硝基化合物。例如，他莫昔芬中氮原子的氧化。

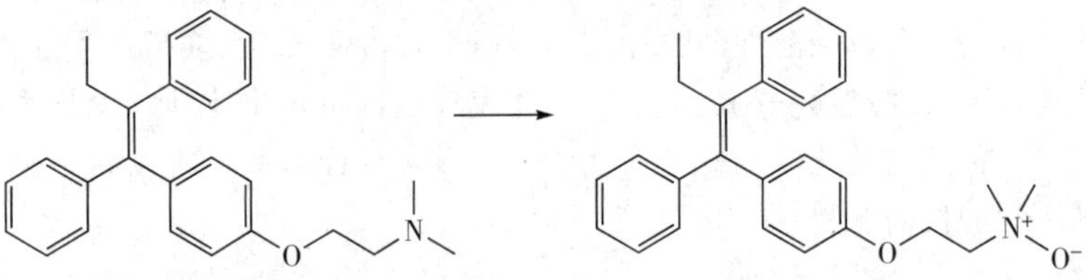

他莫昔芬

（2）硫原子的氧化反应　药物中的硫原子被 FMO 氧化后成为亚磺酸或被氧原子取代。例如，乙硫异烟肼中的硫原子被氧取代。

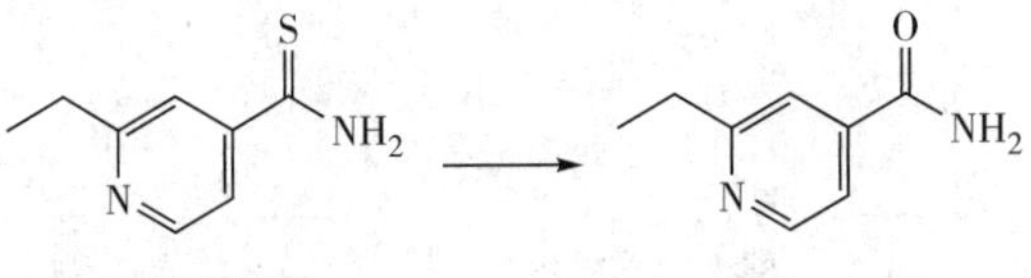

乙硫异烟肼

3. 单胺氧化酶系统　单胺类药物被 MAO 氧化后脱氨基而生成对应的醛。例如，多巴胺侧链的氨基被氧化成醛基。

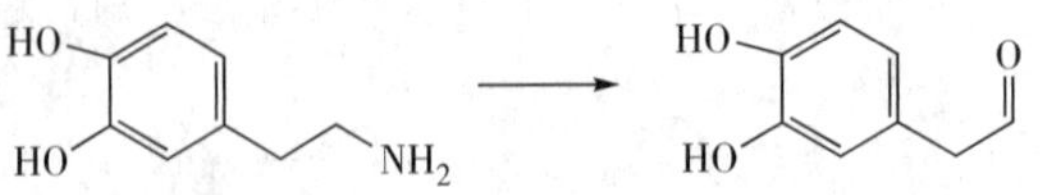

多巴胺

（二）还原反应

1. 硝基还原和偶氮基还原　药物中的硝基和偶氮基被还原成氨基。

（1）氯霉素的对位硝基还原成氨基

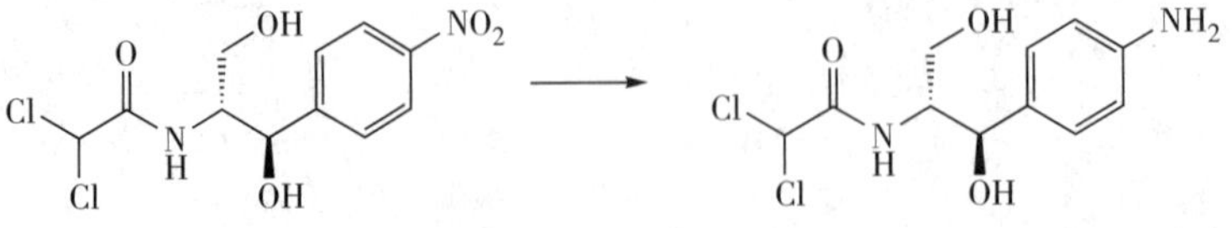

氯霉素

（2）百浪多息还原成磺胺

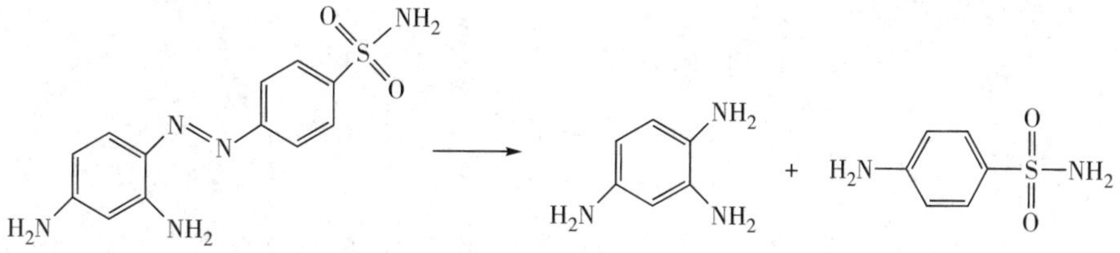

百浪多息

2. 醛、酮还原　药物中的醛基或酮基被还原成醇。例如，美沙酮还原为美沙醇。

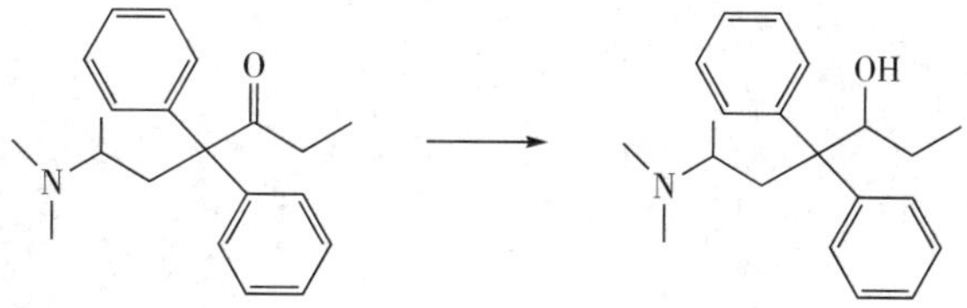

美沙酮

（三）水解反应

1. 酯类药物　酯类药物水解后生成对应的酸和醇。例如，阿司匹林水解产生水杨酸和乙酸。

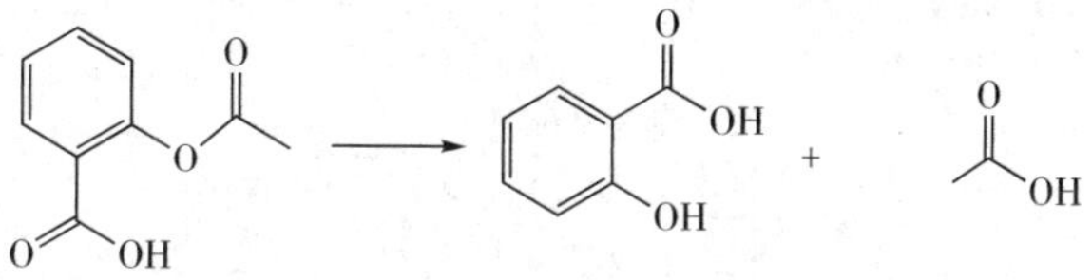

阿司匹林

2. 酰胺类药物　酰胺类药物水解后生成相应的氨基化合物。例如，利多卡因水解产生2,6-二甲基苯胺。

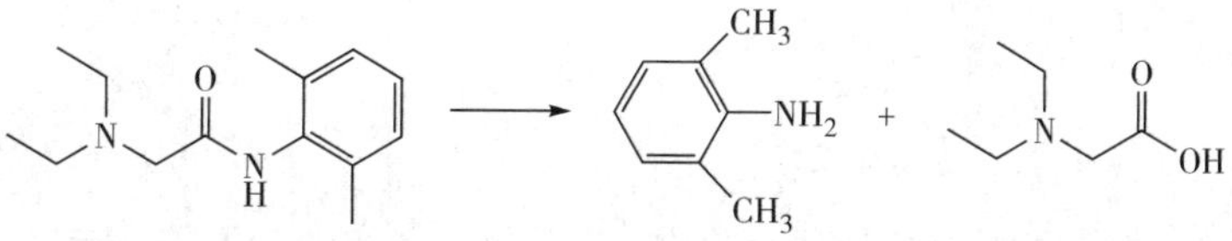

利多卡因

（四）其他反应

1. 与葡萄糖醛酸结合　药物分子可通过醇或酚羟基、羧基的氧、胺类的氮、含硫化合物的硫与葡萄糖醛酸的第一位碳结合成苷。该反应是体内药物代谢中最重要、最普遍的结合反应，绝大多数药物与葡萄糖醛酸结合后活性降低，水溶性增加，易于排出体外。例如布洛芬与葡萄糖醛酸的结合反应。

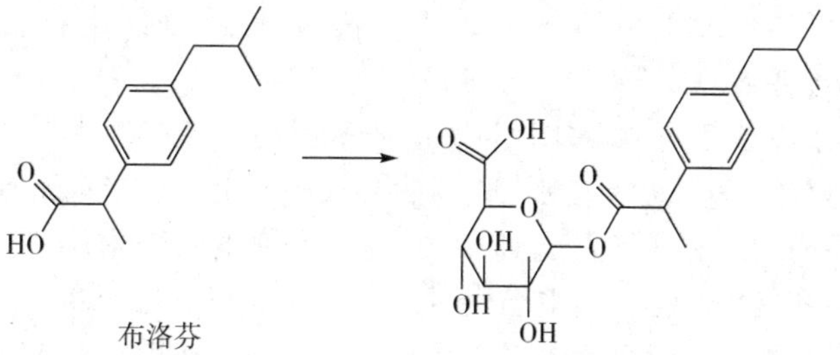

布洛芬

2. 甲基化反应　药物分子可以在氮、氧、硫等杂原子上发生甲基化。多巴胺等药物由COMT催化发生*O*-甲基化；伯胺和部分仲胺化合物由*N*-甲基化转移酶催化发生*N*-甲基化；硫唑嘌呤、6-巯基嘌呤等嘌呤类药物由TPMT催化发生*S*-甲基化。例如烟酰胺的*N*-甲基化反应。

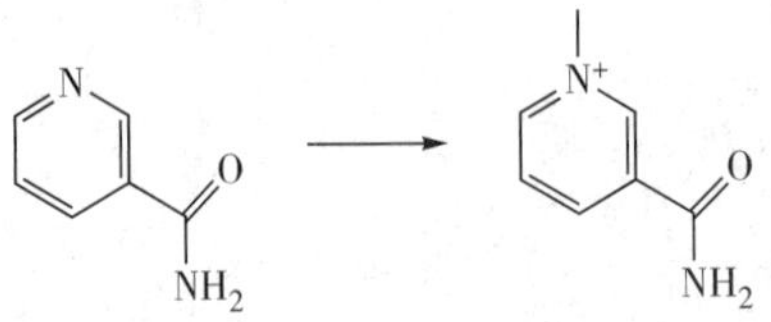

烟酰胺

3. 硫酸化反应 药物分子主要在羟基和氨基部位发生硫酸化反应。硫酸盐与 ATP 反应生成硫酸的活性供体 PAPS（3′-磷酸腺苷-5′-磷酸硫酸），然后在 SULT 的作用下与药物的功能基团形成硫酸化结合物。例如，米诺地尔的硫酸化反应。

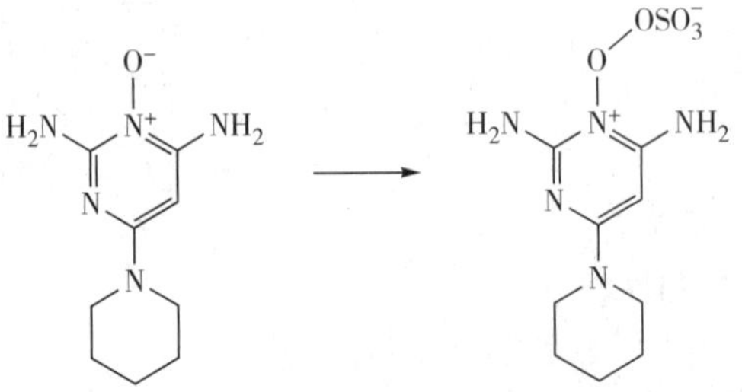

米诺地尔

4. 乙酰化反应 乙酰辅酶 A 的乙酰基由 NAT 催化转移到胺和肼类化合物的氨基上。例如，磺胺类药物的乙酰化反应。

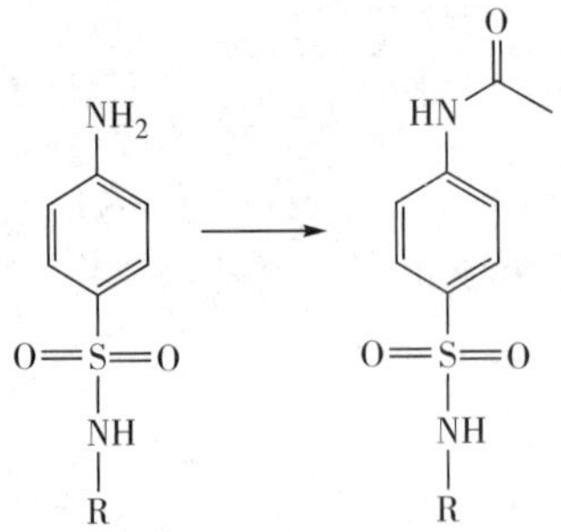

磺胺类药物

5. 与谷胱甘肽结合 环氧化物、脂质环氧化物、卤代物等药物由 GST 催化与 GSH 结合。

三、影响药物代谢的因素

（一）生理因素

1. 种属 由于体内代谢酶的差异，不同种属动物对同种药物的代谢方式和速度不同。例如鱼类不能对药物进行氧化和葡萄糖醛酸结合。两栖类也不能对药物进行氧化，但是可以进行葡萄糖醛酸结合。猫不能对药物进行葡萄糖醛酸结合，但是可以进行硫酸化结合。因此动物实验中获得的药物代谢数据可能与药物在人体内的代谢情况并不一致。

2. 个体差异和种族差异 由于不同个体代谢酶编码基因的遗传多态性，个体间存在药物代谢酶活性的差异，不同种族的遗传学特征也会体现在代谢酶活性差异上。例如先天性假性琥珀酰胆碱酯酶缺陷的患者，其琥珀酰胆碱的代谢速度仅为正常人的一半。药物的乙酰化代谢存在种族差异，依据代谢速度的不同分为快代谢型和慢代谢型，其中慢代谢型有较大概率发生药物不良反应。研究发现，52%的高加索人为快代谢型，日本人、因纽特人也主要为快代谢型，斯堪的纳维亚人、犹太人则多为慢代谢型。

3. 年龄 新生儿和老年人的药物代谢能力低于成年人。新生儿肝脏发育不完善，造成药物代谢能力弱，容易发生药物不良反应。老年人器官退化，肝脏等器官的血流量下降，也造成药物代谢能力弱。因此针对新生儿和老年人的药物剂量应该低于成年人。

4. 性别 药物代谢的性别差异主要受激素影响。例如女性对氨基比林的代谢能力强于男性。雌鼠对麻醉药物环己巴比妥的代谢能力强于雄鼠。雄鼠去势后药物代谢能力降低，注射睾酮后又恢复正常。

5. 妊娠 妊娠期女性体内的激素水平发生巨大变化，也会影响药物代谢能力。比如对乙酰氨基酚与葡萄糖醛酸结合物的血浆清除率和代谢清除率，怀孕女性分别比非怀孕女性高 58% 和 75%。

6. 疾病 很多疾病会影响药物代谢能力。肝脏是药物代谢的主要器官，因此肝脏的病变会造成患者的药物代谢能力降低。肝首过效应明显的药物受肝脏疾病的影响较大。

（二）药物因素

1. 给药途径 给药途径对药物代谢的影响与首过效应有关。口服给药方式的药物代谢过程受到肝首过效应的影响，注射、黏膜给药等其他方式给药则能够避免该因素的影响。例如普萘洛尔在体内可代谢成活性代谢产物 4-羟基普萘洛尔和无活性的萘氧乳酸。口服给药后两种代谢产物的血药浓度几乎相等，静脉注射给药后则只能在血液中检测到原型药物。

2. 剂量 药物的代谢能力由体内代谢酶的活性决定。正常剂量范围内药物代谢速度和体内药量成正比。当体内药物量达到药物代谢酶的最大代谢能力时，代谢反应出现饱和现象，药物代谢速度保持稳定，不再随药物量的增加而继续增加。

3. 剂型 药物剂型会影响药物的吸收过程，从而影响药物的代谢。

4. 手性药物 很多药物是手性药物，其中多数以外消旋体形式作为药用。由于药物代谢酶存在底物立体专一性，药物的对映异构体在代谢方式和速度上有差异。

5. 药物的相互作用 多种药物同时使用，可出现药物的相互作用，主要表现为对药物代谢的诱导作用和抑制作用。

（1）诱导作用 某些药物可以诱导药物代谢酶的生物合成，不仅促进药物自身的代谢，还可以促进其他药物的代谢。例如苯巴比妥类药物可诱导肝细胞微粒体药物代谢酶的合成而加速药物代谢，从而影响止疼片、安眠药等药物的治疗效果。由于有些药物可以促进自身的代谢，因此连续服用时会由于药物代谢速度的增加而造成疗效降低，即对该药物产生耐受性。

（2）抑制作用 有些药物可以抑制某些药物的代谢。例如氯霉素或异烟肼能抑制肝细胞药物代谢酶，从而降低巴比妥类药物的代谢速度。

（三）其他因素

1. 食物 饮食中含有的蛋白质、脂肪、微量元素和维生素等营养成分是药物代谢酶合成和发挥活性的必需成分，缺少这些营养物质时会造成药物代谢速度降低。

2. 环境 环境中存在的放射性物质、重金属、工业污染物、杀虫剂和除草剂等有毒物质会诱导或抑制药物代谢酶的活性，从而影响药物的代谢。

第三节 研究药物代谢的意义

PPT

通过对药物代谢的研究，了解药物在体内的代谢途径和代谢产物，从而阐明药物药效和毒性产生的物质基础。药物代谢研究可应用于指导药物研究与开发，改良药物制剂设计，阐明药物不良反应的原因，提高药效并降低药物的毒副作用。

一、指导药物研究与开发

1. 从药物代谢产物中开发新药 通过药物代谢研究可以了解原型药物和代谢产物各自的活性和毒性，从而设计出更加安全有效的药物。例如，喜树碱具有较强的抗肿瘤活性，但其严重的胃肠毒性、抑制骨髓功能和引起出血性膀胱炎等毒副作用制约了它进一步的临床应用。10-羟基喜树碱是喜树碱的结构类似物，与喜树碱相比同样具有较好的抗肿瘤作用，但毒性大大降低。它在喜树中的含量仅为十万分之二，提取分离费时、费力。采用无毒黄曲霉菌株 T-419，可将喜树碱转化为 10-羟基喜树碱，转化率达 50% 以上。

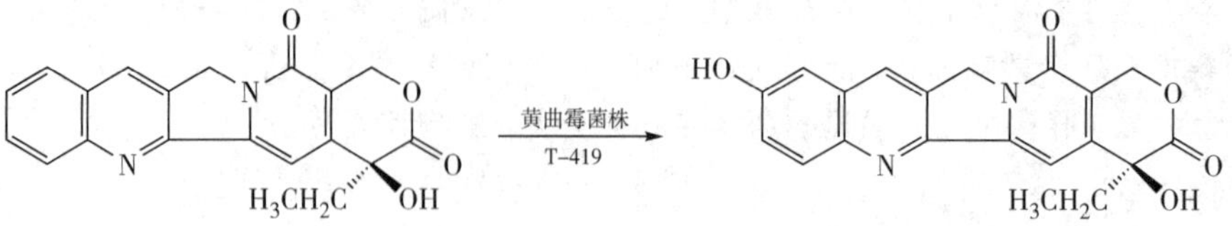

黄曲霉菌株 T-419

喜树碱　　10-羟基喜树碱

雷公藤二萜具有多种显著的生理活性，但由于肾毒性大，其临床应用一直受限制。黑曲霉（*Aspergillus niger*）AS3. 739 能较完全地转化雷公藤内酯酮，转化产物分别为 17-羟基雷公藤内酯酮、16-羟基雷公藤内酯酮、5α-羟基雷公藤内酯酮和雷公藤甲素，药理活性的研究发现它们的细胞毒性都小于原来的转化底物，这正是临床上使用雷公藤类药物所需要的。

2. 先导化合物的结构优化　先导化合物（lead compound）又称原型药，是通过各种分离纯化途径得到的具有一定生理活性的化学物质。有些化合物由于活性低、靶向性差、毒副作用大或是体内转运过程不符合临床应用的要求等因素，暂时不能作为药用，需要进一步优化结构。对先导化合物进行全合成、结构修饰和改造一直是新药创制的一个重要途径。从 20 世纪 40 年代开始进行的药物设计，其目的就是提高化合物的活性和选择性，减少毒副作用。药物设计可大致分成两个阶段，即先导化合物的发现和先导化合物的结构修饰和改造，后者也称为先导化合物的结构优化（lead compound optimization）。

先导化合物的结构优化是对药物在体内代谢的研究基础上发展起来的，通过对药物代谢过程的研究，使人们对原型药物的药效基团（pharmacophore）、作用机制（action mechanism）、受体（receptor）结构和构效关系等有了客观认识，从而确定先导化合物的结构修饰与改造方案。例如先导化合物多巴胺活性很好，但是不能透过血-脑屏障进入脑部，不适用于脑部疾病的治疗，通过结构改造的左旋多巴则可以透过血-脑屏障进入中枢，然后在脑内脱羧酶的作用下生成多巴胺而发挥疗效。

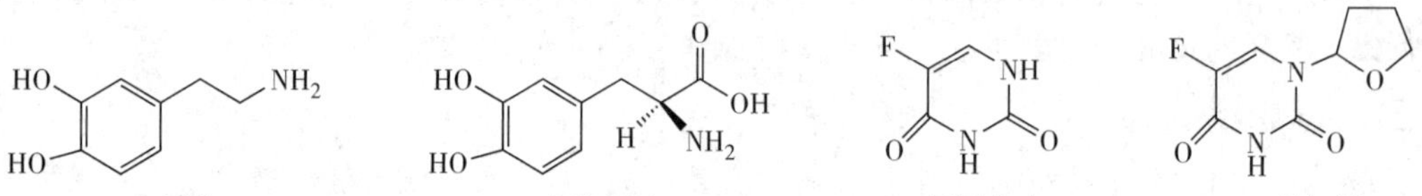

多巴胺　　左旋多巴　　5-氟尿嘧啶　　替加氟

依据先导化合物 5-氟尿嘧啶（5-FU）设计的替加氟，相比 5-FU 吸收更好并能够通过血脑屏障发挥作用。替加氟可以在体内缓慢转变成 5-FU 而发挥治疗作用，因此疗效更持久，且动物实验表明其毒性只有氟尿嘧啶的 1/4～1/7。

1826 年，吗啡作为第一个商业用纯天然药物开始生产，1952 年完成人工全合成，之后人们经结构修饰与改造开发了多个镇痛药（图 17-2）。第一个基于天然药物的半合成药物阿司匹林（aspirin）1899 年开始生产。据不完全统计，在美国 FDA 批准的 868 种新药中，天然产物及其半合成以及类似物就有 340 种（占 39%）。因此对先导化合物的结构修饰与改造对于新药创制研究具有重要意义。

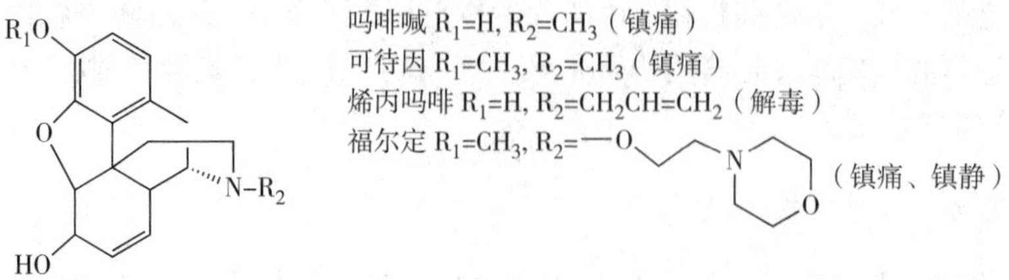

吗啡碱 R_1=H, R_2=CH_3（镇痛）
可待因 R_1=CH_3, R_2=CH_3（镇痛）
烯丙吗啡 R_1=H, R_2=CH_2CH=CH_2（解毒）
福尔定 R_1=CH_3, R_2=（镇痛、镇静）

图 17-2　吗啡及其结构改造物

3. 药物代谢的饱和现象和制剂设计　口服给药时药物会在胃肠道和肝脏被酶代谢，因此进入体循环的药物减少而造成药效降低。如果药物吸收速度足够快，药物浓度超出药物代谢酶的最大能力时，药物代谢出现饱和现象，大量药物可以不经代谢直接进入体循环，从而减少药物代谢的影响。

例如左旋多巴口服给药时，容易在消化道、肝脏内被脱羧酶代谢而影响治疗效果。可将左旋多巴制成肠溶性泡腾片，口服给药时肠衣在十二指肠处迅速溶解，同时片剂迅速崩解并释放药物，形成局部的高药物浓度，使该部位的脱羧酶饱和而降低代谢作用的影响。

4. 药物代谢酶抑制剂和复方制剂　有些药物可以抑制代谢酶的活性，从而降低某些药物的代谢速度。利用这一原理可以通过合并用药减少特定药物的代谢，延长药物的作用时间。

例如将左旋多巴与外周脱羧酶抑制剂卡比多巴或盐酸苄丝肼制成复方制剂，即可抑制左旋多巴在消化道和肝脏等部位的脱羧反应。由于该脱羧酶抑制剂并不能透过血-脑屏障，脑内的脱羧酶活性不受影响，因此进入脑内的左旋多巴可以正常脱羧而发挥疗效。

5. 改良药物剂型　可以根据药物的代谢途径来选择合适的剂型，以避免首过效应对药物疗效的影响。例如睾酮和黄体酮由于首过效应而造成口服时几乎无效，只能制成注射剂使用。如果制成舌下片经口腔黏膜给药，效果相比口服给药提升 20~30 倍。

硝酸甘油舌下片起效迅速，但是维持时间太短。如果制成经皮肤给药的软膏剂等剂型，贴敷于患者胸部，药物经皮肤吸收后直接进入体循环，既可以避免消化道中的药物代谢，而且可以利用药物的缓慢吸收而持续补充血液中的药物，延长了药物的作用时间。

二、阐明药物不良反应的原因

药物的代谢过程是药物消除的重要方式，如果药物代谢速度减慢，就不能及时消除体内的药物，从而造成药物在体内蓄积，并可能引发药物不良反应。因此能够抑制药物代谢的各种因素都可能引起药物不良反应。

由于人类基因的多态性导致药物代谢酶编码基因的多态性，使代谢酶的活性存在个体差异，因此每个人的药物代谢速度也有差异。对于同一种药物，有些人代谢速度快，而另一些人代谢速度慢。如果同时服用相同剂量的药物，那么代谢速度慢的人由于体内药物浓度较高而更容易发生不良反应。所以基因多态性是导致药物反应多态性的重要因素。药物基因组学是研究基因序列的多态性对药物反应的影响的一门学科，利用人类基因组的信息，揭示与药物吸收、分布、代谢、排泄过程相关的基因多态性位点，阐明这些基因的多态性如何影响不同个体对药物反应的差异。从而可以依据患者相关基因的序列来预测个体对药物的反应，并指导个体化用药，以提高药物的有效性和安全性。通过对药物疗效与安全性的遗传体质评估，减少药物毒副作用及耐药现象发生，从而实现“个性化用药”的目标。目前研究的与药物反应相关的基因主要包括药物代谢酶、药物转运蛋白、药物作用靶点的编码基因。药物代谢酶基因的多态性显著影响药物代谢酶的活性，从而造成药物代谢速度的个体差异。药物转运蛋白基因的多态性显著影响药物的吸收、分布、排泄过程。药物作用靶点基因的多态性造成靶蛋白与药物的亲和力不同，从而造成药物疗效的差异。

某些对药物代谢酶有抑制作用的药物，会造成同时服用的其他药物代谢速度减慢而在体内积累，从而可能引起不良反应。如将特非那定与酮康唑同时服用，特非那定的代谢过程会被酮康唑抑制，从而造成特非那定在血液中的浓度显著升高，导致室性心律失常的严重后果。

药物在体内的吸收、分布、代谢和排泄过程，称为药物的体内过程。

药物需要从给药部位经过吸收过程进入体循环，经血液才能到达各组织器官发挥疗效。血管内注射给药可直接进入体循环，而口服、注射、皮肤、黏膜等给药方式有不同的吸收过程。

如果药物能选择性分布于靶组织器官，就能够更好地发挥疗效并降低副作用。

体内的药物及其代谢物需要经过排泄过程才能排出体外。排泄途径主要有肾排泄和胆汁排泄，以及肠、肺、唾液腺、汗腺和乳腺等方式。

体内的药物在体液环境或酶的作用下，经过代谢过程，转变成为化学结构和理化性质不同于原型药物的代谢产物。这一过程主要在肝内进行。

药物的代谢反应分为第一相反应和第二相反应。第一相反应是功能基团反应，即通过对药物进行氧化、还原和水解等，增强药物分子的极性；第二相反应是结合反应，将药物经过第一相反应产生的极性基团与葡萄糖醛酸、硫酸、谷胱甘肽等内源性物质结合，产生极性较大的结合物，易于排泄。多数脂溶性药物代谢需经两相反应才能排除体外。

练 习 题

题 库

一、单项选择题

1. 口服药物的主要吸收部位（　　）
   A. 结肠　B. 胃　C. 大肠　D. 小肠　E. 食道
2. 药物的分布过程是指（　　）
   A. 药物进入体循环后向各组织、器官或者体液转运的过程
   B. 药物在体外结构改变的过程
   C. 药物在体内发生结构改变的过程
   D. 药物体内经肾代谢的过程
   E. 药物体内经肝代谢的过程
3. 药物的首过消除作用可能发生于（　　）
   A. 口服给药后　B. 静脉注射后　C. 鼻腔给药后　D. 肺部给药后　E. 直肠给药后
4. 有关药物吸收描述正确的是（　　）
   A. 药物的崩解和释放过程　B. 从给药部位到达血液循环的过程
   C. 药物在体内发生结构改变的过程　D. 所有给药途径都存在药物吸收过程
   E. 只有口服药物存在吸收过程
5. 有关药物代谢，描述正确的是（　　）
   A. 药物代谢的过程即是药物从体内排出体外的过程
   B. 胃是药物代谢的主要部位
   C. 肾脏是药物代谢的主要部位
   D. 肠道是药物代谢的主要部位
   E. 肝脏是药物代谢的主要部位
6. 药物的体内过程不包括的是（　　）
   A. 吸收　B. 分布　C. 渗透　D. 代谢　E. 排泄

二、思考题

1. 简述药物的体内转运过程。
2. 简述影响药物吸收的因素。
3. 简述药物代谢研究对新药开发的指导意义。

（郑晓珂）

第十八章

生物药物

学习导引

1. **掌握** 生物药物概念、特点、分类与用途。
2. **熟悉** 现代生物制药主要技术。
3. **了解** 现代生物药物研究现状与发展趋势。

第一节 概 述

PPT

微课

一、生物药物的概念

生物药物（biopharmaceutics）是指利用生物体、生物组织、体液或其代谢产物（初级代谢产物和次级代谢产物），综合应用化学、生物化学、分子生物学、医学、药学、工程学等学科的原理与方法加工制成的一类用于疾病预防、治疗和诊断的物质。

生物药物主要包括：①生化药物（biochemical drug），指以动物及其组织为原料，通过分离纯化制备的生物药物，历史上称为脏器制药。其本质是生物体的基本组成成分。②生物制品（biological product），是以微生物、细胞、动物或人源性组织和体液等为原料制成的天然活性物质及其人工合成或半合成的类似物，包括人血液制品、疫苗、抗毒素及抗血清、细胞因子、生长因子、酶、体内及体外诊断制品，以及其他生物活性制剂，如毒素、抗原、变态反应原、单克隆抗体、抗原-抗体复合物、免疫调节剂及微生态制剂等。除此之外，现代生物制品还包括其他一切以生物体、组织或酶为原材料或手段制备的医药产品。③生物技术药物（biotechnology drug），指采用DNA重组技术或其他现代生物技术生产的药物，包括基因药物、反义核酸药物、基因工程抗体、核酸疫苗、重组蛋白质药物等。也可将这类药物称为生物工程药物（bioengineering drug），其中用基因工程技术生产的药物，称为基因工程药物（genetic engineering drug）。

生物药物的特点是药理活性高、毒副作用小、营养价值高。生物药物的化学本质主要是蛋白质、核酸、糖类、脂类等。这些物质主要由氨基酸、核苷酸、单糖、脂肪酸等组成，对人体不仅无害，而且有些还是重要的营养物质。

二、生物药物的发展

生物药物的应用有着悠久的历史，其发展经历了原始应用、简单提取、人工培养与分离纯化、现代生物技术制药等阶段。随着生命科学与现代生物技术的发展，生物制药已成为21世纪新兴的支柱型产业。

我国古代劳动人民在生产和生活中积累了丰富经验，建立了一些有效的疾病防治方法，如用酒曲（含消化酶）治疗消化不良，用海藻酒（含碘）治疗瘿病（甲状腺肿大），用羊肝（富含维生素A）治疗“雀目”（夜盲症），用蟾酥治疗创伤等。

伴随生命科学的发展，生物药物的发展经历了三个主要阶段。第一代生物药物为利用生物材料加工制成的含某些天然活性物质的粗制品，如肾上腺提取物、骨制剂、胎盘制剂等。这些药物制造工艺简单，虽有一定临床疗效，但因其有效成分不明确使其应用受到限制。第二代生物药物是根据生物化学、免疫学等原理，采用分离纯化技术从生物材料中提取的特定生化成分或合成与半合成产品。例如，20 世纪 20 年代开始纯化胰岛素、甲状腺激素，40~50 年代发现并提纯肾上腺皮质激素和脑垂体激素，50 年代开始应用发酵法生产氨基酸类药物，以及人丙种球蛋白、肝素、尿激酶、前列腺素 E、狂犬病免疫球蛋白等药物并应用于临床。这类药物成分明确、疗效确切，但由于原料来源有限使其大规模生产受到影响。同时，某些异源蛋白产品的使用也存在潜在的临床风险。第三代生物药物是应用生物工程技术生产的天然生物活性物质，或通过蛋白质工程等原理设计制造的比天然物质活性更高的类似物，或与天然物质结构不同的全新药理活性成分。自 20 世纪 70 年代初基因工程技术问世以来，基因工程药物的研究与开发一直是生物药物发展最快和最活跃的领域。1982 年，美国礼来公司首先利用重组 DNA 技术合成了人胰岛素并投放市场，标志着生物工程药物时代的开始。目前，以胰岛素、生长激素、干扰素、乙型肝炎疫苗、白细胞介素等为代表的基因工程药物已广泛应用于临床。此外，应用酶工程技术、细胞工程技术、基因工程技术生产抗生素、氨基酸和植物次生代谢产物等用于疾病治疗的生物药物也取得重大进展。

三、生物药物的特点

与中药及化学药物相比，生物药物有其特殊性，主要表现在以下方面。

（一）药理学特性

1. 药理活性高 生物药物直接或间接来源于生物组织，具有与人体生理活性物质相近甚至相同的结构和性质，应用于人体以补充、调整、增强、抑制、替换或纠正代谢失调，必然具有针对性强、特异性高、疗效好、用量小的特点。例如，细胞色素 C 为呼吸链的重要组成部分，用于治疗因组织缺氧引起的一系列疾病效果显著。

2. 营养价值高 生物药物中的许多种类，例如氨基酸、蛋白质、糖及脂类等，本身即是人体必需的营养物质，进入人体后易于被吸收利用。

3. 免疫性副作用 生物药物虽然直接或间接来源于生物，与人体的生理活性物质类似，但它毕竟与人体内物质存在部分差异，尤以蛋白质等生物分子最为突出。这种差异导致其在使用过程中，有时会产生免疫反应、过敏反应等副作用，在使用时要特别注意。

（二）原料的生物学特性

1. 活性成分含量低，杂质多 生物体组成成分复杂，原料中有效活性物质含量低，杂质种类多且含量高，例如，胰腺中胰岛素的含量仅为 0.002%，因此导致这类药物的提取纯化工艺复杂，收率低。

2. 原料来源广泛 生物药物的生产原料可来源于人、动物、植物、微生物等天然生物组织或分泌物，也可来源于人工构建的工程细胞和动植物体。选材时要选择活性成分含量较高的原料，且原料来源丰富和取材方便。

3. 稳定性差，易腐败变质 生物药物的分子结构中一般有特定的活性部位，需要以严格的空间构象来维持其生物学功能，在提取制备过程会受很多因素的影响而失去药理作用。引起活性破坏的因素有：生物因素的破坏，如被自身酶水解等；理化因素的破坏，如温度、压力、溶液 pH 等。此外，生物药物原料及产品均为高营养物质，极易腐败、染菌，被微生物所分解或被自身的代谢酶所破坏，造成有效生物活性成分丧失，甚至产生有毒或致敏性物质。因此，对原料的保存、加工有一定的要求，尤其对温度、时间和无菌操作等有严格要求。

（三）生产制备过程的特殊性

生物药物多是以其严格的空间构象维持其生理活性，因而对热、酸、碱、重金属及 pH 值变化等各种理化因素都较敏感。为确保生物药物的有效药理作用，从原料处理、分离纯化、制剂、贮存、运输和使用等各个环节都要严格控制。为此，根据产品特点，生产中对温度、pH值、溶氧、溶二氧化碳、生产设备等生产条件及管理均有严格要求，并对制品有效期、贮存条件和使用方法均须作出明确规定。

案例解析

【案例】 为什么疫苗的生产、运输与使用过程需要建立“冷链”系统？

【解释】 目前的疫苗主要为蛋白质疫苗，其免疫活性依赖抗原蛋白的特定构象，高温是蛋白质变性的主要物理因素之一，“冷链”系统可保证疫苗在生产、贮存、运输与使用过程中维持低温条件，避免蛋白质疫苗因高温变性而丧失其抗原性。核酸疫苗，特别是RNA疫苗，因其结构的不稳定性，其贮存、运输过程中一般需-70℃的低温条件。

（四）质量检验的特殊性

生物药物具有特殊的生理活性，严格的构效关系。因此，与传统中药、西药相比，生物药物不仅有理化检验指标，还有生物活性检验指标。

（五）剂型要求的特殊性

生物药物易于被人体的消化系统所降解或变性。因此，生物药物一般不宜采用片剂、口服液等口服剂型，较多采用注射剂型。近年也有皮下注射剂等新剂型出现。生物药物若需制成口服剂型，则一般需要加保护剂，例如制成控释型微囊等。

四、生物药物的分类

生物药物常用的分类依据是药物的化学本质和化学特性、原料来源、功能和用途等。

（一）按化学本质分类

生物药物的分离纯化和检测，离不开对生物药物分子的化学本质与结构的了解。因此，此种分类有利于理解生物药物生产和检测方法的适用性。

1. 氨基酸类药物及其衍生物　此类药物包括天然的氨基酸和氨基酸混合物及氨基酸的衍生物。氨基酸的生产方法一般有3种，即天然原料直接提取、化学合成和微生物发酵。氨基酸主要品种有谷氨酸、甲硫氨酸、精氨酸、天冬氨酸、赖氨酸、半胱氨酸、苯丙氨酸、甘氨酸和色氨酸等。氨基酸类药物有单一氨基酸制剂和复方氨基酸制剂两种。复方氨基酸制剂又有水解蛋白注射液、复方氨基酸注射液、要素膳三类。

2. 多肽和蛋白质类药物　这类药物又可进一步分为多肽、蛋白质类激素和细胞生长因子等。多肽在生物体内浓度很低，但活性很强，对机体生理功能的调节起着非常重要的作用。目前应用于临床的多肽类药物有神经肽、抗菌肽、催产素、促肾上腺皮质激素（ACTH）、降钙素、胰高血糖素等。蛋白质类药物有单纯蛋白质与结合蛋白质两类。前者种类最多，常见的有人白蛋白、人γ-球蛋白、胰岛素、生长素等；后者主要包括糖蛋白、脂蛋白、色蛋白等，如人绒毛膜促性腺激素、促甲状腺激素、促卵泡激素等均属于糖蛋白类。

目前，已经发现的细胞生长因子均为多肽与蛋白质类。如神经生长因子（NGF）、表皮生长因子（EGF）、成纤维细胞生长因子（FGF）、集落细胞刺激因子（CSF）、促红细胞生成素（EPO）及淋巴细胞生长因子等。

3. 酶类药物　绝大多数酶都属于蛋白质。按功能的不同，酶类药物可进一步细分为促消化酶类、消炎酶类、心血管疾病的治疗酶类、抗肿瘤酶类、其他酶类及辅酶类药物。目前，酶类药物已广泛应用于疾病的诊断和治疗。

4. 核酸及其降解物和衍生物 此类药物有以下类别：①核酸类，如从猪、牛肝提取的RNA制品对治疗慢性肝炎、肝硬化和改善肝癌症状有一定疗效；②多聚核苷酸，如多聚胞苷酸、多聚次黄苷酸、双链聚肌胞（PolyI：C）、聚肌苷酸及巯基聚胞苷酸是干扰素诱导剂，具有刺激吞噬、调整免疫功能的作用，用于抗病毒、抗肿瘤治疗；③核苷、核苷酸及其衍生物，较为重要的核苷酸类药物有混合核苷酸、混合脱氧核苷酸注射液、ATP、CTP、cAMP、CDP、GMP、IMP、AMP和肌苷等。人工化学修饰的核苷酸常用于治疗肿瘤和病毒感染。

5. 多糖类药物 糖类药物多以黏多糖为主，其特点是含有多糖结构，由糖苷键将单糖连接而成。由于单糖结构与糖苷键的位置不同，因而多糖种类繁多，药理功能各异。糖类药物在抗凝、降血脂、抗病毒、抗肿瘤、增强免疫功能和抗衰老等方面具有较强的药理学活性，如肝素有很强的抗凝血作用，广泛用于外科手术；硫酸软骨素A、类肝素在降血脂、防治冠心病方面也有一定的疗效；胎盘脂多糖是一种促B淋巴细胞分裂剂，能增强机体免疫力。

6. 脂类药物 脂类药物具有相似的性质，分子结构非极性较强，溶于有机溶剂而不易溶于水。不同的脂类药物的分子结构差异较大，生理功能较广泛。常见脂类药物有以下几类：①磷脂类：脑磷脂、卵磷脂多用于肝病、冠心病和神经衰弱；②多价不饱和脂肪酸和前列腺素：亚油酸、亚麻酸、花生四烯酸等必需脂肪酸具有较强的降血脂、降血压、抗脂肪肝作用，用于冠心病的防治；③胆酸类：脱氧胆酸可治胆囊炎，猪脱氧胆酸用于高脂血症，鹅脱氧胆酸和熊脱氧胆酸是良好的胆石溶解药；④固醇类：主要有胆固醇、麦角固醇和β-谷固醇。胆固醇是人工牛黄的主要原料之一，麦角固醇是生产维生素D_2的前体，β-谷固醇有降低血胆固醇的作用。

7. 维生素与辅酶 维生素大多是一类来源于食物的小分子化合物，其结构差异较大，不是组织细胞的结构成分，不能为机体提供能量，但常作为酶的辅助因子参与物质代谢及其调节。维生素和复合维生素药物主要用于预防和治疗各种维生素缺乏症，常用的有维生素A、维生素D_3、维生素C、维生素E、复合维生素B等。

8. 其他 此类药物包括以细胞或病毒整体为药物的生物制品及以人血为基础的血液制品。另外，还有一些生物次级代谢产品，例如抗生素、生物碱等；原卟啉、血卟啉用于治疗肝炎或肿瘤的诊断和治疗；血红素是食品添加剂的着色剂，胆红素是人工牛黄的重要成分。

（二）按原料来源分类

按原料来源不同进行分类，有利于对同类原料药物的制备方法、原料的综合利用进行研究。

1. 人体来源的生物药物 以人体组织为原料制备的药物疗效好，无毒副作用，但受来源和伦理限制，无法大批量生产。现投产的主要品种仅限于人血液制品、人胎盘制品和人尿制品。现代分子生物学技术的应用可解决人体来源原料受限的难题，保障临床用药需求。

2. 动物组织来源的生物药物 该类药物原料来源丰富，价格低廉，可以批量生产，缓解人体组织原料来源不足的情况。但由于动物和人存在较大的种属差异，有些药物的疗效低于人类来源的同类药物，甚至对人体无效。如人生长素治疗侏儒症有效，而动物生长素治疗该病无效且会引起抗原反应。此类药物的生产多经提取、纯化制备而成。随着现代分子生物学技术的应用，现在所说的动物组织来源，既包含天然的动物组织，也包含人工组织。

3. 微生物来源的生物药物 由于微生物生长快，适于大规模工业化生产。因此，微生物来源的生物药物品种最多，用途最广泛，包括各种初级代谢产物、次级代谢产物及工程菌生产的各种人体内活性物质，其产品有氨基酸、蛋白质、酶、糖、抗生素、核酸、维生素、疫苗等。其中以抗生素生产最为典型。受微生物本身遗传特性的限制，野生型微生物合成的药用品种有限，水平偏低。通过基因重组技术，既可以将微生物本身不含的外源药物基因导入，以增加微生物合成的药物品种，亦可改变微生物的代谢调节方式，使目的药用成分大量合成。

4. 植物来源的生物药物 植物中含有多种具有药理学活性的生物分子。植物来源的药物也可分植物生长必需的初级代谢产物和非必需的次级代谢产物两类。随着生命科学技术的发展，转基因植物生产药物技术的成熟，植物来源的药物将有更大的发展。

5. 海洋生物来源的生物药物　海洋生物包含有海洋动物、植物、微生物。海洋生物种类繁多，是丰富的药物资源宝库。从海洋生物中分离出来的药物，具有抗菌、抗肿瘤、抗凝血等生理活性。

（三）按功能用途分类

生物药物广泛用于医学各领域，在疾病的治疗、预防、诊断等方面发挥着重要的作用。按功能、用途对生物药物进行分类，方便临床应用。

1. 治疗药物　治疗疾病是生物药物的主要功能。生物药物以其独特的生理调节作用，对许多常见病、多发病、疑难病均有很好的治疗作用，且毒副作用低，如对糖尿病、免疫缺陷病、心脑血管病、内分泌障碍、肿瘤等的治疗效果是其他药物无法替代的。

2. 预防药物　预防是控制感染性疾病传播的有效手段，常见的预防药物有各种疫苗、类毒素等。随着现代生物技术应用范围的增大，预防类生物药物的效果和品种都将大为改善和提高。如近几年发展起来的基因疫苗（也称 DNA 疫苗）已在许多难治性感染性疾病、自身免疫性疾病、过敏性疾病和肿瘤的预防领域显示出广泛的应用前景。

3. 诊断药物　疾病的临床诊断也是生物药物重要用途之一，用于诊断的生物药物具有速度快、灵敏度高、特异性强的特点。诊断用药发展迅速，品种繁多，现已应用的诊断药物有：免疫诊断试剂、酶诊断试剂、单克隆抗体诊断试剂、放射性诊断药物和基因诊断药物等。

4. 其他用途　生物药物在保健品、食品、化妆品、医用材料等方面也有广泛应用。如各种软饮料及食品添加剂的营养成分，包括多种氨基酸、维生素、甜味剂、天然色素以及各种有机酸等。另外，众多的酶制剂（如 SOD）、生长因子（如 EGF、bFGF）等均广泛用于制造各类化妆品。

第二节　现代生物制药技术

PPT

生物制药是一个高度综合性工程领域，涉及化学、药学、医学、生物学、生理学甚至信息学、电子学、机械等多个学科。其中与生物制药联系最为密切的工程领域包括发酵工程、生化工程、细胞工程、基因工程、酶工程等。

一、发酵工程技术

发酵工程（fermentation engineering）制药，又称微生物制药，是指采用现代工程技术手段，利于微生物的某些特定功能，为人类生产有用的产品，或直接把微生物用于工业生产过程的一种技术。发酵工程是生物技术产业化的基础，几乎涉及所有生物药物的生产过程，其应用的广泛性与微生物的特性密切相关。首先，微生物生长和繁殖速度快，更适合工业化生产；其次，微生物的遗传性状一般比动物和植物简单，容易实现控制，使所需的目的产物大量合成；最后，微生物所需的营养物质便宜易得，可有效降低生产成本。

发酵工程一般由三部分组成：一是上游工程，包括优良菌种的选育、最适发酵条件的确定等；二是中游工程，主要是指在最适发酵条件下，发酵罐中大量培养细胞和生产代谢产物的工艺技术；三是下游工程，指从发酵液中分离和纯化产品的技术，以及产品的包装处理等。发酵工程技术在医药、食品、农业、冶金、环境保护等许多领域都得到广发应用。发酵的基本过程为：菌种→种子制备→发酵→发酵液预处理→提取精制。

1. 菌种　发酵水平的高低与菌种质量有直接关系，菌种的生产能力、生长繁殖情况和代谢特性是决定发酵水平的内在因素，所以发酵工程药物开发的关键是选育出优良的菌种。菌种的选育方法包括自然选育、诱变育种、杂交育种等经验育种方法，还包括原生质体融合、基因工程改造等定向育种方法。

2. 种子制备 种子制备是使菌种繁殖、以获得足够数量的菌体，以便接种到发酵罐中。种子制备可以在摇瓶中或小罐内进行，大型发酵罐的种子要经过两次扩大培养才能接种到发酵罐。

3. 发酵 发酵的目的是使微生物产生大量的代谢产物，是发酵工序的关键阶段。发酵一般是在钢或不锈钢的发酵罐内进行，接种量一般为5%~20%。发酵一般需要在最适发酵条件下进行，发酵中可供分析的参数有：通气量、搅拌转速、罐温、罐压、培养基总体积、黏度、泡沫情况、菌丝形态、pH、溶解氧浓度、排气中二氧化碳含量以及培养基中的总糖、还原糖、总氮、氨基氮、磷和产物含量等。一般需要根据各菌种的需求，测定其中若干项目。发酵周期因菌种不同而异，大多数微生物发酵周期为2~8天，但也有少于24小时或长达两周以上的。

4. 发酵液预处理 发酵完成后得到的发酵液是一种混合物，其中除了含有目的产物外，还有残余的培养基、微生物代谢产生的各种杂质和微生物菌体等，因此需要首先对发酵液进行预处理。发酵液预处理的方法有加水稀释法、离心法、过滤法、凝聚法、透析法等。

5. 提取精制 发酵产物提取过程可以将发酵液中的微生物代谢产物初步浓缩和纯化，常用的提取方法有吸附法、沉淀法、溶媒萃取法、离子交换法等。精制是指将产物的浓缩液或粗制品进一步提纯并制成产品的过程，精制时仍可以重复或交叉使用上述提取方法。此外，在精制过程中还常用结晶、重结晶、晶体洗涤、膜过滤、蒸发浓缩、层析凝胶分离、干燥等方法。

二、生化工程技术

生化工程（biochemical engineering）技术制药主要是从天然动、植物器官、组织、血浆（细胞）中分离及纯化制得生化药品。传统生化工程技术制药的基本工艺过程：生物材料选取与预处理→活性成分提取→活性成分分离、纯化→制剂。

1. 生物材料的选择与保存 生物材料选择的原则是要选择富含所需目的物、易于获得、易于提取的无害生物材料。生物材料中的有效成分含量与品种、产地、组织部位、生长发育阶段及生理状态等因素有关，在选材时均需充分考虑。采集时必须保持材料的新鲜，防止腐败变质及微生物污染。采集的材料要及时速冻，低温保存。保存生物材料的方法主要有速冻、冻干、有机溶剂脱水等。

2. 生物材料的预处理 生物活性物质大多存在于组织细胞中，必须将其结构破坏才能使目的物得到有效的提取。常用的组织与细胞破碎方法有物理法、化学法和生物法。物理方法包括磨切法、压力法、震荡法、冻融法等；化学方法包括稀酸法、稀碱法、有机溶剂或表面活性剂处理等；生物法包括组织自溶法、酶解法等。

3. 生物活性物质的提取 提取是利用制备目标物的溶解特性，将目标物与细胞的固体成分或其他结合成分分离，使其由固相转入液相或从细胞内的生理状态转入特定溶液环境的过程。生物活性物质的提取方法按是否需要加热可分为浸渍法与浸煮法；按提取时所用的溶剂种类可分为水溶液法与有机溶剂法。对提取影响比较大的因素有温度、酸碱度、盐浓度等，在提取过程中需要特别注意。

4. 生物活性物质的分离与纯化 在选择分离与纯化方法时，要重点考查分离及纯化对象与杂质的理化性质的区别。差速离心、超速离心、膜分离（透析，电渗等）、超滤法、凝胶过滤法等常用于分离分子形状和大小不同的物质。离子交换法、电泳法、等电聚焦法等可分离电荷性质不同的物质。吸附色谱法、亲和色谱法等用于分离吸附性质不同的物质。

目的产物的分离纯化往往需要经过多个步骤、多种方法综合应用才能达到所需的纯度要求。在生化工程技术制药过程中，分离纯化所涉及的技术含量和成本都是最高的，也是生物工程制药工艺流程中的重点和难点。

三、细胞工程技术

细胞工程（cell engineering）技术包括动物细胞工程技术和植物细胞工程技术，其本质是以人工培养动、植物细胞代替天然动、植物材料。细胞工程技术制药的基本工艺过程为：获得细胞株→细胞培养→分离纯化→制剂。

（一）获得细胞株

1. 植物细胞株的获得　植物细胞工程技术制药是指在无菌和人工控制的营养及环境条件（光照、温度等）下，控制细胞代谢过程，合成生物药物的工艺操作。其生产的生物药物种类主要包括有机酸、生物碱、糖苷类、挥发油等。植物细胞株一部分来源于自然植株组织器官，经人工培养获得愈伤组织，再把愈伤组织打散获得分散的植物细胞种。另一部分来源于天然细胞经遗传诱变后形成的突变体。

2. 动物细胞株的获得　由于动物细胞无细胞壁，且对营养条件要求苛刻，动物细胞工程技术用于生物制药的成本相对较高。目前，动物细胞培养技术主要用于病毒类疫苗和部分单克隆抗体的生产。病毒类疫苗生产所用的动物细胞株主要有猴肾细胞、地鼠肾细胞、人胚肺二倍体细胞等。单克隆抗体生产所用的动物细胞株是由能产生单克隆抗体的鼠脾细胞与鼠骨髓瘤细胞杂交形成的杂交瘤细胞。

（二）细胞培养

植物细胞与动物细胞的结构和功能差别很大，导致两类细胞在进行人工培养时所需条件也大相径庭。植物细胞培养分为固态培养和悬浮培养两种培养方式。动物细胞培养无论是对人员素质的要求，还是对设备和环境条件的要求，都要远远高于植物细胞。

（三）产品分离纯化

细胞工程技术制药产品采用的分离纯化方法与生化工程技术类似，可以借用相关的方式和方法。

四、基因工程技术

基因工程（genetic engineering）技术实际上就是通过现代的分子生物学手段，把某一生物不具有的基因导入该生物细胞中进行转录表达，或者对生物细胞的遗传物质进行改良，使之满足人类生产的需要（见第十四章）。

五、酶工程技术

酶工程（enzyme engineering）技术是酶学和工程学相互渗透结合、发展而形成的一门新的技术科学，它包括酶的分离纯化、酶的修饰与改造、酶的固定化及酶反应器等方面。酶工程技术用于生物制药，则是根据酶的催化特性，提供一定的反应条件，使其将特定的底物转化为所需的药用产物。例如，利用5′-磷酸二酯酶的催化活性，将原料RNA分解为5′-复合单核苷酸。随着酶工程不断的技术性突破，在工业、农业、医药卫生、能源开发及环境工程等方面的应用越来越广泛。

第三节　生物技术药物研究进展与趋势

PPT

生物技术是当前最具潜力和活力的科技领域之一。代表着医药高科技发展方向和水平的生物技术药物在人类重大疾病防治方面的应用越来越广阔。

一、基因药物与反义寡核苷酸

1. 基因药物　基因药物（gene drug）主要指DNA药物，可定义为具有特定序列结构，在体内可以产生干扰或调节基因功能作用的基因物质。DNA药物是将具有治疗作用的DNA重组到真核表达载体，直接转移至人体细胞，在体内表达出具有治疗作用的多肽和蛋白质；或应用直接作用于细胞内DNA或RNA、抑制基因复制和表达的核酸片段或其人工合成的类似物，以及对RNA具有特异切割作用的核酶等。病毒载体是DNA药物最常使用的递送载体，目前50%的基因治疗临床试验都使用病毒载体，如腺病毒、腺相关病毒、逆转录病毒等。DNA药物通过基因置换、基因修复、基因修饰、基因失活、免疫调节、增加治疗的敏感性等，从而治疗人类的遗传病症、肿瘤、衰老疾病、心血管病症、传染性疾病和代谢性疾病等。DNA药物已进入较成熟的开发阶段，全球范围内已有几十种该类产品获批上市。2003年，国家食品药品监督管理总局（CFDA）批准了世界上首例基因治疗药物——重组人p53腺病毒注射液（商品名Gendicine）上市，这也是首例上市的腺病毒血清5型载体介导的DNA疗法。另外，基于腺相关病毒载体介导的DNA药物voretigene neparvovec（商品名Luxturna）、onasemnogeneabeparvovec－xioi（商品名Zolgensma）也已获批上市。

2. 反义寡核苷酸药物 反义寡核苷酸（antisense oligonucleotides，ASON）又称反义RNA，是指与mRNA互补后，能抑制基因表达的RNA。它可封闭基因表达，可用来治疗由基因突变或过度表达导致的疾病和严重感染性疾病。反义寡核苷酸药物用于基因治疗具有以下特点。①特异性强：反义寡核苷酸药物通过特异的碱基互补配对作用于靶RNA或DNA，只阻断靶基因的翻译表达；②安全性好：反义寡核苷酸只与特定mRNA结合，不改变基因结构，最终会被RNase水解，无残留；③操作简单：可直接合成，也可由PCR扩增获得；④靶基因范围广：适应于多种疾病，亦可同时用多个反义RNA封闭多个基因，有可能应用于多基因病。但是，反义RNA作为基因治疗的常规药物，还存在选择设计难、多聚阴离子相关不良反应等问题需要解决。目前已超过百种反义寡核苷酸药物正在进行临床试验，少数几种被美国FDA和欧盟委员会批准用于临床治疗，如福米韦生（fomivirsen，商品名Vitravene）、诺西那生钠（nusinersen，商品名Spinraza）等。

二、核酸疫苗与基因工程抗体

课堂互动

什么是核酸疫苗？与传统疫苗相比具有什么优势？

1. 核酸疫苗 核酸疫苗（nucleic acid vaccine）称之为第三代疫苗，分为DNA疫苗和mRNA疫苗两种，是指将含有编码外源性抗原的核酸序列的质粒载体，直接导入人或动物体内，通过宿主细胞表达抗原蛋白，诱导宿主细胞产生对该抗原蛋白的免疫应答，以达到预防和治疗疾病的目的。与传统疫苗相比，核酸疫苗的突出优点是：①制备快速简单，易于大规模生产；②不良反应相对较少（mRNA疫苗的安全性有待更多数据证实）；③可以同时激活细胞免疫反应和体液免疫反应；④持续表达靶抗原。但核酸疫苗具有引发机体免疫异常、免疫原性低等问题，也可能存在病毒的遗传物质整合入宿主细胞染色体的潜在风险。核酸疫苗主要应用于一些重大病毒性疾病和恶性疾病，如艾滋病、乙型肝炎、新型冠状病毒肺炎、癌症等疾病的治疗和预防。

2019年底爆发的新型冠状病毒肺炎引发了极其严峻的全球公共卫生问题，针对新型冠状病毒的疫苗研发正在从多个技术路线全面推进，其中核酸疫苗的研发进展也取得了积极成果。部分核酸疫苗已经公布Ⅱ期临床数据并被多个国家紧急批准附条件上市。

2. 基因工程抗体 基因工程抗体（genetically engineered antibody）又称重组抗体，是指利用重组DNA及蛋白质工程技术对编码抗体的基因按不同需要进行加工改造和重新装配，经转染适当的受体细胞所表达的抗体分子。基因工程抗体主要包括嵌合抗体、人源化抗体、完全人源抗体、单链抗体、双特异性抗体等。基因工程抗体已成功应用于治疗肿瘤、自身免疫性疾病、感染性疾病和移植排斥反应等。基因工程抗体药物研发的重点是寻找新靶点和新适应证抗体。随着科学技术的发展，越来越多的靶点被开发，主要以白细胞分化抗原、各种因子及其受体、肿瘤相关或特异性抗原及病毒膜表面抗原等为主。据不完全统计，目前上市及临床研究中的基因工程抗体靶点多达100多个。

三、基因工程药物

1. 动物基因工程药物 通过转基因动物获取药物的方法，亦称为动物药厂。将需要的活性蛋白质基因导入家畜或家禽的受精卵，在染色体正确整合后，获得具有目的基因特征的动物，称为转基因动物。该动物可分泌目的基因表达的蛋白质，故称为生物反应器（bioreactor）。因为乳腺本身可合成和输出蛋白质而不会影响转基因动物本身的生理代谢反应，人们便可以从转基因动物的乳汁中源源不断地获得药物蛋白。转基因动物的乳腺便称为转基因动物乳腺生物反应器。如苏格兰 Wright 等利用羊的 β 乳球蛋白调控 α-抗胰蛋白酶基因，使其在羊的乳腺中进行表达，其产率达到每升奶含 35g 的 α-抗胰蛋白酶，而临床上治疗肺癌或肺气肿使用的剂量只在毫克水平。我国利用崂山奶山羊乳腺生物反应器也成功获得抗凝血酶Ⅲ蛋白。在乳腺中表达的重组蛋白有很多种，其中某些活性酶或蛋白如抗凝血酶、单克隆抗体等可以直接作为药物治疗疾病。利用转基因动物的乳腺生物反应器来生产基因药物是一种全新的生产模式，具有成本低、产量高、易提纯、药物开发周期短、经济效益高等优点。

2. 植物基因工程药物 植物基因工程药物是以植物细胞作为基因表达系统而生产的药物。近年来英国剑桥的农业遗传公司利用植物基因工程，已成功地在植物中生产动物疫苗。它将口蹄疫病毒基因重组入豇豆花叶病毒（CPMV）或 HIV 的部分表面蛋白基因中，再使这些杂合病毒粒子侵染豇豆的细胞，在豇豆植株中生长的同时外源蛋白即在 CPMV 病毒粒子表面表达。利用这种方法可生产动物和人的疫苗。由于该类药物表达量高，故生产成本较低，利用植物基因工程开发新药有很大前景。

四、人类基因组计划与新药研究

人类基因组计划（Human Genome Project，HGP）是当代生命科学一项伟大的科学工程，奠定了 21 世纪生命科学发展和现代医药生物技术产业化的基础。人类基因组中所包含的全部基因中约有 5% 左右对认识疾病有意义，1% 有巨大的开发前景。这些基因包括：用于基因工程药物生产的基因；能直接用于基因治疗的基因，如癌症基因治疗、遗传病基因治疗等；能用于解释或阐明疾病的发生机制的基因，从而开发出疾病的预防和治疗的基因药物。

HGP 对制药工业的贡献主要体现在以下几个方面：①筛选药物作用靶点。将组合化学和天然化合物分离技术结合，开展以高通量的受体、酶结合试验为基础的药物设计，以及基因蛋白产物的高级结构分析、预测与模拟。②个体化的药物治疗——药物基因组学。药物基因组学（pharmacogenomics）是以提高药物疗效与安全性为目的，研究影响药物作用、吸收、转运、代谢、清除等过程中的基因差异，通过对疾病相关基因、药物作用靶点、药物代谢酶谱、药物转运蛋白基因多态性等方面研究，寻找更加高效的药物先导物和给药方式，并指导临床用药。③基因治疗药物开辟了人类征服遗传病、癌症、艾滋病及其他疑难病症的新时代，这类药物主要包括小干扰 RNA、反义核酸及核酶，它们正在陆续进行临床试验，具有不可替代的应用前景。

未来在生物技术产品研制中，疫苗、单克隆抗体类药物将成为重点；基因治疗、细胞治疗将有进一步发展；重组人体蛋白、生长因子和细胞因子仍有一定的发展空间；一些新类型产品将崭露头角，并将呈现多元化发展趋向。肿瘤、感染性疾病、心脑血管疾病仍将是药物研制的主要焦点。艾滋病、自身免疫性疾病、老年性疾病、移植排斥反应、各种慢性疾病和神经退行性疾病等将成为人们关注的新目标。

知识拓展

人类基因组计划

人类基因组计划是一项旨在阐明人类基因组 30 亿个碱基对的序列，发现所有人类基因并明确其在染色体上的位置，破译人类全部遗传信息，使人类在分子水平上真正全面认识自我的科学计划。人类基因组计划在研究人类过程中建立起来的策略、思想与技术，构成了生命科学领域新的学科——基因组学，可以用于研究微生物、植物及其他动物，被誉为生命科学的“登月计划”。我国于1999年9月积极参与到这项研究计划中，承担其中1%的任务，即人类3号染色体短臂上约3000万个碱基对的测序任务。

不要小看这1%，它代表着中国科学家在未来的基因工程产业中占有一席之地。通过参与这一计划，我国不仅可以分享国际人类基因组计划的全部成果与数据、资源、技术，还培养了一批训练有素的科研团队，建立了一套较为先进的基因技术平台，奠定了我国在基因工程技术研究领域跨越式发展的基础。

2020年，面对突如其来的新型冠状病毒肺炎疫情，我国在病毒基因组测序、核酸检测技术开发、基因工程疫苗研制等方面展现出比肩世界的科技能力，表明我国在基因工程技术领域的大国科技竞争中已占据有利位置。我国参与人类基因组计划1%项目的背后是国家重大科技战略的支持，充分体现了我国在科技创新领域的国家战略力量和新型举国体制的制度优势。

本章小结

生物药物是指利用生物体、生物组织、体液或其代谢产物加工制成的一类用于疾病预防、治疗和诊断的物质，包括生化药物、生物制品和生物技术药物。生物药物药理活性和营养价值较高，但可能具有免疫性副作用，其生产原料、制备过程、质量检验指标和剂型要求均有特殊性。

生物药物可依据其化学本质和化学特性、原料来源等进行分类，不同分类方法有助于从不同角度指导生物药物的开发生产与应用。生物药物的功能和用途主要包括疾病的治疗、预防和诊断等。

现代生物制药技术中，与生物制药联系最为密切的工程领域包括发酵工程、生化工程、细胞工程、基因工程、酶工程、抗体工程等。

随着生物科学的不断发展，生物技术在人类疾病防治方面的应用越来越广阔，不断产生出一些新的方式方法，基因药物与反义寡核苷酸、基因疫苗与基因工程抗体、动物基因工程与植物基因工程等极大地促进了现代生物制药技术的发展，人类基因组计划奠定了21世纪生命科学发展和现代医药生物技术产业化的基础。

练 习 题

题 库

一、单项选择题

1. 关于生物药物的药理学特性的描述，错误的是（　　）

A. 药理活性高　　B. 治疗针对性强

C. 无免疫性副作用　　D. 营养价值高

E. 毒副作用小

2. 核酸及其降解物和衍生物类生物药物不包括（　　）

A. 核酸类　　B. 多聚核苷酸

C. 核苷及其衍生物　　D. 成纤维细胞生长因子

E. 寡核苷酸

3. 脂类生物药物不包括（　　）

A. 多价不饱和脂肪酸　　B. 促甲状腺激素

C. 磷酯类　　D. 脂肪酸类
E. 固醇类

4. 关于反义 RNA 用于基因治疗的特点，表述错误的是（　　）
A. 特异性低　B. 操作简单　C. 靶基因范围广　D. 安全性好　E. 选择设计难

5. 细胞工程技术制药的基本工艺过程不包括（　　）
A. 获得细胞种　B. 细胞培养　C. 制剂　D. 包装　E. 分离纯化

6. 生化工程技术制药的基本工艺过程不包括（　　）
A. 生物材料选取与预处理　B. 细胞培养
C. 活性成分分离、纯化　D. 制剂
E. 活性成分提取

7. 生物活性物质分离纯化时可用于分离电荷性质不同物质的方法是（　　）
A. 超滤法　B. 凝胶过滤法　C. 离子交换法　D. 超速离心　E. 透析

二、思考题

1. 简述生物药物的主要特点。
2. 什么是核酸疫苗？简述其应用和优点。
3. 现代生物技术发展对生物药物开发有何意义？
4. 结合所学知识，谈谈现代生物药物的研究趋势。

（周　涛）

第十九章

药物研究常用的生物化学技术与应用

学习导引

1. **掌握** 药物研究常用的生物化学技术；新药筛选的生物化学方法。
2. **熟悉** 药物作用的生物化学基础；生物药物制备方法的特点。
3. **了解** 药物质量控制的常用生化分析方法；生物药物质量控制的生化分析方法；与药物设计有关的生物化学原理。

PPT

第一节 药物研究常用的生物化学技术

药物研究的发展已从个体水平、细胞水平、亚细胞水平，深入到生物大分子水平，甚至能研究分子的结构与功能关系，能进行分子的改造和重建，以改变生物性状。这些突破性进展，无不与新的实验技术方法的创建密切关联。目前常用的生物化学技术包括：分子杂交与印迹技术、PCR技术、DNA测序技术、生物芯片技术、生物大分子相互作用研究技术、遗传修饰动物模型的建立及应用等。

一、分子杂交与印迹技术

微课

（一）分子杂交

分子杂交是利用核酸变性与复性这一基本性质，将不同种类的单链DNA或RNA放在同一溶液中，只要两条单链之间存在着一定程度的碱基配对关系，在适宜的条件可以在不同的分子间形成杂化双链（heteroduplex）。这种非同源的DNA与DNA分子间、DNA与RNA分子间或者RNA与RNA分子间由于碱基互补，在复性时形成局部双螺旋结构过程，称为核酸分子杂交。

分子杂交是单链核酸碱基序列的一种检测技术，可将待测单链核酸与已知序列的单链核酸（称探针）间通过碱基配对形成可检出的双螺旋片段。从化学和生物学意义上理解，探针是一种分子，它带有供检测的合适标记物，并仅与特异靶分子反应。分子杂交核酸探针根据标记方法不同可分为放射性探针和非放射性探针两大类，也可根据探针的核酸性质不同又可分为基因组DNA探针、RNA探针、cDNA探针及寡核苷酸探针等几类。DNA探针还有单链和双链之分。

分子杂交的结果主要受到以下因素的影响：一是探针的浓度和长度。浓度越大，复性速度越快；单链探针浓度增加，杂交效率也增加；双链探针浓度宜控制在0.1~0.5μg/L，浓度过高则影响杂交效率；分子越大，长度就越大，复性速度也就越慢。二是温度。DNA-DNA或RNA-RNA或DNA-RNA的杂交温度一般较T_m值低20~25℃；用寡核苷酸探针杂交，杂交温度较T_m值低5℃。三是离子浓度。盐浓度低时杂交效率低，随着盐浓度的增加，杂交效率增加，高浓度的盐使碱基错配的杂交体更稳定；当进行序列不完全同源的核酸分子杂交时，必须维持杂交反应液中较高的盐浓度和洗膜溶液的盐浓度。四是甲酰胺。

加入甲酰胺能减低核酸杂交的 T_m 值。降低杂交液的温度，能使探针与待测核酸杂交更稳定。当待测核酸与探针同源性不高时，加 50% 甲酰胺溶液在 35～42℃ 杂交；如待测核酸序列与探针同源性高时，则溶液在 68℃ 时即可杂交。五是核酸分子的复杂性。核酸分子的复杂性是指存在于反应体系中不同序列的总长度，复性速度与反应体系中核酸复杂性成反比，当两个 DNA 样品浓度一致时，变性后的相对杂交率取决于 DNA 的相对复杂性。六是非特异性杂交反应。杂交前进行预杂交，以封闭非特异性杂交位点，减少其对探针的非特异性吸附，常用的预杂交封闭物有两类，即非特异性 DNA 和高分子化合物，如鲑精 DNA 或小牛胸腺 DNA，Denharts 溶液或脱脂奶粉。

核酸分子杂交按待测核酸是否固定在固相支持物上分为固-液相杂交（包括印迹杂交、原位杂交）和液相杂交。

（二）印迹技术

1. DNA 印迹技术　1975 年由英国人 Southern 创建，又称 Southern 印迹（Southern blotting）技术，是研究 DNA 图谱的基本技术，在遗传病诊断、DNA 图谱分析、检测样品中的 DNA 及其含量、PCR 产物分析等方面有重要价值。DNA 印迹技术包括两个主要过程：一是将待测定核酸分子通过一定的方法转移并结合到一定的固相支持物（硝酸纤维素膜或尼龙膜）上，即印迹；二是固定于膜上的核酸与放射性核素标记的探针在一定的温度和离子强度下退火，即分子杂交过程。DNA 印迹技术常用方法有毛细管虹吸印迹法、电转法、真空转移法。

DNA 印迹技术主要用于基因组 DNA 的定性和定量分析，例如对基因组中特异基因的定位及检测，也可用于分析重组质粒和噬菌体。

2. RNA 印迹技术　RNA 印迹技术又称 Northern 印迹（Northern blotting）技术，是一种应用印迹杂交技术分析 RNA 的方法，其基本原理与 DNA 印迹技术相同。RNA 印迹技术探针可用 DNA 或 RNA 片段，待测样品为总 RNA 或 mRNA，转印过程与 DNA 印迹技术类似，只是 RNA 分子较小，转移前无需进行限制性内切核酸酶切割，在电泳时需保持 RNA 处于变性状态，变性 RNA 有利于在转印过程中与硝酸纤维素膜的结合。

RNA 印迹技术主要用于检测某一组织或细胞中的特定 mRNA 的表达水平，也可以比较分析不同组织和细胞中的同一基因的表达情况。

3. 免疫印迹技术　免疫印迹技术（immunoblotting）又称蛋白质印迹技术、Western 印迹（Western blotting）技术，是一种应用印迹技术分析蛋白质的方法。采用的是聚丙烯酰胺凝胶电泳（简称 PAGE），被检测物是蛋白质，“探针”是抗体（一抗），“显色”用标记的第二抗体（二抗）。经过 PAGE 分离的蛋白质样品，转移到固相支持物（例如硝酸纤维素膜）上，固相支持物以非共价键形式吸附蛋白质。以固相支持物上的蛋白质作为抗原，与对应的抗体发生免疫反应，再与酶或放射性核素标记的第二抗体发生反应，经过显色或放射自显影以检测电泳分离的蛋白质成分（图 19-1）。

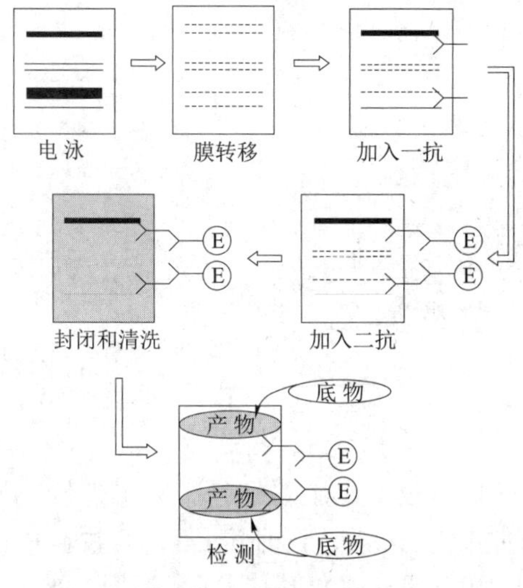

图 19-1　Western 印迹

免疫印迹技术广泛用于检测样品中特异性蛋白质的存在、细胞中特异蛋白质的半定量分析以及蛋白质分子的相互作用研究等。

课堂互动

DNA 印迹技术、RNA 印迹技术、免疫印迹技术是常用的三种生物化学技术，它们的原理是什么？它们各有什么特点和应用？

二、PCR 技术

聚合酶链反应（polymerase chain reaction，PCR）是一种用于扩增特定 DNA 片段的分子生物学技术。它可看作是生物体外的特殊 DNA 复制，PCR 的最大特点是能将微量的 DNA 大幅增加。因此，无论是化石中的古生物、历史人物的残骸，还是几十年前案件中犯罪嫌疑人所遗留的毛发、皮肤或体液，只要能分离出微量的 DNA，就能用 PCR 技术加以扩增，进行比对，使“微量证据”的重要价值得以体现。

PCR 技术的基本原理类似于 DNA 的天然复制过程，其特异性依赖于与靶序列两端互补的寡核苷酸引物。如图 19-2 所示，PCR 由变性、退火（复性）、延伸三个基本反应步骤构成。①模板 DNA 的变性：模板 DNA 经加热至 94℃左右，DNA 双链完全变性、解离成为单链；②模板 DNA 与引物的退火：将温度降至适宜温度（一般较模板 DNA 自身的 T_m 值低 5℃左右），引物与模板 DNA 单链的互补序列配对结合；③引物的延伸：将温度升至 72℃，DNA 模板-引物结合物在 *Taq* DNA 聚合酶作用下，以 dNTP 为底物，按半保留复制原理，合成一条与模板链互补的 DNA 新链。以新合成的 DNA 链为模板，重复循环上述 3 个步骤，经 20~30 次循环，即可达到扩增 DNA 片段的目的。每完成一个循环仅需 2~4 分钟，2~3 小时就能将目的基因扩增放大几百万倍。

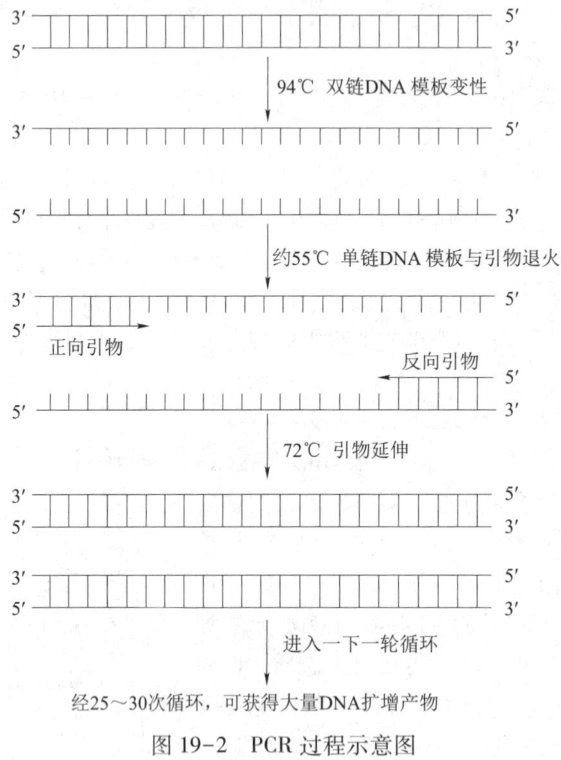

图 19-2　PCR 过程示意图

PCR 技术具有灵敏度高、特异性强、产率高、重复性好以及快速简便等优点，迅速成为分子生物学研究中应用最为广泛的方法。PCR 技术的主要用途：①在重组 DNA 过程中，快速、高效合成所需目的基因片段，并利用 PCR 技术进行基因的体外突变和目的基因的改造；②用于 DNA 的微量分析和序列测定，在基因类型鉴定、组织移植配型、法医学鉴定等方面有重要应用；③用于临床疾病的预防和诊断，如检验感染性疾病是否处于隐性或亚临床状态，检测细胞内癌基因的突变和癌基因的表达量，检测地中海贫血的基因突变等。PCR 技术还可用于食品和饮用水中微生物含量和菌群种类的分析。

随着 PCR 技术的不断发展，形成了多种 PCR 衍生技术，大大提高了 PCR 反应的特异性和应用的广泛性。常用的 PCR 衍生技术有逆转录 PCR、原位 PCR 和实时 PCR。

1. 逆转录 PCR　逆转录 PCR（reverse transcription PCR，RT-PCR）是将 RNA 逆转录反应与 PCR 反应联合应用的一种技术。即先以 RNA 为模板，在逆转录酶催化下合成 cDNA，再以 cDNA 为模板进行

PCR 来扩增目的基因。RT-PCR 是目前从组织或细胞中获得目的基因以及对已知序列的 RNA 进行定性定量分析的最有效的方法之一。

2. 原位 PCR　原位 PCR（*in situ* PCR）是将 PCR 与原位杂交相结合而发展起来的一项新技术。即在甲醛溶液、石蜡包埋的组织切片或细胞涂片上的单个细胞内进行 PCR，然后用特异性探针进行原位杂交，即可检测出待测 DNA 或 RNA 是否在该组织或细胞中存在。此方法可弥补 PCR 技术和原位杂交技术的不足，是将目的基因的扩增与定位相结合的一种最佳方法。

3. 实时 PCR　实时 PCR（real-time PCR）是一种实时检测 PCR 进程的方法，在 PCR 体系中加入一种荧光探针，随着 PCR 的进行产生荧光信号，信号强度与 PCR 产物水平成正比，所以可以利用对荧光信号的实时检测来跟踪 PCR 进程，计算出 PCR 产物量，并根据动态变化数据，通过标准曲线定量分析起始模板的含量，因而也被称为定量 PCR（quantitative PCR，qPCR）。实时 PCR 技术实现了 PCR 从定性到定量的飞跃，是近年快速发展的一项新的核酸微量分析技术。

课堂互动

逆转录 PCR 和实时 PCR 都能对 RNA 进行定量，其区别在哪里?

三、DNA 测序技术

DNA 的碱基序列携带遗传信息，要解读遗传信息就要进行 DNA 测序（DNA sequencing）。最著名的 DNA 测序技术是 Sanger 等建立的酶法（双脱氧终止法）与 Maxam 和 Gilbert 建立的化学降解法。Sanger 双脱氧终止法最常用，这里简单介绍。

Sanger 双脱氧终止法需要建立四个体外扩增体系，每个体系都含 DNA 聚合酶、待测序 DNA、引物和 dNTP 等，能合成待测序 DNA 互补链。在各体系中加入 2′,3′-双脱氧核苷三磷酸（ddNTP），可以与 dNTP 竞争，连接到正在延伸的 DNA 链的 3′端。而 ddNTP 没有 3′-OH，导致 DNA 链延长终止，合成的 DNA 片段的 5′端都是引物序列，3′端都是 ddNMP。再用聚丙烯酰胺凝胶电泳分离产生的核酸片段，通过放射自显影确定每条带的位置，就可以从凝胶的底部到顶部按 5′→3′方向读出新合成链的序列，如图 19-3 所示。

1986 年，LloydM. Smith 等人在此工作基础上，以荧光分子标记代替传统的 ^{32}P 或 ^{35}S 放射性核素标记，并对 Sanger 双脱氧终止法进行改进，设计出第一台 DNA 自动荧光测序仪，开始了 DNA 序列分析的自动化。90 年代后期，随着阵列毛细管电泳和激光聚焦荧光扫描技术的发展，研发了新一代高通量的 DNA 测序技术，实现了大规模的 DNA 序列的自动化分析。DNA 测序技术是现代生物学研究中的重要手段之一，能够真实地反映基因组 DNA 的遗传信息，使人们更全面地认识生物的复杂性和多样性。

四、生物芯片技术

生物芯片（biochip）是 20 世纪末发展起来的一项规模化分析生物信息的高新技术，它是指通过微加工技术和微电子技术在固相载体表面构建的微型生物化学分析系统，以实现对细胞、蛋白质、DNA 及其他生物组分信息的准确、快速、大量的检测。生物芯片的主要特点是高通量、微型化和自动化。芯片上集成的成千上万的密集排列的分子微阵列，能够在短时间内分析大量的生物分子，使人们快速准确地获取样品中的生物信息，其效率是传统检测手段的成百上千倍。由于常用硅片作为固相载体，且在制备过程模拟计算机芯片的制备技术，所以称之为生物芯片技术。生物芯片用途广泛，可用来对基因、抗原或活细胞、组织等进行检测分析，已成为生物学和医学等各研究领域中最具应用前景的一项生物技术。

根据芯片上固定的探针不同，生物芯片包括基因芯片、蛋白质芯片、细胞芯片、组织芯片等。

1. 基因芯片　基因芯片（gene chip）又称 DNA 芯片（DNA chip），是指将许多有序地、高密度地排列的特定寡核酸片段或基因片段固定于固相载体上作为探针，待测的样品核苷酸经过荧光标记，与固定在固相载体上的 DNA 阵列点位中的核酸探针按碱基配对原理进行杂交，然后用激光共聚焦荧光检测系统

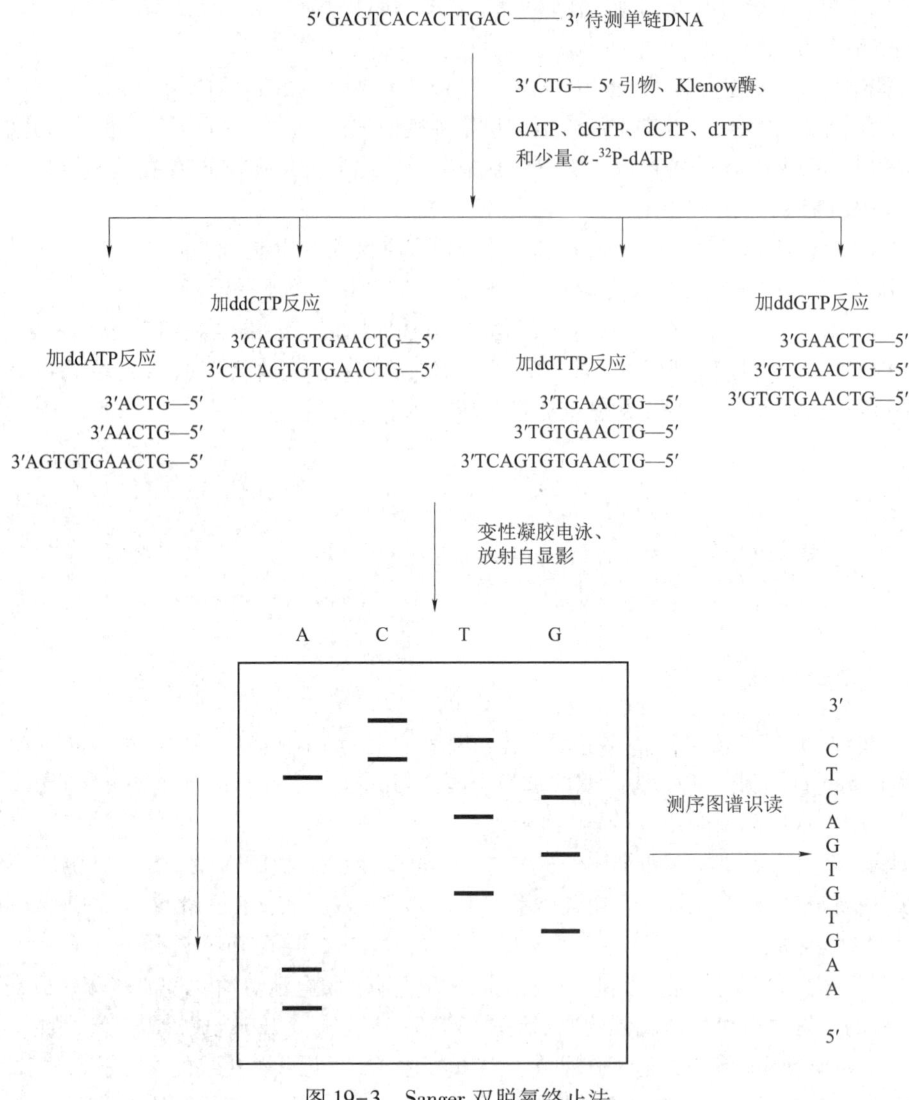

图 19-3 Sanger 双脱氧终止法

等对芯片进行扫描，通过计算机系统对每一点位的荧光信号做出检测、比较和分析，从而迅速得出定性和定量结果。

基因芯片可在同一时间内分析大量的基因，实现了基因信息的大规模检测。对来源不同的个体（正常人与患者）、不同组织、不同细胞周期、不同发育阶段、不同分化阶段、不同病变、不同刺激下的细胞内 mRNA 或逆转录后产生的 cDNA 与基因芯片进行杂交，可以对这些基因表达的个体特异性、组织特异性、发育阶段特异性、分化阶段特异性、病变特异性、刺激特异性进行综合的分析和判断，迅速将某个或几个基因与疾病联系起来，极大地加快这些基因功能的确定，并进一步研究基因与基因之间的相互作用关系。所以，不论何种领域，利用表达谱基因芯片可以获得大量研究领域相关的基因，使研究更具目的性和系统性。

基因芯片的优点：检测系统的微型化，对样品等需要量非常小；同时研究上万个基因的表达变化，研究效率明显提高；能更多地揭示基因之间表达变化的相互关系，从而研究基因与基因之间内在的作用关系；检测基因表达变化的灵敏度高，可检测丰度相差几个数量级的基因表达情况；节约费用和时间。

2. 蛋白质芯片 蛋白质芯片（protein chip）是将高度密集排列的蛋白质分子作为探针点阵固定在固相载体上，当与待测蛋白质样品反应时，利用蛋白质分子间的亲和作用，可捕获样品中的靶蛋白，再经检测系统对靶蛋白进行定性和定量分析。

蛋白质芯片最常用的探针蛋白是抗体，即利用抗体-抗原的特异性结合来检测。蛋白质芯片构建的简化模型为：选择一种固相载体能够牢固地结合蛋白质分子（抗原或抗体），形成蛋白质的微阵列，即蛋白质芯片；加入特异性的带有特殊标记的蛋白质分子，两者结合后，通过对标记物的检测来实现抗原、抗体互检，即蛋白质的检测。此方法构建的模型所需蛋白质样本的量极少，反应较快，蛋白质芯片稳定可靠，灵敏度较高，可对整个基因组水平的上千种蛋白质同时进行分析，比基因芯片更进一步地接近生命活动的物质层面。蛋白质芯片已广泛应用于蛋白质表达谱、蛋白质功能、蛋白质间相互作用的研究，在临床疾病的诊断和新药开发的筛选上也有很大的应用前景。

知识拓展

组织芯片

组织芯片（tissue chip）又称组织微阵列，由Kononon于1988年提出。通常是在玻璃等固相载体上，将数十种到上千种微小组织切片进行固定而形成。可以进行常规病理学、免疫组织化学、原位杂交或原位PCR等的高通量分析，从而鉴定出不同来源的组织上是否存在相关蛋白、DNA、RNA或其他指标，同时也可对这些指标进行定量分析。

传统病理切片一般只附载一张切片，而组织芯片可附载上千张微小组织，所以组织芯片具备了高通量的性质，即可在短时间内产生出大量的数据，为实验研究或临床实践提供参考。

对于组织芯片的检测分析，与组织细胞上的基因或蛋白质检测方法一样，可采用免疫组织化学、原位杂交等方法，也可用采用常规病理分析，如苏木素-伊红染色。

五、蛋白质相互作用研究技术

生物大分子是构成生命的基础物质，生物大分子之间的相互作用以及通过相互作用而形成的复合物是细胞各种生命活动的执行者。生物大分子的相互作用包括蛋白质之间相互作用，以及蛋白质与核酸、糖、脂等之间的相互作用。

生物大分子相互作用是信号转导网络控制基因表达的物质基础。信号转导通路的形成要求信号转导分子之间可特异性地相互识别和结合，即蛋白质-蛋白质相互作用，这是由信号转导分子中存在的一些特殊结构域介导的。这些结构域被称为蛋白质相互作用结构域。

蛋白质相互作用的研究已成为蛋白质组学中最主要的研究内容之一。迄今已发展了包括经典的分子生物学方法酵母双杂交系统（yeast two-hybrid system）和噬菌体展示技术（phage display technique），以及新近发展并广泛应用的标签融合蛋白技术（labeled fusion protein technique）、免疫共沉淀技术（co-immunoprecipitation technique）和荧光共振能量转移技术（fluorescence resonance energy transfer technique，FRET）、表面等离子共振技术（biacore SPR technique）、原子力显微技术（atomic force microscopy technique）等多种有效研究蛋白质间相互作用的高通量分析方法，为蛋白质组学的发展奠定了坚实的基础。

1. 酵母双杂交系统　酵母双杂交系统是将待研究的两种蛋白质的基因分别克隆到酵母表达质粒的转录激活因子（如GAL4等）的DNA结合结构域基因和激活结构域基因，构建成融合表达载体，从表达产物分析两种蛋白质相互作用的系统。

酵母双杂交技术能测定体内蛋白质间的相互结合与作用，具有高度敏感性。该技术具有以下特点：它不仅能鉴定相互作用的蛋白质，而且能直接应用编码这些蛋白质的基因；它可以检测出微弱的和短暂的相互作用；无需提纯目的蛋白，也无需靶蛋白的抗体；此法可检测两种已知的蛋白质间是否相互作用，更突出的优点是可以用某一蛋白质基因作为“诱饵”，从基因文库中去筛选（捕捉）所有能与其结合的未知蛋白质及其基因。利用此技术，可以寻找与病毒或细菌蛋白质相结合的肽段，验证小肽的药理作用，从而进行药物设计，并产生新的抗菌肽或抗病毒肽。

知识拓展

标签融合蛋白结合实验

标签融合蛋白结合实验是一个基于亲和色谱原理的、分析蛋白质体外直接相互作用的方法。该方法利用一种带有特定标签（tag）的纯化融合蛋白作为诱饵，在体外与待检测的纯化蛋白质或含有此待测蛋白质的细胞裂解液温育，然后用可结合蛋白标签的琼脂糖珠将融合蛋白沉淀回收，洗脱液经电泳分离并染色。如果两种蛋白质有直接的结合，待检测蛋白质将与融合蛋白同时被琼脂糖珠沉淀，在电泳胶中见到相应条带。

标签融合蛋白结合实验可用于证明两种蛋白质分子是否存在直接物理结合、分析两种分子结合的具体结构部位及筛选细胞内与融合蛋白相结合的未知分子。该方法亦常用于重组融合蛋白的纯化。

目前最常用的标签是谷胱甘肽-S-转移酶（glutathione S-transferase，GST），有各种商品化的载体用于构建GST融合基因，并在大肠埃希菌中表达为GST融合蛋白。利用GST与还原型谷胱甘肽（glutathione，GSH），可以用共价偶联了GSH的琼脂糖珠进行标签蛋白沉淀实验（GST pull-down assay）。另一个常用的常规亲和纯化的标签分子是可以与镍离子琼脂糖珠结合的6个连续排列的组氨酸（6×His）标签。采用镍离子琼脂糖珠填料组成的层析柱，可纯化6×His标签融合的目标蛋白质。

2. 噬菌体展示技术 噬菌体展示技术是一种将外源肽或蛋白质基因与噬菌体特定蛋白质基因在其表面进行融合表达的新技术。其基本原理是：将编码多肽的外源DNA片段与噬菌体表面蛋白的编码基因融合后，以融合蛋白的形式呈现在噬菌体的表面，被展示的多肽或蛋白质可保持相对的空间结构和生物活性，展示在噬菌体的表面。导入了各种各样外源基因的一群噬菌体，就构成一个展示各种各样外源肽的噬菌体展示库。当用一个蛋白质去筛查一个噬菌体展示库时，就会选择性地同与其有相互作用的某个外源肽相结合，从而分离出噬菌体展示库里的某个特定的噬菌体，进而研究该噬菌体所含外源基因的生物学功能。该技术的主要优势是：在文库筛选过程中，特定的噬菌体克隆由于对其配体的特异亲和性而不断地得到富集，从而使相对稀少的可以结合配体的克隆能够快速、有效地从一个大文库中被筛选出来。

用抗体、受体、核酸以及某些糖类可以从噬菌体随机肽库中筛选出与之结合的肽段，因此在抗原表位分析、分子间相互识别、新型疫苗及药物的开发研究方面有广泛的应用前景。近几年来，噬菌体展示技术成为探测蛋白质空间结构、探索受体与配体之间相互作用结合位点、寻找高亲和力和生物活性的配体分子的有力工具，也在蛋白质分子相互识别的研究、新型疫苗的研制，以及肿瘤治疗等研究领域产生了深远的影响。

六、遗传修饰动物模型的建立及应用

实验动物工作者为了研究的需要，应用遗传方法培育一些带有突变基因或导入突变基因的品系，作为人类疾病研究的模型，这主要包括同源导入近交系和分离近交系的遗传性疾病。遗传修饰动物是指经人工诱发突变或特定类型基因组改造建立的动物，导致动物出现新的性状，并使其能有效地遗传下去，形成新的可供生命科学研究和其他目的所用的动物模型，包括转基因动物、基因定位突变动物、诱变动物等。

1. 转基因动物 转基因动物是指基因组中整合有外源基因，并能够按孟德尔遗传定律遗传表达外源基因的一类动物。转基因动物模型构建的基本方法主要包括显微注射法、胚胎干细胞法（embryonic stem cells，ES 细胞）、逆转录病毒感染法、精子载体法、细胞核移植法等。

转基因动物模型建立的步骤主要是：①构建转基因载体；②将外源基因导入受体胚胎；③通过胚胎移植和基因型鉴定获得携带外源基因的转基因动物；④通过转基因动物的表型分析研究外源基因的功能。

目前最常用、最经典的方法是显微注射法。以单细胞受精卵为靶细胞，利用显微注射技术将构建好的载体 DNA 直接注射入受精卵的母核，再将接受注射的受精卵移入假孕的母体输卵管继续发育，从而获得转基因动物个体。采用此法已建立了转基因小鼠、转基因羊、转基因大鼠等多种动物模型。

ES 细胞是早期胚胎内细胞经过体外培养建立起来的全潜能细胞系，它是二倍体，能在体外培养，具有高度的全能性，可以形成包括生殖细胞在内的所有组织，并且在不同的培养条件下表现出不同的功能状态。利用基因剔除技术（gene knock-out technique）有目的地除去某种基因（靶向灭活），将灭活的基因放入 ES 细胞中，这一灭活基因通过同源重组取代原有的目的基因，筛选出基因定点灭活的细胞，注入动物的早期胚胎内，可产生嵌合体动物，通过培育即可获得纯合子基因剔除动物。目前用此法建立的疾病模型有 β-地中海贫血、高脂蛋白血症、动脉硬化症、阿尔茨海默病等。

遗传修饰动物模型可用于探讨疾病的发生机制，更为重要的是可以作为新的治疗方法和新的药物筛选系统，是生物医学研究、新药开发、毒理学、安全性评价的重要工具。疾病型转基因动物替代了人体试验，避免了人体试验的风险和伦理学问题，诱导的潜伏期长、病程长和发病率低的疾病有利于研究的进行，且在实验环境下，感染的病原体和种类均可控，方便样品的采集和研究。欧洲医药产品委员会 2006 年 6 月 2 日首次批准了用转基因山羊奶研制而成的抗血栓药物 ATryn（抗凝血酶）上市，转基因动物应用于制药上的研究愈见增多。世界上还有利用转基因绵羊、牛和兔等生物的乳腺反应器生产的人 α-抗胰蛋白酶（抗蛋白酶缺乏性肺气肿药物）、重组组织血纤维蛋白溶酶原激活剂（抗栓药）和人 C1 抑制剂（治疗神经性水肿的药物）等重组蛋白药物也已经完成或进入Ⅲ期临床试验，特别是治疗性抗体药物，发展潜力更大。目前已在一些动物乳汁中生产出人类蛋白质药物，如从牛乳汁中生产的抗凝血酶、纤维蛋白原、人血清清蛋白、胶原蛋白、乳铁蛋白、糖基转移酶、蛋白 C 等。

2. ENU 诱变　ENU（ethylnitrosourea，乙烷基亚硝基脲）致突变技术是高通量大规模筛选新基因及发育突变技术的化学诱变方法。它是一种表型诱变技术，研究者无需知道发生突变的基因以及这些基因的突变类型，即可直接针对某一未知基因突变导致的特定表型或疾病进行研究。用 ENU 进行大规模的诱变试验可迅速地产生数目巨大的突变体小鼠，通过鉴定获得导致表型发生的突变基因。最常用的方法是用 ENU 处理雄性小鼠，然后在后代筛选显性或隐性突变小鼠。

ENU 诱变小鼠是利用基因组研究的最新成果，不仅能促进分子遗传学的发展，为人类疾病的发病机制、功能基因及相关学科研究提供大量不同表型的动物模型，而且 ENU 诱变是近年来被公认的最有潜力的制造突变型动物的手段，新的动物模型的建立有助于新的疾病相关基因的发现，对开发具有独立知识产权的药物标靶和相应药物至关重要，具潜在的商业价值。

第二节　药物设计的生物化学原理

PPT

药物设计是通过科学的构思和方法，提出具有特异药理活性的新化学实体（new chemical entity，NCE）或新结构化合物。新化合物在药理活性、适应证、毒副作用等方面应优于已知药物，并尽量降低人力、物力的耗费。药物设计与生物化学有着密切的关系。

一、生物大分子结构模拟与药物设计

模拟生物大分子的高级结构，不但有助于深入理解大分子形成高级结构的机制及关键作用力，还有可能产生新结构的小分子化合物，选择性地识别生物分子，从而达到调控其生物功能、发展药物先导化

合物的目的。而直接确定生物大分子精确的三维结构，可以使人们在分子或原子水平上了解生物大分子发挥生物活性的作用机制，更利于阐述其功能。生物分子三维结构信息，特别是生物大分子与其小分子配体的复合物的结构信息，为小分子调节剂的设计提供了重要的依据，也为了解小分子配体的作用机制提供了最直观的方法，有助于重大疾病的预防和治疗、新型高效药物和疫苗的研发等。生物大分子结构模拟和药物设计包括：①RNA 的结构模拟和反义 RNA 的分子设计；②蛋白质空间结构模拟和分子设计；③具有不同功能域的复合蛋白质以及连接肽的设计；④生物活性分子的电子结构计算和设计；⑤纳米生物材料的模拟与设计；⑥基于酶和功能蛋白质结构及细胞表面受体结构的药物设计；⑦基于 DNA 结构的药物设计等。

目前生物大分子结构模拟的药物设计有两方面受关注：一是应用蛋白质工程技术改造的、具有明显生物功能的天然蛋白质分子；二是基于生物大分子的结构进行的合理药物设计。针对蛋白质、核酸、糖等潜在的药物作用靶点，通过有控制的基因修饰和基因合成对现有蛋白质进行定向改造，或参考配体和天然药物的分子结构特征来设计结构大小、形状合适的药物分子，找到作用于靶点的新药，具有活性强、专一性高、副作用小的优点。目前已获得多种自然界不存在的新型药物，如抗高血压药卡托普利就是通过合理药物设计研究成功，它与血管紧张素转化酶的活性中心结合，抑制血管紧张素Ⅰ转变成血管紧张素Ⅱ，防止血管壁收缩，达到降压作用。

案例解析

【案例】 胰岛素类似物为什么可代替现有的人胰岛素?

【解析】 把胰岛素 B 链的 Pro28 改为 Asp，生成快速胰岛素类似物，餐前用药；把 Asp21 改为 Gly，在 B 链 C 端加了 2 个 Arg 残基生成超长效胰岛素类似物，又称“甘精胰岛素”，用于替代精蛋白锌胰岛素，睡前用药。这就是利用蛋白质进行技术改造构建成比天然蛋白质更加符合人类需要的新型活性蛋白质。

常规胰岛素存在起效时间长，一般餐前半小时注射。另外常规胰岛素的注射导致低血糖的发生率较高。而胰岛素类似物具有起效时间短、持续时间短等优点，可最大程度模拟人体餐时胰岛素分泌模式，与常规胰岛素相比可减少血糖波动，从而低血糖风险。

二、酶与药物设计

酶是体内代谢的主要催化剂，以酶作为药物的靶点历史最悠久，现在仍是重要的研究对象。许多药物通过特异性抑制酶活性而修复紊乱的调节机制，促进酶活性而恢复正常的生理过程。这些靶酶包括人体内固有的酶和侵入到人体的病原体的酶系。

基于酶结构的药物设计主要是设计靶酶的抑制剂或激动剂。作为靶酶抑制剂的特征包括：①对靶酶活性的抑制强度；②对靶酶的特异性；③对拟干扰或阻断代谢途径的选择；④良好的药物代谢与动力学性质。利用靶酶的催化机制和结构相关知识，用于指导靶酶抑制剂的设计和发现，再借助计算机模拟、组合化学、快速筛选等技术，加快新型酶抑制剂药物的产生。

典型的靶酶抑制剂人免疫缺陷病毒Ⅰ型（HIV-1）蛋白水解酶抑制剂、抗肿瘤药物胸腺嘧啶核苷酸合成酶抑制剂就是成功的实例。HIV-1 蛋白水解酶是由两个含 99 个氨基酸残基的亚单位组成的天冬氨酸水解酶，与 HIV 的增生和成熟过程密切相关，该酶的抑制剂能高效抑制 HIV 的作用，是治疗艾滋病的有效药物，目前已使用计算机辅助设计合成了具有二重结构对称性的 HIV 蛋白水解酶抑制剂。抗肿瘤药物胸腺嘧啶核苷酸合成酶抑制剂是基于靶酶活性中心的结构特点设计的，能有效抑制肿瘤细胞 DNA 合成，抑制瘤细胞增殖，目前正在临床试用中。

抗菌类酶抑制剂有：二氢叶酸合成酶的竞争性抑制剂磺胺类药物，D-丙氨酰-D-丙氨酸肽酰转移酶的抑制剂β-内酰胺类抗生素等。抗病毒类酶抑制剂有：阿昔洛韦，抑制病毒编码的胸苷激酶和DNA聚合酶；齐多夫定，抑制HIV-1等，以及血管紧张素转化酶抑制剂、乙酰胆碱酯酶抑制剂、前列腺素环氧化酶抑制剂、HMG-CoA还原酶抑制剂等。目前蛋白激酶类抑制剂的设计是热点，如酪氨酸蛋白激酶，它在细胞增殖、细胞转化、代谢调控及细胞通讯多方面都起着重要的作用。细胞表面酪氨酸蛋白激酶受体的失控信号及细胞内的酪氨酸蛋白激酶异常会导致炎症、癌症、动脉粥样硬化、银屑病，它的抑制剂的设计是一类有效药物发展的基础。

三、受体与药物设计

受体是一类存在于细胞膜或细胞内的，能与细胞外专一信号分子结合进而激活细胞内一系列生物化学反应，使细胞对外界刺激产生相应效应的特殊蛋白质。与受体结合的生物活性物质统称为配体，因此，配体或其拮抗剂均可作为药物来设计，该药物在分子水平上与其受体相互识别、相互作用而产生药理效应。受体与药物结合即发生分子构象变化，从而引起细胞的生物效应，如介导细胞间信号转导、细胞间黏合、胞吞等过程。受体与药物结合的基本特征是：①受体能特异性地识别药物，主要是基于化学结构和空间结构的互补；②受体与药物的结合具有饱和性、高亲和性和可逆性；③与受体结合的药物，其生物效应可分为激动剂和拮抗剂，如可乐定结合α_2-肾上腺素受体治疗高血压；戈舍瑞林结合促性腺激素释放激素受体治疗肿瘤；催产素结合催产素受体促分娩；普仑司特结合白三烯受体治疗过敏和哮喘等等。

以受体学说指导合理药物设计，最具应用前景的是受体介导的药物导向，即以受体的配体为药物载体，把有效药物选择性地通过受体导向特定的细胞分子或组织，以高效治疗疾病和减少毒副作用。靶向药物与受体具有高度的结构专一性，受体的结合部位能特异识别相应药物并与之结合产生效应，靶向药物的研发大大增加了药物的选择性作用。

四、药物代谢转化与前体药物设计

药物代谢是研究药物在生物体内的吸收、分布、生物转化和排泄等过程的特点和规律，即药物分子被机体吸收后发生的化学结构变化及代谢过程，是药物研发产业链中的重要环节，贯穿药物研究过程的始终，包括药物的作用、副作用、毒性、给药剂量、给药方式、药物的作用时间、药物的相互作用等。在药物筛选优化过程中，经常发现药物在体外活性较高而体内活性很弱，可能是由于结构不稳定、溶解性差、利用率低、药物代谢动力学不适、代谢特异性不高而到达不了作用部位。基于此情况下，可把药物与某化合物连接，或基团转化，或化学结构修饰生成新的化合物——前体药物（prodrug），经过修饰改造得到的前体药物在体外无活性或活性较小，在体内经酶或非酶的转化可释放出活性药物而发挥药效作用。前体药物可克服上述不利因素，甚至其代谢产物比原药表现出更好生物活性。药物代谢研究可以为药物设计的结构修饰、化合物结构改造、引入合适基团及硬药和软药开发提供帮助和指导。应用前体药物的原理已开发了许多药物，如非那西丁，通过*O*-脱乙基生成对乙酰氨基酚（扑热息痛）而产生解热镇痛作用；如本身无药理活性、进入体内经生物脱甲基化才成为有药理活性的抗忧郁药——去甲丙米嗪（地昔帕明）；抗风湿药保泰松在代谢氧化中转化成更有效、毒性较低的羟基保泰松等等。

五、药物基因组学与药物研究

药物基因组学是研究人类基因组信息与药物反应之间的关系，利用基因组学信息解答不同个体对同一药物反应上存在差异的原因，即从分子基因水平上阐明药物作用机制、药物代谢转运机制及药物不良反应的发生机制。人类基因组具有广泛的多态性，药物基因组学研究个体的遗传背景，预测其药物代谢特点和反应，实施“个体化”合理用药，并可以根据不同人群和个体的基因多态性和遗传特点，设计和研制开发新的药物。通过对疾病相关基因、药物作用靶点、药物代谢酶谱、药物转运蛋白等的基因多态性研究，寻找新的药物先导化合物和新的给药方式，从药物作用机制和药效等方面发现相关的个体遗传差异，研发更有效的药物和针对性更强的给药途径，从而改变药物的研究开发方式和临床治疗模式，为新药研究与临床合理用药开辟广阔的发展前景。

药物基因组学为以作用机制为基础的新药研发提供手段。随着人类基因组研究的深入，具有药用前景的基因和作为药物作用的靶基因将不断增加，与疾病发生相关的基因克隆与表达将成为鉴定具有潜力的先导化合物的有力工具。在获得靶基因的序列后，通过克隆技术可以建立其表达系统，利用DNA芯片技术可以同步分析几千个基因，并在组织或细胞中进行显示，用于高通量筛选先导化合物，从而大大加速了新药的设计与筛选。如胆囊纤维化基因是一种离子通道蛋白基因，现已被克隆。药物基因组学作为现代药物研究方法，将极大地提高药物发现和药物研究的速度和效率，并将在指导临床研究和市场化策略等方面发挥根本性的作用。

六、生物信息学与药物发现

药物生物信息学是综合应用生命科学、数学、计算机科学等多学科的理论和方法，以生物科学研究中获得的数据、信息为研究对象，特别是对人类基因组计划中获得大量生物信息进行整理和分析，并应用于药物的设计和开发，以达到合理药物设计的目的。其主要优势在于以低成本和高通量的方式，对大量生物学和医学数据进行管理和分析，侧重于从中进一步挖掘与药物疗效、作用机制和副作用等相关的有价值的信息，为药物研究提供参考和指导。在新药研究中，生物信息学具有广阔的用途，药物作用靶点的发现、新药的筛选和发现、药物的临床前研究以及临床应用等各个环节，都与生物信息学有密切的关系。

众多的理论性和应用性研究显示，基于药物生物信息学方法对药物相关的高通量数据进行分析和挖掘，能够在传统的经验性临床摸索和低通量实验外，建立一套更高效的新药研发的方法体系。较之低通量药理或毒理学实验的传统新药研发流程的周期长、成本高和失败率高的局限性，药物生物信息学方法在研究成本上具有优势，研发周期也相对更短，特别是在临床样本收集和动物模型建立十分困难的研究“初级阶段”，可采用系统生物学理论和生物信息学方法摸清大致脉络，从而实现在前期较少经费的基础上，为后续实验提供可行可靠的假说，也就为后续长期大额经费的投入指明了正确的方向。生物信息学的应用大大加快了药物的开发进程。

第三节　药理学研究的生物化学基础

PPT

药理学是研究药物与机体（包括病原体）相互作用的规律和机制，即在严格控制实验条件的情况下，从整体、系统、器官、组织、细胞和分子水平上，观察和探讨药物的药效和作用机制，进行药效和安全性评价。生物化学是药理学研究的重要理论基础。

一、药物作用的生物化学基础

（一）神经传导与神经递质

1. 神经传导　神经传导是在神经纤维上顺序发生的电化学变化。神经受到刺激时，细胞膜的透性发生急剧变化，形成膜两侧的电位差，产生可传导的动作电位。用放射性核素标记的离子做试验证明，神经纤维在受到刺激（如电刺激）时，Na^+的流入量比未受刺激时增加20倍，同时K^+的流出量也增加9倍，所以神经冲动是伴随着Na^+大量流入和K^+的大量流出而发生的。传导过程可概括为：①刺激引起神经纤维膜透性发生变化，Na^+大量从膜外流入，从而引起膜电位的逆转，从原来的外正内负变为外负内正，这就是动作电位，动作电位的顺序传播即是神经冲动的传导；②纤维内的K^+向外渗出，从而使膜恢复了极化状态；③Na^+-K^+泵的主动运输使膜内的Na^+流出，使膜外的K^+流入，由于Na^+：K^+的主动运输量是3：2，即流出的Na^+多，流入的K^+少，也由于膜内存在着不能渗出的有机物负离子，使膜的外正内负的静息电位和Na^+、K^+的正常分布得到恢复。

2. 神经递质　神经递质（neurotransmitter）是在突触传递中充当“信使”的特定化学物质，简称递质。神经递质由突触前膜释放后立即与相应的突触后膜受体结合，产生突触去极化电位或超极化电位，导致突触后神经兴奋性升高或降低。用递质拟似剂或受体阻断剂能加强或阻断这一递质的突触传递作用。乙酰胆碱（Ach）是最早被鉴定的递质。随着神经生物学的发展，陆续在神经系统中发现了大量神经活性物质，主要包括：①单胺类，如肾上腺素（E）、去甲肾上腺素（NE）、多巴胺（DA）、5-羟色胺（5-HT）等；②氨基酸类，如γ-氨基丁酸（GABA）、组胺、谷氨酸、天冬氨酸、甘氨酸等；③肽类，如升压素（9肽）、催产素（9肽）、促甲状腺释放激素（TRH，3肽）、生长抑素（GHRIH，14肽）等；④其他类，如一氧化氮（NO）被普遍认为是神经递质，它不以胞吐的方式释放，而是凭借其脂溶性穿过细胞膜，通过化学反应发挥作用。

如果神经传导发生障碍就会引起疾病。脑、脊髓运动神经细胞体及神经纤维受损伤可导致软瘫，瘫痪肢体张力低，一切反射消失。锥体外系统损害，可出现肌张力的改变，不自主多动，如帕金森综合征、亨廷顿病和扭转性痉挛等。在延髓和脑桥中有许多重要神经中枢，调节呼吸、心血管、消化等生理功能，这些中枢如受损伤则可危及生命。

（二）受体结构与功能

在细胞中能与细胞外专一信号分子（配体）结合引起细胞反应的蛋白质称为受体（receptor）。受体的化学本质为蛋白质，部分为糖蛋白或脂蛋白。在细胞表面的受体大多为糖蛋白，且由多个亚基组成，含调节部位与活性部位，称为细胞表面受体。某些受体如甾体激素受体，存在于细胞内，称为细胞内受体。受体与配体结合即发生分子构象变化，从而引起细胞反应，如介导细胞间信号转导、细胞间黏合、细胞胞吞等细胞过程。

1. 离子通道型受体　离子通道型受体是一类自身为离子通道的受体，主要存在于神经、肌肉等可兴奋细胞，其信号分子为神经递质。神经递质通过与受体结合而改变通道蛋白的构象，导致离子通道的开启或关闭，引起或切断阳离子、阴离子的流动，从而在瞬间将胞外化学信号转换为电信号而传递信息。如乙酰胆碱受体以三种构象存在，两分子乙酰胆碱的结合可以使之处于通道开放构象，但时间十分短暂，在几十毫微秒内又回到关闭状态（图19-4）。然后乙酰胆碱与之解离，受体则恢复到初始状态，做好下一次的准备。离子通道型受体有阳离子通道，如乙酰胆碱、谷氨酸和5-羟色胺的受体；阴离子通道，如甘氨酸和γ-氨基丁酸的受体。

研究发现，体内的一些内源性致病物质会引起某一种或几种离子通道的结构和功能改变，如β-淀粉样蛋白、早老蛋白与钾通道、钙通道的功能异常密切相关，导致患者早期记忆损失、认知功能下降等症状出现，目前临床上许多药物都是通过对这类受体的激动或拮抗而发挥疗效的。

2. G蛋白偶联受体　详见第十六章第二节。

3. 酶偶联受体　这类受体本身是一种跨膜结合的酶蛋白，自身具有酶的性质或者与酶结合在一起。其胞外结构域与配体结合而被激活，通过内侧激酶反应将细胞外信号传至胞内，这类受体多数为蛋白激酶或与蛋白激酶结合在一起，当它们被激活后即具有酶活性，可使靶细胞中专一的一类蛋白质磷酸化，构成激酶级联放大信号的效应。

酶偶联受体转导的信号通常与细胞的生长、繁殖、分化、生存有关。最典型的是酪氨酸蛋白激酶型受体（RTK），它是细胞表面的一大类重要受体家族，已鉴定的有50余种，包括6个亚家族。它的细胞外配体是可溶性或膜结合的多肽或蛋白质类激素，包括神经生长因子（NGF）、血小板衍生生长因子（PDGF）、成纤维细胞生长因子（FGF）、表皮生长因子（EGF）等多种生长因子和胰岛素。RTK-Ras信号通路是这类受体所介导的重要信号通路，具有广泛的功能，包括调节细胞的增殖与分化、促进细胞存活以及细胞代谢过程中的调节与校正作用。

4. 转录因子型受体　又称胞内受体，这类受体位于细胞内，激素直接进入细胞内并与细胞内受体结合，活化的激素-受体复合物转移到核内，与所调控基因的特定部位结合，然后启动转录，如类固醇激素及甲状腺激素的受体。胞内受体的基本结构都很相似，有极高的同源性，通常有两个不同的结构域：一个是与DNA结合的中间结构域；另一个是激活基因转录的N端结构域。此外，还有两个结合位点：一个

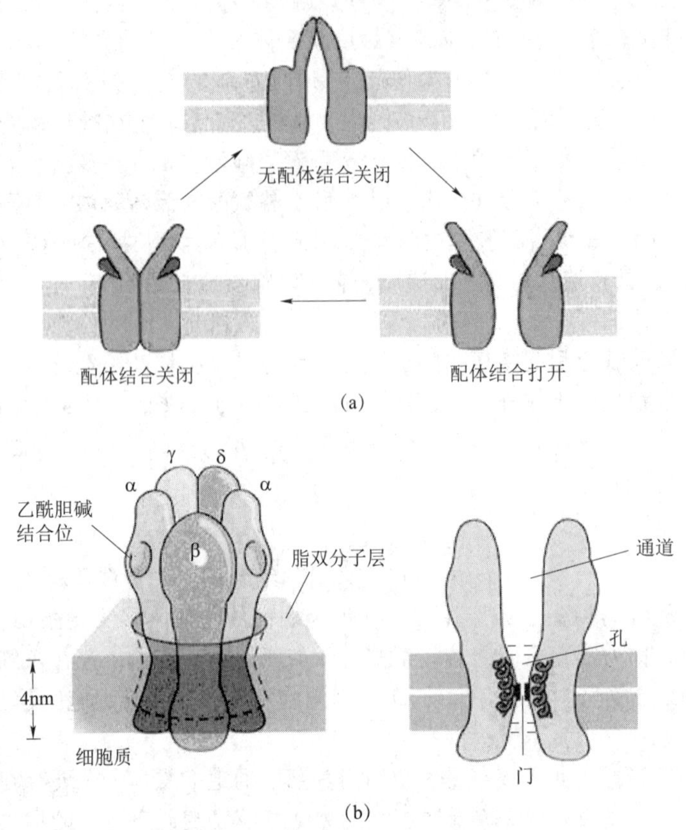

图 19-4　离子通道受体——乙酰胆碱受体结构

(a) 三种构象；(b) 通道开放构象

是与激素结合的位点，位于 C 端；另一个是与抑制蛋白结合的位点。

胞内受体是后生动物中含量最丰富的转录调节因子之一，它们在新陈代谢、性别决定与分化、生殖发育和稳态的维持等方面发挥着重要的功能。胞内受体分布于胞质或核内，本质上都是配体调控的转录因子，均在核内启动信号转导并影响基因转录，故统称为核受体（nuclear receptor）。近年来，核受体家族在代谢性疾病领域受到广泛的关注，已有研究证明，它们与糖尿病、脂肪肝等疾病的发生、发展密切相关，也被称为代谢性核受体。

（三）跨膜信号转导与细胞内信号转导

不同形式的外界信号作用于细胞膜表面受体，引起膜结构中某种特殊蛋白质分子的变构作用，以新的信号传到膜内，再引发被作用的细胞相应的功能改变，包括生长、发育、神经传导、激素和内分泌作用、学习与记忆、疾病、衰老与死亡等；也包括细胞的增殖、细胞周期调控、细胞迁移、细胞形态与功能、免疫、应激、细胞恶变与细胞凋亡等。细胞外的刺激信号多数只能被膜上的受体识别，通过膜上信号转换系统，再转变为细胞内信号。细胞内信号转导通路网络主要基于两类分子基础：①不同种类的受体使用由共同组分构成的转导信号；②在信号转导通路中不同类型的磷酸化同时起作用。细胞信号转导的分子基础说明，细胞内信号转导通路之间是相互交流、形成网络的。

细胞信号转导是维持正常细胞代谢和存活所必需的，与人类的健康和疾病发生密切相关，许多疾病的起因涉及细胞信号转导系统的紊乱。在研究各种疾病过程中发现的信号转导分子结构与功能的改变为新药的筛选和研发提供了靶位，相关信号转导分子的激动剂和抑制剂，尤其是各种蛋白激酶的抑制剂被广泛用作母体药物进行新药研究。针对信号转导通路中的异常基因或蛋白质来设计药物，以抑制细胞过度增殖或上调凋亡，成为当前抗肿瘤药物开发的研究重点，据此开发的多种小分子靶向药物取得良好疗效。

（四）药物作用的靶酶

体内酶功能的低下或缺乏会导致代谢的异常和疾病的发生。药物通过调控靶酶的酶活性（激活、抑制、辅酶）和酶量（增加、减少）来控制后续的功能效应。酶抑制剂作用于酶的活性中心或必需基团，导致酶活性下降或丧失而降低酶促反应的速度，对酶有较高的选择性，调节作用明显，成为目前最有潜力的药物研究方向之一。酶抑制剂药物必须具备的条件：①其靶酶所催化的反应与疾病的发生有关，如端粒酶；②具有特异性，不影响其他代谢途径；③具有合适的药代动力学特征，能到达靶部位，有量效关系、持续作用时间；④毒性较小，疗效高；⑤符合药品标准。目前成功开发的酶抑制剂类药物有：胆碱酯酶抑制剂毒扁豆碱、新斯的明；多巴脱羧酶抑制剂 α-甲基多巴胺；碳酸酐酶抑制剂乙酰唑胺；血管紧张素转换酶抑制剂卡普托利；HMG-CoA 还原酶抑制剂洛伐他汀；二氢叶酸还原酶抑制剂 TMP、甲氨蝶呤；胸苷酸合成酶抑制剂氟尿嘧啶；逆转录酶抑制剂齐多夫定等。

药酶抑制剂还可抑制耐药性细菌的钝化酶，故可用于某些耐药性细菌感染的治疗。现已从微生物的次生代谢产物中新发现了几十种小分子酶抑制剂，能调节人体的某些代谢，达到治疗某种疾病的目的。

（五）细胞生长调节因子

细胞生长调节因子是一组小分子或中等分子量的可溶性蛋白质（多肽）或糖蛋白，具有强大的和多方面的生物效应，可调节细胞的增殖、分化、生长、出血、骨发生、免疫过程、创伤愈合、炎症反应等。细胞因子通常以旁分泌或自分泌形式作用于附近细胞或细胞本身，以一种网络形式发挥多重的调节作用。许多细胞因子在靶细胞上有特异性受体，仅微量就具有生物活性。已发现的细胞生长调节因子有 100 多种，分为刺激因子类和抑制因子类，如 T 细胞生长因子、表皮生长因子、成纤维细胞生长因子、神经生长因子、白细胞介素、骨生长因子等，干扰素，肿瘤坏死因子，转化生长因子；肝增殖抑制因子等。

二、新药筛选的生物化学方法

微课

新药筛选目的是反映预期的药理、药效作用，可从整体动物、细胞、分子水平着手。最基本的是用生物化学方法作为新药筛选的手段。

（一）膜功能法

生物膜是直接参与生命活动或物质代谢与能量代谢过程的重要结构。药物通过作用靶细胞受体、离子载体等，改变膜的通透性或引起细胞内有关酶的活性改变，从而产生药理作用。因此，通过膜功能变化的研究可筛选出目的新药。

1. 膜的转运功能

（1）膜的被动转运　生物膜是脂溶性半透膜，凡脂溶性的内源物质（如甾体激素、脂溶性纤维素）和外源物质（如生物碱、巴比妥药物）均可以脂溶扩散方式透过生物膜。脂溶性越大或溶解度越小的物质越容易透过生物膜。水溶性小的分子，内源物质如水和尿素等，外源物质如乙醇等，如分子量小于 100，直径小于 0.35nm 也可以从一些内嵌蛋白质中的小孔道（直径约 0.35nm）通过。其转运无需耗能，从高浓度一侧向低浓度一侧扩散，为被动转运。

（2）膜的主动转运　机体细胞每经过一次动作电位后，必须迅速将流入的 Na^+ 排出膜外，并将溢出的 K^+ 吸回膜内。完成此项工作的是细胞膜上的 Na^+,K^+-ATP 酶（又称钠泵），钠泵通过释放 ATP 能量，维持膜内高 K^+ 和膜外高 Na^+ 的生理状态。膜的这种特殊转运称为主动转运。除钠泵外，生物膜还有 Mg^{2+}-ATP 酶、H^+-ATP 酶等离子泵，它们影响生物膜主动转运从而产生药理作用的机制。如喹巴因不仅抑制心肌细胞膜钠泵，还能透过血-脑屏障，抑制中枢神经细胞突触前膜的钠泵，产生抗抑郁作用。利血平选择性抑制交感神经元中小囊泡膜的 Mg^{2+}-ATP 酶，阻止小囊泡回收去甲肾上腺素递质，使小囊泡空竭而产生降压作用。

2. 膜的制备及功能测定　在药理学研究中有代表性的膜制备技术与功能研究方法如下。

（1）心肌细胞膜的制备与功能测定　在维持心肌细胞膜电位和去极化、复极化过程所产生的动作电位中，起重要作用的钠泵是贯穿在膜的内、外两面，应用差速离心法制备的心肌细胞膜可作为膜上酶活性的测定材料。强心苷、某些抗心律失常药和β肾上腺素能阻断药的作用机制都与心肌细胞膜上的钠泵或腺苷酸环化酶，以及膜上专一性受体的功能有关，可用于这类药物的筛选研究。

（2）钙调蛋白-红细胞膜的制备及钙调蛋白功能测定　钙离子在生命活动中的作用主要是通过钙调蛋白（CaM）来实现的。CaM本身无法测定活性，它的功能一定要有钙离子存在，与特定靶酶结合后才能表现出其激活或调节功能。应用高速离心法制备的红细胞膜含有 Ca^{2+},Mg^{2+}-ATP 酶，是一种与钙离子转运密切相关的 CaM 靶酶。通过测定 CaM 激活 Ca^{2+},Mg^{2+}-ATP 酶活性的变化可观察钙拮抗类药物的药理活性。

（二）放射配基受体结合法

放射配基受体结合法（radio ligand receptor binding assay，RRA）是基于受体与配体（药物）的特异性结合的分析方法，用放射性核素标记配基或特异性拮抗药，当被筛选的药物与标记配基及受体一起时，发生竞争性结合，反应去除游离的配基，测定与受体结合的配基量，通过分析计算可了解被筛选药物与标记配基对受体的竞争结合程度，观察药物对受体的亲和力和结合强度，从而判断药物的药理活性。

（三）逆向分子药理学法

逆向分子药理学法是应用基因克隆技术从同一家族变体中构建出未知的受体基因，筛选研究与此受体选择性作用的配体药物，即建立孤儿受体筛选新药模型。所谓孤儿受体（orphan receptor）是指一些与其他已确认的受体结构上明显相似，但其内源配体还没被发现的受体。将克隆的孤儿受体在哺乳动物细胞中表达，并以此细胞为基础，应用功能分析法筛选配基，以此配基为标记物，筛选该孤儿受体的拮抗药或激动药，再研究它们的生物及药理效应，从而阐明孤儿受体的功能，在此基础上应用该受体筛选药物。以孤儿G蛋白偶联受体（GPCR）为例，目前运用现代生物技术已克隆了800多种GPCR，其中与人有关的有240多种，预计人类基因组中有400多种以上的GPCR。传统药理学方法开发以孤儿受体为靶点的药物，既费力又费时，为此人们提出了应用逆向分子药理学建立孤儿受体筛选新药的模型（图19-5）。逆向分子药理学法为设计作用于单个亚型受体的药物提供了新的思路，为新药开发提供有效手段。

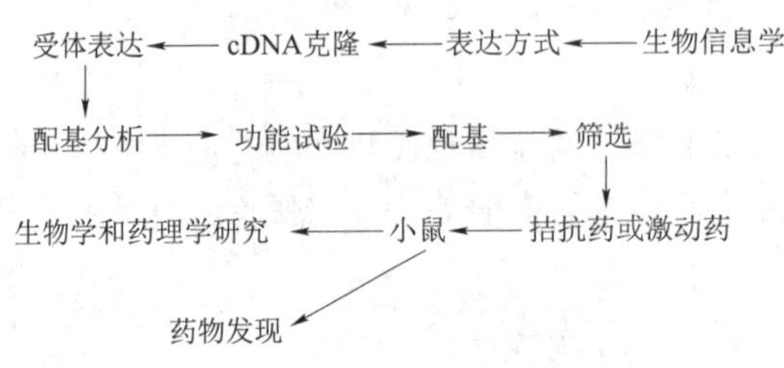

图19-5　GPCR类孤儿受体筛选新药模型

（四）酶学分析法

酶学分析法就是利用酶作为分析试剂，对一些酶的活性、底物浓度、激活剂、抑制剂等进行定量分析的一种方法。酶学分析法有两种类型：一种是酶活力测定法，是以酶类药物作为分析对象，目的在于测定样品中某种酶的含量或活性（单位）；另一种是酶分析法，是以酶为分析工具（工具酶）或分析试剂，测定生物药物中酶以外的其他物质含量变化，用于各种氨基酸类、蛋白质和多肽类、核酸类、糖类等各种物质的定性和定量分析。

（五）生化代谢功能分析法

体内存在着一整套复杂又十分完整的代谢调节网络，各种代谢相互联系，有序进行。其中有整体的神经-体液调节，还有细胞及其关键酶的调节。人体疾病的发生除了酶的先天缺陷与后天受抑制导致代谢异常外，还与代谢调节网络的失调有关，如糖尿病是由于胰岛素分泌不足或其受体功能缺陷等原因所致的糖代谢调节功能的紊乱与失调。因此，生化代谢功能分析是研究纠正代谢紊乱与失调药物的有效实验方法。

第四节　药物质量控制的生物化学基础

药物的质量要求，首先要考虑药物本身的有效性和安全性，其次是药物中的杂质和降解对人体的危害和不良反应。药物质量的优劣直接影响预防与治疗的效果及毒副作用。因此，必须保证药物有严格的质量标准和科学合理的分析方法，对药品质量进行全面控制。生化分析法具有操作简便、取样少、灵敏度高、专一性强等优点，常用于药品的分析测定。

一、生物药物制备方法

生物药物是指运用生物学、医学、生物化学等的研究成果，综合利用物理学、化学、生物化学、生物技术和药学等学科的原理和方法，利用生物体、生物组织、细胞、体液等制造的一类用于预防、治疗和诊断疾病的制品，包括生化药物、微生物药物、生物技术药物和生物制品。生物药物的生产技术要求高、产品类型多、药效显著、质量要求高。

（一）生物药物制备方法的原理

1. 依据　①根据不同组分分配率的差别进行分离，如溶剂萃取、分配色谱、吸附色谱、盐析、结晶等，许多小分子生物药物如氨基酸、脂质药物、某些维生素及固醇类药物等多采用这类制备方法；②根据生物大分子的特性采用多种分离手段交互进行，如多肽类药物、蛋白质类药物、酶类药物、核酸类药物和多糖类药物常常采用多种分离手段。

2. 原理　①根据分子形状和分子大小不同进行分离，如差速离心、超速离心、膜分离、凝胶过滤等；②根据分子极性大小与溶解度不同进行分离，如溶剂提取法、逆流分配法、分配色谱法、盐析法、等电点沉淀法和有机溶剂分级沉淀法；③根据分子电离性质（带电性）不同进行分离，如离子交换法、电泳法和等电聚焦法；④根据配基特异性不同进行分离，如亲和色谱法；⑤根据物质吸附性质的不同进行分离，如选择性吸附与吸附色谱等。

（二）生物药物制备方法的特点

1. 目的物存在于组成复杂的生物材料中。生物材料含有无数种成分，各种化合物特性和理化性质各不相同，其中还有未知物，而且有效物质在制备过程尚处于代谢动态中，故常常无固定工艺可循。

2. 原料中的有效物质含量低。有些目的物在生物材料中含量极微，因此，分离纯化步骤多，难以获得高收率。

3. 稳定性差。生物活性成分离开生物体后，易变性破坏，所以分离过程中应注意保护有效物质的生物活性。

4. 易腐败和被污染。生物药物营养价值高，极易染菌、腐败，造成有效成分被破坏而失去活性，并且产生热原或致敏物质，因此生产过程中应低温、无菌。

5. 制造过程几乎都在溶液中进行，各种理化因素和生物学因素组分的综合影响（如pH、温度、离子强度等）致使许多工艺设计理论性不强，实验结果常带有很大经验成分。

6. 工艺流程长，操作繁琐。为了保护目的物的活性及结构完整性，生物制药工艺多采用“逐级分离”法。

7. 质量检测要求高。生物药物具有特殊的生理功能，生产时不仅要有理化检验指标，更要有生物活性检验指标，并且生物药品对环境变化十分敏感，结构与功能的关系多变复杂。因此，对其均一性检测与化学上的纯度检测不同，需要通过多种方法测定其“均一性”。

二、药物质量控制的常用生化分析方法

（一）电泳法

电泳是带电颗粒在电场中做运动，向着所带电荷电性相反的电极方向移动。通常根据各种物质带电量和种类不同，在电场中迁移方向和速度不同而对物质进行分离和鉴定。影响颗粒电泳迁移率的因素主要有：分离物质颗粒大小、形状、分子量和带电量。按支持物的不同，可分为纸电泳、醋酸纤维素膜电泳、淀粉凝胶电泳、聚丙烯酰胺凝胶电泳、琼脂糖凝胶电泳、毛细管电泳等。按电泳方法可分为水平板电泳、圆盘电泳和垂直板电泳等。

电泳技术已广泛应用于医学基础理论研究，如蛋白质、酶、核酸等大分子的分离纯化和临床诊断等方面。琼脂糖凝胶电泳可用于分析人血清和DNA，为临床诊断提供依据，如肝癌早期诊断、指纹DNA检测等。毛细管电泳技术在药物成分分析及质量检测方面展现出特有的生化分离能力与极大的应用前景，如用于分离无机离子、小分子有机物、氨基酸、肽、蛋白质、核苷酸等，用于药物、蛋白质结合研究，用于测定中药、中成药的有效成分含量，用于测定血浆茶碱浓度等。

（二）酶法

酶法分析在药物分析中的应用主要有两个方面：一是以酶为分析对象，根据需要对药物生产过程中所使用的酶和药物样品所含的酶进行酶的含量或酶活力的测定，称为酶分析法；二是利用酶的特点，以酶作为分析工具或分析试剂，用于测定药物样品中用一般化学方法难于检测的物质，如底物、辅酶、抑制剂和激动剂或辅因子含量的方法，称为酶法分析。酶法分析的特点：干扰少，专一性极高，只允许类似物共存；操作简便，仅对酶分析操作；测定快速，酶促反应多在30分钟内完成，一般不需预处理；精确度、灵敏度较高，仪器误差小，检出限量<10^{-7}mol/L；经济便宜，样品和试剂用量少。在药品质量控制中，酶法分析已广泛用于各种糖类、氨基酸类、蛋白质和多肽类、核酸类、有机酸类、维生素类、甾体激素、毒素类等各种物质的定性和定量分析。

酶法分析主要有三类测定法：①终止反应法，按一定间隔时间分次终止反应并取样检测，分析反应体系中底物、产物、辅酶、激动剂或抑制剂的变化量。②连续测定法，根据反应过程中光吸收、气体体积、酸碱度、温度、黏度等的变化，跟踪检测酶活性或待测物质的浓度。③循环放大分析法，根据反应产物量及循环次数（时间）计算循环底物量，再推算试样中待测组分的量。

酶法分析的检测方法主要有：①紫外-可见分光光度法。利用酶促反应的底物或产物在紫外-可见光区具有一定的吸收能力，可用此法检测。②荧光光度法。荧光光度法的检测灵敏度高达10^{-9}g，常用于极低浓度物质的微量分析。③氧电极法。有些酶促反应的产物有二氧化碳或氧气，可通过测定气体的容量变化而加以分析。氧电极能简便地测定氧分压的变化，并有较高的灵敏度和准确度。④固定化酶和酶电极法。固定化酶（immobilized enzyme）是指借助物理和化学方法将酶束缚在一定的空间内仍具有催化活性的酶制剂，具有稳定性高、可反复使用、使反应呈连续化和自动化的优点。固定化酶与电极结合就构成了酶电极，应用于分析的有L-氨基酸化酶电极、过氧化物酶电极、葡萄糖氧化酶电极等。⑤放射性核素测定法。用放射性核素标记的酶与底物反应，生成放射性产物，经适当分离后测定产物中的放射性核素含量，所生成的放射性产物含量与底物浓度成正比，用于极微量成分的测定。

（三）免疫法

免疫分析法是利用抗原-抗体特异性结合反应检测各种物质（药物、激素、蛋白质、微生物等）的分析方法。在药物分析中，免疫分析法的应用主要集中在以下几方面：①在实验药代动力学和临床药物学中，测定生物利用度和药物代谢动力学参数等生物药剂学中的重要数据，以便了解药物在体内的吸收、分解、代谢和排泄情况；②在药物的临床检测中，对治疗指数小、超过安全剂量易发生严重不良反应，或最佳治疗浓度和毒性反应浓度有交叉的药物血液浓度进行监测；③在药物生产中，从发酵液或细胞培养液中快速测定有效组分的含量，以实现对生产过程的在线监测；④对药品中是否存在特定的微量有害杂质进行评价。

1. 非标记免疫分析法分为免疫扩散法和免疫电泳法。

（1）免疫扩散法　免疫扩散法是利用可溶性抗原与相应抗体在琼脂介质中相互扩散，彼此相遇发生特异性反应，在两者浓度比例适当处形成沉淀线，根据沉淀线的有无、形状和位置对抗原或抗体进行定性分析，也可用于抗体的半定量检测和抗体效价测定。本法是观察可溶性抗原与相应抗体反应及抗原、抗体鉴定的最基本方法之一，如检测牛初乳中的 IgG，或检定虎骨、豹骨中的特异性蛋白质，可作为真伪鉴别。

（2）免疫电泳法　免疫电泳法是利用凝胶电泳与免疫扩散两者技术结合的实验方法，将待测样品作琼脂（agar）凝胶电泳，各蛋白质抗原组分被分成不同的区带，然后与电泳方向平行挖一小槽，加入相应的抗体，把分成区带的蛋白质抗原成分做双向免疫扩散，在各区带相应的位置形成沉淀线。常见方法有简易免疫电泳和对流免疫电泳。本法是很理想的分离和鉴定蛋白质混合物的方法，常用于抗原、抗体定性及纯度的测定，临床上用于免疫性疾病的诊断。

2. 标记的免疫分析法分为放射免疫分析法（RIA）、酶联免疫分析法（ELISA）、荧光免疫分析法（FIA）、胶体金免疫分析法（CGIA）、化学发光免疫分析法（CLIA）等。

（1）放射免疫分析法　放射免疫分析法是利用放射性核素标记的与未标记的抗原对有限量的抗体发生竞争性结合或抑制反应的体外微量分析方法。在 RIA 反应体系中，标记抗原（Ag^*）、未标记抗原（Ag）和特异性抗体（Ab）三者同时存在，两种抗原竞争性地与抗体结合，形成 Ag^*-Ab 和 Ag-Ab 复合物。当 Ag^* 和 Ab 的量固定时，两者结合能力受 Ag 含量的制约。若 Ag 含量高，对 Ab 的结合能力就强，Ag-Ab 复合物的形成量就增加，Ag^*-Ab 复合物则相对减少；反之，若 Ag 含量低，对 Ab 的结合能力弱，Ag^*-Ab 复合物的形成量即增多。因此，Ag^*-Ab 复合物的形成量与 Ag 含量之间呈一定的负相关函数关系，根据结合率和剂量反应曲线，可求出待测抗原的量。本法常用于具有抗原性的生物大分子的分析，也广泛用于低分子量半抗原性质的药物和甾体激素类物质的分析。

（2）酶联免疫分析法　酶联免疫分析法（enzyme linked immunosorbent assay，ELISA）是把抗原、抗体特异性反应和酶的高效催化作用相结合而建立的一种免疫标记技术。该技术用化学方法将酶对抗原或抗体进行标记，共价连接形成酶标记抗原或酶标记抗体，使其与相应的抗原或抗体反应，然后通过酶与底物反应，产生有颜色的物质，可用比色法进行定量或定性测定。常用的方法类型有双抗体夹心法、双位点一步法，间接法测抗体、捕获法测 IgM 抗体等。ELISA 技术是广泛应用的蛋白质标记技术之一，常用于动物免疫、植物病毒、食品和水产品中农药和兽药残留等检测，临床上很多重要的疾病诊断标志物均使用酶联免疫测定法来检测，如抗 HAVIgM、乙肝两对半、抗 HCV、抗 HIV、肿瘤标志物等。

（3）荧光免疫分析法　荧光免疫分析法（fluor immunoassay，FIA）是以荧光素标记抗体或抗原作为示踪剂的一种新的免疫分析技术，其原理与 ELISA 相似。该法既可对液体中的抗原和抗体定量，也可对组织切片中的抗原、抗体进行定性和定量。一般由于样品、试剂的自身荧光和激发光的散射，本底荧光高，影响了测定的灵敏度。一般以镧系元素作为荧光标记（示踪剂）。示踪剂与相应抗原或抗体结合后，借助荧光检测仪查看荧光现象或测量荧光强度，从而判断抗原或抗体的存在、定位和分布情况或检测受检标本中抗原或抗体的含量。FIA 具有专一性强、灵敏度高、实用性好等优点，常用于测量含量很低的生物活性化合物，如蛋白质（酶、受体、抗体）、激素（甾族化合物、甲状腺激素、肽激素）、药物及微生物等。

（4）胶体金免疫分析法　胶体金免疫分析法（Colloidal gold immunoassay，CGIA）是以胶体金作为示踪标志物应用于抗原、抗体的一种新型免疫标记技术。胶体金是由氯金酸（$HAuCl_4$）在还原剂作用下，聚合成为特定大小的金颗粒，并由于静电作用成为一种稳定的胶体状态，称为胶体金。胶体金在弱碱环境下带负电荷，可与蛋白质分子的正电荷基团形成牢固的结合，在显微镜下可见黑褐色颗粒，当这些标记物在相应的配体处大量聚集时，肉眼可见红色或粉红色斑点，可快速进行定性免疫检测。胶体金标记技术由于标记物的制备简便，方法敏感、特异，不需要使用放射性核素，或有潜在致癌物质的酶显色底物，也不需使用荧光显微镜，它的应用范围广，除应用于光镜或电镜的免疫组化法外，更广泛地应用于各种液相免疫测定和固相免疫分析以及流式细胞术等。

（5）化学发光免疫分析法　化学发光免疫分析法是（Chemiluminescence immunoassay，CLIA）利用化学或生物发光系统作为抗原-抗体反应的指示系统，借以定量检测抗原或抗体的方法。发光物质可直接作为抗原、抗体的标记物，也可以游离形式用于催化剂（酶）和辅助剂标记的抗原或抗体的发光反应中。常用于各种抗原、半抗原、抗体、激素、酶、脂肪酸、维生素和药物等的检测分析。

（四）高效液相色谱法

高效液相色谱法（HPLC）是近20年来发展起来的一项新颖快速的分离技术。它是在经典液相色谱法基础上，引进了气相色谱的理论，具有气相色谱的全部优点。由于HPLC分离能力强、测定灵敏度高，可在室温下进行，应用范围极广，无论是极性还是非极性，小分子还是大分子，热稳定还是不稳定的化合物均可用此法测定。对蛋白质、核酸、氨基酸、生物碱、类固醇和类脂等尤为有利。该法包括：液-固色谱法、液-液色谱法、离子交换色谱法。

（五）质谱法

质谱法（mass spectrometry）是将化合物形成离子和碎片离子，按其质荷比（m/z 值）的不同进行分离鉴定，并进行成分和结构分析的一种分析方法，包括基质辅助激光解吸离子化质谱法和电喷雾离子化质谱法。蛋白质、多肽质谱是通过电离源将蛋白质分子转化为气相离子，再利用质谱分析仪的电场、磁场将具有特定质量（m）与电荷（z）比值（m/z 值）的离子分离开来，经过离子检测器收集分离的离子，确定离子的 m/z 值，分析鉴定未知蛋白质。质谱法已广泛应用于药物结构、药物代谢等领域，如以药物及其代谢产物在气相色谱图上的保留时间和相应质量碎片图为基础，可以确定药物和代谢产物的存在，还可进行定量分析。

三、生物药物质量控制的生化分析方法

大多数生物药物是生物活性物质，对人体往往是异源物质，有的化学结构不明确，有的分子量不是固定值，这给质量控制带来了一定困难。因此，在检查项目上生物药物与化学药物有不同的检测方法。除了重量法、滴定法、比色法及HPLC法等外，还有电泳法、酶法、免疫法和生物检定法等。根据各类生物药物的生化本质，分析鉴定它们的结构、纯度与含量的方法较多，介绍如下。

（一）蛋白质及多肽类药物的分析方法

1. 定量分析法　常用的蛋白质及多肽的含量测定方法有紫外分光光度法、双缩脲法、Folin-酚法、考马斯亮蓝G-250结合法，此外，还有折射率法、比浊法、凯氏定氮法、BCA法、银染法、金染法、荧光激发法、胶体金比色法等等。BCA法和胶体金比色法以其灵敏度高、操作简便、不易受环境因素干扰等优点而被广泛应用。

2. 纯度分析法　包括聚丙烯酰胺凝胶电泳（PAGE）、SDS-PAGE、毛细管电泳（CE）、等电聚焦电泳（IEF）、HPLC（凝胶排阻色谱、各种反相HPLC）、离子交换色谱、疏水色谱等。在鉴定蛋白质药物的纯度时，至少应该用两种以上的方法，而且两种方法的分离机制应当不同，其结果判断才比较可靠。

3. 分子量的测定　包括渗透压法、黏度法、超离心法、光散射法、凝胶过滤法、SDS-聚丙烯酰胺凝胶电泳法等，常用的是超速离心法、凝胶过滤法和SDS-聚丙烯酰胺凝胶电泳法。

4. 质谱法　如前所述，常用于分析未知蛋白质，质谱法测定蛋白质的分子量简便、快速、灵敏、准确。质谱法也用于测定蛋白质的肽图谱及氨基酸序列。近来还用质谱法研究蛋白质与蛋白质相互作用的非共价复合物。

（二）酶类药物的分析方法

如前所述酶类药物的主要质量指标是酶活力。方法包括比色法、紫外分光光度法、旋光测定法、电化学法和液闪计数法等。适宜的测定条件：①有可被检测且能反映酶反应进行程度的信号物；②底物对酶远远过量，通常底物浓度为 K_m 值的3~10倍；③适宜的反应温度；④最适pH反应体系；⑤被测的酶量适当；⑥测定时间在酶促反应初速度范围内。

（三）核酸类药物的分析方法

1. DNA 含量测定　包括紫外分光光度法和二苯胺法。①紫外分光光度法是在 260nm 波长下，每 1ml 含 1μg DNA 溶液的吸光度值为 0.020，故测定样品在 260nm 处的吸光度值即可计算样品中的 DNA 含量。②二苯胺法，DNA 分子中 2-脱氧核糖残基在酸性溶液中加热降解产生 2-脱氧核糖并生成 ω-羟基-γ-酮基戊醛，后者与二苯胺反应生成蓝色化合物，在 595nm 处具有最大吸收，当 DNA 浓度为 40～400μg/ml 时，其吸光度值与 DNA 浓度成正比。在反应液中加入少量乙醛，有助于提高反应灵敏度。

$$\text{（脱氧核糖残基）}\xrightarrow{\text{浓 HCl}} HO—CH_2—\underset{\underset{O}{\|}}{C}—CH_2—CH_2—CHO \xrightarrow{\text{二苯胺}} \text{蓝色化合物}$$

ω-羟基-γ-酮基戊醛

2. RNA 含量测定　包括紫外分光光度法和地衣酚显色法。①紫外分光光度法是在 260nm 波长下，每 1ml 含 1μg RNA 溶液的吸光度值为 0.022，故测定样品在 260nm 处的吸光度值即可计算样品中的 RNA 含量。②地衣酚显色法，当 RNA 与浓盐酸在 100℃下煮沸后，即发生降解产生核糖，并进而转变为糠醛，在 $FeCl_3$ 或 $CuCl_2$ 催化下，糠醛与 3,5-二羟基甲苯（地衣酚）反应生成绿色复合物，在 670nm 处有最大吸收，当 RNA 浓度为 20～250μg/ml 时，吸光度值与 RNA 浓度成正比。测定时应注意其他戊糖与 DNA 的干扰。

（四）重组 DNA 药物中的杂质检查方法

重组 DNA 药物的可能杂质有宿主细胞蛋白质、残留外源性 DNA、蛋白质裂解物、蛋白质突变体和细菌内毒素等。

1. 宿主细胞蛋白质的测定　宿主细胞蛋白质是生产过程中来自宿主细胞或培养基中的残留蛋白质。为确保制品安全，必须测定制品中的宿主蛋白质含量。测定方法包括 ELISA 法和 Western 印迹法。

2. 外源性 DNA 的测定　世界卫生组织（WHO）规定每一剂量药物中残留 DNA 含量不得超过 100pg，为确保制品使用的安全，我国新生物制品控制要求重组 DNA 药物中外源性 DNA 残留量为每一个剂量小于 100pg。测定方法为 DNA 分子杂交技术。探针的标记方法有放射性核素标记法和地高辛苷配基标记法。放射性核素标记探针虽然测定灵敏度较高，但有放射性污染，且半衰期短。地高辛苷配基标记法比较常用，它是用随机启动法将地高辛配基（digoxigenin，DIG）标记的 dUTP 掺入未标记的 DNA 分子中，从而获得标记探针。将此标记探针与待检样品中的目的 DNA 杂交后，用酶联免疫吸附法检测杂交分子。

3. 蛋白质裂解物的测定　常用离子反相色谱法（ion pair reverse phase chromatography），它对于结构相似的离子化合物，可使其与反离子作用生成离子对，离子对的形成与在非极性键合的固定相和极性流动相中的分配情况发生了变化，从而通过反相色谱法进行分离测定。

4. 蛋白质突变体的测定　常用分子排阻色谱法，测定二聚体或多聚体的含量限度。二聚体或多聚体分子较单体分子量大 1 倍或数倍，因此进行色谱分析时，先于单体出峰。

生物化学技术在药物的研究中发挥了重要应用，药物研究常用的生化技术包括分子杂交与印迹技术、PCR 技术、DNA 测序技术、生物芯片技术等。

印迹杂交技术可以将在凝胶中分离的生物大分子转移或直接放在固相介质上并加以检测分析。探针具有特定序列，能够与待测核酸片段互补结合，可用于检测核酸样品中的特定基因。PCR 技术用于放大扩增特定的 DNA 片段，包括变性、退火、延伸三个基本步骤。DNA 测序最常用的是 Sanger 双脱氧终止法。生物芯片包括基因芯片和蛋白质芯片，基因芯片主要用于基因突变和表达的检测、新基因的发现、功能基因组学等。蛋白质芯片主要应用于蛋白质表达、蛋白质相互作用和蛋白质功能的研究。酵母双杂交系统和噬菌体展示技术是目前研究生物大分子相互作用最主要的分析手段。转基因动物技术在建立疾病动物模型和探讨疾病发生机制方面具有重要意义。

生物化学的原理在药物设计、药理学作用、药物的质量控制等方面也有很好应用前景，新药筛选的生物化学方法有：膜功能法、放射配基受体结合法、逆向分子药理学法、酶学分析法、生化代谢功能分析法等。

练习题

题库

一、选择题

1. Southern blotting 一般是用于检测（　　）的杂交技术
   A. DNA 分子　B. RNA 分子　C. 蛋白质　D. 糖类
   E. 脂肪
2. Western blotting 是指将（　　）
   A. 将 DNA 转移到膜上，用 DNA 探针杂交，检测样品中 DNA 水平
   B. 将蛋白质转移到膜上，用抗体做探针杂交，检测蛋白质表达水平
   C. 将 RNA 转移到膜上，用 DNA 探针杂交，检测样品中 RNA 水平
   D. 将 DNA 转移到膜上，用 RNA 探针杂交，检测样品中 RNA 水平
   E. 将 RNA 转移到膜上，用 RNA 探针杂交，检测样品中 RNA 水平
3. RT-PCR 主要用于（　　）
   A. 测定 DNA 序列　B. 分析 RNA 结构
   C. 分析蛋白质表达水平　D. 分析基因表达水平
   E. 分析蛋白质氨基酸序列
4. Sanger 双脱氧测序时，为了获得鸟苷酸残基为末端的一组大小不同的片段，应该选择（　　）
   A. ddTTP　B. ddCTP　C. ddGTP　D. ddATP　E. ddUTP
5. 基因芯片显色和分析测定方法主要为（　　）
   A. 荧光法　B. 生物素法　C. 地高辛法　D. ^{32}P 法　E. ^{125}I 法
6. 用于研究蛋白质与蛋白质相互作用的是（　　）
   A. 噬菌体展示技术　B. SDS-聚丙烯酰胺凝胶电泳
   C. 基因芯片　D. 原位 PCR
   E. qPCR
7. 用于 RNA 进行定性定量分析的是（　　）
   A. 噬菌体展示技术　B. SDS-聚丙烯酰胺凝胶电泳
   C. 基因芯片　D. 原位 PCR
   E. qPCR
8. 可直接用于检测组织或细胞中 DNA 或 RNA 是否存在的是（　　）
   A. 噬菌体展示技术　B. SDS-聚丙烯酰胺凝胶电泳
   C. 基因芯片　D. 原位 PCR
   E. qPCR

（9~10 题为多项选择题）

9. PCR 及其衍生技术主要应用于（　　）

A. 基因的体外突变　　　　B. 目的基因克隆
C. DNA 序列分析　　　　D. 基因表达检测
E. DNA 和 RNA 的微量分析

10. 新药筛选的生物化学方法有（　　）
A. 膜功能法　　　　B. 放射配基受体结合法
C. 逆向分子药理学法　　　　D. 酶学分析法
E. 生化代谢功能分析法

二、思考题

1. 药物研究常用的生物化学技术有哪些？
2. 新药筛选常用的生物化学方法有哪些？
3. 简述生物药物制备方法的特点。
4. 简述生物化学原理在新药研发中的应用。

（新吉乐）

练习题参考答案

第一章　蛋白质的结构与功能

1. C　2. C　3. B　4. E　5. E　6. A　7. B　8. E　9. B　10. B

第二章　核酸的结构与功能

1. D　2. C　3. A　4. C　5. D　6. E　7. D　8. C　9. E　10. C

第三章　酶

1. D　2. A　3. C　4. C　5. C　6. C　7. C　8. A　9. A　10. B

第四章　维生素与辅酶

1. D　2. D　3. D　4. D　5. B　6. B　7. A　8. B　9. D　10. D

第五章　生物氧化

1. C　2. A　3. D　4. E　5. B　6. D　7. B　8. B　9. D　10. C　11. B　12. C

第六章　糖代谢

1. D　2. C　3. B　4. A　5. E　6. B　7. E　8. D　9. C　10. D

第七章　脂质代谢

1. D　2. D　3. B　4. C　5. E　6. C　7. E　8. C　9. E　10. E

第八章　蛋白质分解代谢

1. B　2. C　3. C　4. D　5. C　6. C　7. E　8. E　9. D　10. B　11. B　12. B　13. D　14. B　15. B

第九章　核苷酸代谢

1. C　2. B　3. C　4. E　5. A　6. B　7. B　8. C　9. E　10. D　11. C　12. B

第十章　物质代谢的联系与调节

1. C　2. A　3. D　4. D　5. C　6. E　7. A　8. D　9. B　10. E

第十一章　DNA 生物合成

1. B　2. B　3. B　4. B　5. D　6. A　7. A　8. C　9. C　10. A

第十二章　RNA 生物合成

1. D　2. D　3. A　4. B　5. C　6. B　7. A　8. C

第十三章　蛋白质生物合成

1. D　2. C　3. D　4. C　5. E　6. D　7. D　8. C　9. E　10. B

第十四章　基因重组与重组 DNA 技术

1. D　2. E　3. D　4. B　5. B　6. A　7. D　8. B　9. D　10. C　11. C　12. D

第十五章　肝的生物化学

1. C　2. B　3. A　4. E　5. D　6. B　7. D　8. D　9. E　10. D

第十六章　细胞信号转导

1. E　2. D　3. C　4. D　5. C　6. A　7. C　8. D　9. E　10. A　11. D　12. C　13. A　14. A　15. B

第十七章　药物的体内转运与代谢

1. D　2. A　3. A　4. B　5. E　6. C

第十八章　生物药物

1. C　2. D　3. B　4. A　5. D　6. B　7. C

第十九章　药物研究常用的生物化学技术与应用

1. A　2. B　3. D　4. C　5. A　6. A　7. E　8. D　9. ABCDE　10. ABCDE

参考文献

[1] 查锡良. 生物化学与分子生物学 [M]. 9版. 北京: 人民卫生出版社, 2018.
[2] 姚文兵. 生物化学 [M]. 8版. 北京: 人民卫生出版社, 2016.
[3] 唐炳华. 生物化学 [M]. 10版. 北京: 中国中医药出版社, 2017.
[4] 查锡良. 生物化学 [M]. 2版. 上海: 复旦大学出版社, 2008.
[5] 程牛亮. 生物化学 [M]. 2版. 北京: 高等教育出版社, 2011.
[6] 吴梧桐. 生物化学 [M]. 3版. 北京: 中国医药科技出版社, 2015.
[7] 史仁玖. 生物化学 [M]. 2版. 北京: 中国医药科技出版社, 2014.
[8] 周春燕, 药立波. 生物化学与分子生物学 [M]. 9版. 北京: 人民卫生出版社, 2018.
[9] 沈同, 王镜岩, 赵邦怀. 生物化学 [M]. 2版. 北京: 高等教育出版社, 2005.
[10] 全国科学技术名词审定委员会. 生物化学与分子生物学名词 [M]. 北京: 科学出版社, 2008.
[11] 唐炳华. 分子生物学 [M]. 新世纪第3版. 北京: 中国中医药出版社, 2017.
[12] 郑里翔. 生物化学 [M]. 2版. 北京: 中国医药科技出版社, 2018.
[13] 冯作化, 药立波. 生物化学与分子生物学 [M]. 3版. 北京: 人民卫生出版社, 2015.
[14] 朱启忠. 生物固定化技术及应用 [M]. 北京: 化学工业出版社, 2009.
[15] 于英君. 生物化学 [M]. 2版. 北京: 人民卫生出版社, 2012.
[16] 施红. 生物化学 [M]. 10版. 北京: 中国中医药出版社, 2017.
[17] 潘文干. 生物化学 [M]. 6版. 北京: 人民卫生出版社, 2009.
[18] 杨荣武. 生物化学原理 [M]. 3版. 北京: 高等教育出版社, 2018.